页岩气形成机理、赋存状态及研究评价方法

The Forming Mechanism, Occurrence State and Evaluation Method of Shale Gas

陈振林　王华　何发岐　龚铭　陈尧　译

内 容 摘 要

本书精选了近年来页岩气方面的论文，旨在阐明页岩气的形成机理、赋存状态、研究方法及评价标准，并对一些易引起误读的问题展开讨论。

本书是以勘探并已经获得成功的美国、加拿大的相关盆地实际资料、测试分析成果及实验、模拟手段为基础所编写的论文集成，因而，其结论依据充分，对国内研究具启发指导意义。

本书可作为"石油及天然气地质学"教材的参考书，也可供广大油气工作者、教师及科研人员参考和阅读。

图书在版编目(CIP)数据

页岩气形成机理、赋存状态及研究评价方法/陈振林，王华，何发岐，龚铭，陈尧 译. —武汉：中国地质大学出版社有限责任公司，2011.12(2013.11 重印)

ISBN 978-7-5625-2766-4

Ⅰ.①页…

Ⅱ.①陈…②王…③何…④龚…⑤陈

Ⅲ.①油页岩-石油天然气地质-文集

Ⅳ.①P618.130.2-53

中国版本图书馆 CIP 数据核字(2011)第 249616 号

页岩气形成机理、赋存状态及研究评价方法 陈振林 王华 何发岐 龚铭 陈尧 译

责任编辑：胡珞兰 责任校对：戴 莹

出版发行：中国地质大学出版社有限责任公司(武汉市洪山区鲁磨路 388 号) 邮政编码：430074

电 话：(027)67883511 传 真：67883580 E-mail：cbb @ cug. edu. cn

经 销：全国新华书店 http://www. cugp. cug. edu. cn

开本：787 毫米×1 092 毫米 1/16 字数：640 千字 印张：24.625 插页：1

版次：2011 年 12 月第 1 版 印次：2013 年 11 月第 2 次印刷

印刷：武汉市教文印刷厂 印数：1 001-1 800 册

ISBN 978-7-5625-2766-4 定价：78.00 元

译者序

页岩气是当今油气勘探的前沿领域，也是新近石油地质研究的热点。有的学者用“炙手可热”来形容目前美国页岩气的勘探开发热潮。

2003年，美国页岩气开发技术获得重大突破，随后页岩气产量突飞猛进，2010年，美国页岩气产量达到$1.038\times10^{11}m^3$，接近美国天然气年产量的1/5，页岩气产量的迅速突破已经开始对全球天然气供需关系变化和价格走势产生重大影响，并引起天然气生产和消费大国极大的关注，被媒体普遍称为“页岩气革命”。

美国页岩气的勘探与开发已完全达到商业化运作，其勘探开发技术处于绝对领先地位，除加拿大外，中国及其他国家才刚刚起步，由于页岩气具有不同于常规天然气的形成富集机理、多种且可变的赋存状态，勘探、评价方法也有其特殊性，为了更好地开展页岩气勘探工作，避免重蹈国外研究初期所走的弯路，为此，编者精选翻译了具有代表性的20篇页岩气论文，供从事这一领域研究工作的广大业者参考，有少量文章前期已有中文译文，但为了本译著的系统性，本次也选入并重新进行了翻译。本译著初步从页岩气形成机理、研究方法、评价标准及问题讨论4个方面进行组织和编译。

在“页岩气形成机理及开发意义”一章中，John Shelton，Mike D Burnaman等的文章主要阐述了美国五大页岩气探区的各项地球化学指标、地质基本特征以及资源潜力，同时，对中国的页岩气勘探潜力和地质储量进行了模拟评价。

Robert G Loucks，Robert M Reed，Stephen C Ruppel以及Daniel M Jarvie的文章“密西西比系Barnett页岩的硅质泥岩中纳米级孔隙的形态、来源和分布”一文非常有益，该文主要有两个突出的观点，一是强调页岩主要为纳米级孔隙，且纳米级孔隙主要是干酪根热解过程中所形成，干酪根热解前页岩十分致密，因而，纳米级孔隙并不是压实作用的残余孔；二是通过常规处理的样品所做的孔隙结构误差较大，原因是因样品矿物硬度差异所造成的表面凹凸幅度超过了孔隙本身的大小，因此，需要用特殊的方法，如氩离子束研磨处理样品，该篇文章对页岩气的形成赋存机理研究有启发意义。

Daniel J K Ross，R Marc Bustin等“微孔隙页岩气储层中质量平衡对气体吸附量计算的影响”一文主要是探究质量平衡计算页岩的吸附气量时导致错误发生的原因，同时分析页岩（或煤层）中存在负吸附作用，这一点对测试页岩中吸附量时，特别是设定测试时的温度和压力条件有指导意义。

在“页岩气的研究方法”一章中，我们选择了6篇论文，其中，Travis J Kinley，Lance W Cook，John A Breyer，Daniel M Jarvie 和 Arthur B Busbey 等的“Texas西部和 New Mexico 东南部 Delaware 盆地的 Barnett 页岩(密西西比纪)的生烃潜力”一文主要介绍了 Delaware 盆地密西西比系 Barnett 页岩的生气潜力，同时根据测井响应特征判断地层特征、孔隙发育情况及其储气能力，论文还介绍了有利区块的圈定、综合评价及储气量计算。

Wenwu Xia，Mike D Burnaman，John Shelton 等在“页岩气探区的地球化学以及地质分析”一文中则重点讨论运用传统的地球化学和地质方法分析页岩气探区时存在的问题，文中运用美国活跃页岩气探区的实际数据讨论了有关概念的差异，是对美国页岩气探区应用地球化学参数及地质、工程、经济综合分析的总结。

Dariusz Strapoć，Maria Mastalerz，Arndt Schimmelmann，Agnieszka Drobniak 和 Nancy R Hasenmueller 等的论文“Illinois 盆地东部 New Albany 页岩(泥盆系—密西西比系)中控制天然气成因和含量的地球化学因素”主要分析了页岩中干酪根岩相、天然气解吸作用、地球化学性质、微孔隙及中孔隙等指标，文中根据页岩的总有机碳含量和微孔隙体积来确定区域的天然气含量，得出总气体含量与微孔隙体积密切相关，而与微孔隙表面积相关性很小的结论。同时运用稳定同位素的地球化学性质来推测区域天然气的成因。并讨论对比了 Pike 县井中 Maquoketa 组(奥陶系)页岩和 New Albany 页岩。

Ronald J Hill，Etuan Zhang，Barry Jay Katz 和 Yongchun Tang 等在“Texas 州 Fort Worth 盆地 Barnett 页岩的生气模拟”一文中介绍了通过密封合金试管热解实验来定量评价 Texas 州 Fort Worth 盆地 Barnett 页岩的生气潜力。通过热解数据来计算页岩生气的动力学参数和镜质体反射率的变化，从而估算在地质加热速率条件下 Barnett 页岩的生气量。实验表明，页岩中残留石油的裂解速率远大于储层中石油裂解的速率。

Alexander Hartwig，Sven Könitzer，Bettina Boucsein，Brian Horsfield，Hans - Martin Schulz 等在“传统的页岩气评价方法在德国的应用(第Ⅱ部分)——德国东北部石炭系页岩”一文则是利用传统的评价方法对德国东北部的石炭系页岩进行评价。研究涉及的内容包括区域的构造、沉积背景，埋藏、热演化史以及各项地质、地球化学特征(包括孔隙度，渗透率，成熟度，TOC，含气量等)。最后综合评价出最具有勘探潜力的层段和区域。

Amie M Lucier，Ronny Hofmann 和 L Taras Bryndzia 等在“根据声波测井数据评价 Louisiana 西北部 Haynesville 页岩气探区含气饱和度的变化”一文中，介绍了利用声波测井曲线得到流体和岩石性质的重要信息，分析表明岩性、各向异性和 TOC 含量的变化都对声波测量值有影响，但是对 VP－VS 之间关系的影响甚微。利用有机质弹性和密度的数据，可以确定有机质的成熟度和烃源岩的类型，进而判断其对声波响应的影响。

在"页岩气的评价标准"一章中，精选了6篇论文，其中 Michael D Burnaman, Wenwu Xia, John Shelton 的"页岩气探区筛选评价标准"论文基于10多年来页岩气勘探的历史，提出了用于评价页岩气项目及其等级的17条标准，分别包含有地球科学、地球物理、油藏工程、钻井完井技术以及其他方面的内容。在评价的过程中提出了一些有效的方法机制，指出如果严格执行和利用这些方法，将能快速确定最可能成功开采的区域。认为美国页岩气有效勘探区域都证明了这种评价机制的有效性。

Daniel M Jarvie, Ronald J Hill 和 Richard M Pollastro 的"页岩生烃潜力与产量评价——以 Barnett 页岩为例"论文，主要从地球化学方面评价 Barnett 页岩的天然气潜力，认为在主要的天然气富集区，干酪根成熟度高，天然气由干酪根裂解及石油二次裂解生成。通过埋藏史模拟表明主要的生烃期在2.5亿年前，修正的甲烷吸附数据，认为 Barnett 页岩中游离气平均含量55%，吸附气平均含量45%。在生气窗，干酪根的类型仅反映页岩当前的生烃潜能，任何成熟度阶段该页岩倾向生气。

Daniel J K Ross 和 R Marc Bustin 等在"加拿大西部沉积盆地泥盆系—密西西比系页岩气资源潜力的评估——一种综合地层评价方法的应用"一文中，通过绘制地层厚度、有机碳、无机物以及含气量(吸附气加上游离气)的分布变化图确定了有利的勘探区域。综合各个参数确定区域的总气储量高达600bcf/section。该文章认为，高温高压条件下该区域主要为游离气，在温度更高的条件下，任何其他影响因素(如有机质、粘土等)对吸附气量的影响都微不足道，因为在此时吸附气量几乎为零。文章特别强调了总孔隙度对于总气储量的控制作用。

Gareth R L Chalmers, R Marc Bustin 等的论文"British Columbia 省东北部下白垩统含气页岩(第一部分)——地质因素对甲烷吸附能力的影响"认为，TOC含量是控制甲烷吸附能力最重要的因素，其他重要的影响因素包括：干酪根类型、有机质成熟度以及粘土含量(尤其是伊利石的含量)。其中 TOC 含量与甲烷吸附能力存在正相关性。页岩中微孔隙和中孔隙的表面积随着 TOC 含量和伊利石含量的增大而增大，表面面积越大，其甲烷吸附能力越强。单位体积的 TOC 条件下，Ⅱ/Ⅲ型和Ⅲ型干酪根比Ⅰ型和Ⅱ型干酪根的甲烷吸附能力更强。另外，对所有的干酪根类型来说，单位体积 TOC 条件下，微孔隙体积都会随干酪根成熟度的增加而增大。此外，甲烷的吸附能力与含水量之间不存在相互关系。高含水量的样品可能具有很高的甲烷吸附能力，这证明页岩中，水与甲烷分子的吸附点不同。

Gareth R L Chalmers, R Marc Bustin 等在"British Columbia 省东北部下白垩统含气页岩(第二部分)——区域潜在天然气资源的评估"论文中对总计215块岩心样品作了包括甲烷吸附能力、含水量、总孔隙度在内的多项分析，分析了部分样品的有机碳，矿物成分含量，及孔隙度、渗透率。确定了最高热成熟度水平，指出了甲烷吸附能力最高的区域及原因，该文得出了 TOC 分布情况与地层厚度存在逆相关性等许多有新意的结论。

在“问题与讨论”一章里，精选了 5 篇论文，Kent A Bowker 的“Fort Worth 盆地 Barnett 页岩气开发中的问题及讨论”论文主要着重澄清了 Barnett 页岩中的一些问题，包括：开启的天然裂缝对于 Barnett 页岩的产量并不重要；Barnett 地层中灰岩夹层的成因和来源、盆地中相对高热量的来源以及 Barnett 地层中超压的原因等。

Kitty Milliken , Suk－Joo Choh, Petro Papazis, Jürgen Schieber 的“Barnett 页岩中的有孔虫目黏结形成的类燧石条带”论文主要通过 CL、BSE 和 X 射线成像证明 Barnett 页岩石英条带中粉砂级的石英和长石碎屑为岩屑成因，而若没有 CL 或 BSE 成像则很容易将其误认为自生石英。

Jürgen Schieber 的“泥盆系页岩中黏结的底栖有孔虫目的发现以及其与古海氧化还原环境的联系”论文主要是在上泥盆统黑色页岩中发现了广泛存在的黏结的有孔虫，对于在海底环境中碳的大量封存存在影响，并从根本上约束了页岩的沉积环境。

Daniel J K Ross, R Marc Bustin 的“页岩组分以及孔隙结构对页岩气储层储气潜力的重要性”论文主要分析了不同成熟度条件下有机质贫、富页岩以及无机成分的各种孔隙结构下页岩地层中含气量的基本控制因素，认为页岩中的 TOC 与吸附气量之间有很好的正向相关性，其有机成分对于地层的甲烷储量影响很大。研究表明表面积并不是唯一控制气体储量的因素，储存于基质沥青内部结构中的溶解气是侏罗系页岩中一种重要的气体储存机制，有机质与甲烷吸附量之间的关系受矿物成分的影响。粘土矿物（如伊利石）具有很好的微孔隙结构供气体吸附，因而总孔隙度随着 Si/Al 比的增加而减少，反映了孔隙度与粘土矿物成分相关。因此高 Si/Al 比（石英富集）页岩中总孔隙度相对较小，岩层更加致密。

Hui Tian, Xianming Xiao, Ronald W T Wilkins 和 Yongchun Tang 等的“储层石油裂解成气过程中压力—体积变化的新见解——适用于石油裂解形成的原地天然气聚集”论文则是通过实验获得石油热解数据并建立裂解动力学模型，得出石油在 160℃以下处于稳定状态，210℃则完全裂解成气，并在川东飞仙关组气藏得到检验。

本书是由译者业余时间遴选和翻译的，故缺点在所难免，请读者斧正。

感谢以 Robert G Loucks, Dariusz Strapoć, Alexander Hartwig 等为代表的原作者的大力支持，感谢 AAPG、Elsevier 等的鼎立相助。

译者

2011 年 11 月于中国地质大学（武汉）

目　录

第一章　页岩气形成机理及开发意义

第二章　页岩气的研究方法

第三章　页岩气的评价标准

第四章　问题与讨论

第一章

页岩气形成机理及开发意义

页岩气开发的意义

Shelton J, Burnaman M D,Xia Wenwu,Harding N
(Harding Shelton Group, Oklahoma City, Oklahoma 73102)

摘 要:美国的页岩气产量快速增长,本文介绍了美国五大主要页岩地层及其开采技术。Barnett、Haynesville、Fayetteville、Woodford和Marcellus页岩的天然气总储量估计可达978tcf,这一发现连同最近在水平钻井和完井技术上的进步,改变了美国天然气工业勘探开发的现状,并从根本上改变了美国的能源现状结构。特别值得强调的是通过对页岩气的利用,美国大大减少了碳排放,并提高了能源的自给能力。最后,Harding Shelton Group在本文中指出:与美国的情况相似,在中国拥有非常好的页岩气勘探潜力。

引 言

促进能源生产新技术的发展和利用,是我们同时解决能源供求问题和气候变化问题的最好机会,也是唯一的机会。Harding Shelton Group(HSG)认为美国通过使用页岩气这种清洁能源,将明显减少对煤和石油的依赖性。最终结果就是:美国的能源自给自足将达到一个更高的标准层次,并明显减少温室气体的排放,而这些温室气体来源于以石油和煤为主的能源。随着美国页岩气的勘探与开发,我们拥有一个特别的机会来改变能源的消耗模式。

从美国的市场来看,页岩气产量的不断增加将逐渐使天然气处于供大于求的状态。HSG建议应将天然气供给的多余部分用于发电,从而减少美国电力生产对煤的依赖性,通过使用天然气发电,美国可以解决天然气供大于求以及未来二氧化碳排放受限的问题。当前,美国的电力生产有一半是使用煤,仅仅22%使用天然气。目前美国天然气的日产量约为60bcf。

中美两国的地质专家都认为中国蕴藏的页岩气储量与美国相当。考虑到近年来美国页岩气发展的惊人速度以及中国潜在的巨大资源潜力,我们相信中国的页岩气资源也能成功开采,从而使国家的天然气工业发展达到质的飞跃。本文将对美国的Barnett页岩和其他4个页岩探区及其所使用的新技术进行简单的讨论,同时也将简单地介绍中国所具有的巨大的页岩气资源潜力。

1. 美国页岩气发展史

页岩气的开发始于美国天然气开发,与传统的天然气探区不同,页岩气探区分布范围广,贯穿整个美国大陆,勘探风险低,产量可预测。从天然气产量、水平钻井和完井新技术的应用等方面来看,Fort Worth盆地的Barnett页岩是最成功的例子,甚至已经成为一个指导其他页岩气探区勘探开发的模型。

图1显示了美国页岩地层的分布及预估的储量。Barnett页岩已经为页岩气的发展建立

了标准。从 2004 年开始，Barnett 页岩的日产量已经从 1bcf 增加到了 4bcf（图 2）。Fayetteville、Haynesville、Woodford 和 Marcellus 页岩都有望实现与 Barnett 页岩相似或更大的产量。

20 世纪 70 年代后期到 2008 年，美国页岩气从年产量不足 70bcf 增长到了日产量超过 7.5bcf。Barnett 页岩的预估日产量为 5bcf，表 1 显示了随着勘探开发的深入，美国五大页岩气探区产量的增长情况。

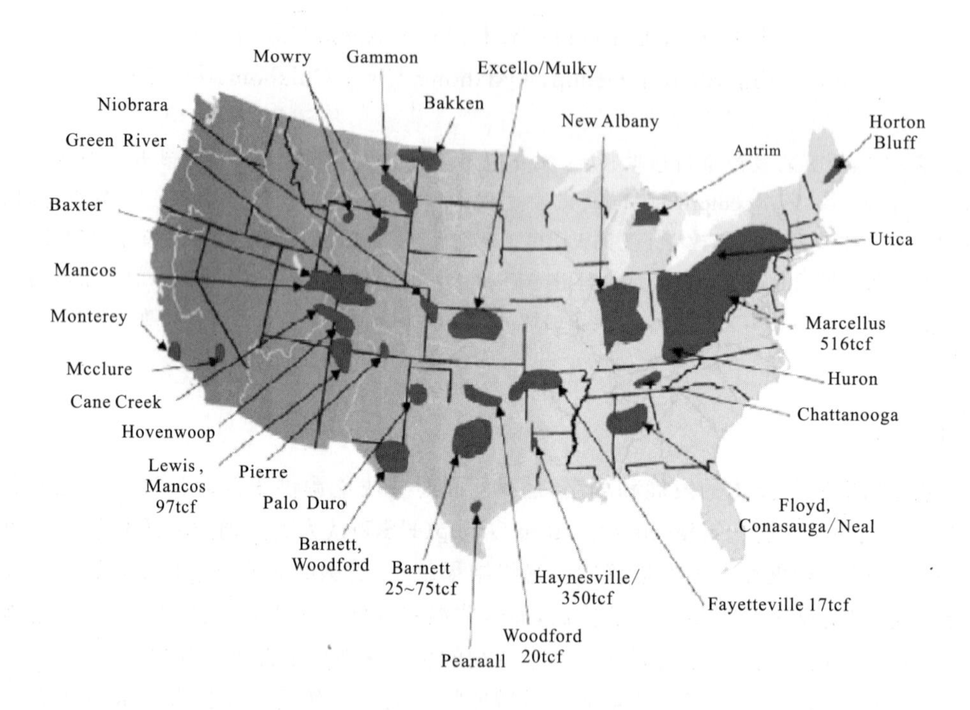

图 1　美国主要的含气页岩盆地

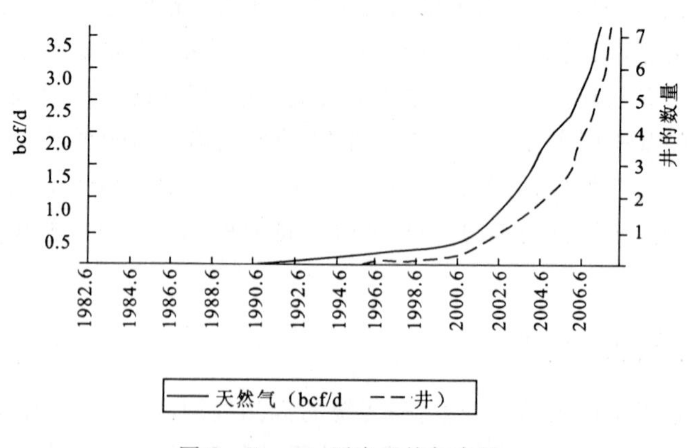

图 2　Barnett 页岩天然气产量

（数据来源于 PI Dwights，2008.8）

2. 美国 5 个主要的页岩气探区

1)Barnett 页岩

由于 Barnett 页岩近期所取得的成功,许多研究者都将该探区作为勘探和开发的对比模型。该探区的勘探历史反映了技术的重要性,也揭示了油气工业对开启资源潜力和提高开采效率的作用。图 2 根据 Barnett 页岩气年产量和钻井数量显示其开采史。从中可以看出,页岩气开采始于 20 世纪 80 年代初期,1990 年代引入了水平钻井的技术,而该技术的广泛应用始于 2004 年。到 2008 年,钻井数量已超过 10 000 口,其中2/3为水平井。

Fort Worth 盆地密西西比系 Barnett 页岩是美国最活跃的天然气探区(图 1)。Barnett 页岩的开采活跃度从 2000 年开始急剧上升,完井从 190 口增加到 2008 年的超过 1 750 口,与此同时年产量也显著增长,从 2000 年的 80bcf 增加到 2008 年的大于 1 500bcf。

Barnett 页岩总有机碳含量(TOC)接近 4.5%,总孔隙度在 4%~4.5%之间,页岩分布几乎贯穿了整个 Fort Worth 盆地,深度为 6 500~8 500ft,地层厚度为 100~600ft。每口井的估算储量为 2.2bcf,初步预计每口井的日产量为 2.7Mmcf,总天然气的估算储量估计达 75tcf(表 1)。

表 1 美国五大页岩气探区的参数对比

含气页岩盆地	Barnett	Marcellus	Fayetteville	Haynesville	Woodford
盆地预测面积(m^2)	5 00	95 000	9 000	9 000	11 000
深度(ft)	6 500~8 500	4 000~8 500	3 000~7 000	10 500~13 500	6 000~11 000
有效厚度(ft)	100~600	50~200	20~200	200~300	120~220
总有机碳含量(%)	4.5	5.0~12.0	4.0~9.8	0.3~4.0	1.0~14.0
总孔隙度(%)	4~5	10	2~8	8~9	3~9
天然气地质储量(tcf)	250	2 500	52	1 050	66
预计天然气初始的储量(tcf)	75	516	17	350	20
产量(mcf)	2 700	2 500	2 500	6 000	3 500
预测每口井的平均产量(bcf)	2.2	2.0	2.5	4.5	3.0

运用钻井及新技术解决了盆地新老地区存在的难题,Barnett 探区将会继续发展扩大。这样,由于掌握了新方法和新技术,使新探区勘探开发的成功机率大大提高。

2)Haynesville 页岩

Haynesville 页岩天然气探区的开发始于 2007 年末。目前大约 100 口钻井的总天然气日产量超过了 5 亿 cf。Haynesville 页岩为上侏罗统,其上覆为 Cotton Valley 组岩层,下伏为 Smackover 组岩层。Haynesville 页岩位于 Louisiana 和 East Texas 的西北部,特别是 Caddo、Bossier 和 DeSoto Parishes 区域,但在 Red Rive 和 Sabine Parishes 区域以及 Harrison 和 Panola 区域也有少量分布(图 1)。Haynesville 地层埋藏要比其他页岩深,深度在 10 500~13 500ft 之间,页岩厚度估计在 200~300ft 之间,一些优良区域可能更厚。Haynesville 页岩

气探区的 TOC 值为 0.5%～4.0%，总孔隙度为 8%～9%，每口井的估算储量为 6Mmcf，总储量估计达 350tcf(表 1)。Haynesville 页岩被认为是美国最具有勘探潜力的页岩气探区。

3)Woodford 页岩

Arkoma 盆地的 Woodford 页岩也是一个新的页岩气探区，拥有丰富的页岩气资源，主要的勘探目标集中在 Oklahoma 东南部的 Hughes、Pittsburg 和 Coal 区域(图 1)。2004 年 Woodford 探区开始加强发展水平井，到 2008 年底，估算总日产量已达 900Mmcf。Woodford 页岩的厚度为 120～220ft，有效区域的深度为 6 000～11 000ft，总有机碳含量为1.0%～14.0%，总孔隙度为 3%～9%。天然裂缝和高硅质含量的存在促进了 Woodford 页岩勘探开发的成功。每口井的估算储量为 3.5Mmcf，总储量估计达 20tcf(表 1)。

4)Fayetteville 页岩

Arkoma 盆地东部的 Fayetteville 页岩是另一个新探区，并已经具有规模的钻井活动及天然气资源潜力。该探区在 Arkoma 盆地的 Arkansas 区域开始了勘探开发(图 1)，第一口井钻于 2003 年，目前日产量约为 1.1bcf，开采深度主要在 3 000～7 000ft 范围内，总有效厚度为 20～200ft，总有机碳含量为 4.0%～9.8%，总孔隙度为 2%～8%，每口井的日产量估计为 2.5Mmcf，总储量估计达 17tcf(表 1)。

5) Marcellus 页岩

Marcellus 页岩为泥盆系页岩的一部分，在东北—西南方向延伸达 600mile，贯穿了 Appalachian 地区的几个州：包括 New York、Pennsylvania 和 West Virginia 州。该地层天然裂缝发育，达到干气生成阶段，覆盖面积达 95 000$mile^2$，地层厚度为 50～200ft。与 Fayetteville 页岩一样，Marcellus 页岩地层由东向西变薄，东北部的 Pennsylvania 州厚度为 200ft，而 West Virginia 州北部、Ohio 州、Pennsylvania 州及 New York 州西部厚度为 50ft。该地层深度为 4 000～8 500ft，TOC 值为 3.0%～12.0%，总孔隙度为 10%。每口井的估算储量为 2.5Mmcf，总储量估计为 516bcf(图 1)。由于其区域覆盖范围广，所以其估算储量要大于其他几个探区。

3. 推断

美国页岩地层中天然气产量以指数形式增长，日产量从 1988 年的不足 100bcf 增到 2008 年的超过 750tcf。除了上述的页岩盆地外，还有约 17 个其他页岩盆地位于美国陆上区域的 20 多个州，包括 Texas、Oklahoma、Arkansas、Louisiana、West Virginia、Wyoming、Colorado、New Mexico、Pennsylvania、New York 和 Michigan (图 1)。

最近水平钻井和完井技术的发展改变了美国天然气工业的现状，特别是页岩方面。开采效率开始提高了，同时每口井的经济效益也相应得到了提高，例如：加长水平井的钻井长度，每口井有多个水平段，增加每个侧向的裂缝数等。这些发现证明页岩气勘探潜力巨大，同时能大大促进美国电力资源的生产模式。

我们相信，页岩气资源的发展能从根本上改变美国的能源现状，而且天然气的开发可以减少美国对进口能源的依赖性，此外，美国对天然气资源的利用可以大大减少碳的排放量。

未来页岩气的勘探开发活动比之前更合理，而且随着美国页岩气勘探开发的成功，特别是 Barnett 页岩的参考作用，大大缩短了世界其他区域页岩气勘探开发的探索周期。

为了显示中国所具有的页岩气勘探潜力，我们运用美国 Haynesville 页岩探区所建立的储量和产量参数,建立了一个假设模型。在模型中,我们假设以下参数:①初期每口井的日产量为6Mmcf;②利用700台钻机钻井,钻井效率达到最大值;③单个钻机每年的完井数目为8口;④初期产量递减速率为65%;⑤每口井的最终储量平均为4.5Mmcf;⑥每口井的生产寿命为15年。15年后,停止钻井。图3显示了该模型的预测产量,在第十年,该模型日产量达到50bcf,第十七年在产量出现下降,在此之前,第十五年日产量达到58bcf。图3中此时约完成钻井75 000口,总气产量估计达到350tcf。

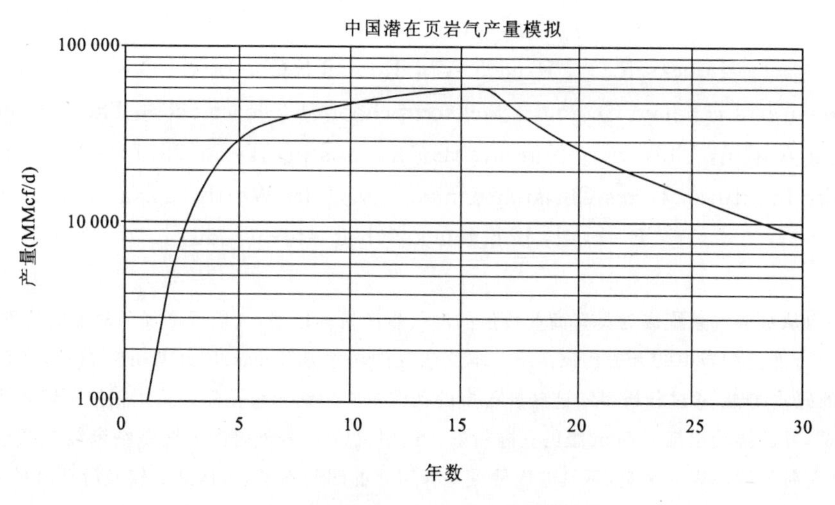

图3 中国页岩气探区产量预测

4. 结论

总之,Harding Shelton Group认为,中国具有与美国相似的页岩气勘探潜力,如果这样,页岩气会给中国能源供求和二氧化碳减排方面带来巨大影响。例如,2008年,中国使用燃煤植物发电量为27 793万亿kwh(中国国家发改委,2008)。计算表明,1 000cf的天然气产生的热量相当于1Mmbtu,而1kWh电力相当于3 413btu,能源利用率为联合循环天然气发电厂的55%。我们可以假设如果中国天然气日产量能达到58bcf(考虑到中国页岩气的潜力,这是一个很合理的数据),天然气可以完全取代燃煤植物来进行发电。美国已经认识到页岩气的开发意义,但在中国的情况如何尚未确定。(陈振林、王华译,易锡华、高清材校)

原载No.3 2009 China Petroleum Exploration,29—33

参考文献

Arthur, J Daniel, Bryan Bohm&Bobbi Jo Coughlin. Hydraulic Fracturing Considerations for Natural Gas Wells of the Fayetteville Shale[C]. ALL Consulting,2008.

Joseph, Ira, Madeline Jowdy. Harvey Harmon&Mickey Kwong, Unconventional Revolution in China[C]. PIRA Energy Group, 2008.

密西西比系 Barnett 页岩的硅质泥岩中纳米级孔隙的形态、来源和分布

Loucks R G[1], Reed R M[1], Ruppel S C[1], Jarvie D M[2]

(1. Bureau of Economic Geology, Jackson School of Geosciences, The University of Texas at Austin, University Station, Box X, Austin, Texas 78713-8924, U. S. A.
2. Energy Institute, Texas Christian University, Fort Worth, Texas 76109, U. S. A.
E-mail: bob. loucks@beg. utexas. edu)

摘　要：自从页岩气系统成为具有商业价值的油气生产目标以来，人们逐渐加强对泥岩特性的研究，其中一个最重要的方面是泥岩中的天然孔隙系统。本文研究的对象是 Texas，Fort Worth 盆地，密西西比系 Barnett 页岩中的硅质泥岩，通过分析得知这些岩石中的孔隙主要为纳米级孔隙。运用扫描电镜来观察刻画大量岩心中的孔隙，并已描绘出细如 5nm 级的孔隙特征。运用氩(Ar)离子研磨方法是纳米级孔隙成功成像的关键，这个方法制备的样品表面平整，不具有因硬度差异引起的凹凸不平，而且这个较光滑平面是高放大率成像的基础。

我们可以观察到纳米级孔隙主要有 3 种存在模式，绝大多数孔隙是有机质颗粒的粒内孔隙，许多颗粒包含大量的孔隙。粒内有机纳米级孔隙大多数是不规则的、似气泡状、椭圆状的横截面，所有颗粒的纳米级孔隙大小范围是 5～750nm，中值大约为 100nm，根据扫描电镜分析的记点数据测量出全部有机质颗粒的内部孔隙度达到 20.2%。这些有机质中的纳米级孔隙是 Barnett 泥岩的主要孔隙类型，而且它们与热成熟度有关。

在富含有机质的平行薄层中发现纳米级孔隙，例如有机质中的粒内孔隙和有机质间的粒间孔隙，然而这个模式并不常见。虽然较少，但是纳米级孔隙也可以出现在与有机质无关的局部细粒基质中，如黄铁矿微球粒中的纳米级微晶间孔隙。

Barnett 泥岩中粒内有机纳米级孔隙和黄铁矿微球粒的晶间孔隙有利于气体的储存。我们假设 Barnett 泥岩中的渗透通道是沿着有机质的平行层或者有机质絮片的网状网络，因为这些有机质中包含着丰富的孔隙。

引　言

在过去几年由于泥岩(颗粒粒径小于 65μm 的沉积岩)作为油气储层出现而重新成为研究的热点(Montgomery 等，2005)，在泥岩系统中提出了许多基础性的问题，包括构成页岩气储集层的孔隙性质和分布状况。随着泥岩商业价值的增加，使泥岩中孔隙网络的识别具有更大的研究意义。

研究表明通过传统的样品制备方法很难观察到大多数泥岩的孔隙系统，这是因为它们的规模很小，很难将大多数孔隙与破碎的或传统机械抛光样品过程中人为形成的孔隙区分出来。为了使泥岩中的孔隙成像更加精确，我们采用新方法处理样品，其识别的孔隙可以小到 5nm

(Reed 和 Loucks,2007)。

在本文中我们将介绍 Fort Worth 盆地 Barnett 页岩中硅质泥岩的孔隙研究成果(图 1)。Barnett 页岩是深水(在风暴浪基面之下)沉积的富含有机质的黑色泥岩(图 2),在密西西比纪时期 Laurussian 古大陆(图 1)南部边缘是贫氧到缺氧前陆海相盆地(Gutschick 和 Sandberg,1983;Loucks 和 Ruppel,2007;Ruppel 和 Loucks,2008;Rowe 等,2008)。地球化学研究和镜质体反射率(R_o)的数据表明该盆地中某些地区的 Barnett 地层温度达到了 100～180℃(Jarvie 等,2007)。

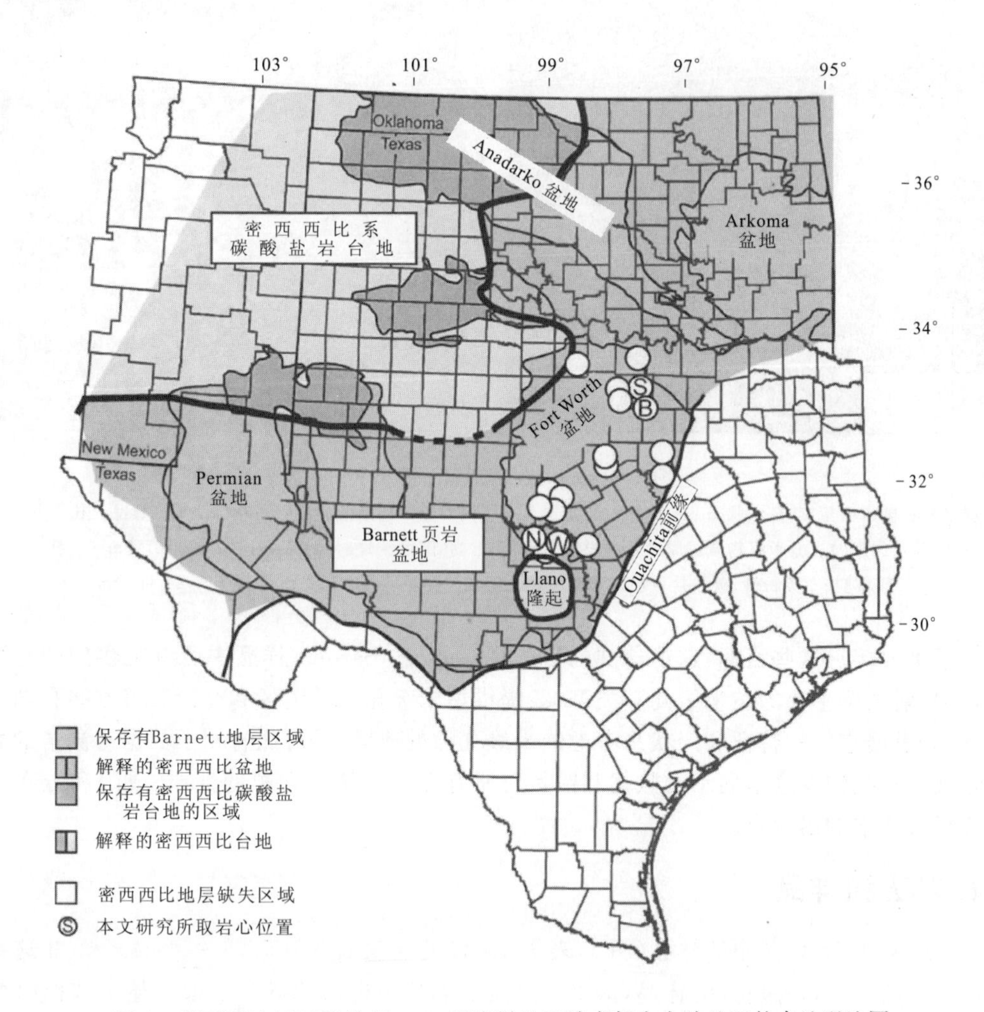

图 1　密西西比纪时期的 Barnett 页岩样品区域南部中大陆地区的古地理地图

研究中采用了 4 种岩心:Mitchell Energy Corp. T. P. Sims ＃2 (S);Texas United Blakely ＃1 (B);Houston Oil & Minerals Walker ＃D-1-1 (W);Houston Oil & Minerals Neal ＃A-1-1 (N)。同时也展示出了其他 14 口井中被分析的样品。Ruppel 和 Loucks(2008)(修改)

目前,Texas 最大的气田及美国第二大气田(EIA,2006)——Newark East 气田的页岩气全部产自 Barnett 页岩中。虽然 Barnett 页岩气的生产依赖于水力压裂的增产措施而产生具有渗透性的集输系统,但是仍然存在两个未能解答的主要问题:①天然气储存在岩石的什么地方?②天然气是沿着什么通道从基质中运移到压裂裂缝中从而进入井眼的?我们运用纳米级孔隙的成像方法和成像结果提供的重要数据可以用来解决这些问题。因此，本次研究的主要目的是研究在这个单元中出现的孔隙结构，并且考虑从基岩基质到压裂的裂缝系统中有机质分布、气体储存和渗透通道（孔隙结构）之间的联系。

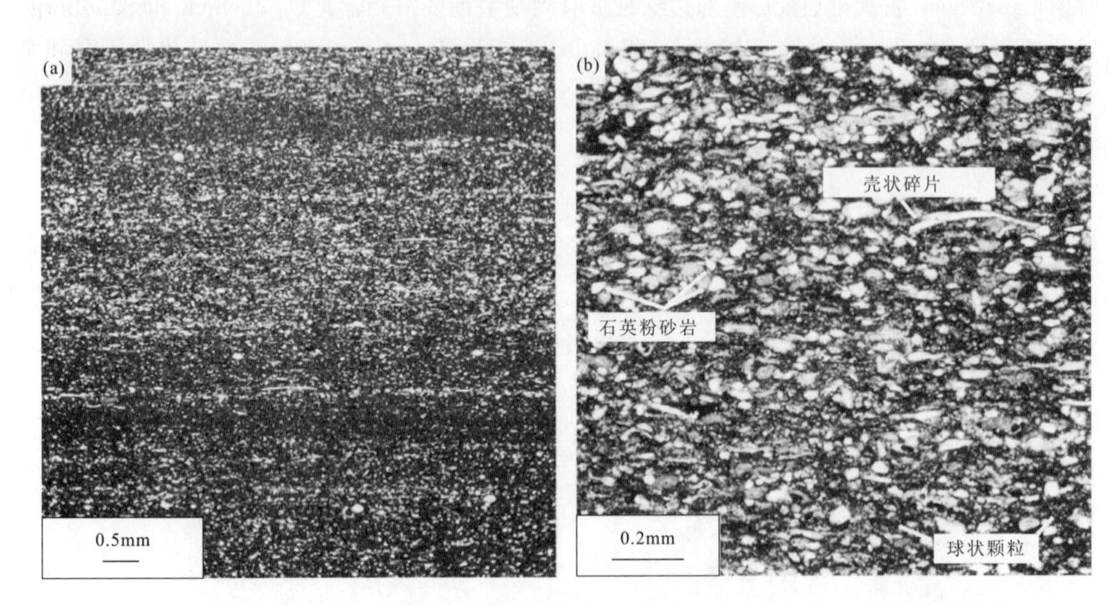

图 2 Barnett 泥岩的薄片显微相片

(a)样品显示被紧密压实，自然状态下的硅质泥岩薄层含有不同数量的碳酸盐岩和石英粉砂。很多样品是由球状粒组成——似球形的颗粒有微米级物质组成。孔洞没有显示出来。孔隙度＝1.3％。Blakely ＃1，2 187.5m；(b)样品是由球状粒、石英粉砂、碳酸盐岩粉砂和页岩碎片组成。孔隙度＝0.7％，Blakely ＃1，2 184.8m

为了更加接近这些目标，这篇论文的目的是：①描述 Barnett 样品中所有观察到的孔隙类型特征，特别强调主要的纳米级孔隙类型；②提供纳米级孔隙的图像和讨论获得这些孔隙图像的技术；③根据它们的特征和产状来考虑纳米级孔隙的成因；④对比岩相学数据与测量的岩石物理学数据。我们在这里展示的数据和图片对所有泥岩系统中孔隙的性质、成因和分布的继续研究提供基本的出发点。

1. 方法和样品

研究中采用 18 口井中的样品（图 1，表 1），采样的深度范围为 57.9～2 604.5m，在这篇论文中详细讨论了 4 口井所采的样品（表 2），但是在本文中提出的概念是根据整个数据组而得出的。Texas United Blakely ＃1 井（简称 Blakely＃1）和 Mitchell Energy Corp. T. P. Sims ＃2 井（简称 sims ＃2）都位于 Wise County 的东南部，处于 Barnett 页岩的开采面积之内（图 1），Blakely ＃1 样品都取自于上部 Barnett 页岩和下部 Barnett 页岩的上部，Sims ＃2 样品都取自于下部 Barnett 页岩的中间部位，这 7 个样品都是富含有机质的黑色硅质泥岩。较浅的低热成熟度的硅质泥岩（表 2）是高热成熟度样品的参照对象，浅处的样品来自于 Fort Worth 盆地的西南部（图 1）。在文中采用的两个样品分别来自于 San Saba County 的 Houston Oil & Minerals G. B. Walker ＃D－1－1 井（简称 Walker ＃D－1－1）和 McCulloch County 的 Houston Oil & Minerals Neal ＃A－1－1 井（简称 Neal＃A－1－1）（图 1）。

表 1 研究中用到的相应深度的岩心样品列表

深度(m)	样品数量(个)	井 名	县
57.9	1	Houston Oil & Minerals Moore #C-1-1	San Saba
117.5	1	Houston Oil & Minerals Neal #A-1-1	San Saba
197.4	2	Houston Oil & Minerals Hardy #L-A-1	Lampasas
359.5	2	Houston Oil & Minerals Mullis #A-4-1	Brown
390.8	1	Houston Oil & Minerals Walker #D-1-1	San Saba
539.1	1	Houston Oil & Minerals Petty #D-6-1	Brown
731.7	1	Houston Oil & Minerals Godfrey #E-8-1	Brown
733.0	2	Houston Oil & G Potter #C-9-1	Brown
1 425.2	2	Proprietary 井	Erath
1 529.1	2	Cities Services St. Clair #1	Erath
1 737.5	1	Proprietary 井	Archer
1 877.5	1	Oxy Tarrent #A-3	Jack
1 894.9	1	Oxy Tarrent #A-3	Jack
2 101.9	1	Mitchell Energy Young #2	Wise
2 166.5	1	Mitchell Energy Young #2	Wise
2 167.4	2	Texas United Blakely #1	Wise
2 184.8	1	Texas United Blakely #1	Wise
2 187.6	1	Texas United Blakely #1	Wise
2 191.2	1	Texas United Blakely #1	Wise
2 196.4	2	Texas United Blakely #1	Wise
2 324.0	1	Mitchell Sims #2	Wise
2 361.9	1	Mitchell Sims #2	Wise
2 371.5	2	Proprietary 井	Hill
2 450.4	1	Proprietary 井	Montague
2 604.5	1	Proprietary 井	Hill

表 2 本研究中选择的样品的总有机碳及镜质体反射率

样品深度(m)	井 名	①TOC(%)	* * VR_o(%)
117.3	Neal #A-1-1	* * *	<0.50 *
390.7	Walker #D-1-1	* * *	0.52
2 167.4	Blakely #1	4.05	~1.35
2 184.8	Blakely #1	3.08	~1.35
2 187.5	Blakely #1	2.91	~1.35
2 191.8	Blakely #1	6.62	~1.35
2 196.4	Blakely #1	2.51	~1.35
2 324.0	Sims #2	* * *	~1.60
2 361.9	Sims #2	2.86	~1.60

Blakely #1 和 Sims #2 中岩心来自于 Wise County、Texas；Neal #A-1-1 来自于 McCulloch County、Texas 和 Walker #D-1-1 来自于 San Saba County、Texas。所有样品都是硅质泥岩。镜质体反射率是根据附近深度具有相同孔隙的物质或者是在该区域内其他孔隙获得，及从 Pollastro(2007)公布的图中获得的值。

* Pollastro 等(2007)估计的与 Walker #D-1-1 相比较；* * 来自于 Jarvie 等(2007)USGS 未公布的数据；

* * * 这个区域中其他样品富含有机质；① 来自于 Humble Geochemical

对 Barnett 孔隙结构的最初研究，我们准备了 130 个样品作岩相学分析，这些薄片被普通的蓝色染料和蓝色的荧光浸染，并且将其研磨到厚 30μm，完成表面抛光处理(0.5μm 的金刚石砂粒)。紫外线光学显微镜通常能显示饱含蓝色荧光染料的微孔隙群；然而，不是所有的孔隙都可以用装有汞灯的紫外线偏光显微镜观察到。随后我们对高度抛光薄片(质量微探针)进行扫描电镜实验(SEM)，但是，这些样品不适合用于泥岩孔隙的高分辨率成像观察。因为制备泥岩薄片的传统研磨和抛光方法会由于矿物成分硬度的差异使泥岩表面出现不规则、凹凸不平的现象。

我们也可以用 SEM 来检验破裂的样品碎片，最初这些样品似乎有大量孔隙，但是后来与氩(Ar)离子研磨制备的样品比较讨论之后，很显然这些坑或者洞是在样品破碎时由人为因素拉拽产生，样品中的这种破裂没有穿过颗粒，而是在颗粒附近，其产生的孔洞就被误认为是孔隙。

为了消除这种传统制备样品的局限性，我们利用氩离子研磨来产生更加平整的表面[图 3(b)]，尽管研磨受到一个而不是两个表面的限制，但是这个技术与透电子显微镜的普通样品制备方法有相似之处(Hover 等，1996)。用氩离子束研磨的薄片表面平整，不受样品硬度影响，但与氩离子束研磨轨迹存在细微的关系。用 5～7kV 的加速电压和达到 300μA 的气枪电流来操作离子研磨系统，可以有效地把泥岩样品表面制备成利于高放大率成像的平整表面。

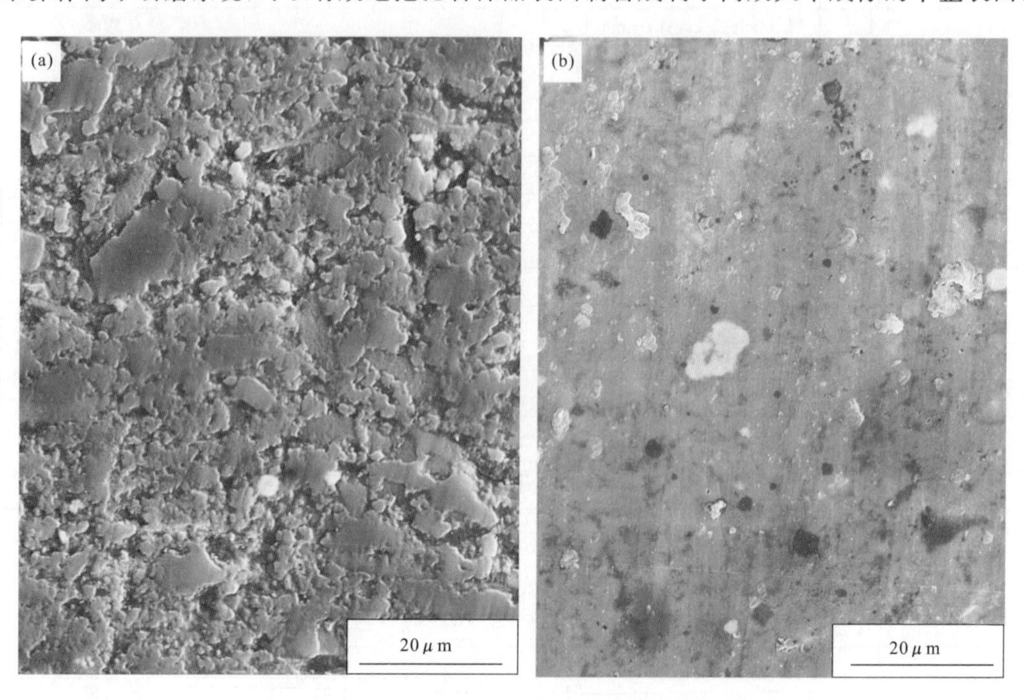

图 3　相同规模样品二次电子(SE)成像岩貌差异

(a)机械研磨的表面与氩离子切割的表面；(b)注意到机械研磨表面的凹凸超过大多数页岩孔隙的直径。Blakely #1, 2 196.4 m

在这次研究中，18 口井中有 25 个样品用离子研磨切割了 33 个表面(表 1)，在可能的情况下，切成的表面与层面垂直或呈较小角度，但是在少数样品中切成的面与层面呈中等角度。我们用 3 个离子研磨机器来制备样品表面，并且检验研磨表面的质量(机械是由 JEOL USA, Inc.,Leica 和 Specimen Preparation Group of Gatan, Inc. 制造的)。制备相同层位的几个样品是为了检查样品的可变性。虽然不同切割设备制作出不同的样品区域轮廓，但是样品平面区域的表面形态实质上是相同的，其中的一个样品镀 20nm 厚的金膜，其余的样品镀 4nm 厚的铂膜，两类样品首先在低压条件下观察，此时无需在切割面表面做导电涂层处理，但随后进一步观察时则均需要涂抹上 4nm 厚的铂膜。

样品在两个不同的电子扫描显微镜（SEM）中检查，每个都具有不同的成像优势，其中钨丝模型是配备有 Oxford Instruments ISIS EDS 系统的 Philips XL30，电场发射 SEM 是 Zeiss Supra 40 VP，这些仪器系统都来自于 Austin 的 Texas 大学。最初检查镀膜样品是采用钨灯丝 SEM 的标准，其配备有能量散射光谱（EDS）系统和背射电子（BSE）检测器，获得的二次电子（SE）图像用于地形变化的图件编制，获得的 BSE 图像用于描述样品矿物组分变化，该图像对全部样品中的岩性变化和孔隙的大体位置提供了重要的信息。加速电压一般为 20kV，光斑的大小取决于实现图像的性质。

划定最小孔隙（约 5nm）必需的分辨率在钨灯丝 SEM 系统中不合适，用配备透镜 SE 检测器的场发射电子枪 SEM 形成的附加图像将会增加纳米级特征的细节。这个系统主要用低加速电压（1～5kV）来阻止射束损伤，并且可以对未镀膜的表面进行检查，焦距为 3～6nm。

测量值来自于泥岩样品中观察到的所有孔隙类型的 SEM 照片，选择几个样品来作孔隙大小分析（表 3）。对有机质颗粒之间的纳米级孔隙作详细的测量值分析，这是因为这些孔隙比较常见，并且与这次研究相关。有机质颗粒中孔隙大小和孔隙大小分布是由计算机软件（JMicrovison）绘制和测量研究区的全部单个孔隙决定，每一个孔隙确定其孔隙直径和纵横比，成群孔隙确定其平均和中值直径。三维椭圆体对象或二维平面空间在计算真实大小或大量的目标或空间会产生误差（Halley，1978；Johnson，1994），这种椭球面特征计算值通常低于实际值。纳米级孔隙在 Barnett 泥岩的有机质颗粒中是多样的，而且在有些有机质颗粒中孔隙优先排列，这些因素不可能使分析得到精确修正。然而，在这篇论文关于纳米级孔隙富集的讨论之后，考虑了平均孔隙大小或体积被低估的事实。

表 3 Barnett 泥岩有机质中孔隙大小的计算值

样品名称	深度（m）	平均长度（nm）	中间长度（nm）	计 数
Blakely #1	2 167.4	112.80	86.74	1 015
Blakely #1	2 167.4	144.09	105.09	269
Blakely #1	2 167.4	185.39	160.51	267
Blakely #1	2 167.4	179.84	128.24	60
Blakely #1	2 167.4	162.33	137.84	117
Blakely #1	2 167.4	167.41	138.48	100
Blakely #1	2 167.4	138.87	110.04	468
Blakely #1	2 167.4	32.80	29.05	30
Blakely #1	2 167.4	26.15	22.83	80
Blakely #1	2 167.4	20.33	15.59	227
Blakely #1	2 167.4	21.88	17.30	100
Sims #2	2 324.0	90.59	71.32	197
Sims #2	2 324.0	82.78	64.59	138
Sims #2	2 324.0	72.08	58.53	52
Sims #2	2 324.0	78.28	66.94	45
Sims #2	2 324.0	90.59	71.32	197

注：表中列出了颗粒的平均和中值长度。利用 JMicrovison 对样品进行定量的分析

以图像为基础的孔隙度是在所选区用 SEM 图像的定点计数法测量出来的(表 4)。在某些情况下,运用任何一个多重影像马赛克来增加分辨率,或者运用图像的某些部分聚焦有机质,每个图片上几百个到超过 3 300 个点被用于孔隙的计数。我们完整地分析了 28 个具有代表性的矿区。

表 4　通过 SEM 图像对 Barnett 泥岩中有机质内孔隙度的计算

样品名称	深度(m)	孔隙度(%)	计 数
Blakely ♯1	2 167.4	20.15	2 000
Blakely ♯1	2 167.4	5.60	750
Blakely ♯1	2 167.4	19.43	628
Blakely ♯1	2 167.4	1.94	1 910
Blakely ♯1	2 167.4	3.30	1 000
Blakely ♯1	2 167.4	0.25	2 000
Blakely ♯1	2 167.4	4.40	3 387
Blakely ♯1	2 167.4	17.00	1 200
Blakely ♯1	2 167.4	11.30	1 000
Blakely ♯1	2 167.4	10.10	1 406
Blakely ♯1	2 167.4	14.64	1 250
Blakely ♯1	2 167.4	22.50	200
Blakely ♯1	2 167.4	20.15	2 000
Blakely ♯1	2 167.4	5.60	750
Blakely ♯1	2 167.4	19.43	628
Blakely ♯1	2 167.4	17.00	1 200
Blakely ♯1	2 167.4	11.30	1 000
Blakely ♯1	2 196.4	12.40	500
Blakely ♯1	2 196.4	4.41	1 020
Blakely ♯1	2 196.4	5.00	1 000
Blakely ♯1	2 196.4	5.20	500
Sims ♯2	2 324.0	7.77	3 050
Sims ♯2	2 324.0	20.24	850
Sims ♯2	2 324.0	30.00	800
Sims ♯2	2 324.0	26.54	1 002
Sims ♯2	2 324.0	24.00	400
Sims ♯2	2 324.0	18.20	500
Proprietary 井	2 604.5	19.33	750

岩心实验室先进技术中心对 Blakely ♯1 井中的 5 个岩心柱进行了孔隙度、渗透性、核磁共振(NMR)和毛细管压力的分析,表 5 详细列出了样品的孔隙度和渗透性。为了使所有的分析有相互关系,所有的分析都采用相同的岩心柱。1985 年在 Blakely♯1 井中取出的岩心在自然状态下没有被保存下来。Dewhurst 等(2002)指出运用干燥的岩心测量的毛细管压力不可信,样品脱水也可能对核磁共振(NMR)的测量值产生影响,这些在讨论干燥样品的影响时被 Dewhurst 等(2002)提到。

表 5 Blakely ＃1 岩心样品的孔隙度和渗透率的分析

深度(m)	封闭压力(psi)	孔隙度(%)	岩心柱 Klinkenberg 渗透率(微达西)	毛细管压力 Klinkenberg 渗透率(微达西)
2 167.4	800	7.6		4.0
	2 500	6.5	1.23	
2 175.7	800	0.1		1.0
	2 500		0.06	
2 184.8	800	0.7		6.0
	2 500		不适合	
2 187.6	800	2.5		5.0
	2 500	1.3	0.37	
2 196.4	800	3.2		
	2 500	3.2	断裂	

注：表中两个样品没有可信赖的渗透率分析，Klinkenberg 渗透率与毛细管压力之间一般是正相关，这是因为只有岩心柱的薄片用于分析，且没有在较高围压条件下进行

根据岩心实验室的方法，用索氏回流法清除岩心柱中剩余储层流体来确定孔隙度和渗透率，在 220℉的真空炉中干燥样品，并且在干燥环境中使样品冷却到室温。样品放置在脉冲衰减的渗透仪中，在 800psi 及 2 500psi 点处测量孔隙度和渗透率，运用气体膨胀的 Boyle's 法则计算孔隙度，压力衰减决定 Klinkenberg 渗透率，压力以已知的速率递减。

核磁共振(NMR)分析被应用于 3 个样品中。岩心实验室的步骤是首先在 93.3℃的真空下使样品干燥，然后使地层盐水在样品中达到饱和。测量值是 MARAN Ultra 仪器在质子的 Lamor 频率大约为 2MHz 条件下的结果。T_2(横截面松弛时间)是内部响应间隔为 0.26ms 时的测量值，运用了 Carr－Purcell－Meiboom－Gill 脉冲程序，NMR 测量值的信噪比小到 100：1。

运用高压汞注入的方法分析 5 个岩心柱的毛细管压力。岩心实验室采用 Micromeritics Auto Pore 水银注射仪来进行测试，样品承受的注射压力高达 55 000 psi。

Humble Geochemical 提供了 Fort Worth 盆地中许多泥岩样品的总有机碳(TOC)数据，在 Fort Worth 盆地的北部地区，TOC 的范围为 0.4%～10.6%，平均值为 4%；在 Fort Worth 盆地的南部地区，TOC 的范围为 0.2%～11.3%，平均值为 5%。在文中提到样品的测量值如下：Blakely ＃1 井岩心样品的 VR_o 平均值为 1.35%(USGS 未公开的数据；表 2)，然而在 Sims ＃2 井岩心样品中，VR_o 接近 1.6%(Jarvie 等，2007；表 2)。Walker ＃D－1－1 井中样品较低 VR_o 的测量值为 0.52%(USGS 未公开的数据；表 2)，Pollastro(2007)绘制的图上 Neal ＃A－1－1 井中样品的较低 VR_o 值估计小于 0.50%(表 2)。

在整个 Fort Worth 盆地的 Barnett 泥岩样品中得到 52 个 X 射线衍射分析样品。样品被 Omni 实验室和 N. Guven、Texas Tech 大学、Lubbock、Texas 分析，有些数据来自于 Loucks 和 Ruppel(2007)。Fort Worth 盆地北部和南部地区的矿物上存在差异(表 6)，一般南部地区更加富集粘土，缺乏二氧化硅。

表 6 Fort Worth 盆地中泥岩的平均组成成分的 X 射线衍射分析

矿　物	南部地区(22 样品)(所有岩石%)	北部地区(35 样品)(所有岩石%)
石英	25	35
碳酸盐岩	8	17
黄铁矿	5	12
混合层(I/S)	18	20
蒙脱石	0	1
高岭石	3	1
绿泥石	8	1
伊利石/云母	31	13
其他	2	0

注:XRD 中“其他”种类包括钾长石、磷灰石、斜长石和钾长石。碳酸盐岩有方解石、白云石和菱铁矿

2. Barnett 硅质泥岩孔隙类型

用前面描述的成像方法分析 Fort Worth 盆地北部 Barnett 页岩中硅质泥岩相的 33 个岩心样品(表 1)。通过对很多样品进行详细的岩相学和 SEM 研究,识别了页岩中孔隙的几个类型,根据其大小分为两大类:微孔隙(孔隙直径≥0.75μm,图 4)和纳米级孔隙(孔隙直径<0.75μm,图 4 至图 6)。纳米级孔隙位于有机质之中,黄铁矿中少见,目前是 Barnett 样品中最富集的孔隙类型,在文中把位于有机质中的孔隙称为粒内有机质纳米级孔隙。在细粒基质区域富含有机质的平行于层面的薄层中可以观察到纳米级孔隙,这些孔隙存在于有机质颗粒之内和有机质颗粒之间。

尽管在页岩中裂缝被认为是烃类储存和运移的场所、途径(例如 Dewhurst 等,1999),但在 Barnett 页岩中即使是采用了各种各样的放大和显微研究技术,也仅发现一条未被充填的天然微裂缝。然而,微裂缝和裂缝一般呈胶结状态,尤其是在富含碳酸盐岩的泥岩中(Gale 等,2007)。

1)微孔隙

大部分微孔隙与完整的微化石、化石碎片或者黄铁矿微球粒有关,一些主要的粒内孔隙与有孔虫类等的化石体腔有关。然而,大多数与化石有关的主要粒内孔隙都被碳酸盐岩、二氧化硅和(或)黄铁矿胶结物充填,在 Barnett 泥岩的一些富含壳体的岩层内,二氧化硅交代的化石中有大量粒内孔隙[图 4(a)]。微孔隙都与成岩作用的矿物有关,例如黄铁矿[图 4(b)]或者石英,这些矿物没有完全充填藻类孢子留下的空隙(例如 Tasmanites)。在粉砂级粒径的长石里面也观察到了沿着解理溶解产生的次生孔隙。黄铁矿微球粒中的纳米级微晶粒间孔隙的大小是随着微球粒大小的变化而变化的,较小的微球粒(2~10μm)具有代表性的孔隙大小范围在 0.05~1μm 之间[图 4(b)],而较大微球粒的孔隙直径范围在 1~5μm 之间,孔隙形状一般为直边的多边形。总体来说,微孔隙除了在黄铁矿微球粒中存在之外,在 Barnett 泥岩中相当罕见。

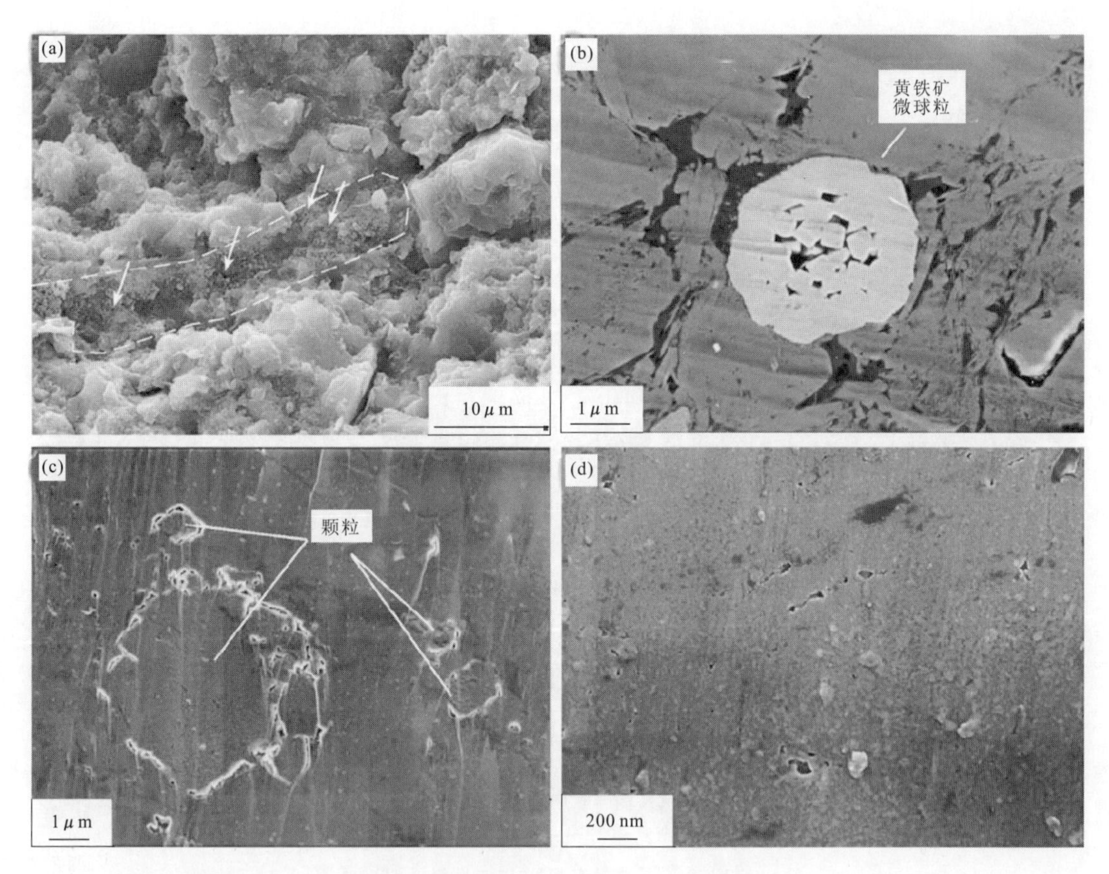

图 4 非有机质中孔隙的二次电子图像

(a)硅化的化石碎片(虚线)包含大量的粒内微孔隙，箭头指向的是微孔隙的发育区域；(b)黄铁矿微球粒中包含粒内微孔隙和纳米级孔隙。Sims ＃2,2 324m，加速电压＝4kV；焦距＝5mm；(c)非有机质的纳米级孔隙结晶，Blakely ＃1，2 324m。加速电压＝2kV；焦距＝4mm；(d)非有机质基质中的纳米级孔隙，孔隙的排列可能是某些颗粒边缘的限制。Blakely ＃1,2 167.4m

2)纳米级孔隙

粒间纳米级孔隙 粒间纳米级孔隙(孔隙位于颗粒之间)是非常少见的，这些观察到的孔隙发育于较大的颗粒边缘[图 4(c)]和分布在极细粒的基质中[图 4(d)]。粒间纳米级孔隙与颗粒边界的趋势有很大的联系(几百个纳米级孔隙的长直径)，而且在含粉砂质薄层中常见。尽管总体来说这些孔隙少见，但是在有些样品的局部地方能观察到纳米孔隙群。

粒内有机纳米级孔隙 粒内有机纳米级孔隙(孔隙在颗粒之内，图 5)是 Barnett 页岩中最广泛和数量最多的孔隙类型，形状从近乎球形[图 5(a)]到不规则多边形[图 5(b)]变化，轻微的不规则椭圆形是最常见的形状[图 5(a)]。

3. 有机质的特征和分布

由于 Barnett 泥岩中的大多数孔隙属于纳米级孔隙，而且纳米级孔隙都与有机质有关，研究有机质的分布对了解所有孔隙网络和渗透性至关重要。在开采区域的 Barnett 岩石中 TOC

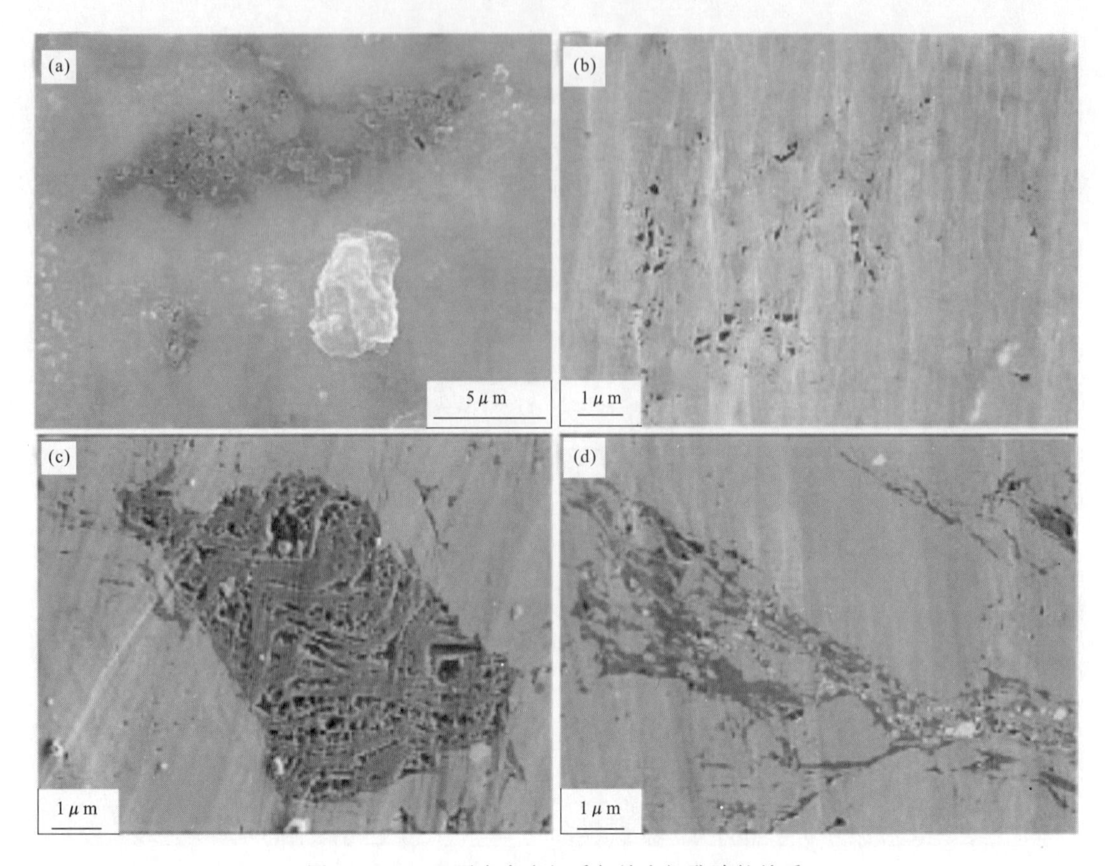

图 5　Barnett 页岩中有机质与纳米级孔隙的关系

(a)有机质颗粒中纳米级孔隙是从椭圆到复杂的圆形，图中比较暗的物质为有机质，BSE 图像，Blakely ＃1，2 164.7m；(b)有机质颗粒中的菱角状纳米级孔隙，SE 图像，Blakely ＃1，2 167.4m，加速电压＝10kV；焦距＝6mm；(c)矩形的纳米级孔隙出现线状缠绕结构，Sims ＃2，2 324m，加速电压＝2kV；焦距＝3mm；(d)纳米级孔隙与分散有机质之间的关系，富碳颗粒是深灰色；纳米级孔隙为黑色，SE 图像，Sims ＃2，2 324m，加速电压＝2kV；焦距＝2mm

的变化范围为 0.4%～10.6%，平均值为 4.0%(Loucks 和 Ruppel，2007)，Fort Worth 盆地南部的样品与该区域具有相似的 TOC 值。通过岩相学和 SEM 分析，我们注意到在每个样品中有机质总量的变化范围很大，即使在毫米级颗粒中也是如此。Barnett 泥岩中有机质的变化似乎与泥岩中的纹层有关；有些纹层中富含有机质，而有些纹层中几乎完全不含有机质。

有机质颗粒的大小和形状变化很大，研究观察到的样品得出颗粒直径变化范围从小于 1～10μm，颗粒的形状变化从圆形或等轴的非圆形到扁平状再到无规则的菱角状。大多数复杂颗粒的形状表明它们的形成与早期的压实作用有关，并且这些颗粒的长轴平行于层理。有机质的颗粒可能是搬运来的陆生植物、藻类碎片，或者是其他海洋生物的残留物，对很多无定形组分的来源很难分类。Barnett 有机质的有机地球化学分析(Montgomery 等，2005)表明，Barnett 页岩中干酪根主要为Ⅱ型(藻类)，在岩心中发现了直径差不多为 1cm 的较大植物碎片，但是在任何研磨表面都没有观察到植物碎片。

4. 纳米级孔隙的特征

1)产生与分布

纳米级孔隙主要发现于泥岩中的 3 个成因模型中，其中两个与有机质有关。在有机质的分散颗粒之中发现大部分纳米级孔隙[图 5(b)、(c)]。另外在富含有机质的平行微层理之中也发现一些纳米级孔隙[图 5(d)]，其与极细颗粒的基质有关，但是与有机质颗粒没有直接的关系[图 4(d)]。这是因为绝大多数纳米级孔隙发现于有机质中，尤其是在颗粒之中，在下面章节将着重描述其成因。

2)形态学

粒内有机纳米级孔隙一般大多数是呈不规则、椭圆状，也存在其他形态[图 5(a)]，椭圆状截面大多数是普通孔隙的轮廓[图 5(a)，图 6(a)]，但是在增加分辨率和较大的放大倍数下，很多孔隙趋于非椭圆形，而且显现出更多的回旋状边缘(褶皱增加)。在某些有机质颗粒中，孔隙的形状是圆形的而不是纯粹的椭圆形[图 6(c)]，这些复杂的孔隙可能是大量椭圆状孔隙合并

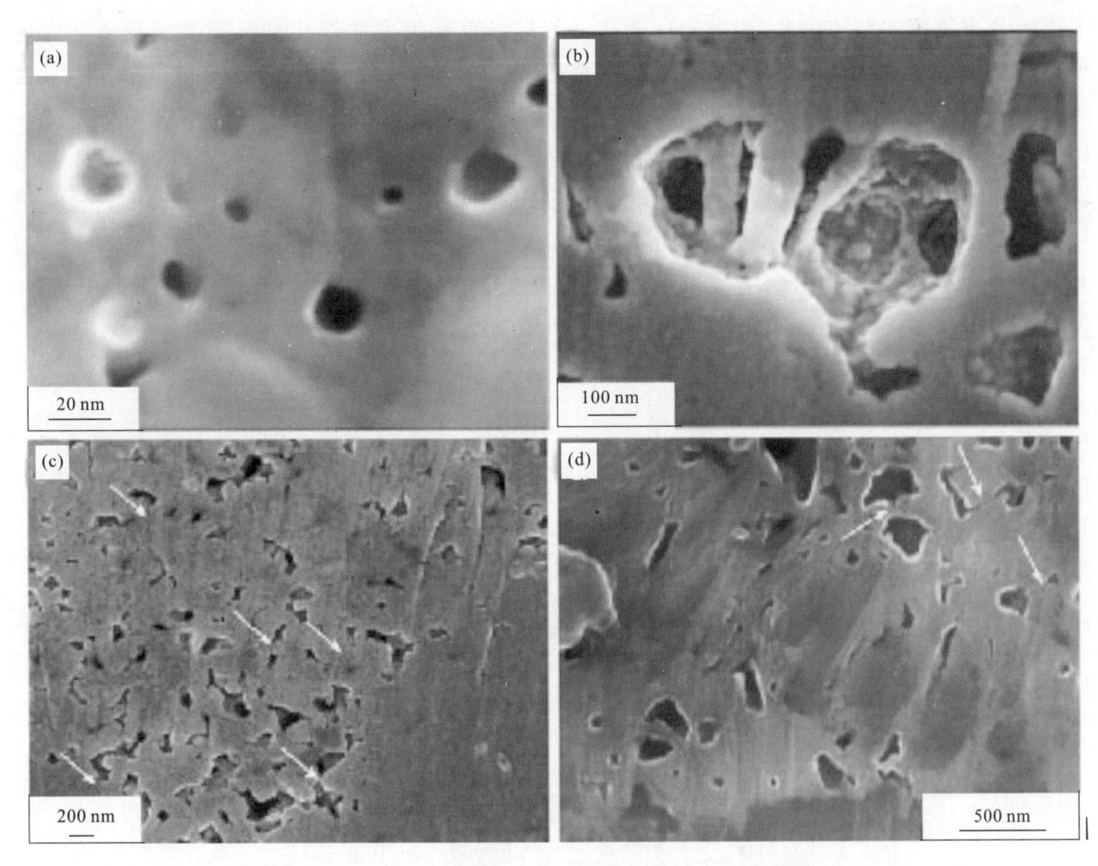

图 6　有机质中不同形态的纳米级孔隙的二次电子图像

(a)非常小(直径为 18～46nm)，差不多为球状的纳米级孔隙，这个视野范围内的总孔隙度为 5.2%，Blakely ＃1，2 196.4m，加速电压＝4kV；焦距＝5mm；(b)较大纳米级孔隙(直径为 550nm)展示复杂的类似柱状物的内部结构，Blakely＃1，2 167.4m，加速电压＝10kV；焦距＝6mm；(c)管状孔隙喉道连通椭圆状孔隙(白色箭头)，孔隙喉径小于 20nm，Blakely＃1，2 167.4m；(d)额外的管状孔隙喉道连接椭圆状孔隙(白色箭头)，孔隙喉径＜20nm，Blakely ＃1，2 167.4m

的结果，有时出现葡萄状的胶粒结构。多面角状的孔隙在其他有机颗粒中占主导地位[图 6(b)]，某些孔隙横截面为三角形。

纳米级孔隙在某种程度上一般是非等分的，在不同的有机质颗粒中，纳米级孔隙的平均纵横比的变化范围为(1.8：1)～(4.1：1)，有机质颗粒中纳米级孔隙的平均纵横比(离心率)的平均值为 2.8：1。绝大部分粒内有机纳米级孔隙没有三角形的横截面，碎屑岩中的粒间孔隙也是如此，大多数纳米级孔隙没有类似于溶解形成的平行延伸的次生孔隙，例如长石。

总的来说，与其他样品相比 Sims #2 岩心样品中有机质内的纳米级孔隙具有更有序、低圆度和更近乎等径的孔隙形状[图 6(c)]。这些样品中有些纳米级孔隙呈直线排列，似乎与颗粒中的基底结构或不均匀性有关。虽然在我们的样品中孔隙要小得多(是纳米级而不是微米级)，但是这些模式与在一些植物体和煤的显微组分(Hower 等，1999)中观察到的相似。虽然简单的内部结构具有代表性[图 6(a)]，但是有些孔隙可能很复杂，许多较大的孔隙具有内部结构，例如柱状结构[图 6(b)]。

孔隙之间的连通性控制着岩石的渗透性，而且这是流体和气体在硅质泥岩中运移的关键因素。在一些例子中[图 6(c)、(d)]，观察到长且窄的喉道连通着较大的纳米级孔隙，在图像中很难分辨狭窄的和浅的通道，喉道的轨迹一般是沿着光滑的曲线出现。观测到喉道的宽度小于 20nm，长度大于 200nm，这些极小的孔隙喉道的大小与毛细管压力分析计算的孔隙喉道的大小一致，表明大部分孔隙的喉道的最大直径在 10～15nm 之间，直径的变化范围在 5～100nm 之间(图 7)。Barnett 页岩纳米级孔隙的孔隙喉道大小数据与 Nelson(2009)给出的页岩中孔隙喉道大小数据相符合。Nelson 的研究表明：侏罗纪—白垩纪 Scotian Shelf 页岩孔隙喉道的直径范围为 8～17nm，泥盆纪 Appalachian 盆地页岩孔隙喉道的直径范围为 7～24nm，上新世 Beaufort - Mackenzie 盆地页岩孔隙喉道的直径范围为 9～24nm，以及 Pennsylvanian Anadarko 盆地页岩孔隙喉道的直径范围为 20～160nm。

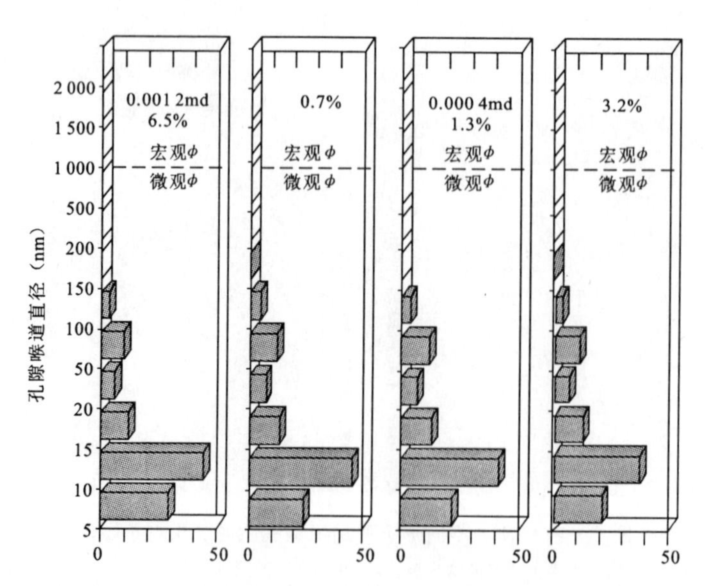

图 7　Blakely #1 井 Barnett 硅质泥岩中对 4 个样品毛细管压力分析计算的孔喉直径的直方图

注意到大多数计算的孔喉直径落在 5～15nm 范围内，这与在这篇论文中用 SEM 图像测量的直径(见图 6)一致。在这个图表中显示出了对相同样品的岩心柱分析得出的孔隙度和渗透率

3)孔隙大小

通过有些非球形的孔隙来确定粒间有机纳米孔隙的平均直径是很复杂的。许多较大的、更复杂的纳米级孔隙似乎具有混合形状,是在孔隙生成期间由较小的孔隙合并而成的,大多数这种复杂的孔隙形状都被当作单独的孔隙来测量,而且正如前面在方法和样品部分中提到的,在二维平面中测量孔隙的大小不是完全精确的,这是因为最大直径的孔隙不会总被切割。

测量值是由各种各样的图片和马赛克图像的孔隙直径平均值和中值组成,不管是平均值还是中值都因颗粒不同而有很大的不同(见表 3)。纳米级孔隙群的中值孔隙直径比平均直径要小,直径柱状图上的最高点比中值要稍微小一点(图 8),这些数值之间的关系几乎都表现在柱状图上,即使是在很小的测量地区,由于分辨率的局限性,在数据中未能将很小的孔隙表现出来。

虽然在很小的有机质颗粒中缺乏较大的纳米级孔隙(>30nm),但是这些缺少的孔隙空间可能会限制较小颗粒的表面面积或绝对容积。大的有机质颗粒中的孔隙直径的变化范围通常很大,而且常存在极小的纳米级孔隙(<30nm)。

Barnett 硅质泥岩中有机质颗粒内的纳米级孔隙的近似中值为 100nm,大小范围为低于 5nm 到高于 800nm[图 8(a)]。复合的粒内有机纳米级孔隙的直径很少能达到 1μm,单个颗粒中纳米级孔隙的平均直径范围为 20～185nm,其粒度中值的范围为 15～160nm,柱状图最高点的范围近似与直径中值的范围相同,很少有机质颗粒的孔隙会表现为双峰粒径分布[图 8(b)]。

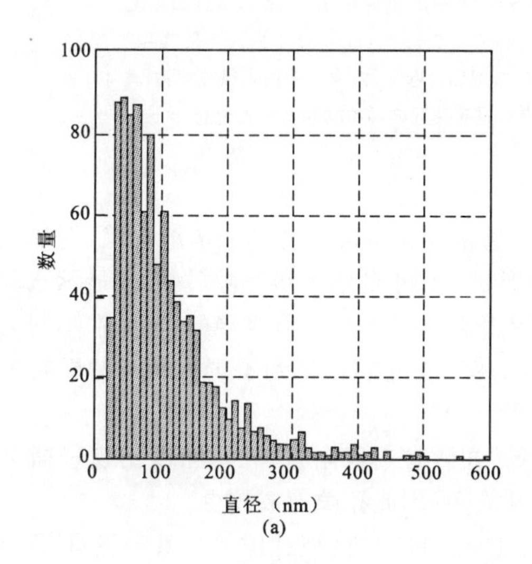

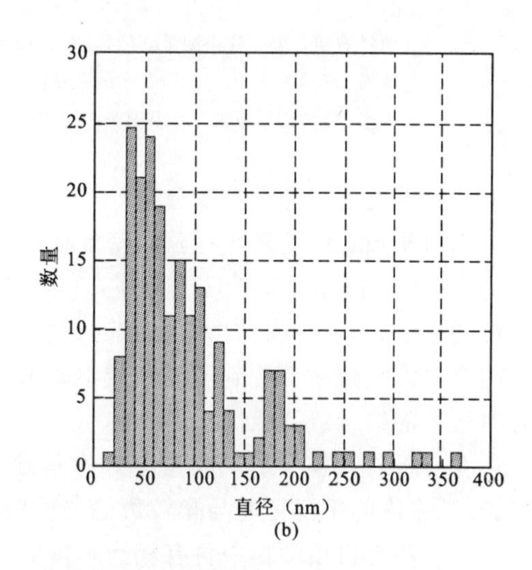

图 8 单一有机质颗粒中纳米级孔隙直径测量值柱状图

(a)较大有机质颗粒中所有孔隙直径的柱状图,Blakely ♯1, 2 167.4 m;(b)有机质颗粒中所有孔隙的直径柱状图显示纳米级孔隙大小的双峰分布,Sims ♯2,2 324 m

NMR 测量值是由 Blakely ♯1 井中的 3 个样品得出来的(图 9)。正如在方法部分提出的那样,将样品用盐水重新饱和用于分析。T_2松弛时间曲线产生的测量值提供了孔径分布的估计范围(例如,Kenyon,1992;Basan 等,1997),但是它们没有提供真实孔隙大小的数据。图 8 中显示的所有计数点的柱状图揭示了相对孔隙大小分布与图 9 中的 NMR 曲线相似,这个明显的关系表明 NMR 曲线的最高点记录了粒内有机质纳米级孔隙占主体，反之，较高 T_2 松弛时间曲线的第二低峰记录了较大的粒内有机质纳米级孔隙，同时有罕见的微孔隙。NMR 数据与观察的孔隙图像之间的相似性，证实了我们对 Barnett 泥岩中孔隙大小分布的解释。

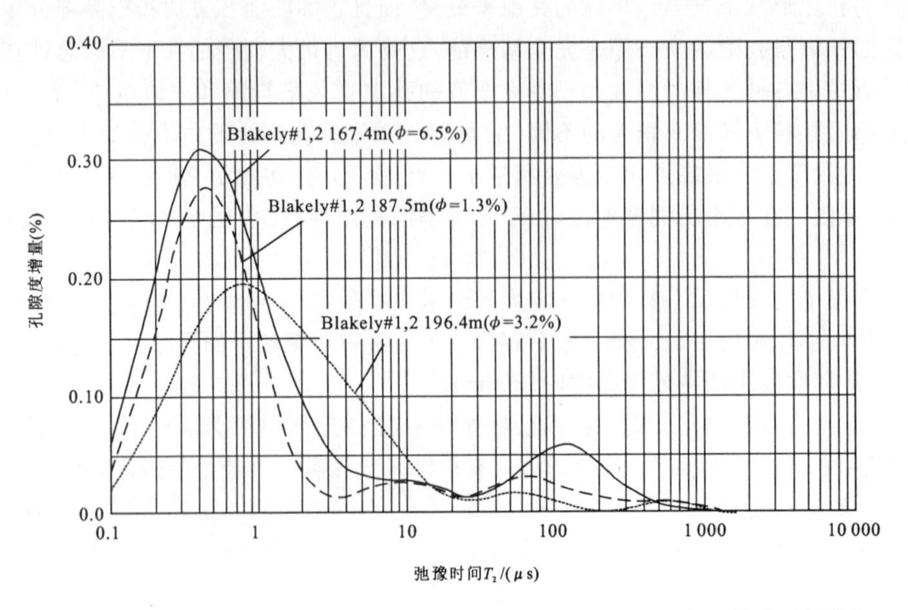

图 9　Blakely #1 井在 Barnett 硅质泥岩中的 3 个样品的 NMR 的 T_2 松弛时间曲线

曲线表明在岩心柱中测量到的孔隙大小的比例关系（约为 2.5cm×5cm）。这个方法不能提供绝对的孔隙大小比例。图 8 中的柱状图数据与 NMR 数据结合起来，曲线表明纳米级孔隙占很大比例和较大孔隙很少。图中显示的孔隙度来自于相同样品中的岩心柱的分析

4)孔隙发育程度和粒度分布

有机质颗粒中纳米级孔隙的密度很高（见表 3），通常颗粒中富含许多纳米级孔隙，例如直径为 10.8μm 的单一颗粒中富含了 1 000 多个各种形状和大小的纳米级孔隙（图 6 仅显示这种颗粒的一部分）。粒内纳米级孔隙的直径似乎与有机质颗粒的大小没有直接的联系，在不同大小的有机质颗粒中都找到了或大或小的纳米级孔隙，尽管在先前讨论到了少数较小的颗粒值含有较小的纳米级孔隙。

在有机质颗粒中纳米级孔隙好像是随意分布的，在颗粒边缘附近，孔隙密度出现轻微下降，孔隙密度的下降可能与颗粒边缘物质的物理变化有关，因此孔隙形成较少。

在有些有机质颗粒中含有相当丰富的纳米级孔隙，而在有些区域孔隙较少甚至没有[图 5(c)]。另外，富含纳米级孔隙的样品中的有些有机质不发育纳米级孔隙，不清楚缺乏孔隙发育是否与不同有机质成分（也就是惰质体）或其他因素有关，例如后期的局部压实作用。

较少的粒内有机质纳米级孔隙与泥岩基石中分散的有机质（少量）有关[图 5(d)]，这种有机质的大小在 10μm 到上百微米，并且通常平行于层理延伸。

实验室测量的 4 个 Blakely 岩心柱样品的孔隙度范围为 0.7%～6.5%（见表 5）。我们对相同的 Blakely 样品通过单一图像和图像马赛克（10μm^2 到上百平方微米的面积）的定点计数法来计算孔隙度，得出的孔隙度范围较大（4.45%～22.5%）。总的来说，通过岩心柱分析得出的孔隙度（孔隙体积）要比通过岩心图像分析估计的值大，在讨论部分展现了通过 SEM 分析

来计算孔隙度的方法。我们的总体印象是除了黄铁矿的晶间孔隙外，有机质以外发育或保存的孔隙非常有限。

实验室测量值超过或者与样品有机质颗粒内的孔隙群的估计值相近。对全部有机质颗粒计算的纳米级孔隙的孔隙度范围为 5.6%～20%，颗粒内部孔隙分布不均匀，在富含孔隙的地方计算的孔隙度高达 30%。在少数图像区域，最小的孔隙大小由图像的分辨率决定，而不是由实际的孔隙大小(低于分辨率)决定的，因此在这个区域我们计算的孔隙度可能偏低并且应该把其看作是最小值。例如，纳米级孔隙的类型，与有机质颗粒中的孔隙大小、形状和分布有关，类型始终与颗粒保持一致，但是并不是所有样品中的颗粒都是这样。

5)低成熟度岩石中的孔隙

检查 Fort Worth 盆地南部 Barnett 页岩的低热成熟区域的 8 口井中的 11 个硅质泥岩样品，图 10 为其中的两个样品的图像。这个区域泥岩的 VR_o 值低于 0.7(Pollastro 等，2007)，表明还没有达到生油窗。这些样品中的孔隙系统与 Fort Worth 盆地南部区域的高成熟样品(VR_o>0.8%)中的孔隙系统形成强烈的对比，最主要的区别是这些低成熟样品中的有机质颗粒发育极少或者没有孔隙，而且没有显示出颗粒内部的不均匀性(图 10)。这些泥岩中的纳米级孔隙平行于有机质颗粒边界延伸[图 10(a)]。

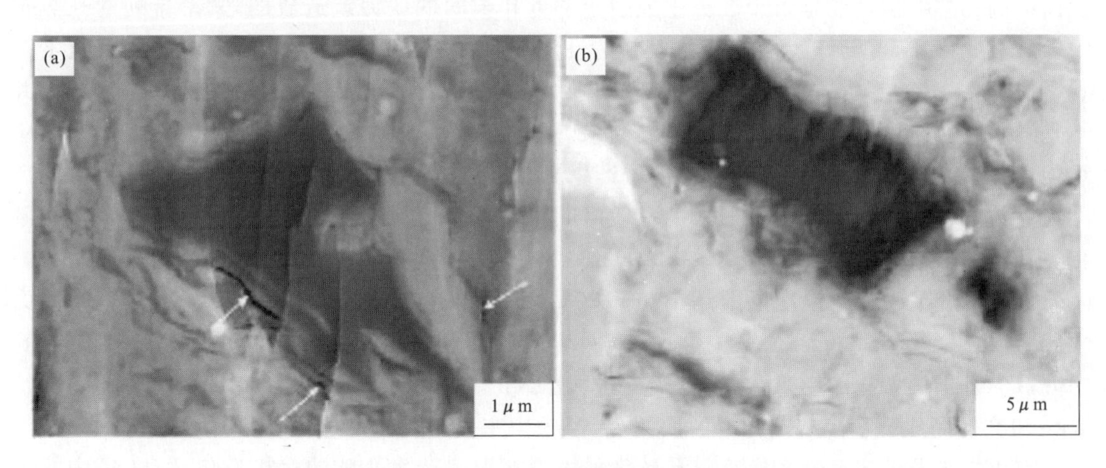

图 10　低成熟度样品中有机质颗粒中的孔隙背射电子成像

(a)有机质中除了少数沿着颗粒边缘的粒间微孔隙(白色箭头)外不含纳米级孔隙，这个区域中有机质的 VR_o<0.50%(Pollastro 等，2007)，Neal #A-1-1，117.5m，加速电压=4kV；焦距=5mm；(b)较大的有机质颗粒显示没有纳米级孔隙发育，这个区域中有机质的 VR_o近似的为 0.52%(Pollastro 等，2007)，Walker #D-1-1，390.8m，加速电压=4kV；焦距=5mm

5. 讨论

1)有机质纳米级孔隙的来源与意义

有机质颗粒中纳米级孔隙的丰度与镜质体反射率的强相关性表明孔隙形成是有机质(即干酪根)转化和热成熟的结果，这是从低热成熟样品的有机质颗粒中缺乏纳米级孔隙，在较成熟样品中富集孔隙得出来的结论。这种关系与 Hover 等(1996)观察到的相一致，他们通过透射式电子显微镜对 Antrim 的低热成熟岩石和 New Albany 页岩进行观察，发现这些页岩中的晶内或晶间基质孔隙度是不可见的。

Chalmers 和 Bustin(2007)的研究同样也支持我们的结论。在对白垩纪页岩的研究中,显示了微孔隙体积、甲烷吸附能力和有机质含量之间的良好关系(图 9),采用富集碎屑惰性体和镜质体的样品,得出该样品具有最高的甲烷吸附能力的结论。虽然 Chalmers 和 Bustin (2007)没有直接说明微孔隙的起源与有机质成熟度之间的关系,但这使我们更坚信有机质与微孔隙丰度之间存在着密切关系。

而且,这些数据还表明,这些孔隙是干酪根转化为烃类,导致液态和气态混合成岩层中的气泡群时所形成的。Jarvie 等(2007)提出下面的理论,有机碳分解造成孔隙发育。烃源岩中 TOC 由两部分组成:第一部分从多方面描述为"活性碳"(Pepper,1992)、"可热解碳"(Espitalie 等,1984)或"可转化有机碳"(Jarvie,1991);第二部分是 Cooles 等称之为"惰性碳"或"死碳"。最重要的是认识到这两个部分与烃含量的关系,这不仅取决于最初有机质的类型和保存条件,而且还取决于后生作用的热成熟度。可转化有机碳含量可以产出烃类,并且在过热成熟时产生额外的死碳,然而这些死碳生成干气的能力很小。在热成熟和可转化有机碳的转化过程中,有机质的分解导致烃类的形成,同时产生粒内有机纳米级孔隙。

在烃类成熟过程中,孔隙生长能解释观察到的与粒内有机质纳米级孔隙有关的很多特征,长而窄的孔隙喉道可能是由于烃类生成引起邻近孔隙间的压力差造成的,紧密排列的孔隙扩大导致彼此连通,可能产生更多形状复杂的孔隙。许多有序纳米级孔隙(图 5)的成因很不直观,低成熟样品的有机质颗粒中缺乏有序纳米级孔隙,这表明在成熟的样品中有序纳米孔隙并不是继承颗粒中的有机质纳米级孔隙的结果。然而有机质颗粒中残留体的纳米级到微米级不均匀性,可能会对含烃类孔隙的成核部位产生影响。

在粒内有机质纳米级孔隙形成的一段时间内,埋深和温度相应增加,干酪根转化成烃类及相关孔隙的形成过程是在低成熟的条件(VR_o为 0.60%的重量转换为 10%)下开始的。Barnett 页岩中烃类生成的温度范围是 100~160℃,是根据 Barnett 页岩中的分解率(也就是动力学)测量出来的(Jarvie 等,2007)。Barnett 页岩中烃类生成会产生大量的次生孔隙,这是岩石中分散的有机质转化的结果,这种转换方法和形成的纳米级孔隙大小与 Behar 和 Vandenbroucke 研究的高成熟干酪根一致,他们根据干酪根中主要的孔隙类型,得出孔径为 5~50nm。

有机质来源的多变性会影响总孔隙度的发育情况。产生孔隙的有机质包括 TOC 中的可转化或活性碳部分(有机质中倾向生烃的部分),它们含有大量不同的氢,取决于有机质的类型。由于藻类中的氢比镜质体中要多,所以期望在藻类分解过程中能产生更大的孔隙体积。

孔隙的丰度与成熟度阶段有关,孔隙形成时的相关压实作用的时间比较重要。一些有机质颗粒的回旋形状[图 5(a)]表明它们至少经历了一些压实作用,但是可能在早期,孔隙的形成必定在大多数压实作用之后,这是因为压实作用能封闭孔隙或者至少能改变它们的形状。在大多数样品中孔隙伸长没有择优取向表明是在压实作用之后。

2)粒内有机质纳米级孔隙体积与大小分布

粒内纳米级孔隙体积和大小分布的分析需要用 SEM 的纳米级分辨成像,这表明在必需的分辨率条件下,才能有效地分析极小区域($10\mu m^2$到上百平方微米)的孔隙分布。然而,为了在这些小区域测定有效体积,我们开发了一个很简单的方法。

我们利用定点计数法计算有限区域的孔隙度,其步骤是将样品中记点法数据测量的孔隙度与测量 TOC 结合,通过这个方法,我们首先计算出样品图像区域的平均孔隙度,然后我们将 TOC 从重量百分数转变为体积百分数，因此在样品中可以将孔隙度值应用于总有机质。例如，在 Blakely ＃1，2 167.4m 的样品中，有机质颗粒中的中值孔隙度为 17.0％，样品 TOC 含量为 4.05％(质量百分数)。同时假设有机质密度为 1.2g/cc，无机质密度为 2.5g/cc 的条件下，有机质的转换率为 8.42％(体积百分数)。根据这些数据计算的样品孔隙度为 1.4％，该值未考虑有机质外的孔隙，应为样品孔隙的最小值。这些计算值不能与氦元素孔隙度法测量的 Blakely ＃1，2 167.4m 样品的 6.5％孔隙度值相比较(表 5)。这个计算值比任何我们根据图像计算出来的孔隙体积要大得多。这些值之间的差异在某种程度上可能是由以下几个方面造成的：岩心柱其他部分在二维平面中被忽视的孔隙；泥岩中传统的岩心柱分析存在的问题和(或)未包括在黄铁矿微球粒中的孔隙。

3)Barnett 泥岩中气体储存和渗透的通道

本文首次研究了 Barnett 页岩中可开采泥岩相中孔隙的类型、大小和分布的文档，这是了解气体储存在哪里及它是怎样从泥岩中运移到可以开采的压裂裂缝中很关键的一步。到现在为止，只有微裂缝被认为是进入压裂裂缝中的渗透性通道(Curtis，2002)。在先前的研究中，Barnett 页岩的开采区域没有发现开启的微裂缝。

Montgomery 等(2005)阐明在页岩气系统中，天然气是以吸附和非吸附(吸附态和游离态)气体储存的。在吸附气情况下，甲烷分子被吸附在有机质和矿物物质表面，例如层状硅酸盐，在游离状态下，甲烷分子以游离气存在于孔隙中或者以溶解气存在于流体中。在 Barnett 页岩孔隙研究的文章之前，我们不了解含有吸附气和(或)游离气的孔隙特征及分布，现在明白 Barnett 泥岩中天然孔隙与有机质和黄铁矿微球粒之间有显著联系。但是需要注意的是，虽然黄铁矿丰度的平均值很高(平均为 9％)，但是一般只有微球粒黄铁矿含有孔隙，尽管它似乎比有机质中的孔隙要小得多，但是还不确定孔隙的体积与黄铁矿之间的关系，为了进一步解决黄铁矿中的孔隙分布关系，研究仍在继续。了解这些复杂孔隙网络的大小对于定量评价 Barnett 储层中气体储量是有必要的。

已知大多数孔隙都与有机质相关，如果没有控制，有机质的三维排列可能影响渗透性通道，连贯的有机质可能会限制流体的流动，这取决于有机质中的纳米级孔隙的连通性。初步观察表明样品中有机质分布变化可能有助于解释渗透性的变化原因。

图 11 是根据有机质不同浓度和成层特征，用图说明纳米级孔隙的排列和渗流通道的某些假设关系。如果有机质集中于横向连续层中，它可能在 Barnett 泥岩中产生相当好的渗透性通道，如果只是横向连续(网络状的网状物)而有机质较稀疏的，这些层位可能产生适度的渗透性，最后，如果有机质稀疏而且是不连续或分散的，这可能会使与其有关的渗透性很小甚至没有。

表 5 中显示了 Barnett 泥岩中岩心柱的渗透率(岩心柱的 Klinkenberg 渗透率的范围为 $0.06\times10^{-6}\sim1.23\times10^{-6}\mu m^2$)比在其他泥岩中测量的渗透率要高(例如，Neuzil，1994)，但是 Montgomery 等(2005)指出 Barnett 页岩的渗透率范围为 $1\times10^{-6}\sim0.01\times10^{-3}\mu m^2$。造成这些较高值的原因可能是 Barnett 泥岩为较好储集层或者渗透率的传统岩心柱测量值不适用于致密泥岩，另外样品未保存在其天然流体中也可能影响测量值((Dewhurst 等，1999)。

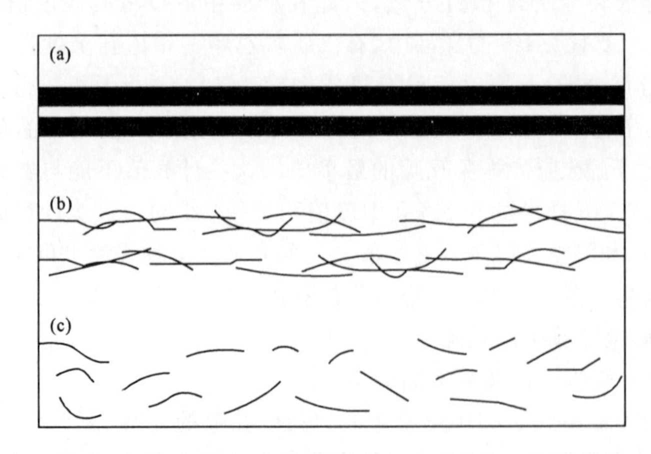

图 11 假设的有机质颗粒中纳米级孔隙排列与渗透性通道之间的关系
(a)密集且横向连续层会产生最好的渗透性流动通道;(b)稀疏且横向连续层产生较低的渗透连通性;(c)稀疏且横向不连续层不产生渗透性通道

6. 结论

我们的研究表明 Barnett 泥岩中硅质泥岩的孔隙是以纳米级为主,大多数纳米级孔隙与有机质颗粒相关,除了与黄铁矿微球粒相关的粒内孔隙以外,与有机质无关的孔隙相当少见。我们的数据也表明有机质中孔隙的丰度与热成熟度有直接关系。基于这些关系我们得出:在有机质热分解生成烃类的过程中形成大部分有机质颗粒中的纳米级孔隙。其他少见的孔隙类型包括颗粒内孔隙、铸模孔隙、晶间孔隙,颗粒间孔隙似乎没有增加有效孔隙网。因此我们得出 Fort Worth 盆地北部的密西西比纪 Barnett 页岩中的硅质泥岩油气储集层纳米级孔隙的组成,在某种程度上受到有机质的丰度和分布,可能还有黄铁矿的控制,而且气体可能是结合在有机质中的透水层中渗透和扩散的。

我们根据图像计算的孔隙体积表明:传统的实验室中岩心分析测定的孔隙体积可能偏高,这可能意味着需要新的方法来计算和描述孔隙体积。进一步的研究需要清晰地决定如何将图像的结果与传统分析方法的结果作比较,这些分析方法包括传统的孔隙度、渗透率、毛细管压力和 NMR 分析。

根据 SEM 对泥岩纳米级孔隙的特征进行描述,能更好地了解页岩气系统中孔隙的形成和分布,这是至关重要的第一步。充分确定泥岩中孔隙的形成、纳米级孔隙的分布和流体流动之间的关系需要作更多的研究工作。为了充分核实我们得到的观察结果和结论,对 Barnett 和其他泥岩层中的泥岩样品作另外的检查很重要。对于测量较大的岩石体积,促进和改善 SEM 放大倍数的方法也是很重要的。在不同有机质类型中更加深入地了解粒内有机纳米级孔隙的发育也是至关重要的。有机质体积与分布,及其与孔隙体积、渗透率之间关系的数据将会有助于了解泥岩的物理性质,也可以更好地估计天然气的储量。(陈振林、杨苗译,何发岐、龚铭、陈尧校)

原载 Journal of Sedimentary Research, 2009,79:848—861

参考文献

Behar F, Vandenbroucke M. Chemical modeling of kerogens [J]. Organic Geochemistry, 1987, 111:15—24.

Bowker, K A. Recent development of the Barnett Shale play, Fort Worth Basin[J]. West Texas Geological Society, Bulletin, 2003, 42(6):1—11.

Chalmers G R L, Bustin R M. The organic matter distribution and methane capacity of the Lower Cretaceous strata of northeastern British Columbia, Canada[J]. International Journal of Coal Geology, 2007, 70:223—239.

Cooles G P, Mackenzie A S, Quigley T M. Calculation of petroleum masses generated and expelled from source rocks [J]. Organic Geochemistry, 1986, 10: 235—245.

Curtis J B. Fractured shale - gas systems [J]. American Association of Petroleum Geologist, Bulletin, 2002, 86:1 921—1 938.

Dewhurst D N, Jones R M, Raven M D. Microstructural and petrophysical characterization of Murdering Shale [J]. application to top seal risking: Petroleum Geosciences, 2002, 8:371—383.

Dewhurst D N, Yang Y, Aplin A C. Permeability and fluid flow in natural mudstones, in Aplin, Muds and Mudstones[M]. Physical and Fluid Flow Properties, Geological Society of London, Special Publication, 1999:23—43.

Espitalie J, Madec M, Tissot B. Geochemical logging, in Voorhees, K. J. ,ed. , Analytical Pyrolysis - Techniques and Applications[M]. Boston, Butterworth, 1984: 276—304.

Gale J F W, Reed R M, Holder J. Natural fractures in the Barnett Shale and their importance for hydraulic fracture treatments[J]. American Association of Petroleum Geologists, Bulletin, 2007, 91: 603—622.

Gutschick R, Sandberg C. Mississippian continental margins on the conterminous United States[J]. Critical Interface on Continental Margins, Society of Economic Paleontologists and Mineralogists, 1983, 33:79—96.

Halley R B. Estimating pore and cement volumes in thin section [J]. Journal of Sedimentary Petrology, 1978, 48:642—650.

Johnson M R. Thin section grain size analysis revisited [J]. Sedimentlogy, 1994, 41:985—999.

Kenyon W E. Nuclear magnetic resonance as a petrophysical measurement [J]. Nuclear Geophysics, 1992, 6: 153—171.

Loucks R G, Ruppe S C, Mississippian Barnett Shale: lithofacies and depositional setting of a deep - water shale - gas succession in the Fort Worth Basin, Texas[J]. American Association of Petroleum Geologists, Bulletin, 2007, 91:579—601.

Neuzil C E, How permeable are clays and shales[J]. Water Resources Research, 1994, 30:145—150.

微孔隙页岩气储层中质量平衡对气体吸附量计算的影响

Ross D J K, Bustin R M

(Department of Geological Sciences, University of British Colunbia, 6339 Store Road, Vancouver, BC, Canada V6T 1Z4)

摘　要:对页岩储层气体的吸附能力进行测定分析时,如果没有考虑与孔隙体积(孔隙度)相关的孔隙大小的影响,仅通过常规质量平衡的方法作吸附分析,就可能会产生较大的误差。本文研究表明随着压力的增大,通常用来测量孔隙体积的氦气能进入到那些烃气所不能被吸附进去的孔隙中(因为烃类气体的动力学分子直径过大),而利用已知孔径分布的沸石进行实验也有力地证明了这点。在高压下氦气能够扩散或吸附在这些样品的微孔隙中。对有机碳含量低的样品来说,由于其本身总体吸附能力较低,所以在高压甲烷吸附等温线中,对氦气孔隙体积校准而引起的吸附量计算误差是有意义的。在这些样品中,由于在质量平衡计算过程中氦气的孔隙体积大于甲烷的孔隙体积,所以我们可以计算出其负吸附量。而这种质量平衡计算中由氦气的孔隙体积而引起的误差大小,主要与孔径以及孔径的分布相关。有机质富集的泥页岩或者煤层,都不会显示甲烷的负吸附作用,但是误差仍然存在,只是巨大的气体吸附能力掩盖了这些误差而被忽略。本文的研究强调了分析气体类型的重要性,这是因为气体动力学直径的大小对其在样品中渗透性或扩散性的影响很大,从而对气体吸附量的计算也会产生重大影响。

引　言

气页岩和煤层都是重要的非常规天然气储层,其中含有大量吸附态的天然气(Bustin,2005)。在对页岩气和煤层气储层评估时,通常用等温吸附线(主要是甲烷)来确定吸附气量。推算的气体吸附量是整个区域储层评价的一个重要标准,因此,吸附气量计算中的小错误会导致整个区域天然气量的预测结果过低或者过高,严重影响其经济开发的规划。通常将井场的吸附气量与实际含气量进行对比来确定区域的含气饱和度。含气饱和的页岩在初始压力下降时天然气开始解析,同时还有一定量的水产出。在未饱和的储层中,其饱和度水平在很大程度上决定了其经济开采价值,因为其含气饱和程度决定了气体解吸出来时所需要降低压力的大小,这里就涉及到了解吸的临界压力问题(GRI,1996)。

对于煤层和页岩而言,天然气吸附在基质的内表面上。当多微孔隙介质处于吸附状态时,我们通常采用Ⅰ型等温线(Langmuir)进行解释分析,在相对低压条件下吸附气量快速增加,吸附点完全被气体分子吸附(Brunauer 等,1940)。但是我们最近的研究发现了在许多页岩中出现了负的甲烷吸附等温线(图 1;Ross,2004),同时在煤层中也出现了负的乙烷等温线。这些计算中出现的负吸附现象反映了质量平衡计算方法在计算吸附量时存在着基本原理问题。计算得出的负吸附作用在有机质贫乏的高压吸附实验中特别明显,其天然气吸附量很低(相对于有机质富集的页岩和煤层),并且计算产生更容易识别。由于页岩或泥岩地层的横向和纵向的延伸,任何细小的计算失误,都会对整个天然气地质储量的估算造成很大的影响。

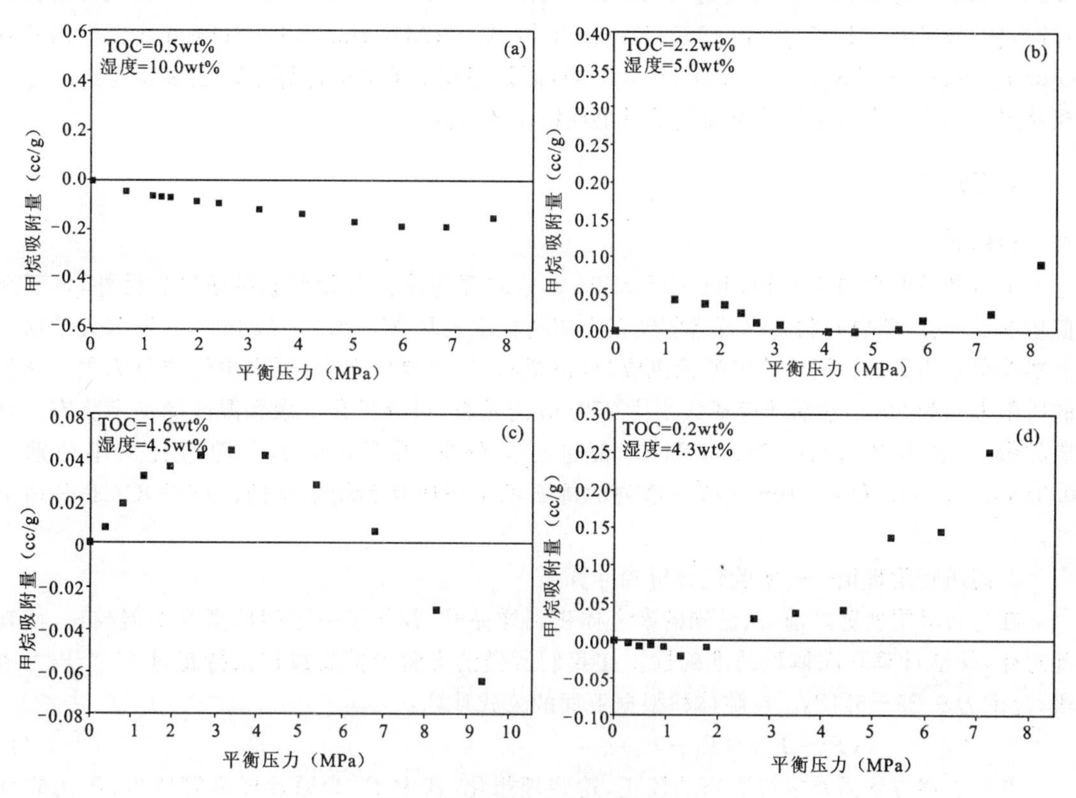

图1 计算结果为负吸附的例子

(a)和(b)为侏罗纪页岩;(c)和(d)为泥盆纪页岩

如煤层一样的多孔隙介质,其中有大量网络状的裂缝孔隙,通过毛细管相互连通(Marsh,1987)。所以这些孔隙在很大程度上受孔隙喉道形状和直径大小的影响。天然气通过孔隙喉道到吸附点的扩散其取决于气体分子的动力学直径。如 Cui 等(2004)认为二氧化碳比甲烷气和氦气的微孔隙扩散率更高,这是因为二氧化碳的分子运动直径要更小一些。

煤层孔隙结构(与有机质有关)在很大程度上控制着天然气的吸附作用,不论是在中孔隙中的多分子层吸附(Gan 等,1972)还是在微孔隙中的孔隙体积充填,都受到吸附能大小的影响(Cui 等,2004)。对页岩而言,有机质是控制其天然气吸附量的主要因素(Ross,2004,2007;Ramos,2004;Chalmers 等,2007)。页岩和泥岩也含有与粘土矿物有关的微孔隙。粘土矿物,像伊利石、高岭石和蒙脱石等,孔隙发育特征明显,并且有效半径都在 1~2nm 之间。高岭石和伊利石的微孔隙主要取决于粘土晶体的大小,而蒙脱石则有着不同的孔隙大小分布,除了取决于晶体的大小外,还与可交换阳离子的饱和度有关(Alymore 等,1967;Aringhier;2004)。

对于沸石中甲烷负吸附特性,前人已经有过论述(Vermesse 等,1996),但当时由于认为这些数据“没有物理意义”而没有在结论中提及。根据一套宾夕法尼亚系煤层的吸附分析,Krooss 等(2002)指出二氧化碳负吸附量出现(在 8~10MPa 之间)的部分原因是:在高温低压条件下,非理想气体不适合运用吉布斯方法(详见下文)。

为了研究页岩或泥岩地层和煤层中负吸附作用的存在和重要性，孔隙体积的计算和吸附实验都需要经过严格的检查。本文的目的并不是进一步理解吸附现象，因为这些问题在许多文献中都被广泛地探讨和研究过(Polanyi，1932；Rudzinski 等，1972；Steelers，1974；Dubinin，1971，1975；Sircar，1985；Sing，1985；Neimark 等，1997；Malbrunot，1997；Roquerol 等，1999；Gumma 等，2003；Cavenat 等，2004；Li，2004)，而是探究质量平衡计算在确定多微孔隙的非常规储层尤其是页岩气储层的吸附气量时出现错误的原因。

1. 方法

1)样品

页岩样品取自加拿大 British Columbia 省东北部的侏罗系和泥盆系地层。另外，本研究使用的伊利石、蒙脱石和高岭石这些纯粘土矿物标本是从 Missouri - Columbia 资源大学粘土矿物储藏室购买的。同时确定的无机成分(包括石英)主要以泥岩、页岩中的成分为主。样品的质量大约为 200g，然后压碎成大小为 250μm 的颗粒，再分析其干燥和湿度的平衡状态。合成的沸石(名为 ZeoSorb)33、43 和 61 都进行了分析，并且已知其孔隙直径大小分别为 0.31nm、0.41nm 和 0.74nm。这一系列的沸石都呈挤压状和粉末状的，由 TRICAT 公司生产。

2)高压吸附理论——实验性分析和计算

在进行吸附实验之前，从已知的参考体积到样品管，都作了一系列的氦气扩展校正，使其理想化，保证计算孔隙体积的准确性。在我们所做的实验中扩展过程保持超过 10 个压力阶段，范围为 0.25～5MPa。空隙体积根据下面的公式计算：

$$(P_2-P_3)/(P_3-P_1) \tag{1}$$

并且上述方程需要进行适当的校正，达到理想化，其中 P_1 为原始样品管压力，P_2 为附加氦气后参照管的压力，P_3 为样品管和参考管在膨胀之后的压力。

在 30.0℃高压条件下，运用 Boyles 定律气体吸附装置测量甲烷的等温线。接下来根据实际气体定律，用质量平衡计算纯吸附气的等温线，样品质量记为 m_s(在 STP 条件下；$T=273.15\text{K}$，$P=0.101\ 325\text{MPa}$)：

$$V_{ads}=[T_{STD}/(TP_{STD}m_s)]\times[V_{ref}(P_{ref}^{I-1}/Z-P_{ref}^{I}/Z)-(V_{void}-V_S)(P_{SC}^{I}/Z-P_S^{I-1}C/Z)] \tag{2}$$

样品的孔隙体积(V_{void})为样品管中没有被样品占据的空间(包括样品间隔的自由空间和样品中连通的孔隙空间)，通常在甲烷标准沸点值为 0.423g/cm^3，设定一个吸附物的质量密度值的条件下，根据吸附气实际占据的空间体积来校正。如果忽略被吸附物的体积，就得到了吉布斯等温线。假定的被吸附物的密度所产生的影响在本文中不作考虑，但是从本研究结果来看所得的任何合理数值都不会偏离结论。气体压缩系数可以根据 Peng - Robinson 状态方程式来确定(EOS)(Peng 等，1976)。我们分析认为，就算改变 EOS，也改变不了页岩和泥岩的负吸附结果。

吸附数据满足 Langmuir 方程(Langmuir，1918)：

$$V_E=V_L P_g/(P_L+P_g) \tag{3}$$

式中：V_E为在均衡压力 P_g下单位体积的储层所含的吸附气体积；V_L为 Langmuir 体积(根据单分子层吸附作用)最大吸附量；P_g是气体压力；P_L是 Langmuir 压力，被吸附总体积和 V_E上所施加的压力等于 Langmuir 体积 V_L的 10.5 倍。

压力点的压力高达9MPa,采用的是高精度的压力传感器(全刻度精确到0.05%)。在氦气校准和甲烷吸附分析过程中,该系统都维持恒温,因为温度的波动会对压力产生影响,所以波动幅度控制在0.01℃左右。而在氦气和甲烷分析之前,对系统的每个方面、每个部件都进行了氦气密封性检验。通常系统会被抽空并且压力高达9MPa,几分钟之后就达到热平衡,之后的1～2h内每隔15min就读取一次压力值。另外要强调的是,高压部件都要通过SNOOP的密封性检测。

根据在30℃条件下水的饱和度来确定湿度(ASTM,2004),以此来代表地层条件下的含水率。该方法把样品置于真空干燥管且放在饱和钾硫酸盐溶液内超过72h。为了便于干燥条件下的分析,所有的样品都置入110℃的烤炉中烘干24h处理。

3)吸附气体积估算的注意事项

使用Gibbs的附加方法,实验中吸附气的总量可以根据以下方程确定(Sircar,1985):

$$n_{\text{sorbed}}=n_{\text{total}}-C_{\text{gas}}V_{\text{void}} \tag{4}$$

式中:n_{total}为系统中的总含气量;$C_{\text{gas}}V_{\text{void}}$为气体占据的体积空间,是根据气体摩尔浓度计算得出的;C_{gas}是利用各种压力和温度条件下气体的EOS计算得出。

这些计算中的无效体积包括了样品管和孔隙中的自由空间以及样品中没有被吸附物占据的空间。在吸附实验过程中由于被吸附物占据,无效空间的体积逐渐地减少,这种作用效果在质量平衡计算中要考虑到。该空间的减少也与有机质在吸附过程中发生膨胀作用有关(Laxminarayana,2003),而膨胀的程度则取决于有机质和气体的数量。尽管这种膨胀作用很重要,能导致孔隙体积的减少,但这种膨胀作用并不能对甲烷吸附过程中出现的负吸附现象作出解释。这种膨胀效应将在以后的文献中详细论述。

为了计算吸附气的成分(或者说是额外吸附物),就需要很精确地测量孔隙体积(V_{void})。氦气的膨胀就用来测算孔隙体积,因为该方法的精确度很高。运用氦气测定流体体积有以下两方面的原因:①氦气的动力学直径很小,能够渗透至很微小的孔隙(Singh等,2000);②通常假设氦气在室温和中等压力(最高至9MPa)下,吸附系数很小。这种假设当然也存在质疑的地方,就是当氦气被吸附到像硅酸盐这类惰性固体中时,固体原子会吸引He原子(Roquerol,1999;Starzewski,1989)。

2. 结论

本文的结论分成两个部分:第一部分在非均质物质的吸附实验中,运用氦气作为一种分析介质来校准孔隙体积,同时以此来确定压力、氦气吸附作用及时间对实验结果的影响;第二部分讨论了前面所说的吸附作用的含义,及其在不均质多微孔隙物质中质量平衡计算中的意义。为了论述非均质的重要性和有机质的微孔隙结构,以及煤层和页岩的矿物成分,我们也采用已知孔隙大小分布的人造沸石进行了类似的实验,并且这些实验结果都包含在文章后面的几个部分内容中。

第一部分适用氦气确定压力、氦气吸附作用及时间对实验结果的影响

1)氦气实验效应

如果孔隙相对较大,吸附作用和样品的可压缩性忽略不计,并假设该非理想气体已经作了适当的校正,采用氦气在各种压力条件下测定的孔隙体积(样品颗粒和可渗入孔隙之间的自由空间)应该是恒定不变的。这些假设看来还是很有根据的,对ZeoSorb 61号样品来说,其孔隙大小都差不多为 0.74nm，且其根据氦气膨胀实验所计算出的孔隙体积[$(P_2-P_3)/(P_3-P_1)$的比值]是恒定的，不随实验压力的增加而改变(图 2)。但是对于干燥的页岩样品和高岭石、蒙脱石、伊利石矿物[图 3 和图 4(a)～(c)]来说，孔隙体积的计算结果都是随着压力的增加而增大了。对于石英而言施加更高的压力[＞3.5MPa；图 4(d)]并不会使孔隙体积连续增大。而对于湿度平衡的样品(图 5)，其孔隙体积随着压力增大而增大的趋势比干燥的部分程度小一些或者不存在。

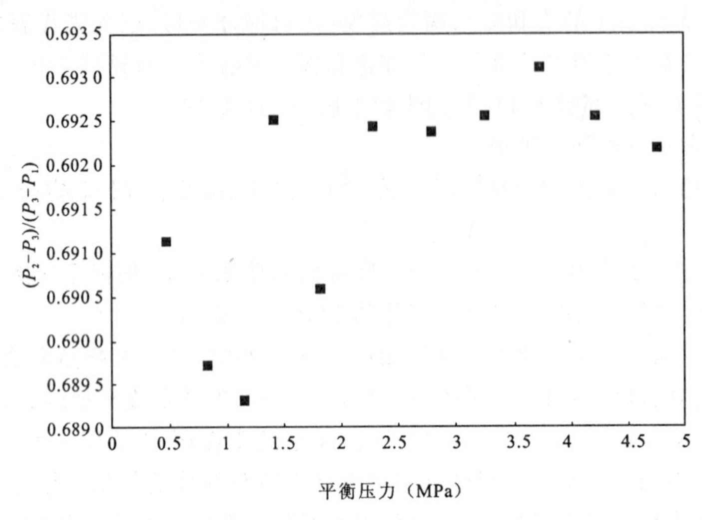

图 2　ZeoSorb 61 样品(孔隙直径为 0.74nm)孔隙体积的氦气校准

(当压力超过 2MPa 时，参照管和样品管之间的压力比相对一致)

天然物质中孔隙体积的增大(图 3 至图 5)可能是氦气在高压吸附作用或者氦气能够在高压下进入更微小孔隙的表现。氦气的吸附效应在以前的文献中也有提到过，相关研究介质例如沸石(Vermesse 等，1996)、活性碳棒(Neimark 等，1997)和惰性的硅酸盐(Gumma 等，2003)。尽管在研究中无法完全排除有些吸附的氦气，但是 ZeoSorb 61 样品的孔隙体积的计算结果随着压力的增加而增大表明了这种无法排除的吸附并不重要。另外，如果氦气的吸附作用与压力趋势有关，那么我们可以模仿 Langmuir 吸附等温式，预测计算出的孔隙体积会在一个较高的压力条件下达到平衡稳定。氦气等温线大致的倾斜率是相当连续和恒定的(图 6)，表明了氦气还没有被显著地吸附，因为还没有达到饱和点(所以指示的是超额氦气量比而不是氦气吸附量(Cavenat 等，2004；Hyun 等，1982)。氦气随时间的扩散性(Mair 等，1998)也从所计算出的超额氦气量中以不同的倍率体现出来(例如即在封闭气孔和记录气孔压力之间的时间记录)。额外孔隙体积随着1 000s、300s 和 30s 的校正时间的减少而减少(或者采用 Gibbs 的方法来研究所吸附的氦气量)(图 7)。该结果表明由于较小的刻度倍率，氦气没有足够的时间扩散或吸附进样品，样品具有较小的孔隙空间。

即使我们不能完全地分离氦气的毛细管效应及氦气吸附对孔隙空间计算的影响，但是我们的实验表明在较高压条件下孔隙的连通性很重要。因此考虑到孔隙体积随着压力增大而增加的趋势，是氦气在更高的压力条件下能够更大量地进入受限制的孔隙中去(例如毛细管效应)的结果。从本质上来讲，分子颗粒通过孔隙缺口时发生“挤压”而进入到微孔隙中去(Predesscu 等，1996；Du 和 Wu，2006)。氦气的扩散可以根据减速和持续降低的平衡压力来确认，

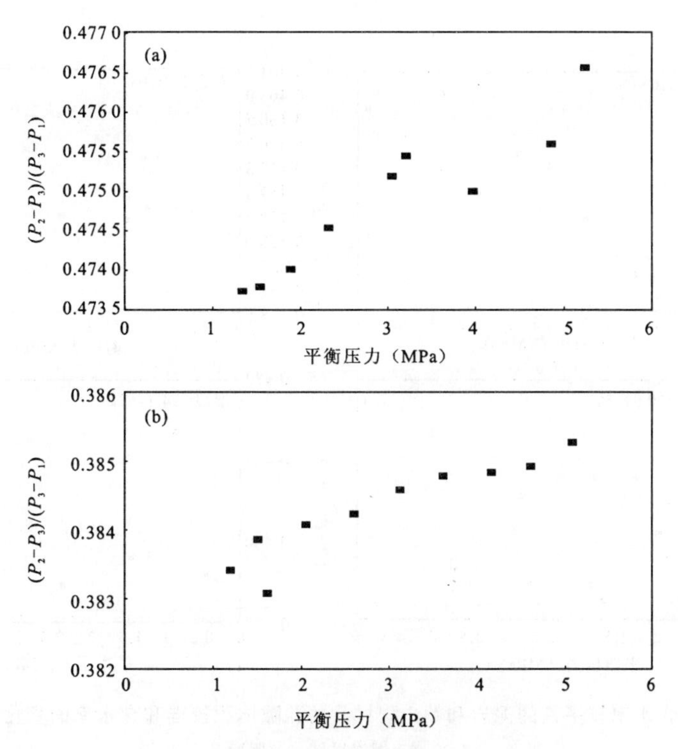

图 3　富含有机质的泥岩样品校准图
(随着高压膨胀所测得的孔隙体积也成比例的增加)

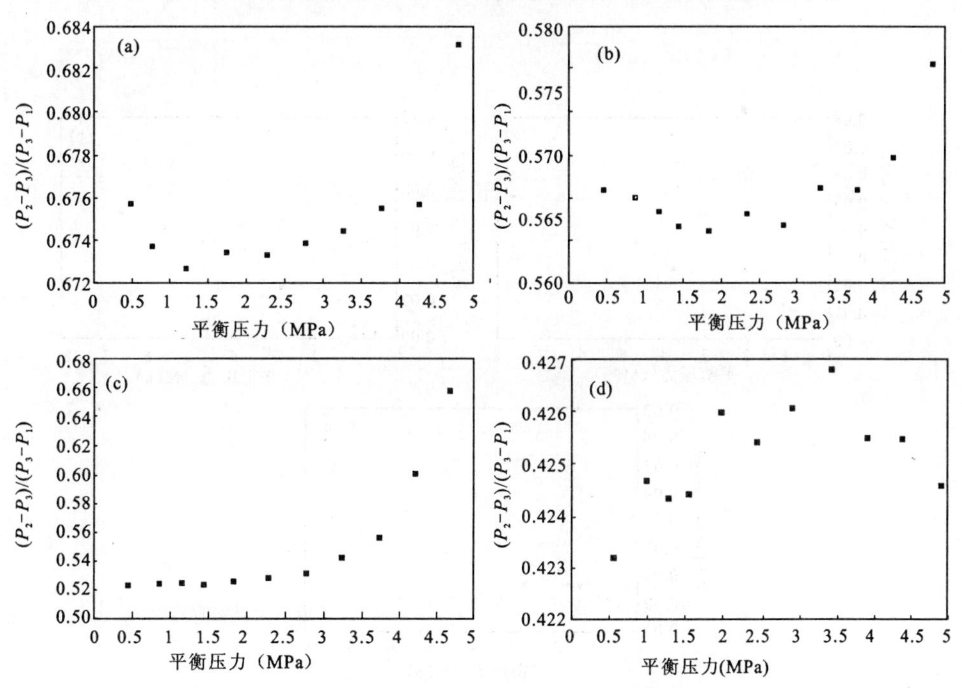

图 4　页岩或泥岩样品的主要成分中孔隙体积的氦气校准
(全部为干燥分析)
(a)高岭石;(b)蒙脱石;(c)伊利石;(d)石英。石英样品的孔隙体积趋势并没有随着样品管高压膨胀而增大

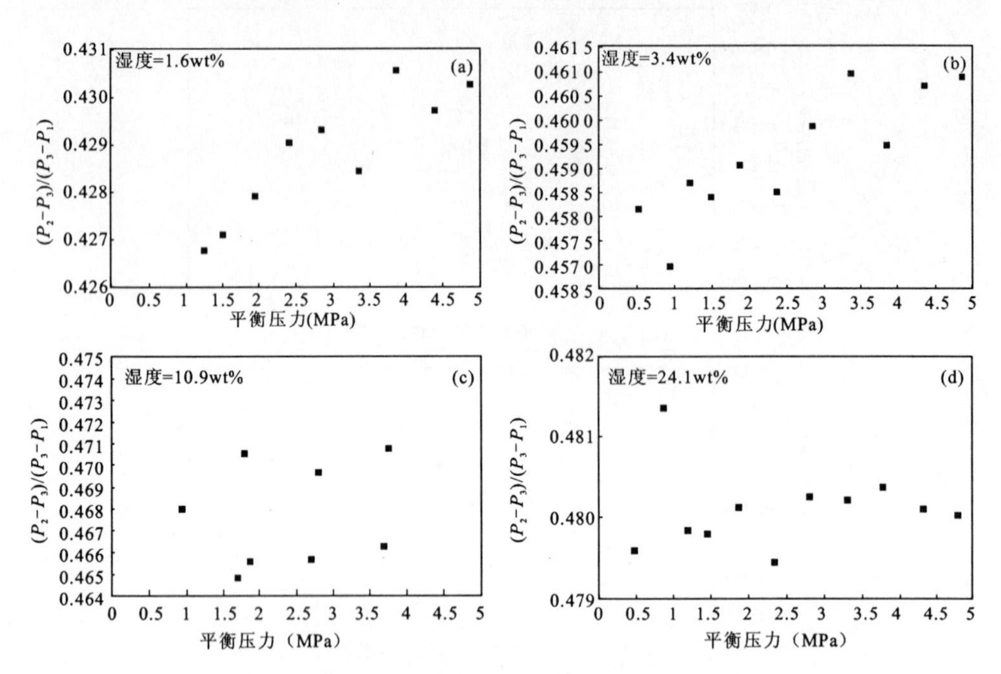

图 5　含水率较平衡的泥岩和粘土岩样品的孔隙体积校准和含水率的变化趋势图

(a)～(c)泥岩样品；(d)蒙脱石

可以看出较低 EQ 含水率的样品其孔隙体积校准与干燥样品的趋势相类似，表明在更高的压力条件下依然有大量的孔隙体积。较高平衡含水率样品(5378－1 和蒙脱石)则无明显趋势

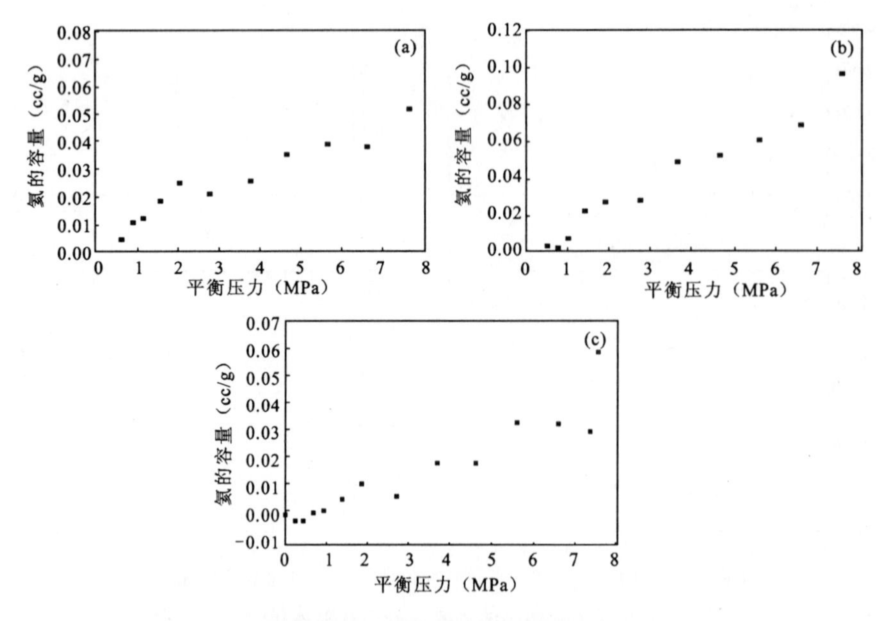

图 6　氦气等温线的线性趋势图

(a)蒙脱石；(b)、(c)泥岩样品。趋势线偶尔凸起的地方可能是微孔隙中的渗透过程较缓慢的反映

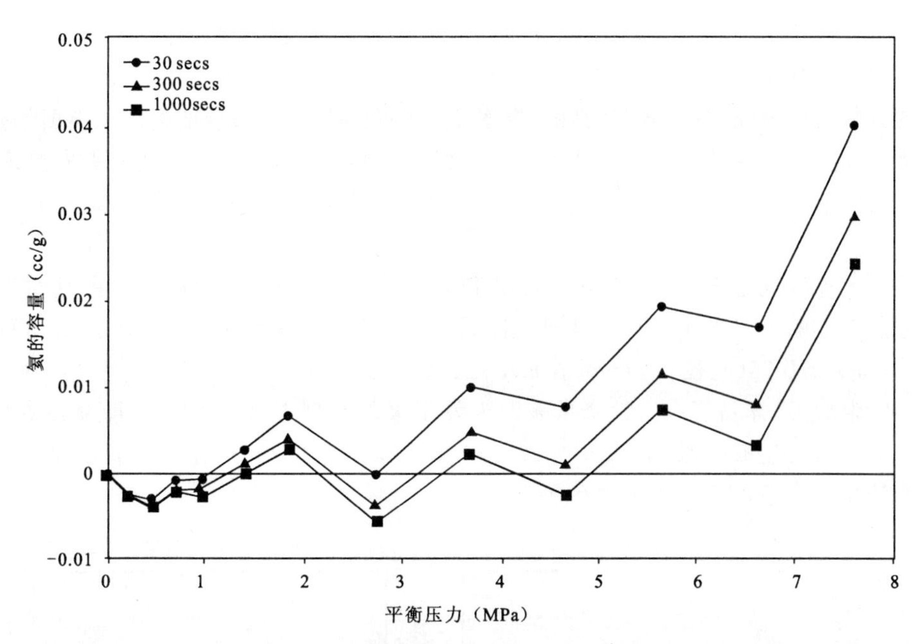

图 7　页岩样品的氦气等温线随着孔隙体积的校准时间的变化趋势图

随着时间的延长，分子的可进入性和吸附性都与实际吸附实验结果相似，所以较低的超额氦气量可以通过延长校准时间来计算出来(如 1 000s)。曲线的趋势是跟随孔隙空间的校准情况变化的，而不是像吸附实验那样随时间而发生多种变化

因为氦气已经贯穿了整个孔隙网络。

许多氦气等温线都有个阶梯状的轮廓[图 6(c)]，这应该反映了氦气是逐渐充填到孔隙中去的。在[图 6(c)]所示的页岩样品中，有机质含量为 11wt%(质量百分比)，其微孔隙的充填(与有机质的组成有关)能够解释氦气等温线的变化。氦气在大块样品中的扩散率(例如基质的化学吸收性质)不影响其在微孔隙的扩散过程，因为在这些实验中氦气并不是可溶的(与二氧化碳等不同)(Larsen 等，1995)。正如 Larsen 等(1995)研究记录的那样，氦气的扩散会出现一个有趣的现象：氦气能够渗入到孔隙的能力取决于其分子团较小的运动需求，或者说这些微孔隙网络状的连通性促进了较小的氦气原子的扩散？从本文的研究来看，结论并不明确。

氦气的扩散和吸附作用也受到页岩和泥岩样品中含水率的影响。水和吸附物占据了孔隙喉道和裂缝网络，剩下较少的孔隙空间留给氦气分子占据，这样限制了氦气分子的扩散，所以在潮湿的样品中孔隙体积的增加会显得很微小。而石英并不是多微孔隙的物质，孔隙体积也没有什么变化趋势。至于多微孔的 ZeoSorb 61 样品，孔隙体积不随压力变化，是由孔径相对较大且分布均匀、样品相对干燥造成的。沸石内的氦气达到饱和的相对压力比页岩样品内氦气达到饱和的压力要低，这与沸石和页岩样品内部结构的差异性有关。

正如我们得到的结果表明，天然的多微孔隙物质在较高压力情况下存在气体毛细管效应，所以也需要考虑到这种孔隙体积的变化，这也可以来解释质量平衡计算中出现的问题。由于更多的孔隙空间被氦气侵入填充，所以只能在高压情况下对气体作总体分析，而且在每个压力阶段的孔隙空间存在的形式也不一样。为了确定在特定的压力下额外的吸附作用，那么就需要先确定对应压力条件下的孔隙体积。如果把孔隙体积的平均值运用到整个等温线，那么就会过高地估计低压情况下的吸附作用，反之高压情况下则会低估其吸附效应。

2)氦气校准和甲烷吸附实验——孔径效应

考虑到气页岩或煤层的不均质性的、含水率的多变性以及有机质的类型和丰度的差异，很难忽视其中孔隙大小和孔隙分布对孔隙体积计算的影响。所以在本节中我们首先要论证多孔性对氦气与甲烷的吸附作用计算的重要性，而实验采用的介质样本为已知孔隙大小分布的人造沸石。

甲烷吸附等温线是根据沸石样品 33、43 和 61 在压力为 9MPa 条件下，运用氦气测量孔隙体积的方法测定的。对于 43 和 61 号沸石样品，甲烷等温线数据较符合 Langmuir 模型[图 8(a)、(b)]，ZeoSorb 33(孔径 0.31nm)在每个压力级都会计算产生的负吸附数据[图 8(c)]。在初始低压吸附阶段，样品管压力没降低表明未发生吸附类型 I [图 9(a)]。即使在高压阶段，样品管压力还是会逐渐降低[图 9(b)、(c)]，这就说明了气体是被吸附或者是扩散了，而通过质量平衡计算发现了负吸附作用的存在。

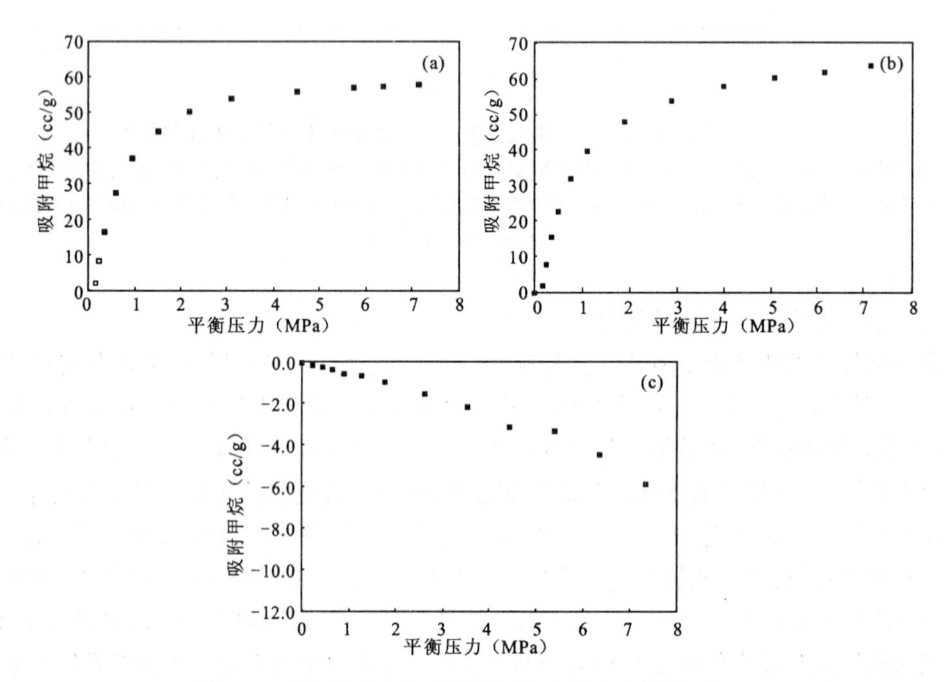

图 8　已知孔隙大小分布情况的沸石甲烷吸附等温线

(a)ZeoSorb 61：孔隙大小为 0.74nm；(b)ZeoSorb 43：孔隙大小为 0.41nm；(c)ZeoSorb 33：孔隙大小为 0.3nm

高压吸附实验需要考虑到以下两个方面来解释 ZeoSorb 33 中存在的负吸附作用：

①所研究气体动力学直径的差异，其中已知氦气的动力学直径为 0.26nm，甲烷的动力学直径为 0.38nm(Vermesse，1996)；②计算吸附气含量所运用到的方程。如果氦气和甲烷所能占据的孔隙空间相近并且不存在吸附作用[(即根据方程(4)，$n_{total}=V_{void}$)]，那么计算的吸附结果为零。ZeoSorb43 和 ZeoSorb61 样品中都有正吸附存在，因为氦气和甲烷能渗透进所有的孔隙(孔隙大小分别为 0.41nm 和 0.74nm)，并且甲烷能吸附在内表面区域($n_{total}>V_{void}$)。但是 ZeoSorb33 样品中出现的负吸附作用表明了 V_{void} 比 n_{total} 要大一些。这就是位阻现象的结果，即有些孔隙空间氦气能够进入而甲烷不能，且控制这些气体的渗透性的主导因素就是它们

的动力学直径、分子几何学以及样品中孔隙的大小和现状。甲烷的分子动力学半径较大一些，所以不能渗透入直径为 0.31nm 的孔隙中，因此相对氦气而言能充填的孔隙空间要更小一些。更大的孔隙体积加上极低水平的甲烷吸附作用（由于孔隙大小的原因，只有极少量甲烷吸附）就造成了计算结果出现了负吸附现象。ZeoSorb33 样品管中的压力降低，甲烷吸附到外表面区域，因为所有的内表面区域（如直径大小为 0.31nm 的孔隙）都不能进入。由于吸附的气体总量很小而孔隙体积又很大，这样通过质量平衡计算就得出负吸附的结果。

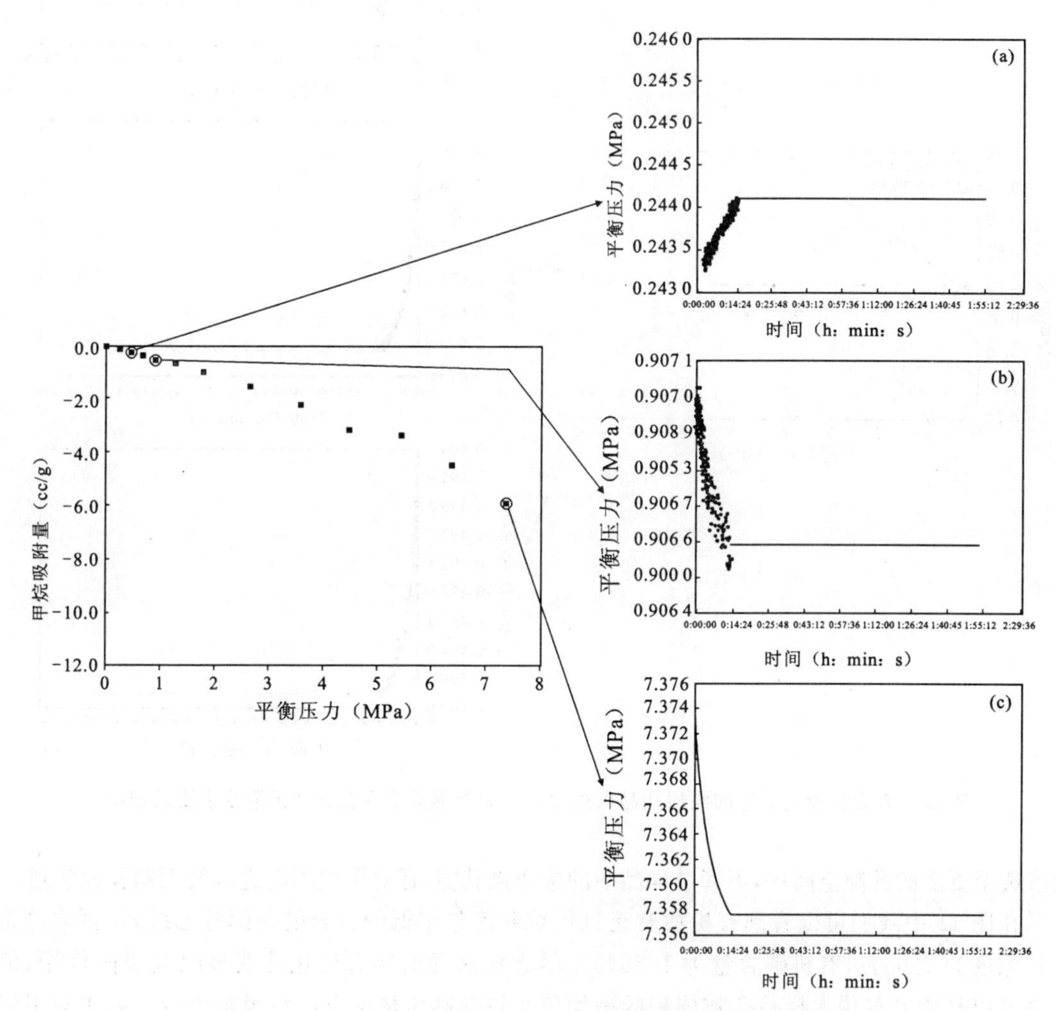

图 9 ZeoSorb33 样品在所有选择性的压力阶段中所表现出的负吸附作用

(a)甲烷无吸附/扩散作用（没有出现压力降低）；

(b)、(c)在更大的压力范围内就会出现负吸附作用，尽管样品管压力降低

ZeoSorb 33 样品表现的气体分子的筛选效应能够解释为什么有机碳含量较低的页岩中（图 1）计算出现负吸附等温线。对于 TOC 较贫乏的页岩，吸附气含量很低是因为其中只有很少的吸附点可供甲烷吸附。与 ZeoSorb33 样品类似，表现出负吸附的页岩样品管中会出现压力降低的情况（图 10），表明气体在实验过程中被吸附了。但是，由于吸附作用而出现的压力变化微小，并不能补偿负效应，即氦气的孔隙空间超过甲烷可用的孔隙空间（$V_{\text{void}} > n_{\text{total}}$）。氦气

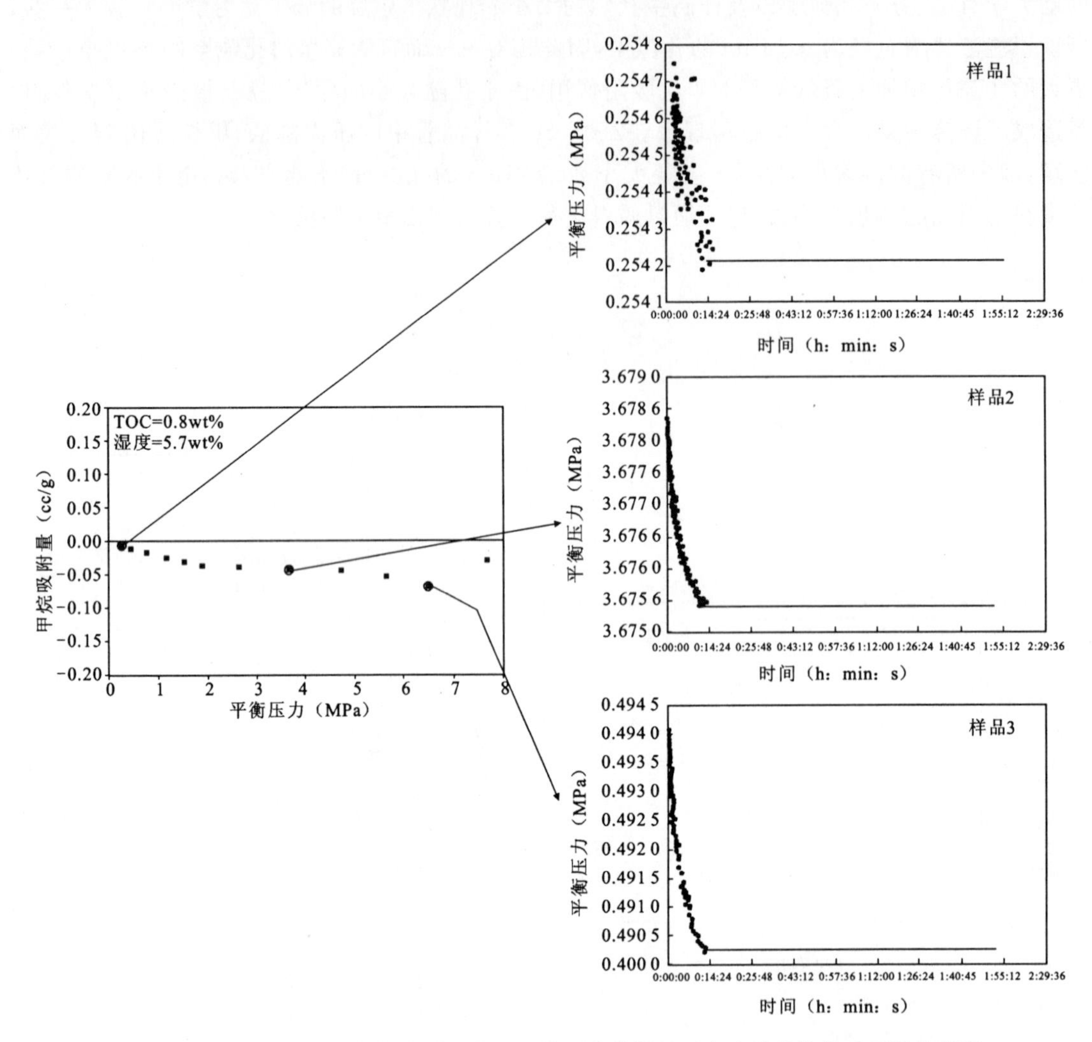

图 10　存在负吸附效应的泥岩样品未处理的压力数据显示存在其他扩散或吸附的情况

能渗透至更多的孔隙空间中，不管是样品中的极小微孔隙，还是甲烷不能进入的限制孔隙喉道。

在图 11 中我们可以看到有机质贫乏且甲烷吸附量很低的页岩的吸附等温线，该页岩总氦气孔隙度为 2.64%，有机碳含量为 1.65%。尽管样品管的压力变化能明显改变吸附作用，但还是可以利用氦气侵入样品孔隙体积的平均值来评估高压情况下的负吸附效应。如果对甲烷而言其孔隙度没有达到 2.64%（氦气孔隙度）而是 1.99%时（举例），那么就可以计算得出正吸附（$n_{total}>V_{void}$）。假设（在本例中）0.65%的孔隙度（2.64%减去 1.99%）是氦气能够渗入而甲烷不能渗入的孔隙，那么在等温线形状上就会有明显的变化，并且还能计算出吸附量。相对氦气而言实际孔隙度在不同的样品中也是有变化的，这取决于孔隙喉道直径的不均匀性、孔隙大小的分布情况和表面粗糙度，所以每个样品都必须进行各种的测量。ZeoSorb33 样品的孔隙大小为 0.31nm，为孔隙筛选的经典样品，因为该孔隙大小恰好要比氦气分子大很多，而比甲烷分子要小很多，但是许多自然样品中的孔隙大小和分布情况都要比这复杂得多。

这里我们所选择的样品（图 11）都是吸附较低的页岩，所以由于一些相对无效的孔隙而得

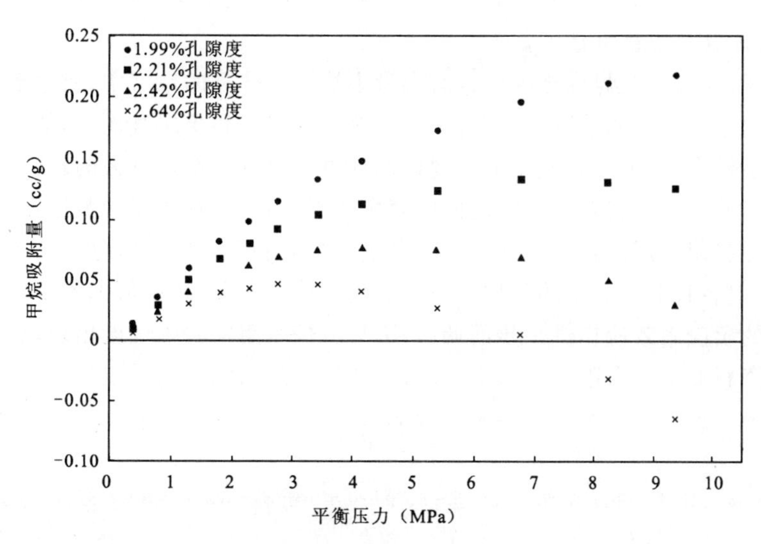

图 11　假定的例子表明用质量平衡的方法计算低吸附量的吸附作用时，需要考虑孔隙度的减少量（或仅被氦气所进入的无效空间）

出的错误结果也更明显。在富含有机质、吸附能力也更强的页岩（和煤层）中也会存在错误的实验结果，只是这些错误被掩盖了，除非实验在足够高压的条件下，吸附作用可以被忽略。这种错误的程度与吸附物（主要是有机成分）的孔隙大小和分布情况是成比例的，并且也与所采用的测试气体有关。例如我们所进行的一些实验就表明，乙烷在一些煤层吸附实验中，压力条件由中等到较高的情况就会出现负等温线，即使样品管中有明显的压力改变，其吸附作用一样能进行。

第二部分讨论氦气的吸附作用在不均质微孔隙物质中质量平衡计算的意义

这里所列举的数据阐述了这种效应和错误的根本原因是：在非均匀微孔隙介质的吸附实验中，采用了氦气作为校准气体。实验分析表明压力和时间都能够影响氦气渗入和吸附到样品中的数量，即在更高的压力条件下以及延长校准时间，氦气可以渗入更多的孔隙空间。根据我们所得的数据来看，如果各种气体的渗入性随着压力的增加而改变，那么使用孔隙体积的平均值将使吸附气体积的计算值不准确，将会出现低压下数值偏高而在高压下数值偏低的情况，即使吸附物的体积已经过了校正。

采用已知孔隙大小的沸石进行实验，论证了吸附物孔隙结构与吸附作用有很大的关系，因为这决定了分子颗粒被吸附入吸附点的可行性，还暴露出了质量平衡计算的不足之处。能否吸附到内表面区域是由孔隙、孔喉直径大小和气体分子的运动直径大小来决定的，还要考虑到测量孔隙体积所采用的气体是否为氦气，不同气体所出现的情况也不一样。采用人造沸石ZeoSorb33样品所进行的实验结果强调了孔隙大小的重要性，即在所有压力条件下通过质量平衡计算出的负吸附结果是因为氦气能够进入到孔隙结构的内表面而甲烷则不能，所以相对甲烷而言，氦气的有效孔隙体积就明显大一些。

在有机碳含量比较贫乏的页岩样品中，所计算出的负吸附结果是由于氦气所能进入的孔隙空间体积（自由空间减去样品孔隙空间）比甲烷的要大一些，所以质量平衡计算结果就会出现错误，即使在样品管中有明显的压力降低，仍然可能计算得出负吸附的结果。在富含有机质的页岩和煤层中，其中含有大量的吸附气掩盖了错误，即使在富含有机质的样品和正吸附作用中，所吸附的气体含量也被低估了。

对于像页岩、泥岩以及煤层这样的含有大量不均匀微孔隙的地层中，质量平衡的方法若没有考虑到孔隙大小和分布的情况，是不合适的。对于页岩气和煤层气而言，即使是吸附作用计算中的一个很小错误，在推广到整个储层规模的计算中时将会造成巨大的影响。

该研究工作的下一步将合并更广泛的一套多样组分，对现在所用的数据库进行扩展，研究的对象将加入低吸附作用的页岩和泥岩。为了估算页岩和泥岩中气体分子动力学直径带来的阻碍效应，将采集各种分子大小的气体来进行吸附气体测量和计算(例如乙烷、氪和氩)。我们也需要对煤层的负吸附效应作进一步的调研，因为乙烷吸附实验中也能出现负吸附等温线，而我们的数据库资料非常的有限(杨苗、何发岐译，龚铭、陈振林、高清材校)。

原载 www. sciencedirect. com Fuel 86(2007)2 696—2 706

参考文献

Brunauer S, Deming L S, Deming W S, et al. On a theory of van der Waals adsorption of gases[J]. Am Chem Soc, 1940,62:1 723—1 732.

Cui X, Bustin R M, Dipple G. Selective transport of CO_2, CH_4, and N_2 in coals: insights from modeling of experimental gas adsorption data [J]. Fuel ,2004,83:293—303.

Gan H, Handi SP, Walker Jr PL. Nature of the porosity in American coals[J]. Fuel 1972,51:272—277.

Cui Y, Kita H, Okamoto K. Preparation and gas separation performance of zeolite Tmembrane[J]. Mater Chem ,2004,14:924—932.

Ross Djk, Bustin R M. Shale gas potential of the Lower Jurassic Gordondale Member, northeastern British Columbia [M]. Bull Can Pet Geol, 2007, 51—75.

Chalmers Grl, Bustin R M. The organic matter distribution and methane capacity of the Lower Cretaceous strata of Northeastern British Columbia, Canada[J]. Coal Geol ,2007,223—239.

Alymore Lag, Quirk J P. Micropores of clay mineral systems[J]. Soil Sci ,1967,18:1—17.

Aringhieri R. Nanoporosity characteristics of some natural clay minerals and soils [J]. Clays Clay Min, 2004, 52:700—704.

Krooss B M, Van Bergen F, Gensterblum Y, et al. High pressure CH_4 and carbon dioxide adsorption on dry and moisture equilibrated Pennsylvanian coals[J]. Coal Geol, 2002,51:69—92.

Polanyi M. Theories of the adsorption of gases: a general survey and some additional remarks [J]. Trans Far Soc, 1932, 28:316—321.

Rudzinski W, Everett D H. Adsorption of gases on heterogeneous surfaces [M]. San Diego (CA): Academic Press, 1972.

Steele W A. The interaction of gases with solid surfaces[M]. New York(NY): Pergamon Press, 1974.

Dubinin M M. Progress in surface and membrane science[M]. New York(NY): Academic Press, 1975.

Dubinin M M, Astakhov VV. Description of adsorption equilibria of vapors on zeolites over wide ranges of temperatures and pressure[J]. Advances in chemistry series,1971, 102:69—85.

Sircar S. Excess properties and thermodynamics of multicomponent gas adsorption [J]. Chem Soc Far Trans 1985,81:1 527—1 540.

Roquerol F, Roquerol J, Sing K. Adsorption by powders and porous solids [M]. London, UK: Academic Press, 1999.

第二章

页岩气的研究方法

Texas 西部和 New Mexico 东南部 Delaware 盆地的 Barnett 页岩（密西西比纪）的生烃潜力

Kinley T J, Cook L W, Breyer J A
Jarvie D M, Busbey A B
(Department of Geology Texas Cristian Vniversity,2008S.
Vniversity Drive,Fort Worth,Texas.)

摘　要:Delaware 盆地密西西比系 Barnett 页岩具有良好的生气潜力,盆地绝大部分区域的页岩有机质富集,成熟度高,盆地中 Barnett 页岩的埋藏深度为 2 133m(7 000ft)(盆地西部边缘)至 5 486m(18 000ft)(盆地轴向区域)。Barnett 页岩生烃开始于 250Ma,在 260Ma 达到最高温度,现今的成熟度反映了页岩的最大埋深和古地温。通过测量镜质体反射率和干酪根转化率发现位于 Reeves 州的井中页岩处于生气窗。根据测井响应特征的不同,将整个地区的页岩可以分为两个单元:上部的碎屑地层单元和下部的石灰质地层单元,下部的石灰质地层单元可以进一步细分为 5 个段。初步分析认为下部 Barnett 页岩具有高电阻率、高中子孔隙度的测井特征,表明其具有很好的储气能力,为了进一步的勘探研究,可以绘制净电阻率大于 50ohmm 的区域分布图。Delaware 盆地的 Barnett 页岩拥有丰富的天然气资源,对其资源量的开采取决于页岩气区域钻井和完井技术的完善。

引　言

Fort Worth 盆地密西西比系 Barnett 页岩具有自生、自储、自盖的特点,其中聚集了大量的天然气资源(Montgomery 等, 2005)。Barnett 页岩为一套连续型的热成因页岩气系统。由于沉积时期的有利条件及独特的埋藏史和热演化史(Jarvie 等, 2007),Newark East 气田及整个 Fort Worth 盆地的这种低孔隙度、低渗透率的页岩生成了大量的天然气。该套页岩有机质富集(总有机碳含量达到 4%),具有非常好的生烃潜力。干酪根的初次裂解以及生成液态原油的二次裂解生成天然气。从晚白垩世开始的抬升和剥蚀作用使许多产气井处于合适深度。生产及完井技术包含减阻水压裂的增产措施和水平钻井,这些技术的发展使经济开采大量天然气成为可能。另外该页岩中二氧化硅含量很高,有利于后期进行压裂。

任何两套页岩气系统都是不同的(Bowker, 2007)。本文我们评价的是 Texas 西部和 New Mexico 州东南部 Delaware 盆地 Barnett 页岩(密西西比纪)的生烃潜力,我们从地层、页岩结构、有机质丰度、埋藏史、热成熟度方面展开研究。通过分析对测井相关数据得到的剖面图、等值线图、构造图,发现了密西西比系 Barnett 页岩地层与泥盆系 Woodford 地层间的关系(及下伏密西西比灰岩与上覆宾夕法尼亚地层的联系)。测井资料以及地化数据用来表征 Barnett 页岩的有机质含量和热成熟度。下部 Barnett 页岩中不同有机质的含量可以通过测井资料和盆地平面图来确定。建立地层埋藏史曲线、热成熟度和 TOC 平面分布图,可以分析得出盆地中 Barnett 页岩的地温梯度和热成熟度的变化。

1. 地理和地质背景

二叠系盆地处于北美克拉通盆地的南部中大陆地区，区域范围由北部的 Matador 隆起带至南部的 Marathon - Ouachita 褶皱带，由东部的 Bend 背斜带至西部的 Dialblo 台地(图 1、表 1)。二叠系盆地可以细分为西部埋藏更深的 Delaware 盆地和东部靠近中央盆地埋藏较浅的 Midland 盆地。Texas 西部和 New Mexico 州东南部的 Delaware 盆地密西西比系沉积在一个面积较大、埋藏较浅的古生代构造坳陷内，我们现在称该坳陷为 Tobosa 盆地(Adams，1965)。Tobosa 盆地沉积了早、中生代沉积，从寒武纪到密西西比纪沉积厚度达到2 133m。

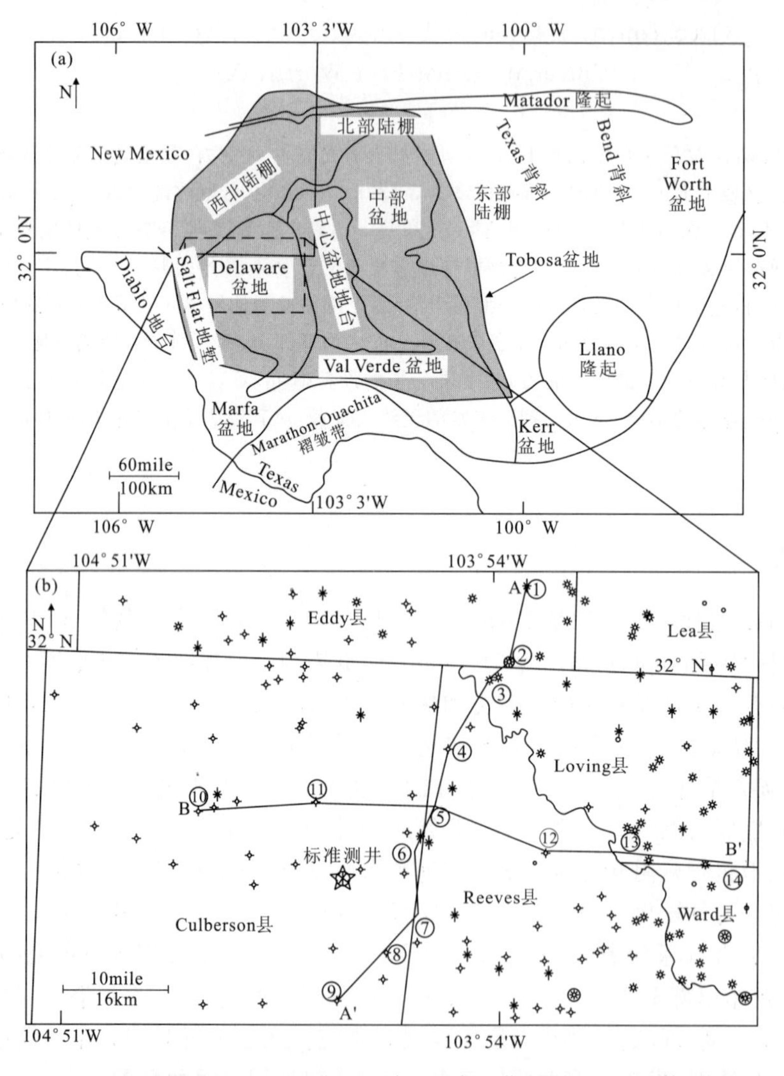

图 1 二叠纪盆地和 Tobosa 盆地区域及研究区位置图(Frenzel 等，1988)

(a)、(b)研究区井位、横剖面线及不同类型的测井分布图，⊛代表研究岩屑来源的井；①～⑭测井编号

表 1　图 1 中构造横剖面的井

编号	API 编号	县	经营者	井名	总深度(ft)	备注
1	3001504749	Eddy	Richardson&Bass	1 JF Harrison Federal	16 705	残余气
2	3001521877	Eddy	Penroc oil	5 Ross Draw Unit	16 326	残余气
3	4230130265	Loving	Brown, H. L. ,Jr.	3 Red Bluff 12	17 050	天然气
4	423890918	Reeves	Credo - Petroleum - Corp.	1 Credo - Olson - State	15 500	干井
5	4238931112	Reeves	Tenneco Oil Co.	1 Tenneco VP	16 500	天然气
6	4210931407	Culberson	American Quasar Petroleum	1～32 State	15 900	干气
7	4238930953	Reeves	R. K. Petroleum Corp.	1 Tierra - State	17 244	残余气
8	4210931425	Culberson	Cities Service Oil Co.	1 Tripken State A	12 050	干井
9	4210931764	Culberson	Tenneco Oil Co.	1 Plummer 2	13 826	干井
10	4210931382	Culberson	Shell Oil Co.	1 Sibley	10 570	干井
11	4210931359	Culberson	ARCO Oil & Gas	1 Covington State	13 500	天然气
12	4238931231	Reeves	R. K. Petroleum Corp.	1 Dixieland 10	19 218	天然气
13	4230130270	Loving	Atapaco	2 Arno Gas Unit	21 700	天然气
14	4230130356	Loving	Chevron	WD - 1 University 26 - 19	20 200	辅助井

随着晚元古代中央盆地的抬升和 Marathon - Ouachita 褶皱带的向北延伸，Delaware 盆地作为一个独立的整体开始演化，同时构造作用同样导致了 Val Verde、Kerr 和 Marfa 盆地的发育。Delaware 盆地在整个古生代后期持续沉降，由宾夕法尼亚纪到二叠纪盆地的累计沉积厚度接近 6 000m，这段时期地层经历了几个不同阶段的复杂的构造演化(Vertrees 等，1959；Adams，1965；Hills，1984；Hills 和 Galley，1988)。

在前寒武纪晚期和寒武纪早期，二叠系盆地遭受剥蚀形成低洼斜坡(Flawn，1956)。下、中寒武统缺失，表明这一时期该地区处于海平面之上(Hills 和 Galley，1988)，在晚寒武世和早奥陶世，该地区发生海侵(Adams，1965；Hills 和 Galley，1988)，早奥陶世 Ellenburger 组在开阔的浅海区沉积。在区域范围内形成了一套浅海陆棚相厚层连续的下奥陶统碳酸盐岩地层，即我们现在称之为的 Delaware 盆地。由中奥陶世到中志留世，Tobosa 盆地主体上继续沉积了一套碳酸盐岩沉积物(Hills，1984，1985；Hills 和 Galley，1988)。

在晚白垩世，北克拉通盆地的南部边缘，地层沉降发生了巨大的改变(Hills 和 Galley，1988)，碳酸盐沉积开始变慢并逐渐停止，在下部的白云岩和灰岩的上方开始沉积一套与其不整合接触的黑色页岩。在 Delaware 盆地，这套页岩就是位于上志留统—下密西西比统的 Woodford 地层(Hills 和 Galley，1988)。在密西西比纪中期，Tosoba 盆地又开始沉积碳酸盐岩，形成了一套密西西比系灰岩上覆于 Woodford 黑色页岩的地层。上密西西比统则富集了一套深灰色及棕色的有机质富集的 Barnett 页岩，沿着 Tobosa 盆地轴线其最大厚度接近 600m(2 000ft)。到晚密西西比世，Tobosa 盆地的古生代地层累计沉积厚度达到 2 133m (7 000ft)(Adams，1965)。

早宾夕法尼亚世，由于中央盆地的抬升和Delaware、Midland盆地的沉降，使Tobosa盆地分裂(Cys和Gibson, 1988)。在早、中宾夕法尼亚世，Delaware盆地开始大量充填碎屑沉积物，中、晚宾夕法尼亚世，构造活动增强，碳酸盐岩滩沿着盆地边缘延伸(Hills, 1984)，碎屑岩沉积物被碳酸盐岩滩包围，形成欠补偿盆地。

早二叠世，构造活动再次剧烈(Hills, 1985)，Delaware盆地在二叠纪快速下沉，盆地此阶段碎屑沉积物的厚度接近6 000m(20 000ft)(Cys和Gibson, 1988)，在晚二叠世Ochoan期，此时盆地沉积一套蒸发岩地层，累计厚度达到1 371m，二叠纪晚期，Delaware盆地经历了区域下坳作用及向东的旋转倾斜作用(Adams, 1965)。

晚二叠世该地区的构造活动基本停止(Hills, 1985)，到三叠纪，盆地区域沉积红层，中侏罗统—上白垩统岩层较薄表明这些地层的沉积物沉积不久就开始遭受陆上剥蚀(Hills, 1984)。中白垩世，区域再次发生大规模的海侵，沉积了一套砂岩和薄板状石灰岩。除了最西部边缘，盆地其他地区都未受到Laramide期和晚三叠世构造作用的影响(Hills, 1985; Hills和Galley, 1988)。在Delaware盆地西部边缘沿着之前存在的Laramide构造走向，发生第三纪火山活动，影响着盆地局部地区烃源岩的成熟度(Barker和Pawlewicz, 1987)。盆地的后期构造活动属于盆岭叠加类型，具有张性断裂的古结构构造特点(Shepard和Walper, 1982)。

2. 地层岩石组成与结构

研究区位于Delaware盆地北部，覆盖面积接近1 300km^2(图1)，区域范围由盆地西侧浅滩的Salt Flat地堑带延展至东部较深的中央盆地台地。研究区域包括Culberson、Reeves、Loving和Ward县，以及Texas、Eddy和Lea州、New Mexico的部分区域，研究的测井资料包含150口钻穿或部分钻穿古生代地层的井。Texas州太平洋石油公司的Nevill 1井(靠近研究区中心位置，Culbertson县)作为典型井研究。

密西西比系是从下伏Woodford组(泥盆系—密西西比系)顶部伽马射线明显偏移段，到上覆Morrowan(宾夕法尼亚系)碎屑物底部至少10ft(3m)厚的砂岩段(图2)。在该区域密西西比层段底部是厚层灰岩，看作密西西比灰岩，剩下的密西西比地层为Barnett页岩，在标准测井中发现密西西比灰岩厚度只有12m(40ft)，而盆地较深处却要厚得多。

根据Delaware盆地北部Barnett页岩电阻率的显著变化可以细分为上部的碎屑地层单元和下部的石灰质单元(图2)。下部的石灰质单元可以运用测井标准层的详细图解进一步细分为5个层段，A、C、E段以电阻率响应高为特征，这个电阻率标志与整个研究区相关，而中间的B、D段测井响应为低电阻率。A段顶部处于下部Barnett页岩的顶部。在本区域，研究者有时候将A段称作“电阻率50ohmm的层段”，因为该段地层的电阻率范围在50～100ohmm，而且认为A段是Barnett页岩中明显的含气饱和层段。总的来说，下部Barnett页岩有机碳含量要比上部含量高。D段的伽马射线值(API)明显增加，这与有机质含量增加密切相关。E段是与下伏密西西比石灰岩相接触的过渡层，该层段电阻率以一系列尖峰状为特征，代表指状交错。某处电阻率呈尖峰状，向下延伸并且完全取代了下伏密西西比灰岩的块状电阻率响应，另外，E段所取的岩屑样品中含钙物质增加，是该段地层间向下延伸至黑色、深灰色密西西比石灰岩中的结果。

上部Barnett单元的测井响应十分不稳定。不同井间几乎没有很好的测井标志层，同时

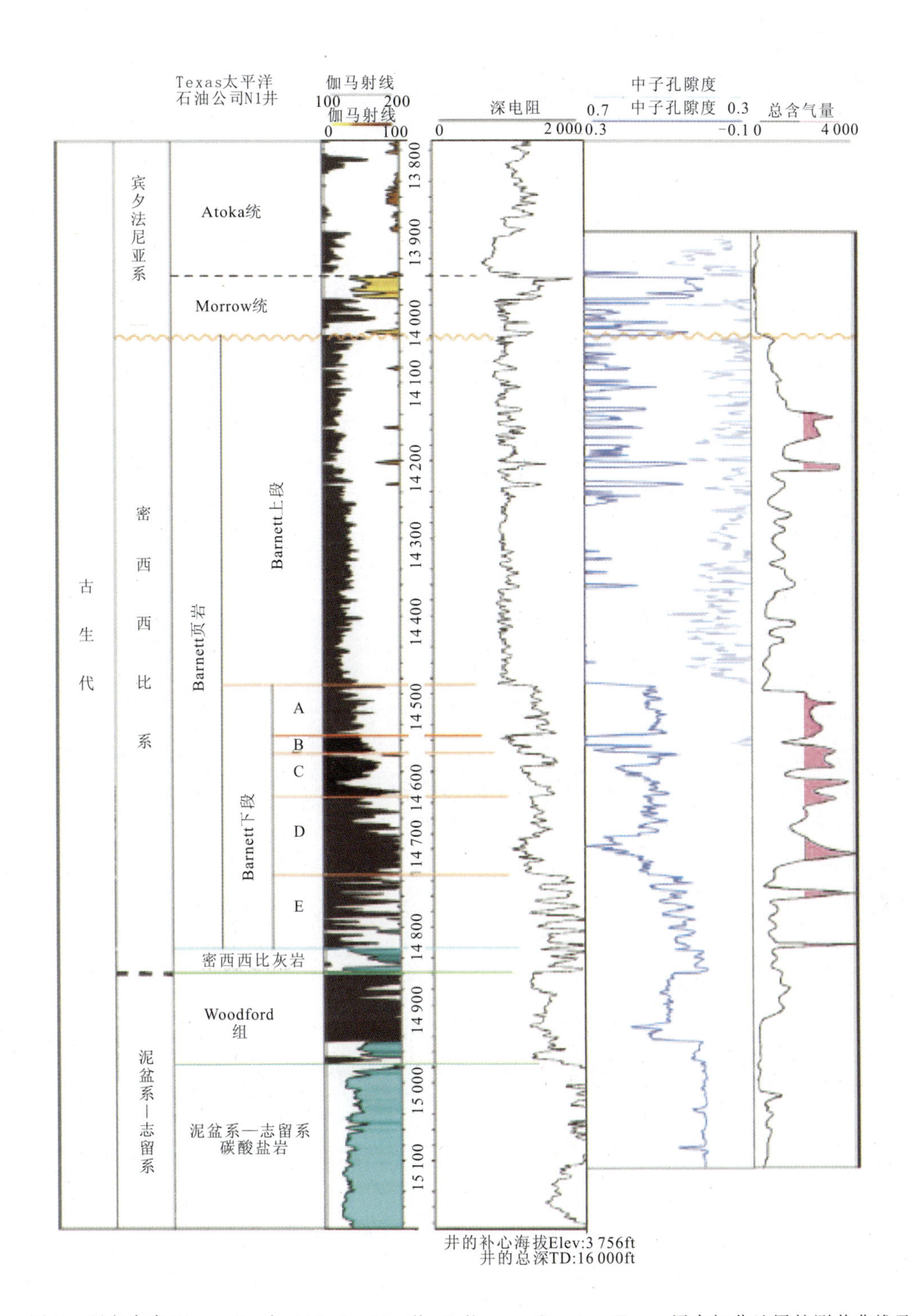

图 2 研究中在 Texas Pacific 1M. G. Nevill，Culberson County，Texas 用来细分地层的测井曲线及 Barnett 页岩的气显示

泥浆测井总含气曲线中粉红色标注的气显示比 2 000 个任意单元都丰富

Miss = Mississippian；KB=补心海拔；TD=总深度；Elev=海拔

在横向上不连续，但是上部 Barnett 页岩从上到下伽马射线的趋势是逐渐增大的。当 Morrow 统缺失时，上部 Barnett 页岩与其上覆的 Morrowan 统或 Atokan 统的宾夕法尼亚碎屑岩呈不整合接触（Vertrees 等，1959）。在剖面上宾夕法尼亚与密西西比地层的接触层位为最小厚度达到 3m 的砂岩。

3. 构造

中央盆地台地大约在密西西比纪末期和宾夕法尼亚纪早期抬升，沉积了密西西比系灰岩和 Barnett 页岩的古老 Tobosa 盆地分裂为 Delaware 盆地和 Midland 盆地。顶部 Woodford 地层（密西西比灰岩的底部）、下部 Barnett 地层，以及上部 Barnett 地层的构造等高线图具有几乎相同的特点（图 3），这表明 Tobosa 盆地在密西西比系沉积的过程中没有发生差异运动。

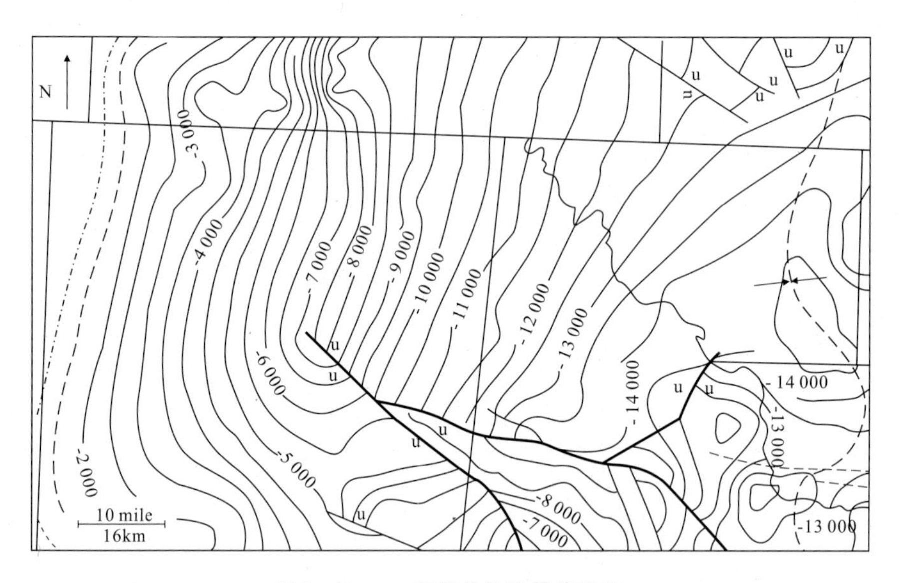

图 3　Barnett 顶层的构造等值线图

红色线是断层，东部的蓝色虚线是 Delaware 盆地的轴线。下部 Barnett 顶层的构造等值线图与 Woodford 地层顶部几乎完全相同，表明 Barnett 沉积时期没有差异构造运动（Kinley，2006）（图 4、图 5）。等值线间距是 500ft（150m）

Delaware 盆地近乎南北轴不对称，该盆地的轴靠近中央盆地地台旁边的盆地东缘，盆地由西向东向盆地轴微微倾斜。在 Culberson 县研究区西部区域倾斜最陡，而在 Reeves、Loving、Ward 县的研究区东部区域则倾斜相对较缓。密西西比系从中央盆地地台到盆地轴西边倾斜率大。在盆地西部边缘 Barnett 地层顶部的深度最少为 7 000ft（2 133m），沿盆地轴向区域最高大于 18 000ft（5 488m）。

研究区主要的断层倾向是北西西向，同时存在一些共轭断层，其倾向与主要断层倾向呈 30°～60°，断层面必须倾斜很陡，因为该区域断层的位置由 Woodford 地层顶部到上部 Barnett 地层单元的顶部未发生明显的变化。同时探边井的测井曲线也未显示断层切割的迹象，表明断层面倾斜度太大而没有穿过钻孔。

4. 沉积物堆积形式

等厚图和横剖面图表明主要的沉积中心位于研究区的东北部,在该区域密西西比系的沉积厚度大于 600m,总体来说该区域密西西比系由北向南逐渐变薄(图 4),由西向东下倾变厚(图 5)。密西西比系底部与 Woodford 地层呈整合接触,区域当中的不整合面将部分的上部 Barnett 地层单元与宾夕法尼亚碎屑沉积地层分离开来。Barnett 页岩横剖面上的沉积厚度表明它的原始沉积厚度受压实作用和晚密西西比世—早宾夕法尼亚世侵蚀作用的影响。整个研究区的宾夕法尼亚系不整合面完全穿过上部 Barnett 地层单元。下部 Barnett 地层单元和密西西比石灰岩在横剖面的厚度以及等厚图表明它们的原始沉积厚度只受到压实作用的影响。

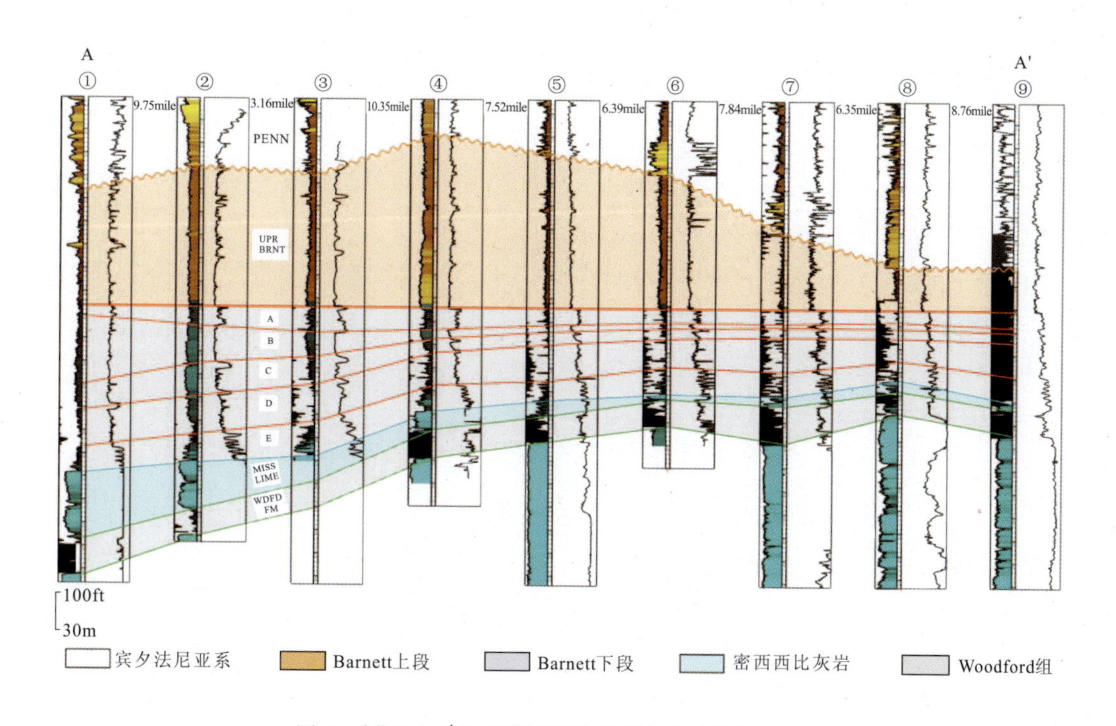

图 4 剖面 AA′显示研究区从北到南的地层厚度变化

地层资料是下部 Barnett 顶层(A 段)。左边图道是 GR 测井区线,右边图道是深电阻率曲线。PENN=Pennsylvanian;UPR BRNT=上部 Barnett,A—E=下部 Barnett 层段;MISS LIME=Mississippian 灰岩;WDFD FM.=Woodford 地层钻孔

研究区密西西比系的沉积厚度由西南部的 120m(400ft)逐渐增加到东北部的 600m(2 000ft)[图 6(a)],增加的地层厚度包含密西西比灰岩及 Barnett 页岩。密西西比灰岩由接近 2m 增加到超过 150m[图 6(b)],绝大部分地层厚度沿北西—南东走向的枢纽线增加,枢纽线穿过 New Mexico 东南部的 Eddy 县及 Texas 西部的 Lovin 和 Ward 县。沿着枢纽线灰岩沉积厚度快速增加表明该区域在中密西西比世快速沉积,沉积厚度大,下部 Barnett 单元的等厚线图表明该地层单元的沉积厚度在逐渐增加,西南部由 Culberson 县 60m 逐渐增加到 Eddy 县大于 233m[图 7(a)]。其中的 D 段地层厚度的显著增加是研究区东部下部 Barnett 页岩厚

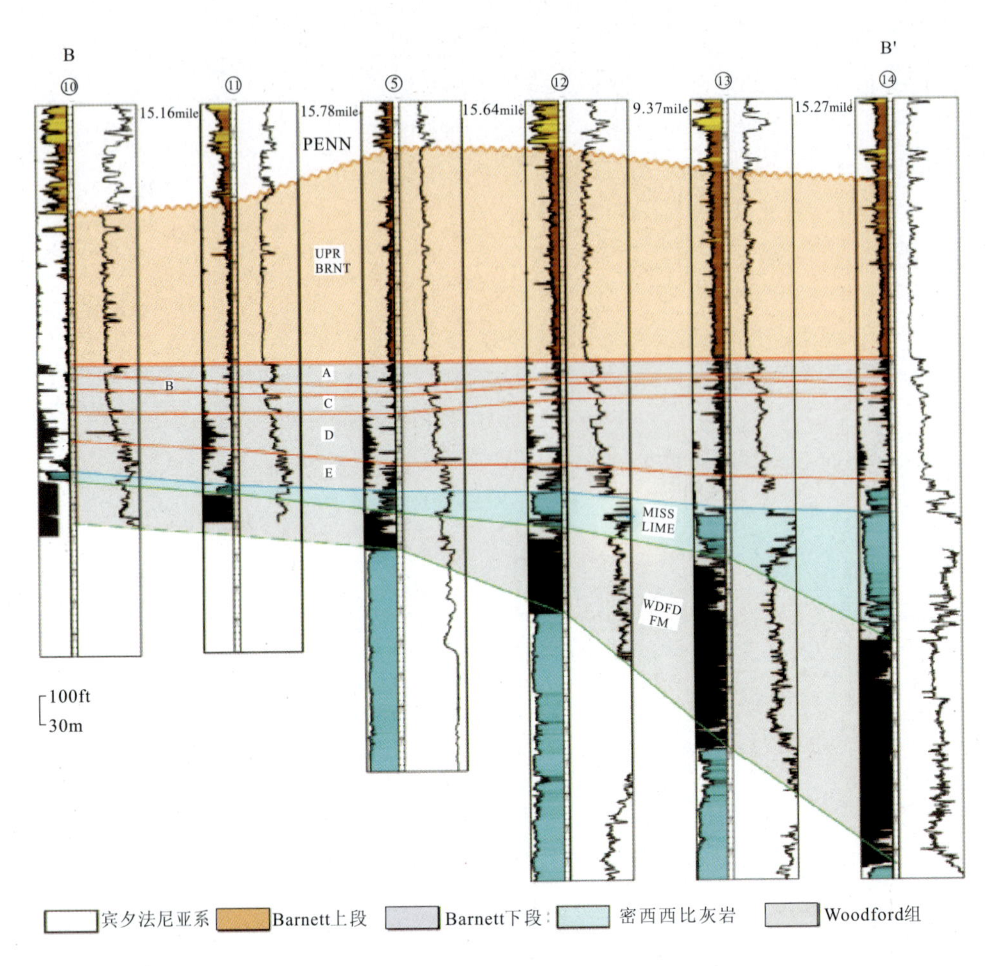

图 5　剖面 BB′显示研究区倾斜方向从西向东地层厚度变化

地层资料是下部 Barnett 顶层(A 段)。左边图道是 GR 测井曲线,右边图道是深电阻率曲线。PENN＝Pennsylvanian;UPR BRNT＝上部 Barnett,A—E＝下部 Barnett 层段;MISS LIME＝Mississippian 灰岩;WDFD FM＝Woodford 地层

度增加的主要原因(图 5),这段地层的伽马射线值与 TOC 含量比下部 Barnett 的其他几个小层的高,下部 Barnett 的几个小层的等厚图 Kinley 有过描述(Kinley 的附录 1,2006)。研究区中上部 Barnett 单元的厚度最大,最大沉积厚度位于东北部 Loving 县,达到 365m[图 7(b)]。等厚线密集区向东移动的趋势线,近乎东西向穿过北部的 Loving 县、Reeves 县和 Culberson 县。

5. 密西西比纪古地理

Wright(1979)认为二叠纪盆地中密西西比系主要有两种沉积环境:北部的石灰岩陆棚相和南部的页岩盆地相(图 8)。浅水陆棚相石灰岩向盆地方向逐渐变薄,逐渐形成深水陆棚相石灰岩,最后则为深水盆地相的 Barnett 页岩。在 Texas 北部的 Rivers 县、loving 县和南部的 Eddy 县及 New Mexico 东南部 Lea 县地区页岩的沉积厚度最大(Wright,1979)。页岩盆地的

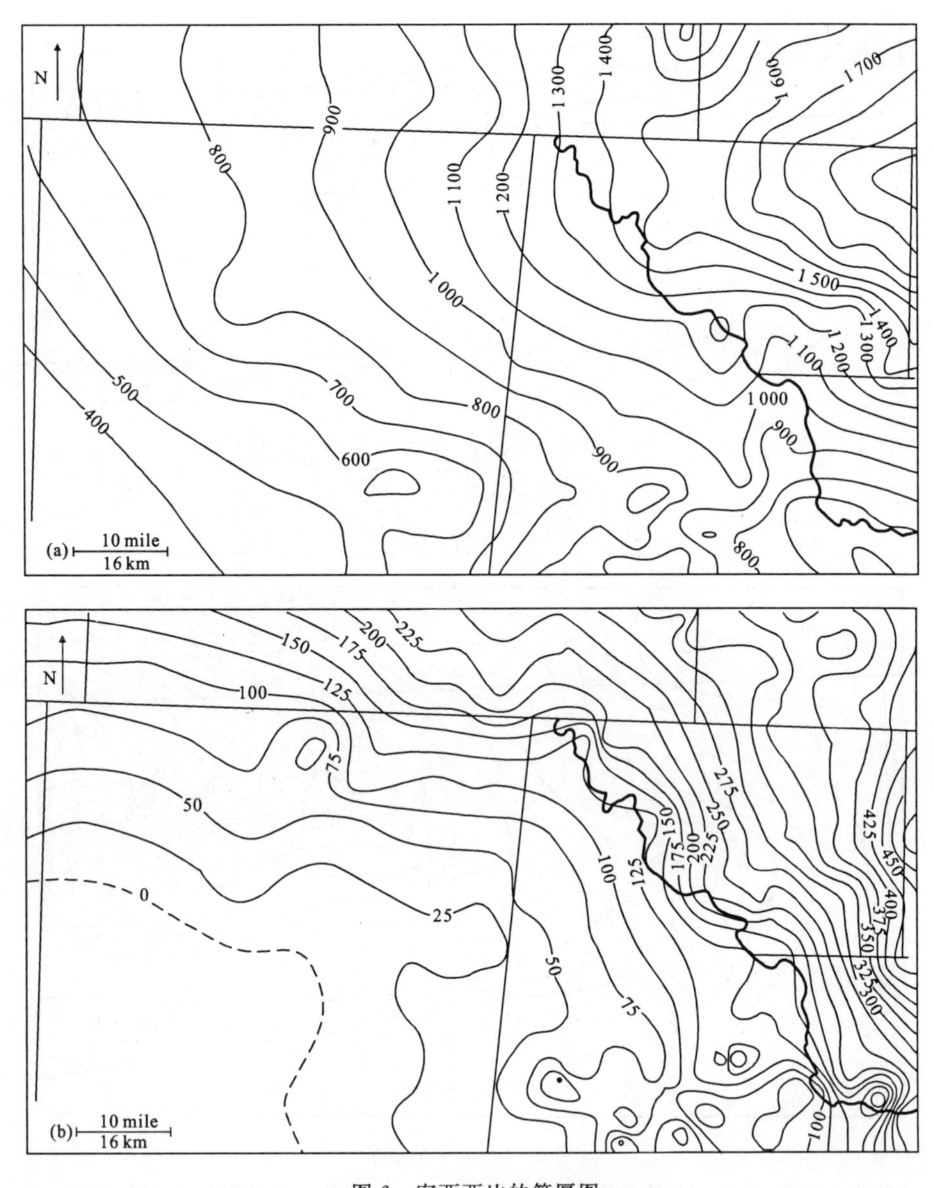

图 6　密西西比的等厚图

(a)整体的密西西比系等厚图,等值线间距 100ft(30m);(b)密西西比灰岩等厚图,等值线间距 25ft(7.5m)

东部边缘由古中央盆地地台决定。Diablo 隆起和 Pedernal 地块具有积极的影响,它们使沉积物涌向密西西比海道。

在等厚图(图 6、图 7)上密西西比系由西向东的厚度分布反映了 Wright(1979)所绘制的等厚线变化规律(图 8),研究区东北部的东—西向等厚线与古 Tobosa 盆地密西西比系的沉积中心有关(图 8)。等厚线图中研究区西南—东北等厚线逐渐增加的趋势证明向密西西比系沉积中心方向沉积厚度在逐渐增加。

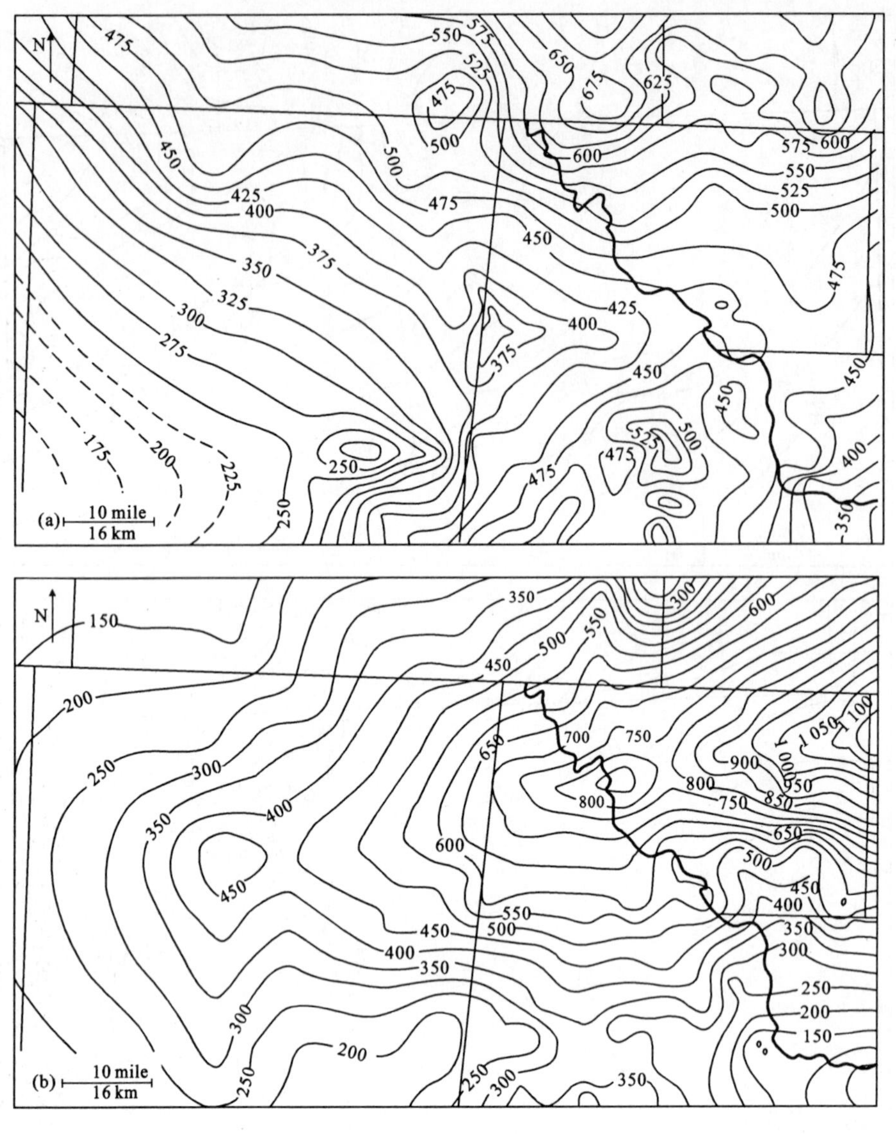

图 7 Barnett 等厚图

(a)下部 Barnett(A—E 段)等厚图，等值线间距 25ft(7.5m)；(b)上部 Barnett 等厚图，等值线间距 50ft(15m)

6. 岩性

虽然没有可用的岩心，但从 Austin 得克萨斯州大学 Bureauof Economic Geology 处获得了 5 口井采集的岩屑和泥岩测井资料[图 1(b)，表 2]，用双目显微镜观察 5 口井的所有岩屑。另外来自 Texas 太平洋石油公司 N 1 井和 Penroc 公司的 5 Ross Draw 的岩屑由于有效的现代孔隙度测井，所以要更详细地进行岩石学分析。上部 Barnett 地层单元和下部 Barnett 的 A、C、D、E 段岩层的岩屑薄片用电子显微镜观察并且用 X 射线衍射技术进行研究(Kinley，2006)。

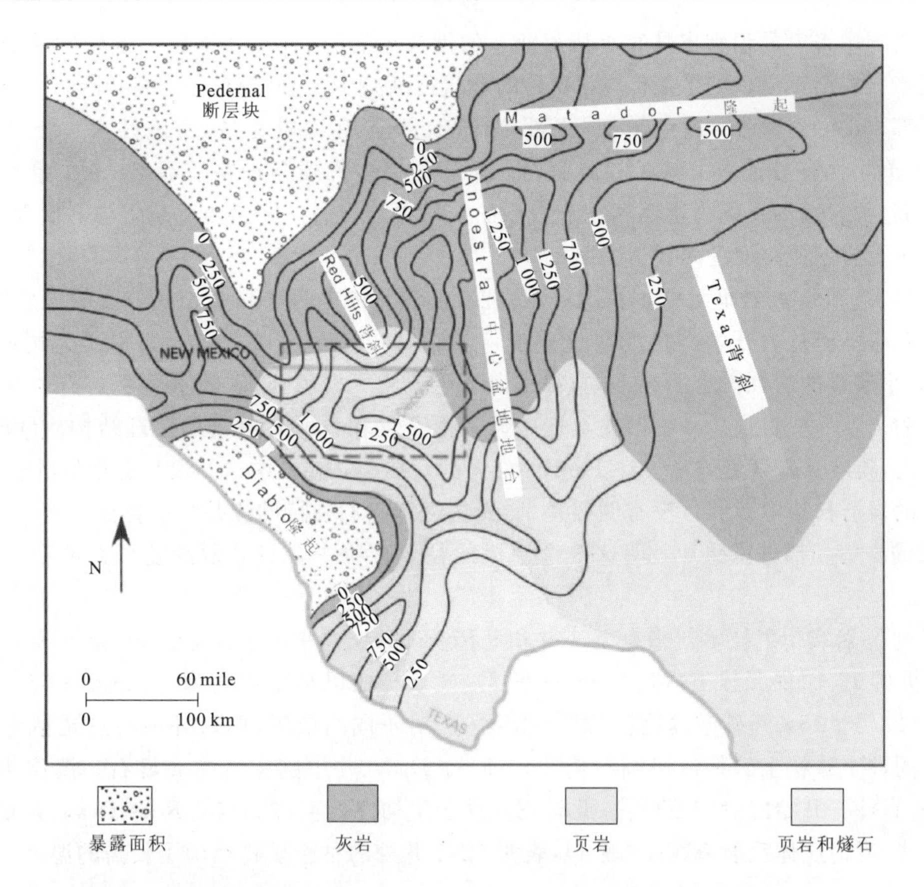

图 8 古地貌图表明密西西比纪—二叠纪盆地出露的陆块和岩性分布情况

研究区是深灰色轮廓。等厚图表明密西西比纪最厚的地层集中在研究区东部。

等值线间距 250ft(75m)。岩相图和等厚图是 Wright 绘制(1979)

表 2 多种分析的样品来源的井

API 编号	县	经营者	井名	总深度 TD(ft)	完成的分析
4210930824	Culberson	Texas Pacific Oil Co.	1 M. G. Nevill	16 000	VIC, TS, SEM, XRD, R—EP, R_o(%)
3001521877	Eddy	Penroc Oil Co.	5 Ross Draw Unit	16 326	VIC, TS, SEM, XRD, R—EP, R_o(%)
4247530090	Ward	Hanley Co.	1 Bass - Williams	20 891	VIC, TS, SEM, XRD, R—EP, R_o(%)
4238930187	Reeves	Atlantic Richfield Co.	1 Worsham	19 854	VIC, TS, SEM, XRD, R—EP, R_o(%)
4238900564	Reeves	Texas Oil & Gas Corp.	6 Toyah Unit - Arth.	12 750	VIC, TS, SEM, XRD, R—EP, R_o(%)
4238931175	Reeves	American Quasar	3～1 Biles	15 431	R—EP,R_o(%)
4238931252	Reeves	John L. Cox	1 Texaco Fee	21 447	R—EP, R_o(%)
4238930480	Reeves	Champlain Oil	1 Lewis State	13 800	R—EP, R_o(%)
4238930258	Reeves	American Quasar	1 State of Texas	14 485	R—EP, R_o(%)
4238930334	Reeves	Cities Service	1 Faulkner	13 224	R—EP, R_o(%)

TD=总深度;VIC=利用双筒显微镜观察岩屑;TS=岩屑薄片分析;SEM=扫描电子显微镜;XRD = X 射线衍射;R—EP=岩石热解分析;R_o=镜质体反射率

从岩屑中很容易识别出从宾夕法尼亚系的细粒砂岩向 Barnett 地层上部粉砂质灰色页岩的过渡带。在 Barnett 页岩从上向下粉砂的含量逐渐减少，岩屑颜色由上部 Barnett 单元的灰色向下部 Barnett 单元的黑色转变，下部 Barnett 页岩有机质更富集，脆性大。上部和下部 Barnett 单元含有分散的黄铁矿和方解石。页岩岩屑中钙质含量在下部 Barnett 单元最底部越来越高，页岩逐渐变化为密西西比灰岩中的灰质页岩岩屑。密西西比灰岩与下伏 Woodford 组的黑色页岩形成鲜明的对比。

下部 Barnett 页岩单元中 A、C、D 段都拥有的独特的电阻率和中子孔隙度的响应特征，岩屑薄片几乎不能从岩石学的角度对这些响应特征作出解释。在 Texas 太平洋公司的 N1 井中，这 3 个层段的岩性没有明显不同，都是由黑色碳质页岩组成，碳质页岩中含有含量变化的碎屑粉砂岩及一些黄铁矿。粉砂质页岩中显示由石英和方解石组成的层理结构。D 段与 A、C 段相比，碳质页岩含量偏高。在 Penroc 公司的 5 Ross Draw 中这 3 段具有相似的岩性，这 3 个层段的岩屑扫描电镜照片没有明显差别，无法解释它们独特的测井响应特征。两口井中 A、C、D 段的岩屑扫描电镜照片表明这 3 个层段的粘土矿物中含有分散的菱形方解石和黄铁矿微球粒。

通过 X 射线衍射技术对来自 N 1 井和 5 Ross Draw 井中的上部 Barnett 单元和下部 Barnett 单元的 A、C、D、E 段岩屑进行分析(表 3)，发现样品以粘土矿物为主(29%～62%)，其次为石英(23%～35%)、碳酸盐物质(7%～25%)。对不同的层段，两口井中的主要粘土矿物的类型不同，N1 井粘土矿物以伊利石为主，5 Ross Draw 井中则主要为高岭石。温度为 110～120℃时高岭石开始向伊利石转化，此时正好处于生油窗的温度。与 5 Ross Draw 井相比，N1 井埋藏浅，但镜质体反射率较高(表 4)，表明 RN1 井处的粘土矿物经历了较高的温度。

表 3　X 射线衍射分析得出不同深度下页岩的成分组成(质量百分比%)

井名	Texas Pacific 1 M. G. Nevill*					Penroc Oil 5 Ross Draw Unit*				
区域	UB	LB－A	LB－C	LB－D	LB－E	UB	LB－A	LB－C	LB－D	LB－E
深度(ft)	14 230	14 510	14 570	14 690	14 780	15 100	15 340	15 560	15 820	15 940
	14 240	14 520	14 580	14 700	14 790	15 110	15 350	15 570	15 830	15 950
粘土	52	57	49	39	29	49	58	60	62	51
绿泥石	8	7	5	4	5	6	9	8	8	6
高岭石	5	4	4	3	2	22	24	27	21	21
伊利石	29	37	32	26	19	9	13	12	20	14
伊-蒙混合岩**	10	9	8	6	5	12	12	13	13	10
碳酸盐岩	8	11	8	11	25	10	10	7	8	14
方解石	1	0	2	3	13	4	2	1	3	8
白云石/铁白云石	6	4	4	6	9	3	5	2	2	3
菱铁矿	1	7	2	2	3	3	3	4	3	3
其他	40	32	43	50	46	41	32	33	30	35
石英	35	26	36	41	31	35	28	29	23	29
长石	3	4	5	7	13	4	3	3	5	5
黄铁矿	2	2	2	2	2	2	1	1	2	1

* UB ＝ Barnett 页岩上部；LB－A ＝ Barnett 下部 A 段，等；** 任意分布的更新世伊-蒙混层

表 4 岩屑岩石热解和镜质体反射率数据

		深度间隔(ft)		区域	N	TOC	S_1	S_2	S_3	S_1/S_2	$T_{max}^{①}$	$R_o^{②}$(%)	$R_o^{③}$(%)	I_H	I_O	S_2/S_3	S_1/TOC	I_P
Well	Texas pacific 1 M. G. Nevil	14 230	14 240	UB	1	3.19	0.75	0.41	0.17	1.83	318	−1.00		13	5	2	24	0.65
		14 500	14 510	LB−A	1	2.21	0.31	0.50	0.29	0.62	333	−1.00	1.91	23	13	2	14	0.38
API 编号	4210930824	14 560	14 570	LB−C	1	4.88	1.16	0.81	0.40	1.43	318	−1.00		17	8	2	24	0.59
位置	Texas	14 680	14 690	LB−D	1	4.82	1.26	0.79	0.29	1.59	319	−1.00	1.93	16	6	3	26	0.61
县	Culberson	14 780	14 790	LB−E	1	3.53	1.30	0.75	0.37	1.73	318	−1.00		21	10	2	37	0.63
		14 920	14 930	WDF	1	3.50	1.35	1.09	0.18	1.24	324	−1.00	2.17	31	5	6	39	0.55
井位	Penroc Oil 5 Ross Draw Unit	15 100	15 110	UB	1	1.61	0.20	0.58	0.47	0.34	401	0.06		36	29	1	12	0.26
		15 330	15 340	LB−A	1	1.79	0.34	0.49	0.27	0.69	3.26	−1.00	1.88	27	15	2	19	0.41
API 编号	3001521877	15 550	15 560	LB−C	1	1.74	0.29	0.36	0.33	0.81	382	−1.00		21	19	1	17	0.45
位置	New Mexico	15 820	15 830	LB−D	1	2.96	0.80	0.55	0.27	1.45	317	−1.00	2.19	19	9	2	27	0.59
县	Eddy	15 930	15 940	LB−E	1	3.01	0.74	0.34	0.18	2.18	316	−1.00		11	6	2	25	0.69
井位	Hanley 1 Bass − Williams	15 850	15 860	UB	1	1.95	0.39	0.49	0.35	0.80	323	−1.00		25	18	1	20	0.44
		16 000	16 010	LB−A	1	3.86	1.26	1.14	0.48	1.11	318	−1.00	1.63	30	12	2	33	0.53
API 编号	4247530090	16 030	16 040	LB−C	1	3.92	0.97	0.93	0.43	1.04	317	−1.00		24	11	2	25	0.51
位置	Texas	16 250	16 260	LB−D	1	5.86	1.33	1.05	0.71	1.27	318	−1.00	1.54	18	12	1	23	0.56
县	Ward	16 390	16 400	LB−E	1	1.73	0.52	0.54	0.35	0.96	321	−1.00		31	20	2	30	0.49
		16 990	17 000	WDF	1	6.54	1.40	0.91	0.48	1.54	318	−1.00	2.07	14	7	2	21	0.61
井位	Atlantic Richfield I Worsham	15 040	15 050	LB−C	1	3.66	1.25	0.96	0.26	1.30	466	1.23	1.61	26	7	4	34	0.57
		15 270	15 280	LB−D	1	3.88	0.95	0.83	0.24	1.14	316	−1.00	1.60	21	6	3	24	0.53
API 编号	4238930187	15 340	15 350	LB−E	1	2.02	0.99	0.50	0.19	1.98	312	−1.00		25	9	3	49	0.66
位置	Texas	15 960	15 970	WDF	1	5.48	0.85	0.87	0.76	0.98	336	−1.00	1.75	16	14	1	16	0.49
县	Reeves																	
井位	Texas Oil&Gas 6 Toyah Unit - Arth.	11 320	11 330	UB	1	3.92	1.07	0.77	0.19	1.39	485	1.57		20	5	4	27	0.58
		11 500	11 510	LB−A	1	3.60	0.74	0.60	0.30	1.23	428	0.54	1.39	17	8	2	21	0.55
API 编号	4238900564	11 540	11 550	LB−C	1	3.75	0.76	0.65	0.21	1.17	437	0.71		17	6	3	20	0.54
位置	Texas	11 770	11 780	LB−D	1	332	1.12	0.60	0.19	1.87	386	−1.00	1.46	18	6	3	34	0.65
县	Reeves	11 890	11 900	LB−E	1	3.57	1.07	0.63	0.24	1.70	310	−1.00		18	7	3	30	0.63
井位	American Quasar 3～1 Biles	13 700	14 010	UB	31	4.57	0.36	0.72	0.36	1.98	561.67	1.68	2.27	16.23	8	2	8	0.34
		14 010	14 070	LB−A	6	3.98	0.41	0.66	0.52	1.28	397.50	−0.43		16.83	13	1	11	0.39
API 编号	4238931175	14 080	14 090	LB−B	1	5.78	0.39	0.58	0.44	1.32	576	3.21		10	8	1	7	0.40

续表 4

		深度间隔(ft)		区域	N	TOC	S_1	S_2	S_3	S_1/S_2	$T_{max}^{①}$	$R_o^{②}$(%)	$R_o^{③}$(%)	I_H	I_O	S_2/S_3	S_1/TOC	I_P
位置	Texas	14 090	14 140	LB−C	5	5.02	0.41	0.65	0.47	1.40	395.25	−0.55	2.37	13	9	1	8	0.39
县	Reeves	14 140	14 350	LB−D	21	5.04	0.38	0.54	0.25	2.11	494.93	0.81	2.46	10.86	5	2	8	0.41
		14 350	14 410	LB−E	6	4.25	0.30	0.42	0.28	1.48	408.50	−0.75		10	6	2	7	0.42
		14 500	14 510	MSL	1	1.55	0.11	0.13	0.23	0.57	458	1.08		8	15	1	7	0.46
		14 600	14 700	WDF	2	4.33	0.52	0.64	0.44	1.44	461.50	1.15	2.45	14.50	11	1	12	0.45
井位	John L. Cox 1 Texaco Fee	16 900	17 270	UB	28	3.34	1.20	1.35	0.39	3.44	376.11	−0.61	2.72	49.39	13.86	4	38	0.46
		17 270	17 340	LB−A	7	3.68	1.43	1.11	0.36	356.29	−1	2.76	34.29	11.57	3	41	0.56	
API 编号	4238931252	17 360	17 400	LB−C	4	3.95	1.51	1.02	0.44	2.30	353.25	−1		26.25	11.5	2	38	0.59
位置	Texas	17 400	17 680	LB−D	28	3.50	1.30	0.94	0.35	2.64	352.19	−1		27.21	10.5	3	37	0.57
县	Reeves	17 690	17 800	LB−E	11	2.85	0.96	0.68	0.41	1.65	354.13	−1	2.98	23.64	15.64	2	34	0.58
		17 900	18 250	WDF	2	2.22	0.27	0.41	0.26	1.61	347	−1		18	12	2	11	0.38
井位	Champlain Oil 1 Lewis State	12 000	12 330	UB	24	6.96	1.21	3.95	0.34	11.55	544.17	0.82	2.02	69.33	6	13	19	0.26
		12 340	12 400	LB−A	6	6.91	1.52	5.00	0.32	15.61	552.67	0.89		79	5	18	22	0.24
API 编号	4238930480	12 400	12 410	LB−B	1	7.94	2.40	4.62	0.35	13.20	501	1.86	2.14	58	4	13	30	0.34
位置	Texas	12 400	12 410	LB−C	4	8.47	1.50	2.38	0.36	6.55	520	2.20		27	5	7	19	0.41
县	Reeves	12 460	12 680	LB−D	14	6.38	1.46	2.32	0.35	6.69	532.84	1.92	2.22	37.29	6	7	23	0.41
		12 680	12 700	LB−E	2	6.92	1.74	2.20	0.55	4.00	439	0.76		32.50	8	5	25	0.43
		12 790	12 800	MSL	1	1.70	0.65	0.73	1.11	0.66	559	2.90		43	65	1	38	0.47
井位	American Quasar 1 State of Texas	12 000	12 070	UB	3	4.17	0.47	0.94	0.20	4.70	542	0.20	2.12	19.33	6	6	12	0.40
		12 200	12 210	LB−A	1	5.94	0.37	1.46	0.18	8.11	521	2.22	2.26	25	3	8	6	0.20
API 编号	4238930258	12 390	12 400	LB−D	1	6.83	0.55	1.69	0.32	5.28	509	2.00	2.24	25	5	5	8	0.25
位置	Texas	12 700	12 810	WDF	2	2.36	0.29	0.44	0.59	0.74	431	−0.20		27	45	1	17	0.40
县	Reeves																	
井位	Cities Service 1 Faulkner	11 200	11 940	UB	4	4.18	0.43	1.43	0.27	5.31	447.25	0.89	1.97	34.50	8	7	11	0.23
		12 000	12 010	LB−A	1	6.29	2.40	1.71	0.42	4.07	348	−1	1.93	27	7	4	38	0.58
API 编号	4238930334	12 060	12 010	LB−C	4	4.42	0.61	1.34	0.32	4.27	500.25	1.84	1.95	30.50	7	4	13	0.30
位置	Texas	12 370	12 380	LB−E	1	0.95	0.76	1.43	0.51	2.80	568	3.06		151	54	3	80	0.35
县	Reeves																	

①井位图见图 9；N=岩屑样品数量；TOC=岩石中有机碳的质量百分数；S_1，S_2=每克岩石中有多少毫克烃类；S_3=每克岩石中多少毫克二氧化碳；HI=氢指数=$S_2\times100$/TOC；OI=氧指数=$S_3\times100$/TOC；S_1/TOC=归一化石油含量=$S_1\times100$/TOC；PI=生产指数=$S_1/(S_1+S_2)$；

②取样间距大于 10−ft(3−m)；

③UB=上部 Barnett 页岩；LB−A=下部 Barnett 页岩 A 段，等；WDF=Woodford 地层；MSL=密西西比灰岩；

Tmax(℃)；计算的 Ro 值=$0.018\times T_{max}-7.16$；测量 R_o(%)；由于 S_2 峰值低，T_{max}值不可信。

7. 有机地球化学特征

通过分析 10 口井的样品来确定 Barnett 页岩中有机质的含量、地层分布、类型和成熟度。分析的样品来源于每口井上部 Barnett 单元和下部 Barnett 页岩单元中的 A、C、D、E 段。所有的样品运用 Leco－C－230 和岩石热解仪两种仪器进行分析。根据目测确定干酪根主要为Ⅱ型海相藻类来源的干酪根，由于成熟度很高，所以氢指数并不能有效地反映干酪根类型和原初始生烃潜力。

下部 Barnett 单元中 TOC 总体高于上部 Barnett 单元，样品中下部 Barnett 单元 D 段的 TOC 含量最高，平均达到 4.4%，在 Fort Worth 盆地中高成熟度的 Barnett 页岩段平均 TOC 值为 4.5%左右，D 段的伽马射线值明显比其他层段高。伽马射线值与 TOC 值没有明显关系，但是根据经验，二者应成正向相关性。

研究区中由中子孔隙度和电阻率所计算的 TOC 值与测量值不同，可能是由于 3m 的采样间隔引起的。所有层段样品中，处于最北部井的样品 TOC 值最低，而研究区南部则相对要高些(图 9)。这可能是由于北部地区有机质演化程度较高而引起 TOC 含量的减少，同时地层厚度与 TOC 含量没有明显的关系。

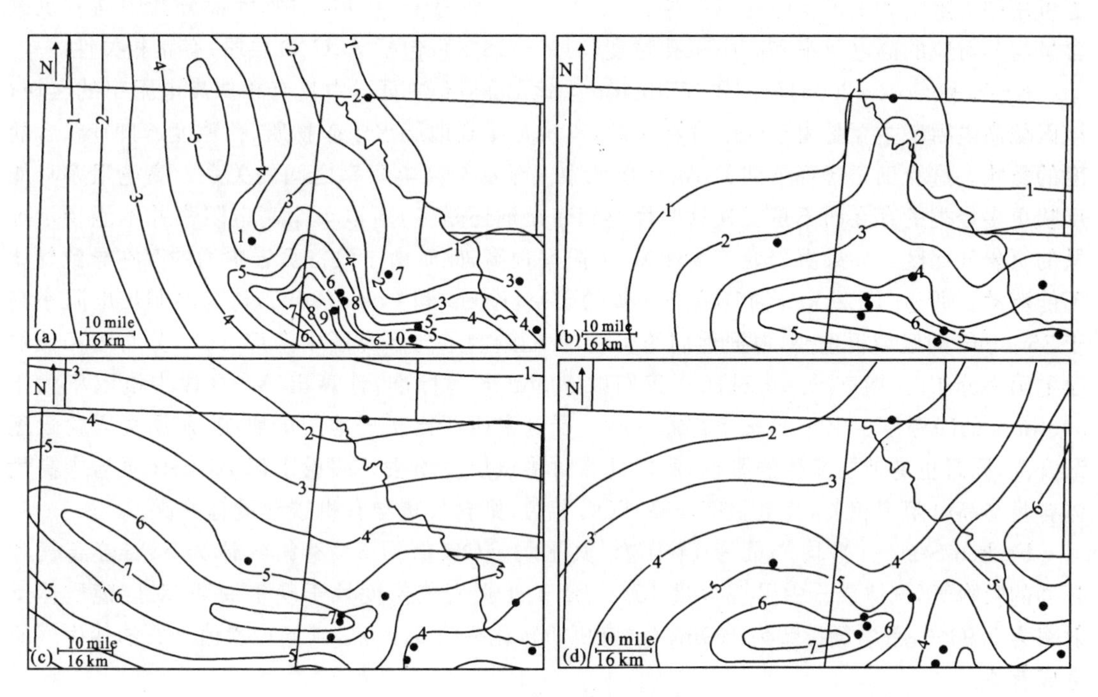

图 9 TOC 质量百分比等值线图

点代表 TOC 数据是有效的井，等值线间距 1wt%。(a)上部 Barnett；(b)下部 Barnett 的 A 段；(c)下部 Barnett 的 C 段；(d)下部 Barnett 的 D 段。井：1. Texas Pacific 1 M. G. Nevil；2. Penroc Oil 5 Ross Draw Unit；3. Hanley 1 Bass－Williams；4. Atlantic Richfield 1 Worsham；5. Texas Oil & Gas 6 Toyah Unit－Arth；6. American Quasar Biles 3～1；7. John L. Cox 1 Texaco Fee；8. Champlain Oil 1 Lewis State；9. American Quasar 1 State of Texas；10. Cities Service 1 Faulkner

TOC 由北向南逐渐增加，不仅反映成熟度向南的方向逐渐减低，而且也反映了沉积阶段研究区南部拥有更好的生气潜力或者说有更多的有机质保存下来。而且与研究区北部区域相比，南部区域所处的位置更靠近密西西比系沉积中心。所以形成了欠补偿盆地，这样为Ⅱ型干酪根的形成和保存提供了有力的条件。由于这些原因，Delaware 盆地中部和中南部研究区的 TOC 值要明显高于北部(图 8)。

来自岩石热解分析的其他有机地球化学数据包括在 300℃(572℉)(标定或计划的温度)等温加热时样品的烃释放。热萃取率为 S_1，它测量的是样品中残余游离烃的含量，在样品中游离烃的热萃取后，将样品以 25℃每分钟的速度匀速加热到 300～600℃，此时样品中剩下的残余烃开始裂解，这时的提取率值为 S_2，它测量的是样品的生烃潜力，所有样品的分析中 S_1 的值都要高于 S_2 的值，所以，该区域内有机质演化程度高，大量已经转化为烃类，因此，S_1 的升高和 S_2 的降低是高含气量的标志。S_2 值很低，无法解决热解的高温峰值问题，而 T_{max} 是 S_2 在达到演化条件时的峰值温度，此时数据缺乏可信度。

8. 含气量

评估 Delaware 盆地中 Barnett 页岩的含气量十分困难。现代的孔隙度测井只能对研究区很少的一部分井进行测量，很少井同时进行了密度和中子孔隙度测井，所以很难将岩石学和地球化学数据与测井响应、含气量之间建立联系。小部分井有泥岩测井获得的含气曲线，它是通过可用的电阻率和中子孔隙度值描绘出来的。在下部 Barnett 单元中，大部分井中高有机碳含量与其对应的高电阻率和高中子孔隙度(14%～18%)(包括 A、C、D 层段)有正相关性。

Kreis 和 Costa(2005)研究了 Williston 盆地 Bakken 油页岩中具有相似高电阻率的区域，该区域高电阻率主要是由于油的存在引起，其次是受到地层水中矿物质、孔隙度、弯曲度、含盐度的影响。这有助于解释下部 Barnett 单元中气显示与高电阻率之间的关系。高电阻率只能反映更多烃类的存在而不是反映这些烃类到底是油还是气，所以单个高电阻率并不能指示远景的页岩气探区。如果页岩处于生油窗，电阻率很高，此时由于致密页岩中油的存在导致气体不能流动。通过对 Bakken 油气藏进一步的研究，Kreis 和 Costa(2005)认为绘制出电阻率高于 35ohmm 的区域很重要，根据他们的实践，我们绘制了与研究区中南部 TOC 分布图相似的净电阻率分布图(图 9、图 10 对比)，我们以 50ohmm 为标准，计算出 A—D 段中电阻率大于 50ohmm 的净厚度。由于 E 段下部测井响应受到密西西比灰岩地层的影响，灰质页岩含量逐渐升高，同时也有地层流体的影响，所以计算时将该层段略去。假设下部 Barnett 页岩中高气体含量与高电阻率相关，高电阻率与高 TOC 相关，则含气量与有机碳含量有关。

Fasken State 井平均产量为 74 ft^3/t，其平均 TOC 值为 6.28%，气体为 53%游离气和 47%的吸附气，气体成分中甲烷含量 45%，Barnett 页岩成熟度处于晚生油期，对应镜质体反射率为 0.93%，平均氢指数为 169mg/g(有机质转化率为 61%)。碳同位素值与石油伴生气的生成有关。

Dallas Production 36－1 Fasken State 仅仅代表研究区 Barnett 页岩总生气潜力的很小一部分，因为它只有部分转化为烃类和碳质残渣，转化率为 61%，所以它的总生气潜力估计将超过预期的 121ft^3/t，这样与 Fort Worth 盆地 Barnett 页岩的生气能力相当(Mavor，2001)。在地层的温压条件下，尽管孔隙度只有 4%～6%，每层段含气量可以达到 200bcf，但是由于成熟度低，液态烃的存在将会抑制气态烃类流入井眼。所以并不是像 Jarvie(2007)所说的那样高电阻率和高有机碳含量就是可产气区的指示参数。

运用地球化学的公式和假设来计算研究区 Barnett 页岩中有机质向油气的转化率，油气

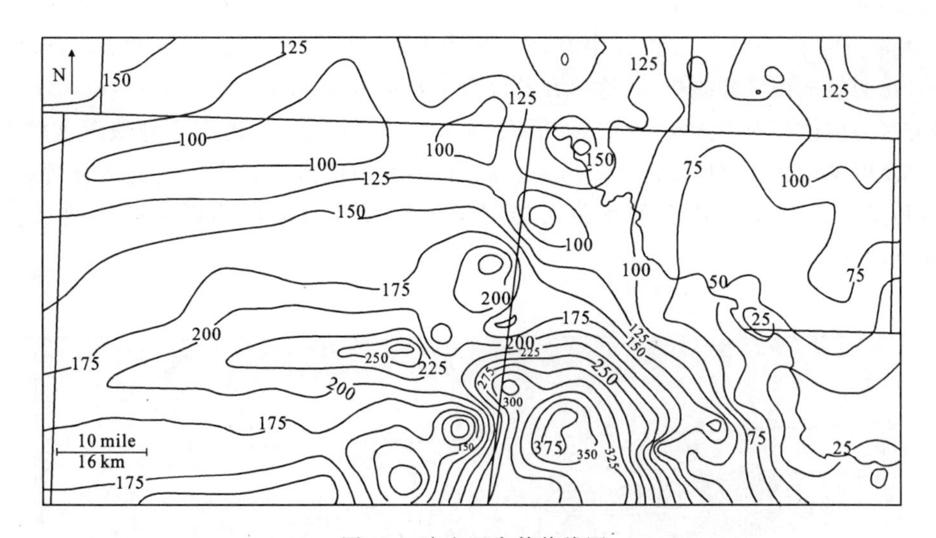

图 10　净电阻率等值线图

下部 Barnett 顶部 A—E 段的电阻率的净进尺大于 50ohmm；等值线间距 25ft(7.5m)

排出，油裂解成天然气的量和平均厚度，GIP 值，假设 Barnett 页岩的成熟度处于干气窗阶段。

研究区上部和下部 Barnett 页岩的有机碳含量分别为 2.49%和 3.43%，转化率高达 97%，根据 Fort Worth 盆地 Barnett 页岩的生产经验，在如此高的热成熟度条件下，研究区初始有机质含量应该高于估计值 64%(Jarvie 等，2007)，因此，Barnett 页岩上、下部地层单元的 TOC 初始值 3.9%和 5.36%。这表明大约 1.4%和 1.93%的总有机碳转化为油气和碳质残渣，或者上部 Barnett 页岩中每克岩石生成 16.90 mg 烃类，下部 Barnett 页岩中每克岩石生成 23.27 mg 烃类。每 ac—ft 产几桶油(bbl of oil/ac—ft)与每 ac—ft 产几千立方英尺油(mcf/ac—ft)等价，上部 Barnett 页岩中每 ac—ft 产 370 桶油或每 ac—ft 产 2 219mcf，下部 Barnett 页岩中每 ac—ft 产 509 桶油或每 ac—ft 产 3 056 mcf。Barnett 页岩中干酪根主要裂解生成的油气比例是生油 70%、生气 30%(Jarvie 等，2003)。如果像 Fort Worth 盆地一样，生成的油气 60%被运移出去(Jarvie 等，2003)，那么保存量为每 ac—ft49bbl 油，同时与北部 Reeves 县等高成熟度地区一样，这些油开始裂解生气。值得注意的是油向气转化过程中由于烃类流失，总气体储量中石油裂解的天然气量不超过 47%。最后石油裂解生成的天然气加上初期天然气的 40%，上部 Barnett 页岩地层的气产量为 558 mcf/ac—ft，下部 Barnett 页岩地层的气产量为 769 mcf/ac—ft。用上部 Barnett 页岩地层为 270ft(82m)和下部 Barnett 地层单元为 420ft(128m)的平均厚度，其气储量分别为 96bcf/section、207bcf/section，总储量为 303bcf/section。当 Barnett 页岩处于干气窗，其干酪根转化率达到 95%以上时，还应加上 10%的估算最终储量(EUR)约 30bcf/section。当然，如果排烃效率较高，例如当达到 80%时，气储量将减少至 153 bcf/section，10%的估计最终可采出量为 15.3 bcf/section。

9. 热成熟度和埋藏史

通过测得的来自于 10 口井 38 组样品的镜质体反射率来评估热成熟度。除了 Reeves 县的 Texas Oil & Gas 1 Arthgrsson 井以外，所有样品的成熟度都处于生气窗，Texas Oil & Gas

1 Arthgrsson 井处于早期生油窗，比测量镜质体反射率的值高，岩石热解 T_{max} 值表明等价的 R_o值在 0.78%左右，相当于氢指数中有机质转化率为 30%。研究区南部 Dallas 产区的两口井已经产出裂解成因气和凝析油，这些井的深度不超过 3 048m。

研究区镜质体反射率随深度增加而增大(对比图 5、图 11)，盆地中心埋藏深度较大，对应的镜质体反射率也大，达到 1.6%～2.7%。然而，向西镜质体反射率最高的区域埋藏却相对要浅，这种反常的高镜质体反射率值可能是第三纪侵入岩局部热影响的缘故(Barker 和 Pawlewicz，1987)。

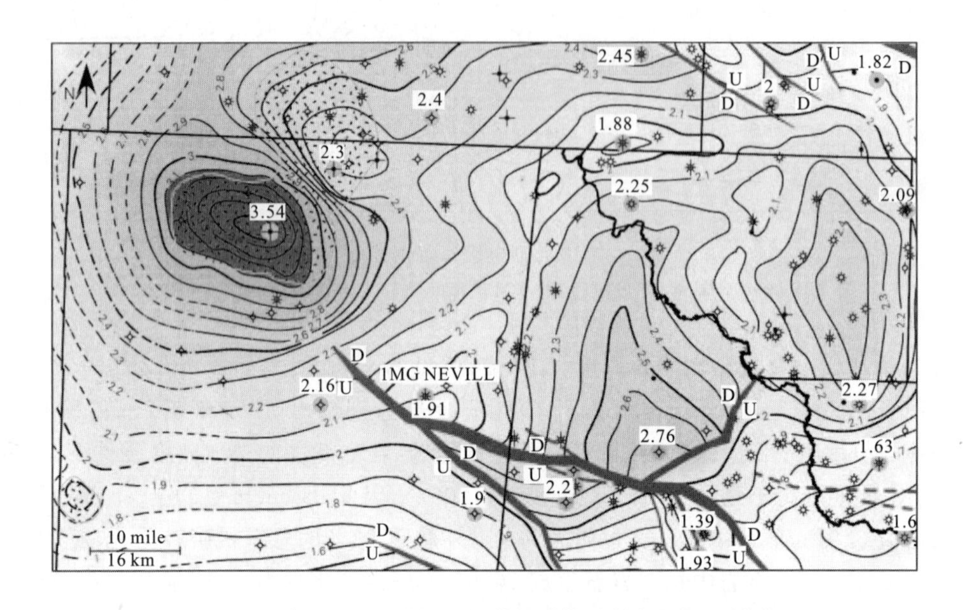

图 11 下部 Barnett 层段 A 的等镜质体反射率图[R_o(%)]

颜色越深表明该地区的热成熟度越高，点代表 Barker 和 Pawlewicz(1987)绘制的埋藏火成岩入侵的位置。Pawlewicz 等(2005)用✧表明资料来源的井。本次研究的数据井用深灰色标出，等值线间距是 0.1% R_o，下部 Barnett 构造等高线图推测断层的位置

除 Texas Oil &Gas 6 Arthgrsson 井，所有井的测量镜质体反射率的平均值为 1.54%，这些数据表明生油窗向早生气窗(R_o 约为 1.00%)的转化应该发生在 3 048m 左右，在 Reeves 县北部采集的有机质富集的Ⅱ型干酪根的样品具有很低的氢指数，有机质转化程度高，证明了该地区的热成熟度处于干气窗。镜质体反射率 R_o 大于 1.60%的所有样品中原始氢指数为 434[mg/g(HC/TOC)]，现今氢指数平均值为 11[mg/g(HC/TOC)]，据此估计干酪根的转化率大约为 97%。

我们通过计算几口井现今的地温梯度来确定出露岩层的最低温度。通过循环时间估算的真正井底温度值校正由测井资料读取的井底温度(BHT)。研究区的地表温度为 12℃(53°F)，根据校正的 BHT 值，其对应的地温梯度为 1.47°F/100ft(27℃/0.03km)，相关系数为 90%(Hills，1984)。地温梯度在埋深 2 438m 以下以对数形式增加，以上呈直线形式增加。现今地温梯度图反映了侵蚀作用以来，露出地表岩层的最低温度梯度(图 12)，向盆地轴方向，温度梯度由西向东逐渐减低，表明该地区热流强度很低，研究区位于三叠纪火成岩侵入体上部的区域拥有很高的地温梯度，这是侵入体早期侵入的缘故。

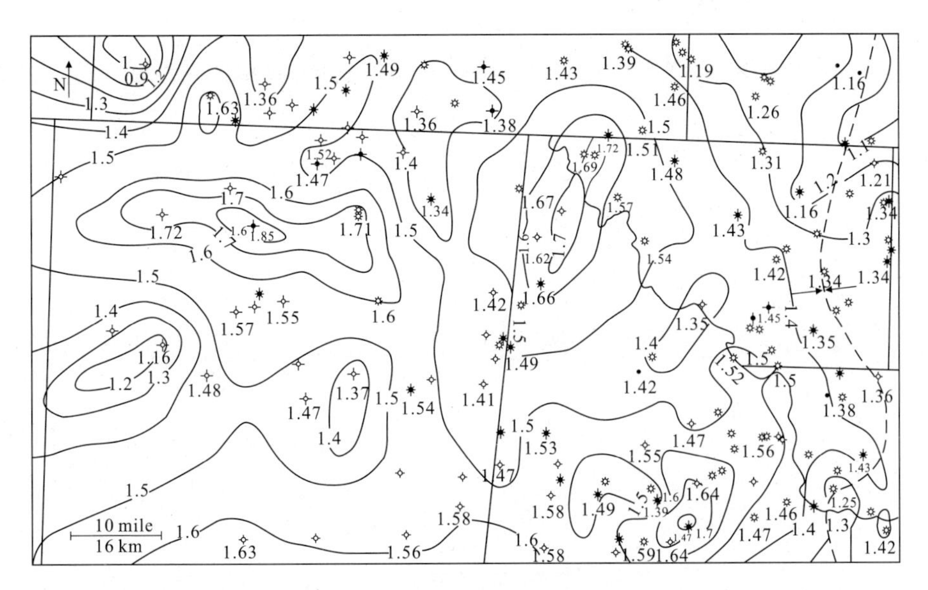

图 12 现今地温梯度的等温线图

东部的虚线代表 Delaware 盆地的轴线,等值线间距是 0.1℉/100ft(17.72℃/30m)

利用 Petromod 软件对 Texas Pacific Oil Company1 Nevill 井进行埋藏史分析,绘制埋藏史图,Petromod 需要地层厚度、盆地各地层单元岩性。该模型假设随时间推移地层处于持续性的热流作用下,这与岩石的热传导性密切相关。三叠纪的火成岩活动并不包括在该模型当中,因为 N1 井距侵入活动区域较远。下部 Barnett 单元中模型计算的 R_o 值与岩屑中测量的 R_o 值十分接近,计算值为 1.77%,而测量值为 1.91%。

Delaware 盆地总共经历了 3 次生烃过程,最近的一次是早、中二叠世。埋藏史曲线表明盆地由宾夕法尼亚纪—早二叠世为一段快速埋藏期(图 13),此时 Barnett 页岩迅速埋藏,在 250Ma,也就是中、晚二叠世达到生油窗的临界温度,并在 240Ma 达到生气窗的临界温度,密西西比系在二叠纪达到生油气窗,现今的热成熟度表明地层当时处于最高的埋藏温度。Delaware 盆地与 Fort Worth 盆地中 Barnett 页岩的生烃开始时间具有很强的一致性(Montgomery 等, 2005),然而 Fort Worth 盆地在三叠纪经历了剧烈的抬升剥蚀作用,导致该盆地密西西比系与 Delaware 盆地的相比埋藏要浅得多。

10. 现代活动

Fort Worth 盆地 Barnett 页岩气的成功开采使人们对 Delaware 盆地 Barnett 页岩气产生了浓厚的兴趣。2002 年在 Rivers 县钻开了第一批页岩气井(AAPG Datashare 27),这些井开采了少量的天然气(350mcf/d),还含有一些凝析油,这表明该区域页岩的成熟度不高。湿气大量存在和高碳同位素值表明生成的气体是处于生油窗晚期的油伴生气(Jarvie 等,2003)。根据这些,研究者们开始憧憬该地区页岩气的远景,Encana 和其他公司将目标锁定在宾夕法尼亚系、密西西比系、二叠系的页岩层段。早期的井仅仅钻入生油窗的地层,并没有获得经济价值的气产量,生油气窗页岩的埋藏深度成为了一个难题,因为高成熟的页岩埋深在 3 048m(10 000ft)~6 400m(21 000ft)。

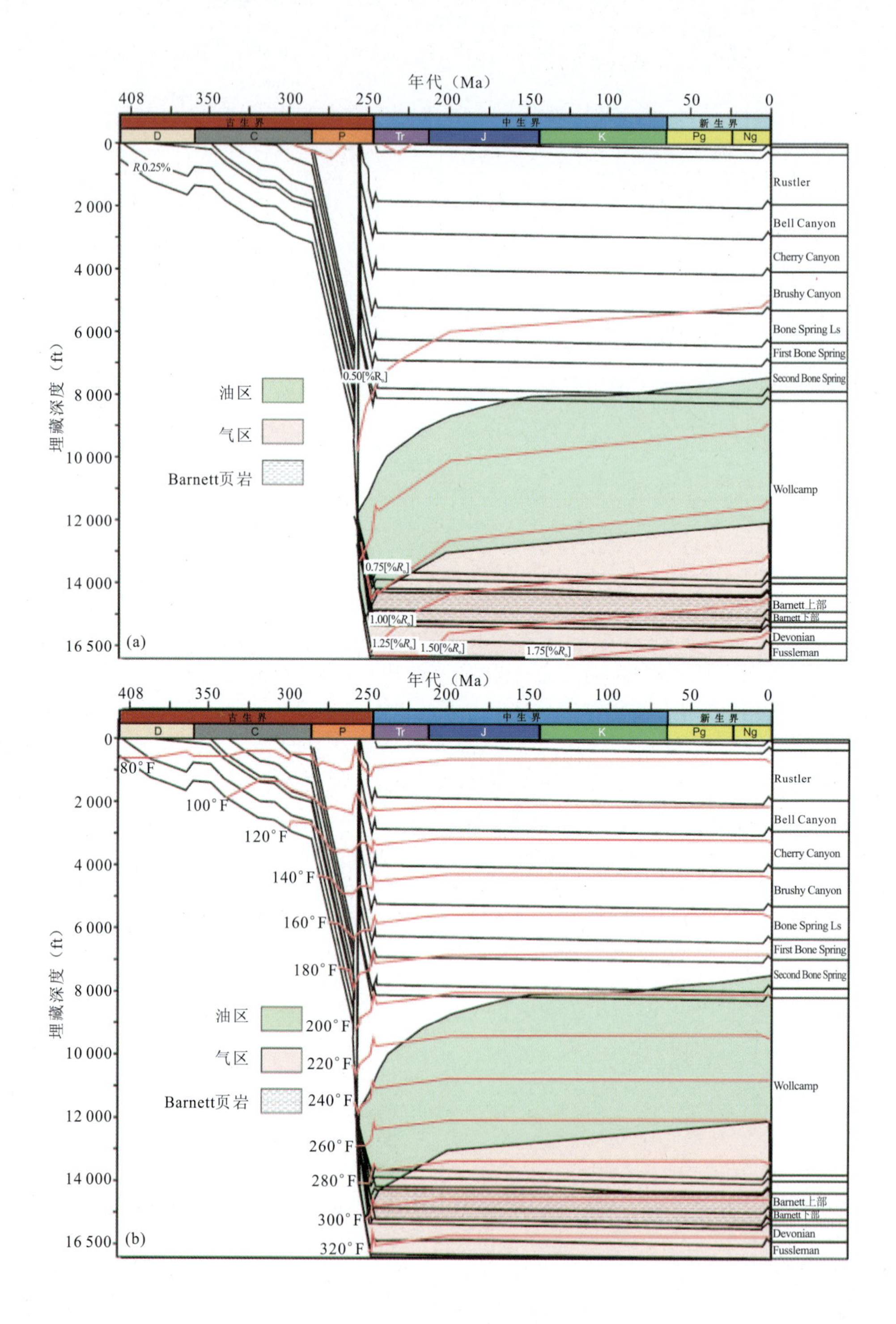

图 13　Nevil＃1 的埋藏史模型

(a)等镜质体反射率线[R_o(%)]和时间-温度指数模型，红线代表[R_o(%)]。生烃区域以模型中的 R_o 值为基础；(b)等温线(°F)与埋藏深度和生烃区域有关，红线代表°F，生烃区域以时间-温度指数和 R_o 为基础

在 Texas 西部页岩气的开发研究过去 5 年起起伏伏，但最近的开采和研究结果表明页岩气存在商业价值和经济可行性。Chesapeake 能源公司和 Hallwood 能源公司已经获得了商业价值的产量，最近他们 14 口井的产量由初始的 390mcf/d 上升到 2 925mcf/d(Marble，2008，个人交流)，但此时存在钻井费用过高的问题，主要原因是生气窗页岩的埋深达到 5 486m。早期井的压裂和完井费用高达 1 500 万美元，但随着经验的累积，这种埋藏深度大，地层压力高的页岩钻井，完井花费可以降至 800 万美元。记录一口井的估算最终储量(EUR)为 9bcf(Marble，2008，个人交流)，以现在的天然气价格实现经济开采要求每口井至少产出 3bcf 的气体。有些情况下，仅压裂 25%的页岩也可以获得工业气流和 EURs(Marble，2008，个人交流)，记录的最高产气量是 5mcf/d。

在生产层位处，井中的高压及水平井段页岩坍塌是一个难题。在 5 486m 的埋深下压力可以高达 12 000psi，压力梯度为 0.88psi/ft，此时压裂需用到了 100 万吨的水和 600～700 000磅的支撑剂。在这种高压下，套管柱的设计极其重要。钻井的主要问题是控制井眼的稳定性，防止偏差以及流体流失。然而压裂过程中一个挑战性问题是表面排水设备如何克服很高的流体压力。

11. 结论

Delaware 盆地的 Barnett 页岩拥有十分优越的生气潜力，整个盆地大部分区域有机质富集，成熟度高。根据电阻率的变化将地层单元划分为上部碎屑性单元和下部灰质单元。根据测井响应特征又将下部 Barnett 单元细分为 5 个层段，总体来说下部 Barnett 单元的 TOC 值比上部要高，Barnett 页岩的顶部埋深范围由 2 133m(盆地西边的区域)到超过 5 486m(沿盆地轴向)。盆地在 250Ma 开始生烃，盆地大部分区域现今处于生气窗，一些井出的初始产气量达到 3mcf/d。初步分析认为测井响应中具有高电阻率和高中子孔隙度的层段可能有很高的含气量。钻井区域可以通过绘制下部 Barnett 单元净电阻率大于 50ohmm 区域的分布图来确定。除 Barnett 页岩之外，根据 Woodford 组的成熟度和生烃潜力详细评价 Woodford 组地层潜力。

Delaware 盆地 Barnett 页岩钻井和压裂的困难，由于钻孔的稳定性问题，必须用到油基钻井泥浆，这样会大大提高钻井成本。因为干气窗的实际深度，压裂处理很难泵入水，同时并不能产生稳定的商业气流。在这种埋深下，岩石静压力太高很难形成开启的裂缝系统，另外还应考虑页岩的岩性问题。Delaware 盆地中 Barnett 页岩地层和 Woodford 地层中硅质含量比 Fort Worth 盆地低，这样岩层的脆性也会给压裂造成困难，同时支撑剂的嵌入也是个问题。

任何两个页岩气系统都是不同的，Mitchell Energy 公司成功开采 Fort Worth 盆地的 Barnett 页岩气，在掌握正确的压裂和完井技术以前经历了很多年的尝试。另外，Delaware 盆地页岩气的经济价值和开采可行性也在继续探索中，Barnett 页岩和 Woodford 页岩地层中实际的天然气储量巨大，实现对这些天然气储量的开采必须逐渐完善和优化钻井、完井技术。(王华、高清材译，龚铭、杨苗校)

原载　AAPG Bulletin, V. 92, No. 8 (August 2008), PP. 967—991

参考文献

Adams J E. Stratigraphic - tectonic development of Delaware Basin [J]. AAPG Bulletin, 1965, 49: 2 140—2 148.

Barker C E, Pawlewicz M J. The effects of igneous intrusions and higher heat flow on the thermal maturity of Leonardian and younger rocks, western Delaware Basin, Texas, in D. M. Cromwell and J. Mazzulo, eds., Glassmountains[X]. SEPM Guidebook, 1987, 87—27:69—81.

Bowker K A. Barnett Shale gas production, Fort Worth Basin: Issues and discussion [J]. AAPG Bulletin, 2007, 91:523—533.

Burst J F. Diagenesis of Gulf Coast clayey sediments and its possible relation to petroleum migration[J]. AAPG Bulletin, 1969, 53:73—93.

Cys J M, Gibson W R. Pennsylvanian and Permian geology of the Permian Basin region, in Frenzel et al. , 1988, The Permian Basin region, in L. L. Sloss, ed. , Sedimentary cover - North American craton, U. S. [C]. Boulder, Colorado, Geological Society of America, The Geology of North America, 1988, D-2:277—289.

Espitalie J, Madec M, Tissot B, et al. Source rock characterization method for petroleum exploration [C]. Proceedings of the 9th Offshore Technology Conference, 1977, 3(2935):439—444.

Flawn P T. Basement rocks of Texas and southeast New Mexico[M]. Austin, Bureau of Economic Geology, University of Texas Publication 5605, 1956:261

Hills J M. Sedimentation, tectonism, and hydrocarbon generation in Delaware Basin, west Texas and southeastern New Mexico [J]. AAPG Bulletin, 1984, 68:250—267.

Hills J M, Galley J E. General introduction, the pre-Pennsylvanian Tobosa Basin, in Frenzel et al.. The Permian Basin region, in L. L. Sloss, ed. , Sedimentary cover - North American craton, U. S. : Boulder, Colorado [C]. Geological Society of America, The Geology of North America, 1988 , D-2:261—277.

Jarvie D M, Claxton B L. Barnett Shale oil and gas as an analog for other black shales (ext. abs.) [C]. AAPG Southwest Section Meeting Transactions, Ruidoso, New Mexico, 2002:165—166.

页岩气探区的地球化学以及地质分析

Xia Wenwu, Burnaman Mike D, Shelton John
(Harding Shelton Group)

摘　要：在尝试运用传统的地球化学和地质方法分析页岩气探区时，我们发现存在很不同。本文是对美国页岩气探区应用地球化学和地质分析的总结，而且运用美国活跃页岩气探区的实际数据讨论不同的概念。

引　言

美国页岩气探区开采取得了巨大的成功，而且他们认为全球的能源处于流动状态，成功开发页岩气探区需要考虑许多重要的地质、工程和经济问题因素。我们在文中将讨论地球化学、地质方法及技术在页岩气探区的应用。

1. 地质年代、埋藏史和上覆岩层

目前北美探明的具有工业开采价值的页岩气探区是密西西比系/泥盆系（416—318Ma）、侏罗系（160Ma）和上白垩统（99Ma）。假设这些地层具有必需的有机质含量，通常这些岩层的埋藏史和热演化史为有机质达到最佳热成熟度和经济上的可钻深度提供了条件。由于上覆岩层类型、厚度和构造的复杂性直接影响钻井成本，所以它们也相当重要。不同地质时代沉积的页岩，具有相似的沉积环境，黑色页岩在缺氧或贫氧的水体（通常为深水还原环境）中堆积。当内陆海道从 Appalachian 山脉向西横穿大部分美国大陆时，为北美泥盆系和密西西比系页岩的沉积提供了连续的沉积环境。另外，可以利用地球化学数据来确定页岩的埋藏史。

1）地质钻井和完井挑战

据资料显示，在具有最薄上覆层和相关构造复杂度最小的盆形区域，页岩气勘探取得了极大的成功，Texas 北部 Barnett 页岩在没有断层和岩溶的地方开采；Oklahoma 东部和 Arkansas 西部 Fayetteville 页岩则是在逆断层活动最小的地区开采。Appalachian 地区 Marcellus 页岩的大部分区域有复杂的断裂构造，虽然该地区具有良好的烃源岩和热成熟度，但是仍然没有取得快速的生产发展。总而言之，具有较薄的上覆岩层，很少或没有断层活动，与页岩气目的层位有相同横向沉积历史的地区，页岩气开采取得了巨大的成功。一般页岩气目的层上方复杂的构造会增加垂直钻探成本，因为高地层倾角和断层面会引起过多的钻孔偏斜，空气钻井可以克服一些操作和经济方面的问题。

断层活动和岩溶会给完井工作带来难题，水平井眼附近的断层会吸收水力压裂的流体，并且在区带外的上覆或下伏地层中开启断裂系统，该区带是指水优先进入的含气页岩区带并且抑制气体开采的区带。岩溶（塌陷的碳酸盐溶洞体系）常有局部裂缝系统，这些裂缝系统与断层系统相似，而且可以让水进入含气页岩层。

2. 热成熟度和有机质含量的地球化学特征

热成熟度和有机质含量的地球化学特征是确定含气页岩产量的第一步。Dan Jarvi 从2003—2009年的各种论文中总结了很多这方面的材料，有些含气页岩系统是生物成因的，但是天然气最富集的区域主要是热成因气。天然气分布、含气饱和度、石油风险和热成因含气页岩的产量与地球化学因素有很大的相关性，这些地球化学因素包括初始有机质富集含量以及盆地特定的埋藏史和热演化史，我们可以利用大量与气页岩评价相关的地球化学分析来描述这3个因素。

页岩在生烃过程中C和H元素的消耗导致了岩层中TOC含量和氢指数降低，此时我们利用热成熟度来测量产生的热能，用岩石热解分析来确定有机质类型和成熟度，而且可以检测沉积物的油气潜力，加热样品可以测量挥发气体的体积，观察最大裂解温度。

1)干酪根类型

TOC值显示页岩中有机质的富集程度(干酪根含量)，低成熟度露头测量的TOC值常是地下测量值的两倍，这种现象在含气页岩中很普遍，说明有机质在深度和压力逐渐增加的条件下，经过了一段时间和较高温度的埋藏，为干酪根向烃类转化提供了条件。含气页岩的TOC一般大于2%，有些页岩TOC含量超过10%。因为取样的不一致性，TOC含量通常需要修改校正。

干酪根是沉积物中分散有机化合物的复杂混合物，分散有机化合物在热力和压力作用下可以析出烃类。有机化合物是由海洋和湖泊中压实的有机物组成，如藻类和其他低等植物、花粉、孢子、孢子外膜和混杂不同量陆源碎屑的昆虫碎片。在50～100℃，7 000多米或更深时，干酪根转化成多种液态及气态烃类。不管是海相还是陆相来源的干酪根，干酪根类型决定了生成烃类的类型和数量。

Ⅰ型干酪根 I_H 很高，湖相来源，成熟时倾向于生油，通常极少见，在东南亚地区分布较多，对有合适热演化史的含气页岩来说Ⅰ型干酪根是很好的天然气来源；Ⅱ型干酪根 I_H 较高，是海相来源，生成石油和天然气，是全球很多大型传统油田的油气来源；Ⅲ型干酪根 I_H 低，大部分是陆源物质，倾向于生成天然气；Ⅳ干酪根 I_H 最低，而且极少见。电缆测井可以定性识别干酪根，与其他沉积岩层相比，一般烃源岩层段的是测井响应特征为高GR、低密度、高声波时差、高孔隙度和高电阻率。值得注意的是根据成熟度参数，发现干酪根类型可能与整体产气量无关。

2)镜质体反射率

镜质体反射率[R_o(%)]表征干酪根热成熟度水平。R_o 是通过在显微镜下利用反光率测量陆源干酪根在热裂解时产生的热量，典型的 R_o(%)分布范围是2.0%～3.0%，镜质体反射率越高，热成熟度越高。对于还没有发育陆源植物的前志留纪岩层，R_o(%)是不精确的。R_o 不是干酪根转化的标尺而是用来评价页岩气目标层段成熟度的指标，因此需要结合其他成熟度指标对目标岩层进行评价(Jarvie，2008)，如 T_{max} 可以计算出 R_o(%)值，转化率(TR)是表征干酪根转化的程度，可以通过 I_H 计算，TR值接近1的地区具有很高的天然气生产潜力。

如上所述，干酪根类型可以决定页岩生烃初期所生成油气的类型，但是如图1所示，在进一步成熟中，烃源岩和初期生成的石油经二次裂解后能产生大量的天然气。

Fort Worth盆地Barnett页岩是原油裂解生成天然气的例子，该页岩是以Ⅱ型干酪根为主，可以描述为“原油消耗殆尽的烃源岩”。表1总结了北美页岩气探区地球化学的成熟度参

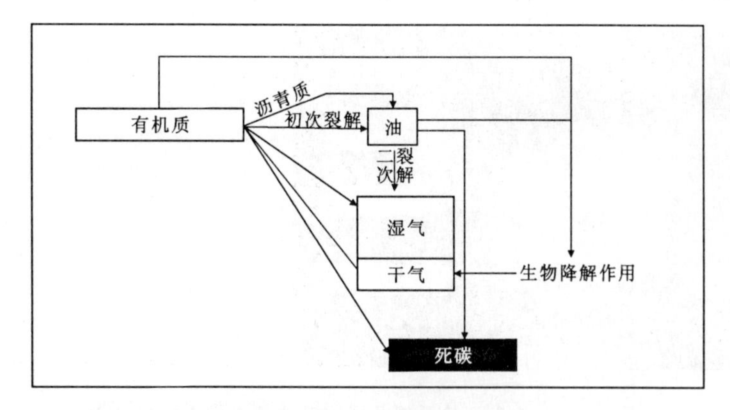

图 1 原生和次生裂解生成天然气

数。图 2 是应用地球化学的成熟度参数所作的页岩气风险评价。图 3 显示了干酪根类型、I_H 和 T_{max}之间的典型关系。为了快速评价页岩气盆地的勘探潜力，我们可以在岩心分析、测井资料、完井报告、地质论文和地震剖面的数据基础上，从岩层顶深、年代、岩性、沉积水深、孔隙度与深度的函数、井底温度、干酪根含量以及 R_o(%)和深度的关系等方面建立区域页岩的埋藏史图。

表 1 北美页岩气探区地球化学参数总结

页岩	解释的热成熟度情况	TOC (wt%)	估算 TOC (wt%)	I_H (mg/g) TOC	估算 TR(%)	据 T_{max} 计算 R_{oe}(%)	测量 R_o(%)	S_1/TOC (mg/g)	数量 (个)	干气率 (C_1/(C_1-C_4))	甲烷 $\delta^{13}C$ ($\times10^{-12}$)	乙烷 $\delta^{13}C$ ($\times10^{-12}$)	丙烷 $\delta^{13}C$ ($\times10^{-12}$)
Antrim	未成熟-生油早期	5.25	5.35	432	10～20	0.67	0.51	53	181	98%	−55		
New Albany	油	7.06	7.28	428	540	0.65	NA	21	59	52%	−53	−44	−37
Woodford	油	9.23		9.61	503	>90	0.76	0.54	52	31			
Marcellus	干气	3.37	5.27	16	>90	2.16	NA	20	33				
Utica	干气	1.71	2.67	18	>90	NA	NA	33	21				
Fayetteville	干气	1.86	2.91	24	>80	NA	2.0～2.5	15	538				
Woodford	生油晚气-生气早期	2.04	3.19	73	12	0.92	NA	17	40				
Barnett	未成熟-生油早期	5.21	5.37	380	31	0.02	0.55	42	3				
Barnett	生油早期	4.70	5.20	299	10～30	0.62	0.77	70	25				
Barnett	干气	4.45	6.50	45	10～30	1.72	1.67	19	90				
Antokan	生油晚气-生气早期	3.11	4.86	23	10～30	1.4	NA	27	18				
Barnett	生油晚气-生气早期	4.04	6.31	67	10～30	0.76～1.48	0.86～2.15	33	858				
Woodford	生油晚气-生气早期	3.93	6.14	87	10～30	1.02	1.20～2.10	70	32				
Bossier	干气	1.81	2.83	13	10～30	NA	1.40	18	28				
Lewis	干气	1.46	2.28	22	10～30	NA	1.60	18	22				
Waltman	油	2.53	4.22	322	10～30	0.75	0.69	5	43	97%	−35	−23	−22
Bakken	油	11.37	13.87	298	10～30	0.5～1.0	0.5～0.95	43	349				
Munterey	油	6.77	7.95	460	10～30	0.4	0.45	88	12				
Antelope	油	3.02	3.18	433	10～30	0.55	NA	70	70				

所有数值均为平均值，且包含和成熟阶段；TOC 为总有机碳，初始值；I_H 为氢指数[S_2/TOC×100；mg/g(HC/TOC)]；TR 转化率；R_o(%)为镜质体反射率；R_{oe}(%)为根据热解 T_{max}值计算的镜质体反射率

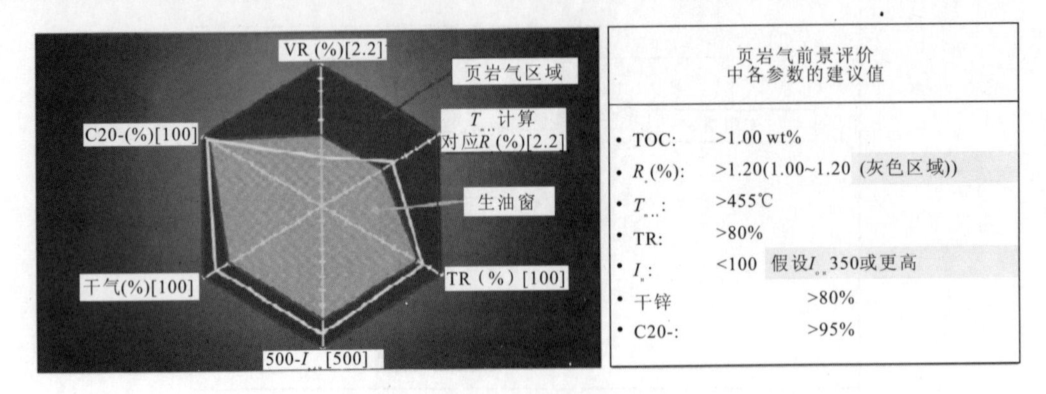

图 2　地球化学评价天然气风险参数的直观图和一览表

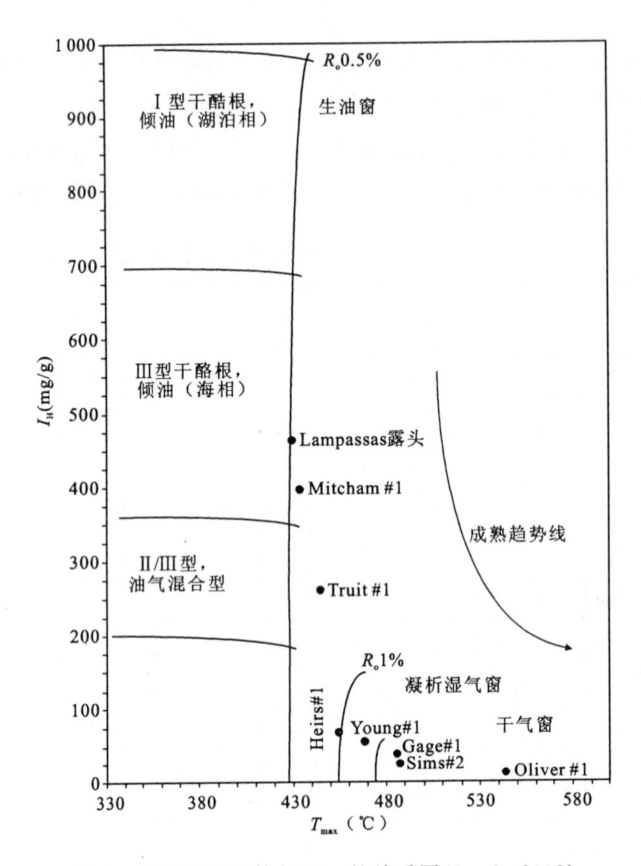

图 3　典型的氢指数与 T_{max} 的关系图(Jarvie,2008)

3. 孔隙度、渗透率和天然气储量

含气页岩显示的平均孔隙度很小，通常呈个位数，而渗透率则在毫达西和微达西范围内($10^{-3}\sim10^{-6}$)。页岩中的二氧化硅含量控制页岩的孔隙度大小，许多页岩气储存在孔隙中，而早期投入生产的页岩气井中多为次生孔隙，无论是垂直还是水平方向，渗透率一般较差。粘土颗粒的压实作用发生于沉积期后，此时其上覆岩层的沉积作用导致薄层形成，由于同时压实作用引起了粘土矿物的颗粒旋转，形成平行层分布。实践证明为了获得工业性的天然气产量，大量的多期减阻水力压裂措施是增加垂直和水平渗透率的唯一经济可行的方法。另外，当页岩上覆地层遭受侵蚀引起上覆岩层压力降低时，岩层中形成的天然裂缝网络将会极大改善页岩本身极低的基质渗透率，此时裂缝是促进流体在这些细粒岩石中运移的重要渗透通道(ALL Consulting 修改，2008)。

含气页岩中天然气主要以两种状态形态存在：一种以吸附态存在，另一种是在天然裂缝或其他有效的大型孔隙中以压缩的游离气态存在。与吸附作用相关的天然气以吸附态储存，吸附气附着在固体物质表面，固体物质既可以是有机质也可以是页岩储层内的矿物，吸附气的比例与页岩中的干酪根和粘土颗粒有关，气体经过长时期(一般 30～40 年)运动，到井眼处压力降低导致解吸。兰格缪尔吸附公式是：

$$\theta=(\alpha P)/(1+\alpha P) \tag{1}$$

式中：θ 是现在表面覆盖率；P 是天然气压力或浓度；α 是常数。

常数 α 是兰格缪尔吸附常数，而且随吸附力增加和温度降低而增大。图 4 是 Antrim 页岩和 Barnett 页岩不同的等温线分布情况。影响吸附的物理因素包括固体吸附剂类型、温度、气体分散率。游离气则主要以溶解态存在，如在液态石油中的溶解的天然气，这种类型的天然气存在于含气页岩的孔隙或天然形成的开启裂缝中，在钻井早期开采速率高(Jarvie 修改，2007)。

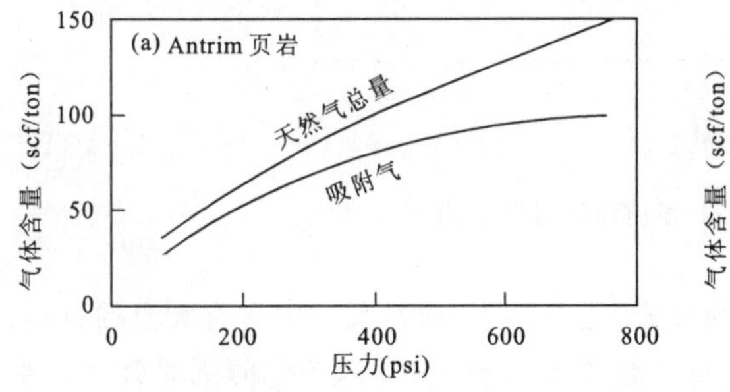

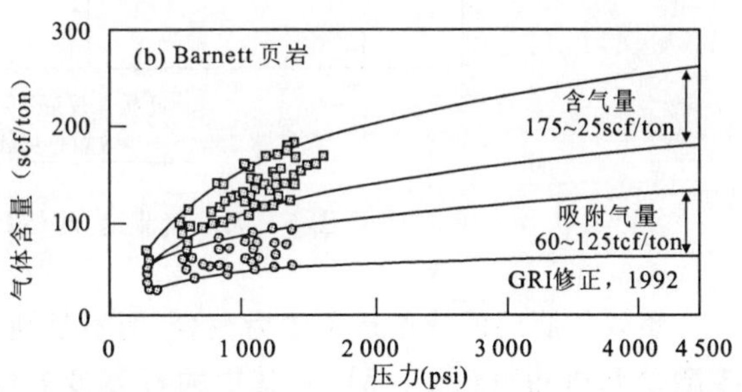

图 4 压力对吸附气和游离气的影响

总含气量与吸附气含量之间差值是游离气含量，都随压力增大而增加。值得注意的是 Barnett 页岩压力较高，而且在高压下总含气量翻倍(Wang，2008)

4. 岩心、岩屑和钻井测井分析

为了完成样品的地球化学和地质分析，从地球化学、岩石孔隙度、岩石学、岩石力学和生物地层学方面分析新钻井和老钻井的岩心及岩屑样品。根据样品的质量和保存情况，上面的研究可以确定游离气和吸附气的体积、类型和有机质的质量、热演化史，测试预测的岩石物性模型，确定水力压裂的力学适用性，识别沉积环境及成岩作用和地球化学分析：TOC、热成熟度[镜质体反射率和(或)TAI]，岩石热解分析(T_{max})(多少有机质已转化成天然气)。

页岩地层的压裂处理是解决地层产气量的根本方法，因此为了能很好地评价页岩地层的可压裂性，我们可以对地层进行脆性参数的评价，脆性是矿物组成和成岩作用的函数。Jarvie 等(2007)定义了脆性公式：

$$B=Q/(Q+C+\mathrm{CL}) \tag{2}$$

式中：B 是脆性参数；Q 是石英；C 是碳酸盐岩；CL 是粘土矿物。

Wang(2008)修正了上面的脆性函数，增加了成岩作用对脆性的影响，此时脆性主要的影响因素是与构造、埋藏史、热成熟度相关的温度和流体组分的变化。他们认为在页岩地层中镜质体反射率是反映热成熟度最稳定的参数，因此用于计算脆性的公式为：

$$B=[1+a(R_o-b)]Q/(Q+C+CL) \tag{3}$$

式中：R_o 是镜质体反射率；a 和 b 为确定的常数。图 5 所示是用(2)式计算的气体流速与脆性及镜质体反射率之间的关系。

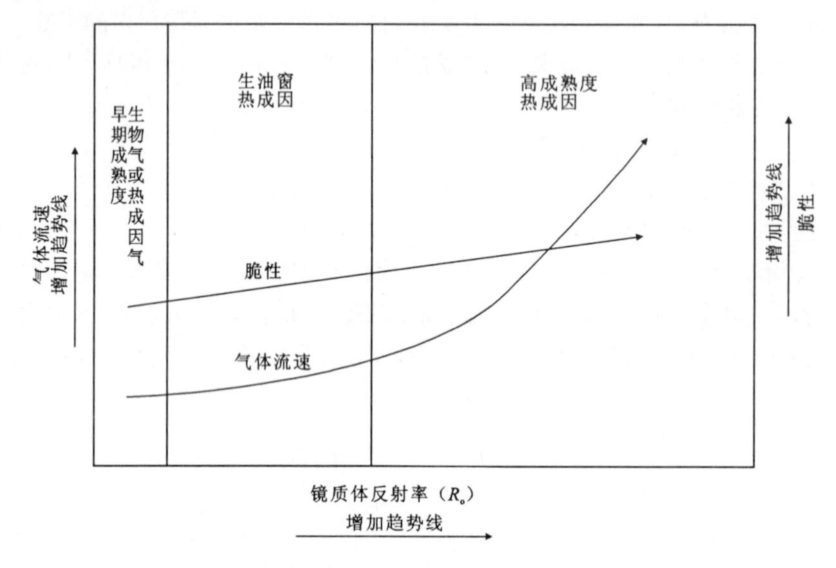

图 5　天然气流速、脆性和镜质体反射率的关系

页岩气储层的特点是主要为泥岩，而不是纯页岩，还有粘土，通常页岩中含有大量的石英、碳酸盐基质和黄铁矿。另外，其中的石英多来自于粉砂岩，有机质则来源于海绵骨针和放射虫。石英含量及其垂直分布是直接影响孔隙度和钻井估计最终可开采潜在天然气储量的因素，碳酸盐基质呈分散状，或者呈明显的层状分布，黄铁矿的出现是页岩在缺氧的还原环境中沉积的缘故，而沉积层中黄铁矿聚集对水平井存在一定的影响。由于岩层内有机质的富集，泥岩段层段常显示为高 GR 特征，而低密度(干酪根含量过高)、高电阻率的测井响应特征则与地层中低的含水饱和度和气体含量相关。此外，若中子密度测井遇到碳酸盐基质时将影响气体的中子密度测井值，如果对高密度分散的黄铁矿没有正确的认识，则会影响整个测井分析。总之，在整个垂直剖面上这些测井参数的变化很大。

5. 天然气的分析和开采

目前页岩中天然气的分析对于生产井的估计最终储量意义重大。一般，BTU(MmBtu/mcf)含量较低的天然气主要是由甲烷和乙烷组成的，该天然气主要为短链的小分子气体，EUR 较高。这是因为较小的甲烷分子能容易通过泥岩中的粘土和干酪根颗粒向压力较低的井眼处运移，长链烃类则容易被捕获封闭，这也是热成熟度越高，气体的预计最终采收率越高的原因，如 Texas 北部的 Barnett 页岩。这也解释了为什么不能用气页岩的开采方法开采大部分油页岩的原因(Montana 和 North Dakota 的 Bakken 页岩例外)。现在的开采技术主要是多期水力压裂技术，对于油页岩来说，水平井的开采初期能形成较高的原油初始采收率，但是不具备持续开采能力，产量随后急剧下降，失去经济价值。

确定页岩气的地质储量有多种方法，以每吨页岩所含有的标准立方英尺的天然气来衡量，这些方法以外推法、简单模型及复杂的常规岩心分析为基础。石油物理分析是一个分支学科，简单又复杂。最简单的方法是根据相关密度测井资料和岩心分析结果，提出页岩密度与天然气地质储量的线性转化关系，该方法通过岩石体积计算低溶解率天然气的地质储量，但是不能将游离气量和吸附气量分离开来。更精确的石油物理分析是根据对常规岩心数据进行多种测井反演分析，用这种方法可以分别对游离气量和吸附气量进行评估。另外运用水平井中储层中流体孔隙度的性质、压力、温度和水力压裂效率等各项参数进行储层模拟来确定岩层气体的采收率。运用水力压裂提高渗透率的方法，可以确定预计产量与渗透率变化之间的关系，实验结果发现两者间不是线性关系。

页岩气储层产量曲线一般呈双曲型下降的特征，双曲线是产气率对时间的半对数关系，这个特点一般是由页岩中垂直和水平渗透率较低造成的。由于长期的低流量吸附气存在，储层的生产期可能持续 40 年以上。一般由石英组成的独立层段有较高的渗透率，它们存在于资源量丰富的烃源岩中或其相邻层段，虽然很薄，但是对气体体积的影响巨大。当水力压裂连通垂直方向时，对于生产井来说，这些独立的渗透层是产气井中气体的主要来源，而且整体估算最终储量(EUR)较高。通常页岩气井在开始的 3～4 年能采出页岩 EUR 的 50%。一般，初始产率较高的井 EURs 也较高，但是具体与水力压裂增产措施的成功性有关的双曲下降参数相关，其变化范围很大。许多井形成油气流之后，可以在指示以初始产率为基础的预期 EURs 的地理区域建立下降曲线类型。短短 3 个月的全面生产中使用这些类型下降曲线可以确定具有高置信度的 EURs。图 6 显示了 Barnett 页岩气生产井的产量下降曲线。

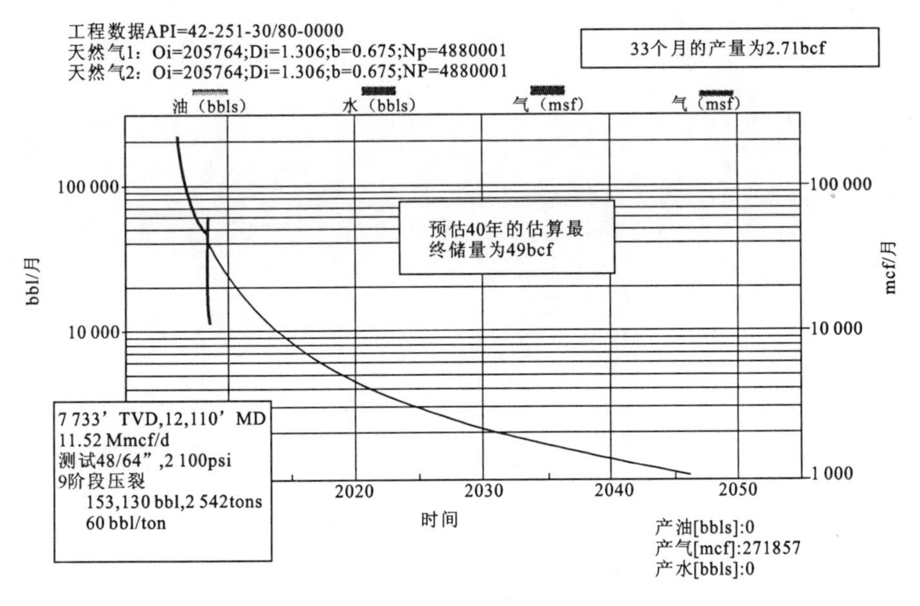

图 6 Barnett 页岩水平井典型的下降曲线

6. 结论

运用地质和地球化学的方法及技术评价页岩气是一个难点，因为有很多参数将控制其最终的结果。（王华、陈振林译，何发岐、龚铭、高清材校）

原载 China Petroleum Exploration，No. 3 2009，P：34—40

参考文献

Jarvie, Dan. Geochemical Comparison of Shale Resource Systems[C]. presented at Insight Gas Shale Summit, Dallas, Texas, 2008,6—7.

Jarvie, Dan. Unconventional Shale Resource Plays[C]. Shale - Gas and Shale - Oil Opportunities, presented at PTAC Calgary, 2008: 10—12.

Montgomery S L, Jarvie D M, Bowker K A, et al. Mississippian Barnett Shale, Fort Worth Basin, north - central Texas: Gas - shale play with multi - trillion cubic foot potential[J]. AAPG Bulletin, 2005, 89(2): 155—175.

Walles F, Cameron M C, Jarvie D. Unconventional Resources - Quantification of Thermal Maturity Indices with Relationships to Predicted Shale Gas Producibility Gateway Visualization& Attribute Technique in TCU Energy Institute Shale Research Workshop, Ft Worth, Texas. 2009: 14—15

Wang, Fred. Production Fairway: Speedrails in Gas Shale[C]. Presented at 7th Annual Gas Shales Summit, 2008, 6—7.

Illinois 盆地东部 New Albany 页岩（泥盆系—密西西比系）中控制天然气成因和含量的地球化学因素

Dariusz Strapoc, Maria Mastalerz, Arndt Schimmelmann, Agnieszka Drobniak, Nancy R. Hasenmueller
(Indiana Vniversity, Department of Geological Sciences, Bloomington Indiana)

摘　要:本文研究涉及 Illinois 盆地东部 New Albany 页岩(泥盆系—密西西比系)的干酪根岩相、天然气解吸作用、地球化学性质、微孔隙及中孔隙的分析。研究中我们对 Indiana Owen 县及 Pike 县区域的两个井位岩心进行了详细的分析,根据页岩的总有机碳含量和微孔隙体积来确定区域的天然气含量,同时运用稳定同位素的地球化学性质来推测区域天然气的成因。另外我们还将镜质体反射率的测量值和模拟值进行了对比分析。地层的埋藏深度及地层水含盐度表明两处研究区天然气地质储量的主要来源不同,较浅的 Owen 县区域[深 415～433m(1 362～1 421ft)]含有大量的生物甲烷气,然而 Pike 县区域[深 832～860m(2 730～2 822ft)]则仅仅含有热成因气。虽然两个区域的天然气成因不同,但是总含气量相当,达到 2.1cm^3/g(66scf/ton)。较浅井区域(成熟度较低,同时地层的抬升及开启裂缝的渗漏作用导致大量气体流失)额外生成的生物成因甲烷补偿了其较低的热成因天然气含量,这是因为冰的融化水涌入引起海水的稀释从而促进了微生物的繁殖。另外我们还简要讨论了 Pike 县井中 Maquoketa 组(奥陶系)页岩的特点,从而与 New Albany 页岩进行对比。

引　言

人们普遍认为 Illinois 盆地 New Albany 页岩(中上泥盆统—下密西西比统地层)与 Michigan 盆地 Antrim 页岩、Appalachian 盆地 Ohio 页岩和 Marcellus 页岩有关。这些页岩地层是陆缘层序沉积的一部分,受北美克拉通盆地大部分区域海平面上升的影响(Johnson 等,1985; De Witt 等,1993)。

自 19 世纪晚期以来,New Albany 页岩中的天然气引起了人们的广泛注意,1885 年在 Harrison 县 Tobacco Landing 附近开始了天然气开采(Songenfrei,1952; Hamilton - Smith 等,1994;Sullivan, 1995; Partin, 2004),最近 Harrison 县初始开采区逐步扩大到了 Indiana 其他地区(图 1)。虽然 Daviess 北部及 Sullivan 县南部的部分井产量已经超过 28 316 m^3/d (1 Mmcf/d),但是这些井的测试初始产量(IP)范围主要为 567～11 327m^3/d(20～400 mcf/d)。近来许多 New Albany 页岩井引入了水平钻井技术,大大提高了产量。我们评估 Illinois 盆地 New Albany 页岩中天然气地质储量为 86～160tcf(Hill 和 Nelson,2000),由于技术原因,其中可采资源量为 1.3～8.1tcf(平均 3.8tcf)(Swezey 等,2007)。

本文研究的目的是:①提供 New Albany 页岩沉积古环境的新数据;②确定区域天然气的地球化学因素以及有效储量的地质控制因素;③评价未来天然气勘探开发的意义。另外,我们还将 Maquoketa 组(奥陶纪)页岩的特点与 New Albany 页岩进行简单的对比分析,该组地层以前研究很少,但是它的实际厚度达到 300m(984ft)(Gray,1972),总有机碳含量(TOC)中等以及相对较高的热成熟度表明 Illinois 盆地 Maquoketa 组页岩具有成为另外一组富含热成因天然气的地层的潜力。

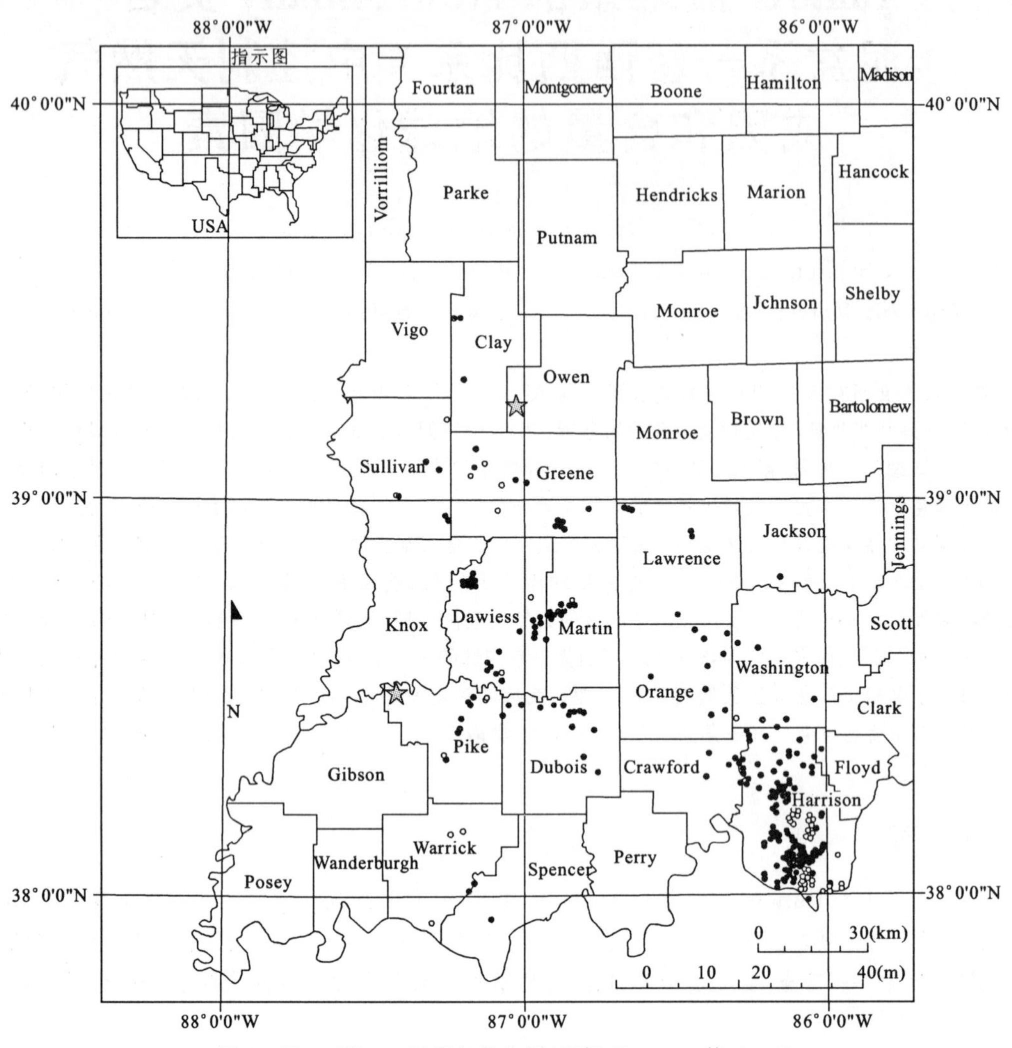

图 1　New Albany 页岩气井位图(根据 Zuppann 等,2006)

●在 1995 年之前完成的 New Albany 页岩井;○在 1995 年之后完成的 New Albany 页岩井;☆本文研究中所采样品的位置

1. New Albany 页岩地质特征

Illinois 盆地 New Albany 页岩是泥盆纪中期—密西西比纪早期沉积的有机质富集的地层,地层范围延伸至 Indiana、Illinois 及 Kentucky 西部,厚度 6～140m(20～460ft;图 2),海拔为 228(748ft,露头附近)～1 370m(－4 495ft,盆地最深的中心)(图 3),埋深为 0～1 585m(5 200ft)。主要的岩石类型是有机质富集的淡褐色—黑色页岩,呈绿色—灰色页岩,白云岩及粉砂岩(图 4)(Lineback,1970)。

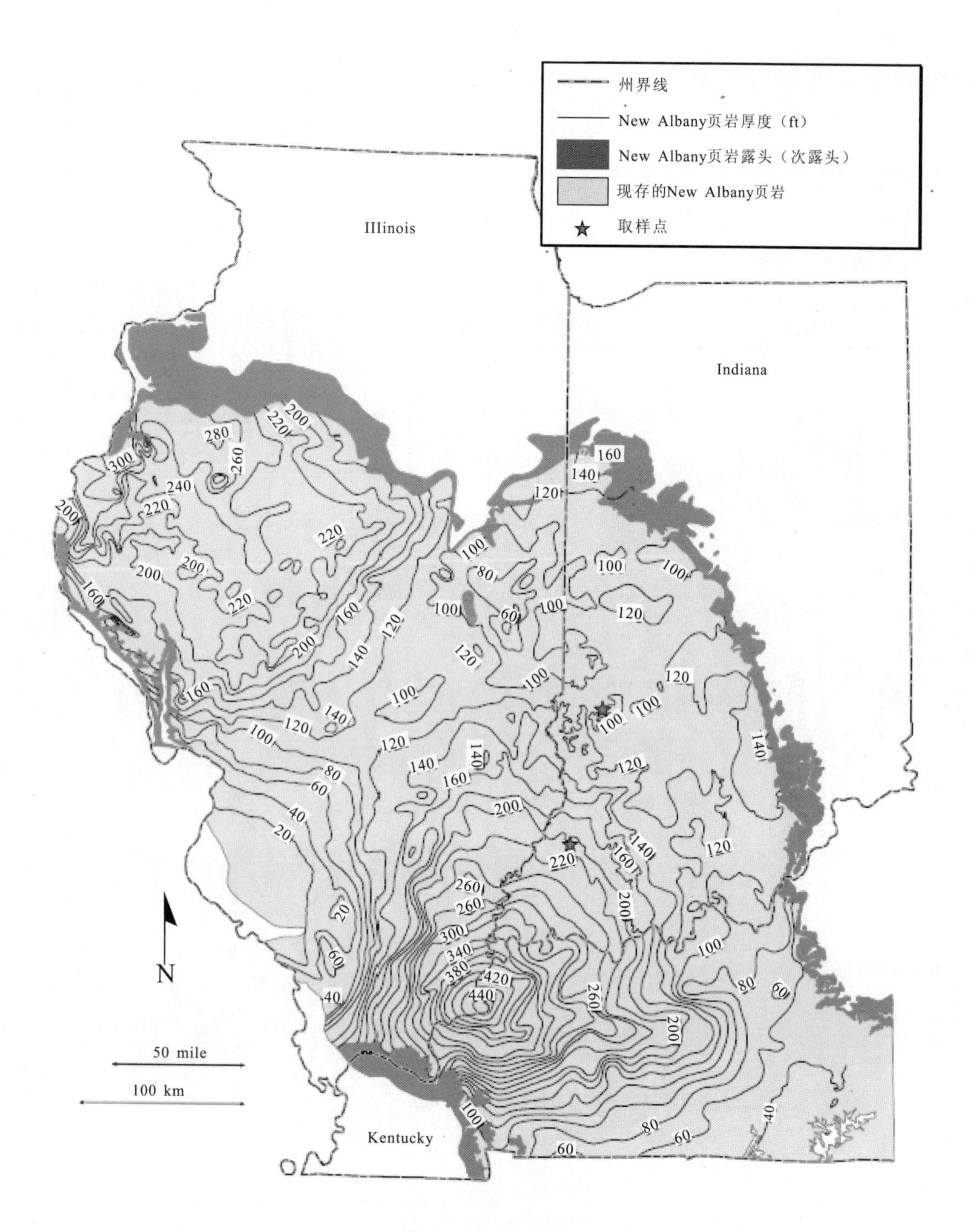

图 2 Illinois 盆地 New Albany 页岩延伸范围及厚度分布图

(据 Hasenmueller 和 Comer,2000)

星号为本次研究的取样点。分别在两处井位中对 New Albany 页岩取样,而 Maquoketa 组页岩仅在南部地区分布。等值线间距 20ft

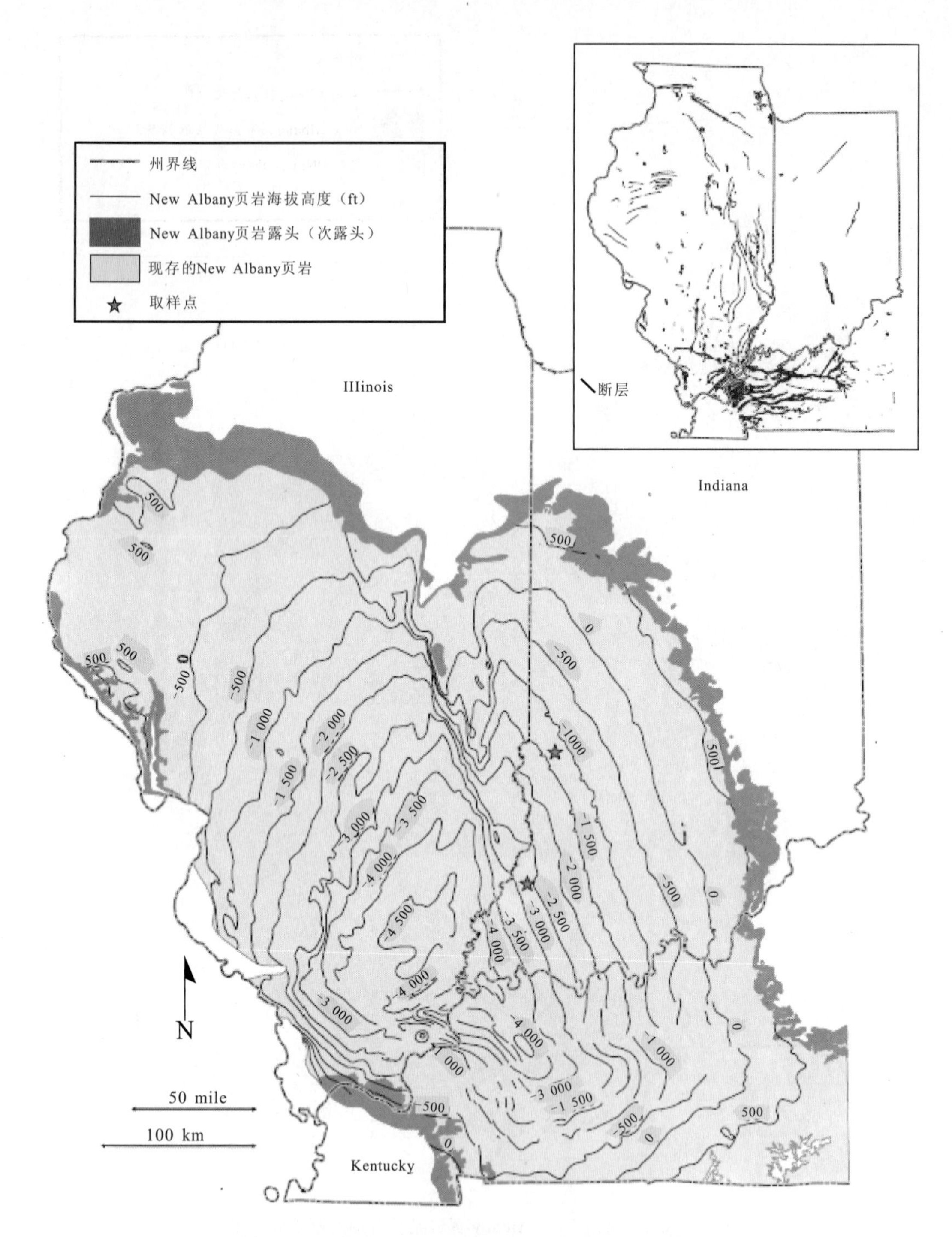

图 3　Illinois 盆地 New Albany 页岩海拔高度等值线图

(据 Hasenmuller 和 Comer,2000)修改

等值线间断是由断层引起(见插图),等值线间隔 500ft

Indiana 南部 New Albany 页岩与下伏的中泥盆统 North Vernon 灰岩呈不整合接触，从岩性地层学角度地层由老到新连续细分为 6 段：Blocher 段、Selmier 段、Morgan Trail 段、Camp Run 段、Clegg Creek 段及 Ellsworth 段(Lineback，1970)。Indiana 大部分地区，New Albany 页岩上覆于 Rockford 灰岩之上(厚 0.6～6.7m)，在有些灰岩缺失的地区，New Albany 页岩与上覆的 New Providence 页岩之间呈不整合接触。另外，在图 4 中我们可以看到 New Albany 页岩及其上、下地层的厚度变化。层序地层方法(沉积构造、海泛面位置的分析、侵蚀事件的识别等)的最新研究表明 New Albany 页岩上部边界应该为 Clegg Creek 段的顶部(Lazar 和 Schieber，2004)。

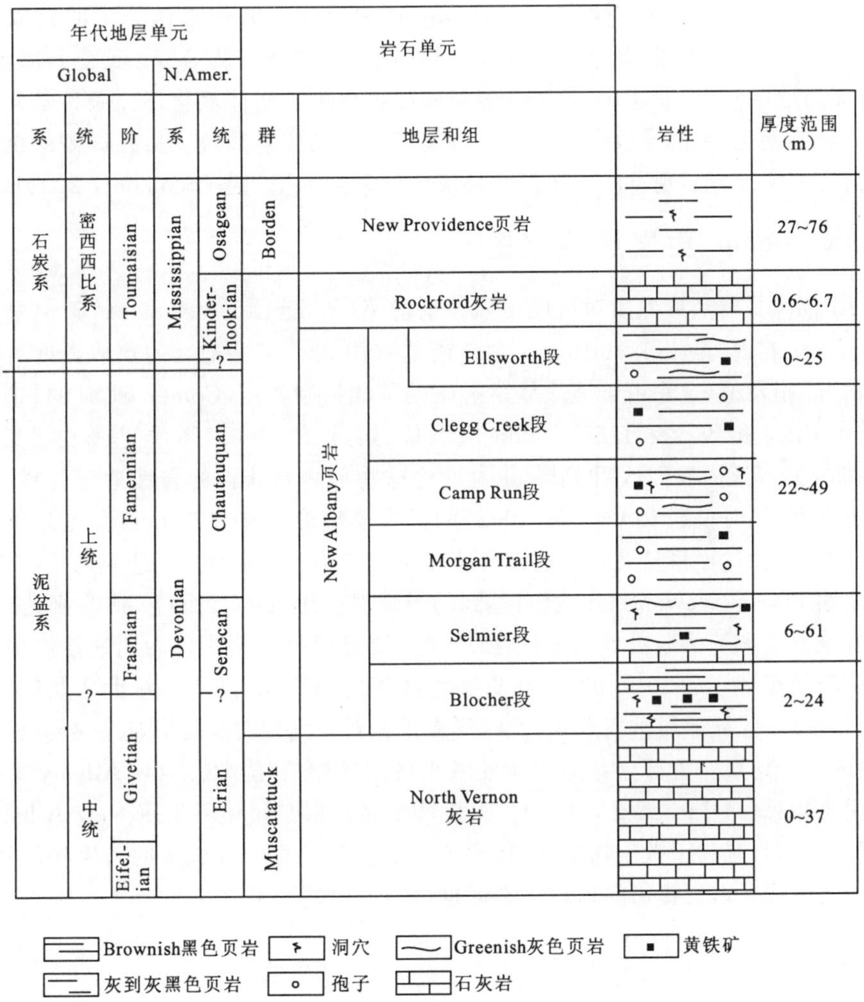

年代地层单元					岩石单元			
Global			N.Amer.					
系	统	阶	系	统	群	地层和组	岩性	厚度范围(m)
石炭系	密西西比系	Tournaisian	Mississippian	Osagean	Borden	New Providence页岩		27~76
				Kinderhookian		Rockford灰岩		0.6~6.7
泥盆系	上统	Famennian	Devonian	? Chautauquan	New Albany页岩	Ellsworth段		0~25
						Clegg Creek段		
						Camp Run段		22~49
						Morgan Trail段		
		Frasnian		Senecan		Selmier段		6~61
	?			?		Blocher段		2~24
	中统	Givetian		Erian	Muscatatuck	North Vernon 灰岩		0~37
		Eifel-ian						

Brownish黑色页岩　洞穴　Greenish灰色页岩　黄铁矿
灰到灰黑色页岩　孢子　石灰岩

图 4　Indiana 的 New Albany 页岩的岩性地层剖面图

地层据 Lineback(1970)修改；岩性根据 Hamilton－Smith 等(1994)；厚度根据 Hasenmueller 等(1994)

最底部的 Blocher 段地层由有机质富集的褐色—黑色页岩组成，某些页岩含有碳质及白云质，灰绿色页岩，粉砂岩及白云岩少见(Lineback，1970)，总有机碳含量为 10%～20%。由生物扰动的灰绿色泥岩组成的 Selmier 段地层上覆于 Blocher 段地层，黑褐色页岩，白云岩及粉砂岩少见。综合来看，Selmier 段地层有机质含量相对较低，TOC 含量小于 4%。Morgan Trail 段地层主要为黑褐色的脆性硅质页岩，含 1～30mm 厚的黄铁矿夹层，总有机碳含量相对较高，达 5%～20%。Camp Run 段地层中，绿—灰橄榄色泥岩与黑褐色黄铁矿化的脆性页岩呈互层状分布，有机质富集，TOC 达 5%～13%。Clegg Creek 段地层中含大量黑褐色粉砂质以及黄铁矿化的页岩，其上部含有磷酸盐结核，与下部各层段相比，石英粉砂岩含量更多(Lineback，1970)，TOC 含量为 5%～13%。虽然研究表明 New Albany 页岩最底部的各层段中也存在有大量的气体，但是 Illinois 盆地研究者们认为 Clegg Creek 段地层为区域最重要的产气层段(Songenfrei, 1952; Partin, 2004)。最后 Ellsworth 段由富集有机质的黑褐色页岩组成，这些层段岩石颜色向上逐渐变为灰绿色页岩。

最初，沉积物标记的解释表明 New Albany 页岩沉积于海相水体分层的缺氧沉积环境(Cluff 等，1981)。然而根据横穿 Frasnian - Famennian 边界，从 Selmier 段上部到 Morgan Trail 段下部的地层分析，最近 de la Rue 等(2007)提出由于水体氧化还原条件从富氧到贫氧再到缺氧的急剧变化，可能导致形成了含有游离硫化氢的闭塞环境。另外详细的沉积学及层序地层学研究表明区域出现了浅水至深水环境的一系列沉积相态(Schieber, 2004)。

2. New Albany 页岩热演化史

New Albany 页岩热成熟度对应的镜质体反射率(R_o)范围为 0.5%～0.7%(盆地边缘附近，包括 Indiana 在内)至 1.5%(Illinois 盆地南部)(图 5)。某些地区的热成熟度可能要略高于其对应的 R_o 指示值，这是由于镜质体反射率的可能抑制作用(Comer 等，1994；镜质体抑制的观点，参考 Price 和 Barker，1985)。Pike 县测量的岩心 R_o 为 0.7%，与埋藏史模型的模拟结果相吻合(图 6)。另外，我们运用 Pike 县附近地球物理测井获得的岩性地层资料，建立了区域的埋藏史模型，同时根据 Rowan 等(2002)的混合模型确定整个 Illinois 盆地地质演化过程中的热流状态，模拟过程将盆地南部边缘岩浆侵入及二叠系上覆地层的影响考虑在内。

模型表明 Pike 县 New Albany 页岩达到的最高温度约 100℃，而 Owen 县则约是 90℃(图 6)。同时在该地层和下伏地层单元中，细菌或微生物已经死亡消失。后期的侵蚀抬升作用致使地层温度降低至现今的 30～40℃。在更新世温暖的间冰期，以及全新世冰期后，淡水重新进入 Illinois 盆地，区域地层重新沉积，此时形成了相对较浅的宾夕法尼亚系煤层(Strapoc 等，2008)在内的多套地层。大部分盆地边缘区域大气水的渗流作用使 New Albany 页岩中的盆地盐水被明显稀释(McIntosh 等，2002)。温度降低及地层水淡化不仅使 New Albany 页岩适合微生物群居，而且有利于微生物繁殖，在此条件下引起了页岩有机质的微生物降解，导致大量生物甲烷的生成。本文提供的地球化学证据也很好地证明了该观点。

3. 方法

我们选择 2006 年在 Indiana 所钻的两口井用于 New Albany 页岩层段的详细研究，研究中所用的岩心包括 Owen 县 415～433m(1 362～1 421ft)段的浅层岩心，以及 Pike 县 832～860m(2 730～2 822ft)段的深层岩心。Pike 县所采岩心包含有 Ellsworth 段、Clegg Creek 段及 Camp Run 段地层(图 7)，而 Owen 县岩心主要是 Clegg Creek 段和 Camp Run 段地层。两口井中所采的钻井岩心在井场直接置入封闭解吸容器中，转移到实验室，并且在室温下保存于缺氧的容器中。我们根据样品的岩相及地球化学特点选择层段分布紧密的岩石样品进行热解

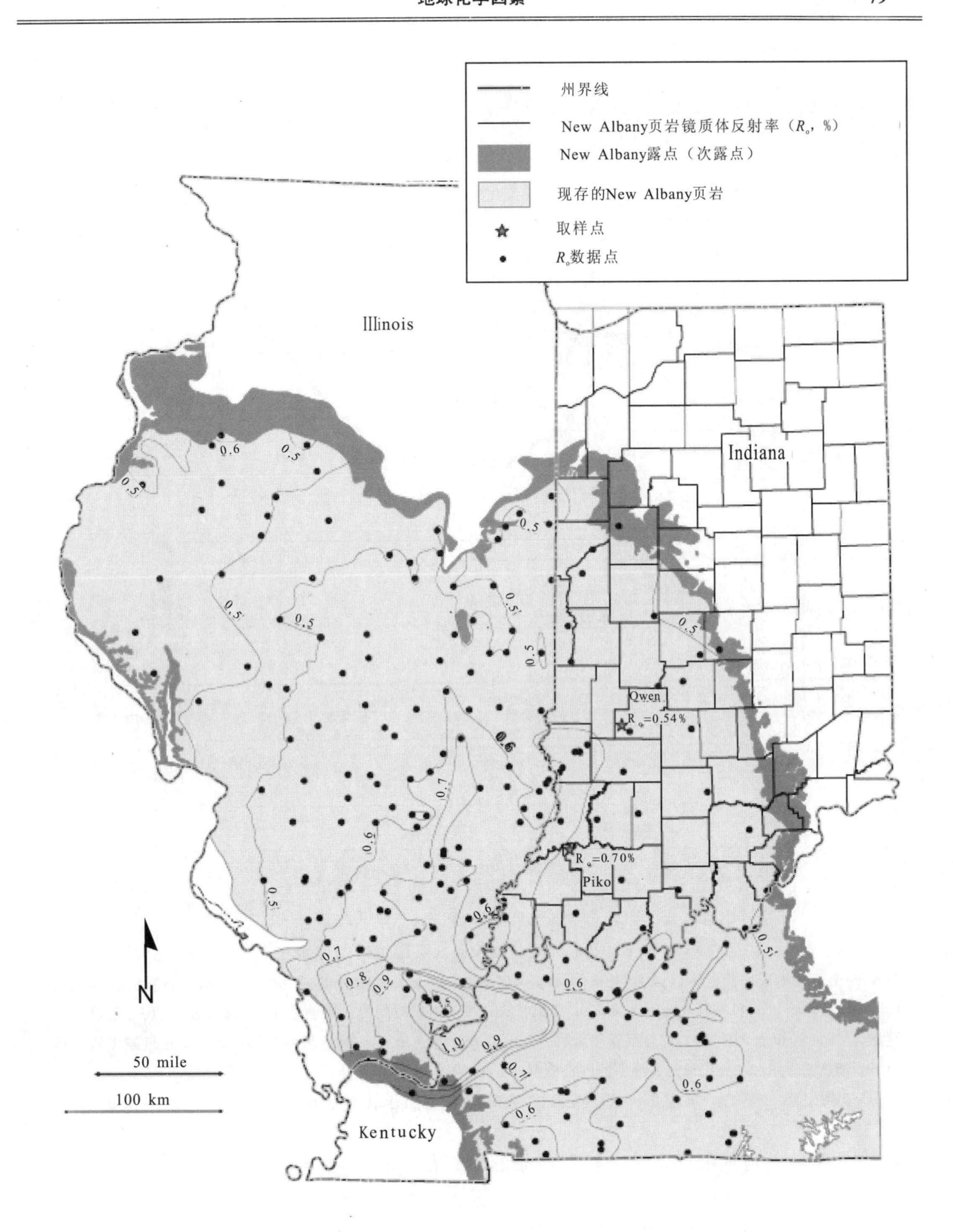

图 5　Illinois 盆地 New Albany 页岩的镜质体反射率(R_o)分布图

据 Hasenmueller 和 Comer(2000)修改。标出了研究井的平均 R_o 值。注意 Pike 县 R_o 的测量值比图上预测值高

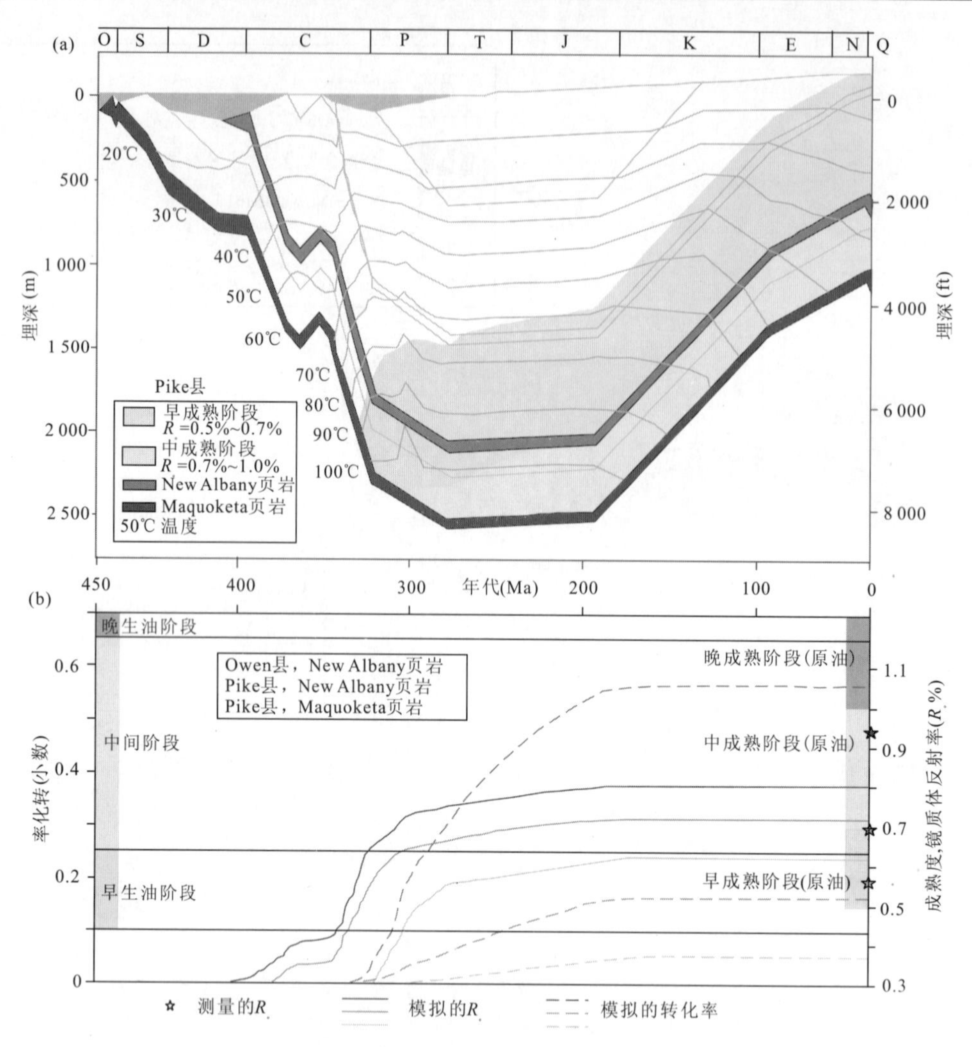

图 6　运用 Basin Mod 1D 软件(Platte River Associates, Inc)
绘制 New Albany 页岩和 Maquoketa 页岩的埋藏史图

(a)Pike 县区域地层埋藏史图显示了 New Albany 页岩和 Maquoketa 页岩的热成熟度水平及达到的最大古地温；(b)New Albany 页岩和 Maquoketa 页岩 R_o 及干酪根转化率随地质时间变化的演化图，同时对现今的 R_o 值进行了测量。Maquoketa 页岩中，根据固体沥青测量的标准反射率来代替 R_o 以弥补区域镜质体的缺少。该埋藏史模型运用了多期热流作用和二叠纪地层高埋深的混合模型(Rowan 等，2002)

O. 奥陶纪；S. 志留纪；D. 泥盆纪；C. 石炭纪；P. 二叠纪；T. 三叠纪；J. 侏罗纪；K. 白垩纪；E. 古近纪；N. 新近纪

实验，利用实验所得解吸气含量来确定样品的含气量。在 Pike 县区域采样井中，我们沿着岩心每隔 30cm(11.8in)采一次样，但是在 Owen 县井，我们仅使用容器解吸实验所选择的样品，从中选择了一个具有代表性的样品进行实验分析。

本文研究所选择的两个采样点在深度间隔、成熟度以及天然气成因上都有很大的不同，而且它们也分别代表了两种不同的开采气体方式。较浅的区域代表了使用垂直钻井开采 New Albany 页岩的时代，而较深的区域则代表采用了水平钻井和水力压裂等现代化先进勘探开采技术的时代。因此，这些区域的研究为未来页岩气的勘探研究提供了参考依据。

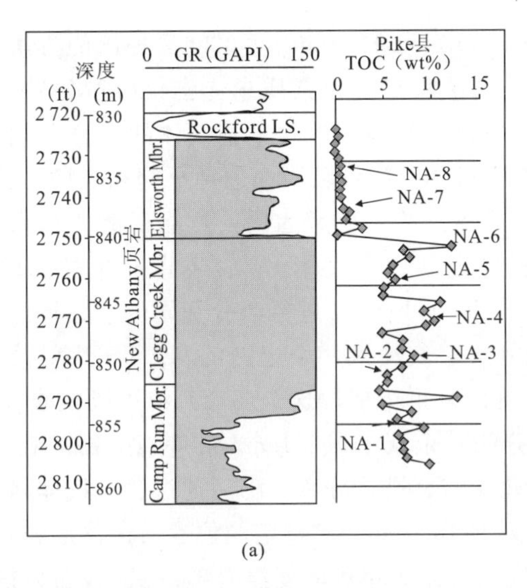

(a)

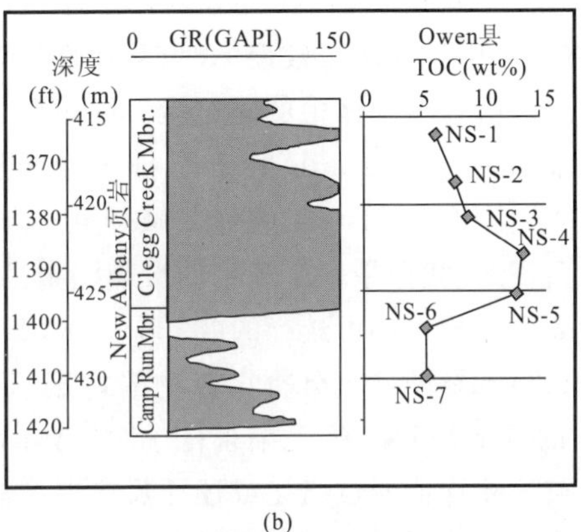

(b)

图7 Pike县及Owen县区域New Albany页岩样品总有机碳含量与伽马(GR)测井响应的关系图

箭头和样品名指出气体解吸的取样位置。其GR值较大(>150)区域图中没有标记显示

1)有机岩相

运用反射光Zeiss透镜3显微镜测量镜质体反射率值,同时分析其显微组分。根据标准有机岩相学步骤(ICCP,1975),镜质体反射率选取了25个测量值,另外统计了500个点的显微组成。

2)中孔隙和微孔隙

利用微晶ASAP—2020孔隙度测定仪和表面积分析仪来测量低压天然气吸附过程中的各项实验值。为了便于分析,把页岩样品磨碎至60号筛眼大小(颗粒大小至250μm),分别用氮及二氧化碳气体进行实验分析,从而了解样品内中孔隙(2~50nm)和微孔隙的结构(<2nm)(根据国际纯粹化学和应用化学联合会划分,Orr,1977)。

为了定量分析实验中样品对N_2的吸附作用,在氮气的液化温度(77.4K)下,我们将增加剂量的氮气注入进样品中,同时分析吸附和解吸作用,利用吸附气量确定样品的中孔隙体积。另外,在温度为273.1K条件下进行CO_2吸附实验,根据吸附气量确定样品的微孔隙体积,同时根据不同压力条件下吸附的CO_2量来确定样品中微孔隙的比表面积,以及微孔隙大小的分布。

氮气吸附实验分析得出的各项参数中,我们确定了样品的Brunauer-Emmett-Teller表面积(Brunauer等,1938),Barrett-Joyner-Halenda中孔隙体积(吸附作用部分)(Barrett等,1951),以及平均中孔隙直径。在CO_2吸附实验分析中计算出的参数则有样品的Dubinin—Radushkevich(D—R)微孔隙表面积,D—R单分子层吸附量,Dubinin-Astakhov(D-A)微孔隙体积,以及微孔隙直径。Gregg和Sing(1982)给出了这些参数的定义及讨论,并且给出各参数的解释及意义。

3)天然气含量、组分以及稳定同位素的分析

在封闭的解吸容器中选取30cm长且新取的页岩岩心来分析样品的总天然气含量。整个实验过程根据下面的标准步骤来确定实验过程中流失气、解吸气及残留气的含量,从而在标准

条件下计算页岩的含气量(Mavor 和 Nelson, 1997)。

在解吸过程中,我们根据 Strapoc 等(2006, 2007)和 Henning 等(2007)提出的方法,利用与氧化或还原界面耦合的气体色谱仪(GC)和连续流稳定同位素质量光谱仪(IRMS)—Thermo Finnigan Delta Plus XP (GC—ox/red—IRMS)来分别分析收集到气体的组分和同位素。另外,在页岩中气体解吸较慢的时期,我们从 3 个可选择的解吸罐中选择早期和晚期的解吸气体样品来分析评价气体中的同位素。同时我们还将试验完成后的同一样品研磨成粉末,利用具有针状样品孔的 25mL 特定小排水量装置确定其残余气量,最后还将气体样品转移进 10mL 的真空管内(BD 真空管, Franklin Lakes, New Jersey)进行组分和同位素分析。

简而言之,我们用一个气密的玻璃注射器将天然气注入一个定制的 GASIS 注射系统,该系统由 3 个体积大小可选择的(0.06~500μL)封闭环形组成。这个环形系统可以在浓度 10×10^{-6}~100Vol%条件下分析化合物的特定组分和同位素组成(Henning 等,2007)。在 Thermo GC 的 PoraBOND Q 毛细管柱中对气体的化学组分进行分离。随后通过氦气载体,特定化合物烃类气体峰值通过氧化或还原反应器,进入 Delta Plus XP 稳定同位素质谱仪形成 CO_2和 H_2气体脉冲。根据完整的峰值面积来计算浓度。气体的相对浓度没有考虑氮气,因为在页岩岩心封闭之前主要用 N_2气注满解吸容器上部的空间。浓度相当高的气体组分如甲烷(C_1)测量误差为 1%左右,而浓度为 0.5%~10%的气体组分测量误差相对较大,达 10%~20%。在碳稳定同位素比值 $\delta^{13}C$ 的典型误差(标准离差)分析中,C_1、CO_2、乙烷(C_2)、丙烷(C_3)及丁烷(C_4)(*iso* 和 *n*)的分别为 0.2‰、0.9‰、0.7‰、1.0‰和 1.6‰,而对氢稳定同位素比值 δD 而言,C_1、C_2、C_3和 C_4(*iso* 和 *n*)的标准偏差分别是 2.0‰、3.5‰、4.8‰和 10.0‰。各组分的稳定同位素值根据国际测量标准 VSMOW(Vienna 标准平均海水)、SLAP(标准轻南极降水)、NBS(美国国家标准局,Washington D. C.)以及 Iowa State 大学(Li_2CO_3 - Svec)提出的 L - SVEC 等各种方法进行了数据校准。

在高压条件下,利用 Mavor(1990)等描述的类似方法对两个样品(NA - 8 和 NA - 6)进行高压等温吸附实验分析。

4)沉积有机质的同位素分析

我们对磨成粉末球状的岩石样品中提取的残留气进行成分和同位素分析。分析之前,在室温下用 2N 盐酸处理岩石粉末,使岩石中碳酸盐分解,之后用去离子水冲洗,最后对样品进行冷冻干燥处理。随后利用配备有 Thermo Finnigan Delta Plus XP 同位素比值质谱仪的元素分析仪在连续状态下测定样品的总有机碳含量、总氮气含量以及其中的稳定同位素 $\delta^{13}C$ 和 $\delta^{15}N$ 的比值。测量同位素数据全部根据国际测量标准 NBS 19、L - SVEC、IAEA - N - 1 和 IAEAN - 2 进行标准化处理。

4. 结果和讨论

1)New Albany 页岩有机质特征

岩石样品的有机质组分主要为无定形的藻类壳质组煤素质(表 1),而陆源镜质组及惰质组煤素质则含量稀少,基本上总体积不到岩石体积的 1%。另外,在几个样品中还发现了固态沥青的存在。较浅的 Owen 县井段镜质体反射率为 0.49%~0.58%,而在较深、更成熟的 Pike 县井段 R_o 值达 0.68%~0.72%。Pike 县 R_o 值是相对较高的区域,烃源岩进入生油窗早期,预计此时区域生成了石油和少量热成因天然气(Schimmelmann 等,2006)。

表 1　New Albany 页岩样品的岩石组分(用体积分数表示)

样品	深度(m)	R_o(%)	藻质体	无定形体	孢子体	碎屑壳质体	总壳质组	镜质体	惰质体	固体沥青质	总有机质	总无机质
Owen 县,New Albany 页岩												
NS-1	416	0.52	1.9	3.1	0.0	1.6	6.6	0.0	0.0	0.4	7.0	93.0
NS-2	418	0.52	1.2	1.6	0.4	3.2	6.4	0.0	0.0	1.6	8.0	92.0
NS-3	420	0.54	3.2	3.2	0.0	2.4	8.8	0.0	0.0	2.3	11.1	88.9
NS-4	422	0.57	1.2	10.8	0.0	2.0	14.0	0.4	0.0	0.0	14.4	85.6
NS-5	424	0.56	1.6	7.6	0.0	1.6	10.8	0.8	0.0	2.0	13.6	86.4
NS-6	426	0.58	6.8	0.1	0.0	2.0	8.9	0.0	0.0	2.4	11.3	88.7
NS-7	429	0.49	4.0	3.2	0.0	2.4	9.6	0.0	0.0	1.2	10.8	89.2
Pike 县,New Alany 页岩												
NA-8	833	n. d.	0.1	0.0	0.0	0.1	0.2	0.2	0.2	0.0	0.6	99.4
NA-7	837	0.68	0.1	0.0	0.1	0.1	0.3	0.3	0.2	0.0	0.8	99.2
NA-6	840	0.68	5.6	9.6	0.0	1.2	16.4	0.0	0.4	2.0	18.8	81.2
NA-5	842	n. d.	24	2.8	0.0	1.2	6.4	0.0	0.0	0.4	6.8	93.2
NA-4	846	n. d.	10.0	6.4	0.0	2.0	18.4	0.0	0.4	0.0	18.8	81.2
NA-3	848	n. d.	1.6	4.0	0.0	2.0	7.6	0.0	0.0	0.4	8.0	92.0
NA-2	850	n. d.	1.6	4.4	0.0	2.4	4.8	0.0	0.0	0.0	4.8	95.2
NA-1	855	0.72	4.8	2.0	0.0	2.0	8.8	0.4	0.0	0.0	9.2	90.8

两处研究区域最上部层段 TOC 相对贫乏,而 Pike 县区域尤为明显(图 7)。在 Pike 县研究井的最上部层段(即 Ellsworth 段),有机质主要为小型藻质体,局部存在疑源类胞体和极小的碎屑壳质体[图 8(a)、(b)],而惰质组和镜质体的较小氧化颗粒在该层段样品中局部出现[图 8(c)]。Clegg Creek 和 Camp Run 段地层 TOC 含量高,藻质体显微组分以及大型藻类化石(如 Leiosphaeridia 和 Tasmanites)[图 8(d)、(e)、(g)、(h)]富集,同时伴随有部分较小型藻质体。较高的 TOC 和藻质体含量与非荧光无定形组分的富集有关,无定形组分是颗粒状基体或呈相对界限清晰的层状分布[图 8(f)、(i)])。图 9 表明了藻质体及无定形组分为该层段有机质主要的存在类型,其中无定形组分的含量与 TOC 密切相关(对比图 7 与图 9)。

通过观察有机质岩相(例如富集海相藻类),我们发现 New Albany 页岩中有机质主要来源于海相(图 8、图 9)。在 Pike 县和 Owen 县区域,TOC 的 $\delta^{13}C$ 平均值分别为 $-29.7‰$ 和 $-29.3‰$(图 10)。另外在 Pike 县区域,研究层段上、下部分的 TOC,及其相关的 $\delta^{13}C$ 值,总氮气含量(TN)及其相关的 $\delta^{15}N$ 值,以及 C/N 原子比(即 TOC/TN)都存在很大的区别。下部地层单元中,TOC 和 TN 高,C/N 比也相对较高,而 $\delta^{13}C$ 值($-29.5‰ \sim -30‰$)及 $\delta^{15}N$ 值则相对较低。最上部的 Ellsworth 段地层相反,其 TOC,TN 及 C/N 值较低,而 $\delta^{13}C$(约为 $-28.5‰$)和 $\delta^{15}N$[约为 2.5‰;图 10(A)]值略高。在更深的页岩段中,其 $\delta^{13}C$ 值更小,表明 ^{13}C 更多转移至演化生烃中,消耗海相藻类的类脂化合物相对较大和(或)它们保存的较好(总藻类生成的类脂化合物大于 20%),最终导致这一时期海相 TOC 的 $\delta^{13}C$ 值(约为 $-29.5‰$)具有典型性的特征(Hayes 等,1999)。另外我们可以利用限制水体(底层水、沉积物/水界面处的水)中溶解氧的浓度来提高有机质的保存,因此,深部贫氧或缺氧的分层水体可以增加类脂衍生有机质的埋藏量。另外,从深水物质区域到透光带,上升流中营养物质缩减的分层水体将会导致感光带的海相生物氮含量发生变化,而这些氮主要来自对稀少的硝酸盐或氨气的吸收利用(Rau 等,1987;Kuypers 等,2004; Dumitrescu 和 Brassell, 2006),这样导致了有机氮中 $\delta^{15}N$

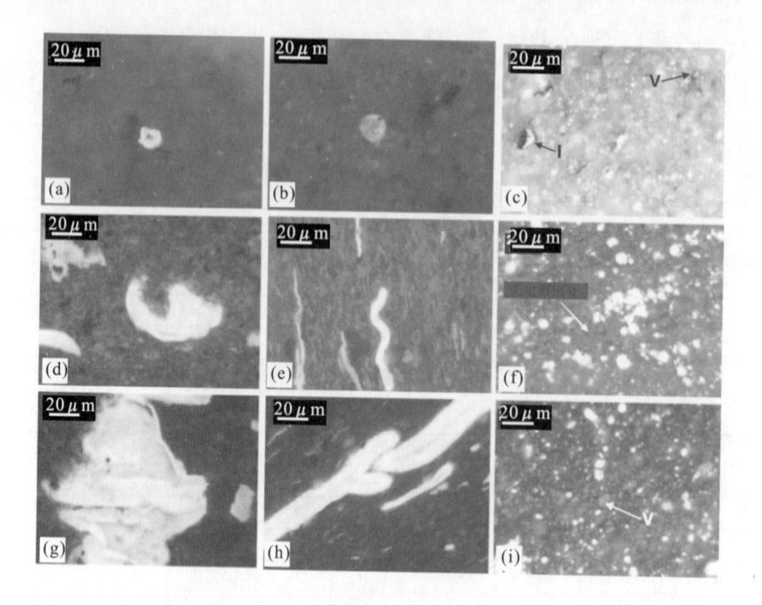

图 8　选定样品中有机质类型的显微照片(反射光、荧光、油浸)

(a)小的包囊体,可能是疑源类,样品 NA－8,Pike 县,荧光;(b)小藻类体,样品 NA－7,Pike 县,荧光;(c)岩石基质中分散的惰质组(I)和极小的镜质组(V)煤素质,样品 NA－8,Pike 县,白色反射光;(d)在微弱的荧光基质中,Leiosphaeridia 藻类体(中心)及其他类型的藻类体(荧光),样品 NS－4,Owen 县,荧光;(e)在弱荧光基质下细长的藻类体,样品 NS－4,Owen 县,荧光;(f)呈透镜状和薄层状的无定形有机质(无定形组分),白色晶体是黄铁矿,样品 NS－4,Owen 县,白色反射光;(g)Leiosphaeridia 藻类体(中心),样品 NA－4,Owen 县,荧光;(h)Tasmanites 藻类体,样品 NA－4,白色反射光;(i)基质中分散的无定形有机质(无定形组分),镜质体(V)是分散的,样品 NA－4,Pike 县,白色反射光

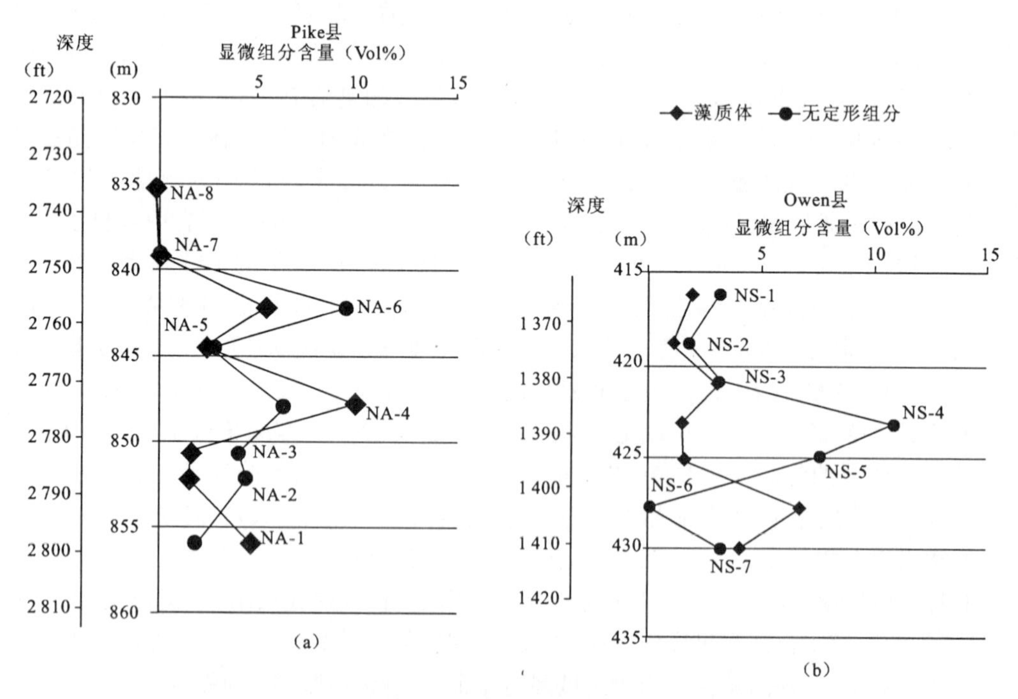

图 9　区域不同层段中藻类体和无定形组分的含量分布图

(体积百分比,矿物质基本含量,完整的岩相分析见表 1)

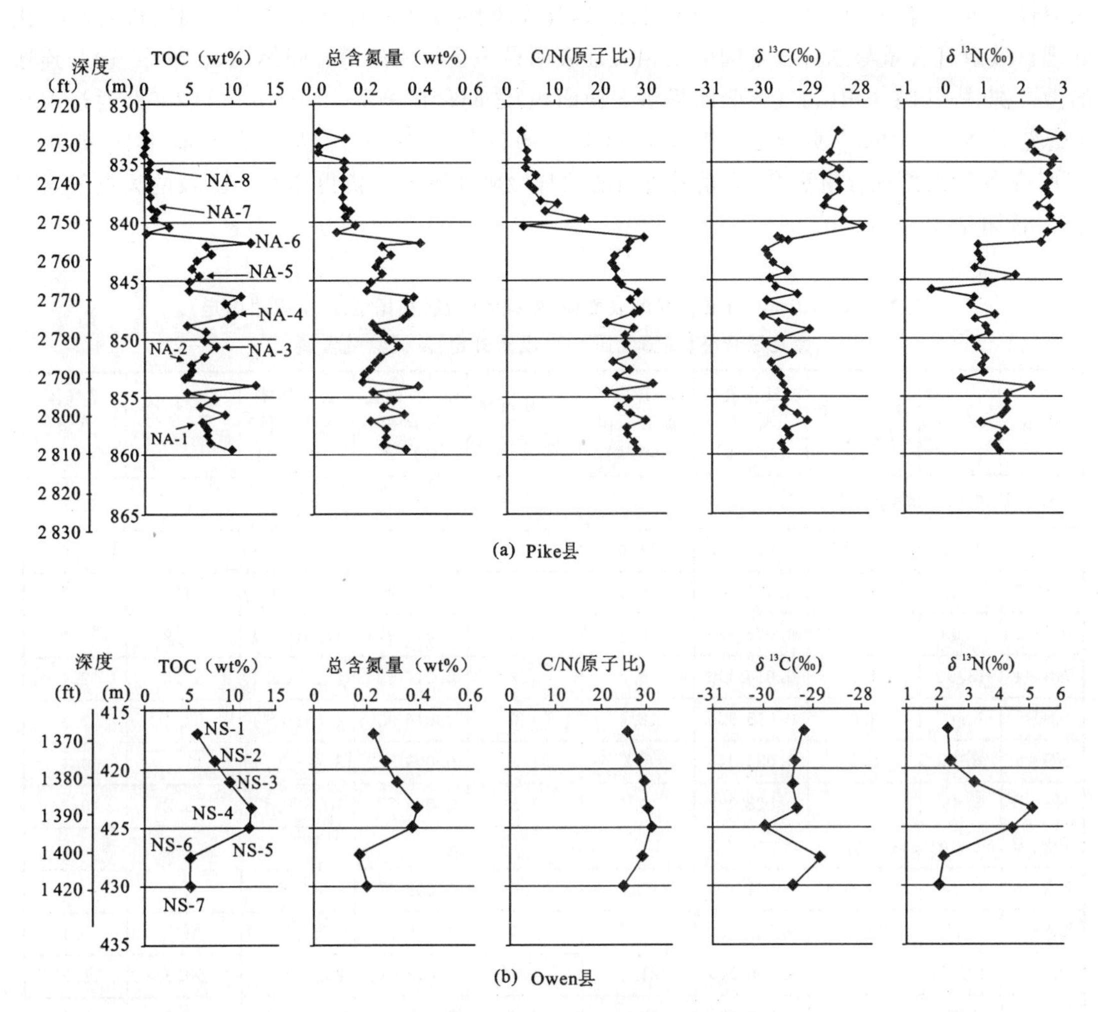

(a) Pike县

(b) Owen县

图 10 New Albany 页岩地球化学特征

含量逐步趋近于 0,而在 Pike 县区域深层地层中也确实观察到了这种现象。Pike 县区域约 841m(2 759ft)的层段,其沉积的古海洋环境似乎已经从更深和(或)更多分层的海洋沉积环境转变成开放和(或)较浅海洋的沉积环境,这样导致了该层段地层的地球化学性质、TOC 和总有机氮含量及伽马测井响应特征等都发生了剧烈的变化[图 7、图 10(a)]。然而新的沉积环境更有利于硝酸盐和(或)氨气中生物氮的吸收,同时随着脂质含量的减少,有机氮含量的增加,以及 C/N 比的降低,区域净流量和(或)有机质的埋藏深度也会降低。

Owen 县所取岩心中不含 New Albany 页岩最上部的层段(图 7),提取岩心的井段代表了区域分层的海相沉积环境,该环境有利于有机质保存,C/N 比高[图 10(b)]。

2)New Albany 页岩气的来源和特点

在 Owen 县所采岩心区域 New Albany 页岩的总含气量(在可采基础上)为 0.4m³/t(13.2 scf/ton)~2.1m³/t(65.8 scf/ton),而 Pike 县所采岩心区域总含气量为 0.1m³/t(3.2 scf/ton)~2.0m³/t(63.9 scf/ton)(表 2、图 1)。同时我们发现两个研究区域中,残余气含量和总含气量[R^2≈0.9、图 11(a)]),总含气量和 TOC 含量[R^2≈0.7~0.9;图 11(b)]之间都具有很强的

相关性。运用岩心一段 30cm(11.8in)长的具有代表性的碎块测量 TOC 值,同时进行归一化处理。残余气含量与总含气量间的正相关性表明最小且封闭的微孔隙体积(含残余气)与连通的微孔隙、中孔隙体积(为气体吸附提供表面面积)之间存在关系。Martini 等(2008)通过观察也总结了 New Albany 页岩总含气量及 TOC 间的关系。总的来说,虽然在 Pike 县区域,单位 TOC 条件下天然气含量更高,但是通过岩心取样吸附实验的分析得知两个区域的天然气含量基本相当[表 2、图 11(b)]。

表 2　New Albany 页岩样品的表面积、中孔隙特征(根据低压 N_2 吸附确定),微孔隙特征(根据低压 CO_2 吸附确定)及天然气含量

样品	TOC(%)	BET 表面积 (m^2/g)	BJH 微孔隙体积 (cm^3/g)	D-R 微孔隙表面积 (m^2/g)	D-R 单层产能(cm^3/g)	D-A 微孔隙体积 (cm^3/g)	残余气体(流失气体) (scf/ton)	总气体含量(scf/ton)	总气体含量 (m^3/t)
Owen 县,New Albany 页岩									
NS-1	6.95	11.6	0.025 755	14.6	3.2	0.014 141	10.3(<0.1)	19.0	0.6
NS-2	8.25	10.5	0.024 404	15.9	3.5	0.014 223	17.3(<0.1)	24.7	0.8
NS-3	9.05	9.9	0.022 969	15.1	3.3	0.012 913	17.4(0.1)	32.9	1.0
NS-4	13.06	4.9	0.014 492	19.2	4.2	0.016 695	42.1(<0.1)	65.8	2.1
NS-5	12.67	8.0	0.018 620	18.4	4.0	0.016 903	44.4(0.3)	57.1	1.8
NS-6	5.44	8.0	0.025 240	8.3	1.8	0.009 572	13.4(<0.1)	13.9	0.4
NS-7	5.48	9.9	0.028 988	10.1	2.2	0.008 777	10.8(0.1)	13.2	0.4
Pike 县,New Albany 页岩									
NA-8	0.53	20.0	0.031 359	11.8	2.6	0.008 279	0(0.6)	3.2	0.1
NA-7	0.82	18.9	0.026 989	11.5	2.6	0.008 144	0(0.6)	4.7	0.1
NA-6	12.03	10.6	0.030 010	21.6	4.7	0.017 675	23.0(1.7)	58.3	1.8
NA-5	6.13	5.9	0.017 332	12.3	2.7	0.013 291	13.8(2.1)	47.6	1.5
NA-4	10.16	4.9	0.016 582	14.5	3.2	0.014 503	18.7(3.2)	63.9	2.0
NA-3	8.10	4.4	0.011 681	14.6	3.2	0.012 988	15.1(0.7)	46.1	1.4
NA-2	5.32	4.2	0.012 962	7.1	1.5	0.011 691	5.6(0.5)	20.0	0.6
NA-1	6.57	4.0	0.012 631	8.6	1.9	0.010 088	8.1(3.7)	29.9	0.9

另外,我们模拟了 New Albany 页岩主要海相有机质(II 型干酪根)的热成熟度(图 6),发现生成天然气的估算资源量(运用 Basin Mod 1-D 软件,Platte River,Inc)与密封容器吸附试验所获得的天然气含量相当。当页岩处于早期生油窗,成熟度相对较低的条件时,生成的天然气不能形成明显的运移,因此,此时 New Albany 页岩中干酪根生成的天然气大部分吸附在有机质的表面并被保存下来。然而,在漫长的地质过程中(也包括岩心采取过程),储存于大孔隙和裂缝中的"游离(压缩的)气体"将可能会逸散。在 Owen 县北部页岩层段埋藏相对较浅的区域,游离气的相对含量[(总含气量-残余气含量)/总含气量]不到 0.3,与 Pike 县区域相比要小得多,这也很有力地证明了上述观点。其中气体的流失主要是由冰期以后地层的抬升和应力释放引起;另外,在 Pike 县岩心中观察到的多重长度为 30cm(11.8 in)左右的垂直裂缝。

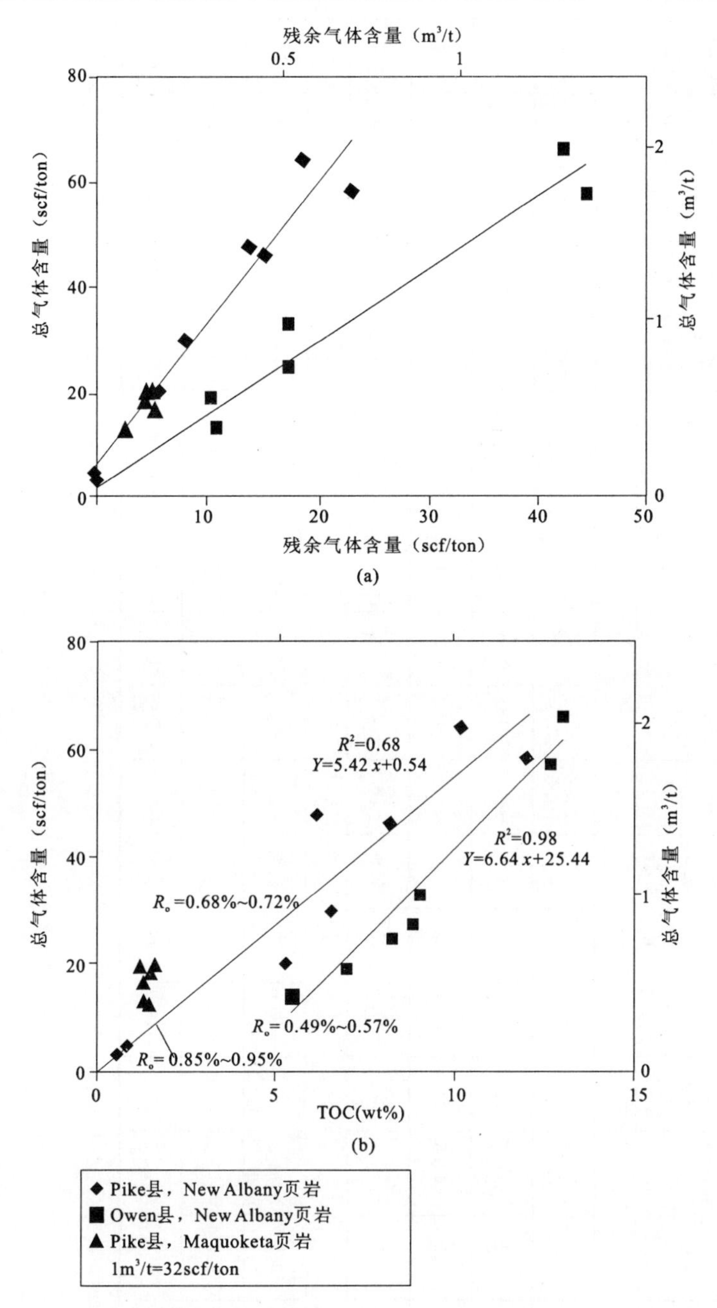

图 11 (a)残余气体含量与总含气量间的关系图;其中不同 New Albany 页岩样品的线性相关系数不同,较浅的 Owen 县区域,残余气体所占比例较大;(b)总有机碳含量(TOC)与总含气量的关系图。Pike 县区域与 Owen 县区域相比,单位 TOC 条件下的气体含量更高

根据观察到 New Albany 页岩气的气体干燥度和 $\delta^{13}C$ 值的变化(表 3、图 12),我们确定生成的天然气中部分为热成因,另一部分则为热成因与生物成因的混合成因气,且向着 Illinois 盆地东北边缘方向,生物成因甲烷所占比例逐渐增加。而当NewAlbany页岩某层段地层水

表 3　New Albany 页岩样品中天然气的成分组成和同位素特征

样品	深度(m)	甲烷			CO_2		乙烷			丙烷			异丁烷			N-丁烷			N-戊烷		
		Conc 体积百分比	$\delta^{13}C$ (‰)	δD (‰)	Conc 体积百分比	$\delta^{13}C$ (‰)	Conc 体积百分比	$\delta^{13}C$ (‰)	δD (‰)	Conc 体积百分比	$\delta^{13}C$ (‰)	δD (‰)	Conc 体积百分比	$\delta^{13}C$ (‰)	δD (‰)	Conc 体积百分比	$\delta^{13}C$ (‰)	δD (‰)	Conc 体积百分比	$\delta^{13}C$ (‰)	δD (‰)
Owen 县，New Albany 页岩																					
NS-1	416	90.9	−53.8	n. d.	7.7	−12.0	0.8	−46.9	n. d.	0.4	−36.0	n. d.	0.03	−27.2	n. d.	0.1	−31.5	n. d.	b. d. l	n. a.	n. d.
NS-3	420	98.3	−54.6	−201	0.1	−11.9	0.9	−46.4	−245	0.5	−39.5	−184	0.02	−34.3	−143	0.1	−33.3	−135	b. d. l	n. a.	n. d.
NS-5	424	98.2	−56.3	−160	0.2	−16.5	1.0	−48.0	−227	0.5	−37.6	−159	0.02	−34.8	−152	0.1	−33.9	−127	b. d. l	n. a.	n. d.
NS-7	429	98.4	−55.0	−156	0.0	−12.4	0.8	−47.8	−217	0.6	−36.3	−176	0.1	−34.2	−153	0.1	−36.2	−144	b. d. l	n. a.	n. d.
Pike 县，New Albany 页岩																					
NA-6	840	75.8	−53.2	−216	0.1	−13.1	13.0	−47.0	−273	4.5	−37.7	−180	0.1	−33.3	−168	0.8	−33.5	−151	0.3	−32.0	5.2
NA-5	842	71.7	−52.1	−240	0.2	−16.6	15.8	−46.6	−300	6.7	−39.8	−215	0.2	−33.5	−188	1.2	−34.4	−158	0.7	−32.4	3.4
NA-4	846	72.1	−52.2	−254	0.2	−16.7	17.0	−48.1	−335	6.5	−39.4	−261	0.2	−32.8	−159	1.1	32.8	−159	b. d. l	n. a.	3.0

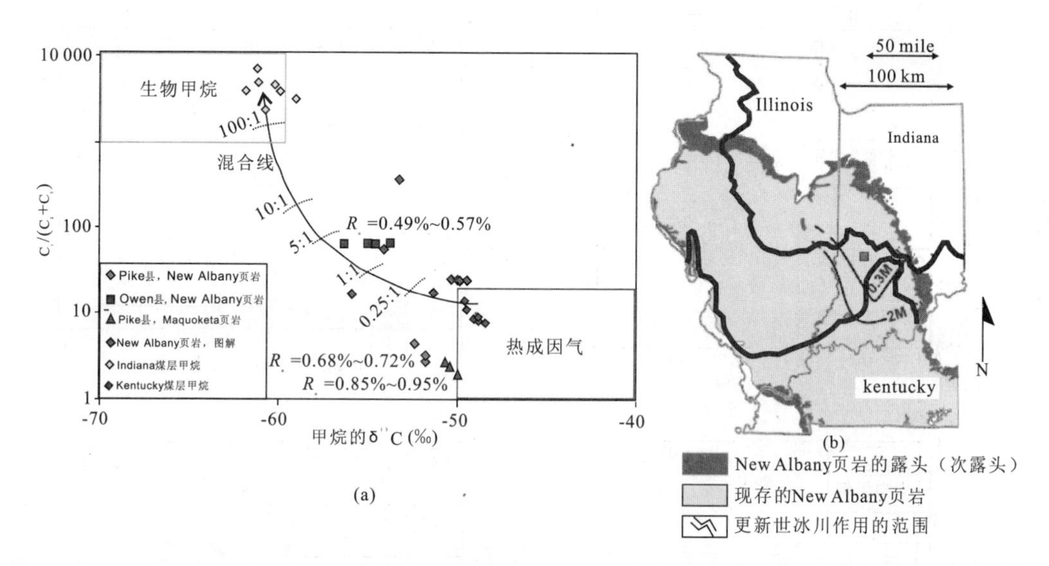

图 12 (a) 沿着热成因和生物成因气端员的混合线中 New Albany 页岩气样品的位置分布图(Illinois 盆地的煤层气样品包含在内,进行对比分析);(b) Indiana 州的 New Albany 页岩地层水含盐度等值线的投影图(Mclntosh 等之后,2002)。粗黑线指示了最后两次更新世冰川作用的范围

中氯含量高于 2mol(2mol 氯/L,Mclntosh 等,2002)时,则没有发现生物成因甲烷的存在。

生物甲烷的出现与地层水的低矿化度相关,表明渗滤交代作用以及冰期以后的淡水补给作用稀释了盆地的海水,使裂缝型页岩中微生物的繁殖成为可能。Owen 县区域,生成气体部分为热成因天然气,同时还有部分为冰期以后形成的微生物成因甲烷(图 12),在 Owen 县页岩成熟度较低的区域,其热成因气含量相对降低,而此时区域微生物成因甲烷的含量最高达到热成因气的 5 倍之多,大大弥补了热成因气的不足(图 12)。因此,虽然 Owen 及 Pike 县区域页岩热成熟度相差很大,但是二者的总含气量是相当的。在 Owen 县区域,New Albany 页岩气中微生物成因甲烷的存在同时伴生有明显的丙烷微生物降解作用,从而导致残余丙烷中^{13}C的富集[图 13(a)]。

根据 Berner 和 Faber(1988)提出的公式,热成因气的碳同位素组成与烃源岩(含 II 型干酪根)的热成熟度有关,但是我们所观察到的 New Albany 页岩早期热成因气中 $\delta^{13}C_{甲烷}$ 和 $\delta^{13}C_{乙烷}$ 值较低,对于成熟度较低的 New Albany 页岩(0.3%)和 Maquoketa 页岩(0.5%)来说很不合理[图 13(c)]。所以我们不能根据 Berner 和 Faber(1988)的公式利用 New Albany 页岩早期生成烃类气体的碳同位素比值,来评估地层的热成熟度。这种现象可能的解释是早期生成气态烃类(干酪根转化率较低情况下)的碳同位素组成所对应的 $\delta^{13}C$ 值变化范围很大(Tang 等,2000)。稳定同位素的分离系数与较高分子量有机质的反应温度和活化能分布有关,New Albany 页岩有机质主要是类脂组,藻类体含量较高,其中含 17～19 个碳原子的脂肪链,而这些脂肪链部分的甲基在断裂时需要很高的活化能[(263±42)kJ/mol;Tang 等,2000]。因此,在低热成熟度条件下,New Albany 页岩有机质生烃中消耗的脂肪族^{13}C 主要产出于热成因气,其 $\delta^{13}C_{甲烷}$ 值约－52‰(与 Tang 等建立模型的结果吻合,2000),$\delta^{13}C_{乙烷}$ 值约－47‰[图 13(b)]。

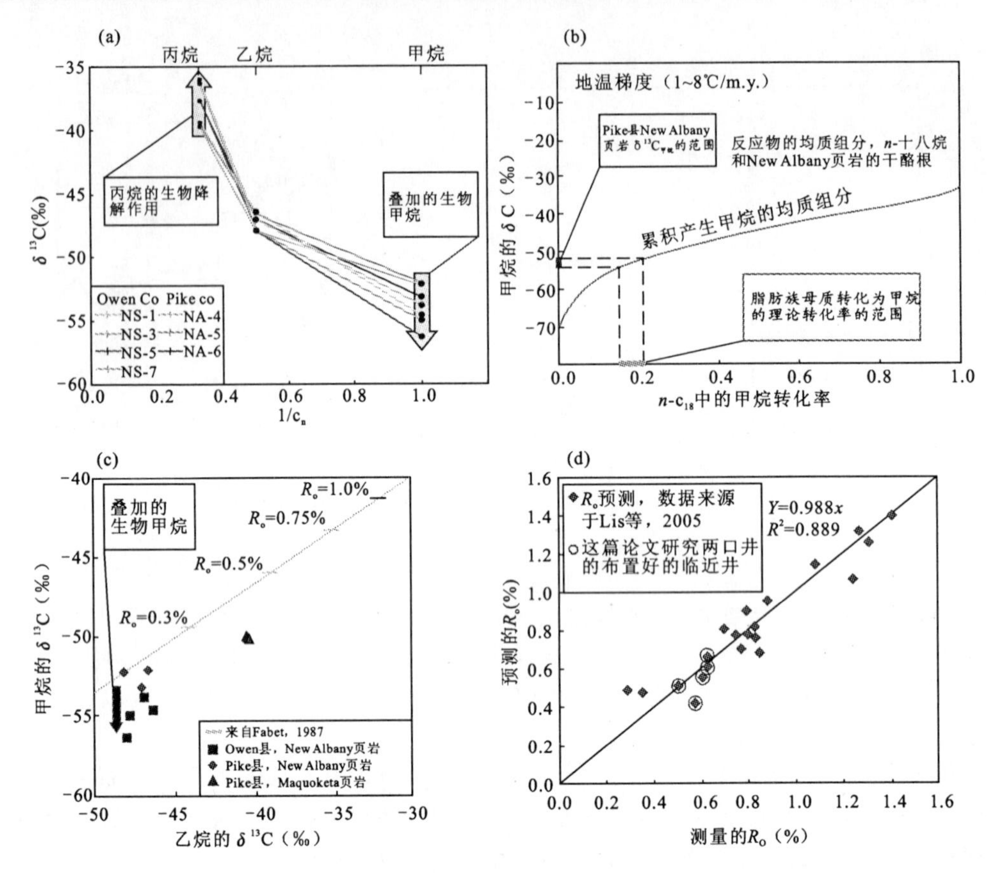

图 13　气体热成熟度关系图

(a) $\delta^{13}C$ 与 $1/C_n$ 的关系图，在 Owen 县区域页岩气中观察到生物甲烷的生成和丙烷的生物降解；(b) 甲烷的 $\delta^{13}C$ 值与 n－正十八烷($\delta^{13}C=-30‰$)至甲烷(Tang 等，2000)转化率的关系图，Pike 县区域热成因甲烷的 $\delta^{13}C$ 值所对应的转化率(TR)为 0.15～0.22(见图 6)；(c) 热成熟度图显示了甲烷的 $\delta^{13}C$ 值与乙烷的 $\delta^{13}C$ 值间的关系，据 Berner 和 Faber(1988)；推测的镜质体反射率(R_o)值比预期的低很多；(d) 运用傅里叶变换红外光谱(FTIR)的推算参数和 H/C 原子比预测的 New Albany 页岩样品 R_o 值

另外，根据干酪根中碳键分布的傅里叶变换的红外光谱(FTIR)分析也可以定量分析烃源岩中有机质的热成熟度。Lis 等(2005)对 New Albany 页岩中的干酪根进行了分析[图 13(d)]，他们根据样品中芳香族和脂肪族碳键的 FTIR 峰高比值及 H/C 原子比建立了多重线性回归模型，并且与常规的 R_o 测量值进行了对比分析。傅里叶变换的红外光谱法进一步证实 New Albany 页岩的热成熟度相对较低(R_o 为 0.5%～0.65%)，同时通过计算推导得到进一步的校正[图 13(d)]：

$$R_o=1.483-(0.859\ H/C)-(0.575\ AR_{H3000\sim3100}/AL_{1450})$$
$$+(2.889AR_{R700\sim900}/AL_{2800\sim3000})$$

式中：H/C 是氢碳原子比；AR 与 AL 分别为特定吸附光谱带[cm^{-1}，Lis 等(2005)提出的]中芳香族和脂肪族烃类的 FTIR 吸附峰面积。

对 Pike 县区域的 3 个 30cm(11.8 in)长的 New Albany 页岩岩心段样品进行密封容器解吸实验分析，实验结果表明其中解吸甲烷的碳同位素馏分与煤层甲烷解吸得到的结果相似

(Strapoe 等,2006)。New Albany 页岩中甲烷的 $\delta^{13}C$ 值随着持续解吸作用,平均增加了 3.3‰[图 14(a)],中点解吸(当 50%的气体解吸时)时,甲烷 $\delta^{13}C$ 值约为−51.5‰,该值代表了全部解吸甲烷量的加权平均数,且 3 个页岩岩心样品的值完全相同[图 14(a)]。与样品 NA-4 和 NA-5 相比,样品 NA-6 中解吸甲烷的碳同位素梯度更陡,很可能是由于该样品的表面积和

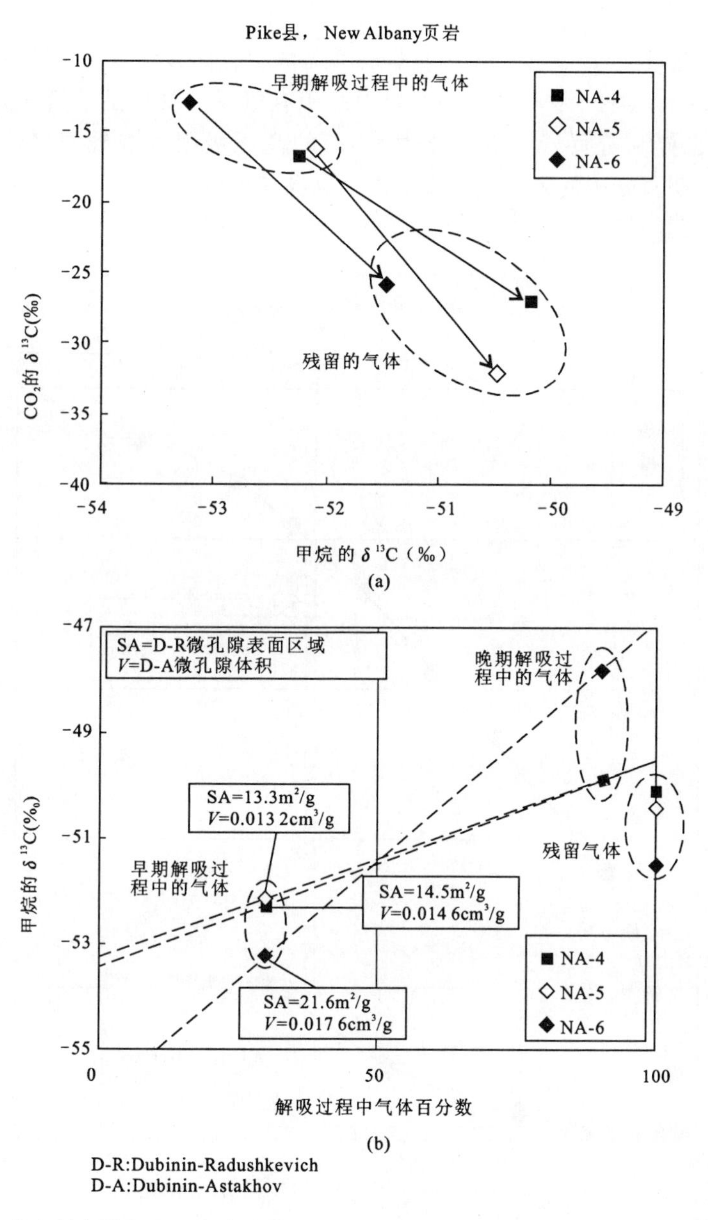

D-R:Dubinin-Radushkevich
D-A:Dubinin-Astakhov

图 14 (a)在密封容器解吸过程中甲烷和 CO_2 的 $\delta^{13}C$ 值的转移变化图。值得注意的是二者同位素转移方向相反;(b)岩心样品解吸出甲烷的碳同位素分馏分布图。图中发现岩心样品的微孔隙表面积和体积越低,其对应的甲烷碳同位素分馏含量越低。残余气体(来自压碎页岩)可能代表中点解吸时天然气组成(即解吸气含量达总含气量 50%时,代表了总解吸气量的加权平均数)

微孔隙体积更大[表 2,图 14(b)]。在甲烷解吸和扩散出页岩的过程中,表面积的增大以及微孔隙更紧密可能使同位素馏分增加,在页岩气的开采过程中也可以观察到同位素分馏的类似模式。相比早期解吸的 CO_2,New Albany 页岩中残余 CO_2 的 ^{13}C 含量较低,只有约 15‰[图 14(a)],且有趣的是其解吸 CO_2 的同位素梯度所反应的同位素分馏与页岩中解吸甲烷(图 14),以及煤层中解吸甲烷和 CO_2 所对应的同位素分馏正好相反(Strapoe 等,2006)。

3)天然气含量的控制因素

TOC 与总含气量间[Pike 及 Owen 县岩心样品的拟合曲线中 R^2 分别为 0.68、0.98;图 11(b)]良好的正相关性表明 New Albany 页岩中沉积有机质的富集是天然气大量存在的基础。另外,TOC 似乎也控制着页岩的吸附能力,样品的高压吸附等温线很好地证明了这点(图 15)。这些发现表明页岩中的天然气主要生成于自身有机质当中,而并不是来源于更深地层或者侧向的同期地层。

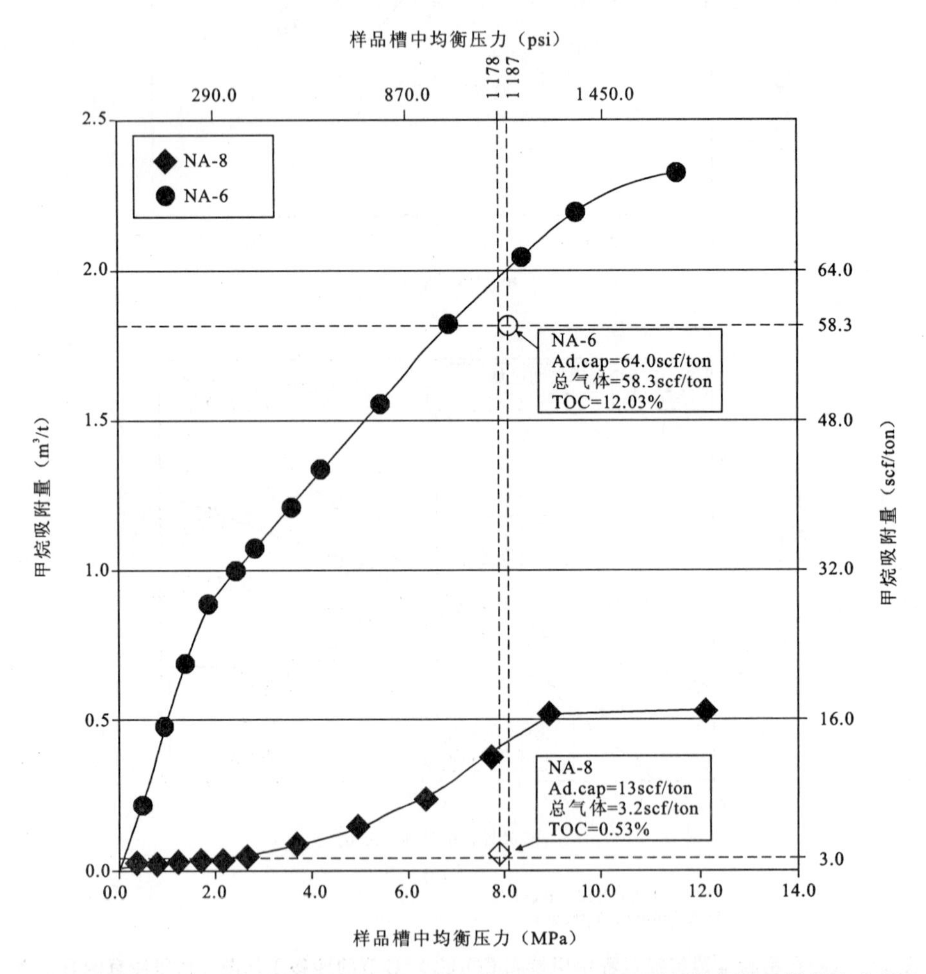

图 15 样品 NA-6[总有机碳含量高(TOC)]和 NA-8(TOC 低)的甲烷吸附量变化图

利用密封容器解吸实验(压力为样品所处地层的原地压力)测量两个样品的总气体含量。低 TOC 样品所测得的等温吸附线与高 TOC 样品相比准确性相对要低。Ad. cap. =吸附量

无可非议的是有机质是次生生物气和热成因气(可能包含催化生成的气体)的主要来源,所以有种想法认为不管气体是以何种途径生成,当烃源岩中 TOC 相对较高时,其生气潜力也就越大,看似很有道理,但是在 Pike 县(天然气含量,scf/ton=5.42×TOC+0.54)和 Owen 县[天然气含量(scf/ton)=6.64×TOC−25.43]区域,天然气含量和 TOC 之间的相关性差别很大,表明对整个 New Albany 页岩来说,TOC 并不是预测天然气含量的唯一参数。在埋藏相对较深的 Pike 县区域,单位 TOC 条件下的含气量更大,表明该区域有机质生成的天然气量比埋藏相对较浅的 Owen 县区域要大。另外 New Albany 页岩在 Pike 县区域的热成熟度(0.68%~0.72%)相比于 Owen 县区域的热成熟度(0.49%~0.57%,表 1)更高,这也是导致 Pike 县区域含气量相对较高的原因。总之,我们的观察表明 New Albany 页岩中有机质的热成熟度和富集程度是控制其含气量的重要参数。页岩的自储能力使页岩既是烃源岩也是储集层,页岩的低渗透性以及其中有机质对于气体的强吸附能力使气体在缺少特定盖层的条件下也能储存其中。由于 New Albany 页岩中 R_o 和气体含量的数据缺乏,就其成熟度对含气量的影响还不能作出精确系统的评价。值得注意的是本次研究中,在 Pike 县区域测量的 R_o 为 0.68%~0.72%,比精确绘制的 R_o 等值线图得出的结果(<0.6%,图 6)明显要高。

页岩中有机质和矿物的表面积以及孔隙大小分布确定了其气体吸附的有效区域位置,而这直接决定了其中页岩气的储存和保存。有机质的多孔隙结构使气体吸附其上并被保存下来(Chalmers 和 Bustin,2006)。而对于矿物质而言,虽然已经证实了它对有机质和气体吸附间的关系存在影响,但是其本身在页岩气吸附过程中所起的作用还没有弄清楚(Ross 和 Bustin,2009)。本次研究中,我们定量分析了下列类型孔隙的含量:①直径为 2~50 nm 的中孔隙;②直径小于2 nm 的微孔隙。另外我们选用进行密封容器解吸实验确定页岩含气量的岩心样品来确定平均页岩孔隙特征(表 2),根据这些数据,我们在气体储存方面得出了 3 个重要的结论:①样品具有最大的 Brunauer - Emmett - Teller 表面积和最大的 Barrett - Joyner - Halenda 中孔隙体积,但是其 TOC 并不一定最高,表明 New Albany 页岩中的表面积除了来自于有机质以外,还有部分来自于矿物质中;②总气体含量与表面积或中孔隙体积之间不存在明显的关系;③两个研究区域所采岩心中总气体含量与微孔隙表面积的相关性很小[$R^2=0.48$,图 16(a)],而与微孔隙体积的相关性很大[$R^2=0.83$,图 16(b)],这表明 New Albany 页岩中,微孔隙通过空间填充机制(Dubinin 和 Radushkevich, 1947; Mahajan 和 Walker, 1978; Jaroniec 和 Choma, 1989)为未压缩气体提供了储集空间。这个结论与最近页岩研究结果一致(Chalmers 和 Bustin,2006;Ross 和 Bustin,2009),而且表明微孔隙体积是预测地层总气体含量的一个有效参数,其具体公式如下:气体含量(m^3/t)=206.43×D - A 微孔隙体积(cm^3/g)−1.446 8[图 16(b)]。图 16(c)显示了 New Albany 页岩中典型微孔隙大小的分布情况。其中微孔隙体积与 TOC 含量间良好的相关性[$R^2=0.88$,图 16(d)]表明有机质为页岩中微孔隙的主要来源。

4) Maquoketa 组页岩和 New Albany 页岩对比

奥陶系 Maquoketa 组页岩是 Illinois 盆地区域另一个具有页岩气生产潜力的地层,在 Pike 县区域的钻井过程中,我们在该层段 1 317~1 335m(4 320~4 380ft)深处采取岩心样品,通过岩心样品实验分析来比较不同年代、不同成熟度条件下气藏生烃潜力的差别。由于 Maquoketa 组页岩埋藏相对较深且当时没有意识到其中的页岩气潜力,所以关于该组地层的资料有限,本次研究中所获得的 Maquoketa 组页岩岩心样品给我们提供了难得机会来详细分

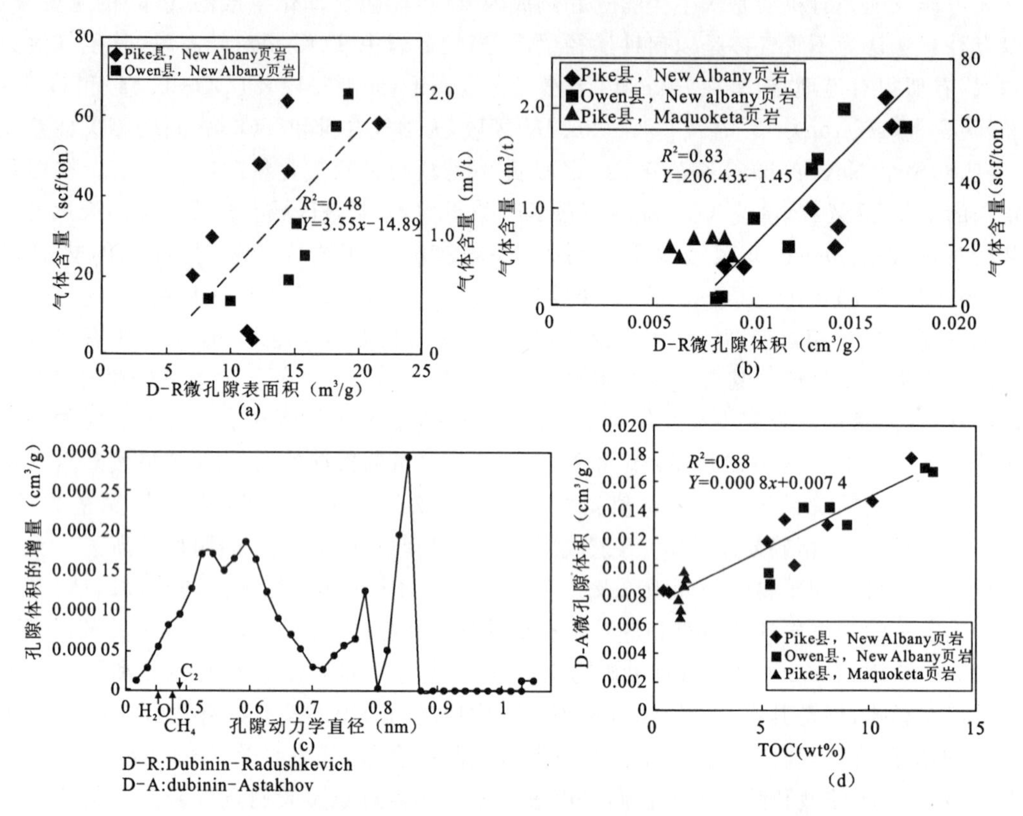

图 16　(a)为 D－R 微孔隙表面积与气体含量的关系图；(b)为 D－A 微孔隙体积与气体含量的关系图；(c)New Albany 页岩样品中典型微孔隙大小的分布情况；X 轴中分别标出了 CH_4、C_2(乙烷)及 H_2O(水)分子的动力学直径；(d)为 D－A 微孔隙体积与 TOC 之间的关系图。图(a)、(b)和(c)中回归线所涉及的参数均来自于两个研究区域的 New Albany 页岩样品

析该组地层的勘探潜力。研究表明 Maquoketa 组地层由页岩、泥岩及砂岩呈互层状产出，局部出现生物扰动痕迹和遗迹化石，该组页岩地层的有机质含量与 New Albany 页岩相比较低(TOC 为 0.92%～1.62 %)(图 17)，且有机质主要由小型的藻类体、无定形组分和固态沥青组成。由于有机质中镜质体缺失，所以我们根据 Jacob's(1989)的公式，利用其固体沥青的反射率值推导其等价的 R_o 值，为 0.93%～0.98%。

Maquoketa 页岩中总氮量(以及 TOC)比 New Albany 页岩小 5～6 倍(图 17)，这表明奥陶纪晚期的碎屑沉积物中生物量和(或)更多有机质被稀释，减少了有机质的保存。虽然 Maquoketa 中有机质含量相对较低，但是 TOC 碳同位素组分含量 $\delta^{13}C$ 值为－30‰，与 New Albany 页岩相当(图 10、图 17)，说明这一时期该地层也是典型的海相沉积(Hayes 等，1999)。相似的 $\delta^{13}C$ 值和有机质类型表明两套页岩中海相藻类生物质对于其中有机质的贡献巨大。但是 Maquoketa 组地层沉积时期，所处的地球化学条件相对来说不利于其有机质的保存，或者说该地层到达海底的有机质量很低。Maquoketa 组地层总氮量的 $\delta^{15}N$ 值较高也很好地印证了上述观点，说明该地层处于更加开阔、含氧量更高的深海沉积环境。氨和硝酸盐在较深水域混合并进入透光带中，是光能自养的微生物中氮的主要来源。此外，地层中页岩与许多砂岩

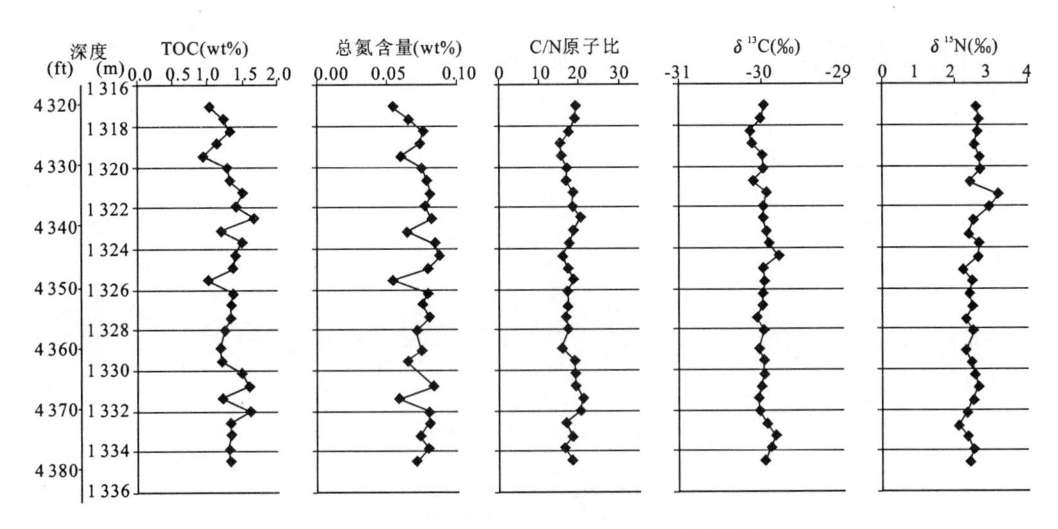

图 17 Pike 县 Maquoketa 页岩地球化学性质

(约为 1 cm)、碳酸盐岩呈交替互层状,表明地层沉积时期处于能量多变的海相沉积环境,搬运粗粒物质的富氧水处于周期循环状态。

由于地层埋藏较深且初始有机质的成熟度较高(图 6、图 12),所以 Maquoketa 组页岩所产的应该为热成因天然气。该地层的总气体含量相对较低(0.3~0.6m³/t;10~20 scf/ton),这与其 TOC 值相对较低有关,但是 Maquoketa 组页岩相对 New Albany 页岩来说成熟度更高,这样该地层单位 TOC 条件下的含气量更大[图 11(b)]。另外在该地层中,气体含量与微孔隙体积之间的关系并不像 New Albany 页岩那样明显[图 16(b)],这是因为所取 Maquoketa 页岩样品的 TOC 和气体含量都相对较低的原因[图 16(d)],但是其气体含量随微孔隙体积变化的趋势与 New Albany 页岩数据所表现的趋势是相同的[图 16(b)、(d)]。这表明这种趋势的例子比我们通过页岩气的光谱图期望的分析更普遍。

5. 结论

New Albany 页岩中页岩气的勘探需要考虑到其中热成因和生物成因混合气的存在。图 18 强调突出了控制气体生成及保存的几个地球化学和岩石学的相关参数。其中有些参数对热成因和生物成因气的生成都是有利的(如 TOC 含量、地层厚度),但是其中热成熟度的增加(即镜质体反射率的值)仅仅对热成因气体的生成有利,对生物成因气的生成反而起抑制作用,这是因为在其成熟度对应的较高温度(80~100℃)下,地层中的细菌在高温下被消灭,没有足够的条件进行微生物降解作用生成气体。在后期隆起微生物繁盛的情况下,有机质成熟度越高,由甲烷菌集合体生物降解形成的抗体也就越多。其次,含盐量、含水饱和度(当孔隙大部分被烃类填充时将会大大抑制生物成因气的生成)、原地所处温度、有机质的生物地球化学特征,以及地层中目前微生物集合体的存在量都是控制微生物的甲烷生成量的关键因素。

页岩气的开采十分困难,需要先进的钻井和完井技术,如水平或多重平行钻井技术以及压裂技术。气产量分布图显示了控制天然气地质储量(GIP)开采潜力的关键参数(不论天然气来自何种成因)(图 18)。其中具有优越开采潜力的页岩地层应具备以下特征:渗透率高,游离

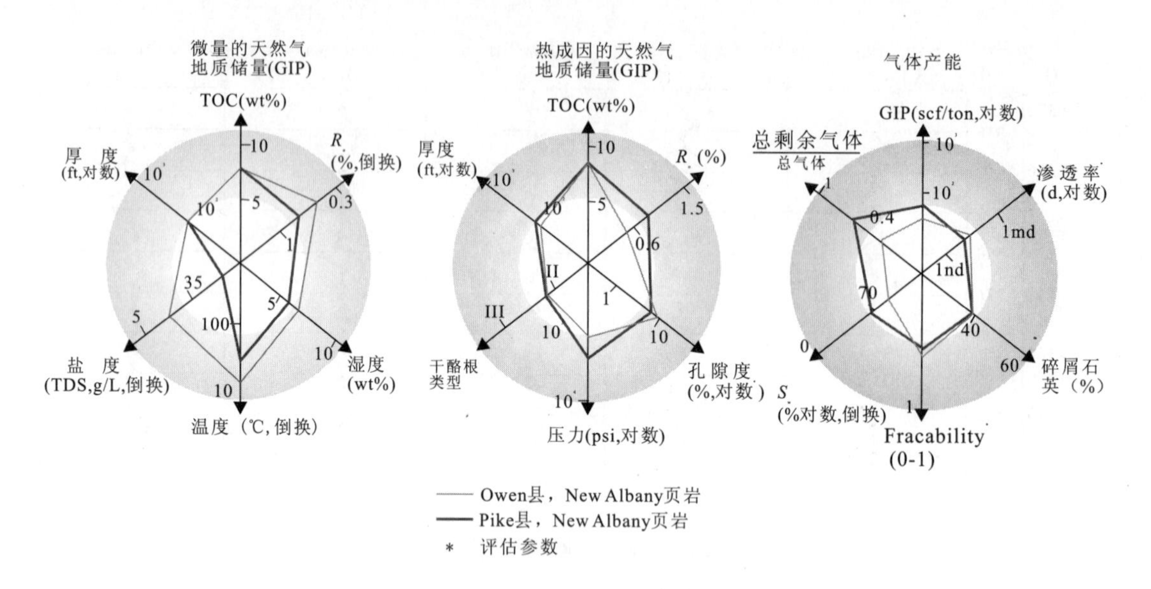

图 18　New Albany 页岩的天然气产量和勘探潜力的理论图解

TOC. 总有机碳；TDS. 总溶解固体物；S_w. 含水饱和度；灰色区代表各个参数的有利取值范围

气含量/总气体含量比(随温度升高增加)高，石英或硅质含量高(增加页岩的脆性)，存在一定量的天然裂缝(提高页岩的可压裂性)，含水饱和度低(S_w)(因为高含水饱和度将会阻碍低渗透率页岩中气体的扩散)，另外需要具备很强的脱水作用。

Owen 县区域的 New Albany 页岩具有很高的微生物气潜力，同时热成因气储气潜力相对较低，而在 Pike 县区域的 New Albany 页岩仅具有相对较高的热成因气储集潜力。在 Pike 县区域页岩气的勘探潜力略高，这是因为该区域残余气体含量(为 32%，而 Owen 县区域为 0.66%)和含水饱和度明显较低，同时其较大的埋藏深度和较高的原地孔隙压力也大大提高区域地层的可压裂性。在两个研究区域，New Albany 页岩的 Clegg Creek 段地层应该为最有利的水平压裂目标层段，这是因为该段地层的 TOC 和含气量都相对较高。

Pike 县区域的 Maquoketa 组页岩地层具有一定的热成因天然气潜力(成熟度处于生油窗)，同时地层具有良好的开采潜力(页岩与粗粒碎屑沉积物呈互层状产出，渗透率较高)，但是该套地层的 TOC 相对较低，导致了地层的天然气储量有限。同时由于埋深较大，其对应的地层温度估计超过 110℃，微生物高温条件下被消灭，此时地层所具有的微生物气储量基本上可以忽略不计。另外，在更新世间冰期，Maquoketa 组地层的埋藏深度大于 1 300m(4 265ft)，阻止了淡水的重新注入和甲烷菌集合体的再接种。(王华、何发岐译，龚铭、陈尧校)

原载　AAPG Bulletin, v. 94, no. 11 (November 2010), pp. 1 713—1 740

参考文献

Barrett E P, Joyner L G, Halenda P P. The determination of pore volume and area distributions in porous substances. I. Computations from nitrogen isotherms [J]. Journal of the American Chemical Society, 1951, 73:373—380.

Berner U, Faber E. Maturity related mixing model for methane, ethane and propane, based on carbon isotopes

[J]. Advances in Organic Geochemistry,1988, 13:67—72.

Brunauer S, Emmett P H, Teller E. Adsorption of gases in multimolecular layers [J]. Journal of American Chemical Society,1938, 60:309—319.

Chalmers G R L, Bustin R M. The organic matter distribution and methane capacity of the Lower Cretaceous strata of northeastern British Columbia, Canada [J] . International Journal of Coal Geology,2006, 70: 223—239.

Cluff R M, Reinbold M L, Lineback J A. The New Albany Shale Group of Illinois[J]. Illinois State Geological Survey Circular 1981, 518: 83.

de la Rue S R, Rowe H D, Rimmer S M. Palynological and bulk geochemical constrains on the paleoceanographic conditions across the Frasnian - Famennian boundary, New Albany Shale, Indiana [J] . International Journal of Coal Geology, 2007, 71:72—84.

de Witt W J, Roen J B, Wallace L G, 1993, Stratigraphy of Devonian black shales and associated rocks in the Appalachian Basin, in J. B. Roen and R. C. Kepferle, eds. , Petroleum Geology of the Devonian and Mississippian black shale of eastern North America [D] . U. S. Geological Survey Bulletin, 1993, 1909:B1—B57.

Dumitrescu M, Brassell S C. Compositional and isotopic characteristics of organic matter for the early Aptian oceanic anoxic event at Shatsky Rise, ODP Leg 198[J]. Palaeogeography, Palaeoclimatology, Palaeoecology,2006, 235:168—191.

Gray H H. Lithostratigraphy of the Maquoketa Group (Ordovician) in Indiana [D] . Indiana Geological Survey Special Report 7, 1972:31.

Gregg S J, Sing K S W. Adsorption, surface area and porosity, 2d ed. [M] . New York, Academic Press, 1982:303.

Strapoč D, Mastalerz M, Schimmelmann A. Characterization of the origin of coalbed gases in southeastern Illinois Basin by compound - specific carbon and hydrogen stable isotope ratios [J] . Organic Geochemistry, 2007, 38:267—287.

Texas 州 Fort Worth 盆地 Barnett 页岩的生气模拟

Hill R J, Zhang Etuan, Katz B J, Tang Yongchun
(Central Energy Resources Team)

摘　要:本文通过密封合金试管热解实验来定量评价 Texas 州 Fort Worth 盆地 Barnett 页岩的生气潜力。通过热解数据来计算页岩生气的动力学参数和镜质体反射率的变化,从而估算在地质加热速率条件下 Barnett 页岩的生气量。采用初始 R_o 为 0.44%,TOC 为 5.5%的样品进行实验,根据动力学推导出的 R_o 与生气量发现当 R_o 为 1.1%时,生气量为 230L/t(7.4scf/ton);而当 R_o 达到 2.0%时,生气量剧增至 5 800L/t (186scfton)。生成页岩气的量与有机质的富集程度、页岩厚度、成熟度以及残留于页岩中的石油含量密切相关。储存在页岩中的天然气由干酪根以及残留石油裂解而来,当 R_o 值达到 1.1%时,页岩中残留石油开始裂解。可以看出烃源岩中石油的裂解速率要远远快于常规的硅质碎屑岩储层或碳酸盐岩储层中石油的裂解速率。关键原因是残留石油在烃源岩内裂解生气过程中与干酪根、页岩矿物成分相接触的缘故。虽然与常规含油气系统的油气运移、聚集,圈闭形成过程相比有很大的不同,但可以将页岩气系统及其上覆盖层看成一个完整的含油气系统。

引　言

Texas 州中北部的 Fort Worth 盆地为一前陆盆地,它是在晚密西西比世—早宾夕法尼亚世的 Ouachita—Marathon 造山运动时期,Ouachita 构造带向北美大陆边缘的逆冲作用而形成的(Flippin, 1982; Walper, 1982; Grayson 等,1990)。自 1900 年初期至今,Fort Worth 盆地奥陶系—志留系储层产油达 3.2 亿 m^3(20 亿桶),产气 0.19 万亿 m^3(7tcf)。根据轻烃数据和更详细的地化分析发现 Barnett 页岩为 Fort Worth 盆地最主要的生烃源岩,平均 TOC 达到 4%,局部沿着 Llano 隆起带的露头样品 TOC 值高达 14%。

气页岩,尤其是 Barnett 页岩,虽然是低孔隙度(约 6%)和低渗透率(0.02md),但它已成为美国最主要的陆上油气勘探目标。Barnett 页岩气的勘探始于 1982 年,但直到 2000 年才取得突破性的进展。根据 M 2 井的甲烷吸附数据估算 Barnett 页岩的产气量为 5 300～7 800 L/t(170～250scf/ton)。根据孔隙分析得知其中吸附气占 45%,游离气占 55%。

页岩气潜力评价的关键参数包含有机质富集程度、有机质热成熟度、含气量、干酪根类型、干酪根转化程度等。在评价页岩气时应根据数据完成各种对应参数的图件,例如 TOC、I_H、T_{max}、R_o、产气量等。

结合含油气系统的模型,气页岩的勘探前景评价过程与常规油气藏有很大的不同。我们研究的目的是根据热解实验推导的动力学参数和产气量来评估页岩的生气潜力,对评价气页岩的勘探前景有很大的帮助,同时将建立的页岩气系统融入到含油气系统的概念中来。

1. 地质概况

Fort Worth 盆地为一非对称的楔形盆地，包含沿着 Muenster 背斜带西边的沉积厚度达到 3 700m 的一套沉积岩(Pollastro 等，2007)。该前陆盆地位于 Ouachita 构造背斜的前面，这是由于其在早密西西比世—宾夕法尼亚纪期间，向北美克拉通盆地边缘逆冲的缘故(Flippin，1982; Walper，1982; Grayson 等，1990)。Bend 背斜带分布面积广，为 Llano 隆起带向北延伸的地下背斜层(图 1)(Pollastro 等，2007)。Fort Worth 盆地的边缘范围为 Ouachita 构造的东部和东南部前缘、Llano 隆起带的南部、Bend 背斜的西部，以及 Muenster 和 Red River arches 背斜带的北部和东北(图 1)。图 2 为 Bend - Fort Worth 盆地的综合剖面图。在寒武纪—密西西比纪，Fort Worth 盆地主要为稳定的古陆棚，主要沉积碳酸盐岩，而 Barnett 页岩则主要形成于晚密西西比世前陆盆地形成阶段，与下伏 Ellenburger 组地层不整合接触，部分地区存在奥陶系 Viola 组和 Chappell 组灰岩地层，而 Simpson 组地层缺失。Fort Worth 盆地—Bend 背斜区域 Barnett 页岩沉积厚度不一，沿西部边界不到十几米，而临近 Muenster 背斜带区域厚度达到 305m 以上。尽管埋藏深度是决定 Barnett 页岩成熟度的一个主要因素，但生气与产气能力却与 Fort Worth 盆地的 Ouachita 逆断层等断层系统所引起的高热流密切相关(Bowker，2002，2003; Pollastro 等，2003)。地层北部、西部区域处于生油窗，而东部、南部区域处于生气窗。

2. 实验分析

将一块未成熟样品(R_o 为 0.44%)和一块成熟样品(R_o 为 1.15%)用来进行热解分析。地球化学特征参数如表 1。此时我们是基于 Jarvie 的研究利用两个样品热解分析来总体评价 Barnett 页岩的 TOC 和岩石热解特征，而并不是描绘 Barnett 页岩中每个地段的生气情况。这些样品可以用来对不同成熟度 Barnett 页岩的生气能力进行对比，同时可以将参数用于盆地模拟软件中来估算 Barnett 页岩的近似资源量。

1)未热解 Barnett 页岩样品

由 Lampasas 县 Chevron Moline 1 井岩心获得未成熟的 Barnett 页岩样品进行热解分析。页岩的地球化学以及煤素质参数见表 1，该样品 R_o 为 0.44%，TOC 含量为 5.51%，岩石热解氢指数为 346，H/C 原子比为 1.41，煤素质组分中，93%为非晶质，5%为镜质组，1%为壳质组，1%为惰质组。

另外由 Erath 县 Chevron 1 St. Clair C 井岩心获得成熟的 Barnett 页岩样品进行热解分析，页岩的地球化学以及煤素质参数见表 1。该样品 R_o 为 1.15%，TOC 含量为 4.51%，岩石热解氢指数为 68，H/C 原子比为 1.06，煤素质组分中，91%为非晶质，3%为镜质组，1%为壳质组，5%为惰质组。

2)封闭热解

对未成熟的干酪根样品在一定的压力和升温速率条件下进行密封合金试管热解实验。将 100mg 真空干燥、细粒粉末状、分布均匀的干酪根样品装入合金试管，然后放入充满氩气的手套操作箱内。试管在手套箱内放入 15min 以确保里面的空气排净。将试管的另一头在氩气环境下利用 Hill 等提出的方法(1994，1996)焊接起来。

将密封合金试管放入不锈钢容器，然后置入一个大的烤炉中，从而保证整个实验过程中维持恒压 5 000psi(34.5MPa)，水为主要的空气媒介，受到空气驱动泵的控制。样品通过两种不

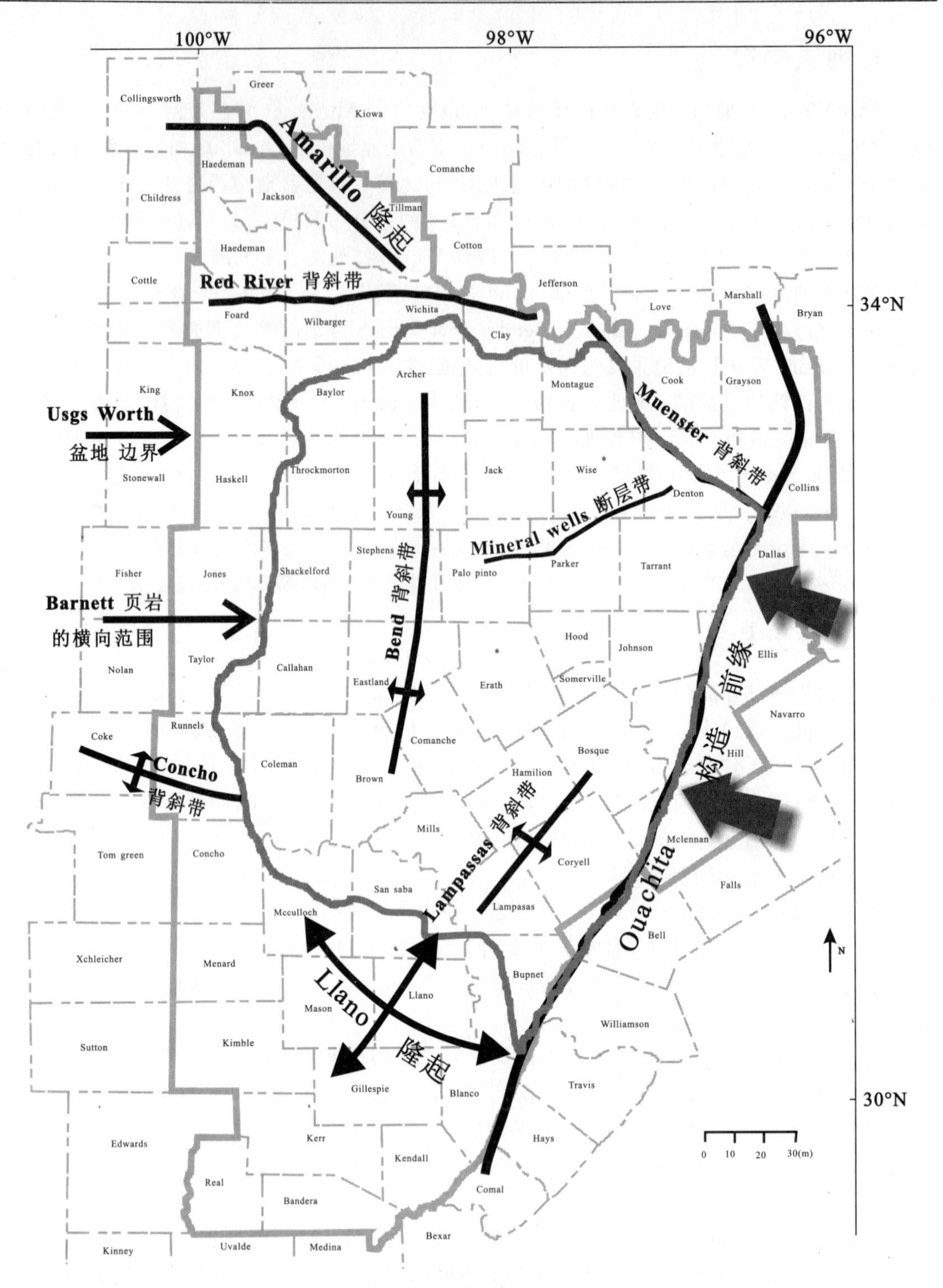

图1　Fort Worth 盆地的构造图

(据 PollastRo 等(2003)修改)

* 为热解样品的井位

图中标明了 Barnett 页岩的横向范围以及美国地质调查局界定的 Fort Worth 盆地边界

同的非等温加热方式进行加热，第一种以10℃/h的加热速度，由 150℃加热到 469℃，第二种以1℃/h 的速度由 150℃加热到 465℃。利用烤炉的内置 PRO－SET 控制装置控制温度，利用容器顶、底的两个探针来测量温度（误差 1℃左右），并与计算机相连接将数据保存下来。将装有合金试管的容器从烤炉中拿出，此时最终温度与 280℃的温度间隔为 20～30℃。最后将容器快速降温至室温，而压力在合金试管打开之前缓慢下降。

3）热解产物分析

我们对热解产物的含气量、分子组分、残留镜质体反射率进行分析。Hill 等已经总结过这些分析方法。简单来说，在真空管内利用一个探针穿过合金试管，此时气体逸散进入真空管道，而液体产物（C_{6+}部分）则用干燥的冷丙酮封闭起来（$T=-77$℃）。剩下的气体部分则利用托普勒泵收集在一个含有标准刻度的容器内计算气体量的多少，然后直接利用气相色谱仪（GC）对气体成分进行分析。结合火焰电离检测器（FID）和热导检测器（TCD）的检测分析，烃分子与非烃分子的量在双通道惠普 6890 系列气相色谱仪（GC）都能很好地表现出来，该气相色谱仪由 Wasson ECE 设置，含有两个毛细管柱和 4 个充气塔。

在气相色谱仪 A 通道内利用氦气作为运移载体对 C_1-C_5烃分子进行分析，利用两个 Wasson KC5 毛细管柱对气体完成分离，利用惠普公司的 A 号 FID 用来进行组分检测。非烃类气体在 B 通道内用 4 个充气塔同时结合两台 TCD 进行分析，CO_2、H_2S、O_2/ Ar、N_2、CO 分别在 Wasson K_1和 Wasson K_2S 充气塔内，利用氦气作为运移载体通过 Hewlett Pacard B 号 TCD 进行分析。H_2和 He 在 Wasson K_1和 K_2充气塔内以氮气作为运移载体利用 C 号 Wasson TCD 进行分析。气相色谱仪从 85℃以 15℃/min 的速率 5min 加热到 180℃，同时在 10min 内完成分析工作。在放大率为 625 倍的 Zeiss MPM 03 光学显微镜下对观测的 546nm 随机残余样品进行镜质体反射率的测定。样品分析前后根据标准进行校准，每个样品中提取 50 个数据，数据标准偏差的算术平均值为 0.05～0.09。

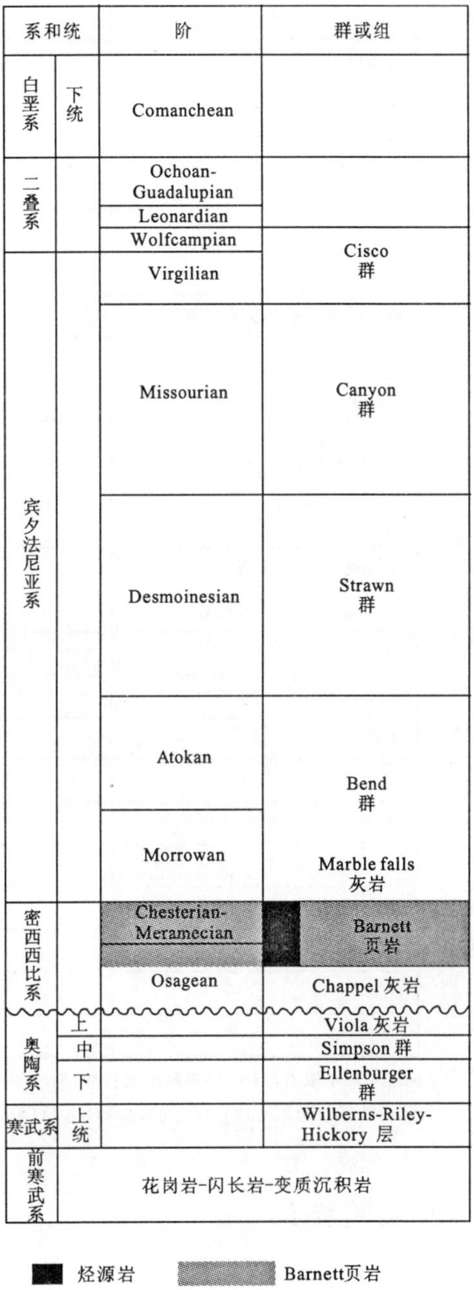

系	统	阶	群或组
白垩系	下统	Comanchean	
二叠系		Ochoan-Guadalupian	
		Leonardian	
		Wolfcampian	Cisco群
宾夕法尼亚系		Virgilian	
		Missourian	Canyon群
		Desmoinesian	Strawn群
		Atokan	Bend群
		Morrowan	Marble falls灰岩
密西西比系		Chesterian-Meramecian	Barnett页岩
		Osagean	Chappel灰岩
奥陶系	上		Viola灰岩
	中		Simpson群
	下		Ellenburger群
寒武系	上统		Wilberns-Riley-Hickory层
前寒武系		花岗岩-闪长岩-变质沉积岩	

■ 烃源岩　▒ Barnett页岩

图 2　Fort Worth 盆地综合地层剖面图

（据 Pollastro 等（2003）修改）

图中显示了 Barnett 页岩与其他地层单元之间的关系

表 1　Barnett 页岩样品的煤显微组分及地球化学参数

样品	未成熟	成熟
镜质体反射率(%)	0.44	1.15
煤显微组分		
非晶质(%)	93.00	91.00
壳质组(%)	1.00	1.00
镜质组(%)	5.00	3.00
惰质组(%)	1.00	5.00
岩石热解分析和总有机碳*		
TOC(%)	5.51	4.51
S_1[mg/g(HC/岩石)]	2.39	1.73
S_2[mg/g(HC/岩石)]	19.10	3.07
S_3[mg/g(CO_2/岩石)]	1.08	0.23
T_{max}(℃)	441.00	463.00
I_H[mg/g(HC/岩石)]	346.00	68.00
I_O[mg/g(HC/岩石)]	20.00	5.00
I_P	0.12	0.36
S_2/S_3	17.68	13.35
元素成分		
碳	32.56	22.78
氢	3.79	2.02
氧	4.36	4.70
硫	9.90	N.D. * *
氮	0.01	N.D.
H/C	1.41	1.06
O/C	0.10	0.15

* S_1 为热萃取石油；S_2 为热解生成石油；S_3 为热解生产二氧化碳；T_{max}为 S_2 生成速率最大时对应的温度；I_H为氢指数(S_2/TOC×100)；I_O 为氧指数(S_3/TOC×100)；I_P 为生产指数[S_1(S_1+S_2)]；* * *N. D.* 为未测定出

3. 实验结果

1)镜质体反射率

热解实验结束后残余样品的 R_o 用来评价热解过程中有机质的成熟度。未成熟样品的 R_o 随温度升高，由 0.5%左右升至约 2.2%(表 2，图 3)。成熟样品的 R_o 随温度升高由 1.0%左右升至约 2.9%(表 2)。实验的成熟度范围总体上包含了 Fort Worth 盆地 Barnett 页岩的 R_o 范围，模拟完成的 R_o 包含了生气窗与生油窗(PollastRo 等，2003；Jarvie 等，2004)。非成熟样品与成熟样品在相同加热速率的实验过程中 R_o 变化具有十分显著的一致性(图 3)，说明由非成熟样品推导的动力学参数总体上可以在 R_o 约为 2.0%时使用。热解结果使我们可以用镜质体成熟度与生烃的动力学参数来建立盆地的成熟度分布模型。

表 2　未成熟及成熟 Barnett 页岩样品进行热解分析的天然气产量和镜质体反射率数据

	时间(min)	温度(℃)	R_o(%)	烃气总量(mL/g)	甲烷(mL/g)	C_{2-5}(mL/g)	CO_2(mL/g)
未成熟(1℃/h)	8 111	285	0.56	1.7	1.0	0.7	1.3
	10 200	320	0.70	6.1	2.4	3.7	2.7
	11 711	345	0.95	22.2	8.8	13.4	5.4
	13 178	370	1.31	47.8	23.2	24.6	10.9
	14 689	395	1.60	84.3	45.6	38.7	17.4
	16 378	423	1.89	157.7	104.8	52.9	28.7
	18 378	456	2.17	205.0	164.8	40.2	42.6
未成熟(10℃/h)	869	295	0.52	1.4	0.8	0.6	1.2
	1 136	339	0.70	4.4	1.8	2.6	2.4
	1 318	370	1.00	15.3	5.6	9.7	4.8
	1 473	396	1.30	37.3	16.8	20.9	7.3
	1 616	419	1.55	77.2	39.2	38.0	11.4
	1 767	444	1.76	141.0	78.4	62.6	21.4
	1 913	469	2.02	175.3	116.8	58.5	35.9
成熟(1℃/h)	11 400	340	1.28	4.5	1.9	2.6	6.8
	12 960	366	1.37	15.5	7.7	7.8	7.7
	15 000	400	1.76	51.5	32.6	19.0	10.2
	16 560	426	1.98	90.5	68.9	21.6	15.3
	18 120	452	2.18	127.7	118.7	8.9	30.6
	19 680	478	2.31	147.6	146.5	1.1	50.2
	21 060	501	2.39	151.8	151.3	0.6	79.1
成熟(10℃/h)	1 324	371	1.09	4.5	1.9	2.6	6.8
	1 460	393	1.34	11.7	5.7	6.0	7.7
	1 613	419	1.59	30.6	17.2	13.4	11.1
	1 741	440	1.83	53.3	35.4	17.9	13.6
	1 775	46	0.84	1.5	2.1	9.4	15.3
	1 919	470	2.05	90.4	71.8	18.6	23.0
	1 936	473	2.08	89.4	73.7	15.6	23.8
	2 098	500	2.22	117.6	112.0	5.6	41.7
	2 115	502	2.25	123.9	118.7	5.2	42.6
	2 285	531	2.39	137.3	136.9	0.4	68.9
	2 497	566	2.53	145.7	145.5	0.2	102.1
	2 693	599	2.67	153.3	153.2	0.2	134.5
	2 871	629	2.86	161.9	161.8	0.1	144.7
	2 880	630	2.89	163.8	163.7	0	146.4

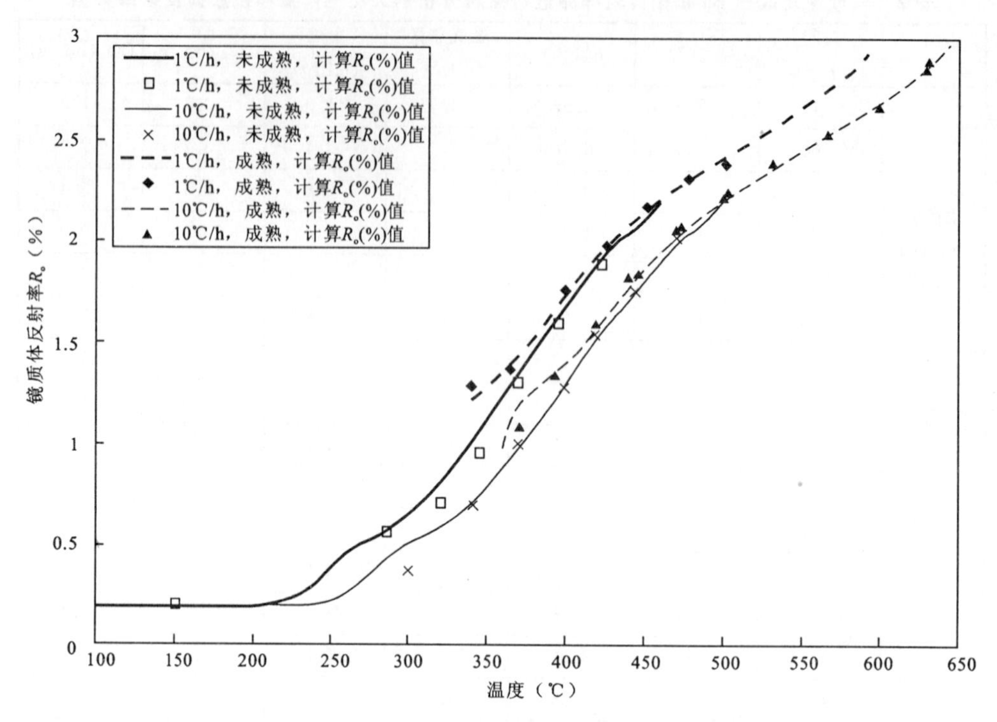

图 3　在不同加热速率下依据本次研究的动力学数据得出的镜质体反射率分布图以及其最佳拟合曲线

2)热解气

干酪根热降解初期，烃类气体(C_1-C_5)少量生成，而当干酪根达到高成熟阶段时，烃类气体则开始大量生成(表 2,图 4)。甲烷为生成的最主要的烃类气体，同时在非成熟样品中，当以1℃/h 的速度加热到 395℃时开始大量生成甲烷，而当以 10℃/h 的速度加热到 419℃时甲烷才开始大量生成(表 2)。在成熟样品中也可以看到相同的趋势(表 2,图 4)。在低温条件下，成熟与非成熟样品热解产物中 C_2-C_5烃含量很少，随着温度的升高含量逐渐增加(表 2,图 4)，当温度达到 423℃(1℃/h)和 444℃(10℃/h)时，C_2-C_5烃含量达到最大值，之后随着温度的升高含量又开始逐渐下降，表明此时非成熟样品中 C_2-C_5烃在高温条件下开始裂解。另外在成熟样品中也具有同样的趋势(表 2,图 4)。结果中没有考虑低温条件下 C_2-C_5组分裂解。实验在没有确定 C_2-C_5裂解趋势及裂解动力学参数的高温下进行。

CO_2为 Barnett 页岩干酪根中最主要的非烃类气体产物，非成熟样品中，在 320℃(1℃/h)和 339℃(10℃/h)时，CO_2含量在生成气体中占主导地位(表 2)，同时在某些样品裂解产物中发现微量的氢气和硫化氢成分。早期 CO_2的形成可能由活性的含氧官能团裂解形成，例如羧基的脱羧作用。对于成熟样品，其对应的 CO_2含量更高，在 10℃/h 的加热速率下的产量几乎等于整个烃类气体的含量，这表明成熟样品在热解实验中达到的温度更高。这是因为在同温、同增温速率条件下，成熟样品与非成熟样品形成的 CO_2的量是相对的。而对 Fort Worth 盆地而言，由于其产气中 CO_2的含量不高(Hill 等,2007)，所以这里主要研究的是烃类气体，而其中的非烃类成分另作研究。

根据热解结果和 Tang 等(1996) 和 Zhang 等(2007)提出的动力学方法，利用 Lawrence

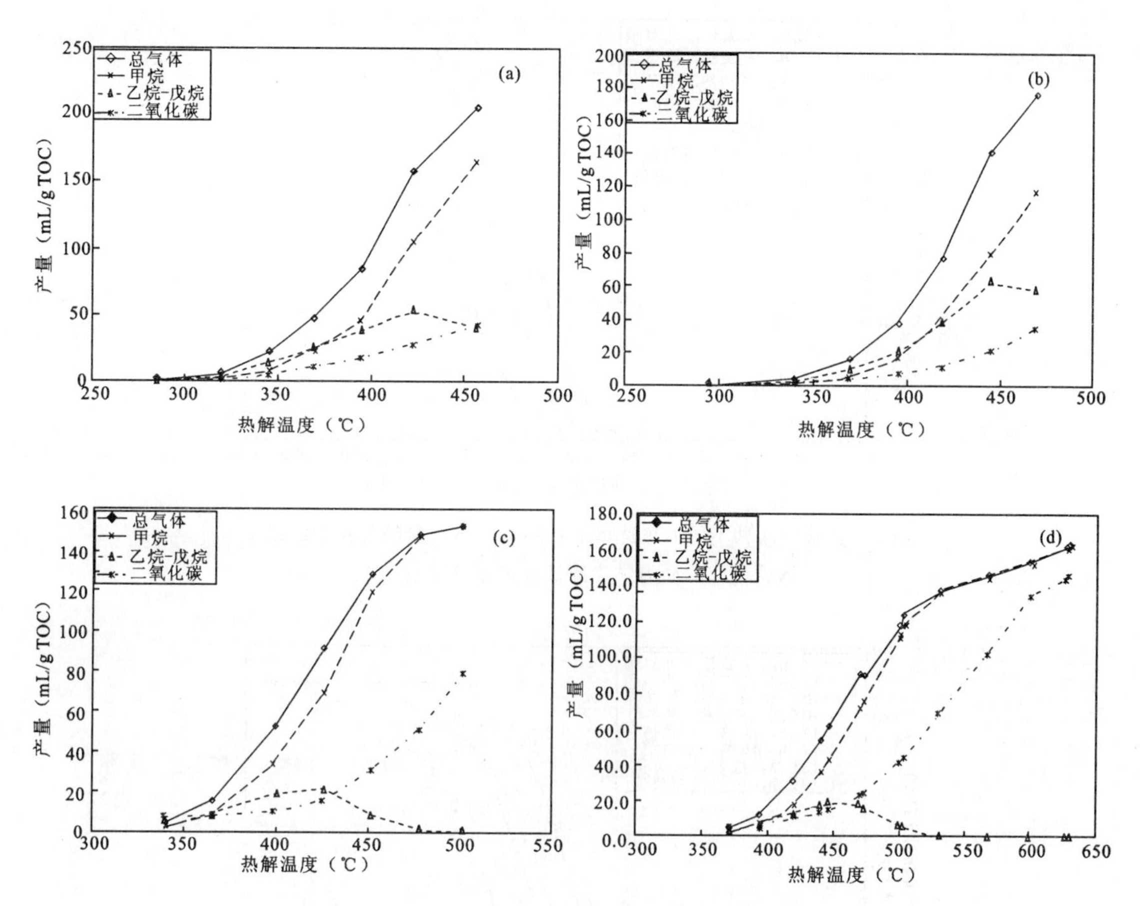

图 4　总含气量，甲烷、乙烷-戊烷和二氧化碳产量与热解温度之间的关系图

(a)未成熟 Barnett 页岩，加热速率为 1℃/h；(b)未成熟 Barnett 页岩，加热速率为 10℃/h；(c)成熟 Barnett 页岩，加热速率为 1℃/h；(d)成熟 Barnett 页岩，加热速率为 10℃/h

Livermore 动力学软件来计算生成的烃类气体总量以及甲烷、C_2-C_5 烃类气体的动力学参数。研究的主要目的是评估 Barnett 页岩中生成的主要烃类气体。因此，热解实验并没有达到最终的演化程度，而是将实验温度限定在最大 R_o 值约为 2.2%时对应的温度，所以对二次裂解反应的影响很小(Behar 等，1992，1997)。由表 3 中总结的动力学参数计算出的含气量与实验测得的数据具有一致性(图 5)，这表明利用总产气量的动力学模型预测热解结果的研究方法是合理的。由表 3 中动力学参数计算出的甲烷含量与实验测得的数据也相当吻合，仅在高温条件下出现轻微的偏离(456℃；R_o= 2.17%；1℃/h)(图 6)。这表明 R_o 的最大值为 2.0%左右时，利用甲烷生成的动力学模型预测热解结果的研究方法很合理。利用动力学参数(表 3)计算 C_2-C_5 烃类气体的生成量与实验结果相吻合，在两种加热速率下，仅当温度达到最高值时出现了轻微的偏差。动力学模型的模拟结果表明生成气体的动力学模型在 R_o 最大值 2.0%的范围内来预测热解结果是很合理的，因此可以用于建立 Fort Worth 盆地生成的页岩气模型。在该区域观察到的最大 R_o 为 1.9%。

利用 Tang(2006)和 Zhang(2007)总结的模型来推导 R_o 对应的动力学参数值。热解实验在两种不同的实验温度下进行，气体生成的动力学参数是确定的。计算中所包含的两个未知

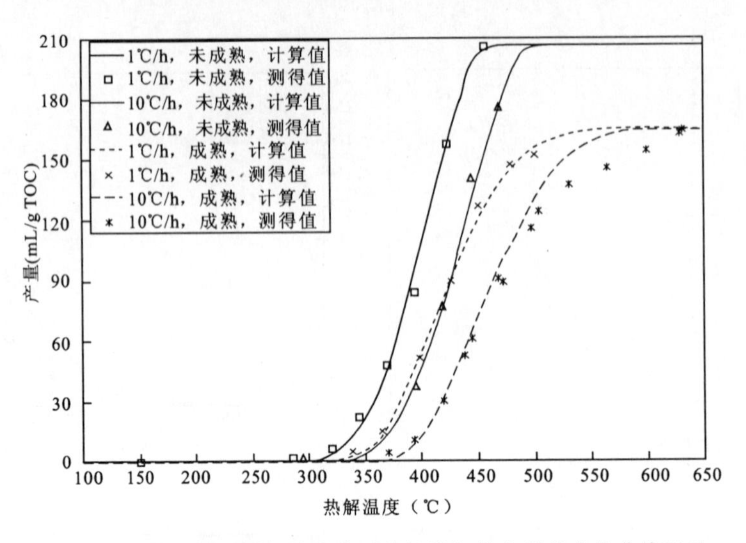

图 5　实验中两种不同加热速率下总烃类气体产量的变化曲线以及依据研究的动力学参数计算的最佳拟合曲线

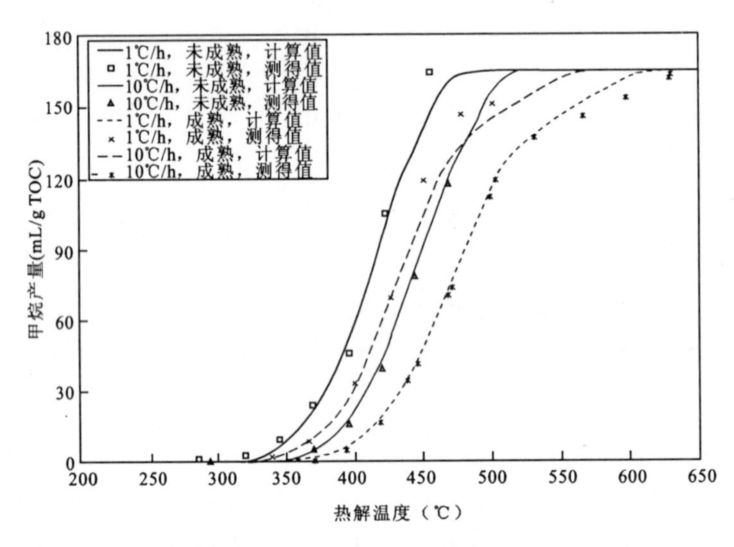

图 6　实验中两种不同加热速率下甲烷气体产量的变化曲线以及依据研究的动力学参数计算的最佳拟合曲线

因素为：①最大天然气产量的不确定性；②在两种不同实验加热速率条件下动力学方案的不确定性。下面对这两种可能性进行敏感度分析(图 7、图 8)。

3)最大的天然气产量动力学拟合的不确定性

有很多不同的方法来研究封闭热解系统中的动力学参数，虽然合金试管可以加热到很高的温度，在密封加热系统中得到实验测量的最大天然气含量，但此时生成的气体总量为初次裂解和二次裂解生成气体的总和，将会导致最大热解气的含量偏向为二次裂解的产物(Behar 等，1992，1997)。然而这种情况下通过开放热解系统可以测量出最大的第一次产气量，但产量很低，并不能合理地推断其所处的地质条件。我们评估其最大含气量有两个等级：①含气量

表 3 Barnett 页岩镜质体成熟度和天然气生成的动力学参数

	R_o 未成熟	R_o 成熟	甲烷未成熟	甲烷成熟	C_2-C_5 未成熟	总气体未成熟	总气体+50%未成熟	未成熟+100%	总气体成熟
频率因子(s^{-1})	$3.896\ 2\times10^{13}$	$4.753\ 5\times10^{13}$	$3.756\ 3\times10^{15}$	$4.345\ 2\times10^{13}$	6.228×10^{15}	$2.001\ 5\times10^{15}$	1.129×10^{15}	$6.737\ 3\times10^{13}$	$3.698\ 7\times10^{13}$
最大值	3.20(%)	3.20(%)	165(mL/gTOC)	165(mL/gTOC)	65(mL/gTOC)	206(mL/gTOC)	309(mL/gTOC)	412(mL/gTOC)	165(mL/gTOC)
活化能 E_a(cal/mol)	反应百分数	反应百分数	反应百分数	反应百分数	反应百分数	反应百分数	反应百分数	反应百分数	反应百分数
43 000	2.83								
44 000	7.12								
45 000	0								
46 000	0								
47 000	0								
48 000	7.17								
49 000	0.22								
50 000	0	33.57							
51 000	9.27	0							
52 000	0	0						2.96	
53 000	7.15	0.50			0.07			2.66	
54 000	6.81	7.17		6.56	1.10			0	
55 000	0	0		2.42	0			3.84	22.74
56 000	7.36	8.68		0	3.78	4.63		104 4	0
57 000	0	0		0	6.45	7.59	10.57	2.53	5.42
58 000	11.82	7.44	7.19	30.67	4.99	0	0	9.55	27.23
59 000	0	2.74	0	0	11.71	2.66	5.82	0	0
60 000	0	0	0	0.88	0	20.04	10.84	7.28	0
61 000	0	5.41	17.96	32.14	18.98	0	0	13.07	17.26
62 000	0	2.52	2.89	0	0	27.65	24.88	0	13.73
63 000	0	0	0	7.38	0	3.93	4.40	0	0
64 000	40.25	1.35	36.59	6.99	36.59	0	0	12.38	0
65 000		4.64	0	0	16.32	33.48	0	16.03	0
66 000		0	1.76	0			0	19.26	13.61
67 000		2.06	16.98	0			0		
68 000		1.36	16.63	8.19			43.49		
69 000		2.59		4.77					
70 000		2.77							
71 000		0							
72 000		0							
73 000		0							
74 000		17.20							
总计	100.00	100.00	100.00	100.00	99.99	99.98	100.00	100.00	100.00

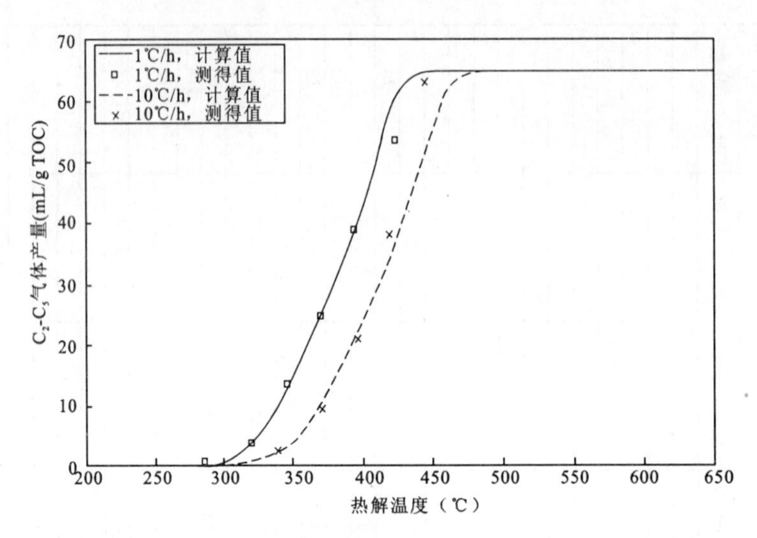

图 7　实验中两种不同加热速率下 C_2-C_5 烃类气体产量的变化曲线以及依据研究的动力学参数计算的最佳拟合曲线

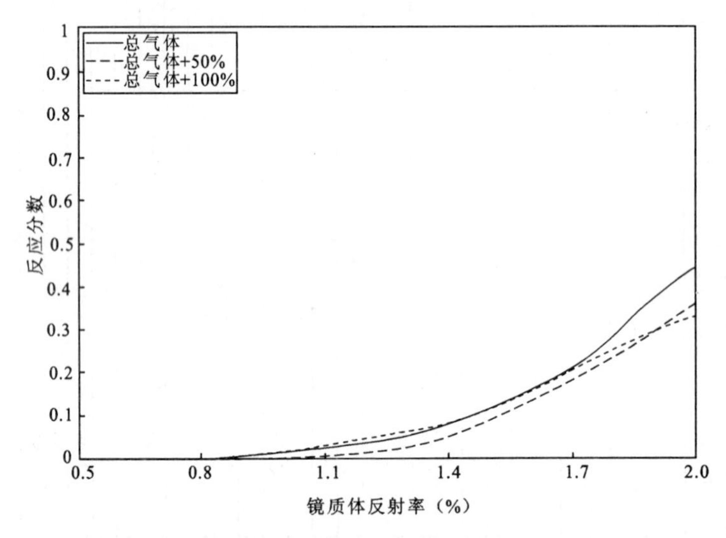

图 8　热解实验中不同气体最大产量下，气体总量动力学参数的外推值比较图

（表明气体最大值的选择不影响动力参数和外推结果）

＋50％含气量（309mL/g）；②含气量＋100％含气量（412mL/g）。表 3 表明气体生成的动力学参数中有两个最大含气量值，图 8 表示的是含气量的变化图，是基于在地质条件下（1℃）推导的动力学参数，其差异很小，说明最大产气量并不能对气体生成的动力学参数产生很大的影响。这就在产气量的动力学参数不确定性的基础上解释了最大含气量不确定性的根本所在。

4）动力学参数的不确定性

我们在评价实验数据对地质野外观察的适用性时作了敏感响应分析。图 9 显示了利用优化软件[例如 Braun 和 Burnham（1997）开发的 Kinetics2000]获得的所有实验数据与计算结果之间出现的偏差总和。为了减小曲线拟合的不确定性,需要增加加热速率或其加热范围,然而仅仅增加加热速率而不提高其加热的温度范围并不能从实际上减少这种不确定性。我们根据 Tang 等(1996) 和 Zhang 等(2007)提出的方法,同时调整频率因子至 $10^{12}\sim10^{16}/s$ 间,直至实验数据与计算结果之间出现的偏差总和达到最小(图 9)。

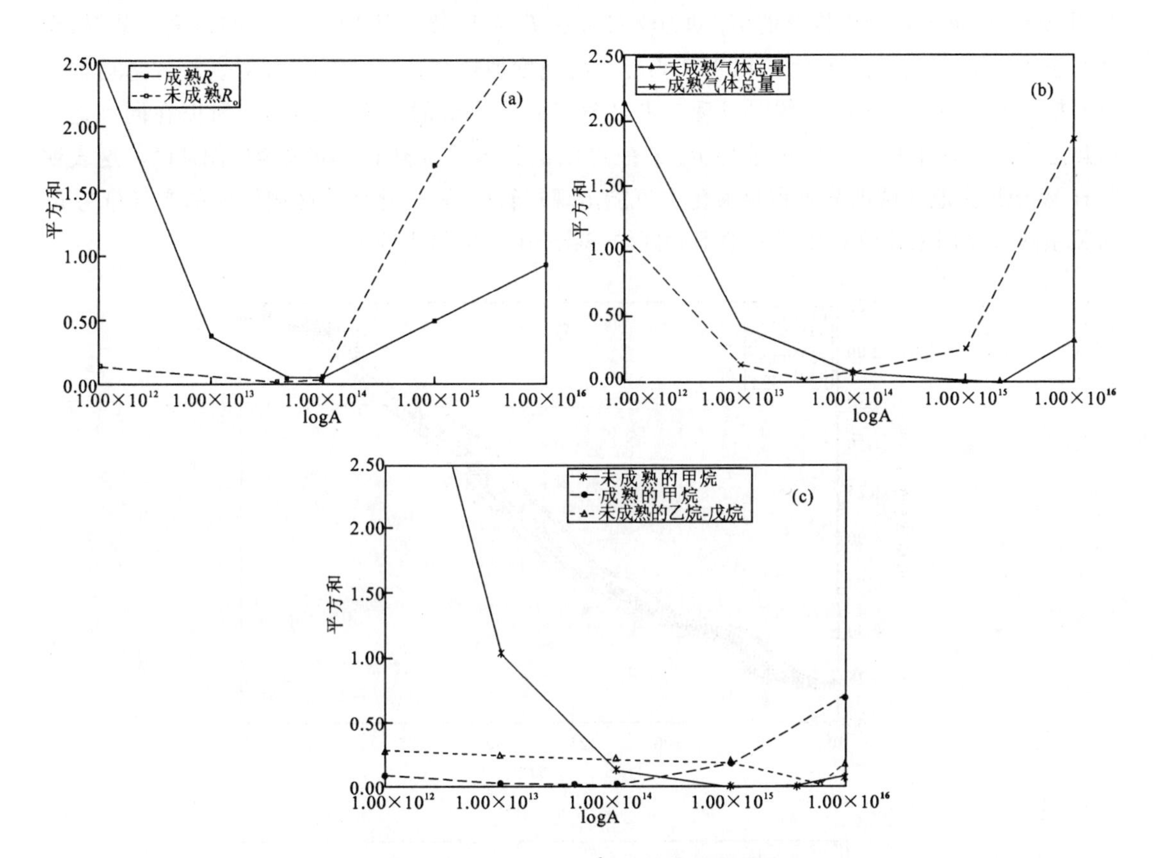

图 9　频率因子 $A(s^{-1})$与总误差关系图

该图所示的频率因子 $A(s^{-1})$与总误差关系说明在两种加热速率下确定动力学拟合的频率因子时,误差达到最小

(a)镜质体反射率[R_o(%)];(b)总含气量;(c)甲烷和乙烷-戊烷;A 为频率因子

4. 讨论

1)镜质体反射率动力学参数

镜质体是形成于煤、干酪根中的异构、非结晶的有机质大分子,用来评价沉积岩石的热成熟度。自然界中有机质的成熟过程是有机质来源的原始生物物质、有机质聚集的沉积环境、盆地的热演化史之间的相互作用。例如,在陆相沉积体系下形成的镜质体与海相或者类海相沉积体系中形成的镜质体在化学性质与岩性上的差异(Stach 等,1982; Lewan, 1993; Rathbone 和 Davis, 1993)。这种天然的非均质性从一方面解释了不同煤阶条件下对应镜质体反射率的不同,其不仅仅受到热演化史的影响。所以我们研究了 Barnett 页岩特定盆地 R_o 动力学模型,从而达到根据 R_o 来预测含气量的目的。

如图 3 所示,非成熟与成熟的 Barnett 样品中的镜质体具有相同的成熟途径。尽管我们同时推导了成熟和非成熟样品的动力学参数(表 3),成熟途径的相似性说明由非成熟 Barnett 样品中推导的动力学参数可以适用于整个盆地。所以可以根据未成熟样品在地质加热速率条件下用热成熟度 R_o 的函数来估算区域的产气量。

地质加热速度对于温度有很大的影响,而此时温度需达到特定热成熟度的级别(图 10)。利用 Barnett 页岩样品中推导的 R_o 动力学参数在 $R_o=1.0\%$,以 1℃/m. y. 的速度加热时,温度升至 129℃,而当 $R_o=1.0\%$,以 10℃/m. y. 的速度加热时,温度达到 143℃。根据地质加热速率推导生气量的动力学参数时发现二者产气量具有类似的关系(图 10)。所以在同种地质加热速率的条件下根据产气量推导 R_o 的值可以消除地质加热速率的影响(图 11)。这表明 Fort Worth 盆地区域埋藏史和热演化史可能出现短暂的差异,然而该区域推导的产气量与 R_o 的关系图可以用来评价和比较盆地不同区域 Barnett 页岩的生烃潜力。

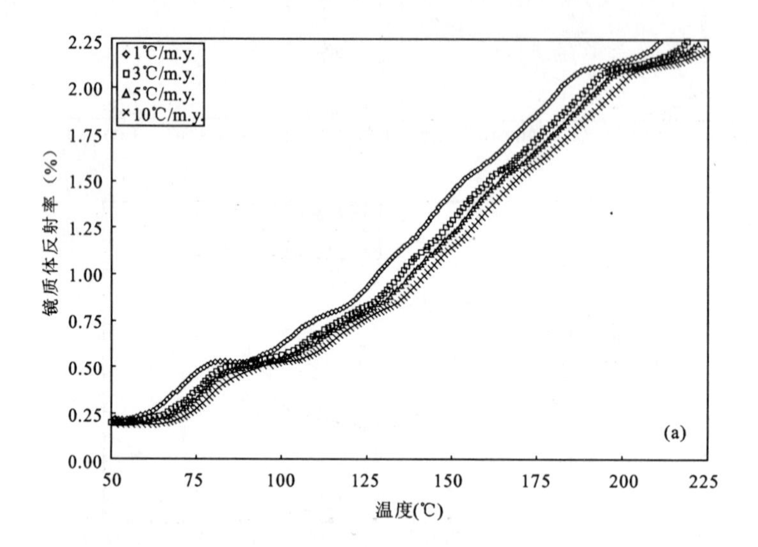

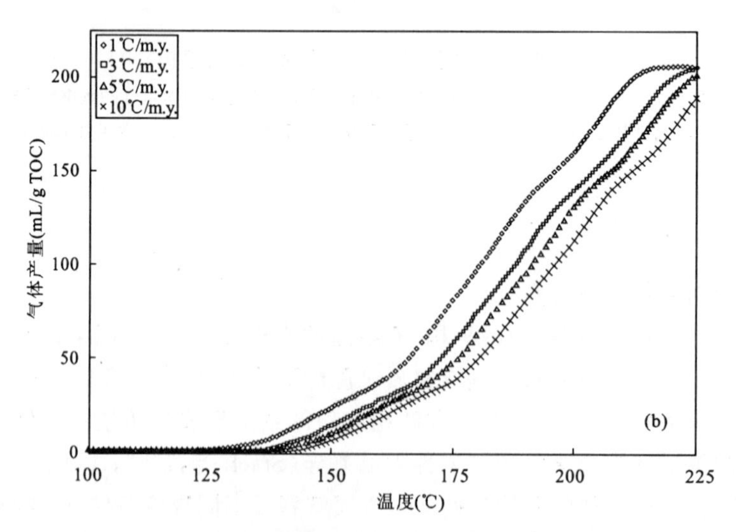

图 10 镜质体反射率、气体产量与温度的关系曲线

(a)镜质体反射率成熟作用与温度的关系曲线;(b)烃类气体总量与温度的关系曲线。这表明地质加热速率对达到一定成熟度或者生成一定体积气体所需的温度存在影响

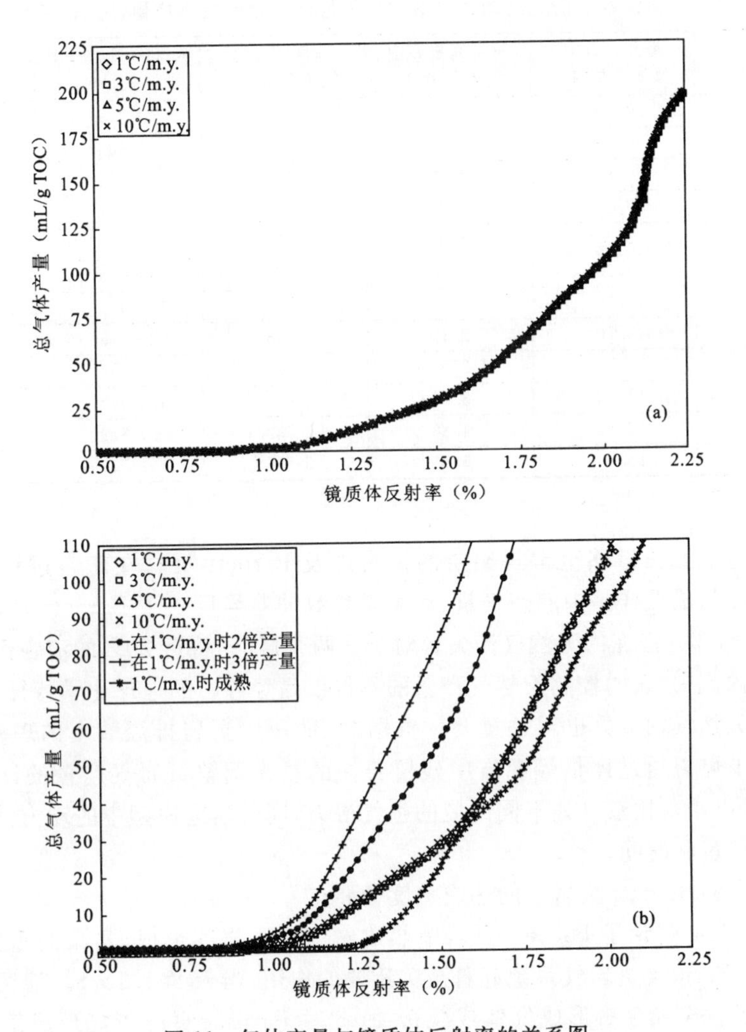

图 11　气体产量与镜质体反射率的关系图

(a)在地质加热速率为 1℃/m. y.、3℃/m. y.、5℃/m. y. 和 10℃/m. y. 的条件下气体产量与镜质体反射率的关系图结果表明在任意地质加热速率下，气体产量与镜质体反射率具有几乎相同的函数关系；(b)用这个关系式可以估算 Fort Worth 盆地在任何热成熟度下的气体产量

2)生成气体的预测

在实验和自然条件下的热成因页岩气系统中，热成因气有 3 种来源：干酪根裂解、沥青裂解、石油裂解。利用所有烃类气体裂解推导出的动力学参数和 R_o 可以实现 Barnett 页岩气体生成模拟。我们将实验计算的产气量视为最大产气量，其可能在具有相似 TOC 的岩石热解参数的 Barnett 页岩中形成。不同地质加热速率条件下产气量与 R_o 的关系曲线近似相同，可以根据与地质历史无关的热成熟度来估算其生成气体的量。根据成熟度估算的产气量(表 4)，当 TOC 值与岩石热解参数 S_2 值增加时，表 4 中计算的产气量值将会增加。在未成熟样品中部分 TOC 值高达 14%（Henk 等，2000；Jarvie 等，2001)，其产气量达到样品测量值的 3 倍。假设推导的气体生成的动力学参数可以应用于整个盆地，通过调整气体总量或甲烷产量，能够预测总有机碳含量更高，岩石热解分析 S_2 更大样品的产气量。

表 4　依据本次研究的动力参数和产气量所预测的气体产量(为 R_o 函数)

镜质体反射率(%)	每升岩石中气体含量(L)	每千克岩石中气体含量(L)	每吨岩石中气体含量(L)	每 ac－ft 岩石中的含气量(scf)	每吨岩层中的含气量(scf)
0.8	0.03	0.01	12	1 399	0.4
0.9	0.10	0.05	49	5 658	1.6
1.0	0.30	0.10	127	14 623	4.0
1.1	0.60	0.20	231	26 703	7.4
1.3	2.30	0.90	876	101 089	27.9
1.4	3.30	1.30	1 256	144 958	40.0
1.5	4.20	1.60	1 603	185 012	51.1
1.6	5.70	2.10	2 143	247 318	68.3
1.7	7.80	2.90	2 926	337 599	93.2
1.8	10.40	3.90	3 940	454 582	125.4
1.9	12.80	4.80	4 832	557 579	153.9
2.0	15.30	5.80	5 786	667 569	184.2

* 假设岩石的密度 2.65g/cm³

实验没有考虑石油运移至常规储层的损失以及 Barnett 页岩在压裂过程中天然气的损失。非成熟样品与成熟样品中的产气量、动力学参数的差异反映了 Barnett 页岩中的 R_o 可能有 0.5%～1.0%部分潜在的天然气流失。对于这两个样品，将近 20%的潜在天然气资源在这个成熟度范围内流失，表明控制天然气产量的不仅仅是烃源岩的地球化学特征，石油在烃源岩内的滞留以及天然气的流失也至关重要。根据对 Barnett 页岩排烃效率的理解，超出本文研究范围的情况下可以通过评估烃源岩中残留石油的量来调整页岩气产量的评估。在实用性上，研究结果可以用来比较盆地不同区域的生气潜力，同时盆地模型中的动力学参数可以用来评价气体生成的量和时间。

3)R_o＝1.1%：Barnett 页岩气的热成熟度分界点

Jarvie 等(2004)讨论了 Barnett 页岩中热成熟度对页岩气形成、富集的重要性。R_o 达到 1.1%时对整个 Barnett 页岩气系统起着至关重要的作用，当 R_o＞1.1%时，滞留在烃源岩中引起孔隙堵塞的石油开始裂解形成气体或凝析油，此时 Barnett 页岩可能形成工业产量天然气(Jarvie 等，2004)。先前的研究认为石油只有在温度低于 150℃时才处于稳定状态(Mc Nab 等，1952)，当温度高于 150℃时将不会有石油的存在(Barker，1990；Hayes，1991)。然而野外证据(Price 等，1979，1981；Price，1981；Mango，1990；Horsfield 等，1992；Schenk 等，1997)、实验证据((Domine，1989，1991；Domine 和 Enguehard，1992；Horsfield 等，1992；Price，1995；Schenk 等，1997)以及理论计算结果(Domine 等，1990，1998)都表明石油处于稳定状态的温度是在 200℃以下。Waples (2000)利用动力学数据模拟化合物裂解、重烃裂变、气体形成的模型，同时根据油气生产中的经验数据来推导石油裂解成气的动力学表达式。他的研究结果表明石油裂解生气与以往的研究相比(Mc Nab 等，1952；Barker，1990；Hayes，1991)，需要较高的裂解热应力。但这个研究结果与最近研究(Horsfield 等，1992；Schenk 等，1997)的裂解热应力相比较低。我们利用动力学数据(Waples，2000)推导对应的地质加热速率，同时建立其与文中计算的 R_o 之间的关系图(图 12)。结果表明 R_o 为 1.1%时，石油裂解程度不到 1.1%，而当 R_o 达到 1.86%(175℃)时，石油裂解达到 50%。Barnett 页岩中绝大部分地区 R_o＜1.6%(转化率＜15%)，所以其页岩气很少的一部分来自于石油的裂解，而绝大部分则来自于干酪根的裂解。

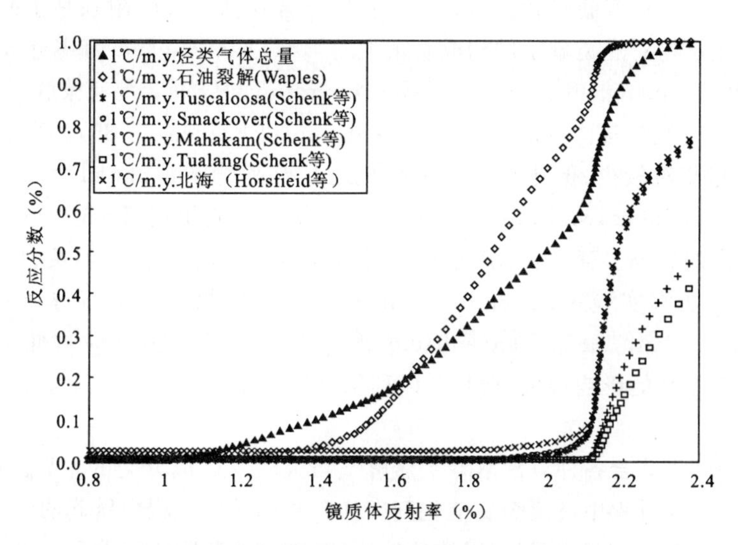

图 12 镜质体反射率与干酪根反应分数的关系

依据本次研究的动力参数得出的气体总产量的转化率以及根据 Waples(2000),Schenk 等(1992)的动力学参数得出的石油裂解结果。结果表明干酪根裂解生成大部分气体时 R_o<1.6%,也说明由于受矿物基质的影响,石油裂解的动力学参数不能应用于烃源岩中残留的石油

然而,对 Barnett 页岩气系统的研究表明:滞留在烃源岩中的石油在 R_o<1.1%的时候就开始裂解成气,由 Waples(2000)提出的石油裂解的动力学模型适用于天然系统中常规储层内的石油裂解,而并不适用于烃源岩中滞留石油的裂解。Waples(2000)在他的研究中建立了天然系统常规储层中具有普遍适用性的石油动力学参数。本文中所作的生气曲线与 Waples 的具有相似性,但是所不同的是生气的 R_o 值更低(在 R_o 为 1.2%时,石油裂解生气占 5%)。Waples 的研究中 R_o 为 1.5%时,石油裂解生气占 5%。早期生成的气体应该来源于干酪根以及沥青的裂解。图 12 所表示的生气曲线包含 Waples (2000)、Schenk 等(1997)和 Horsfield 等(1992)的理论,这些都显示出石油裂解的变化性。如果页岩气系统中滞留石油的裂解对气体的形成起着重要的作用,同时 Waples (2000)、Schenk 等(1997)和 Horsfield 等(1992)所描述的曲线具有代表性,那么石油与干酪根的相互作用、矿物的催化作用等过程在生气过程中都有至关重要的作用。

在此研究中,干酪根的生成产物用来建立 Barnett 页岩的生气模型。干酪根可以控制自由基(Aizenshtat 等,1986; Bakr 等,1988, 1990),促进页岩内滞留石油的裂解,生成气体。此时就是由于生成的石油与干酪根基团的相互作用,导致了页岩内石油裂解生气的成熟度比其他石油裂解模型的低。然而这还不能完全解释 Jarvie 等(2004)在 Barnett 页岩中所观察到的现象。

Jarvie 等的研究表明 Barnett 页岩中的滞留石油绝大部分在 R_o 为 1.1%时裂解生成气体。生成的石油与干酪根之间的相互作用在一定程度上解释了在 Barnett 页岩中观察到的滞留石油的早期裂解现象。干酪根和沥青的催化裂解是由于有机质与矿物(Tannenbaum 和 Kaplan, 1985)或者过渡金属(Mango 和 Hightower, 1997; Mango and ElRod, 1998)之间相互作用的结果,这也可以解释 Barnett 页岩中滞留石油向气体的转化。实验过程中粘土矿物对生烃作用影响巨大。在实验或者天然条件下有机化合物都将会吸附在粘土矿物的表面，蒙脱石与伊利石粘土矿物对烃类分子的构成有很大的影响(Tannenbaum 和 Kaplan,1985; Tannenbaum 等,1986; Huizinga 等,1987; Johns 和 McKallip, 1989)。混有蒙脱石的干酪根是单独干酪根生成的 C_{1-6}烃类气体量的 5 倍(Tannenbaum 和 Kaplan, 1985)。当伊利石存在时，生成 C_{1-6}烃类的量相对较少，但比单独的干酪根还是要高(Tannenbaum 和 Kaplan ,1985)。Espitalie 等(1980)和 Johns,McKallip (1989)的实验结果表明伊利石对于干酪根中气体和凝析油的生成有很大的影响。蒙脱石、伊利石、伊蒙混层、高岭石、绿泥石、石英、长石和碳酸盐在页岩中广泛存在。热解实验中，页岩中存在的水使粘土矿物对烃类气体生成的影响变小(Tannenbaum 和 Kaplan, 1985; Tannenbaum 等,1986)。尽管相比于常规储层，页岩中滞留石油稳定性的差异带来的影响很大，但是可以利用上述观察结果降低粘土矿物对烃类生成产生的影响。

Mango 在 2001 年综合各种方法解释了热解气与天然气体成分间的差异。Mango 和 El-Rod(1998)阐述了实验过程中过渡金属催化剂在油向气的转化过程中所起的作用。在 175℃，干燥的 H_2-活性氧化镍 SiO_2催化剂作用的条件下，石油的半衰期估计为 350 000 年(Mango 和 Hightower, 1997)。在天然系统当中还要定量分析过渡金属催化剂的重要性。另外，对于沉积时间达几百万年，沉积温度达 175℃的细粒沉积岩中生成的湿气部分，石油向甲烷转化的半衰期并不适用(Snowdon, 2001)。在生气实验中，尽管使用过渡金属催化剂的结果让人期待滞留于烃源岩中的石油在裂解过程中起到重要的作用，但在天然系统中这种过程存在的证据却相对不足。

4)含气页岩作为完整的含油气系统

Magoon 和 Dow(1994)定义了含油气系统的概念。烃源岩、储层、盖层、上覆岩层为含油气系统的必要元素，同时油气的运移、聚集、圈闭的形成是含油气系统形成的必要过程。非常规油气资源(例如页岩气)在考虑含油气系统时应在一个新的框架下来定义。对含气页岩而言，烃源岩直接生气，页岩不仅仅为烃源岩，同时也是储层和盖层。实质上，页岩气含油气系统，除了上覆岩层以外，为一个独立的系统，但是仍需要油气生成。

在页岩气含油气系统中，烃源岩依然是有机质富集的页岩相，但是储层和盖层却有极大的不同。相比于具有高孔隙、高渗透性的硅质碎屑岩或碳酸盐岩储层，其储层为低孔隙度、低渗透性的页岩，同时它也是烃源岩。页岩储层还包括有页岩内部频繁出现的薄层的有机质贫乏的碳酸盐岩和砂泥岩岩层。

常规含油气系统中，盖层将油气封闭在储层-圈闭系统内。将页岩以及其他低渗透性的岩层，例如蒸发岩，作为含油气系统的盖层，在局部或区域范围内起到阻止油气逸散的作用。在页岩气含油气系统内，烃源岩具有低孔隙度、低渗透性的特征，使其形成盖层的机制，从而阻止了油气完全的运移、逸散至常规的硅质碎屑岩或碳酸盐岩储层中。另外。吸附态的油气由于表面化学作用吸附在页岩中，而页岩的成岩作用影响其孔隙度与渗透率，同时在高成熟度时，分解—再沉积的过程将会使气体从系统中排出，因此导致气体储存含量的减少。Jarvie 等(2004)将 Barnett 页岩最低成熟的标准建立在 R_o 为 1.1%。但问题是页岩气聚集是否存在一个上限成熟度值，因为在高温条件下，分解—再沉积反应将会使页岩失去保留气体的能力。

油气的运移依然是页岩气含油气系统中的一个重要的过程，但是运移效率、有多少油气保留在烃源岩内部以及在油气运移出烃源岩过程中的储层要素仍然是关键要素。如上讨论，页岩气来源于干酪根、滞留石油的裂解。对于自生的页岩气，其油气运移距离短，大量滞留的石油向气体的裂解尤其重要。同时页岩中硅质碎屑岩和碎屑状碳酸盐岩岩层作为储层储存气体增加了页岩的储存能力。

5)页岩生成气体体积的计算

根据气体性质与镜质体反射率的动力学参数，我们估算了 Barnett 页岩在地质加热速率条件下的气体生成量以及产气量(表 4)。研究结果为研究 Barnett 页岩生气潜力提供了一个基准以及一种比较方法。估算产气量可以根据样品中有机质的富集程度、滞留于烃源岩中的石油、气体的性质以及页岩厚度进行相应调整。

5. 结论

本文通过密封合金试管热解实验来定量地评价 Fort Worth 盆地密西西比系 Barnett 页岩的生气潜力。生气的动力学参数以及镜质体反射率的变化是根据热解数据计算出来的，而生气量估计为镜质体反射率的函数。取 TOC 值为 5.5%，初始 R_o 值为 0.44%的样品进行试验，当 R_o 为 1.1%时，生成烃类气体的量为 230L/t (7.4scf/ton)，当 R_o 升至 2.0%时，生成的烃类气体剧增至 5 800L/t(186scf/ton)。Barnett 页岩生成页岩气的体积与页岩的有机质富集程度、厚度、热成熟度(由 R_o 确定)密切相关。在运移过程中滞留于页岩中的石油含量也十分关键。储存在页岩中的天然气由页岩中的干酪根以及滞留石油的裂解形成，当 R_o 约为 1.1%时，页岩中的滞留石油开始裂解成气，实验结果表明：烃源岩中滞留石油的裂解速率比常规硅质碎屑岩或碳酸盐岩储层中石油裂解速率快得多。这是由于滞留石油与干酪根以及页岩矿物成分相互作用的结果，所以对 Barnett 页岩乃至任何其他页岩，页岩组分都是影响其生气量的一个至关重要的因素。将页岩气含油气系统包含其上覆岩层看成一个完整的含油气系统，但对于页岩气含油气系统来说，油气的运移、滞留、聚集过程以及圈闭的形成过程的定义与常规含油气系统的不同(何发岐、杨苗译，龚铭、高清材、易锡华校)。

原载 The American Association of PetRoleum Geologists. AAPG Bulletin, v. 91, no. 4 (April 2007), pp. 501—521

参考文献

Aizenshtat Z, Pinsky I, Spiro B. Electron spin resonance stabilized free radicals in sedimentary organic matter [J]. Organic Geochemistry, 1986, 9: 321—329.

Bakr M, Akiyama M, Sanada Y, et al. Radical concentration of kerogen as a maturation parameter[J]. Organic Gechemistry, 1988, 12: 29—32.

Bakr M, Akiyama M, Sanada Y. ESR assessment of kerogen maturation and its relation with petroleum genesis: Organic Gechemistry[J]. 1990, 15: 595—599.

Barker C. Calculated volume and pressure changes during thermal cracking of oil to gas in reservoirs[J]. AAPG Bulletin, 1990, 74: 1 254—1 261.

Behar F, Kressmann S, Rudkiewicz J L, et al. Vandenbroucke. Experimental simulation in a confined system and kinetic modeling of kerogen and oil cracking, in C. B. Eckardt, J. R. Maxwell, S. R. Larter, and D. A. C., Manning, eds., Advances in organic geochemistry[J]. Organic Geochemistry, 1992, 19: 173—189.

Behar F, Vandenbroucke M, Tang Y, et al. Espitalie. Thermal cracking of kerogen in open and closed systems: determination of kinetic parameters and stoichiometric coefficients for oil and gas generation[J]. Organic Geochemistry, 1997, 26: 321—339.

Huizinga B J, Tannenbaum E., Kaplan I. R. The role of minerals in the thermal alteration of organic matter: IV. Generation of n-alkanes, acyclic isoprenoids, and alkenes in laboratory experiments [J]. Geochimica et Cosmochimica Acta, 1987, 51: 1 083—1 097.

Bowker K A. Recent development of the Barnett Shale play, Fort Worth Basin [J]. West Texas Geological Society Bulletin, 2003, 42: 4—11.

Domine F. High pressure pyrolysis of n-hexane, 2,4-dimethylpentane and 1-phenylbutane. Is pressure an important geochemical parameter? [J]. Organic Geochemistry, 1991, 17: 619—634.

Domine F, Enguehard F. Kinetics of hexane at very high pressures: 3. Application to geochemical modeling [J]. Organic Geochemistry, 1992, 18: 41—49.

Domine F, Marquaire P M, Mueller C, et al. Kinetics of hexane pyrolysis at very high pressures: 2. Computer modeling[J]. Energy and Fuels, 1990, 4: 2—10.

Domine F, Dessort D, Brevart O. Towards a new method of geochemical kinetic modeling: Implications for the stability of crude oils[J]. Organic Geochemistry, 1998, 28: 597—612.

Espitalie J, Madec M, Tissot B. Role of mineral matrix in kerogen pyrolysis: Influence on petroleum generation and migration [J]. AAPG Bulletin, 1980, 64: 59—66.

传统页岩气评价方法在德国的应用(第Ⅱ部分)

——德国东北部石炭系页岩

Hartwig A, Konitzer S, Boucsein B, Horsfield B , Schulz Hans - Martin
(GeoForschungsZentrum GFZ Potsdam,Organic Chemistry.
Telegrafenburg D - 1473,Potsdam,Germany)

摘 要:沿德国北部盆地的东北部边缘,西波美拉尼亚(德国东北部)地下出现下石炭统钙质及上统硅质碎屑岩石,本文运用传统方法研究评价了该区的页岩气特征。

在3口井(Dranske 1/68、Gingst 1/73和Rügen 2/67)中间断选取下石炭统样品,而上统样品则取自两口井(Gingst 1/73和Pudagla 1h/86)。

TOC含量(< 1.0%,平均质量百分数)是研究区内控制上、下石炭统页岩气潜力的主要因素。区域有机质主要为Ⅲ型干酪根,在开放的高温热裂解实验中这种类型干酪根生成气态化合物。Gingst 1/73和Pudagla 1h/86井中,上、下石炭统成熟度高(R_o均大于1.5%),有助于生成热成因气。相反Dranskel/68和Rügen 2/67井中,由于热演化史的差异,区域下石炭统的成熟度相对较低,处于生油窗早期(R_o=0.5%)。解吸实验表明甲烷是吸附在基质或游离在孔隙中主要的烃类气体。

区域上、下石炭统页岩地层的平均TOC含量相对较低,页岩气潜力受到很大的限制,但较大的地层厚度起到了很好的弥补作用。目前来看,区域的页岩气地质储量富集,但是对其进行经济开采则是一个挑战。

引 言

近年来,由于利用新的开采及压裂技术大大降低了页岩气的开发成本,美国页岩气的生产潜力显著增长(Boyer等,2006),但是欧洲还没有页岩气产出,“非常规”气藏仍大部分处于未知的状态。许多沉积盆地的地层柱状图中出现富集有机质的沉积地层,标志欧洲页岩气同样潜力巨大。本文研究样品包含Zechstein页岩(Hartwig和Schulz,2010)、Posidonia页岩(Rullkötter等,1988)、Alum页岩(Horsfield等,1992;Buchardt,1999)和Silurian页岩(Zdanaviciute和Lazauskiene,2004)。此外,欧洲已经拥有输油管等基础设施,同时能源需求量高,油气地层发展潜力大。

石炭系是德国页岩气几个令人关注的地层层位之一。区域有机质富集地层的成熟度大于1.3%有助于热成因页岩气的生成与聚集(Jarvie等,2007),而德国北部大部分石炭系的成熟度正处于该阶段(Gerling等,1999)。对比美国建立的气页岩,如Barnett页岩(Texas州Fort Worth盆地)及Lewis页岩(San Juan盆地、Colorado和New Mexico),德国石炭系页岩具有相似的地质特征,例如区域较厚的细粒沉积层段TOC含量高(Jenkins和Boyer,2008;Curtis,2002)。

德国盆地北部石炭系和煤层已经生成热成因气（Gerling 等，1999b；Littke 等，1995），Westphalian 的层间薄煤层累计厚度达到整体沉积层厚度的 5%，其来源于南部北海地区 Rotliegend 储集层（例如西欧最大的常规气田；Groningen、di Primio 等，2008）。另外，上石炭统沉积较厚的层段由细粒沉积物组成，有机质富集（TOC 为 0.5%～3.0%，Friberg，2001；Schwarzer 和 Littke，2007），成熟度高（>1.3% R_r）。其有机质通常由氢指数为 70～200 HC/g TOC 的陆生Ⅲ型干酪根组成（di Primio 等，2008；Schwarzer 和 Littke，2007），在高成熟度条件下（直至 R_o=3.5%）具有很好的生气潜力（Friberg，2001）。

石炭系沉积物生成的高成熟度热成因气体不只包含烃类。源于德国北部的石炭系 Rotliegend 储集层中，二氧化碳及氮气是天然气的主要组分（Gedenk，1963），有学者提出这些气体为来自煤层的纯热成因气体，或者经岩石—流体相互作用时卷入的氨类及三价铁作用形成（Littke 等，1995；Lüders 等，2005；Krooss 等，2008）。很明显，现在的问题是这些非烃类气体的存在是否可能降低页岩气的热值。

在 Rügen 和 Usedom 岛[德国东北部 Mecklenburg - Vorpomerania（MV）]钻探的井中有石炭系沉积物的有机地球化学、矿物成分及岩石物理性质的资料，我们将利用其与美国开采的页岩气系统作对比。

1. 研究区地质背景

1）欧洲中部盆地体系的东部区域

研究区位于德国盆地东北部（NGB；图 1），德国盆地是位于东欧地台北部及 Variscan 区域南部的欧洲中部盆地体系（CEBS）的次生盆地（Maystrenko 等，2008；Scheck 和 Bayer，1999；McCann，1996；Franke 1990）。在石炭纪—二叠纪，北西—南东走向的 NGB 发育为一内陆盆地，通过仔细分析南西—北东走向的 Variscan 前陆盆地中微弱变形的石炭系（Maystrenko 等，2008；McCann，1996），发现沿着北西—南东主要轴向，包含了 10～12 km 厚的显生宙地层。

泥盆纪晚期及石炭纪早期，Laurussia 南部边缘与 Gondwana 古陆碰撞，聚集 Gondwana 古陆衍生的微型大陆是 Variscan 造山运动的开始，导致 Rhenohercynian 陆架不稳定和下沉（Bachmann 和 Schwab，2008；McCann，1999）。泥盆纪晚期欧洲中北部层序由滨海相泥岩及泥灰岩、礁灰岩、白云岩组成（Franke，1990，2009），泥灰岩、灰岩夹灰色粉砂岩、砂岩反映了 Pomerania 西部相应地区为浅海至三角洲的沉积环境，而 Pomerania 位于陆棚海北部边缘（Franke，1995；McCann，1996），石炭纪晚期沉积环境发生改变，逐渐转变为完全的海相环境，泥盆系和石炭系呈整合接触（Hoffmann 等，1975）。Rhenohercynian 盆地的碳酸盐沉积伴随有与断裂有关的火山活动（McCann，1996，1999）。

Gondwana 古陆向北漂移及相关的压缩构造活动从 Visean 期持续到 Westphalian 晚期，全球海平面的低位体系域和 Rhenohercynian 盆地的闭合导致了 Visean - Namurian 边界的海相沉积作用（Ziegler，1990）。Namurian 和 Westphalian 时期是 Variscan 造山运动最活跃时期。这一时期硅质碎屑岩层，碳质泥岩层周期性沉积，而且大范围海侵继续。伴随着前陆盆地的沉积环境从河流-湖沼相向河漫滩转变（Katzung，2004），到 Westphalian 晚期，欧洲中西部的华力西期褶皱带活动停止（McCann，1999）。

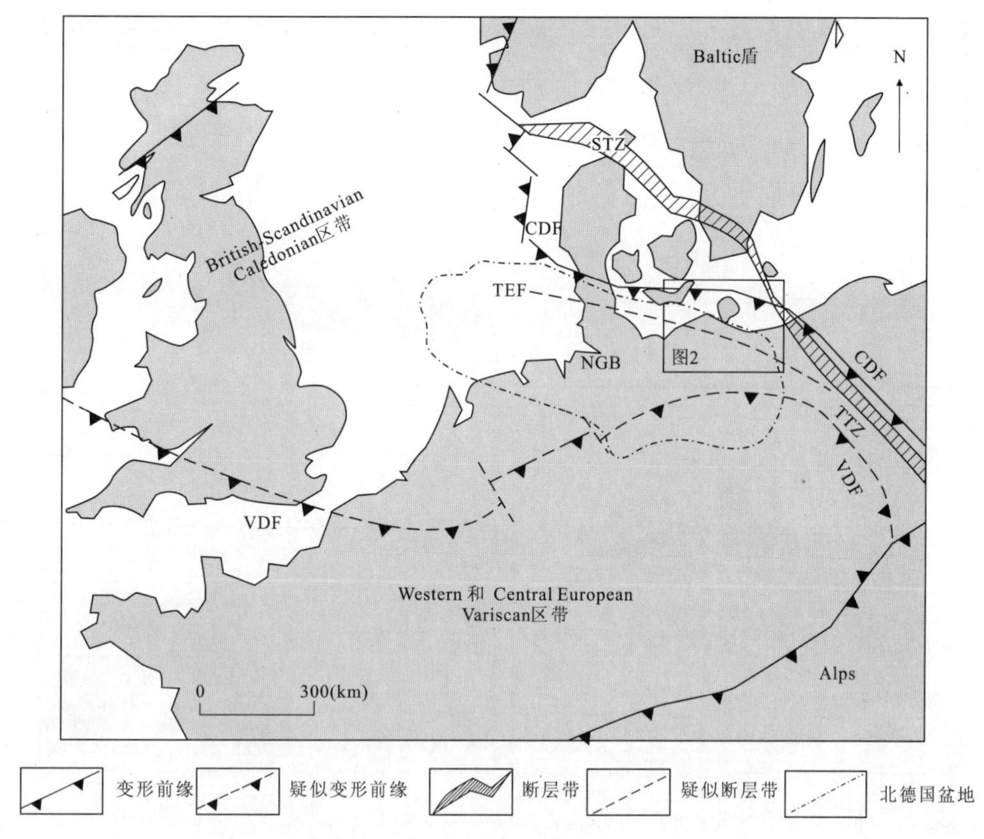

图1 欧洲中部和西北部构造单元及北德国盆地(NGB)大约的区域范围

CDF. 加里东变形前缘;STZ. Sorgenfrei－Tronquist 区带;TEF. 反式－European 断层;TTZ. Tornquist－Teisseyre 区带;VDF. 华力西变形前缘;研究区用矩形标出。根据 Katzung (2004)、Littke 等(2008)、Norden 等(2008)、van Wees 等(2000)和 Walter (2007)

2)研究区石炭系

在 Mecklenburg－Vorpomerania 已经有 20 口井打穿了 Tournaisian 和 Visean 沉积地层,其中 15 口井已经钻穿了完整层段(Lindert 和 Hoffmann,2004)。在 Rügen 地区,Tournaisian 和 Visean 的剖面达到 2 000m 厚[图 2(a)和图 3],研究区石炭纪早期沉积的整体地质记录与海相钙质 Kohlenkalk 相有关,剖面由周期性的碳酸盐夹层及泥岩组成(图 3 和图 4),反映了海平面规律变化下区域沉积于陆棚台地环境,1 000m 地层中 TOC 含量大于 0.8%(Schretzenmayr,2004)。在 Rügen 和 Usedom 岛区域,石炭纪早期黑色页岩中高成熟度有机质及黄铁矿的存在是导致区域大地电磁传导性的主要原因(Hoffmann 等,2005)。另外,区域上石炭统存在陆相碎屑物沉积,但缺少煤层。体积含水量及油流测试表明区域极低的渗透率与层内裂缝的方解石填充封闭作用相关(Schretzenmayr,2004;Neumann,1977)。由于 Visean－Namurian 时期地层的抬升作用,下石炭统的顶部层段发育有侵蚀间断。

我们通过 30 口钻井来研究 Mecklenburg－Vorpomerania(MV)地区的上石炭统,其中 22 口井钻穿了整个层段。大部分探井位于 Rügen 岛及 Rügen 东部滨海区域。另外部分井位于 Usedom 岛和 Baltic 沿岸附近的陆上[图 2(b)、(c)]。Loissin1 井所记录的该段地层沉积厚度

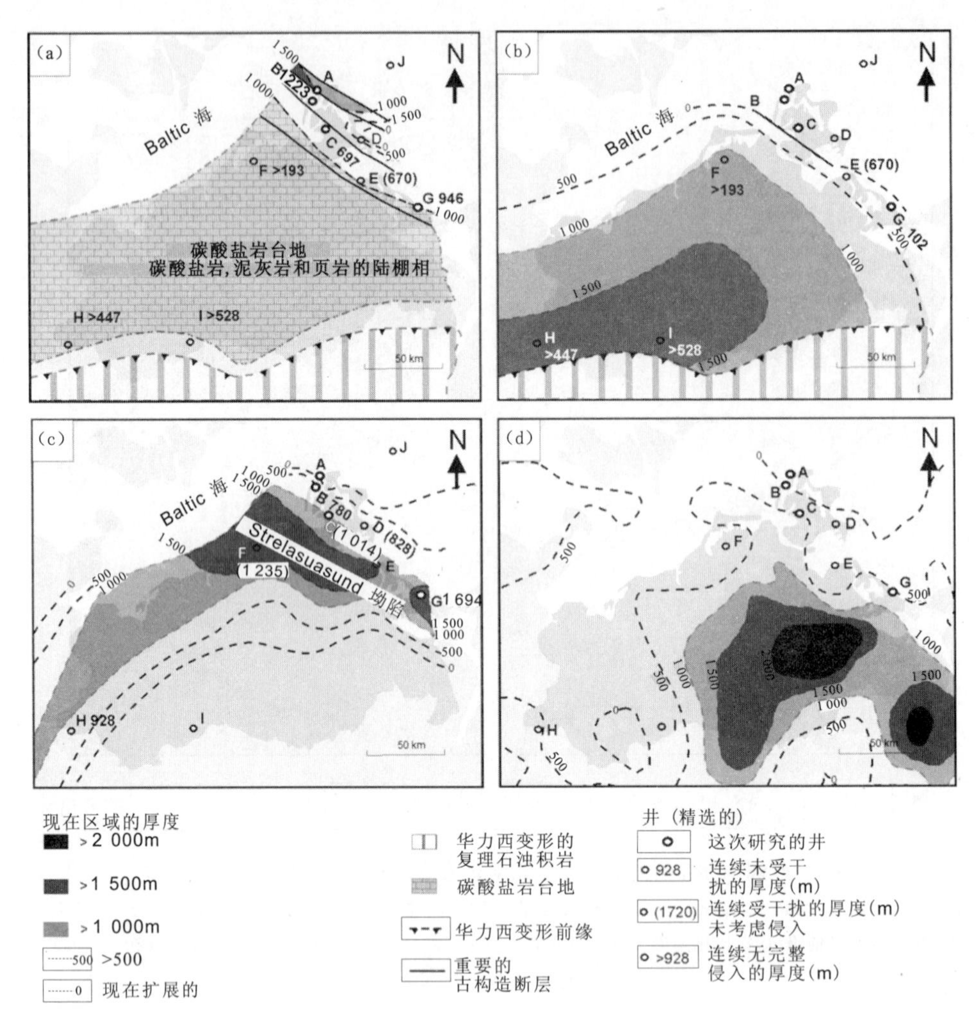

图 2　在西 Pomerania 区域，下石炭统(a)，Namurian(b)，Westphalian 地层(c)现今范围及厚度(分布图虚线以米标记)，Rotliegend(Permian 早期)沉积(d)厚度包含火山岩(据 Lindert 和 Hoffmann 修改，2004)。虚线上的数据表明厚度(m)。井名缩写：A. Dranske 1/68；B. Rügen 2/67；C. Gingst 1/73；D. Binz 1/73；E. Loissin 1/70；F. Barth 1/63；G. Pudagla 1h/86；H. Boizenburg 1/74；I. Parchim 1/68；J. P G14—1/86

最大，达 2 500m，位于 Rügen 和 Usedom 之间海岸区域。而记录的地层最大埋深为 6 387～6 915m，可以在 MV 西南部的 Parchim1 井观察到，但是该井未完全钻穿 Namurian 层段。此外，与石炭纪—二叠纪岩浆作用相关的侵入作用增加了整个上石炭统的沉积厚度，最大达 550m，如 Gingst 1/73 井。上石炭统下部属于 Namurian A 后期所形成，由滨岸相硅质碎屑及偶尔的薄煤层组成，其上覆为 Namurian B 期沉积的浅海陆棚相沉积地层。

Namurian 阶地层的整体厚度由西(>1 000m)向东(100m)逐步减小，而到了 Rügen 北部区域该段地层完全缺失，可能是由断层相关的侵蚀作用造成[图 2(b)]。而一个间断的存在是 Namurian 到 Westphalian A 阶地层过渡的显著标志(图 3)。Westphalian 阶地层位于较老奥陶系到 Namurian B 段地层之下，有时在短距离内变化。而这有力地证明了前 Westphalian 界面强烈的北西—南东向构造作用。Westphalian 阶地层主要位于 MV 北部的 Strelasund 凹陷中心区域[图 2(c)]，WestphalianB 段地层的分布表明地层沉积向北扩张，直至 Rügen 海岸区域(Lindert 和 Hoffmann，2004)。

另外，Strelasund 凹陷和南西—北东向的构造作用很可能在 Stephanian 期限制了冲积扇的沉积。

3)热演化史

Friberg(2001)和 Friberg 等(2000)的模拟结果表明二叠纪—三叠纪期间内研究区的快速热沉降导致了石炭系随深度增加，温度显著升高，同时有机质的煤化作用显著增强。随后直至石炭纪晚期盆地边缘北部地层反转抬升，区域地层均处于热流降低、沉降减少的阶段。沿着盆地北部边缘，在石炭纪晚期及第三纪早期，盆地中心附近的石炭系达到最大埋藏深度，同时伴随着热流的增加，这很好地解释了现今观察到的地层热成熟模式。局部岩浆侵入至石炭系导致了该层段的煤化作用强烈，直到有机质完全转化(Friberg，2001；Hoth，1997)。Littke 等(2008)和 Maystrenko 等(2008)对区域进行了大范围的埋藏史和热演化史恢复。

根据 1-D 盆地模拟发现，Rügen 4 井的下石炭统在二叠纪早期开始生烃，而 Westphalian 阶则是在三叠纪早期开始生烃(Friberg，2001)。至第三纪早期地层中、下部的有机质转化率分别为 30%、8%。更新的沉陷和第三纪增加的热流导致地层内气体的进一步生成，致使 Tournaisian 阶现今有机质转化率为 75%，Westphalian B 阶为 56%。NGB 边缘西北部的几口井中，石炭系烃源岩显示出相似的生烃史，晚三叠世有机质转化率达到 65%～80%。中白垩世 Westphalian 阶的热成熟度为 1.3%～2.7%。其现今有机质转化率在 80%以上，向盆地中心方向，石炭系烃源岩现今的有机质转化率达到 90%～100%。

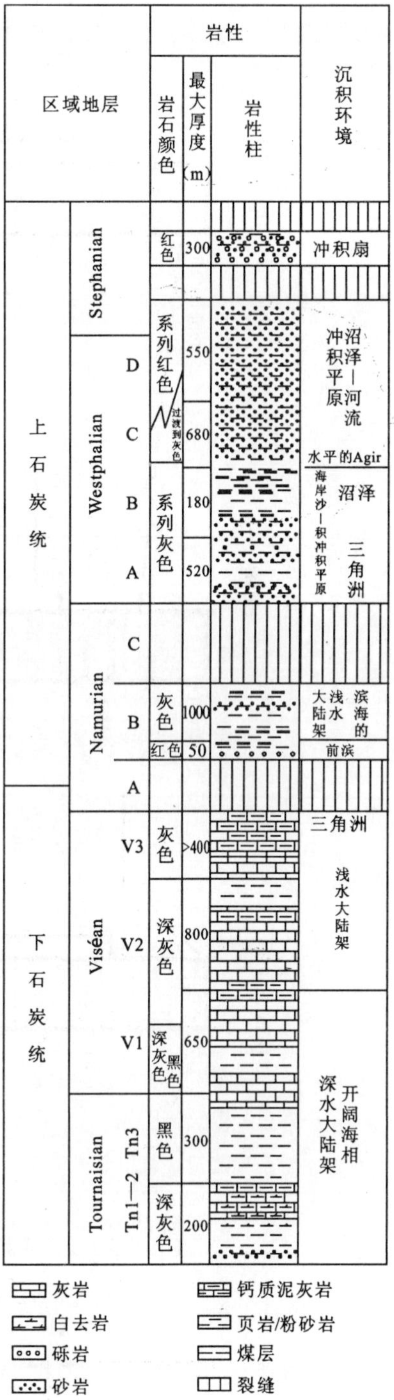

图 3 德国东北部石炭系综合地层柱状图
(据 Lindert 和 Hoffmann，2004；Hoffmann 等，1975；Menning 等，2005)

2. 方法

Landesamt für Umwelt、Naturschutz 及 Geologie 建立了有效的 Mecklenburg-Vorpomerania 阶的岩心剖面。而用于研究石炭系黑色页岩以及有机质富集层段的样品来自于 Rügen 岛西北部—Usedom 岛东南部横切面的 4 口井中(图 4)。Hartwing 及 Schulz(2010)详细描述了分析过程，为了描述地层沉积特征、矿物及烃源岩的岩石组构，我们将重点放在详

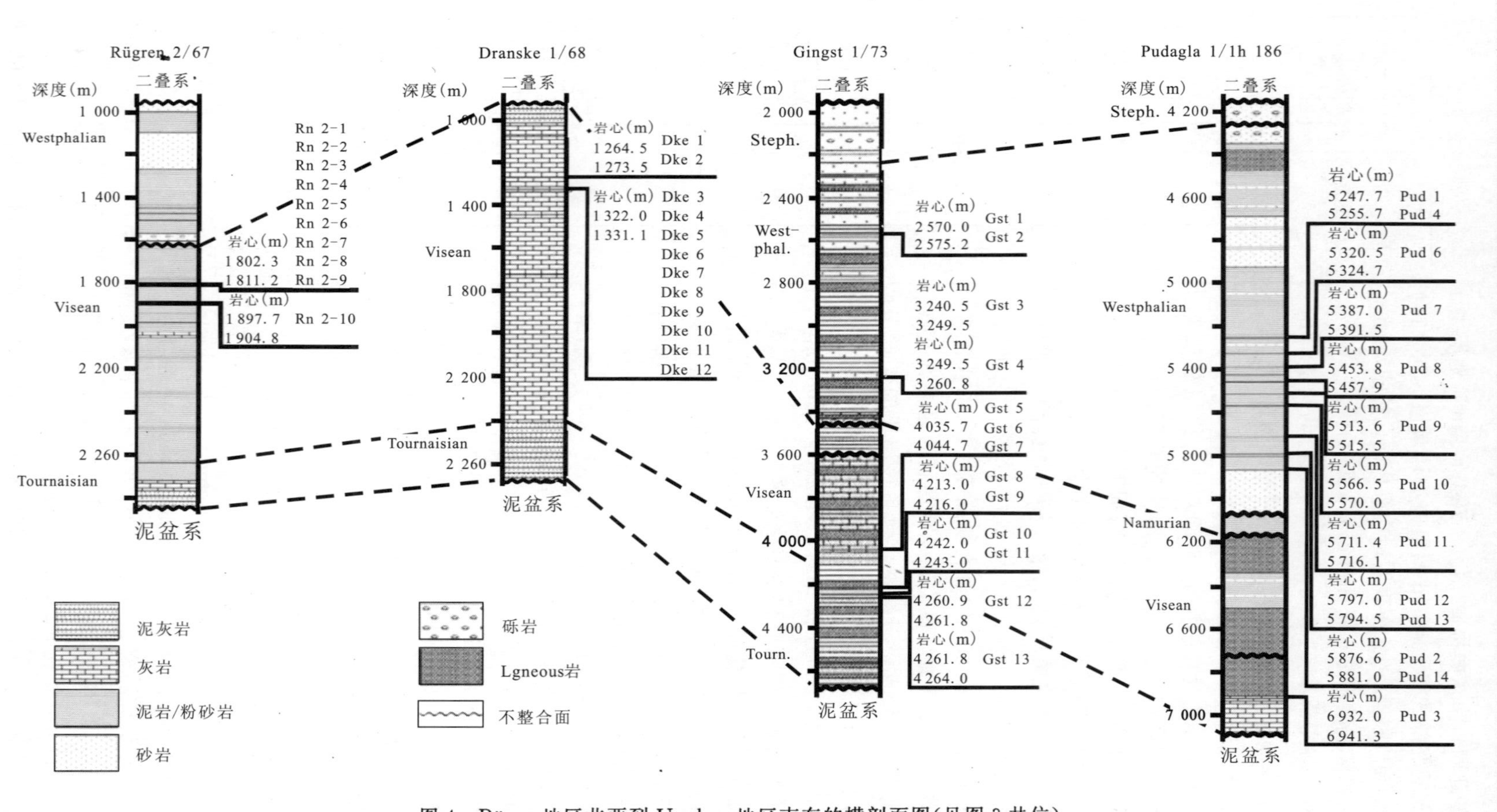

图 4　Rügen 地区北西到 Usedom 地区南东的横剖面图(见图 3 井位)

表明研究井及样品位置(McCann,1999;Hoth 等 1993;Meissner,1990;Kurapkat,1969,1971,1977)

细的岩心描述和照片文件中。通过薄片显微镜观察、显微组分分析以及镜质体随机反射率(R_r)测量的方法对岩心样品进行研究。而总有机碳(TOC)含量的测定以及岩石热解分析则是在挪威的石油应用研究中心(Applied Petroleum Technology,AS)完成。同时依据已建立的技术完成高温热解气的气相色谱分析(Py-GC)(Horsfield,1989)。对刚研磨的整个样品进行热蒸汽气相色谱分析(thermovap-GC)。为了将分析过程中气体的流失降到最低,我们在玛瑙研钵中磨碎选取的样品,并且直接填充密封置入玻璃试管,即微型密封容器内(MSSV;Horsfield,1989)。将部分研磨样品置于二氯甲烷:甲烷比为 99:1(vol%)的溶液中 24h 完成索氏萃取。同时运用中等压力液相色谱分析(MPLC)系统分离脂质烃类成分。

3. 结果

1)岩性及孔隙度

下石炭统的样品岩性多变(图 4 和图 5,表 1)反映了该层段的沉积环境、成岩作用以及构造叠加作用变化较大,此外,在 Rügen 岛中心区域,由于接触变质作用导致了区域石炭系发生了改变。

Tournaisian 阶由泥岩及粘土岩组成,样品中未见肉眼可见的大孔隙,但在部分层间存在小裂缝,这些小裂缝通常被碳酸盐矿物填塞。

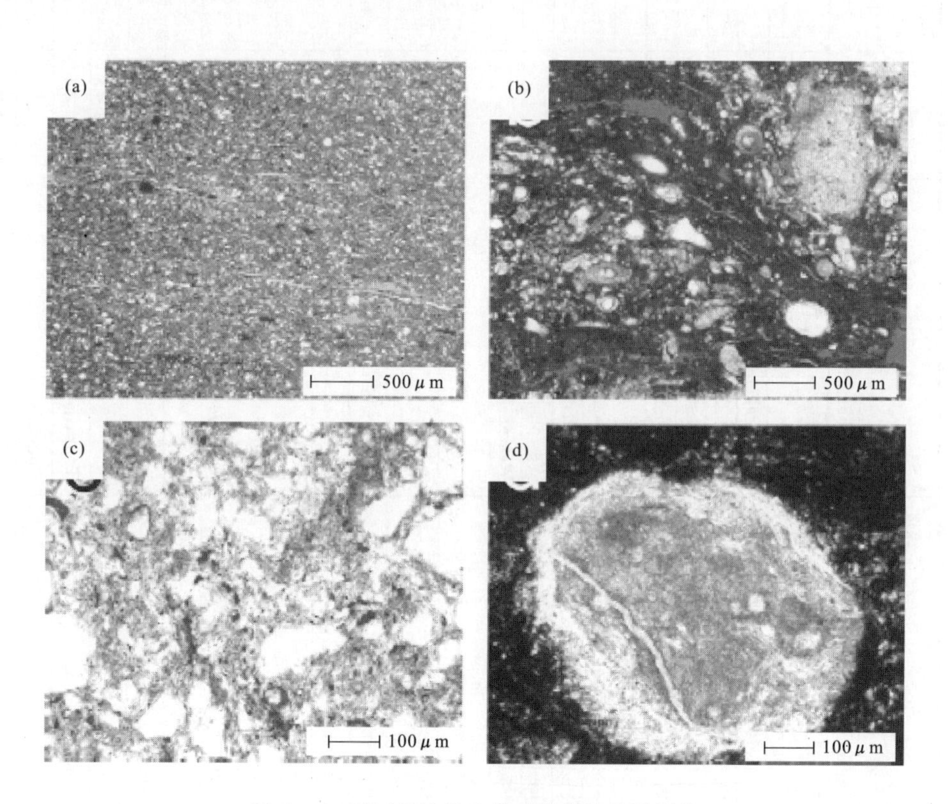

图 5 上、下石炭统选取样品的薄片显微照片

(a)Visean 中段粉砂质泥灰岩及层控粒间连通孔隙(Rn 2-10);(b)Visean 中段生屑灰岩及粒间孔隙,由于粘土矿物分解(Dke 11);(c)Westphalian A/B 段黑色页岩及粉砂级,次棱角状到圆状,褐色粘土矿物基质中单晶石英点接触,孔隙存在于石英颗粒边缘溶解孔隙及矿物基质中(Pud 10);(d)Westphalian C 的页岩内碎屑中的裂缝孔隙(Gst 2)

表 1 德国 NE 井 Dranske 1/68，Gingst 1/73，Pudagla 1h/86 及 Rügen 2/67 中石炭系黑色页岩层段有机地球化学及镜质体反射率数据

样品编号	井	样品深度(m)	地层	T_{max}(℃)	氢指数(I_H)(mg HC/g TOC)	氧指数(I_O)(mg CO_2/g TOC)	TOC(质量百分比)	R_o(%)	尺寸编号	CPI
Pud1	Pudagla 1h/86	5 249.8	Westphalian C	602	14	92	0.51	—	—	—
Pud2	Pudagla 1h/86	5 879.8	Westphalian A	490	25	66	0.36	—	—	—
Pud3	Pudagla 1h/86	6 933.5	Vise	443	10	68	0.30	—	—	—
Pud4	Pudagla 1h/86	5 255.9	Westphalian C	607	16	42	0.38	—	—	1.08
Pud6	Pudagla 1h/86	5 321.1	Westphalian C	329	24	68	0.42	—	—	—
Pud7	Pudagla 1h/86	5 388.7	Westphalian C	606	16	57	0.39	—	—	—
Pud8	Pudagla 1h/86	5 455.5	Westphalian B	599	11	56	0.90	—	—	1.01
Pud9	Pudagla 1h/86	5 514.3	Westphalian A/B. undiff.	588	13	28	0.62	—	—	—
Pud10	Pudagla 1h/86	5 568.0	Westphalian A/B. undiff.	590	13	24	0.67	—	—	0.95
Pud11	Pudagla 1h/86	5 712.8	Westphalian A/B. undiff.	588	12	21	0.67	—	—	—
Pud12	Pudagla 1h/86	5 790.2	Westphalian A/B. undiff.	594	9	32	0.76	—	—	—
Pud13A	Pudagla 1h/86	5 793.5	Westphalian A/B. undiff.	595	10	10	1.72	(2.2)	3	0.89
Pud13B	Double measurement of Pud 13A									
Pud13C	Double measurement of Pud 13A									
Pud14	Pudagla 1h/86	5 877.2	Westphalian A	593	8	33	0.98	—	—	0.91
Cst1	Gingst1/73	2 571.6	Westphalian C	490	30	64	0.23	—	—	0.91
Cst2	Gingst1/73	2 573.5	Westphalian C	488	40	194	0.25	—	—	0.96
Cst3	Gingst1/73	3 243.3	Westphalian B	278	8	25	0.88	(2.4)	2	—
Cst4	Gingst1/73	3 250.6	Westphalian B	608	14	25	0.73	—	—	0.82
Cst5	Gingst1/73	4 042.2	Lower Visean	339	8	38	0.50	3.9	100	0.98
Cst6	Gingst1/73	4 043.2	Lower Visean	329	7	57	0.46	3.2	50	—
Cst7	Gingst1/73	4 044.1	Lower Visean	394	12	55	0.33	3.5	100	—
Cst8	Gingst1/73	4 214.4	Tournaisian	604	9	19	0.47	3.8	50	—
Cst9	Gingst1/73	4 215.4	Tournaisian	507	28	33	0.21	3.6	36	—
Cst10	Gingst1/73	4 242.6	Tournaisian	Diabase intrusion						

续表 1

样品编号	井	样品深度(m)	地层	T_{max}(℃)	氢指数 I_H (mg HC/g TOC)	氧指数 I_O (mg CO_2/g TOC)	TOC(质量百分比)	R_o(%)	尺寸编号	CPI
Cst11	Gingst1/73	4 243.5	Tournaisian	Diabase intrusion						
Cst12	Gingst1/73	4 261.7	Tournaisian	297	4	19	0.90	4.1	100	—
Cst13	Gingst1/73	4 262.3	Tournaisian	285	11	73	0.47	3.8	100	0.80
Dke1	Dranske 1/68	1 273.0	Middle Visean	429	58	57	0.71	0.5	81	—
Dke2	Dranske 1/68	1 273.0	Middle Visean	429	58	57	0.71	0.5	81	—
Dke3	Dranske 1/68	1 322.6	Middle Visean	435	76	71	0.94	—	—	—
Dke4	Dranske 1/68	1 323.5	Middle Visean	426	42	105	0.40	0.35	50	—
Dke5	Dranske 1/68	1 324.6	Middle Visean	429	43	79	0.58	0.2	50	—
Dke6	Dranske 1/68	1 325.5	Middle Visean	431	43	75	0.67	0.4	56	—
Dke7	Dranske 1/68	1 326.2	Middle Visean	429	29	39	0.93	—	—	—
Dke8	Dranske 1/68	1 327.7	Middle Visean	433	74	88	0.81	0.4	100	—
Dke9	Dranske 1/68	1 328.6	Middle Visean	435	76	70	0.67	0.55	138	—
Dke10	Dranske 1/68	1 328.8	Middle Visean	436	91	60	1.13	—	—	—
Dke11	Dranske 1/68	1 330.5	Middle Visean	427	59	90	0.48	0.4	68	0.74
Dke12	Dranske 1/68	1 331.6	Middle Visean	432	70	78	0.50	0.35	60	—
Rn2—1	Rügen2/67	1 802.3	Upper Visean	431	22	104	0.69	0.6	102	—
Rn2—2	Rügen2/67	1 804.2	Upper Visean	515	7	147	1.16	0.35	59	1.05
Rn2—3	Rügen2/67	1 805.2	Upper Visean	510	15	288	0.61	0.4	54	—
Rn2—4	Rügen2/67	1 806.2	Upper Visean	432	21	68	0.82	0.6	102	—
Rn2—5	Rügen2/67	1 807.2	Upper Visean	433	22	81	0.79	—	—	—
Rn2—6	Rügen2/67	1 808.2	Upper Visean	435	16	102	0.68	—	—	—
Rn2—7	Rügen2/67	1 809.2	Upper Visean	433	20	104	0.71	—	—	—
Rn2—8	Rügen2/67	1 810.2	Upper Visean	440	18	135	0.61	—	—	—
Rn2—9	Rügen2/67	1 811.2	Upper Visean	433	26	123	0.73	—	—	—
Rn2—10	Rügen2/67	1 897.7	Upper Visean	435	57	112	0.77	0.4	50	1.28

Visean 阶中段由生物钙质灰岩、钙质泥灰岩以及生物球粒亮晶灰岩组成。显微镜下 Visean 阶中段的各类孔隙类型的视孔隙度达到 10%[图 5(a)]。通过观察可见与层面平行的裂缝以及随机取向的孔穴裂缝。当裂缝没有被自生矿物充填时，两个裂缝系统均没有封闭性能。有些剖面显示了部分保存良好、具有高原生孔隙度的独特区域[图 5(b)]。

Visean 上部岩石包含部分菱铁矿灰岩和泥灰岩。主要为有孔虫类和介形亚纲动物的生物碎屑中经常出现的强溶解特征，导致了溶孔孔隙的形成，或者单个方解石晶体和黄铁矿集合体的再沉积。收缩裂缝宽度达 0.7～0.8cm，裂缝间隙被白云石、钙质亮晶方解石及块状方解石填充。因此孔洞是唯一可见的孔隙类型，占总孔隙度的 5%左右。Visean 阶下段沉积物主要由粉砂质泥灰岩组成，基质粒间孔隙度达到岩石体积的 10%，主要由颗粒溶解作用形成。孔隙长度达 600μm，宽度达 50μm。

Gingst 1/73 井和 Pudagla 1h/86 井的 Westphalian A 和 B 阶由黑色、块状及层理发育的页岩组成，在 Pudagla 1h/86 井中厚度为 645m，Gingst 1/73 井厚度为 193m，其中含有灰黑色粉砂质页岩夹层(图 4，表 2 中总结了岩性特点)。54%的黑色页岩层段来自于 Westphalian A 和 B 阶。Pudagla 1h/86 井中存在有几厘米厚的煤层，以及分散的煤屑。Gingst 1/73 井中 Westphalian 段下部断裂严重，而且发现许多辉绿岩侵入岩体达到整个层段的 50%。

表 2　德国 NE 井 Dranske 1/68，Gingst 1/73，Pudagla 1h/86 及 Rügen 2/67 中石炭世黑色页岩基本地质、矿物及有机地球化学特点

	Tournaisian/Visean 下段	Visean 中段	Visean 上段	Westphalian A/B	Westphalian C
TOC（质量百分比）	0.2～0.9	0.5～1.1	0.6～1.2	0.6～1.7	0.25～0.5
R_t(%)	3.2～4.1	0.3～0.5	0.4～0.6	1.6～2.2	1.3～1.8
烃类气体的类型	热成因干气	热成因凝析气	热成因原油	热成因干气	热成因干气
氢指数 I_H [mg/g(HC 岩石)]	4～28	29～91	7～57	8～25	14～40
TR_{Ht}% 残余烃	83 $n-C_{15}$ HC up to C_{28}. no UCM hump	58 $n-C_{25}$ + almost absent, no UCM hump	76 $n-C_{17}$ HC up to C_{29}, no UCM hump	87 $n-C_{20}$ + almost absent, no UCM hump	75 $n-C_{20}$+almost sbsent, no UCM hump
矿物成分	20%～80%粘土矿物，5%～80%方解石，10%～20%石英、长石和黄铁矿	以方解石为主(50%～90%)，粘土矿物、高岭石，黄铁矿	方解石升到 90%，菱铁矿，粘土矿物，石英上升到 20%，黄铁矿	20%～60%石英，40%～80%粘土，少量碳酸盐岩	20%～40%石英，60%～80%粘土，少量碳酸盐岩
		pyrite			
厚度(m)	400～1 100	600～800	>400	100～600	425～600
深度(m)	2 500～5 500	1 500～4 500	1 000～4 000	3 200～6 100	2 500～5 400
对应深度下的温度(℃)	～120	n. a.	<55	80～150	70～140

页岩基质中以及沿着石英颗粒边缘的总孔隙度较差，只存在极细的线状裂缝或溶孔[图 5(c)]。裂缝贯穿整个 Westphalian A 和 B 阶地层，平均宽度为 1～3mm，高度破裂段达到 20mm，部分裂缝开启，但是通常被石英、方解石及白云石充填。

Westphalian C 阶可以分为灰色和红色岩系，随着碎屑输入增加，地层沉积层序显示了向上整体变粗的趋势。灰色岩系大概与 Westphalian C 阶下部层段对应，而且由灰黑色—黑色页岩和粉砂岩组成。红色岩系构成了 Westphalian C 阶上部层段，由河流冲刷及冲积的红色页岩、细粒砂岩及泥质粉砂岩组成。

Westphalian C 阶中的裂缝通常与层理面垂直，宽 1～3mm，极少达到 20mm，页岩内碎屑中也发现较小裂缝孔隙[图 5(d)]。但它们通常被石英填塞封闭，而少量被方解石或白云石封闭。薄片制备过程中，粘土矿物的膨胀作用可能致使沿着线状裂缝的孔隙可见。

2)热成熟度

(1)下石炭统。Dranske 1/68 井的 Visean 阶灰岩中部及上部层段出现腐殖组和镜质组颗粒[图 6(a)、(b)]。由于腐殖组有机质颗粒结构的非均质，弱凝胶化腐殖组的反射率值极低

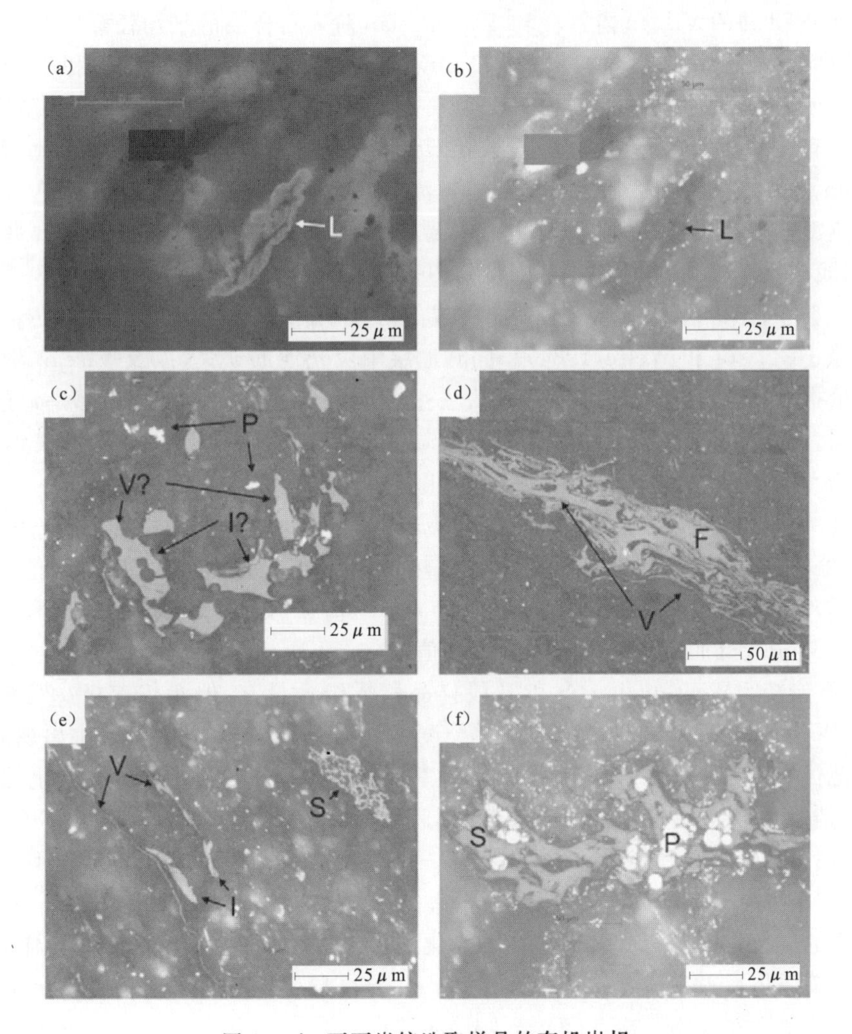

图 6　上、下石炭统选取样品的有机岩相

(a)藻质体(UV 照射;Dke 5)；(b)藻质体与(a)中(白光照射;Dke 5)；(c)碎屑镜质体及惰质体颗粒，不同于反射率 Gst 5；(d)与黑灰结构镜质体(Pud 13 的 Westphalian A/B)有关的丝质体；(e)镜质体成分、惰质体及半丝质体(Gst 10 的 Westphalian B)；(f)之前细胞结构里面的半丝质体及黄铁矿颗粒(Pud 14 的 Westphalian A)。Westphalian 晚期沉积的显微组分类型，符号说明：F. 丝质体；I. 惰质体；P. 黄铁矿；S. 半丝质体；V. 镜质体

(<0.2%R_r),较高凝胶化程度的腐殖组颗粒以反射率值0.3%～0.5%为特征,此时我们认为这些反射率值代表“真实的”镜质体群,所以将其作为判断区域地层成熟度的基本指标(图7、表2)。

Rügen 2/67井中Visean阶上部岩石样品的R_o为0.4%～0.6%,Dranske 1/68井的Visean阶中部及上部层段岩石样品R_o为0.45%～0.5%。这些数据与岩石热解分析的T_{max}数据(426～440℃)一致[图8(b)]。对于未成熟及微成熟有机质的另一个成熟度评价指标是壳质组的黄色荧光性。但确定值与钻井报告数据(Burmann,1970;Kurapkat,1969)及Müller(1994)发表的文章中提到的不一致。这些作者指出研究区Visean阶中部及上部为中等挥发性的沥青煤阶(等价于R_o=1.2%～1.3%)(Müller,1994提到的Westphalian阶的值)。然而,两个层位总体的反射率数据表明了其最大值的不同,一个位于Rügen 2/67井,R_o最大值为1.4%;另一个位于Dranske 1/68井,R_o最大值为1.2%。

Gingst 1/73井的Visean阶下段和Tournaisian阶岩石样品的平均任意反射率值为3.2%～4.1%,对应的为无烟煤阶,这与Illers和Lindert(1977)、Neumann(1977)和Tesch(1977)提到的信息一致。由于玄武岩侵入岩体临近程度的不同,煤阶的偏差与高成熟度镜质体反射率的非均质性有关。在28m厚的火山侵入岩附近,平均任意镜质体反射率呈非线性增长(图7)。Tournaisian样品的有机质充分受到岩浆体热流的热叠加作用,但是该作用对Visean下部层段样品的热影响较小。总之,埋深较大是导致Rügen 2/67井和Dranske 1/68井Visean阶中、上部层段成熟度较高的关键所在(Hoth,1997)。

Visean阶下段和Tournaisian阶处于过成熟阶段,其对应的Ⅲ型干酪根在R_o为3.0%左右时生气停止(Tissot和Welte,1984)。同时地层中荧光性的缺失,以及Visean阶中、上部层段的高产量指数,开放热解实验中有机质失去生烃能力(见生烃潜力章节)都是地层高成熟度的有力证据。Rügen岛中心Gingst井附近区域的Visean阶下部层段处于过成熟阶段,但是在Rügen岛北部,这些层位没有经历深埋藏和高的古地温,成熟度相对要低。

Dranske 1/68井和Rügen 2/67井中Visean的中、上部层段沉积特点为T_{max}值低,且变化小,显示为处于生油窗早期的成熟度。岩石热解结果与镜质体反射率测量值一致,R_o为0.4%～0.5%(表2)。而Visean阶下部和Tournaisian阶样品由于高度分散,T_{max}值不确定。这些样品S_2产量太低而不能提供可靠的T_{max}值。

(2)上石炭统。Westphalian A和B段样品惰质组含量高,但是仅有极少可测量的镜质组。然而,Westphalian A和B段样品的单个测试值(表1)证实了钻井报告中出现的镜质体反射率值的范围,Gingst 1/73井的镜质体反射率范围为1.7%(Westphalian阶上段)至2.5%(Visean阶地层顶部,3 500m处)(Kurapkat,1977;Müller,1994)。Pudagla 1h/86井中Westphalian C阶的镜质体反射率为1.6%～2.4%,而WestphalianA/B阶岩层则为1.8%～2.2%,Westphalian A阶为1.6%～2.2%(Hoth,1997;Schlaass和Maass,1990)。岩层中有机质的再沉积是导致反射率值高度变化的主要原因。在Gingst 1/73井样品中观察到相对较高的镜质体反射率值可能是由沿着Bergener断层带较高的热量及岩浆活动引起的,而辉绿岩侵入体的存在证明了这点(Kurapkat,1977)。

Gingst 1/73井及Pudagla 1h/86井中Westphalian A、B、C阶岩层样品的大量有机质热成熟度在1.35%以上,达到干气生成阶段[图8(b)],据Espitalié,1987)。Westphalian A、B阶样品明显较低的成熟度可能归因于其T_{max}值的不确定,而这是由于S_2产量较低引起的。另外Gingst 1/73井中Westphalian阶岩层样品T_{max}值变化范围大也是同理。据Müller(1994)、

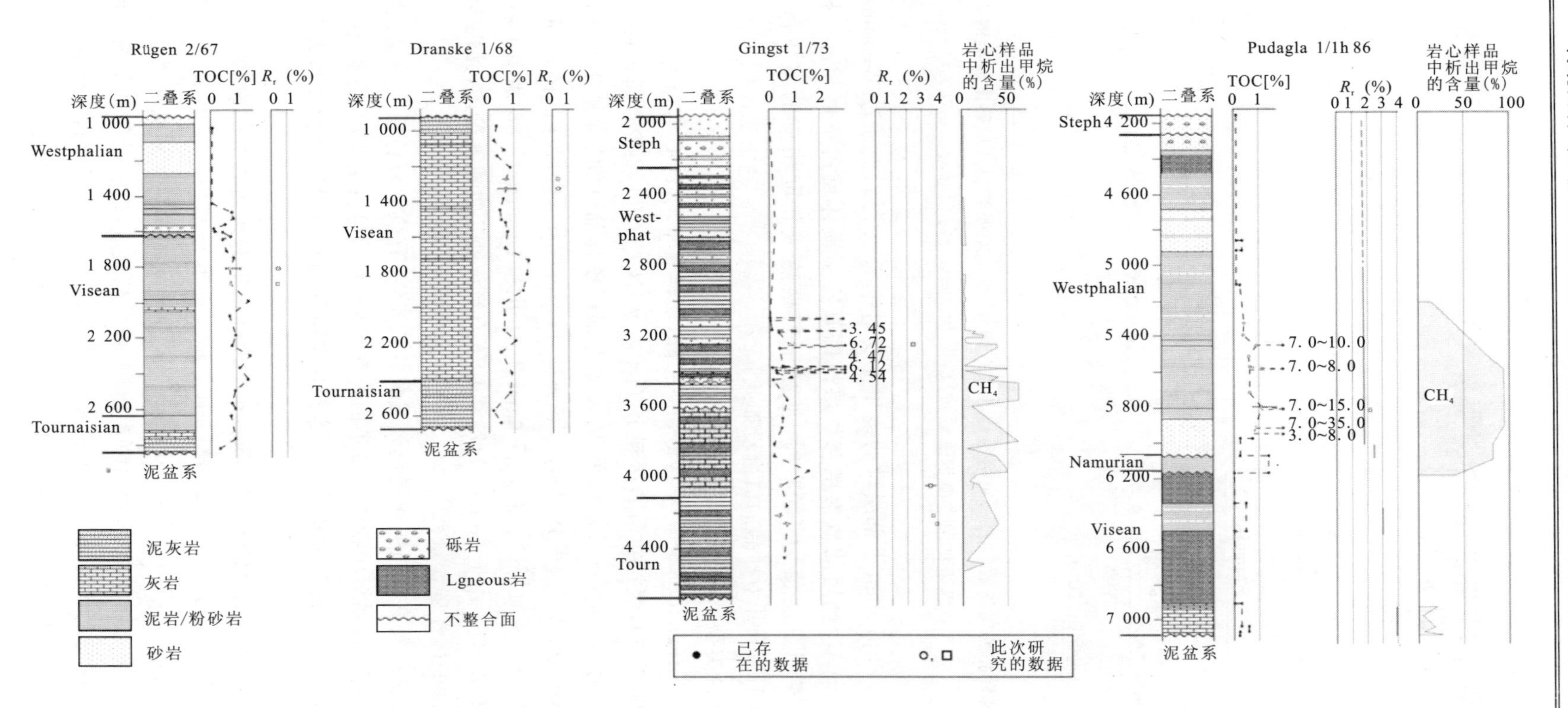

图 7 Rügen 地区北西—南东横剖面井中研究样品中 TOC 含量及镜质体反射率数据(R_r)，根据 McCann(1999)、Hoth(1997)、Hoth 等(1993)、Schlaass 和 Mass(1990)、Illers 和 Lindert(1977)、Kurapkat(1969,1971,1977)总结的井资料

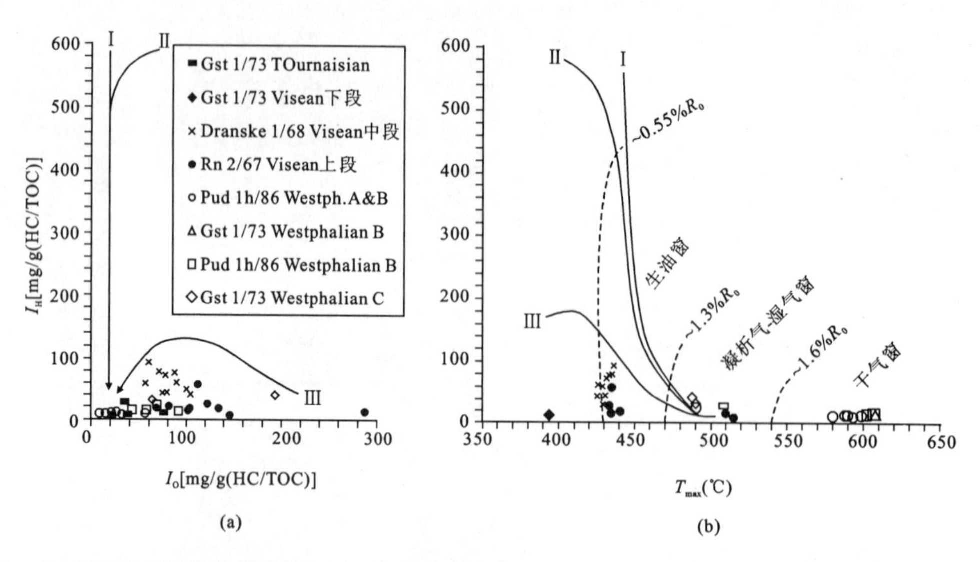

图 8　上、下石炭统样品的氢指数(I_H)—氧指数(I_O)散点图(a)与干酪根类型及成熟度分类的 I_H/T_{max} 图(b)表明Ⅲ型干酪根生烃阶段，据 Bordenave 等(1993)

Gingst 1/73 井中 Westphalian 上部层段的镜质体反射率为 1.7%，而通过 Westphalian C 段岩层样品 T_{max} 值(490℃)确定的成熟度与该层段的真实镜质体反射率值相近。相比而言，Espitalié(1987)证实当 T_{max} 值为 600℃时，Ⅲ型干酪根热成熟度相应的镜质体反射率为 2.6%，而 Pudagla 1h/86 井中样品的值恰恰如此。

3)有机质含量及类型

(1)下石炭统。Dranske 1/68 井中 Visean 中部岩层样品平均 TOC 含量为 0.7%(质量百分数 0.5%～1.1%；图 7)，氢指数(I_H)达到 100 [mg/g(HC/TOC)](图 8)，Rügen 2/67 井(质量百分数平均为 0.8%，0.6%～1.2%)的 Visean 上部层段样品 TOC 含量相似，但是氧指数(I_O)较高。相反，Gingst 1/73 井中 Visean 下部和 Tournaisian 岩层样品的 TOC 含量较低(平均值为 0.3%，0.2%～0.9%)。总之，Rügen 2/67 井和 Dranske 1/68 井中下石炭统的有机质为Ⅲ型干酪根(图 8)。由于 Gingst 1/73 井中下石炭统处于过成熟阶段，其现今的有机质为Ⅳ型干酪根(极高的惰性碳含量)。

样品的非有机基质具有很强的浅褐色到浅黄色荧光性，有机颗粒包括壳质组、镜质组及惰质组。镜质组是目前石炭系沉积物中最富集的显微组分；壳质组由孢子组、藻类胞及角质体组成；角质体是所有黄色到橘色的荧光组分。这些显微组分相对含量的体积分数大约是 10%～15%。

通过研究，Schretzenmayr(2004)将 Visean 中段沉积物有机质划分为腐殖质和腐泥物质的混合，而 Visean 上段和 Tournaisian 岩层中主要为Ⅲ型干酪根。对比 Rügen 2/67 井及 Dranske 1/68 井发现，壳质组的存在使 Gingst 1/73 井样品中未观察到荧光性。剖面中的显微组分由高反射率的镜质体和少量惰质体(半丝质体)颗粒组成，二者反射率范围相似。

(2)上石炭统。研究上石炭统样品的 TOC 含量为 0.25%～1.72%，Westphalian 上段岩层的平均 TOC 含量为 0.83%，但 Westphalian C 阶的 TOC 质量百分数为 0.36%(图 7)，I_H

是 8～40 [mg/g(HC/TOC)]，I_O 是 10～194[mg/g(CO_2/TOC)]，I_H/I_O 的图解说明 Westphalian 岩层的干酪根完全成熟(图 8)。

研究的 Westphalian 样品的煤显微组分构成大量的Ⅲ型干酪根，Westphalian A/B 阶和 B 阶出现的镜质体显微组分大部分是碎屑镜质体，含生质镜质体含量较少。结构镜质体主要与丝质体有关。Westphalian A 段岩层中的半丝质体细胞结构含有黄铁矿颗粒。Pudagla 1h/86的样品显示了基质的暗橙色到褐色荧光性，与石炭纪早期样品中观察到的相似。

Westphalian C 阶沉积物中的显微组分含量比 Westphalian A、B 阶沉积物要少，同时该段岩层基质中镜质体颗粒非常小，呈分散状。

(3)石炭系样品的分子组分。上、下石炭统岩层饱和烃样品的气体色谱图(此处没展示)显示了相似的分布规律。研究的样品仅含有残余的 $n-C_{20}^+$链烷烃，受样品成熟度的影响，气体色谱图缺少奇偶优势，同时存在明显不溶的复杂混合物(UCM，Ventura 等，2008)。所有样品碳优势指数(CPI，根据 Bray 和 Evans，1961)基本一致(表 2)。页岩中饱和烃分析对于其天然气产量评估必不可少。据 Jarvie 等(2007)，只存在 $n-C_{20}$残余烃含量，且无 UCM 的页岩相比于 $n-C_{20}^+$范围内主要为饱和烃或气体色谱图解中 UCMs 很大的页岩气流率要低得多。提取有机质中有较高 $n-C_{20}^+$链烷烃的样品发现其气、油比较低，与重油成熟窗一致，假设其阻塞了孔隙喉道，将会对气流起抑制作用(Jarvie 等，2007)。

4)生烃潜力

开放系统热解分析的气体色谱图表明上、下石炭统大部分岩层样品的干酪根主要生成气态化合物，证实了干酪根中短链取代基的优势(Horsfield，1989，1997)。样品的脂肪族干馏物几乎完全由 C_1-C_5气体组分组成，从一定程度上来看，脂肪族组分比 $n-C_6$或 $n-C_7$出现几率要高。

Rügen 2/67 井及 Dranske 1/68 井中 Visean 中段岩层样品的气体色谱图显示了强烈的气态烃类化合物的标志，而且 n-烯烃/n-烷烃双峰达到 $n-C_{15}$。低分子量的芳香烃及酚类富集，可能与陆源有机质的输入有关(Van de Meent 等，1980)，较高分子量烷基化合物来源于孢子组及海相，后者与观察到的海相藻质体一致(图 9)。Visean 中段岩层样品表明具有向低蜡油组分变化的系统趋势(图 10)，这个趋势似乎与沉积环境从上到下、由三角洲平原到海相的变化有关(Horsfield，1997)，而与成熟度水平无关，因为图 10 中的趋势线的位置与成熟度没有系统的关系。

Visean 下段岩层样品由于热成熟度高，其热解分析的 *OM* 含量极小。与 Rügen 2/67 井及 Dranske 1/68 井相比，Gingst 1/73 井样品的开放热解分析结果中 $n-C_2$和 $n-C_3$浓度较低[图 9(b)]。

Gingst 1/73 井中 Tournaisian 和 Visean 岩层沉积相似，上石炭统 Westphalian 阶岩层开放系统的热解产量很低，没有比 $n-C_4$ 链长的烃类生成。热解气体色谱图证明该段地层热成熟度大于 1.3%，为倾气型特征。苯是目前主要的烃类化合物。

5)吸附气含量及组分

Pudagla 1h/86 井在设立科学的钻探程序的背景下进行岩心脱气测试。实验发现砂岩及粉砂岩层段气体中甲烷含量高达 95%，尤其是在 Namurian 和 Westphalian A、B 层段(Schlaass 和 Siebert，1990；图 7)。其余的是氮气、氦及微量乙烷和丙烷。Gingst 1/73 井中 Namurian 砂岩及粉砂岩样品的岩心脱气试验得出甲烷含量为 60%，Westphalian B 样品中甲

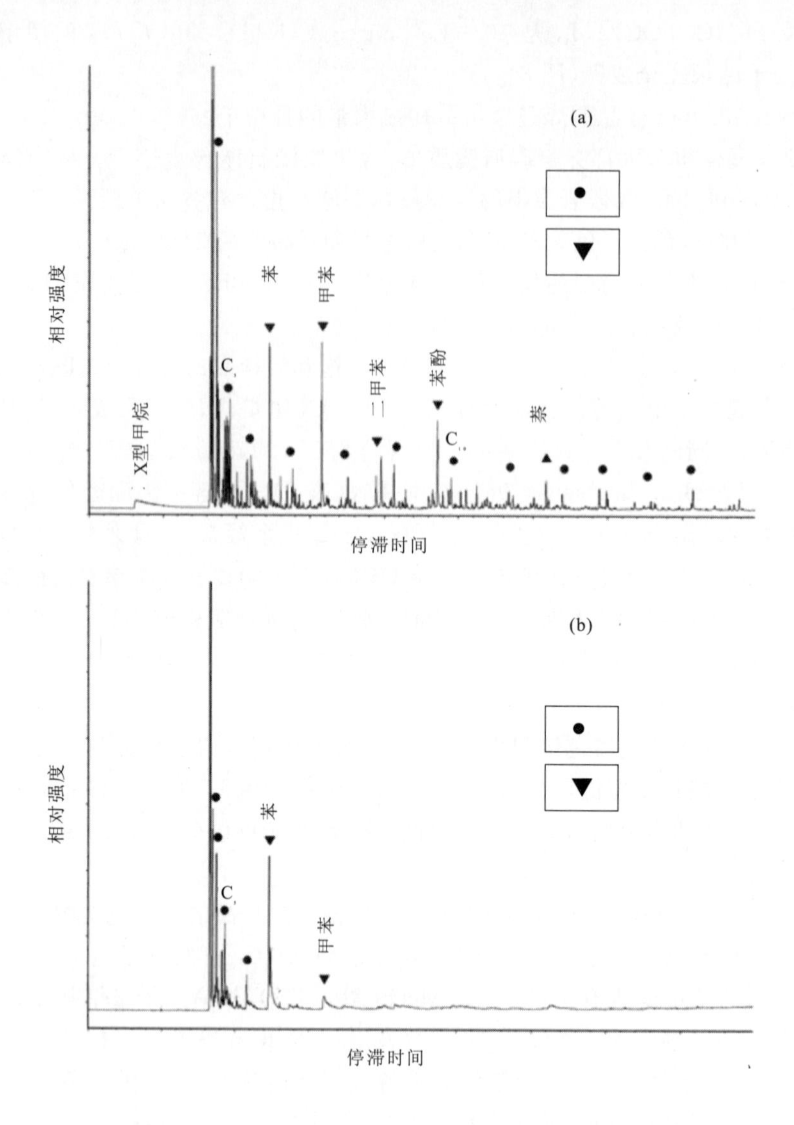

图 9 样品 Dke 3 及样品 Gst 10 开放系统热解分析气体色谱图

(a) Visean 中期，Dranske 1/68 井；(b) Visean 早期，Gingst 1/73 井

烷含量为 50%，剩余的是氮气。而 Westphalian C 段及更晚的岩层中主要含氮气，甲烷含量小于 1%(Kurapkat，1977；图 7)。

Rügen 2/67 井及 Dranske 1/68 井中 Visean 中、上段岩层由于成熟度较低，估计含有少量的自生气体。虽然绝对气体饱和度相当低，但是岩心脱气实验证明产气层中甲烷的含量达到 40%(Illers 和 Lindert，1977)。

热气化实验在 300℃ 下进行，石炭系样品的实验结果说明低分子量化合物产量很低 (<10μg/g 岩石)。Visean 上部及中部样品热气化产量相似，但是湿气含量超过甲烷含量，这与 Rügen 2/67 井及 Dranske 1/68 井有机质低成熟有关。另一方面，Visean 下部沉积中的烃类以甲烷为主，而且相对高的异丁烷/丁烷比值说明生成了高成熟度气体(Hunt，1996)。

实验的结果证明只存在少量的烃类气体逸散，而生成的气体中甲烷最富集，但目前仍然不

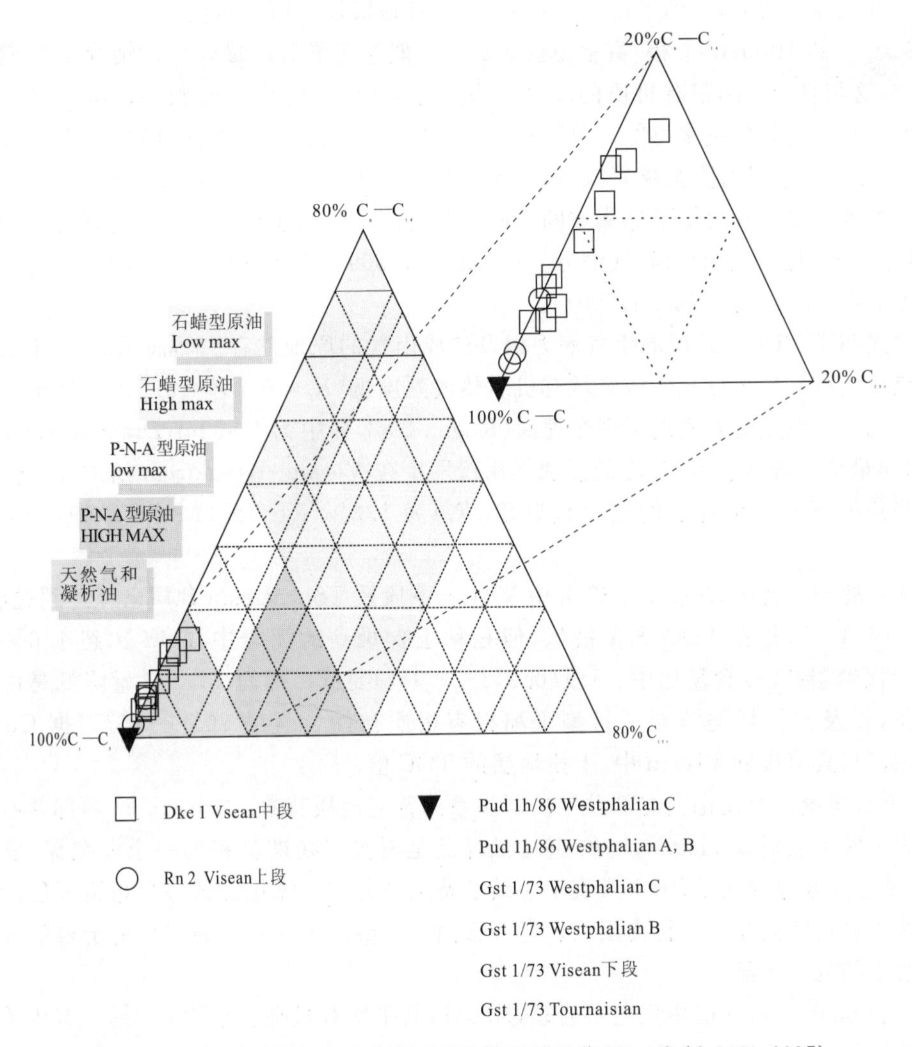

图 10 依据脂肪链长度分布推测的大量石油组分(Horsfield,1989,1997)

清楚样品中气体的赋存状态是游离态还是吸附态。此外,样品中赋存气体的体积含量很低,但是这并不代表岩层的原地含气量。因为岩心样品储存于岩心库中超过 30 年,其中的大量气体已经损失。

4. 讨论

1)气体生成、含量及吸附、运移

(1)下石炭统。石炭纪早期沉积的厚岩层(1 200~2 700m)仅含有几个发育程度不同的页岩气潜力层位(图 7 及表 2 总结特点)。

海相台地的碳酸盐岩(Kohlenkalk 相)及泥岩反映了整个石炭纪早期稳定的沉积条件(Lindert 和 Hoffmann,2004),因此,TOC 含量变化较小,质量百分数是 0.6%~1.2%。局部层位 TOC 含量达到 4%(Kurapkat,1969)。因此确定大部分层位是具有良好潜力的烃源岩(Schretzenmayr,2004)。虽然相比于高产的常规气源岩,单位质量岩层的生气潜力较低,但区域地层的沉积厚度较大，起到了很好的弥补作用，且地层具有可压裂性。

Visean 上部 Hiddensee 相，富集菱铁矿的灰岩能够在绝对产量较低的情况下生成大量的气态烃类，这与Ⅲ型干酪根有机质的高气体吸附能力相关(据 Cheng 和 Huang，2004)。沉积物中极低的孔隙度和渗透率可能导致了轻烃化合物的封闭作用。然而，额外的部分海相有机质则位于 Visean 中部钙质泥灰岩及 Visean 上部基底泥岩中。在 Visean 中部的薄片中观察到的高孔隙度为游离气提供了储集空间。此外当高岭石为沉积物中方解石外最富集的粘土矿物时，将会大大加强岩层的吸附气潜力（Kurapkat，1969)，因为在粘土矿物中，高岭石的甲烷吸附能力最强(Cheng 和 Huang，2004)。

上述强调了 Visean 地层的生气潜力以及热成因气的原地储存。然而 Rügen 岛东北部的下石炭统还没有发现天然气。该区域有机质热成熟度低(R_r＝0.4％～0.5％)，阻碍了热成因烃类的生成。成熟度值表明地层现今埋深(Rügen 2/67 井中为 1 800m；Dranske 1/68 井中为 1 300m)与最大古埋深一致，广泛的侵蚀作用仅发生在 Visean－Namurian 期边界。值得注意的是这些井中下石碳统地层的现今成熟度(R_r)为 1.2％～1.3％(Müller，1994；Kurapkat，1969)。

Rügen 岛中心地区 Gingst 1/37 井中 Visean 下段及 Tournaisian 地层已经达到过成熟(R_r＝3.2％～4.1％)，灰岩 TOC 含量极低，但是粘土含量高的泥岩中 TOC 达到 1.0％。现今 Visean 上段地层 TOC 含量比中、下段(0.2％～0.9％)要低。然而 TOC 含量降低是由于成熟度的变化，以及释放烃类消耗了Ⅲ型干酪根有机质初始含量的 20％～25％(据 Curtis 等，2009)引起的，其值接近 Visean 中、上段地层的 TOC 值。

(2)上石炭统。对比德国北部盆地的石炭系的普遍地质背景，Pomerania 西部含石炭系两口井代表了两个极端，Pudagla 1h/86 井中的样品是石炭纪晚期沉积的一个埋藏深、成熟度相对低、但是地层较厚的例子(图 7 及表 1 总结了特点及分布)，据推测该厚黑色页岩层段可能存在有甲烷以吸附态储存于多孔夹层内。另一方面，Gingst 1/73 井中的样品由于岩浆侵入作用具有热蚀变的沉积特征。

Westphalian 下段地层中黑色页岩超过 50％，其平均有机碳含量为 0.7％。有机质主要是Ⅲ型干酪根，可能有在生油窗及较高成熟度阶段生成大量气态烃的能力，但是也不总是这样。此外，这种Ⅲ型干酪根的气体吸附能力较强(据 Cheng 和 Huang，2004)。而多孔层中解吸的气体甲烷含量仅为 60％(Kurapkat，1977；Neumann，1977)，另一方面，Westphalian C 阶岩层 TOC 含量极低，有机质主要为Ⅲ型干酪根，成熟度对应 R_o 为 1.6％～2.2％。

开放的热解实验结果表明 Westphalian 烃源岩仍然具有生成干气的残余潜力。这与 Friberg(2001)提出的结论一致，他提出德国东北部上石炭统富集有机质的地层在 R_o 为 3.5％之前都具有生成气体的潜力。而岩心脱气实验中甲烷含量占整个气相产物的 95％进一步说明了上述观点(Schlass 和 Siebert，1990)。甲烷 $\delta(^{13}C)$稳定同位素组成是－25‰～－35‰，指示为热成因干气。Hoth(1997)对 Pudagla 1h/86 盆地模拟的结果表明 Westphalian B 段沉积单元中Ⅲ型干酪根开始生成一定量的石油，随后由中生代到现今连续生成气体。现今的生油窗位于 2 300～4 300m 深处，而热成因气体生成则在 5 500m 之下(Berthold 和 Schlaass，1990)。据 Berthold 和 Schlaass(1990)，Westphalian 岩层中 87％干酪根可转化为石油。

2)与美国页岩气探区对比

总结页岩气潜力的方法是星状图解或天然气风险图解(Hill 等，2007；Jarvie 等，2007)。

这些图件运用了美国页岩体探区的工业气体开采得出的热成熟度及有机质转化参数。Jarvie 等 (2007)和 Curtis 等(2009)参考 Barnett 页岩提出了下列评价页岩气潜力的成熟度参数：

TOC(wt%) ＞1.0%；

热成熟度 R_r 大于 1.2% ；

推算的以 T_{max} 为基准%R_r＞1.2%；

根据原始 I_H 转化率大于 80%(据 Jarvie 等,2007 推算 TR_{I_H})；

I_H＜100,以及干气率[$(C_1/\Sigma_{i=1}^{4}C_i)$ ×100]＞80%。

对比上、下石炭统岩层和 Barnett 页岩(Texas、Fort Worth 盆地密西西比系)的页岩气风险图解,Barnett 页岩是目前美国最重要,且最成功的页岩气系统[图 11(a)]。根据 Jarvie 等(2007),我们绘制了德国东北部上、下石炭统的图解,两者存在明显不同[图 11(b)、(c)])。最明显的相似点是整体 TOC 含量低,而这也是抑制页岩气潜力的主要因素。

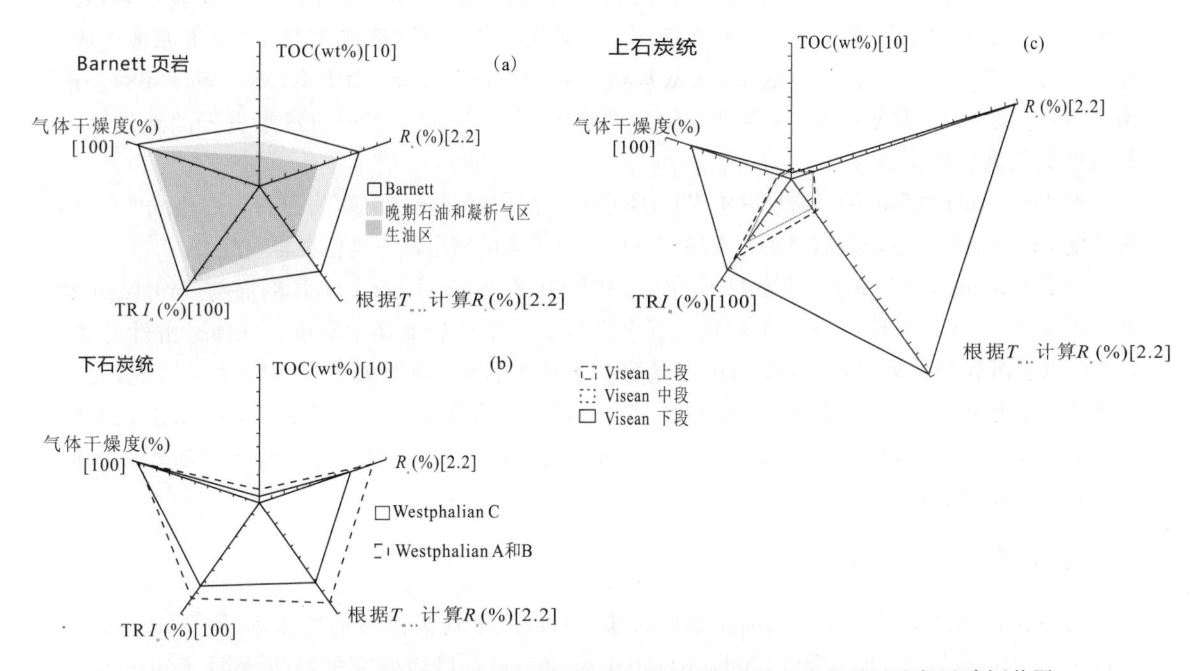

图 11 美国页岩气探区工业天然气开采的热成熟度及有机质转化参数的页岩气风险评价图

(据 Jarvie 等,2007,Curtis 等,2009)

(a)Barnett 页岩(Fort Worth 盆地,Texas);(b)下石炭统;(c)上石炭统。在后期生油及凝析油阶段成功开采商业性天然气,依靠烃类组分及深度。生油阶段限制 Barnett 页岩产量。孔隙中残余油阻碍气流,抑制了该地区内部的产量

Visean 上、中段沉积地层的图解显示了异常高的 TR_{I_H},成熟度低,页岩气潜力不理想。岩石热解分析的氢指数比初始假设的氢指数低,导致了 TR 值高。另外,气体的干燥度也比显示值要高,这是因为岩心在准备过程中存在有甲烷气体的流失。

Appalachian 盆地泥盆统的 Ohio 页岩也可以与德国东北部灰岩及泥灰岩周期变化的下石炭统较厚地层进行对比。Ohio 页岩局部是大于 1 500m 的碳酸盐及碎屑细粒沉积交替的地层,其中 TOC 平均含量为 1.0%,大部分产层超过 2.0%(Curtis,2002),核心区域 Ohio 页岩成熟度为 2.0%左右。然而在 Rügen 北部,主要为未成熟的下石炭统地层,埋藏浅。处于过成

熟，且埋藏深的含气层则位于 Rügen 岛中部。

Pomerania 西部至东北部区域时 Pudagla 1/1h 86 井及 Gingst 1/73 井，Westphalian A 和 B 段沉积单元的黑色页岩具有良好的热成熟度，有利于气页岩的形成。区域有机碳含量相对低，但煤层附近急剧增加(达到 37%)，整体厚度大。目前页岩处于热成因气生成阶段，粉砂岩中出现甲烷，砂岩夹层中显示有气体充填孔隙。在 Pudagla 1 井个别页岩层段石英含量达到 40%(Hoth，1997)，理论上可以达到期望的脆性，而在石英胶结的层段脆性进一步的加强。但绝大部分区域粘土含量高，达到 80%，不利于压裂，这与粘土矿物的可塑性密切相关。Pudagla 1h/86 井 Westphalian A、B 段地层的页岩气形成及勘探的关键特征为原地高温(140～150℃)，且埋藏深度大。高温降低了粘土矿物及有机质的甲烷吸附能力(Ross 和 Bustin，2008)。Gingst 1/73 井中 Westphalian B 段的井底温度是 80～90℃，埋藏较浅，但是与美国工业开采的页岩气相比还是要深。大量的侵入岩层段导致了有机质成熟度高，同时对页岩及粉砂岩层段形成分隔，进一步限制了油气勘探前景。高氮含量(>95%)的上、下石炭统砂岩地层上覆及下伏于页岩地层中。因此上石炭统页岩生成的甲烷含量(达到 95%)主要为原地生成。非有机化合物中的氮气大部分逸散，如氨基粘土和长石(Friberg，2001；Krooss 等，2008)。根据 Friberg(2001)的热解实验，更深埋藏的高成熟度(R_r>3.0%)有机质富集页岩的地层可能是这些氮气聚集的主要来源。

在 Pomerania 西部的两口研究井中 Westphalian C 段岩层显示了气页岩最有利的热成熟度，但整体偏低的有机质含量以及氮气为主要填充气体导致了该区域层段不具备页岩气潜力。

比较 Gingst 1/73 井及 Pudagla 1h/86 井中研究的 Westphalian A、B 剖面与 San Juan 盆地(USA)的 Lewis 页岩，Lewis 页岩是在混杂页岩及致密砂岩储层中完成了气体经济性开采。Lewis 页岩沉积层位厚 200～300m，由大量富集石英的泥岩、薄层粉砂级细粒砂岩组成，而后者增加了岩层的气体储集能力(Hamblin，2006)，TOC 含量为 0.5%～2.5%(Curtis，2002；Hamblin，2006)，成功的水力压裂技术结合较高渗透率的富砂区带，以及现有的基本设施使 Lewis 页岩成为了经济性页岩气探区。

5. 结论

有些作者已经描述了德国北部盆地东北部下石炭统常规天然气的整体远景(Hoth，1997；Friberg，2001；Schret - zenmayr，2004；Rempel 等，2009)。目前研究的结果表明 Tournaisian 和 Visean 地层单元具有一定的生气潜力(平均 TOC 含量稍小于 1.0%)，但是 Rügen 北部区域的沉积地层(Dranske 1/68 及 Rügen 2/67 井)成熟度过低，已经不具备有页岩气形成的可能。而埋藏较深的 Visean 下段和 Tournaisian 富集有机质的泥灰岩达到过成熟(R_o=3.7%)，已经聚集了一定量的残余甲烷(气体充填的孔隙体积是 17%～34%)。

Rügen 2/67 井中的 Namurian 到 Visean 上段岩层以及 Dranske 1/68 中 Visean 下段岩层记录了有少量原油注入(Kurapkat，1969，1971)，这些石油表明 Rügen 岛北部下石炭统的最大成熟度达到早期生油窗，再向西这些地层的埋深逐渐增大(例如 Schwahn，1972：Sagard 1/70 井下石炭统)，这可能反映了在相似的热演化史条件下可能存在部分成熟度较高的区域。因此 Rügen 岛西部区域是进一步研究页岩气的目标区。

在 Gingst 1/73 井的下石炭统，Gingst 1/73 和 Pudagla 1h/ 86 井的上石炭统中发现有干气生成。在 Westphalian A 和 B 多孔层段，生成气体中甲烷占优势。而 Gingst 1/73 和 Pudagla 1h/ 86 井的 Namurian 岩层中出现了原地生成气体,在上覆及下伏多孔层段中的气体以氮气为主,这样的观察表明结合的烃源岩-储集层系统与页岩气系统相似。

然而,抑制 Pomerania 西部石炭系页岩气潜力的因素是其较低的平均 TOC 含量。如果考虑可采储量时,烃源岩-储集层系统层段的巨大厚度是否可以补偿 TOC 富集量,仍然需要观察。上、下石炭统中页岩气形成的主要影响因素为氮气的形成、地层的埋深以及火山岩夹层引起的局部地层受热过成熟作用。

虽然实验结果与美国成功的页岩气探区的筛选参数有很多相似之处,但是上石炭统黑色页岩的埋深以及低的平均有机质含量严重阻碍了研究井的经济产量。Schwahn (1972),Hoth (1997)、Gerling 等(1999a)、Friberg (2001)和 Gaupp 等(2008)进一步研究了南部及西南部地区的井,推测了部分具有页岩气勘探潜力的石炭系沉积地层。

根据 Hoth(1997),Mecklenburg - Vorpomerania 段在中部及西北部地区显示了一定的天然气勘探潜力。Friberg(2001)的模拟结果支持沿 NGB 北部边缘进一步调查研究,而研究的目的则是寻找研究区南部及西南部区域处于不同成熟度阶段,但平均有机质含量均较高的页岩气井的勘探潜力。(易锡华、杨苗译,何发岐、龚铭、陈尧校)

原载 Chemie der Erde 70 (2010) S3,93—106

参考文献

Bachmann G H,Schwab M. Regionalgeologische Entwicklung[M]. In:Bach - Nmann,G. H. ,Ehling,B. - C. , Eichner,R. ,Schwab,M. (Eds.),Geologievon Sachsen - Anhalt. E. Schweizerbart′sche Verlagsbuchhandlung,Stuttgart, 2008.

Bordenave M L,Espitalie′ J,Leplat P,et al. Screening techniques for source rock evaluation[M]. In: Bordenave, M. L. (Ed.), Applied Petroleum Geochemistry. Editions T echnip,Paris,1993

Buchardt B. Gas Potential of the Cambro - Ordovician Alum Shale in Southern Scandinavia and the Baltic Region[J]. In: Whiticar M J,Faber E (Eds.). The Search for Deep Gas Selected. Papers presented at the I. E. A. /BMFT International Deep Gas Workshop, Hannover. Geologisches Jahrbuch, Reihe D,1999,107: 9—24.

Espitalie′J. Use of Tmax as a Maturation index for different types of organic matter. Comparison with vitrinite reflectance[M]. In: Burrus,J. (Ed.),Thermal Modelling in Sedimentary Basins. Gulf Publishing Company, Houston,Texas,1987.

Franke D. The North Variscan Foreland[M]. In: Dallmeyer R D,Franke W, Weber K. (Eds.),Pre - Permian Geology of Centraland Western Europe. Springer - Verlag, Berlin and Heidelberg,1995.

Gaupp R,Möller P,Lüders V, et al. Fluids in sedimentary basins: an overview[M]. In: Littke, R. ,Bayer, U. ,Gajewski,D. ,Nelskamp,S. (Eds.), Dynamics of Complex Intracontinental Basins—The Central European Basin System. Springer - Verlag, Berlin - Heidelberg. 2008

Horsfield B. The bulk composition of first - formed petroleum in source rocks[M]. In: Welte, D. H. , Horsfield, B. , Baker, D. R. (Eds.), Petroleum and Basin Evolution. Springer - Verlag, Berlin Heidelberg, 1997.

Horsfield B, Bharati S, Larter S R,et al. On the atypical petroleum - generation characteristics of alginite in the Cambiran Alum Shale[M]. In: Schidlowski, M. (Ed.), Early Organic Evolution: Implications for Mineral and Energy Resources. Springer - Verlag, Berlin, 1992.

Katzung G. Regionalgeologische stellung and entwicklung[M]. In:Katzung,G. (Ed.), Geologie von Mecklenburg - Vorpommern. E. Schweizerbart'sche Ver - lagsbuchhandlung, Stuttgart, 2004.

Krooss B M, Plessen B, Machel H, et al. Originand distribution of non - hydrocarbon gases. In: Littke R, Bayer U, Gajewski D, et al. Dynamics of Complex Intracontinental Basins—The Central European Basin System [J]. Springer - Verlag, Berlin - Heidelberg, 2008: 433—457.

Littke R M, Brix M R, Nelskamp. Inversion and evolution of the thermal field [M]. In: Littke R, Bayer U, Gajewski D, et al. Dynamics of Complex Intracontinental Basins - The Central European Basin System. Springer - Verlag, Berlin - Heidelberg, 2008.

根据声波测井数据评价 Louisiana 西北部 Haynesville 页岩气探区含气饱和度的变化

Lucier A M, Hofmann R, Bryndzia L T
(Shell Internatal Exploration and Production, Projects & Technology)

摘　要：声波测井曲线可以提供流体和岩石性质的重要信息。在页岩气的评估过程中，了解区域影响声波速度测量值的因素对于探区勘探尤其重要。论文通过分析可能影响泥岩中声波速度的多种因素后，建立了相关参数关系式，为页岩气的正确评价提供依据。

引　言

为了保证页岩气资源的经济开发效益，必须要克服许多技术上的困难，包括：①精确评价页岩中气体的分布和饱和度；②识别、确定水力压裂和完井的最佳区域；③提高钻井安全性，同时降低开发成本。为了克服这些困难，对页岩的物理和机械性能特征进行研究是很有必要的。而声波测井可以提供有关岩石和流体性能的一些很重要的数据，这些数据可以用来对上述页岩物理和机械性能特征进行分析研究。

近年来，声波测井曲线开始广泛地应用于页岩气探区的评价之中。然而，天然气研究院(GRI)(1996)所设定的页岩气地层工业标准评价机制中并没有包含声波测井数据分析这项流程。在 Appalachian 泥盆系页岩的研究过程中运用了自然伽马指数分析的方法，而并没有收集相关的声波测井数据，这在一定程度上是因为大多数钻井都存在有空气影响的缘故。此时，基于测井曲线的地层评价机制仅仅集中于伽马射线测井和岩性密度测井数据的利用。此外，烃类生成过程以及气体存在对于页岩声波测井响应的影响也没有形成系统的研究(例如，Vernik 和 Nur，1992)。在本文中，我们研究了含气的 Bossier 和 Haynesville 页岩声波测井数据的影响因素。

Louisiana 西北部晚侏罗世的 Bossier 和 Haynesville 页岩具有独特的声波测井响应特征，与已经确定的泥岩中的 v_p-v_s 关系存在很大的不同。经过测量，其 v_p(纵波速度)与 v_s(横波速度)相比要慢。此外，储层页岩相比于非储层页岩来说，v_p 要慢得多，而储层页岩与非储层页岩的区别在于它们之间总有机碳含量(TOC)、孔隙度和含水饱和度(S_w)的不同。这些页岩的性质参数主要通过密度测井数据获得，同时经过实验测量进行校准。

从图 1 中我们可以清楚地发现储层和非储层岩石的声波响应存在很大的差异。图中根据 Bossier 和 Haynesville 页岩探井的声波测井数据绘制了两套页岩在盐水浓度饱和情况下的 v_p-v_s 趋势关系图。通常情况下把图中的泥岩线称作 Castagna 泥岩线或 Castagna 关系式(Castagna 等，1993)，这是基于大范围泥岩的原地声波测井数据获得的经验关系式，而其他的 $v_p - v_s$ 趋势关系图则是基于墨西哥湾松散泥岩中非烃源岩的原地声波测井数据获得的。尽管泥岩的年代、组成成分和结构都存在有很大的不同，但是得出该经验关系却是基本相当的。我们所观察到的 $v_p - v_s$ 关系总体也与该经验关系式相符，而当观察结果与该经验关系式相违背时则需要进行进一步的分析和解释。因此，为了更有效地利用收集到的页岩气井的声波测井数据，理解影响声波测井测量值(图 1)的主要因素就显得十分重要。

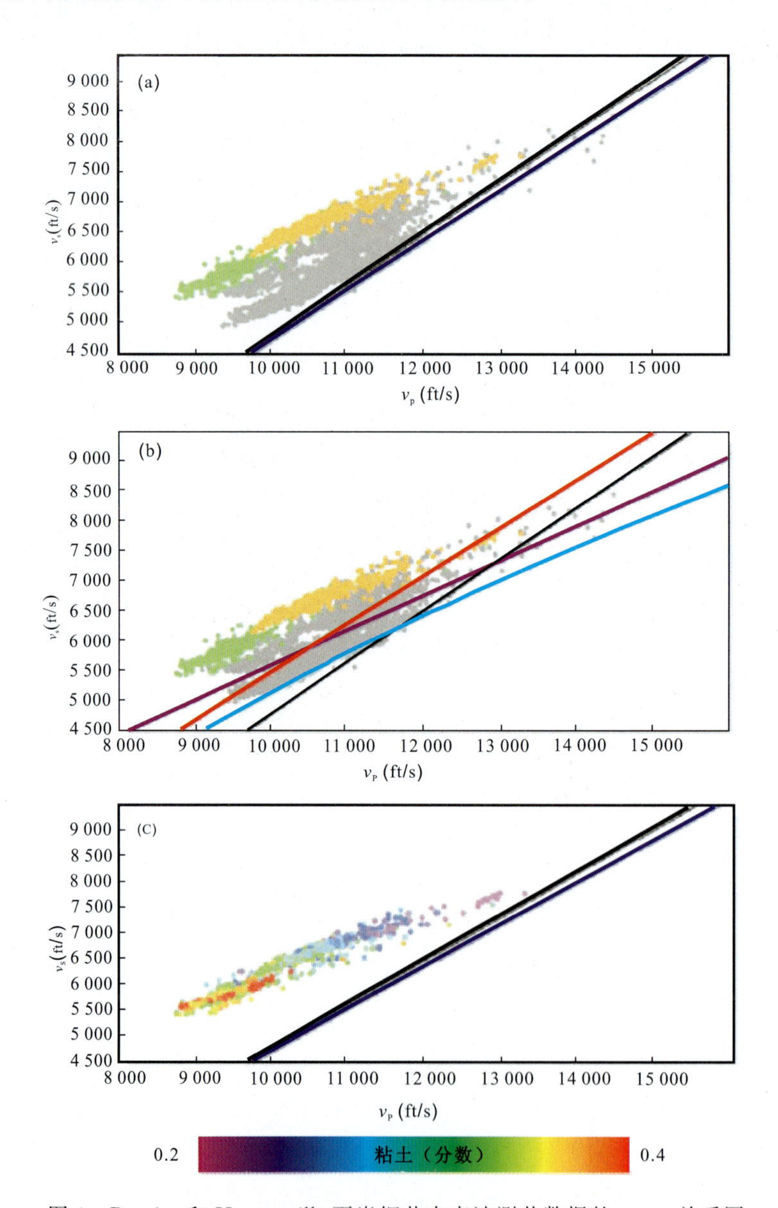

图 1　Bossier 和 Haynesville 页岩探井中声波测井数据的 $v_p - v_s$ 关系图

黑色和蓝色线分别代表 Castagna 建立的泥岩线(黑色)和根据墨西哥湾地区泥岩数据确定的 $v_p - v_s$ 趋势线(蓝色)。(a)灰色代表非储集层岩石，绿色代表上部的储集层，橙色代表底部的储集层；(b)不同岩性下的 Castagna 泥岩线对比：泥岩线(黑色)，砂岩(红色)，白云石(紫色)，石灰岩(蓝绿色)；(c)储层的 $v_p - v_s$ 交会图，彩色编码区为根据测井数据衍生的对应条件下的粘土含量分布值，高粘土含量的岩石其声波速度更低

我们通过评价影响 Bossier 和 Haynesville 页岩声波测井数据的几个关键因素来最后确定控制该地层声波测井响应的主要因素，为此我们经过了以下步骤：

(1)评价和消除储层与非储层之间在地层压力、岩性和声波非均质性方面的差异性，因为这些是引起声波速度不同的主要原因。

(2)建立不同 TOC 条件下的声波测井响应模型，以此预测储集层和非储集层岩石中声波速度受到影响最小的情况。

(3)显示用 Gassmann 流体代替含盐饱和的流体时，Haynesville 型泥岩模型与局部饱和含气岩石声波测井所观察到的声波速度相一致。

(4)证明经校正气体的原地声波速度数据与已经建立的泥岩 v_p-v_s 趋势关系式相符。

这次研究我们集中收集了单独 1 口垂直井的数据，但是我们证明了在其他区域的垂直井中 Haynesville 页岩具有相似的测井响应特征。这个工作最主要的作用是评价经校正气体的速度和密度。这样可以确定地层的弹性模量，而这对后期的许多工作都是十分有用的，例如地层压力评估、水力压裂模型和储层模型的建立等。为了使岩石性质在模拟过程中不受到各种饱和度流体的影响，我们必须消除流体对声波测井数据的影响。

含气页岩中利用 Gassmann 流体代替原有流体的实验方法是否合适的讨论涉及到我们整个实验工作流程的优势和局限性。这些局限性体现为在评价页岩气体饱和度对声波测井数据影响时，与代替的方法相比，该方法将实际情况简单化，同时实验操作相对复杂。但是我们也证明在很多含气的页岩区域也观察到了相应的声波响应特征，所以应该可以以类似的形式进行评价。

1. 储集岩和非储集岩

有许多因素可以影响岩石—流体系统的声波响应。有些因素，如随孔隙压力的改变而变化的有效应力，同时影响着 v_p 和 v_s 的大小，导致此时的声波速度沿着区域岩性 v_p-v_s 趋势线发生改变。我们观察到区域泥岩的 v_p-v_s 趋势关系十分稳定，即使收集的声波数据所属的物理环境和埋藏历史都存在很大的差异，其趋势都不会出现明显的变化。这点也很好地佐证了上述的观点。

本文中，我们的研究内容包括：①什么因素可以区别储集层和非储集层；②这些因素是如何影响岩石的声波特性的；③哪个因素为观测到的声波相应的直接来源。本文研究中，我们可以定义储层为有效体积/总体积比大于 0.75 的地层，其中有效体积被定义为地层中孔隙度 $>5\%$，TOC$>2\%$ 和 $S_w<80\%$ 岩石的总体积。岩石的每一种性质都可以影响其声波响应。此外，储集岩和非储集岩的岩性存在很大的不同，而这也是另外一个影响声波数据的主要因素。表 1 和表 2 中总结出了储集岩和非储集岩的一般物性特征。

表 1　9 口 Haynesville 和 Bossier 井中岩心样品的 XRD 和 TOC 测量值总结表

岩心分析	石英 XRD（质量百分比）	长石 XRD（质量百分比）	碳酸盐 XRD（质量百分比）	其他 XRD（质量百分比）	粘土 XRD（质量百分比）	TOC（质量百分比）
非储集层	22±4	11±3	12±10	3±1	52±9	1.3±0.5
储集层上部	20±4	9±3	21±16	3±1	47±11	2.5±1
储集层下部	27±5	9±3	24±12	5±2	35±9	3.5±1

表中比较了非储集层、储集层上部和储集层下部的 TOC 值以及各成分的 XRD 质量百分数，包含有石英、长石(钾长石和斜长石)、碳酸盐(方解石、白云石和铁白云石)，其他(黄铁矿、磷灰石、重晶石)和粘土(混合岩土层、伊利石、高岭石和绿泥石)。

包含的参数有总粘土含量、孔隙度、TOC、含水饱和度，v_p、v_s和体积密度。这些值分别反映非储集层、储集层上部和储集层下部的平均值和标准偏差。

由于岩石的结构、构造或者矿物成分的不同所导致的岩性变化可以影响泥岩 v_p和 v_s之间的关系。总体组分相同的泥岩可以是均质的、薄层状的或者胶结状的，但是它们声波测井速度、密度以及各向异性存在很大的不同。通过在实验室对 Haynesville 和 Bossier 岩心(包括储层和非储层)进行实验分析表明它们的声波测井速度和力学各向异性与粘土含量存在函数关系。这就表明，在声波测量中，岩石的矿物成分和结构之间存在着相互关系。因此，不需要对岩石的结构进行专门的评价，仅根据岩石的矿物成分就可以描述其岩性的变化特征。图 1(b)表明了矿物成分对于 v_p- v_s关系的影响，很好地解释了 Castagna 等提出的不同岩性(含盐饱和度不同)的 v_p- v_s趋势线。而储层的声波数据不在这个趋势线的范围之内。一些非储层的数据符合碳酸盐岩和砂岩的趋势线，但是这些趋势都与岩石的矿物成分无关(表 1)。

在这些页岩中，我们观察到的岩性变化影响 v_p- v_s关系的另一种形式是其中的粘土含量对其声波各向异性存在影响。这种各向异性可以近似看作横向各向同性(TI)，其具有正常的(垂向的)地层对称轴，这样以至于发散波的垂向速度要比横向速度小。由于纵波与横波之间极化强度不同，纵波速度可能比与岩层平行的水平偏振横波更为敏感。较低的长度/直径比的孔隙和微裂缝导致其 v_p相比于 v_s要低。

在特定条件下，现代的声波工具经常用于描绘声波各向异性的特征，使斯通利波的水平剪切模量垂直于孔轴(例如水平面垂直于井眼的情况下)(Pistre 等，2005)。横波的各向异性可以由该剪切模量与正交平面内的剪切模量对比获得，此正交平面包含孔轴和快、慢弯曲横波的极化方向。然而本文研究中，我们分别利用垂直、水平和 45°方向的测量来确定其各向异性的特征。这些测量值表明不管是纵波还是横波，岩石中粘土含量越高，其对应的横波速度/纵波速度比越大，区域 v_p- v_s趋势关系中没有观测出粘土含量与速度偏差之间的关系。表 1 中可以看出非储层比储层的粘土含量更高(意味着更高的声波 TI 各向异性)，同时其声波速度与区域 v_p- v_s趋势线的偏差也相对较小。此外，图 1(c)表明了储层中粘土含量的变化影响其 v_p、v_s始终沿着 v_p- v_s趋势线发生改变。基于①储层和非储层岩石在矿物成分的相似性；②观察储层和非储层的声波岩心测量值的 TI 各向异性，我们认为岩性的差异并不是影响声波数据偏离其 v_p- v_s趋势关系(泥岩线)的主要原因。

图 2(a)显示出孔隙度的增加和区域 v_p- v_s趋势关系偏差之间的关系。这种关系的直接原因很可能是由于孔隙度与 TOC 和含气饱和度之间存在相互关系，而 TOC 和含气饱和度二者与 v_p- v_s趋势关系的偏差有关[图 2(b)、(c)]。岩石内的孔隙包含粒间孔以及与有机质相关的孔隙。有机质逐渐成熟过程中形成孔隙并保存下来，这就解释了为什么在高成熟页岩中孔隙度和 TOC 之间存在着密切的关系。图 3(a)的电镜照片显示了 Haynesville 页岩的有机质具有很高的孔隙度，呈蜂窝状的特征。这个图片还显示出有机质的孔隙度由其内部的孔隙网络决定，与板状粘土矿物以及碳氢化合物生烃过程中形成的微裂隙有关。我们预计在页岩系统内形成了一个整体裂缝网络，这个由 Bowers 和 Katsube(2002)首次概念性提出。他们的模型中，低长度/直径比的连通孔隙会将一套相当大的、高长度/直径比的封闭孔隙连通起来。在图 3(a)中显示出的孔隙系统与

这个模型有很大的相似之处，有机质内的孔隙为封闭孔隙，与粘土矿物成分相关，而与岩层平行的微孔隙则形成连通孔隙。

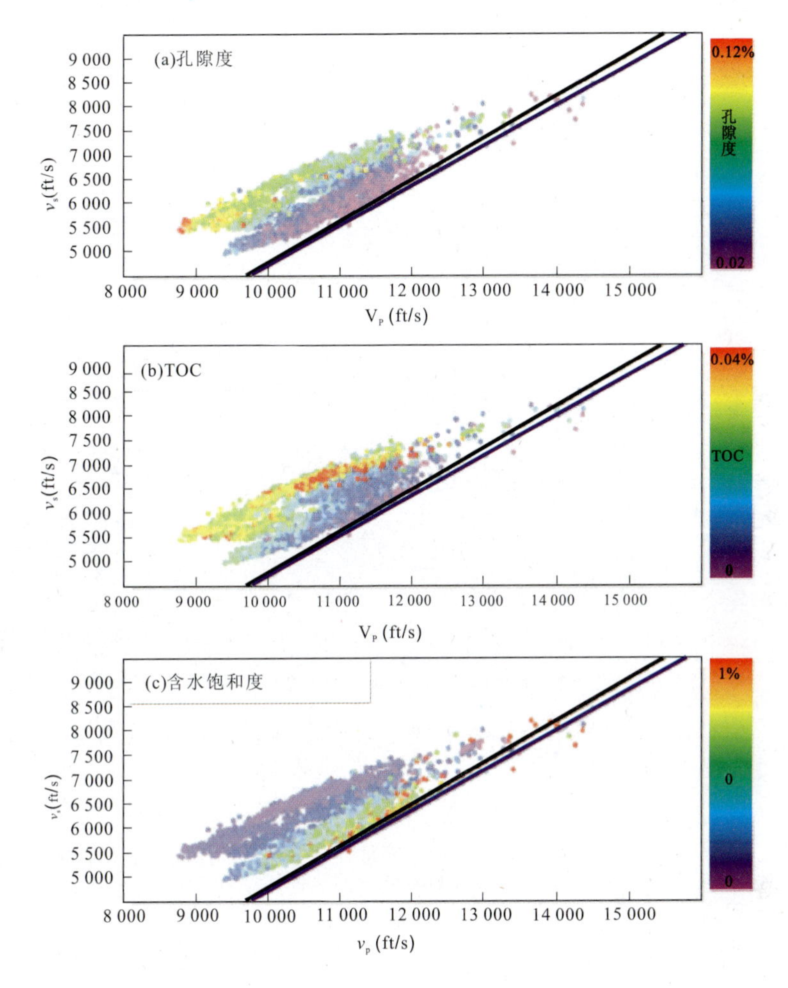

图 2 Bossier 和 Haynesville 井中声波测井数据的 v_p - v_s 趋势图

Castagna 泥岩线（黑色）和墨西哥湾泥岩 v_p - v_s 趋势线（蓝色）是作为参考的。(a)图中的色码条表明测井导出的孔隙度；(b)图中的色码条表示测井导出的 TOC 含量（质量分数）；(c)图中色码条表示测井导出的 Luffel 含水饱和度（S_w）

Luffel 等(1992)发现，含气页岩中孔隙度与其含气饱和度之间似乎也存在着密切的关系。本文研究中，我们用 Luffel 方法计算含气饱和度，该方法直接地将饱和度和孔隙度结合在一起。这种以孔隙度为基础的模型中，假设孔隙体积恒定（被解释为 Luffel 参数，通过测量岩心的孔隙度和含气饱和度获得），且处于含水饱和的状态。计算的含水饱和度作为 Luffel 参数在总孔隙度中所占的比例。孔隙度改变声波速度时，主要使其沿着 v_p - v_s 趋势关系发生改变，所以我们认为孔隙度与 v_p - v_s 趋势关系的偏差之间不存在有因果关系。

储集岩中的总有机碳含量为非储集岩中的 2～3 倍（表 2）。图 2(b)表明泥岩的 TOC 含量与 v_p - v_s 泥岩线的偏差之间存在相互关系。不同 TOC 条件下的声波响应很可能取决于有机

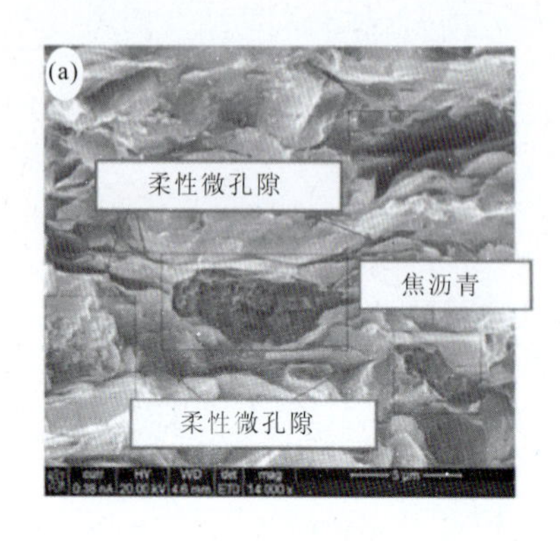

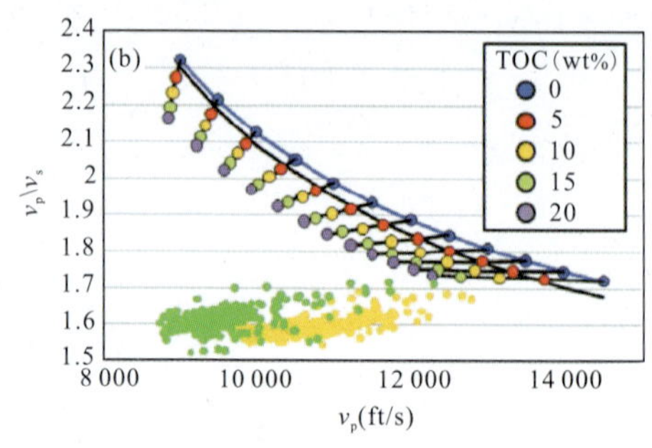

图 3 (a)图为 Haynesville 页岩在 12 781.2ft 处的高分辨率反向散射 SEM 成像照片；图中的无定形有机质是来源于原油热裂解形成的焦沥青，耐熔物和固体有机物。图中也强调突出了低长度/直径比基质孔隙度的可塑性，这是因为在 Haynesville 页岩中存在有大量的伊利石。b. 随非烃源岩泥岩(蓝色)中的 TOC 含量的增加(0～20%，质量百分数)，$(v_p/v_s)-v_p$ 关系的变化图。图中标绘出 Castagna 泥岩线(黑色线)和储集层上部(绿色)和下部的(橙色)声波数据以供对比参考。对于 TOC 含量小于 5%的储集层来说，即使 TOC 含量增加 20%也不能对观察到的$(v_p/v_s)-v_p$ 关系变化作出有效的解释

质在页岩中的体积、成熟度和分布。一般情况下，我们通过高温热解的方法确定存在于干酪根、沥青和液烃之中总有机碳的含量(质量百分数)。而总有机碳体积含量的计算则需要知道有机碳的颗粒密度和结晶物质的颗粒密度。而有机质的颗粒密度随原始干酪根成熟度的改变而变化(Ward，2010)。因此，我们预计原始有机质的热成熟演化过程中，其对应的声波响应特征也会发生相应的变化。

表 2 一口 Haynesville 和 Bossier 单井中根据测井计算的各参数值

基于声波测井的分析	粘土(%)	孔隙度(%)	TOC(%)	S_w(%)	v_p(ft/s)	v_s(ft/s)	体积密度(gm/cm³)
非储集层	44±7	4.5±1.5	1.3±1.0	40±25	10 784±691	6 107±554	2.62±0.04
储集层上部	39±8	9±1.5	2.8±0.5	15±5	9 634±624	5 957±339	2.51±0.03
储集层下部	32±7	7.5±1.5	3.5±1.0	10±3	10 787±639	6 776±313	2.52±0.03

有机质的热成熟度主要由镜质体反射率(R_o)决定。R_o 约在 0.6%时开始生成石油，R_o 在大于 1.2%的时候主要生成的产物为天然气。Bossier 和 Haynesville 页岩中有机质的 R_o 在 2.0%～2.8%之间，处于过成熟阶段(Novosel 等，2010)。该阶段下，其中的无定形有机质具有耐熔性，而固体有机质(SOM)则主要是原始烃类流体热降解的残余产物，可以归类于焦沥青。而这种残余有机质的形成，与现今的大多数天然气是在原始干酪根的埋藏及成熟演化过程中，生成的液态石油二次裂解的产物(Novosel 等)这点相吻合。另外，TOC 的组织结构和分布也与有机质的热成熟度相关。在过成熟的 Haynesville 页岩中，SOM 通常为均匀分布于页岩基质(粘土质的、粘土矿物富集的区域)中的球状聚集物。这与我们在低成熟度、富含有机质的烃源岩处于生油窗时观察到的 SOM 差别很大，例如 Bakken 油页岩中的 SOM(Vernik 和

Nur,1992)。我们利用岩石的物理模型来研究 TOC 与观察到的声波响应之间是否存在因果关系,或者是由于储层特性中存在其他影响声波响应特征的参数,如含气饱和度。

众所周知,在多孔隙的常规砂岩储层中,烃类饱和度对纵波速度有很大的影响。即使是气体饱和度较低的情况下也会导致 v_p 明显的降低,但是它对横波速度的影响很小。可以利用 $(v_p/v_s)-v_p$ 交会图通过岩石特有的物理特征鉴别传统的砂岩储集层中的商业价值气体饱和度和残余气体饱和度。在 $(v_p/v_s)-v_p$ 图中,岩石的气体饱和度将会导致 v_p 降低,同时与含盐饱和端元相关的 v_p/v_s 比也会降低,在页岩中也能观察到这种现象。在 Norway 的 Oseberg 油田干燥($S_w=0$)的侏罗系页岩中进行实验测量,其声波速度与 Castagna 泥岩线相比存在相似的偏差[Strandenes,1991;图 4(a)]。Oseberg 声波速度的偏差值与下部 Haynesville 页岩储层的观察结果相似。在 Oseberg 页岩数据之中,$(v_p/v_s)-v_p$ 受流体饱和状态的影响,其饱和液中存在有气体(如天然气)。此外,正如前面描述的那样,含气饱和的连通孔隙网络其原地有效应力较低,对垂向传播的纵波有很大的影响。我们研究是否能通过 Haynesville 页岩和 Bossier 页岩的声波响应来确定其对应的饱和状态,就如图 4(a)所示的那样。

在 Bossier 和 Haynesville 页岩中储集层与非储集层的分类是根据孔隙度、TOC 和含气饱和度来确定的。在下面的部分中,我们用正演模拟的方法来预测随着 TOC 含量和含气饱和度的增加声波响应的变化,从而确定岩石的哪些性质可能导致泥岩声波速度与 Castagna 泥岩线产生差异(图 1)。

2. 总有机碳(TOC)增加的声波响应正演模型

为了研究 TOC 对泥岩声波速度的影响,首先应建立一个含盐饱和的泥岩模型,其 TOC 与 Haynesville 页岩中游离的 TOC 值相当。然后利用已有的岩石物理方法模拟随 TOC(以 SOM 的形式)增加,岩层有效弹性模量和密度具有对应的变化。而有效弹性模量和密度的变化又可对应转化为泥岩声波特征的变化。根据下述的工作流程,我们确定非烃源岩、非储集烃源岩和储集烃源岩之间的 TOC 存在的差异性,但其中的差别并没有达到能够解释它们之间测井声波响应差异性的地步。

建立含盐饱和的泥岩模型的工作流程如下:

(1)定义 $v_p-v_s-\rho$ 的关系,以便使沿着 v_p-v_s 趋势关系的每一个点都与其体积密度联系,从而与建立的泥岩模型保持一致。

(2)计算在特定原地压力、温度和盐度条件下盐水的密度和体积弹性模量。

(3)通过 *XRD* 数据确定其平均的矿物成分,把重量百分数(根据记录)转变成体积百分数,同时用标准的加权平均方法计算颗粒密度。

(4)根据 $v_p-\rho$ 关系以及盐水密度、颗粒密度来确定 v_p 和孔隙度之间的关系。

(5)用 v_p、v_s 和体积密度(ρ)计算页岩体积(K)和剪切模量(G)。

$$K=v_p^2\rho-\frac{4}{3}v_s^2\rho \tag{1}$$

$$G=v_s^2\rho \tag{2}$$

(6)根据矿物的弹性系数以及由 Hashin - Shtrikman 上界和下界(1963)的平均值得出的体积分数来评估泥岩的颗粒体积和剪切模量。

将墨西哥湾非烃源岩的 v_p-v_s 趋势线当作这个模型的起始点。经过上述工作流程后,得

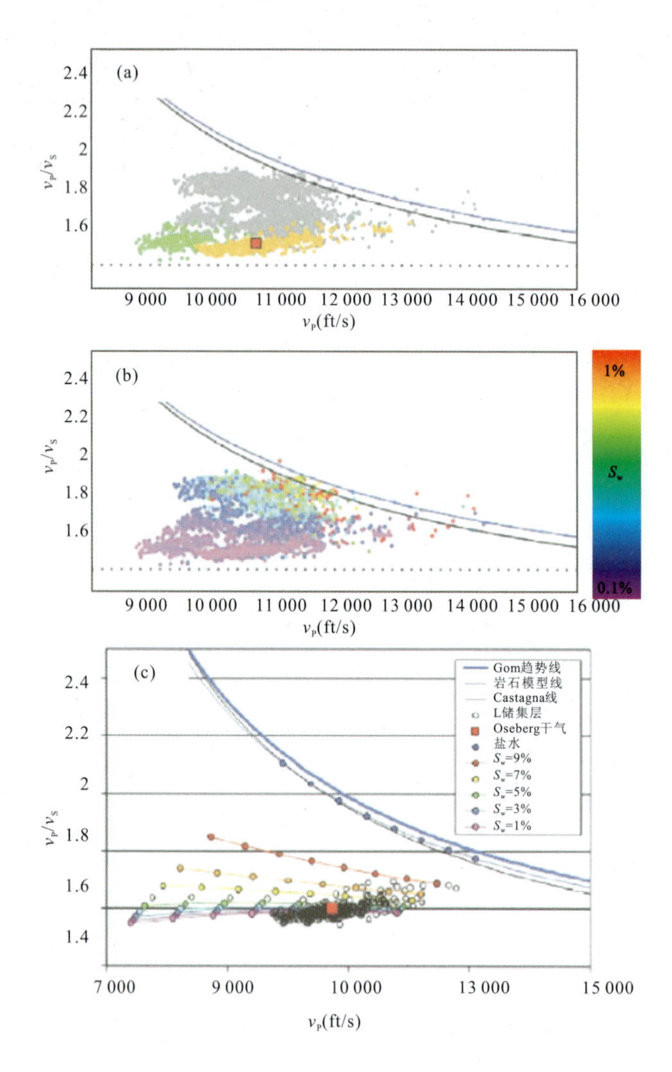

图 4　Bossier 和 Haynesville 井声波测井数据的(v_p/v_s)－v_p 关系图

Castagna 泥岩线(黑色)和墨西哥湾泥岩 v_p－v_s趋势线(蓝色)标绘出以便对比参考;虚线是干燥砂岩的趋势线(Castagna 等)。(a)彩色分别代表的层段为:非储集层(灰色),上部储集层(绿色)和下部储集层(橙色)。红色的正方形区域显示的是 Oseberg 页岩干燥条件下的测量值;(b)图中色码条表示测井导出的 Luffel 含水饱和度;(c)泥岩模型中含水饱和度由 S_w 为 100%～10%过程中,Gassmann 流体替换正演模拟的结果;图中 Oseberg 页岩干燥条件下的测量值和下部储集层的声波测井数据标绘以供参考

出的泥岩模型中每组沿着 v_p－v_s趋势线变化的数据点之间的孔隙度、体积弹性模量、剪切模量都存在相互联系。同时我们还确定了代表性颗粒和流体的弹性模量、密度。接下来的工作流程中我们将根据建立的泥岩模型来评估 TOC 对声波响应的影响。

在泥岩模型中增加 TOC 的工作流程如下:

(1)评估 TOC 的颗粒密度、体积弹性模量和剪切模量。

(2)用 Hashin－Shtrikman 的下界计算 TOC 在泥岩中的体积弹性模量和剪切模量。

(3)用标准的加权平均方法计算 TOC 在泥岩中的体积密度。

(4)利用公式(1)和公式(2)计算 v_p 和 v_s,从而进行第 3 步(K 和 G)和第 4 步(ρ)运算。

实现这个工作流程的一个难题是要选择 TOC 的颗粒密度和弹性模量的值。页岩气的 GRI 评估(1996)方法表明可以利用镜质体反射率来估算 TOC 的密度。最初的 GRI 数据包括 R_o 最大为 2%时 TOC 的密度,而我们通过合并 Marcellus 页岩中很多最新的数据将这个 R_o 的范围扩展到接近 3%(Ward,2010)。在 Haynesville 页岩探井中 R_o 的平均值估计为2.5%,其对应 TOC 颗粒密度约为 1.86g/cm^3。根据此颗粒密度,以及 Vernik 和 Nur 等报告中提到的干酪根声波速度 v_p=2 700m/s 和 v_s=1 500m/s,分别利用公式(1)和公式(2),我们估计该处于过成熟阶段 TOC 的体积弹性模量为 7.98GPa,剪切模量为 4.18GPa。

完整的分析计算结果见图 3。含盐饱和的墨西哥湾泥岩的声波速度与 Castagna 泥岩 v_p-v_s趋势线之间的差异性很大,与之相比,由于非储集层泥岩和储集层泥岩之间比较小的 TOC 含量变化(≪5%,质量百分数)导致区域 TOC 与声波速度的关系相比起来小得多。

3. 含气饱和度增加的声波响应正演模型

在评价不同液体饱和度对于岩石声波性质的影响时通常要用到 Gassmann 流体。在泥岩中运用 Gassmann 模型并不是标准的应用。该模型存在一些局限性和假设条件,而这些与泥岩的性质相违背。这些假设在某些文章中进行了详细的论述(如 Hofmann, 2001),总结如下:

(1)多孔性物质为各向同性、均匀、有弹性的,以及单矿物的。

(2)封闭系统(流体质量恒定)为单一的无摩擦(不受黏度影响)流体相。

(3)零频率界线,以便孔隙中的诱导孔隙压力保持平衡。

(4)剪切模量保持不变(不受饱和状态的影响)。

(5)岩石—流体之间不存在相互作用。

在满足这些假设条件的情况下,利用 Gassmann 流体进行正演模拟泥岩模型中气体饱和度增加情况下的声波响应特征与 TOC 含量的关系(所采用岩石样品在含盐饱和状态下的多孔性、矿物成分和 TOC 含量与 Haynesville 页岩相似)。该研究的主要工作流程如下:

(1)确定含盐饱和岩石样品的初始输入参数:体积密度(ρ),孔隙度(φ),体积弹性模量(K_{sat1}),以及剪切模量(G);用 Wood 方程和颗粒体积弹性模量(K_O)来计算盐水的体积弹性模量和密度(K_{fl1} 和 ρ_{fl1}),以及不同含水饱和度条件下盐水与气体混合物的体积弹性模量和密度(K_{fl2} 和 ρ_{fl2})。

(2)对公式(3)(Gassmann 方程)进行求解,得出在新饱和状态下(K_{sat2})的体积弹性模量。

$$\frac{K_{sat1}}{K_O-K_{sat1}}-\frac{K_{fl1}}{\phi(K_O-K_{fl1})}=\frac{K_{sat2}}{K_O-K_{sat2}}-\frac{K_{fl2}}{\phi(K_O-K_{fl2})} \tag{3}$$

(3)在新的饱和状态下(sat2)计算泥岩的体积密度。

(4)利用泥岩的剪切模量(G)和新气体饱和状态下的体积密度,根据公式计算出此时含气饱和状态下的 v_s。

(5)利用 K_{sat2}、含气饱和状态下的 v_s,以及体积密度,根据公式(3)计算出含气饱和状态下的 v_p。

这个流程操作过程中模型处于"sat2"的饱和状态下,其对应的含水饱和度为 10%~90%。图 4(c)是这个工作流程的结果,显示了(v_p/v_s)- v_p 图中一系列的初始 v_p 值。一般来说,下部储集层中源于测井确定的 S_w 为 10%。在这样的饱和情况下,根据正演模型预测的预期声波响应特征与测量的声波数据相一致。这点很有力地支持了该假说:储集岩中测量的声波响应值为气体饱和度作用的结果。

4. 模拟原地数据

为了更进一步验证该假说,我们利用储层中测量的测井数据根据 Gassmann 方程来预测了经校正的气体声波性质。整个分析的流程与上面的概述相类似。而在此处,饱和状态“sat1”指地层原地饱和状态,饱和状态“sat2”则是含盐饱和度为 100%的状态。

在储集层的上部和下部预测的用盐水取代气体的声波响应特征与含盐饱和的泥岩模型中的声波响应特征完全一致(图 5)。图中墨西哥湾的 v_p-v_s 趋势线和 Castagna 泥岩线只是作为参考,对整个模型并没有影响。然而,它们似乎提供了经校正气体 v_p-v_s 关系的一级近似值。在下部储集层中,经校正气体的速度与趋势线值相比下降了 48%,同时纵波速度 80%在 100ft/s 内,而在上部储集层中,经校正的气体的纵波速度 70%也在 100ft/s 以内。这个结果表明在声波测井中测量的声波响应受含气饱和度的控制作用,而已存在的泥岩线则提供了 v_p-v_s 关系的一级近似值,如果 Haynesville 和 Bossier 页岩为含盐饱和而不是含气饱和时就可以达到预期的结果。

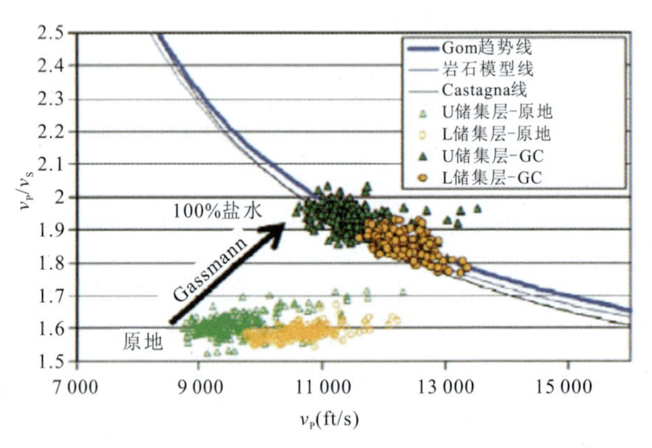

图 5 在上部(绿色)和下部(橙色)储集层利用 Gassmann 流体替换获得测井数据

Castagna 泥岩线(黑色)和墨西哥湾 v_p-v_s 动态趋势(蓝色)标绘以供对比参考。原地数据用空心符号标记,而经气体校正(GC)的值用实心符号标记。原地饱和度由 Luffel 方法来确定,同时通过岩心的测量值进行校准

5. 实验结果的应用

这些结论最主要的意义是可以在不受流体饱和状态的影响下确定岩石的机械性能。而应用地质力学分析时,则需要确定岩石在排水条件下的静态机械性能。当利用声波数据计算动态的弹性时,对流体饱和度的影响进行校正是十分重要的,而随后利用动态参数推导静态性质时,动态与静态之间进一步的经验关系必不可少。

另外,根据上述的分析结果,我们可以用 TOC 含量、孔隙度以及饱和度的值,根据测量的 $(v_p/v_s)-v_p$ 关系,运用“快速检查”的方法鉴别储集层和非储集层。Gassmann 正演模拟(图 4)表明当绝对含水饱和度值 $S_w<40\%$时,这个方法相对不太准确,这是因为 Gassmann 模型不大可能提供可靠的饱和度。但是,将测量到的声波响应特征与区域泥岩趋势线进行对比能很快、很容易地将储集岩与非储集岩区别开来。另外,利用气体对声波速度的影响来完成对地震

数据的定量解释则需要进行进一步的研究。

6. 讨论

上面已经叙述了 Gassmann 关系存在的前提假设条件。我们在这里要讨论的是在满足这些假设条件下,Gassmann 流体代替低渗透率页岩的适用性,以及评价不同气体饱和度条件下页岩的声波响应特征的方法。

第一个假设是多孔隙物质是各向同性的、有弹性的、均匀的和单矿物质的。因为这些岩石都被高度压实,所以根据声波传播来确定其弹性响应是合理的。岩石高度压实的特性使我们可运用有效的介质模型(如 Hashin - Shtrikman)来计算有效矿物模量,使其接近岩石单矿物的假设条件。但是这些岩石显然不是各向同性的或均质性的。实际上,Haynesville 和 Bossier 页岩能最好地模拟成 TI 介质。但是在此处分析中,我们假设可以利用 Gassmann 方程来描述一级气体对声波测井响应的影响。而此时必须满足以下假设:页岩(标准分层)的对称轴是平行于垂直孔轴的,且声波工具沿着此轴传播来测量横波和纵波的速度。

在讨论流体分布、非均质性级别以及波长时,均质性的假设是复杂的,同时也是必须的。这些因素同时还与前文中 Gassmann 假设条件第(2)、(3)条有关联:即单一的封闭系统(流体质量恒定),无摩擦的流体相和零频率界线(即在孔隙中诱导孔隙压力保持平衡)。由于岩石中流体的分布以及在不同的孔隙连通性(通过局部渗透作用),孔隙流体在不同的长度标准(lengh scale)下都能保持平衡,而这对于如何计算局部饱和情况下的各个参数至关重要。在高孔隙度的储集层中,可以用 Wood 混合模型将流体模拟成单一的有效流体。但是低孔隙度、高含水饱和度的非储集层岩石中,其非均质或者饱和度不均匀状态下的模型更具代表性。此外,虽然所有孔隙中的压力并没有完全连通,但在声波扰动的作用下,整个系统的压力仍然可能达到平衡。而对于低孔隙度或低渗透率的物质来说动力学因素(如分散作用)的影响可能很大。为了能够利用更理想合适的模型来解释非均质流体的分布和分散作用所产生的影响,则必须要进行更多的特征描述工作。然而,就本文实验研究而言,这些因素好像只是在孔隙度小于 5%的岩石(也就是非储集层)中存在着很大的作用。

剪切模量(G)恒定的假设是有根据的,因为由声波测井获得的剪切模量与饱和度无关,而体积弹性模量与饱和度有关。另外,从数学角度来讲,岩石—流体之间无相互作用的假设也是有根据的,而这与流体代替物实际应用(也就是岩心柱浸透、吸入测试、水力压裂法)的问题不同。这些岩石是通过广泛的成岩作用而形成稳定的组分。然而,由于原始有机质埋藏演化过程中生成烃类气体对水的排替作用导致这些岩石的原地含水饱和度很低(低于典型假设条件下的残余水饱和度)。因此实际情况下,模型很容易受到岩石—流体相互作用的影响。

尽管 Gassmann 正演模型建立的前提假设条件复杂,但在 Haynesville 和 Bossier 页岩气探区的储集层中应用流体代替物的方法还是有效的。在储集层中利用流体代替物的结果表明经校正气体的声波速度与已建立的含盐饱和泥岩趋势线相一致。而对于孔隙度小于 5%的非储集层来说,Gassmann 正演模拟的效果要差得多。另外由于上述讨论的原因(流体分布的非均质性,分散作用),上述 Gassmann 正演模拟结果的差异很可能与孔隙度、饱和度计算结果的不确定性有关,它们的值会随着孔隙度的减小而增大。

另外还有很多方法来校正不同流体饱和度状态下的声波响应数据。一个简单的方法就是根据 GR、中子密度和(或)深电阻率为基础建立综合的声波测井曲线,然后根据曲线对区域

(含盐饱和度 100%)模拟结果进行校正(Barree 等,2009)。我们认为这个方法所获得的声波数据并不准确,特别是当含页岩气区域处于勘察阶段时。在处理孔隙流体分布的非均质性以及分散作用的影响(Gist, 1994)时,人们提出了很多的方法(例如,Endres 和 Knight, 1989; Knight 等,1998)。这些模型的主要局限性是输入参数的不确定性。一个更复杂的流体替换法可能更适合 TI 页岩,即 Gassmann 关系的 Brown 和 Korringa 各向异性转换法(Brown 和 Korringa,1975)。这个方法的优点在于能够同时对水平和垂直速度进行气体校正,这对于在页岩中描述机械各向异性的特征有很大的作用,但是这个方法也有其局限性,即在抑制各向异性材料的全柔性张量时存在不确定性。

另外在研究 TI 岩石—流体系统中孔隙充填对声波性质影响时,Sayers(2008)提出了另外的一种方法。这个方法通过描述地震的各向异性来确定页岩中低长度—直径比的孔隙(代表了粘土颗粒之间或者与岩层平行的微裂缝之间的孔隙度)。在该模型中,纵波和横波的各向异性参数(分别为 ε 和 γ)之间的相互关系取决于正常弯曲量与剪切弯曲量(shear compliance)的比值。当剪切弯曲量的剩余量保持不变时,减少孔隙填充流体的体积弹性模量(也就是增加气体饱和度),同时增加正常弯曲量。这样我们可以预测随着气体饱和度的增加,ε 和 γ 值将会增加。因此,根据原地测量的 ε 和 γ 值之间的关系确定所处区域孔隙的填充状况。此外,该方法对各向异性的特征进行描述是一个难点所在。

7. 结论

声波测井曲线可以提供流体和岩石性质的重要信息。在页岩气的评估过程中,了解区域影响声波速度测量值的因素对于探区勘探尤其重要。本文中,我们研究分析了影响泥岩中声波速度的很多因素,确定了有效应力和孔隙度对声波速度的测量值存在影响,这些因素同时影响 v_p 和 v_s 值的变化,从而保证了 v_p- v_s 之间的关系保持恒定。

在 Bossiert 和 Haynesville 页岩气探区中,岩性、各向异性和 TOC 含量的变化都对声波测量值存在影响,但是对 v_p- v_s 之间关系的影响甚微。含有大量未成熟 TOC(干酪根)的含气页岩可以有效地论证 TOC 对声波响应的影响更大。所以必须测量更多的关于有机质弹性和密度的数据,从而确定有机质的成熟度和烃源岩的类型,进而判断其对声波响应的影响。

在本文中,我们论证了在 Bossiert 和 Haynesville 页岩单口探井中观测到的声波响应特征与独立确定的原地含气饱和度所产生的影响效果相一致。这个首先通过含盐饱和泥岩模型的正演模拟得到了论证。同样地,通过 Gassmann 流体代替的方法(由原地饱和度－100%的含盐饱和度)测量声波数据,我们判定经校正气体的声波速度与已建立的泥岩线相一致。另外,值得注意的是,这种响应特征贯穿整个 Haynesville 页岩气探区[图 6(a)]。在其他的页岩气探区中(如 Marcellus 和 Barnett 探区)同样观察到了这种声波响应特征,由此也很好地证明了上述论点[图 6(b)]。

随着页岩气开始成为越来越重要的能源,推进页岩气评估而形成的石油物理学和岩石物理学研究正在逐步成长。其中有些研究方法源于常规储集层评价的经验,而另外的一些新技术则必须克服这些低孔隙度和低渗透率的烃源岩储集层中存在的各种问题。通过这些努力,我们会从那些被我们经常忽略的和未得到正确评价的泥岩中获得相当重要的发现。(高清材、杨苗译,陈尧、刘洋校)

原载　The Leading Edge, March 2011,300—311

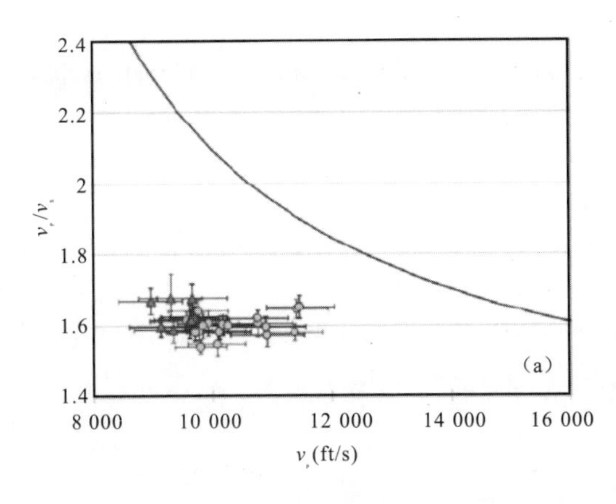

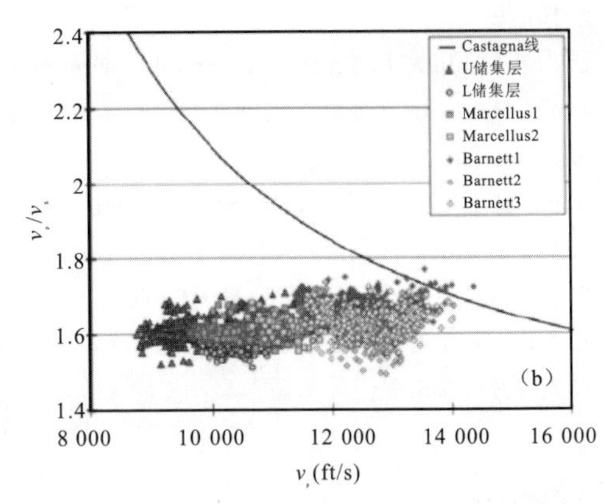

图 6 测井导出(v_p/v_s)-v_p 关系图

其中的 Castagna 泥岩线(黑色)标绘以供对比参考;(a)为 Haynesville 页岩气探区中几口已钻井的上部(绿色)和下部(亮灰色)储集层 v_p/v_s 和 v_p 的平均值,误差线表示标准偏差;(b)将本文研究的上部(黑色)和下部(亮灰色)储集层的声波速度与两口 Marcellus 井(深灰色),3 个 Barnett 井(浅灰色)的数据一起标绘出来对比分析。这些井的声波速度数据与 Castagna 泥岩线的偏差和 Bossier 和 Haynesville 储集层岩石中观察到的偏差结果相似(数据来自于 Achong C)

参考文献

Bowers G L, Katsube T J. The Role of shale pore structure on the sensitivity of wire - line logs to overpressure, in A. R. Huffman and G. L. Bowers, eds. , Pressure regimes in sedimentary basins and their prediction[J]. AAPG Memoir, 2002, 76: 43—60.

Brown R, Korringa J. On the dependence of the elastic properties of a porous rock on the compressibility of the pore fluid[J]. Geophysics, 1975,40(4): 608—616.

Castagna J P, Batzle M L, Kan T K. Rock physics - The link between Rock properties and AVO response, in J. P. Castagna and M. Backus, eds. , Offset - dependent reflectivity - theory and practice of AVO Analysis [C]. SEG,1993.

Endres A L, Knight R. The effect of mic roscopic fluid distribution on elastic wave velocities [J]. The Log Analyst,1989, 30: 437—445.

Gas Research Institute (GRI). Development of laboratory and petrophysical techniques for evaluating shale reservoirs [C]. GRI - 95/0496,1996.

Gist G A. Interpreting laboratory velocity measurements in partially gas - saturated Rocks [J]. Geophysics, 1994, 59(7): 1 100—1 109.

Hashin Z, Shtrikman S. A variational approach to the theory of the elastic behaviour of multiphase materials [J]. Journal of the Mechanics and Physics of Solids, 1963, 11(2): 127—140.

Hofmann R. On Gassmann's equation [J]. Master's thesis, Colorado School of Mines,2001.

Knight R, Dvorkin J, Nur A. Acoustic signatures of partial saturation [J]. Geophysics, 1998, 63(1): 132—138.

Luffel D L, Guidry F K, Curtis J B. Evaluation of Devonian shale with new core and log analysis methods[J]. Journal of Petroleum Technology, 1992, 44: 1 192—1 197, 10. 2118 / 21297—PA.

Novosel I, Manzano - Kareah K, Kornacki A S. Characterization of source Rocks in the Greater Sabine Bossier and Haynesville Formations, Northern Louisiana, USA [C]. AAPG Annual Convention, Abstract, 2010.

Pistre V, Kinoshita T, Endo T. A modular wireline sonic tool for measurements of 3D (azimuthal, radial, and axial) formation acoustic properties [C]. SPWLA 46th Annual Logging Symposium, 2005.

Sayers C M. The effect of low aspect ratio pores on the seismic anisotropy of shales [C]. 78th Annual International Meeting, SEG, Expanded Abstracts, 2008, 2 750—2 754.

Strandenes S. Rock physics analysis of the Brent Group reservoir in the Oseberg Field [J]. Stanford Rock Physics and Borehole Geophysics Project, 1991.

Vernik L, Nur A. Ultrasonic velocity and anisotropy of hydrocarbon source - rocks [J]. Geophysics, 1992, 57 (5): 727—735.

第三章

页岩气的评价标准

页岩气探区筛选评价标准

Burnaman M D, Xia W, Shelton J
(Harding Shelton Group, Oklahoma City, Oklahoma 73102)

摘　要:页岩气的特殊性使其有别于常规的油气勘探。本文基于10多年来页岩气勘探的历史,提出了用于评价页岩气项目及其等级的17条标准,分别包含有地球科学、地球物理、油藏工程、钻井完井技术以及其他方面的内容。在评价的过程中提出了一些有效的方法机制,如果严格执行和利用这些方法,将能快速确定最可能成功开采的区域。例如近年相关出版物或报告中提到的美国页岩气有效勘探区域都证明了这种评价机制的有效性。

引　言

常规油气勘探需要通过地球科学的方法来确定聚集有商业价值烃类的地理区域。同时根据复杂的风险评价机制来评估开采量以及成功开采商业价值量的可能性。差不多已有100年了,提出形成油气勘探区域必须具备以下基本要素:①圈闭机制,不管是构造圈闭还是地层圈闭,都能在烃类生成和运移过程中将其完整保存下来;②拥有足够孔隙度和渗透率的储层以便具有工业价值的烃类储集其中,同时形成工业性的产量;③储层上方存在阻止油气向上逸散的盖层;④能够生烃的烃源岩,曾经达到一定的埋藏深度,从而具有一定的温压条件,其中的干酪根开始转化生成烃类,并将其排出进入相邻或者构造相对较高的圈闭中聚集起来;⑤这些要素形成的时间顺序能够保证生成的烃类聚集保存起来。如果含油气系统中缺少任何一点要素,那么将不会有烃类聚集存在。大量的油气信息都用来定量评价含油气系统的勘探潜力,以便最大化地降低勘探成本,减少钻到干井的几率。

页岩气勘探与常规的油气勘探具有很大的差异,同时勘探风险更大。含气页岩(更准确地来说应该是泥岩)本身包含有上述的所有要素,当确定一处页岩气探区时,其勘探一定会取得成果,在确定的页岩探区内,所面临的问题不再是“是否有烃类聚集其中,聚集的量有多少?”而是“怎样才能尽快地将其中的烃类提取出来,以及成本是多少?”页岩气的产量范围并不仅仅局限于一个单独的富集地段,而是分布于很大的一片区域。另外页岩气随后的开采就是一项统计学上的工程项目,所面临的挑战是要采用合适的钻井和完井技术,以便在花费最低的情况下最大化的开采效益。传统的油气勘探技术拥有100多年的历史,这些技术对于页岩气勘探意义重大。页岩气勘探中新的研究技术形成不到10年,但是发展迅速。这些给我们评价中国页岩气资源的勘探潜力带来了很大的帮助。

一次成功的页岩气项目必须使勘探开发的技术要求降到最低,同时还有其他不能量化的因素,但是十分重要。不同的研究者有自己的一套评价方法和机制。图1为一家公司提出的典型的页岩气评价所需要的参数。图 1 参数的评价只是初步评价，在确定一个页岩气探区前，还有许多其他的要素需要进行考虑和研究。

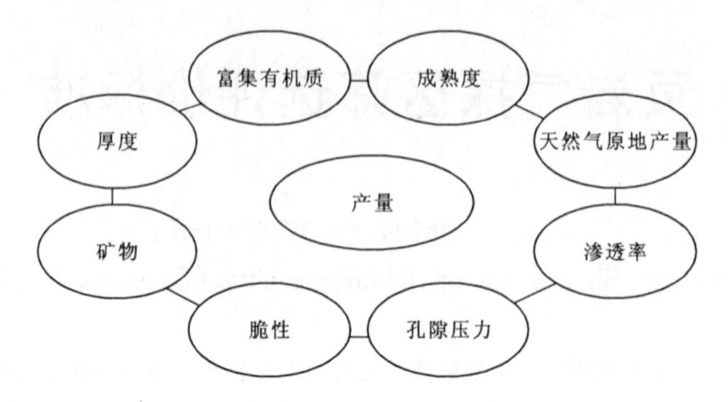

图 1　典型页岩气探区的筛选评价标准(Crutis,2008)

表 1 为美国最高产的五大页岩气探区的参数对比。表 2 也是这几个探区的参数对比，但参数更为详细。将不同探区的各项参数对比对我们理解它们的科学原理是十分重要的，然而对比不应该仅仅局限于数据之上。我们想要建立一种评价方法来对不同页岩气探区进行综合评价，从而确定最有可能取得勘探成功的区域。

表 1　美国主要页岩气探区参数对比图

页岩气盆地	Fayetteville	Barnett	Marcellus	Haynesville	Woodford	Lewis
盆地估计面积($mile^2$)	9 000	5 000	95 000	9 000	11 000	10 000
深度(ft)	1 000～7 000[12]	6 500～8 500[12]	4 000～8 500[13]	10 500～13 500[13]	6 000～11 000[3]	3 000～6 000[12]
有效厚度(ft)	20～200[12]	100～600[12]	50～200[6]	200～300[714]	120～220[12]	200～300[12]
盆地中可处理水的深度(ft#)	～500[15]	～1 200	～8 500	～400	～400	～2 000
总有机碳(%)	4.0～9.8[12]	4.5[12]	3～12	0.5～4.0[14]	1～14	0.45～2.5[12]
总孔隙度(%)	2～8[12]	4～15[12]	10	8～9	3～9	3.0～5.5[12]
气体含量(scf/ton)	60～220[12]	300～350[12]	60～100	100～330	200～300	15～45[12]
产水量(桶/天)	0	0	0	0		0
单井控制面积(英亩)	40～160	40～160[6]	40～160[6]	40～560[6]	640[6]	80～320[12]
天然气地质储量(tcf)	52	250	2 500	1 050	66	614[3]
储量(tcf)	17	75	516	350	20	20[3]
估计气体日产量(mcf/口井)	2 500	2 700	2 500	6 000	3 500	100～20 012

mcf = 千立方英尺;注释:数据来自于各种资料和研究分析。有些盆地中的信息无法得到证实和确认从而在这个表格中留下空白。#号是盆地中可处理水的深度的数据。这些数据是基于这个州的油气代理公司而不是来源于 BTW 报告的数据库。

表 2　含气页岩性质参数对比图(Wang,2008)

特性	Barnett	Ohio 及等效地层	Antrim	New Albany	Lewis
盆地	Fort Worth	Appalachian	Michigan	Illinois	San Juan
年代	密西西比纪	晚泥盆世	晚泥盆世	晚泥盆世	晚石炭世
位置	TX	OH. KY. NY. PA. WV. VA	MI. IN. OH	IL. IN. KY	CO. NM
深度(ft)	6 500～8 500	2 000～5 000	600～2 000	500～2 000	3 000～8 000
厚度(ft)	200～300	300～2000	160	180	1 000～1 500
有效厚度(ft)	50～200	30～100	70～120	50～150	200～300
井底温度(℉)	200	100	75	80～105	130～170
压力梯度(psi/ft)	0.43～0.52	0.15～0.4	0.35	0.43	0.2～0.25
成熟度(R_o/%)	1.1～1.4	1～1.3	0.4～1.6	0.6～1.3	1.6～1.88
TC(总碳)	1～4.5	0.5～23	0.5～20	1～20	0.5～2.5
总孔隙度(%)	1～6	2～5	2～10	5～15	0.5～2.5
S_w	0.1～0.8	0.1～0.8	0.1～0.8	0.1～0.8	0.1～0.8
天然气含量(scf/ton)	150～350	60～100	40～100	40～80	15～45
吸附气(%)	20	50	70	40～60	13～40
天然气日含量(mcf/井)	100～1 000	30～500	40～500	10～50	100～200
产水量(bwpd)	0	0	5～1 500	5～1 000	0
井距(ac)	20～160	40～160	30～160	80	80～320
采收率(%)	5～50	10～20	20～60	10～20	5～15
GIP(bcf/部分)	30～40	5～10	5～35	7～17	8～50
储量(tcf)	26.2～252	225～250	12～20	2～20	100

以下阐述和解释我们确定的评价机制,我们认为确定一个好的页岩气探区,应该严格考虑从组织上到技术上的各个环节,这种评价机制将技术、操作以及经济效益等各方面的问题都考虑在内。其中的一些评价内容是基础,理所当然要完成,但是还有一些很隐蔽,但其对于整个勘探的成功也是必不可少的。以下所述的评价内容尽管其中的一些被着重介绍,但重要性不分先后。

1. 评价方法

1)页岩厚度

最重要的是垂向上 TOC 聚集的页岩厚度,而不是整个区域的页岩厚度。必须存在至少一个区域,其中高有机碳含量的页岩连续厚度达到 150ft,当总有机碳分布的范围超过 500～1 000ft 时,水力压裂的效果可以分散至低勘探潜力的岩层中。Barnett 页岩的最佳厚度为 300ft,但当页岩层段的有机质在垂向上高度集中时,200ft 的厚度可以达到要求。Haynesville 页岩中单井拥有很高的初始产量,其中高 TOC 含量的页岩地层厚度超过 150ft。

2)有机质富集程度、TOC、氢指数、干酪根类型

对于Ⅰ、Ⅱ、Ⅲ型干酪根,其 TOC 最少应达到 2%。高 TOC 值代表着更高的气储量。Ⅰ

型干酪根(偏油型干酪根)当 $R_o>1.4\%$ 时具有很好的产气潜力,因为此时才能确保其中的滞留油至少开始裂解生成湿气。而当 $R_o>2\%$ 时更好,此时开始裂解形成干气。Ⅱ、Ⅲ型干酪根达到一定的含气潜力所要求的 I_H 值更高。图 2 为 Woodford 页岩岩心干酪根的扫描电镜图像。左边页岩中 TOC 含量高达 35.5%(极度富集)。右边为燧石,TOC 为 6.4%,依然十分富集。

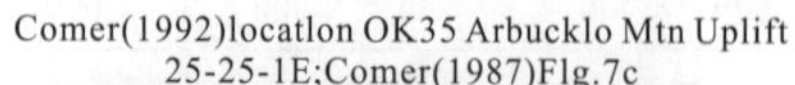

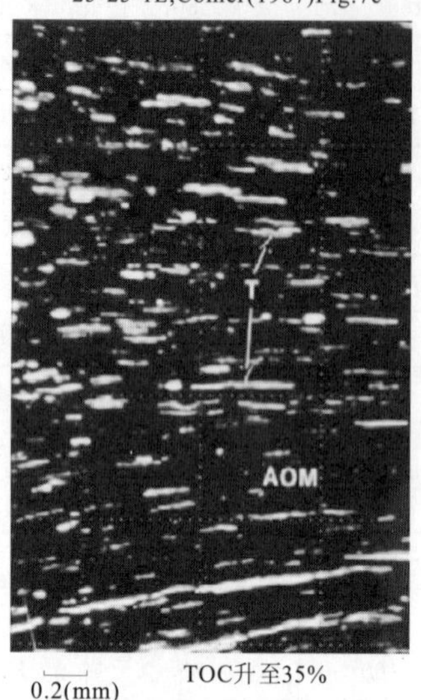

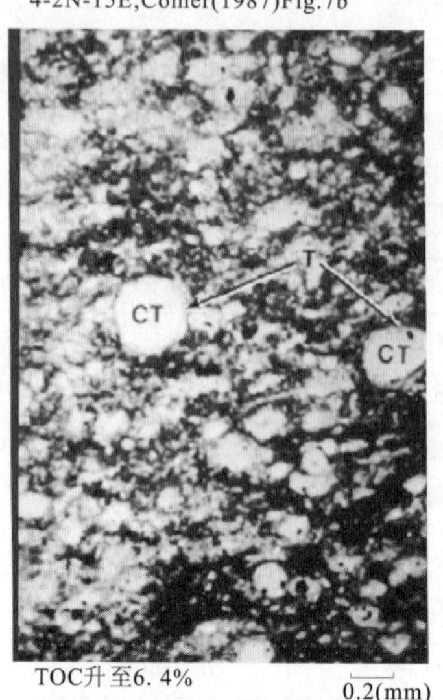

图 2　Woodford 页岩以及其中燧石有机质的电镜照片

3)热成熟度(R_o、T_{max}、TR、岩石热解)

R_o 应该在 1.0%~3.0%之间。初始埋深大但后期遭遇抬升的评价区域作为现今的浅层页岩,由于其较高的古埋深应具有相当高的成熟度(R_o)。当页岩埋藏深度达到 $R_o>3\%$ 时,生烃停止,同时开始对烃类形成破坏致使区域失去经济价值的气储量。图 3 为 R_o 值、干酪根来源、烃类生成之间的关系。图 4 为干酪根类型、T_{max}、R_o 以及烃类生成之间的关系,表 3 为几大页岩气探区的地球化学数据表。

4)气储量

气储量为页岩储层中的总含气量,为游离气与吸附气含量的总和。游离气储存于基质孔隙当中,初期产气率很高,而吸附气则附着于干酪根和粘土矿物的表面,随着时间逐渐释放出来,产量逐渐下降。

游离气与吸附气的含量根据岩心分析和测井解释获得。总含气量应达到 75bcf/mile²,优质页岩气探区含气量应达到 150bcf/mile²。另外,所计算的含气量在很大程度上取决于区域的布井密度、水力压裂效率、气体组分以及其他因素。

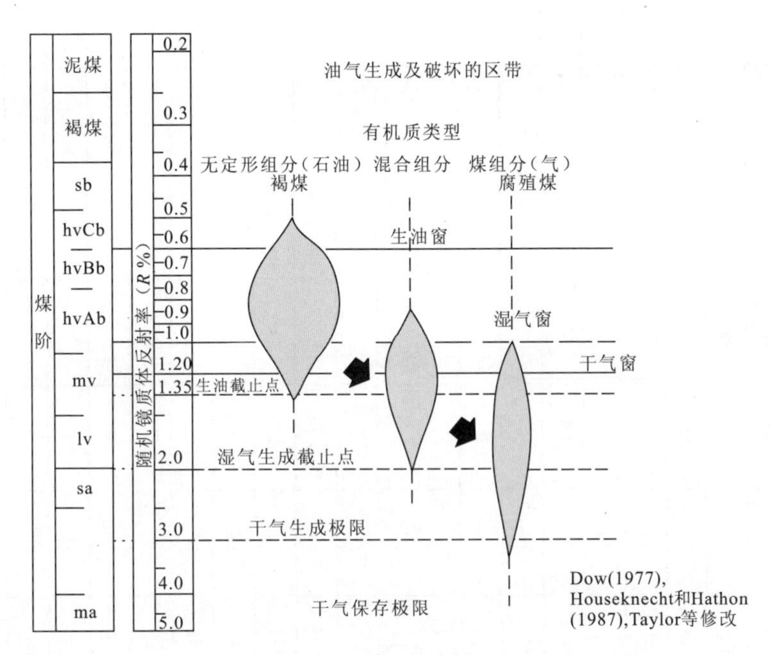

图 3 生烃与 R_o 取值范围的关系图（Cardot，2009）

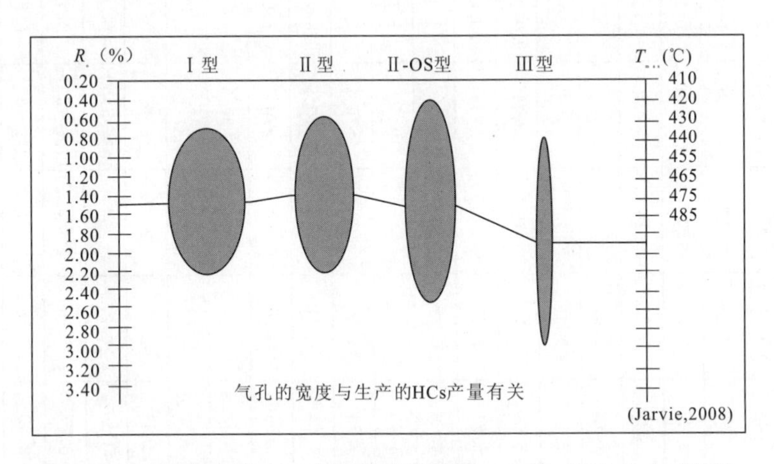

图 4 R_o、干酪根类型、T_{max}之间的关系图（Devon 等，2009；Javie，2008）

5）页岩脆性

页岩的脆性对水力压裂效率以及诱导裂缝的稳定性十分重要。石英的高含量能增加页岩的脆性。页岩的脆性由其杨氏模量和泊松比决定。而这些数据可以通过偶极声波测井或者传统的岩心测量获得。高产气页岩满足泊松比小于 0.25，杨氏模量大于 2.0。这些页岩在其岩心中形成发育良好的贝壳状裂缝，类似玻璃。石英使页岩脆性提高是十分重要的。一般情况下页岩中石英含量大于 40%，但是粉砂质的页岩中很大的一部分石英为有机成因（海绵骨针和放射虫），它将会增加岩层的孔隙度，提高游离气的储存能力。缺乏脆性可能导致塑性页岩的塑性流动致使诱导裂缝闭塞，同时也可能引起塌陷，如北美 Louisiana 州的 Haynesville 页

表 3　主要页岩气探区的地化数据总结(Javie,2008)

页岩	热成熟度窗的解释	TOC (%)	评估 TOC (%)	I_H [mg/g (HC/TOC)]	评估 TR	根据 T_{max} 计算的%R_o	测量的% R_o	S_1/TOC [mg/g (HC/TOC)]	计算	干气比例 C_1/(C_1,C_4)	δ^{13}C 甲烷 ($\times10^{-3}$)	δ^{13}C 乙烷 ($\times10^{-3}$)	δ^{13}C 丙烷 ($\times10^{-3}$)
Antnm	未成熟—早期原油	5.27	5.35	432	10%～20%	0.67	0.51	53	181	98%	−55		
New Albany	原油	7.06	7.28	428	5%～40%	0.65	0	21	59	52%	−53	−44	−37
Wooford	原油	9.23	9.61	503	10%～50%	0.78	0.54	52	31				
Marcellus	干气	3.37	5.27	16	>90%	2.16	0	20	33				
Utica	干气	1.71	2.67	18	>90%	0	0	33	21				
Fayettevile	干气	1.86	2.91	24	>90%	0	2.0～2.5	15	538				
Woodford	晚期原油—早期天然气	2.04	3.19	73	>80%	0.92	0	17	40				
Barnett	晚期原油—早期天然气	5.21	5.37	380	12%	0.62	0.55	42	3				
Barnett	早期原油	4.70	5.28	299	31%	0.86	0.77	78	25				
Barnett	天然气	4.45	0.50	45	90%	1.72	1.67	19	90				
Atokan	晚期原油—早期天然气	3.11	4.86	23	>70%	1.4	0	27	18				
Barnett	晚期原油—早期天然气	4.04	6.31	57	>70%	0.76～1.40	0.85～2.15	33	0.58				
Woodford	晚期原油—早期天然气	3.93	6.14	87	>70%	1.02	1.20～2.10	70	32				
Bossier	干气	1.81	2.83	13	>90%	0	1.40	18	28				
Lowis	干气	1.46	2.28	22	90%	Nr	1.60	18	22				
Waltman	原油	2.53	4.22	322	50%	0.75	0.69	6	43	97%	35	23	22
Bakken	原油	11.37	13.87	298	10%～70%	50～100	0.55～0.95	43	349				
Monterey	原油	6.77	7.96	460	10%～20%	0.40	0.45	88	12				
Antelope	原油	3.02	3.18	433	10%～30%	0.56	0	70	70				

TOC_0 总有机碳,初始值;I_H 氢指数[S_2/TOC×100;mg/g(HC/TOC)];TR 转化率[($I_{OH}-I_{POH}$)I_{OH}]这儿 I_{OH}是初始 I_H值,I_{POH}是现在的 I_H 值;%R_o 底部原油的镜质体反射率;%R_{oo}等效的镜质体反射率,是由岩石热解的 T_{max}值计算得出

岩出现的情况一样。图 5 为 Barnett 页岩中大量海绵骨针的电镜照片。

6)孔隙度

优质的含气页岩其孔隙度应至少达到 4%。孔隙度分布集中的区域位于有机质富集的层状分布区域。这些薄层由于形成于没有生物扰动的缺氧环境中而得以保存下来。通过电缆测井分析得出其总的孔隙度。图 6 显示了 Barnett 页岩中石英粉砂岩夹层的电镜图像。许多高 EUR 的 Barnett 页岩井中含有大量的石英夹层,具有很高的孔隙度与渗透率。

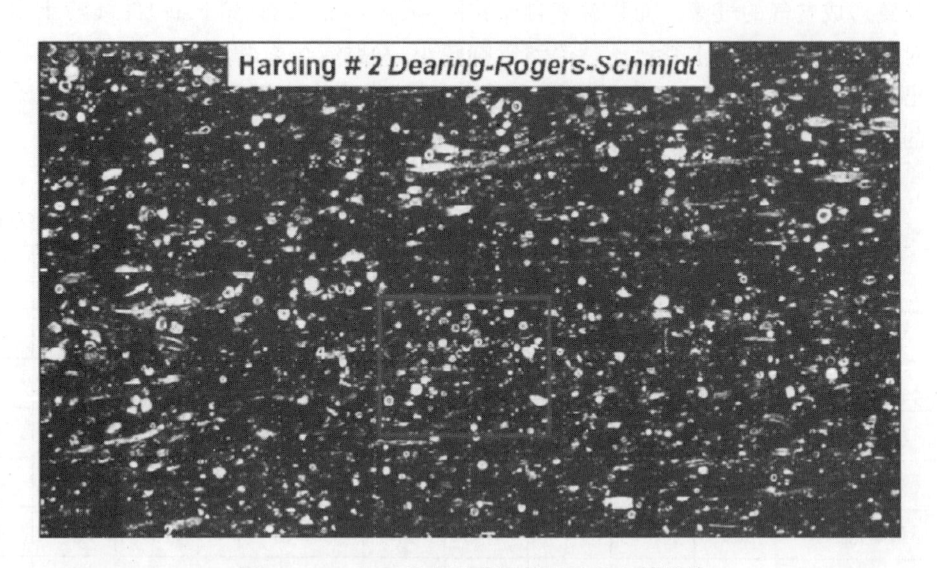

图 5　Barnett 页岩中石英海绵骨针的电镜照片

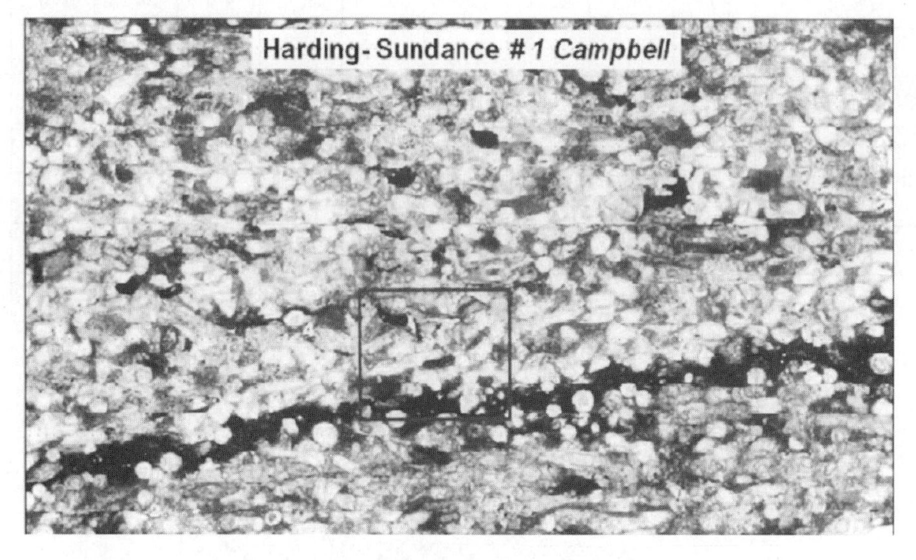

图 6　Barnett 页岩石英粉砂岩夹层的电镜照片(Harding Company,2004)

7)页岩矿物成分

含气页岩实际上是一种含有不同粒级颗粒的泥岩，包括粘土(＜5μm)，粉砂(5～63μm)，砂(＞63μm)。同时颗粒石英含量高。大量硫铁矿的存在证明岩层所处的是一种生物扰动稀少、缺氧的深水沉积环境，该环境下导致了大量有机石英的存在(海绵骨针及放射虫)。表4是不同地质时期页岩的组分含量。其中最重要的是粘土矿物的类型和来源。总的来说，物源来自于铁镁质岩石类型和火山起因的蒙脱石型粘土会在钻井和水力压裂过程中出现膨胀问题，这将会导致形成贫气的气藏。而物源来自于花岗岩(含K正长石、斜长石)的高岭土型和伊利型粘土对于钻井和平滑的水基液压裂流动影响较小，X射线衍射和电缆测井很容易将这些成分鉴定出来。在一定条件下，KCI在2%～4%之间能提高水力压裂的流动性，从而减小膨胀型粘土的影响。

表4　页岩的矿物组分(Javie,2008)　　(单位:%)

年代	样品数	粘土矿物	石英	钾长石	斜长石	高岭石	白云石	菱铁矿	黄铁矿	其他
第四纪	5	29.9	42.3	12.4	0.0	6.6	2.4	0.0	5.6	0.8
上新世	4	56.5	14.6	5.7	11.9	3.2	0.0	2.9	1.8	3.4
中新世	9	25.6	34.1	7.0	11.7	14.6	1.2	0.0	1.9	3.4
渐新世	4	33.7	53.5	3.0	0.0	5.5	0.0	0.0	0.0	4.3
始新世	11	40.2	34.6	2.0	8.1	3.8	4.6	1.7	1.6	3.4
白垩纪	9	27.4	52.9	3.6	1.6	2.9	7.9	0.1	1.6	2.0
侏罗纪	10	34.7	21.9	0.6	4.4	14.6	1.6	0.4	10.9	10.9
三叠纪	9	29.4	45.9	10.7	0.7	3.7	4.1	0.1	0.0	0.4
二叠纪	1	17.0	28.0	4.0	8.0	0.0	1.0	0.0	0.0	42.0
宾夕法尼亚纪	7	48.9	32.6	0.5	6.2	1.4	2.1	3.4	3.5	1.4
密西西比纪	3	57.2	29.1	0.4	2.9	0.0	0.0	0.6	5.1	4.7
泥盆纪	22	41.8	47.1	0.6	0.0	2.0	1.3	0.3	3.3	3.6
奥陶纪	2	41.9	32.2	1.0	6.3	9.5	0.5	0.5	3.1	1.7
前寒武纪	29	47.8	33.1	1.0	5.5	5.2	2.3	0.8	3.1	1.2

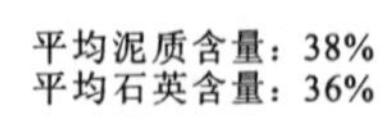

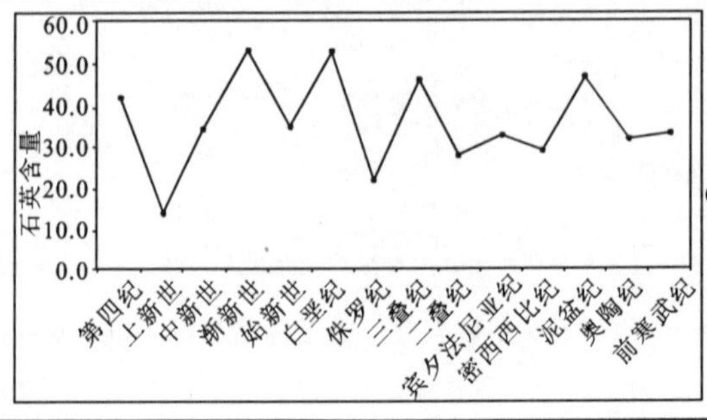

O' Brien和Slatt, 1990

8)钻井前的三维地震资料应用

三维地震勘探不是为标定含气页岩的某种特性,而是评价钻探风险和确定区域构造裂缝群倾向的重要因素。当开始水平(侧向)钻井时,所遇到的未知断层将会导致无法打进目标区域,只有重新向侧面返回打几百英尺才能到达目标区域,这样在后期的沉降过程很可能出现问题。

9)构造环境

含气页岩的上覆岩层结构不应复杂。复杂的上覆岩层构造和断层会大大提高钻井成本。在高有机碳含量和高孔隙度区域出现的复杂构造会引起整个勘探的失败。因为此时压裂流体会运移至断层和天然裂缝区域,从而使裂缝失去储集性能,甚至可能导致水的渗入致使整个探区的气产量减少直至消失。在 Oklahoma 和 Arkansas 区域的 Woodford 和 Fayetteville 页岩勘探(图 7)受 Ouachita 褶皱带的逆冲作用影响,钻井和完井工作遇到了很大困难,同时估算的最终储量也受到一定限制。

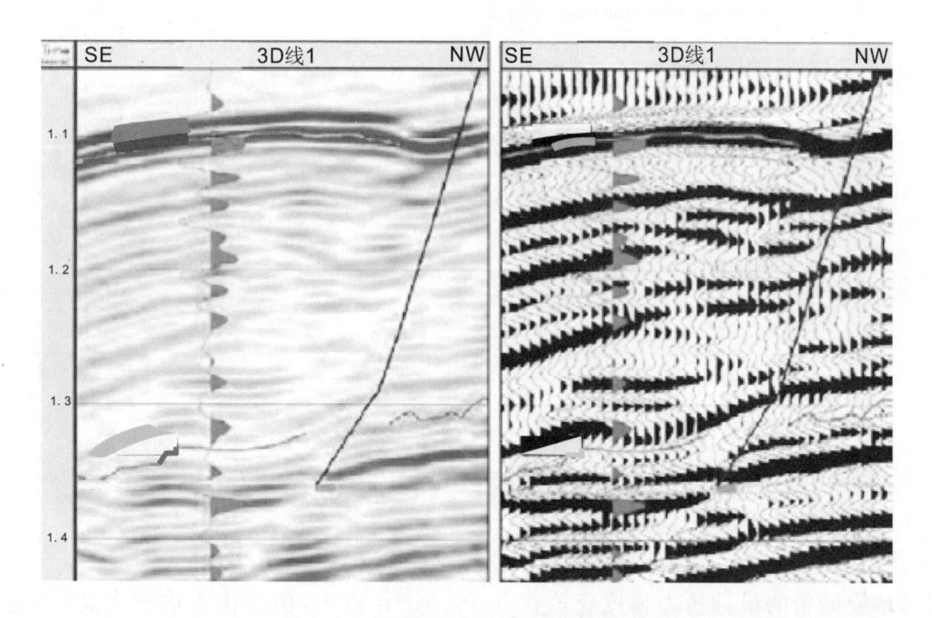

图 7 Woodford 页岩的三维(3D)地震影像所显示的逆断层图像(Devon Energy,2007)
地层的倾角在横截面上显得更加的非均一性。深绿色的正断层巨大的偏离使 Woodford 倾入盆地。
该研究区域的断层超过 1 200 条。在二维图像中可以看见这些断层构造

10)页岩的侧向延伸

大部分的远景预测方法应该保持一致性,同时能延伸到更大的区域,从而在实际开发过程中提高生产量和开发效益。Barnett 页岩探区区域面积为 4 600mile^2,整个区域延伸了 55~85mile。区域的地质储量多变,但是区域的最终可开采量应该超出 50 亿 m^3,与最终的水平井距、水平井重复压裂的经济可行性、先进的完井技术相关。在一个相对小的区域内,这是一个很可观的资源底数。而对于 Barnett 页岩而言,由于其在地质、地球化学性质、流体性质、地质结构和相对钻井条件的方面具有优越性,使勘探成为可能。

11)渗透性

含气页岩的渗透率低,范围在 0.001～0.000 01md 之间,而致密砂岩的渗透率相比通常在 0.1～0.001md。图 8 中的数据来自于 Cluff 等区域,显示了该区域含气页岩渗透性的测量结果。通过含气页岩的岩心数据描绘出孔隙度和渗透率的分布图,例如图中列举了在致密的含气砂岩和更致密的含气页岩之间不同的 4～6 组渗透率分布。从图 8 看出含气页岩至少比相同孔隙度的致密砂岩储集层的渗透率小 1 000 倍。含气页岩中的粉砂是导致其高初始流速的主要原因,因为粉砂的孔隙度与 K 的含量密切相关。目前含气页岩的采收率在 8%～15%之间,当孔隙间距减小、压裂技术和有效性得到提高时,采收率能得到很大的提高。不管是横向还是纵向的渗透都可以通过水力压裂的方法获得。高的有机碳含量也会产生原地渗透,从而大大提高估算的最终储量。

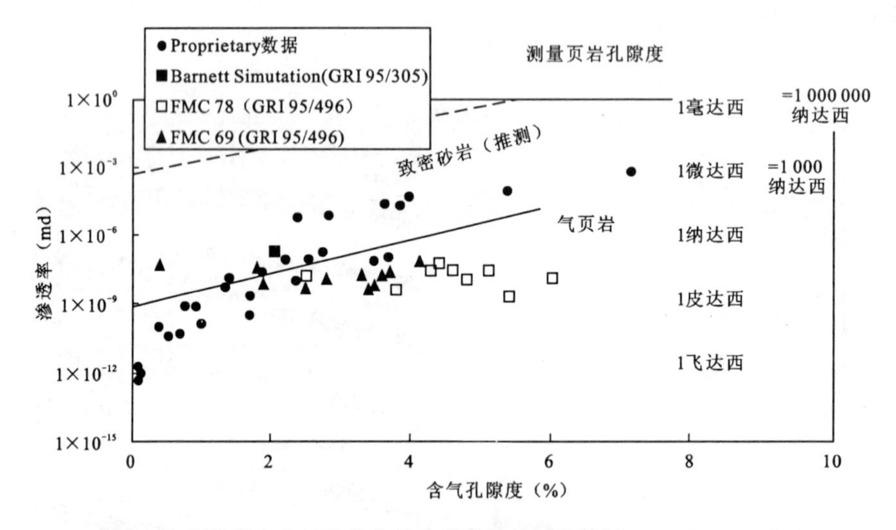

图 8　致密砂岩和含气页岩中的渗透率的差异比较图(Cluff 等,2007,修改)

12)压力梯度

提高地质储量的最佳压力梯度应该在 0.465psi/ft 以上,但是也不应该太高,因为过高的压力将会给钻井带来问题。North Louisiana 的 Haynesville 页岩所具有的高地层压力导致勘探中大量使用成本高昂的人造支撑剂来克服压力引起的支撑剂压碎作用。

13)页岩的绝对年龄

Barnett、Woodford、Fayetteville、Marcellus 等古生代页岩绝对年龄在 416—326Ma 之间的层段是最佳勘探区域。这很大一部分与页岩的脆性相关。在现在的开发技术的前提下,新生页岩(侏罗系的 Haynesville 页岩是 1.6 亿年,稍晚于白垩系的 Eagle Ford 页岩是 1 亿年)将不可能有足够的时间达到最佳的脆性。这就导致了估算最终储量很低。这类页岩即使初始流量很大,但是与古生代含气油页岩相比,它们的产量流失速率也相对大得多。这是由于这类新生代页岩随时间推移将围绕支撑剂发生塑性运动,而此时支撑剂的闭合可能将会导致岩层断裂和坍塌的发生。

14)水力断裂过程中供水的比例

每片页岩气探区都需要使用70 000～100 000桶淡水来完成压裂。每个星期水资源的使用量取决于压裂阶段的使用量。在钻井点应保证面积为2(acres)或者以上,深度为15ft的蓄水槽,当确定钻机钻井点时应对其内衬厚的塑料层、压裂井所需的水可从当地购买获得,或者利用临时管道从其他水井、临近河流、湖泊、池塘等地抽运过来,而用卡车搬运水的成本最高。通常收集足够的水量需要几个月的时间。特殊情况下,井场配置了容积为400桶的压裂罐,而储存10万桶的水需要250个压裂罐,压裂罐的使用带来的昂贵成本也会减小压裂水的使用。在Appalachian山脉的Marcellus页岩开发人员利用几个月的时间才从当地政府得到许可开钻水井。图9为位于低平缓地形的树林中临近钻垫(drill pads)的压裂罐。

图9 位于低平缓地形的树林中临近钻垫(drill pads)的压裂灌
(Halliburton,2008)

15)地方交通基础设施

对于页岩气的勘探开发需要当地或附近拥有大直径的天然气管道和加油站直通市场。在美国一些像Marcellus页岩的页岩气项目由于缺乏进入市场的合适运输通道而被推迟开发。而Barnett页岩的产量最初也因此受到一定压缩。Haynesville页岩虽然为一个古生代的高产地层,但在一定区域也受到了限制。

16)便利的交通和易于搭建建筑的井位

毫无疑问一次成功的钻井方案应该能尽快带来较高的气产量。压裂井应建立在拥有便利交通的井位,在该井位通过一个钻垫打通多井。这种多井垫(pad)可以同时提供压裂多井,同时共用生产设施和聚集系统。考虑到在同一口井中同时产生的钻井和产量的问题,就需要提高早期的生产建设。这表明表面地势最平坦同时拥有便利交通的位置为最佳的井位，而应该避免那些交通不方便、无法快速提高气产量的山区。例如在 West Virginia 和 Pennsylvania 复杂的 Appalachian 褶皱带拥有可观的勘探前景，但没有足够的空间来建立公路、设置井位和存放压裂罐。

17)采出水的处理

在页岩气勘探开发过程中所排放出来的大量压裂液和盐水必须得到安全环保的处理。在页岩中存在有压裂液所溶解的盐，含气页岩的含水饱和度低，但是还是会有大量的盐水排出，这是由于水力压裂过程释放的盐水进入其他地层而引起。所以需要在深度低于淡水层的高渗透性浅砂岩处设立处理井，并使用更好的管道来延长它们的使用寿命。采出水可以通过收集系统或者托运的方式转移到处理井。最有效的长期方案就是将盐水收集系统建在与集气管线同一沟道的位置。如果使用托运设备，可以构建一个效率高的卸载设施，同时在处理站中减少卸载花费的时间。采出水的处理在美国的各大页岩气探区都是一个关键问题，他们探索和采用了各种不同的解决途径。

2. 其他的注意事项

1)重复性

页岩气的勘探阶段很快，测井结果和估算的最终储量需要重复测量。一个含气页岩探区需要打上成千上万口井。例如 Barnett 页岩目前的 11 000 口井有一半是最近 4 年钻探的，同时钻井数量现在还在继续增加。初始的筛选标准应该是全面的，以便所测得的地质、地球化学和工程的参数具有统计上的意义和可预测性。在钻井计划安排、钻井设备要求、完井资源、基础设施、运输条件等方面都有极其重要的意义，任何战略规划都需要这些信息。

2)压裂隔水层

高产的 Barnett 页岩的部分区域与下伏的 Ellenburger 组石灰岩(奥陶系)以及上覆的 Marble Falls 石灰岩(宾夕法尼亚系)相连。Ellenburger 组地层渗透率高，如果水力压裂通过该岩层将会有大量的水产出。最好的 Barnett 页岩产气区域存在有非渗透性的 Viola 组石灰岩，位于 Barnett 页岩与 Ellenburger 组石灰岩之间，同时由 Marble Falls 组石灰岩覆盖。如果存在有一个压裂阻碍层位于 Barnett 页岩的下部保证水力压裂不会进入下方的渗透性岩层将是十分有利的。然而在某些区域，Barnett 页岩直接覆盖于 Ellenburger 组石灰岩之上，此时每产出 1mcf 气产出的水仅为 1/2 桶。在这情况下，产气速率很高，克服了产出水的影响(初始速率为 10Mmcf，估算最终储量达 4bcf)。

3)液态烃降低气体最终估算产量

含气页岩的成熟度达到干气阶段(甲烷为主要生烃产物)为最有利的勘探情况。油和湿气的分子大小要远远大于甲烷，这样将会抑制游离气的流动，同时将大大减少吸附气的含量。所以有效探区内产出天然气 1Mmcf，产出凝析油的含量应不大于 4bbl。Marcellus 页岩具有很高的 Btu 热值，但是这会限制其估算的最终出量。

4)气体组分

干气为 1 025Btu/mcf 时是最佳情况。在进行钻井之前我们应对页岩进行彻底的化学分析。这样我们可以排除含有大量液态流体、CO_2、H_2S 产物的区域。这样也可以确保不需要进行对气体处理的过程。Barnett 和 Fayetteville 页岩中的气体组分最佳，而 Marcellus 页岩开采的页岩气需要进行处理。

5)有经济价值的钻井深度

有经济效益的钻井深度应该要小于 11 000ft。Barnett 页岩的钻井深度为 7 500ft,其产气量估计达 5bcf。然而,Barnett 页岩达到热成熟度时的初始深度达到 15 000ft,由于后期的地层抬升作用形成了现在的埋深。热成熟度最佳埋深在很大程度上受到古、今地温梯度和地压梯度的影响。现今美国页岩气钻井最深的为 Haynesville 页岩中的 11 500ft。位于匈牙利的 Mako 盆地对页岩气的勘探深度达到 18 000ft。在 Barntt 局部深度达 18 000ft 的区域拥有很高的气储量,研究者们开始计划进行勘探,但是成本花费很大。

6)区域和构造裂缝系统研究

通过检测大规模的区域裂缝系统以及裂缝密度,经过综合考虑后确定水平钻井的位置。构造裂缝系统可以通过地震解释来确定。结合区域裂缝和构造裂缝及其共轭系统对于确定钻井位置、方向、水力压裂的效率十分重要。Barnett 页岩中天然裂缝含量很少,但是存在有大量碳酸盐岩填充的裂缝,这些正好对水力压裂十分有利。

7)现今低的地温梯度

在低温条件下,由于气体的压缩性,将会有更大的气储量,同时将会减少昂贵的钻井液成本。

3. 评价方法

当存在有大量的电缆测井资料、岩屑、常规岩心样品时,可以对不同区域和盆地的含油气系统进行对比和研究。通过数字数据库来处理这些数据最为重要,分析的内容包括钻井报告、泥浆录井、岩心分析及测井分析。

泥浆测井曲线分析是含气页岩探区分析的第一步。在同一地层中大面积出现气体显示,应该进行紧密调查。在进行岩屑分析的时候应注意分析那些乌黑含油脂的页岩,因为这些样品所在的区域通常情况下有机碳含量丰富,因此为研究重点区域。这些页岩中应该含有岩屑成因或者生物成因石英碎屑的夹层,总体为粉砂岩夹层,部分颗粒较大的形成砂岩层。碎屑夹层以外的页岩均匀分布,浅灰色至淡褐灰色的页岩其相对的 TOC 低,含气量也相对较少。所取岩屑形状受多重因素的影响,并不能十分准确地反映页岩中含气量的高低。岩屑的描述还应包括其中存在大量的黄铁矿,以及钻井时出现的油气显示。

过去很少在页岩中采取完整的岩心进行详细研究。完整的岩心分析可以显示页岩中贝壳状的裂缝、石英夹层、干酪根、填塞的裂缝。页岩的岩心被描述成"渗出的天然气",其研究意义重大。

含气页岩的电缆测井特征十分特殊。高伽马、低密度表明干酪根富集,高电阻率表明低的含水饱和度,中子孔隙度交错(石灰岩基质)可以辨别其孔隙度的大小,以及对页岩来说反常的低 Pe 含量(光电吸附因子),可能与其中存在有石英粉砂岩含量相关。图 10 列举了这些特征。

埋藏史曲线对理解盆地的热演化史以及根据盆地的热演化史来确定其中有机质的热演化程度都十分重要,如 Guidish 等(1985)描述的那样。层序地层中烃源岩的分布图能够帮助我们确定高产的页岩气探区,这些虽然曾经是油气高产的烃源岩,但是可能油气储存的位置并不相同。这些"运移"了的含气页岩很可能倒置成为现在盆地的下部区域,而这可以通过层序地层学的研究方法鉴别出来。这些研究在中国的很多盆地中进行过，重点集中于确定烃源岩的生成与油气生成时期，以及确定盆地中处于成熟阶段、过成熟阶段地层的区域位置。图11(Veeken)描述了根据油层序地层学解释得到的烃源岩沉积模式和构造背景的模型。

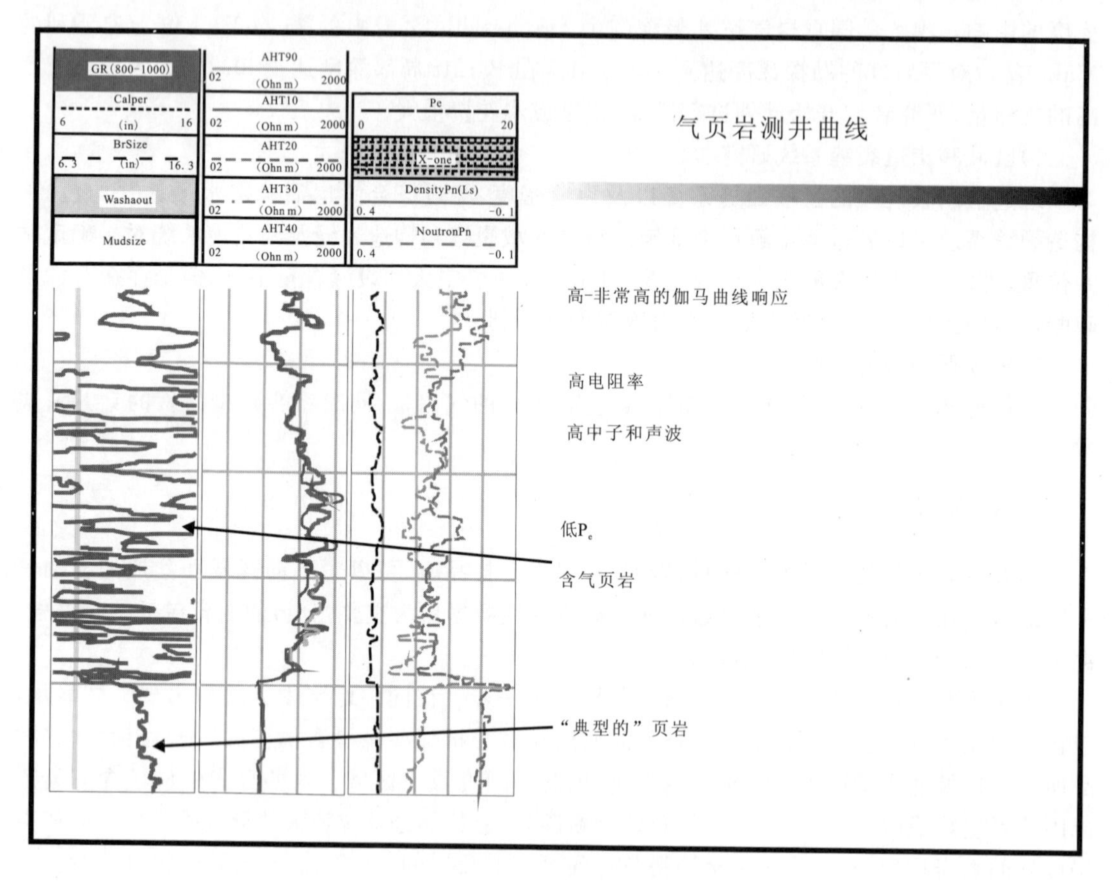

图10　典型的含气页岩的测井曲线(Ratchford,2007)

4. 结论

中国拥有十分巨大的页岩气勘探潜力，且一些商业机构和大学已经开始初步对页岩气进行勘探工作，并确定了第一个页岩气勘探的目标区域，而这些评价都是依据地球科学和工程技术的基本理论，因此，在有计划、有组织、有技术条件支持的条件下一定会取得成功。(何发岐、陈尧译，龚铭、陈振林、高清材校)

原载　China Petroleum Exploration, No.3 2009,51—64

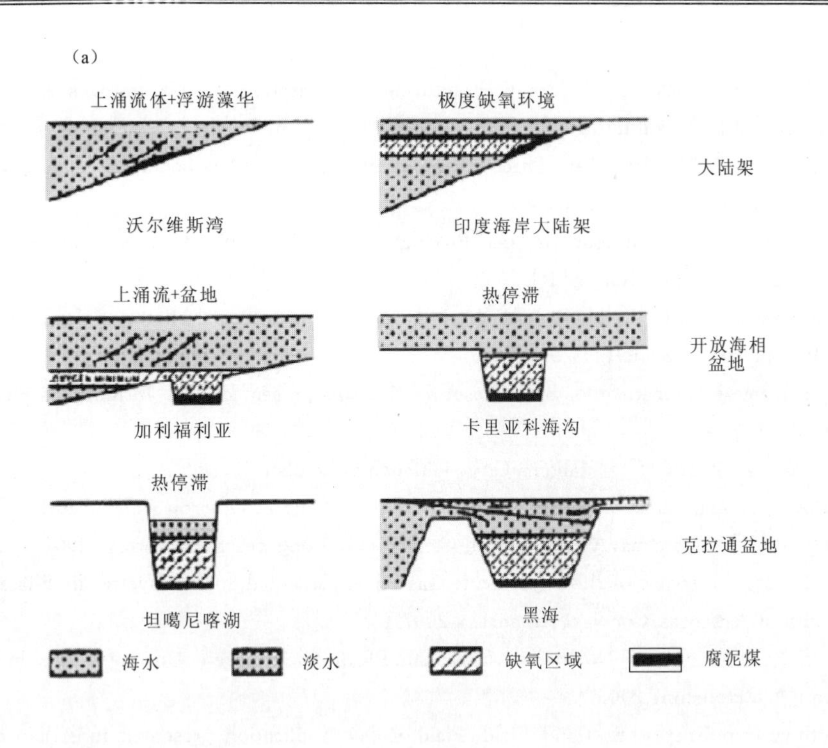

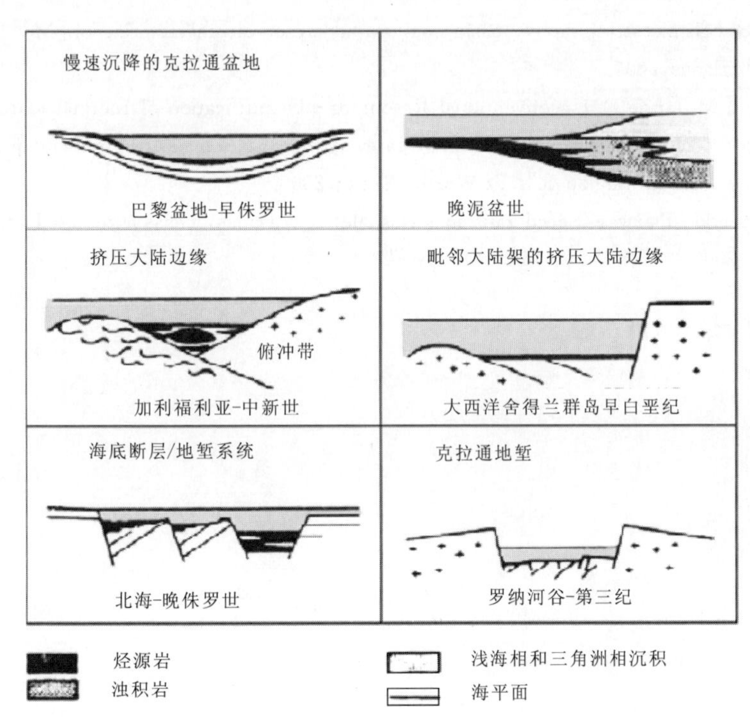

图 11 烃源岩的沉积构造模型

(a)烃源岩的沉积演化模型;(b)各种地质构造中的烃源岩演化

参考文献

Arthur, Daniel J, Bryan Bohm, et al. Hydraulic Fracturing Considerations for Natural Gas Wells of the Fayetteville Shale[C]. ALL Consulting, 2008.

Cluff, Robert M, Keith W Shanley, et al. Three things we thought we understood about shale gas but were afraid to ask... [C]. AAPG Convention, 2007.

Comer, John B. Reservoir Characteristics and Gas Production Potential of Woodford Shale in the Southern Mid-Continent, Indiana Geological Survey[P]. 2007.

Guidish T M, Kendall C G St C, Lerche I, et al. Basin Evaluation using Burial History Calculations: An Overview[J]. AAPG Bulletin, 1985, 69(1): 92—105.

Jarvie, Dan. Geochemical Comparison of Shale Resource Systems presented [C]. Insight Gas Shale Summit, Dallas, Texas, 2008.

Jarvie D. Oklahoma Gas Shales[N]. Oklahoma City, Oklahoma, October 22, 2008.

Miller, Ryan, Roger Young. Characterization of the Woodford Shale in Outcrop and Subsurface in Pontotoc and Coal Counties[C]. Oklahoma, AAPG Annual Convention, Long Beach, California, 2007.

Ratchford Ed. Geologic Overview of the Fayetteville Gas Shale presented at the Fayetteville Shale Conference [C]. University of Arkansas, Conway, Arkansas, 2007.

Sigmon, James. TXCO Resources - North American Shale Plays: The Future is Unconventional in E&P Technology Summit[N]. Houston, 2008.

Unknown. Southwestern Energy: Scotland Field: Field Rules Application presented to Arkansas Oil&Gas Commission[P]. El Dorado, Arkansas, 2005.

Veeken, Paul C H. Seismic stratigraphy, basin analysis and reservoir characterization[M]. Elsevier, Amsterdam, The Netherlands, 2007.

Walles F, Cameron M, Jarvie D. Unconventional Resources - Quantification of thermal maturity indices with relationships to predicted shale gas producibility gateway visualization&attribute technique in TCU energy institute shale research workshop[R]. Ft Worth, Texas, 2009.

Wang, Fred. Production Fairway: Speed rails in gas shale[C]. Dallas, Texas: Presented at 7th Annual Gas Shales Summit, 2008.

页岩生烃潜力与产量评价

——以 Barnett 页岩为例

Jarvie D M[1], Hill R J[2], Pollastro R M[2]

(1. Humble Geochemical Servile. 2. Vnited States Geological Survey)

摘　要:位于 Fort Worth 盆地的 Newark East 气田是 Texas 州现在最大的气田。天然气产量主要来源于密西西比系 Barnett 页岩,一些油气生成于比 Barnett 泥页岩更老或者更新的地层,但是绝大部分的天然气产于低孔隙度(6%)和低渗透率(0.02md)的泥页岩中,所以,Barnett 页岩自身就可认为是一个自生、自储以及自封盖的含油气系统。

对 Barnett 页岩探区地球化学评价的几个重要因素,包含有机质丰度、初期油气潜力、热成熟度、天然气含量和产量、石油二次裂解成气以及埋藏史模型。

总之,从地球化学方面评价 Barnett 页岩的天然气潜力,关键问题是地球化学数据的可靠性,主要是有机物最大热演化的相关数据或函数。风险评价参数如 TOC、镜质体反射率、T_{max}、干酪根转化率以及气体干燥度等,都可以评价 Barnett 页岩探区以及寻找远景区中工业性气田。

最初,根据氢指数判断出 Barnett 页岩是倾油型的Ⅱ型干酪根,在主要的天然气富集区,干酪根成熟度高,天然气由干酪根裂解及石油二次裂解生成。

区域埋藏史模拟表明大部分烃类是 2.5 亿年以前生成的,少量天然气生成于最近的 2 500 万年前。近代没有烃类生成,主要的生烃期在 2.5 亿年前。

根据 T. P. Sims#2 井修正的甲烷吸附数据,Barnett 页岩中天然气产量很高,产量在 170～250 scf/ton,而且游离气平均含量 55%,吸附气平均含量 45%。

引　言

Fort Worth 盆地是古生界盆地,是由于 Ouachita 逆冲断层推进作用形成的。盆地北部以 Red River 和 Muenster 背斜带为界,西部以 Bend 背斜带为界,南部边界是 Llano 隆起带,东边以 Ouachita 构造前缘为界(图 1)。

密西西比系 Barnett 页岩中烃源岩与油气关系表明 Barnett 页岩具有潜在的天然气资源。有机质含量(有机质丰度或 TOC)、初始生烃潜能、干酪根转化率和石油裂解率,以及气体组分、碳同位素、单位页岩产气量和气体热值、埋藏史和热演化史模型的确定是进一步评估地层地球化学特征的依据。

Barnett 页岩古生代含油气系统通常是指 Fort Worth 盆地中由 Barnett 页岩生成并且储藏于古生代储层中的油气(Pollastro,2003; Pollastro 等,2003)。该术语来自美国地质调查局定义的含油气系统概念,包括有效的烃源岩、已探明的油气聚集带和未发现的油气潜力区(Magoon 和 Schmoker,2000)。Fort Wort 盆地密西西比系 Barnett 页岩既是烃源岩,又是储

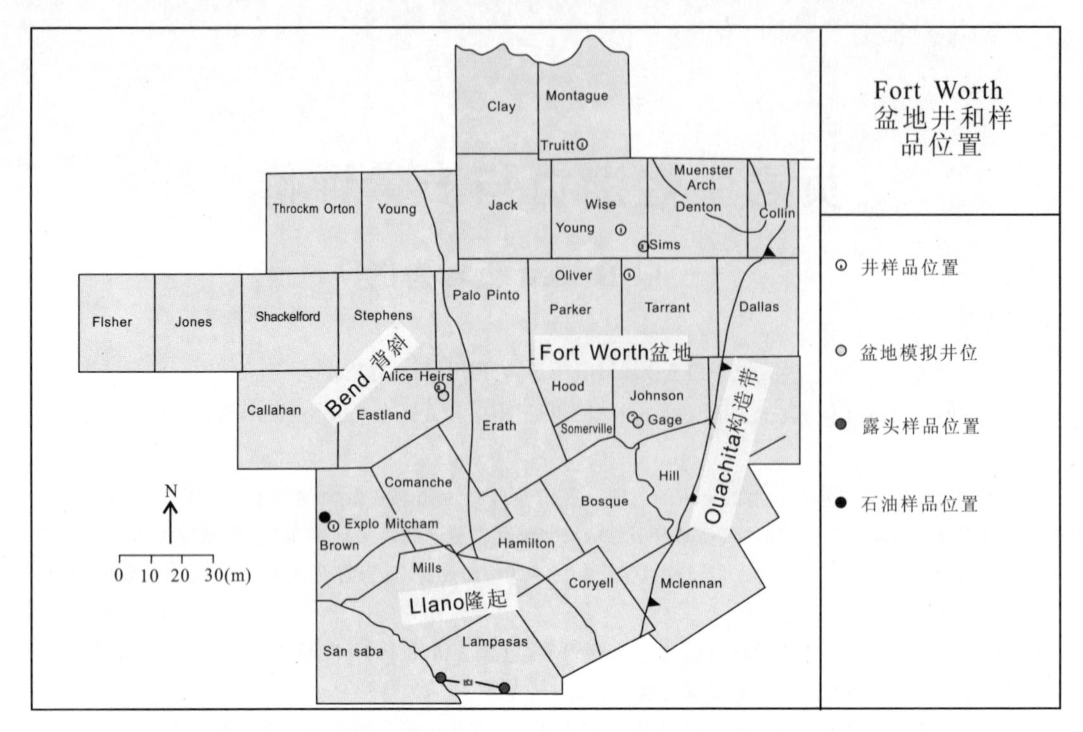

图 1　Fort Worth 盆地区域综合构造图以及井、露头样品的位置图

集层和盖层，从 2002 年开始，Newark East 气田成为 Texas 最大的气田。

致密泥页岩中的天然气来自原地有机质生成的石油裂解，否则会堵塞页岩的低孔隙度及渗透率。当成熟度大于 1.0%～1.20%时，由于石油二次裂解成气，天然气的含量急剧增加，气油比以及气体流速明显增加，导致垂直井中气体流速高[达到(500～2 000)万 ft^3/d]，水平井中更高。

1. Fort Worth 盆地油气来源

美国地质局以及 Humble 地球化学服务公司对 Fort Worth 盆地油气进行详细研究，根据记录的油气数据，Barnett 页岩是盆地油气来源(Jarvie 等，2001；Jarvie 等，2003；Hill 等，2004；Jarvie 等，2004)。例如石油生物标志化合物对比结果表明，石油间具有极相似的异戊二烯类生物标志物比值(图 2)。对石油更详细的分析表明 Barnett 页岩中有机相的差异。大部分油呈现低硫的海相特征，但是还存在一部分具有陆相组分，可能是轻微改变石油分子组成的泥灰岩相组分。在 Barnett 页岩较老(奥陶系 Ellenburger 地层)和较新(宾夕法尼亚系 Strawn，砾岩等)的地层中都有 Barnett 页岩生成的油气。

分析宾夕法尼亚系的 Boonsville 组砾岩地层及 Barnett 页岩中的天然气样品可知该层段天然气主要来自 Barnett 页岩(Jarvie 等，2003)。但是 Boonsville 砾岩中的天然气(页岩开发前的初始产量水平)相对 Barnett 页岩所产天然气湿度高、成熟度低，这可能是由于 Boonsville 中的天然气为油伴生气，即在生油窗期干酪根生油时生成，而 Barnett 页岩内的可产天然气主要在高成熟度条件下石油裂解生成，所以 Barnett 页岩排烃时既有液态石油又有天然气。

对 Fort Wort 盆地的井进行取样分析，包括岩屑和井壁岩心，分析表明 Barnett 页岩为区域主要的烃源岩。而其他地层的生烃潜力有限，储层中石油与 Barnett 页岩所产石油以及

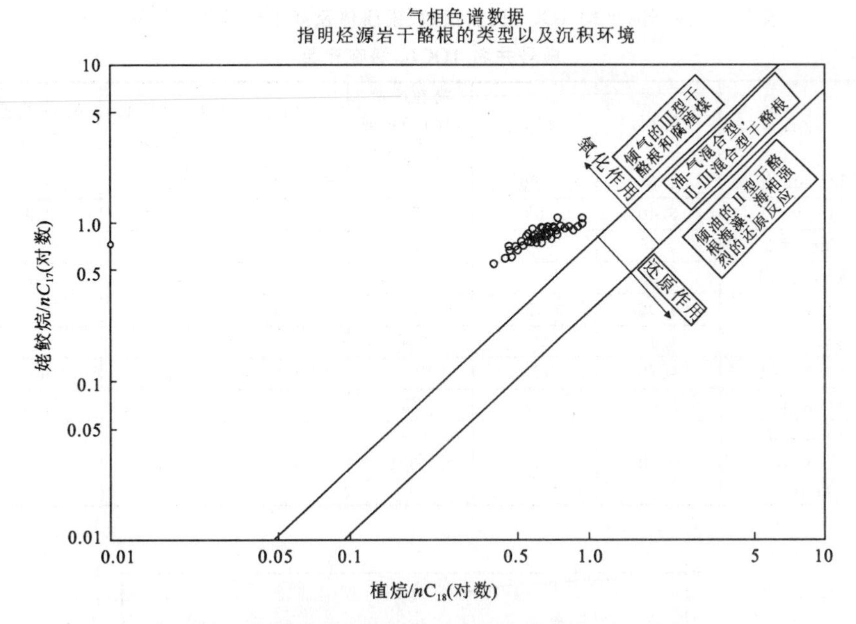

图 2 异戊二烯类生物标志化合物典型关系分布图

Fort Worth 盆地中 70 组石油样品中植烷与姥鲛烷含量分布高度相似

Barnett 页岩的岩石提取物之间的相关性进一步证实盆地内油气主要由 Barnett 页岩生成(Jarvie 等,2001; Jarvie 等,2003),根据天然气色谱分析,生物标志化合物和碳同位素的对比研究发现,盆地 Brown 县区域低成熟度 Barnett 页岩生成的石油与盆地西部区域如 Shackelford、Callahan 和 Throckmorton 县的石油有相关性(Jarvie 等,2001; Jarvie 等,2004; Hill 等,2004)。根据轻烃、生物标志化合物及碳同位素分析,Newark East 气田中心产层的凝析油与同种石油相关。

2. Barnett 烃源岩生烃潜力和热演化史

为了评价 Barnett 页岩的地球化学特征,我们研究分析了大量井下和野外露头样品。这些井分布在盆地 Barnett 页岩中有机质从低成熟到高度转化率的地区周围(见图 1,井的图例)。盆地南南西区域 Brown 县的 Mitcham ＃1 井以及 Lampasas 露头样品为低成熟度的 Barnett 页岩,北部的 Montague 县 Truitt A＃1 和 Grant ＃1 井的样品成熟度相对高一些,达到生油窗,而在产气的核心区域,如 Sims＃2, Young ＃1, Oliver ＃1, 及 Gage ＃1 井中所取的样品,都达到了生气窗(见图 1,表 1)。

表 1 中是平均 TOC 值、氢指数、计算和测量的镜质体反射率值(R_o)以及算出的干酪根转化率,图 3 为 Espitalie 干酪根类型与成熟度区域分布图(Espitale 等,1984),根据图 3 中样品数据分布趋势,我们可以推断出 Barnett 页岩最初主要为倾油的Ⅱ型海相干酪根,而不是多次引用中提到的最初为Ⅰ型或Ⅲ型干酪根。随着热成熟度的增加,Barbett 页岩由Ⅱ型转化为Ⅲ型烃源岩,随着烃类生成,干酪根中的碳氢逐渐消耗,从而生烃潜力逐渐下降。图 3 中成熟度随着氢指数(I_H)减少有增加趋势。成熟度趋势变化从成熟度最低的露头样品到非常高的井中样品,生气窗成熟度的 Gage、Sims 及 Oliver 页岩 I_H 值。

表 1　各井下的平均 TOC 值、氢指数、镜质体反射率值及干酪根转化率

编号井名 TOCI_H 潜在产量

编号	井名	TOC(%)	I_H	潜在产量 (BO/AF 或 mcf/AF)	T_{max} (℃)	R_o 计算值 (%)	R_o 平均值 (%)	TR 计算值 (%)
1	Mitcham ＃1	4.67	396	405	434	0.65	nd	0
2	Heirs ＃1	3.40	68	51	454	1.01	0.9	83
3	Sims ＃2	4.45	25	24	487	1.61	1.66	94
4	Young ＃1	4.93	56	60	468	1.26	nd	86
5	Oliver ＃1	4.30	13	12	544	2.63	nd	97
6	Truitt A＃1	4.13	261	236	445	0.85	nd	34
7	Grant ＃1	4.70	299	309	446	0.86	nd	35
8	Gage ＃1	2.66	39	23	485	1.57	1.37	90
9	Lampasas Outcrop Sample 1	13.08	463	1 326	430	0.58	nd	0

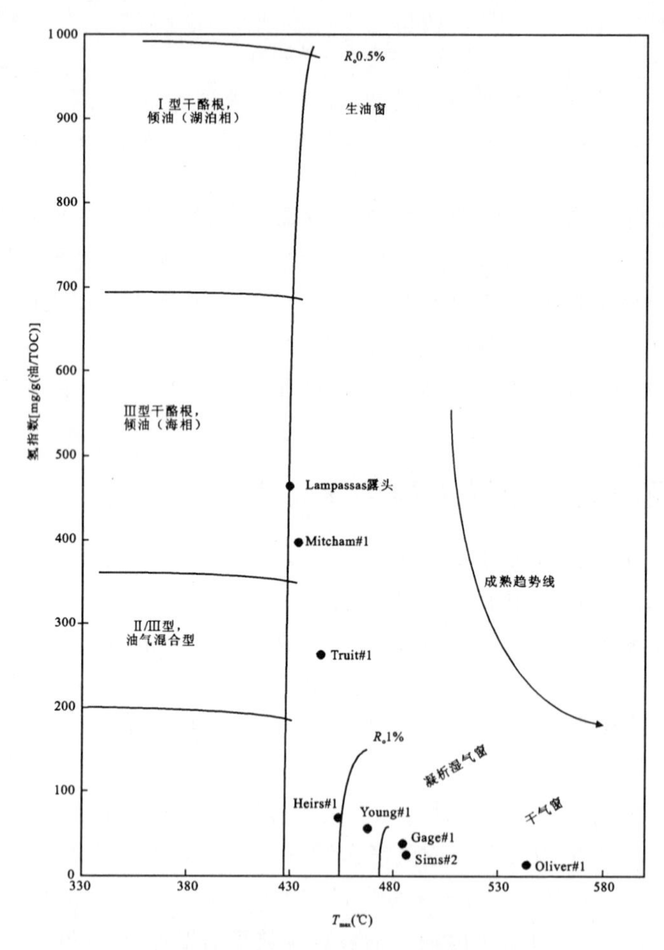

图 3　修正的 Espitalie 干酪根类型与成熟度区域分布图

(Espitalie 等,1984)

图中显示了 Fort Worth 盆地不同区域、不同埋深与热演化条件下 Barnett 页岩样品的成熟度分布

Barnett 页岩的有机质丰度使之具有工业性的资源潜力(Jarvie, 2000),并且 Barnett 页岩较好的天然气储集能力也与有机质丰度有关。低成熟度(岩石热解 T_{max}<435℃)的 Barnett 页岩岩屑样品测得的 TOC 平均值为 3.26%,平均生烃潜力为 7.86 mg/g(HC/岩石),或者约 172BO/AF 石油,172 mcf/AF(Javie 等,2001;Pollastro,2003)。但是,这些岩屑样品测量的数值可能受 Barnett 泥页岩上覆大量碳酸盐岩稀释的影响。同一口井中,对比传统岩心分析与岩屑分析所测得的 TOC 值,发现岩心样品测量值是岩屑样品测量值的 2.36 倍(Jarvie 未公开数据)。并且,稀释作用的影响在其他地球化学参数方面也有体现,包括剩余生烃潜力和热成熟度,均是岩屑样品测量值小于岩心样品测量值。稀释的主要原因是由井壁坍塌引起的。选择样品不会影响测量值,因为贫碳酸盐岩的样品在视觉上为黑灰到黑色。

Barnett 泥页岩的评估取决于对其原始烃源岩体积的评估。在生气窗之后,剩余生烃潜力(岩石热解 S_2 值)仅代表 Barnett 页岩过成熟或裂解得到的烃产量。因此,这对重新估算初始生烃潜力相当重要,而这可以通过评价 Barnett 页岩低成熟烃源岩的生烃潜力来实现。

Texas 州 Lampasas 附近发现富含有机质的低成熟 Barnett 泥页岩露头,其 TOC 高达 13%,总生烃潜力为 60.62 mg/g (HC/岩石) (岩石热解 S_2)或者 1 327 BO/AF. J.R. Walker Ranch 区域的 5 块露头样品中的平均 TOC 值为 8.85%,生烃潜力为 30.28 mg/g(HC/岩石)或者 662 BO/AF,另外,在 Jones Co. Mitcham #1 井中,富集有机质低成熟度岩屑测量的平均 TOC 为 5.52%,生烃潜力为 19.8mg/g (HC/岩石)(443 BO/AF)。尽管成熟度很低(R_o约 0.6%),但这井中 Barnett 页岩所产的石油质量好(低硫,38°API),为原地生成。因此在低成熟度阶段依然存在烃类的生成和排出。

Mitcham #1 井的岩屑在实验室进行加热来评估 Barnett 页岩分解率从而模拟自然条件下的有机质转化率(Jarvie 和 Lundell, 1991)。实验室所得的推论与自然地质环境在时间框架条件下的结果相比较,数据的相关性很好,同时对于成熟度更高的样品具有同样的相关性,因此可以通过这些数据来确定成熟度方面的地质参数,也为我们的勘探预测提供了一项依据。实验结果发现 TOC 在原始的基础上减少了 36%(Jarvie 和 Lundell, 1991; Montgomery,等, 2004),而氢指数(I_H)和剩余生烃潜力降低了 90%以上,表明了有机质转化为烃类及碳质残渣的程度非常高。

选取 Eastland 县的 Alice E. Allen Heirs #1 井进行地质参数对比。该井的井位在 Mitcham #1 井的下倾方向,Alice E. Allen Heirs #1 井的 I_H 较低和 T_{max}值较高(图 4)表明了其成熟度更高。根据 Javie 等(2001)的等式得出镜质体反射率(R_o)计算式:

$$\text{Cal}\%\text{VR}_o(\text{from } T_{max}) = 0.0180 \times T_{max} - 7.16 = 1.01\%\text{VR}_o(\text{cal})$$

确定该井中 Barnett 页岩处于最晚生油期—最早凝析油/湿气期阶段的层位,所得热成熟度评价指标如下:

岩屑 VR_o	成熟度
<0.55%	未成熟
0.55%~1.00%	生油窗(0.90%为生油高峰)
1.00%~1.4%	凝析气窗
>1.4%	干气窗
岩心 VR_o	成熟度
<0.55%	未成熟

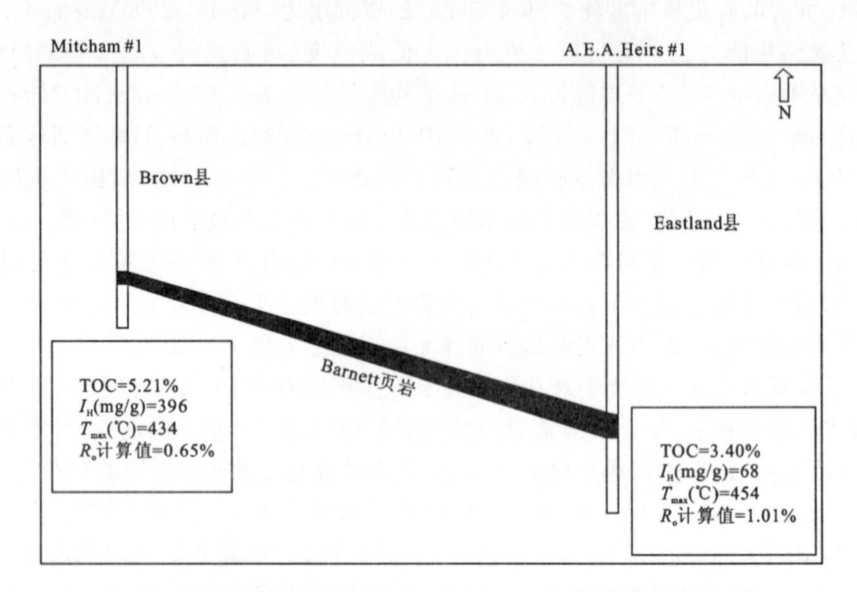

图 4　根据地球化学参数绘制的 Brown 县 Mitcham1 井以及位于
其下倾方向 Eastland 县的 A. E. A. heirs1 井的横截面关系图

0.55%～1.15%　　生油窗(0.90%为生油高峰)

1.15%～1.40%　　凝析气窗

>1.40%　　干气窗

灰色区域镜质体反射率为 1.00%～1.20%，但是 1.20%显然是凝析油—湿气窗阶段，是生气的甜点区。

Heirs #1 井计算的初始 TOC 为 5.31%(现今 TOC 为 0.64%)，这就与我们预期的 Barnett 页岩 TOC 相吻合。Heirs #1 井的 TOC 变化是生烃造成的，所以我们可以利用烃类中有机碳含量(83%)的平均值加上现今残余生烃潜力(S_2=2.31)来计算原始生烃潜能。

$TOC_{变化值}=TOC_{初始值}-TOC_{现今值}=1.91(\%)$

$TOC_{变化值}/0.083=1.91/0.083+2.31=25.35$ [mg/g (烃类/岩石)(原始 S_2)]

然后再推导原始的 I_H 值

$I_{H初始值}=S_{2初始值}/TOC_{初始值}\times100=25.35/5.21\times100=487$ [mg/g(HC/TOC)]

然后干酪根的转化率可根据上述数据计算出来：

转化率(%) = $(I_{H初始值}-I_{H现今值})/I_{H初始值}$

转化率(%) = $(487-68)/487\times100=86$(%)

另外一个参考例子为 Newark East 气田的 T. P. Sims #2 井，也是包含该盆地 Barnett 页岩层段，并且热成熟度很高，测量的镜质体反射率为 1.66%，由 T_{max} 计算的平均镜质体反射率为 1.61%。该层的残余 TOC 值非常高，但是剩余生烃能力和含氢指数很低，其平均残余 TOC 值为 4.45%，剩余生烃能力为 1.07[mg/g(HC/岩石)]。按照上面的计算方法，计算的原始 TOC 值为 6.95%，且原始生烃能力为 30.16[mg/g(HC/岩石)]，原始 I_H 值为 434，所以算出其转化率为 94%。

表 1 是用上述方法计算的所有井的转化率，注意到有些井转化程度并不高，所以在计算原

始 TOC 值时必须同时考虑到其转化程度。例如，生油高峰时 TOC 值仅减少了 18%而不是 36%。转化率和镜质体反射率的关系提供了表征热成熟度的化学方法(图 5)。曲线的平直段对应的 R_o值高于 1.00%，这是由于主生油期与石油二次裂解成气(Barnett 页岩中烃类气体主要来源)时期存在时间间隔。大约 145℃时，石油开始二次裂解，而干酪根大约在相同的温度停止继续裂解生烃。所以在石油开始大量二次裂解生气之前，油气比及天然气量会处于一个稳定的平衡阶段。

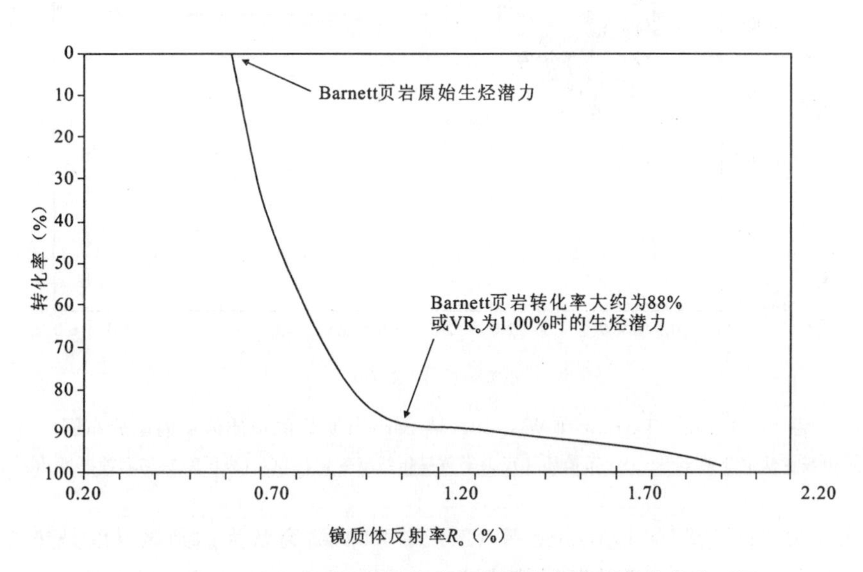

图 5 Barnett 页岩中干酪根转化率与测量的镜体反射率的关系图
随着成熟度的增加，干酪根的转化率也逐渐增加

当然，随着热成熟度增加，生气量也会随着反应物量的改变而改变。生油窗的定义是液态烃为主要产物的热成熟度区间，虽然此时通常也有伴生气存在(R_o为 0.60%～1.00%或 1.20%)。凝析油—湿气窗是主要生成轻质油气的时期，此时残余油开始二次裂解为更轻的液态烃或者气态烃(R_o为 1.0%～1.4%)。干气窗是以甲烷为主要产物的阶段(R_o>1.4%)。

根据对 Barnett 页岩不同成熟度阶段产物的分析得出上述结论。利用热萃取气相色谱(TEGC)的生物标志物对比，对不同的产物进行鉴别分类，但不包括流失气体。

另外，在 Barnett 页岩的成分动力学及产量评估中，利用测量的反应产物推测各种温度和成熟度。重质油和凝析油是生油窗期的最主要产物，相应的镜质体反射率为 0.60%～1.00%。大于 1.00%后，主要产物是湿气(C_2—C_4烃类)，天然气占总量的 50%。R_o>1.40%时，甲烷成为干酪根的主要烃类产物。另外，当温度高于 145～150℃、对应 R_o=1.00%时(取决于加热速度)，残留石油都开始发生裂解，这时产气量会成指数增长。

Barnett 页岩的现今温度显然还没有使干酪根或者残余油开始裂解；但是，其最大古地温要高得多。根据密西西比系的镜质体反射率数据，估算地层的剥蚀厚度接近 5 500ft(图 6)，根据计算的 R_o值的分布推测侵蚀的差异性。我们无法确定二叠系的剥蚀量，但我们可以根据 Fort Worth 盆地西部的资料确定出 Permian 盆地二叠系数千英尺厚的沉积地层。所以，根据推演出的埋藏史和地温史来看，Newark East 气田的 Barnett 页岩地层可能在一段时间内温度达到了 150～190℃。

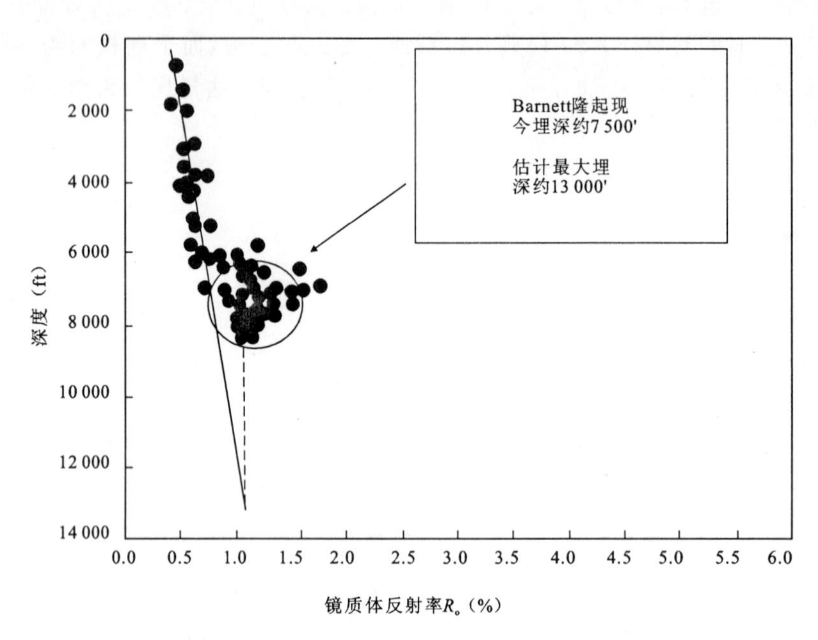

图 6 Denton、Tarrant 和 Wise 县区域 Barnett 页岩的镜质体反射率分布图

图中可见由宾夕法尼亚系至 Barnett 系镜质体反射率值呈折线型变化，中心点表明地层的剥蚀厚度达到 5 500ft

Bowker (2002; 2003)和 Pollastro 等 (2003; 2004)研究认为达到该温度是热液事件的影响。这些学者推断 Ouachita 逆冲断层使热液穿过 Ellenbuger 组地层，对上覆 Barnett 页岩地层起加热作用，使其温度比正常埋藏情况下的温度要高。在盆地西南部地区 Chappel 组地层中发现有鞍状的白云岩存在，而且在 Hardeman 盆地西北部也发现有这样的现象，这些都是热液活动存在的证据(Bowker, 2002,2003)。

埋藏史和热演化史模拟表明盆地北部(Truitt ＃1 井，Montague 县)的 Barnett 页岩正处于生油窗期，而 Johnson 县的 Gage ＃1 井和 Eastland 县的 Alice E. Allen Heirs 井的 Barnett 页岩处于生气窗阶段[图 7(a)～(c)]。

埋藏史和热演化史模拟表明 Barnett 页岩的生烃时期是 2.5 亿年前[图 7(a)～(c)])。不整合面首先根据地质数据推测，然后利用地球化学数据尤其是镜质体反射率等资料进一步优化。这些模拟运用了 Barnett 页岩动力学参数(Barnett 页岩干酪根的分解速率)，而且表明了最大古地温条件下的最大生油或生气量。Barnett 页岩中为低硫干酪根，其生油气温度比富硫或富氧干酪根(如碳酸盐)的温度要高一点(图 8)。图 8 所示转化率曲线反映了在3.3℃/m.y. 的条件下以任意速率持续加热条件下有机质的转化过程表明了有机质的分解率是可变的，其取决于有机质的结构与组分。转化率表明 Barnett 页岩中干酪根为典型的低硫海相干酪根。

注意到灰色阴影区[图 7(a)～(c)]表明现今 Barnett 页岩于生油或生气窗，这仅反映了最大埋藏古地温条件，因为现今的温度不能生成任何烃类。

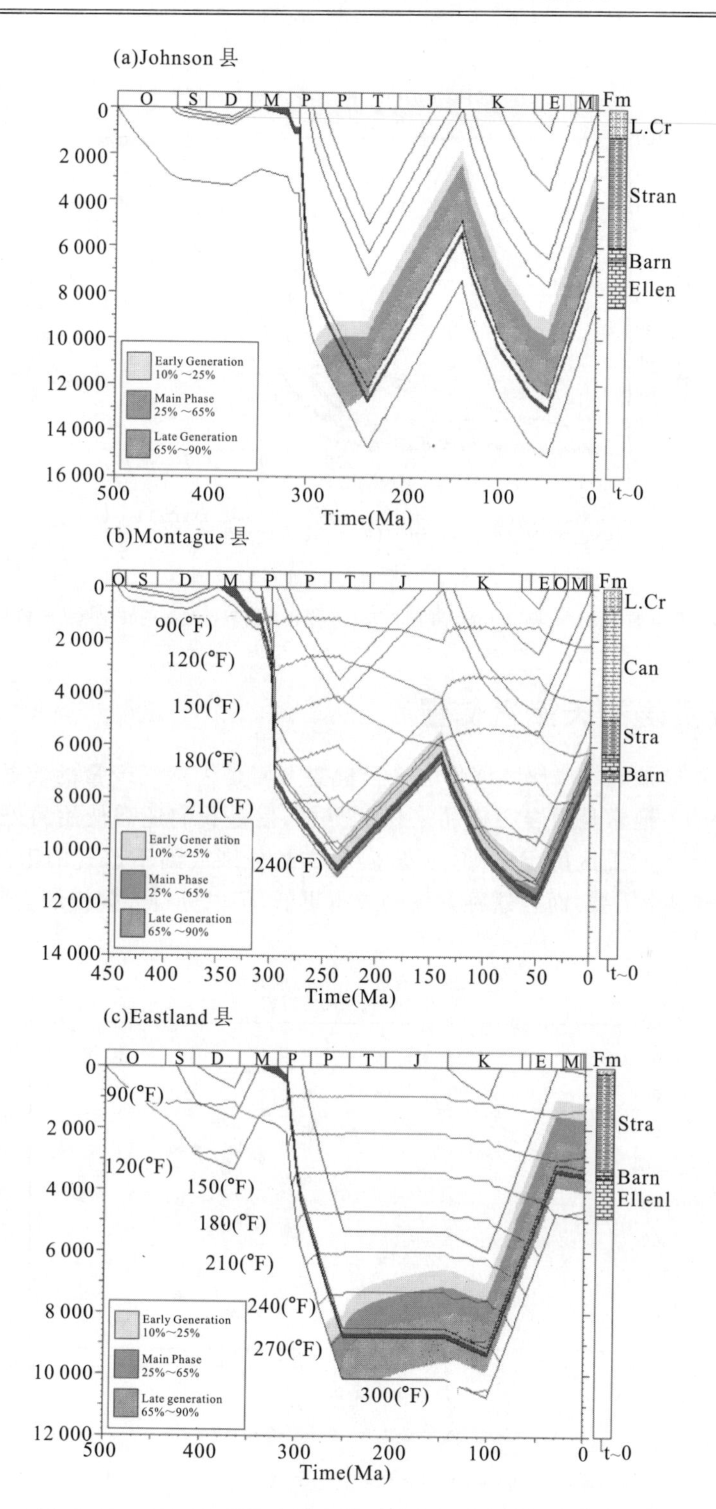

图 7 Fort Worth 盆地不同区域 3 口井的埋藏史与热演化史图

(a)Jonson 县 Gage#1 井埋藏经过 2.5 亿年，其热成熟度达到生气窗；(b)Montague 县 Truit#1 井由于地层的最大埋深以及最大热成熟度相对要小，Barnett 页岩处于生油窗；(c)Heirs#1 井由于受到剥蚀作用相对较小，Barnett 页岩处于早期湿气窗

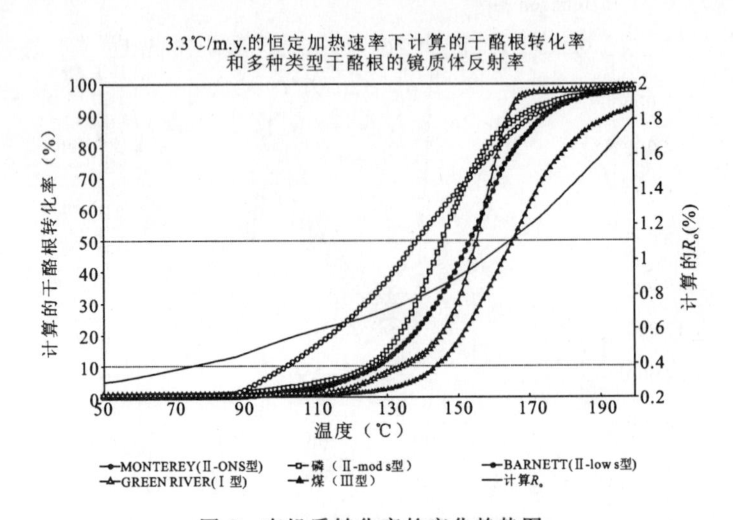

图 8　有机质转化率的变化趋势图

其转化率的多变性表明 Barnett 页岩中的干酪根相比高硫干酪根的转化率更难控制

3. Barnett 页岩的天然气储量

含气页岩或者非常规气藏探区评价的一个重要方面是天然气产量的数据，即岩石中释放气体的量(scf/ton)。通常是用岩心样品来作此分析，但是我们还需使用另外一种方法，是将几个需要作比较产量的工区的 Barnett 页岩岩屑样品分别放到不透气的密封罐中进行分析(图 9)。岩心测试也很需要，而且这种方法的成本更低，可以进行大规模的实验分析。

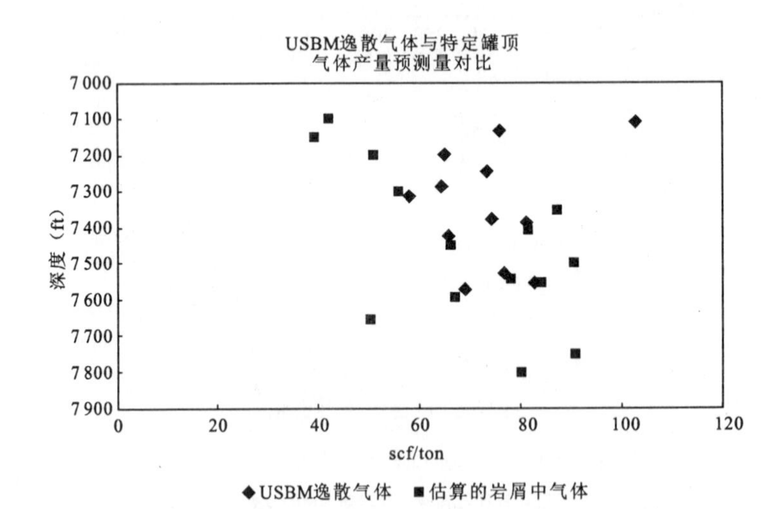

图 9　由岩屑样品分析确定的 USBN 中解吸气产量与总气产量之间的关系

解吸气产量通过高密度的岩屑采样进行实验测量，有利于岩层生烃潜力的评价

我们还需要明白 Barnett 页岩中天然气的储存方式。吸附气指气体以吸附或被吸收的状态(溶解)储存。气体在物理或化学吸附作用下附着在岩石中非有机质或有机质表面。物理化

学键的物理吸附作用相对较弱，而化学键则很强，但是在 Barnett 页岩中未发现此类键存在的证据。吸收作用指以溶解态存在的天然气，如溶解气。因此 Barnett 页岩中吸附态的天然气并不是通过对其形成的过程来区分的，而是从储存方式方面描述。

检测从泥岩中释放出的游离的气体（逸散气）来获得实验数据，我们将其分别与岩屑粉碎前和粉碎后所解吸出的气体产量进行对比。从一口井样品来看，逸散的气体占总天然气量的43%，解吸的气体大约占总天然气量的 18%，剩下为从粉碎的岩屑样品中释放出的气体，占到了总量的 39%。这表明约有 43%的气体为游离态气体，39%为吸附态气体，还有 39%的气体为游离-吸附混合态的，只有在地层受到进一步压裂作用时才释放出来。

由 GRI 发表的气体吸附数据（GRI，1991 年 5 月）经一位资深学者重新修改，主观地去除了一些吸附气产量随压力增加反而降低的异常数据。在储层压力下，这些数据为评估天然气产量提供了充分的信息，而 Barnett 页岩地层的压力大约为 3 800psi。从图 10 所示的两组数据来看，Barnett 页岩中的吸附气与气体总含量之间有内在的动态关系。根据 9 组不同的再次试验数据分析，总产气量范围为 170～250ft/ton，其吸附气量范围为 60～125ft/ton 和 110～125ft/ton 不等。气体储量似乎与层段的矿物组分有关系，例如高成熟度的 Barnett 页岩样品中 TOC 数值除一个样品外都很高，大约为 4.50%。T. P. Sims 井的岩性录井表明粘土与硅质富集区域的变化范围很大。类似地，GRI 发表的 W. C. Young #2 井的有效矿物组分数据由 GRI 研究（GRI 发表于 1991 年 5 月），研究表明各矿物组分含量为：粘土为 0～54%，石英含量为 4%～44%，方解石为 0～78%，以及少量的如黄铁矿、磷灰石、白云石等其他矿物成分（表 2）。该层段 TOC 稳定，因此含气量的差异性可能是矿物成分的差异性引起的。虽然很多研究报告中提出气产量与 TOC 之间有几乎完美的相关性（Dougherty，2004，person communication），但样品测试则未表现出相关性。

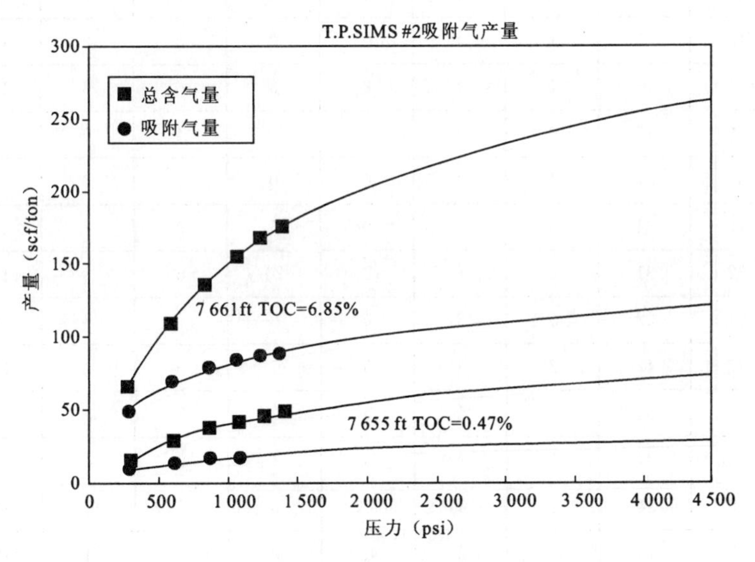

图 10 页岩中吸附气与气体总含量之间内在的动态关系

根据 GRI（1991 年 5 月）的数据加以修正，绘制不同有机质含量的 Barnett 页岩样品吸附试验结果分布图，Barnett 页岩井典型的储层压力 3 800psi

表 2 W. C. Young 2 井有效矿物组分含量(%)

深度(ft)	总粘土	石英	K 长石	斜长石	方解石	白云石	黄铁矿	磷灰石	总计	TOC
6 090.50	16	10	0	0	55	17	2	0	100	—
6 920.00	35	44	1	2	4	7	4	3	100	4.84
6 936.00	43	30	1	2	2	3	6	13	100	—
6 944.00	4	13	0	1	54	3	11	14	100	—
6 953.50	37	40	0	3	4	1	7	8	100	—
6 964.00	4	10	0	3	78	2	3	0	100	—
6 973.00	38	37	2	6	3	2	5	7	100	—
6 985.00	42	38	1	3	2	3	8	3	100	—
7 001.00	23	32	0	4	30	4	4	3	100	—
7 006.00	37	34	1	6	10	6	2	4	100	—
7 007.00	0	4	0	2	71	1	21	1	100	—
7 014.00	31	42	1	4	7	7	6	2	100	—
7 022.50	20	33	0	5	3	0	10	29	100	—
7 026.00	48	33	2	6	0	1	8	2	100	—
7 030.50	7	4	1	4	5	70	9	0	100	—
7 033.00	48	36	4	5	0	1	4	2	100	4.42
7 045.00	37	40	2	4	2	8	5	2	100	—
7 061.60	41	42	2	3	3	3	5	1	100	—
7 065.00	45	40	1	4	0	2	6	2	100	—
7 075.00	37	43	1	4	3	3	6	3	100	—
7 081.00	18	17	0	4	2	55	4	0	100	1.88
7 086.00	54	31	1	4	0	0	7	3	100	5.16
7 095.00	46	34	0	4	0	5	9	2	100	—
7 108.00	32	31	3	4	2	20	6	2	100	5.78
7 118.00	51	28	5	6	0	0	7	3	100	—
7 126.00	37	47	2	4	0	1	5	4	100	6.53
7 135.00	48	33	3	5	0	3	7	1	100	—
7 141.00	45	34	1	3	3	4	6	4	100	—
7 150.00	50	34	2	4	0	0	8	2	100	—
7 156.50	21	23	1	2	42	3	4	4	100	—

从大量的气体数据中我们也注意到在气体热值(BTU)和干燥度之间有某种关系(图 11)。气体干燥度是指甲烷气占总烃气量(C_1、C_2、C_3、$i-C_4$及$n-C_4$)的比率。这些数据显示最小二

乘法的相关系数为 0.78,不考虑气体中低 BTU 值的氮气和二氧化碳的影响。纯甲烷的 BTU 值为 978。当气体的干燥度大于 90%时则认为已达到干气窗,干燥度为 80%时推测是凝析气-湿气窗,气体干燥度小于 80%是生油窗。推断出的这种关系只适用于 Barnett 页岩这类的自生自储气。因此,从这些数据获得的另一个热成熟度参数可以用来评价天然气风险,同时还可以应用于分析钻井或者附近钻井时段的泥浆气或罐装岩屑气。

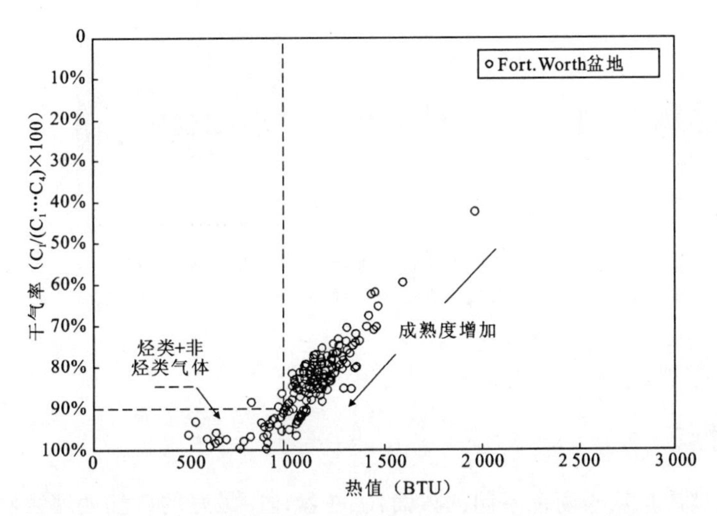

图 11 Fort Worth 盆地 77 组天然气样品热值与干燥度之间的关系

干燥度由气体类型决定,同时可以指示 Barnett 页岩的成熟度。当干燥度达到 80%时,气体所处地层应达到湿气窗,而当干燥度达到 90%以上时,此时应为干气窗(热值最低的烃类气体)

4. 基于地球化学数据对盆地页岩气远景区风险的评价

页岩气风险评价的基本方法是确定有机质丰度、干酪根类型、干酪根转化、各种热成熟度参数、含气量和天然气产量等资料。仅需要 TOC、岩石热解、镜质体反射率和气体数据可获得上面的资料。但是,由于环境的差异,有些数据会出现矛盾,如镜质显微组分缺失的区域,原地镜质体群的错误识别,沥青染色(Landis 和 Castanet, 1995),不可靠的 T_{max}数据等。第一步也是最重要的是要明白现在含油气系统的类型,例如热成因的 Barnett 页岩气探区的参数性质不适用于在生物成因的 Antrim 页岩气探区。此外,在特定热成熟度条件下,需对生成产物作一些基本评价。因此除了基础的地质调查,还应收集含油气系统烃源岩的热成熟度、有机质转化程度、生烃和排烃时期、油气分析等方面的资料,同时大型数据库有助于综合评价勘探区域页岩气情况。

当数据库完全建立起来后,其中的一些数据会出现矛盾。评估这些数据的一种方法是使用标有生气窗特殊导线的矢量图(希尔图)。对于 Barnett 页岩,远景天然气产量风险评价的最小值建议如下(图 12)。

TOC: 2.00%;TR: 80%;T_{max}: 455℃;R_o: 1.0%;干燥度: 80%。

关键的交叉点需要更精确地确定,如镜质体反射率,大多数地球化学学者认为 R_o的最小值为 1.20%,但是要根据具体的样品类型来决定(岩心或岩屑)。所以,在 1.00%~1.20%成

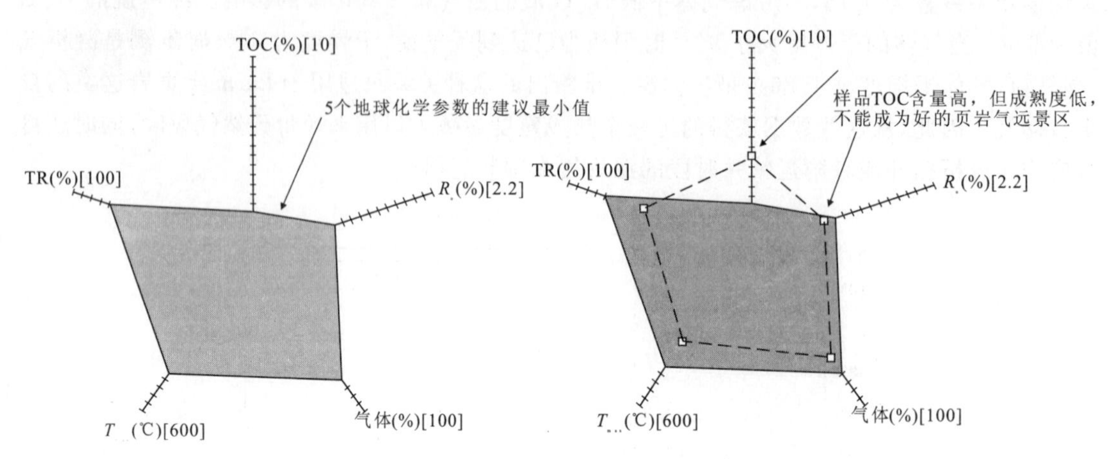

图 12　Barnett 页岩气研究的地球化学风险参数

地化参数超过这些最小值表明区域的页岩气具有良好的勘探前景

熟度范围寻找工业型页岩气不可靠。

5. 确定甜点

"甜点"一词被广泛用于两个不同的方面：①在盆地中最好的含气地理区域；②一口完井中含气的最佳层段。这里，我们用"富集区"来描述盆地的油气展布情况，所以产气的最佳地理区域称为天然气富集区。而"甜点"这一术语就常常用来描述钻井地层中的高产区带及深度层段。

泥浆气的测井解释以及岩屑或岩心样品的解吸实验数据是确定最有利层段的有效方法，产量随着 TOC 和岩性的变化而变化。Barnett 页岩主要是硅质页岩，但也有富含泥质的页岩，燧石和白云石岩性(Henk，2000；GRI report，1991)。无论是低成熟度探区还是 BTU 高到 BTU 低的高成熟度探区，这些岩相(岩性和 TOC)的差异性会影响油气的可采储量。另外，在 Newark East 气田裂缝高度发育的 Barnett 页岩层段，烃类气体产量相对最低(Bowker，2002，2003)。

泥浆气、密封岩屑的罐顶气以及生产气的定量分析表明，气体干燥度是热成熟度和单位岩层产气量的重要指标。当然，岩心样品的吸附测试和井壁岩心样品(SWC)解附测试都进一步证实了这些分析的解释。泥浆气的干燥度总是比密封岩屑中气体的高，这是因为其相对较高的解吸率和大量的干气(甲烷)从储层中扩散出来进入井筒，且保留了湿度较大的气体(乙烷、丙烷、丁烷)或者随时间慢慢解吸的气体(解吸气)。而且两者溶解度的不同也会对此产生影响。从长时间的解吸实验测量结果推算逸散气体量，但是泥浆气产量的定量分析可以直接指示逸散气量。在许多类型的储层中，泥浆气更能代表储层的实际产量(墨西哥湾松散砂岩，Patience，2003)。但是，在评价低渗透率的页岩时，泥浆气和解吸的气体都必须进行定量分析。如果页岩被水或支撑剂压裂时天然气产量增加，则可以运用粉碎样品和测量释放出的气体量评估增加的产量。

泥浆气和密封岩屑样品中解吸气含量的研究对选取钻井最佳产油、湿气或干气甜点区有重要的意义。甲烷与甲烷、乙烷、丙烷、丁烷总烃量的比值[$C_1/(C_1—C_4)$]，是测量气体干燥度的简单方法。这个测量干燥度的方法可以有效地评价各种不同层位的产量特征(Pixler, 1962)。Jarvie 等(2003) 描述了 Barnett 采出的油气中干燥度到热成熟度及热值之间的关系。

6. 结论

Barnett 页岩富含有机质,但是由于干酪根生烃的碳消耗,使干气区域的 TOC 值减小了 36%。同样的,在生气窗,干酪根的类型仅反映页岩当前的生烃潜能,该成熟度阶段任何的页岩都倾向生气,但是,露头和钻井未成熟样品的分析结果确定 Barnett 页岩的初始生烃潜力,确定其干酪根为倾油的Ⅱ型海相干酪根,初始 I_H 值为 487mg/g。Barnett 页岩在生油窗期开始生烃,但是仅占总生烃量的 30%,剩下的为液态烃(C_5^+)。由于 Barnett 页岩渗透率低、孔隙度低以及保存能力强,初次运移中有些烃类滞留下来了,这些滞留下来的油裂解生气。

埋藏史和热演化史模型表明 Barnett 页岩在大约 2.5 亿年前进入生气窗,而 2.5 亿年后生成的烃类气体很少。模型假设了 2 500 万年前有更多气体生成,但是现在的模拟结果表明气体生成时间更早。

含油气盆地中气体干燥度和 *BTU* 之间的关系表明气测数据可用来推测热成熟度。

根据 T. P. Sim #2 井校正后的甲烷吸附数据,Barnett 页岩天然气产量高,约为 170~250ft^3/ton,其中平均 55%为游离气,45%为吸附气。但是不同的层段产量变化很大,其变化的原因是孔隙度和岩性变化造成,通常情况下,TOC 值低(0.47%)的样品其气体的产量也低,但是 TOC 不能解释有机质富集区气体产量的差异,TOC 平均为 4.45%时产量变化较小。

根据盆地、远景区的热成熟度,运用大量的地球化学参数评价探区潜在的天然气资源,这些参数包括 TOC、TR、T_{max}(岩石热解分析)、镜质体反射率和气体相关数据。气体同位素和凝析油气化学性质可以绘制各个成熟度阶段(何发岐、陈振林译,龚铭、王华、陈尧校)。

原载 Unconventional energy resources in the southern Midcontinent, 2004 symposium: Oklahoma Geological Survey Circular 110, 2005, p. 37—50.

参考文献

Espitalie J, Madec M, Tissot B. Geochemical logging, in K. J. Voorhees, Analytical pyrolysis - techniques and applications[M]. Boston, Butterworth, 1984.

Hill R J, Jarvie D M, Pollastro R M, et al. Geochemistry of an unconventional gas prospect: The Barnett Shale gas model[C]. Goldschmidt Conference, 2004, June 7—11.

Jarvie D M, Lundell L L. Hydrocarbon generation modeling of naturally and artificially matured Barnett shale, Ft. Worth Basin, Texas[C]. Southwest Regional Geochemistry Meeting, 1991.

Jarvie D M. Total Organic Carbon (TOC) Analysis, in Treatise of Petroleum Geology, Handbook of Petroleum Geology, Source and Migration Processes and Evaluation Techniques[M]. Ed. R. K. Merrill, AAPG Press, Tulsa, Ok. 1991.

Jarvie, Daniel M, Ronald J. Hill, et al. Evaluation of Unconventional Natural Gas Prospects: the Barnett Shale fractured shale gas model[C]. 21st IMOG Meeting, Krakow, Poland 2003.

Landis, Charles R, John Castaño R. Maturation and bulk chemical properties of a suite of solid hydrocarbons [J]. Org. Geochem., 1995, 22:137—149.

Montgomery, Scott L, Daniel M Jarvie, et al. Bowker, and Richard M. Pollastro, Mississippian Barnett Shale, Fort Worth Basin, North - Central Texas: Gas - Shale Play with Multi - Tcf Potential [M]. AAPG

Bull，E&P Note，in press，2004.

Pixler B O. Formation Evaluation by Analysis of Hydrocarbon Ratios[J]. Journal of Petroleum Technology，1969，665—670.

Pollastro R M. Geological and production characteristics utilized in assessing the Barnett Shale continuous (unconventional) gas accumulation，Barnett - Paleozoic Total Petroleum System，Fort Worth basin，Texas：Barnett Shale Symposium[M]. Ellison Miles Geotechnology Institute at Brookhaven College，Dallas，Texas，2003.

Pollastro R M ，Hill R J，Jarvie D M，et al. Assessing undiscovered resources of the Barnett - Paleozoic Total Petroleum System，Bend Arch - Fort Worth Basin Province，Texas (abs.)[J]. AAPG Southwest Section Convention，Fort Worth Texas，2003，1—5.

加拿大西部沉积盆地泥盆系—密西西比系页岩气资源潜力的评估

——一种综合地层评价方法的应用

Ross D J K, Bustin R M

(Department of Earth and Ocean Sciences, Vniversity of British Columbia)

摘 要:本文对加拿大西部沉积盆地的西北区域(WSCB)泥盆系—密西西比系页岩气的勘探潜力进行评估。Besa River、Horn River、Muskwa 和 Fort Simpson 等地层中达到热成熟的地层厚度超过 1km(0.6 mile),区域范围接近 125 000km^2(48 300mi^2),勘探前景巨大,总含气量估计为 60～600bcf/section。重点勘探区域为 Horn River 地层中的泥页岩段(包括旁边相同性质的下部 Besa River 泥岩),Muskwa 地层和上部 Besa River 地层中总有机碳含量高达 5.7%。Fort Simpson 页岩中总有机碳含量很低,只有 1%左右。Horn River 和 Muskwa 地层在经度 122°W—123°W,纬度 59°N—60°N 的区域范围内具有十分优越的页岩气勘探潜力。这片区域(国家地形测量系统[NTS] 94O08 - 94O15)的面积达到 6 250km^2,平均 TOC 含量高(由测井曲线校准达到 3%),同时地层厚度超过 200m(656ft)。估计含气量为 100～240bcf/section。地质储量可能高达 400tcf。在储层的高温、高压条件下绝大部分气体为游离气。储层温度为 60～80℃(140～176 ℉)时,Muskwa 页岩的吸附能力为 0.3～0.5 cm^3/g(9.6～16 scf/ton),当温度达到 130℃(266 ℉)时,Besa River 泥页岩的吸附能力很低,不到 0.01cm^3/g(0.32scf/ton,Liard 盆地区域),而此时游离气的含量高达 9.5cm^3/g(38.4～304 scf/ton),总孔隙(0.4%～6.9%)内游离态气体达到饱和。

矿物成分对页岩总含气量影响很大。富含碳酸盐岩的样品表明页岩岩层与碳酸盐岩台地及海湾沉积相邻,而这些区域的有机碳含量与孔隙度较低(TOC<1%,孔隙度<1%),含气量也较低。碳酸盐岩附属点边缘的临海位置,Muskwa 泥岩和下部 Besa River 泥岩富集硅质和 TOC(石英含量高达 92%,TOC 达到 5%),此时最有利于勘探到页岩气,这是因为有机质和硅质的富集对于压裂有很大的促进作用。然而在一些区域硅质含量与孔隙度之间呈负相关,表明该区域具有良好的完井压裂条件,但是含气量却不乐观。所以寻找有利储层特性的平衡点十分重要。

引 言

由于非常规气藏的储集能力和大量可采资源潜力,页岩气、煤层气、致密砂岩气已成为主要的油气勘探目标。由于美国页岩气产量快速增加,加拿大西部沉积盆地开始将勘探方向向页岩气转移。这些渗透率很低(<1md),在不同地层(泥盆系、侏罗系、白垩系地层)中的边缘储层(Ramos, 2004; Ross, 2004; British Columbia Ministry of Energy and Mines, 2005; Chalmers 和 Bustin, 2007a; Ross 和 Bustin, 2007)拥有十分巨大的天然气潜力,因为这些地层有机质富集,同时孔隙度、地层厚度、横向分布范围等方面均十分优越。而整个加拿大地区页岩气地质储量估计超过 1 000tcf(Bustin, 2005)。

美国从 1982 年开始从泥页岩中开采天然气,页岩气井超过 39 500 口,页岩气产量占美国天然气总产量的 8%(Warlick,2006)。美国页岩气的气储量达到 497～783tcf(Curtis,2002)。

巨大的天然气资源引起人们对有机质富集的细粒沉积地层的兴趣，而 Texas 州 Fort Worth 盆地的 Barnett 页岩是典型的页岩气开采成功的例子（Pollastro，2003；Pollastro 等，2003，2007；Montgomery 等，2005）。美国页岩气开采探区还包括 Caney、Woodford、Fayetteville、Antrim、Ohio、New Albany 和 Lewis 页岩。美国勘探与开发页岩气是由于常规油气资源的过度消耗，加之税收抵免政策和先进的基础设施，同时地层厚度、热成熟度、渗透率（包括天然裂缝和可压裂单元）等地质条件对页岩气勘探开发的成功提供了有利条件。页岩气探区，通常称为技术探区（Cardott，2006），开采的成功离不开水平钻井技术、压裂完井技术、三维地震数据技术等的使用和提高。

加拿大西部在类似美国的页岩气储层研究基础上追求进一步的发展，将页岩气系统的勘探扩展到新区域。随着北美页岩气的持续研究，泥页岩的非均质性限制了储层类比方法的应用。页岩气的非均质性延展至纳米级的孔隙级别（Ross，Bustin，2007，未公开发表）。因此，每个页岩气储层在分析时都应采用特定的分析方法，而不能直接应用。重要的参数包括：有机质类型（倾油型或者倾气型干酪根）、有机质丰度、泥页岩横向和纵向分布范围、埋藏史（影响地层温度、压力和热成熟度）以及孔隙度（包括孔隙分布）。矿物成分同样是影响页岩气潜力的一个关键变量，因为它将会对天然裂缝的形成以及压裂产生重要影响。加拿大西部沉积盆地最有页岩气勘探前景的目标区域为有机质富集的泥盆系—密西西比系黑色页岩，区域范围横穿 Saskatchewan 省、Alberta 省、British Columbia 省、Yukon 地区以及西北区域（Fitzgerald 和 Braun，1965；Pelzer，1966；Lowey，1990；Switzer 等，1994；Smith 和 Bustin，1998；Caplan 和 Bustin，2001）。该地区勘探有利层位为 Besa River、Horn River、Muskwa 和 Fort Simpson 地层中的泥页岩层段（British Columbia Ministry of Energy and Mines，2005）（图 1）。我们的研究区域包括 British Columbia、南 Yukon 及南 Northwest Territories 地区，区域边界范围经度为 58°N—62°N，纬度范围为 120°W—125°W（处于 Laramide 变形带；图 2）。该地区沿着泥盆系 Presqu'ile 障壁

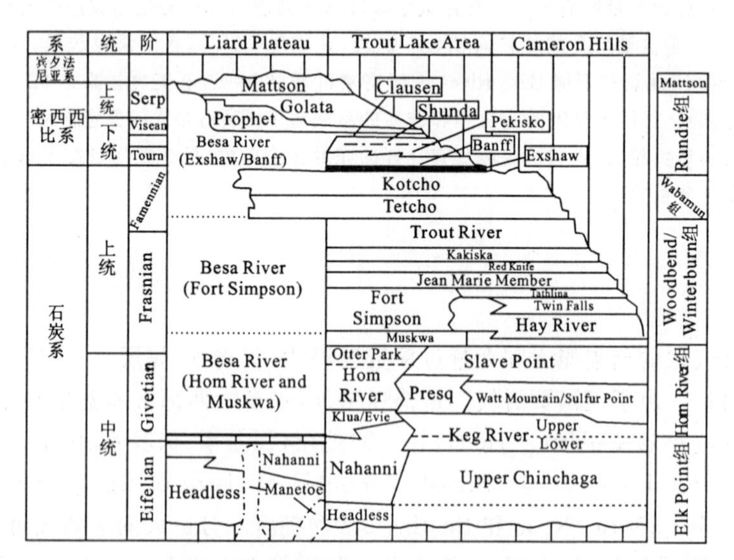

图 1　British Columbia 省北部、Yukon 东南部、Northwest Territories 西北部泥盆系—密西西比系剖面图

（Gal 和 Jones，2003，修改）

颜色更深的深灰色区域代表页岩地层，Presq= Presqu'ile

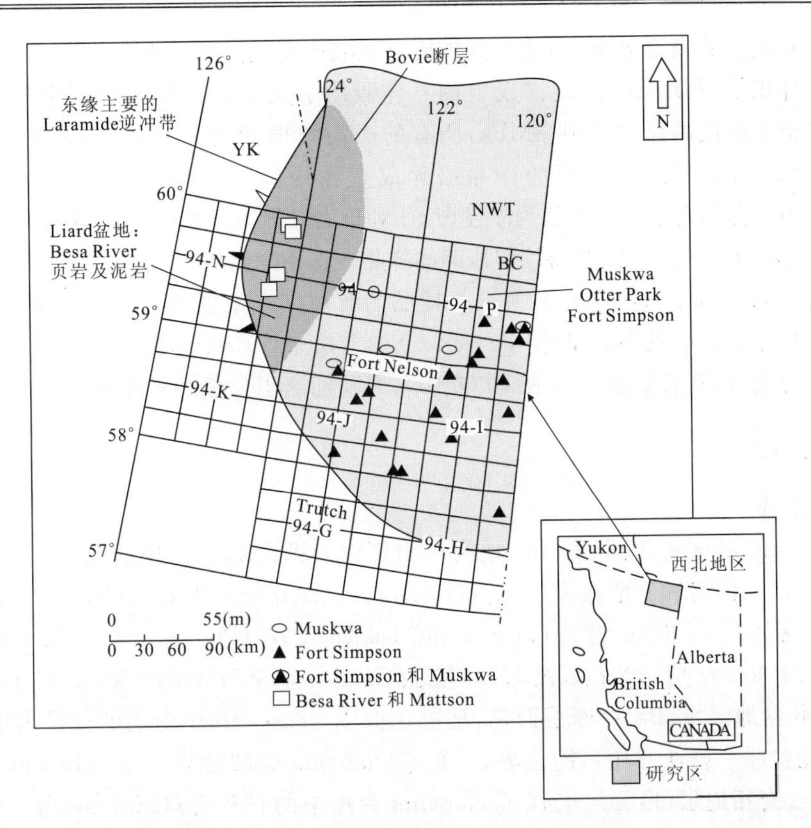

图 2 研究区域的分布图以及井位与岩心位置

突出强调 Laramide 变形前缘带(研究区的西部边界)和 Bovie 断层带(Wright 等，1994)。研究区域范围还包括 Yukon、Northwest Territories(NWT)南部区域。对区域进行电缆测井分析，网格线代表的是 British Columbia 区域的 NTS 坐标

岛的杂礁灰岩中有大量常规天然气资源(Helmet 气田和 Clarke Lake 气田；Morrow 等，2002)。

本文的目的是通过各种相关方法来评价研究区域泥盆系—密西西比系中页岩气的特性和勘探前景。利用关键的地质和产量特征描绘区域的勘探甜点，完成对区域页岩气产量与资源潜力的分类评价，而不是对泥盆系—密西西比系地层中页岩气储量的基本控制因素进行详细的研究(孔隙结构、吸附、含水率的影响，热成熟度的影响等)，因为对这些因素其他学者已经研究过了(Ross 和 Bustin，2007，未公开发表)。

1. 样品以及分析方法

泥盆系—密西西比系的泥页岩样品来自地下岩心，取样范围包含有 Besa River、Muskwa、Fort Simpson 和 Mattson 地层。利用 Carlo Erbal NA－1500 分析仪在 1 050℃的温度下燃烧，测量样品的总碳含量(C_{total})，误差仅有 0.5%。另外利用 CM5014 CO_2库仑计来测量总无机碳含量($C_{carbonate}$)，误差范围为 2%。称取大约 15～25mg 的地表样品来与盐酸反应。TOC 的值取决于 C_{total}与 $C_{carbonate}$的差值。利用洛伦兹极化校正 X 射线衍射的峰值面积来确定半定量松散分布的矿物成分(Pecharsky 和 Zavalij，2003)。另外利用 Rock－Eval 6/TOC 热解装置分析样品的热成熟度。同时 Rock－Eval 热解也能分析有机碳的含量，但是应该首选 Carlo Erba 分析器，因为其可以获得更高的燃烧温度。Carlo Erba 分析器提供的高温条件更加

有利于有机质成分的完全氧化，而这对分析研究区域中高成熟页岩十分重要。

在一定容积下，利用 Boyle 定律设置的气体吸附装置测量高压条件下甲烷等温吸附线。每个样品实验中的最高压力达到 9MPa，所有的吸附数据都满足 Langmuir 等式（Langmuir，1918）。将 150g 含水率达到平衡的样品捣碎成直径约 250μm 的颗粒进行吸附试验。30℃（86 ℉）条件下样品的含水饱和度值为湿度（ASTM D 1412－04，2004），这个含水量与地下储层条件下的值比较吻合。该方法需要将均匀压碎的样品在饱和的硫酸钾溶液中放置 72h 以上。

用微晶学 Autopore Ⅲ 9500 装置分析样品的孔隙度。根据 Swanson 的方法利用汞毛细管压力来计算样品的渗透率。虽然用 Swanson 的方法来计算渗透率存在一定的局限性（汞作为实验分析的流体，其有效压力只有 1 000psi），但我们这里只是用来作对比。

2. 沉积学

1）地层层序

British Columbia 省北部、Yukon 地区东南部以及西北边界区域西南部泥盆系—密西西比系主要为页岩、泥岩和碳酸盐岩（Ziegler，1967）。上泥盆统的主要沉积特征为古地理的凹陷带、Cardova 礁体凹陷、Klua 海湾（Bebout 和 Maiklem，1973；Phipps，1982）、Arrewhead 背斜带（Phipps，1982；Morrow 等，2002）以及 Liard 盆地（Gabrielse，1967；Wright 等，1994）（图 3）。

在 Liard 盆地区域，Bovie 断层西部，地层剖面以 Bease River 地层的泥页岩层序为主（图 1），其横穿泥盆系—密西西比系的边界，上覆于 Nahanni 碳酸盐岩台地（Morrow 等，1993）和 Manetoe 白云岩相地层（白云岩交代了 Nahanni 台地中的石灰岩）（Morrow 等，1986）。Liard 盆地为 WSCB 的一个次级盆地，古生代和中生代地层的沉积厚度达到 5 000m（16 400ft）（Walsh 等，2005），区域面积达到 25 000km²（9 600mile²）。在本文的研究中，根据伽马射线将 Besa River 地层细分为 3 个层段：①下部黑色泥岩段；②中部页岩段；③上部黑色页岩段[图 4（a）]。Golata 地层沉积开始于晚 Viséan 期的海退海侵时期（Richards 等，1994）。上覆于 Bease River 地层上部黑色页岩段的 Mattson 地层为三角洲沉积以及三角洲相关的斜坡沉积的砂岩（Braman 和 Hills，1977；Richards 等，1994）[图 4（b）]。

下部黑色页岩段东部横向的同期地层包括 Horn River 地层及其上覆的 Muskwa 地层，地层年代范围由 Givetian 期到 Frasnian 期（Williams，1983）[图 4（c）]。从 Besa River 地层到 Horn River 及 Muskwa 地层的向东转移几乎与 Bovie 断层一致。Horn River 地层是上部 Keg River 地层（骨粒灰岩—粒泥状灰岩；Hriskevich，1966），硫化点（球粒灰岩—灰泥石灰岩；Norris，1965）、附属点（礁粒石灰岩；Griffin，1967）的浅水碳酸盐岩陆棚序列。位于 Horn River 地层下方的为下部 Keg River 地层的海百合类白云岩（Hriskevich，1966）。由东向西，Horn River 地层中的粘土含量逐渐升高，同时细分为 Evie、Otter Park、Muskwa 3 个沉积单元[图 5（a）]（Grey 和 Kassube，1963）。在 Cardova 海湾内，地层还包括 Klua 地层的沥青质页岩，它被解释为"在碳酸盐岩障壁中 Otter Park 页岩的舌头"[图 5（b）]（Williams，1983）。海湾中的 Klua 页岩和盆地相泥质碳酸盐岩（Evie 和 Otter Park）沉积于两次大规模的海侵海退运动（Morrow 等，2002）。研究认为 Woodbend 组地层中高放射性的 Muskwa 页岩形成于 WCSB 区域海平面的突然上升或者海侵运动（Williams，1983），从而上部泥盆系沉积了大量碳酸盐岩（Allan 和 Creaney，1991）。Fort Simpson 页岩（FSS）上覆于 Muskwa 地层，它代表 Beas River 地层中部页岩层段横向同期层段。Exshhaw 地层中有机质富集的层段为 Besa River 地层上部的黑色页岩段。

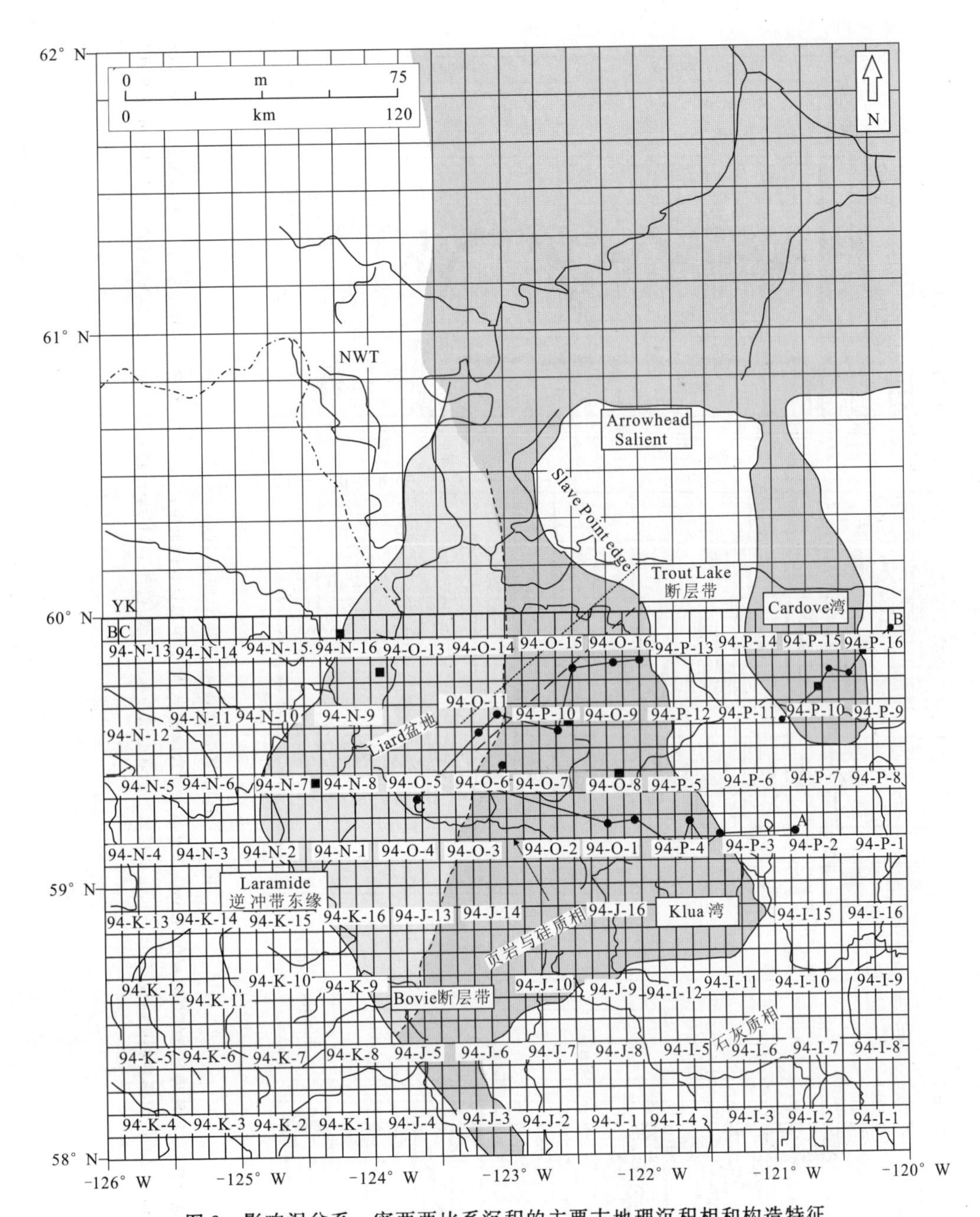

图 3　影响泥盆系—密西西比系沉积的主要古地理沉积相和构造特征

包括 Cardova 和 Klua 礁体海湾图中还显示了 Trout Lake 断层带的区域位置(Maclean 和 Morrow，2004)；在图 5 和图 8 中显示了横剖面线。浅灰色区域代表的是以碳酸盐岩为主的沉积相，深灰色区域代表盆地相和泥质岩相(Yukon 和 Northwest Territories 区域使用网格-剖面系统测绘，而不是 NTS，所以 British Columbia 区域的绘图网格线是不同的)，黑色正方形为图 4、图 9、图 10 中井的位置

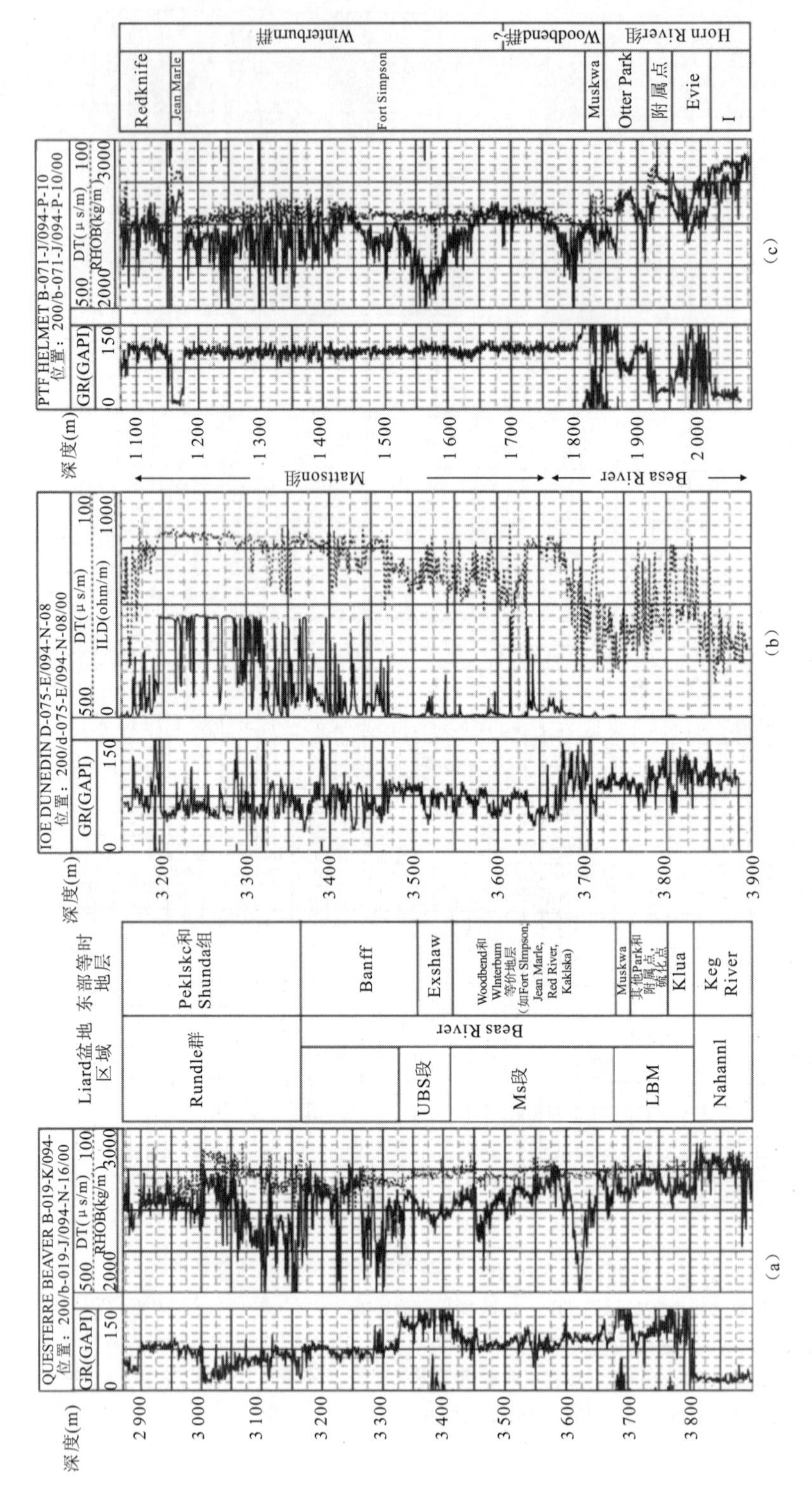

图 4　地层单元的典型测井响应曲线

(a)对 Beas River 地层进行细分，粗略确定含气页岩层位(LBM. 下部黑色泥岩段地层；Ms. 中部页岩段地层；UBS. 上部黑色页岩段地层)；(b)上部黑色页岩段(Beas River)以及 Mattson 组地层的电缆测井相应曲线；(c)Cardova 地槽地层的典型测井响应曲线，包含了 Muskwa 组地层以及 Evie 和 Otter Park 组泥质碳酸盐岩地层

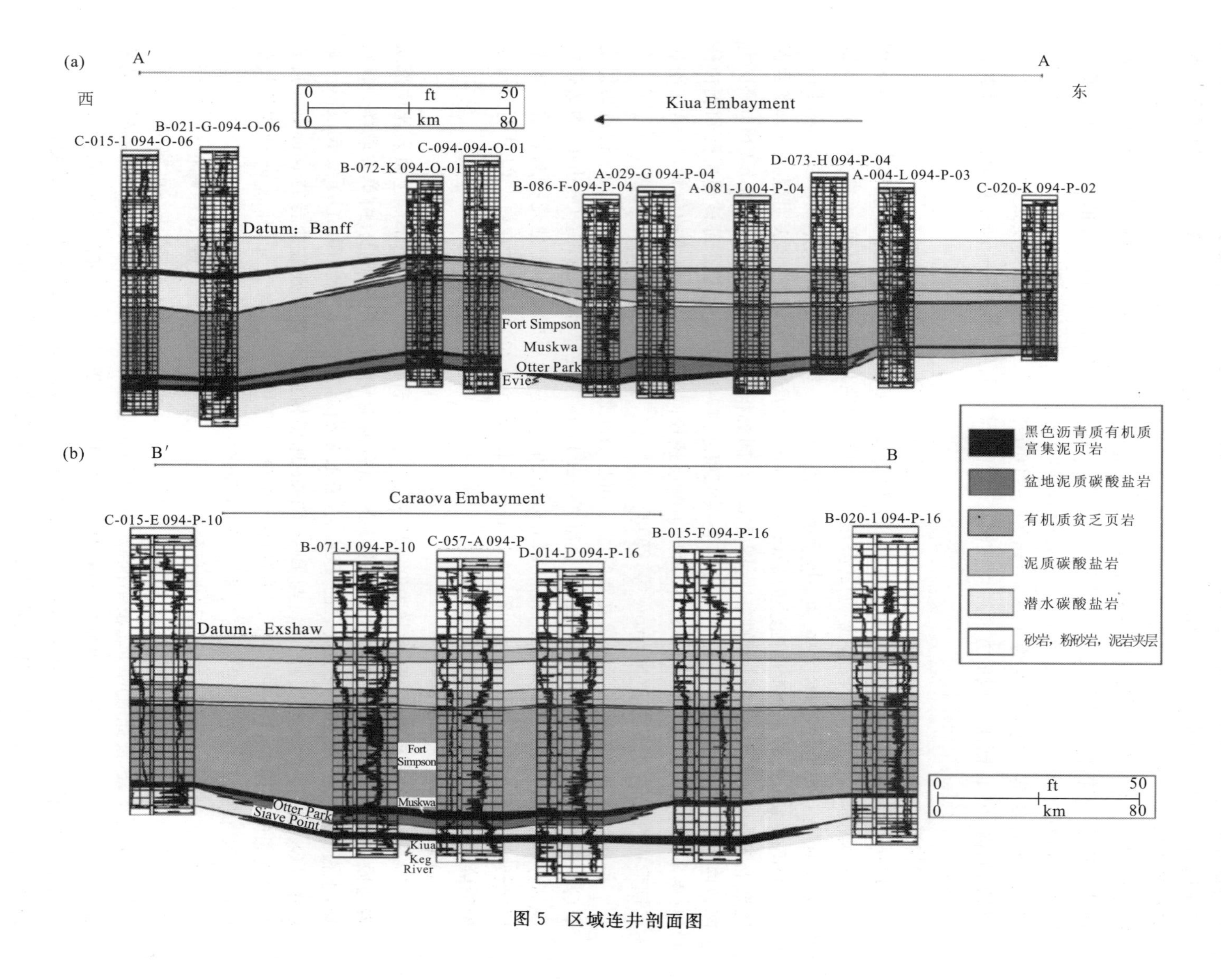
(a)
A′
A
西
东
0
ft
50
km
0
80
Kiua Embayment
C-015-1 094-O-06
B-021-G-094-O-06
B-072-K 094-O-01
C-094-094-O-01
B-086-F-094-P-04
A-029-G 094-P-04
A-081-J 004-P-04
D-073-H 094-P-04
A-004-L 094-P-03
C-020-K 094-P-02
Datum: Banff
Fort Simpson
Muskwa
Otter Park
Evie
(b)
B′
B
Caraova Embayment
C-015-E 094-P-10
B-071-J 094-P-10
C-057-A 094-P
D-014-D 094-P-16
B-015-F 094-P-16
B-020-1 094-P-16
Datum: Exshaw
Fort Simpson
Muskwa
Otter Park
Slave Point
Kiua
Keg River
黑色沥青质有机质富集泥页岩
盆地泥质碳酸盐岩
有机质贫乏页岩
泥质碳酸盐岩
潜水碳酸盐岩
砂岩，粉砂岩，泥岩夹层
0
ft
50
0
km
80

图 5　区域连井剖面图

2)厚度

在 Liard 盆地区域,Besa River 地层厚度最小 675m(2 200ft),最大超过 1 000m(3 300ft),Liard 盆地东部的中间页岩段的厚度达到 750m(2 460ft)[图 6(b)]。下部黑色泥岩段与上部黑色页岩段沉积厚度相似,在 60~240m 之间[200~790ft,图 6(c)、(d)]。Pelzer (1966)认为 Liard 盆地泥页岩厚度由西向东逐渐变厚,这表明地层沉积为一斜坡—洋底的沉积模式,此时盆地沉积了一连串的楔形充填物(Rich, 1951)。在 British Columbia 省的北部,其上覆的 Mattson 地层由于 Bovie 断层东部受到侵蚀,厚度变化较大(Taylor 和 Stott, 1968)。Cardova 与 Muskwa 海湾中地层厚度为 30~240m(98~790ft;图 7)。Muskwa 地层最大厚度达到 80m (260ft),向 Bovie 断层区域的方向厚度逐渐变厚[图 7(b)],而 Fort Simpson 页岩的厚度超过 1 000m[3 280ft;图 7(c)]。

3)构造

Liard 盆地的东部以 Bovie 断层为界,西部以 Larmide 逆冲带的东部边缘为界。Bovie 构造带是由两个构造演化阶段形成:①二叠纪—石炭纪初期地壳抬升和压实;②在 Laramide 造山运动时的二次沉积(MacLean 和 Morrow, 2004)。在 Bovie 断层区域地层最大深度达到 1 200m(3 940m),水平分布范围达 0.5km(0.31mile)(Wright 等,1994),表明泥盆系—密西西比系上部地层埋深发生了很大的变化[图 7(d)]。同沉积期的断层作用使 British Columbia 北部较厚的密西西比系保留下来,但是在三叠系沉积之前,在 Bovie 断层东部该地层受到剥蚀作用(图 8)(Taylor 和 Stott, 1968)。同时地下断层还控制着 Cardova 海湾的位置,它是在附属点期形成的礁体边缘盆地(Morrow 等,2002)。

另外一个重要的断层带为东北走向的 Trout Lake 断层,它改变了向西 Bovie 构造带的走向(图 3)(MacLean 和 Morrow, 2004)。而 Trout Lake 断层带可以看作是 Celibeta 构造带的一部分(Williams, 1977; MacLean 和 Morrow,2001),它的形成可能与地壳中原始的走滑断层或转换断层相关(Cecile 等,1997; MacLean 和 Morrow, 2004),同时在白垩纪早期形成了构造隆起(Wright 等,1994)。

4)TOC 与岩石热解结果

Besa River 岩层中 TOC 含量为 0.9%~5.7%。下部黑色泥岩与上部黑色页岩比中部页岩层段的 TOC 含量高,中部页岩层段的 TOC 值普遍低于 1%[图 9(a)]。由单井取样分析得知,上覆 Mattson 地层中夹层页岩的 TOC 小于 1.3%[0.2%~1.5%;图 9(b)]。Muskwa 地层中 TOC 在 0.4%~3.7%之间。与 Besa River 地层相似,但富集碳酸盐岩的 Muskwa 页岩 TOC 含量较低(样品 BRS325-7, MU1416-9 和 MU714-3)。除了与 Muskwa 地层相接的层段 TOC 值达到 2.4%[图 10(a)、(b)],Fort Simpson 页岩总体有机碳贫乏(TOC<0.5%)。

由于成熟度超过了石油形成和保存的阶段,岩石热解没有明确反映 S_2 的峰值(即达到干气和热成因气阶段)。根据 Peters 的理论(1986),当 S_2 的值低于 0.2 时是不可靠的(相当于 TOC<0.5%),因此此时的 T_{max} 值不准确。在 Liard 盆地区域,泥盆系—密西西比系样品的平均 R_o 值在 1.6%~4.5%之间(Morrow 等,1993; Potter 等,2000, 2003; Stasiuk 和 Fowler, 2002)。古生代区域的地温梯度达 65℃/km(Morrow 等,1993),与现今的地温梯度 30~40℃/km(Majorowicz 等,1988)相比要高得多,表现出一种复杂、多期的地热史。

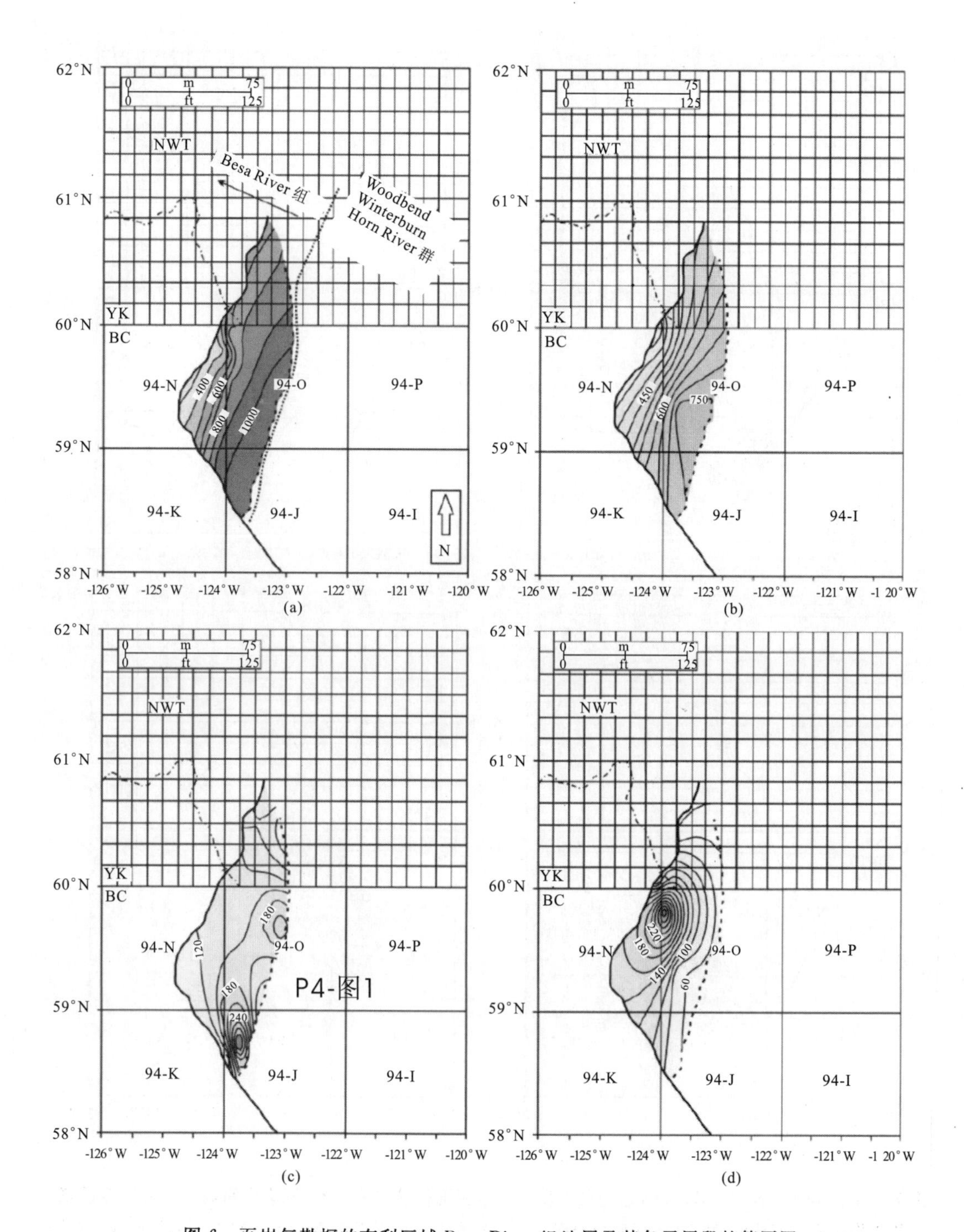

图 6　页岩气勘探的有利区域 Beas River 组地层及其各子层段的等厚图

(a)为整个 Besa River 组地层的等厚图，等值线间隔为 75m；(b)为中部页岩段的等厚图(Ms)，等值线间隔为 50m；(c)为下部黑色泥岩段的等厚图(LBM)，等值线间隔为 30m；(d)为上部黑色页岩段的等厚图(UBS)，等值线间隔为 20m。整个 Besa River 组地层的等厚图也显示了由 Besa River 组地层至 Horn River－Woodbend－Winterbum 地层的过渡区。实线代表 Laramide 逆冲带的边缘，虚线代表 Bovie 断层带

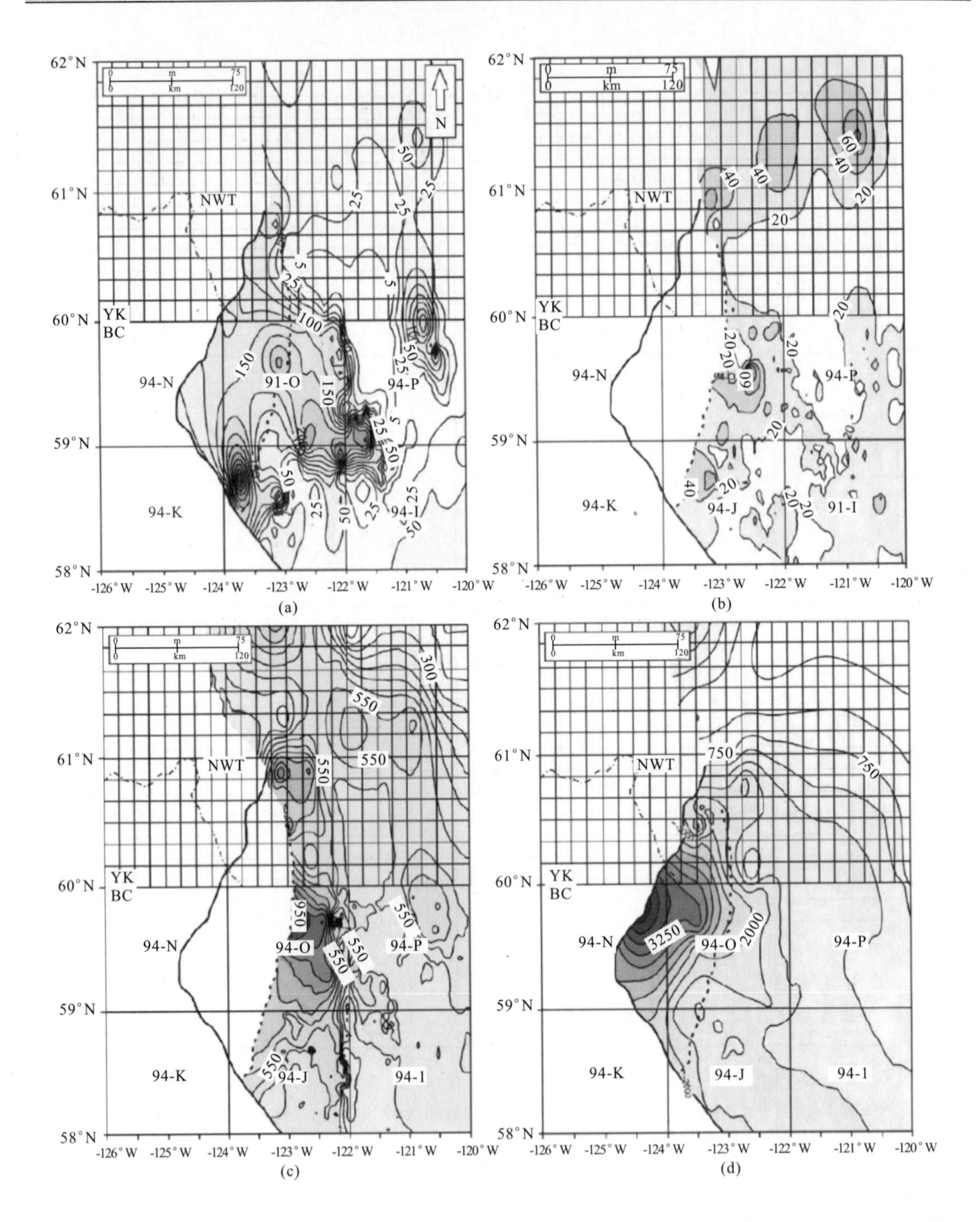

图 7 (a) Horn River 和 Muskwa 组地层泥质和盆地相沉积物的等厚图(等值线间隔为 25m),厚度增加的趋势主要与 Cardoa 和 Klua 碳酸盐岩海湾的位置相关;(b)单独的 Muskwa 组地层的等厚线图(等值线间隔为 20m);(c)Fort Simpson 组地层的等厚线图,其厚度变化趋势与 Muskwa 组地层相似,朝 Liard 盆地区域方向逐渐变厚(等值线间隔为 50m);(d)Muskwa 组地层的顶面构造图(以及在 Liard 盆地区域横向同期的 Besa River 组下部黑色泥岩段地层)。表明穿过 Bovie 断层带区域埋藏深度的剧烈变化(等值线间隔为 250m)

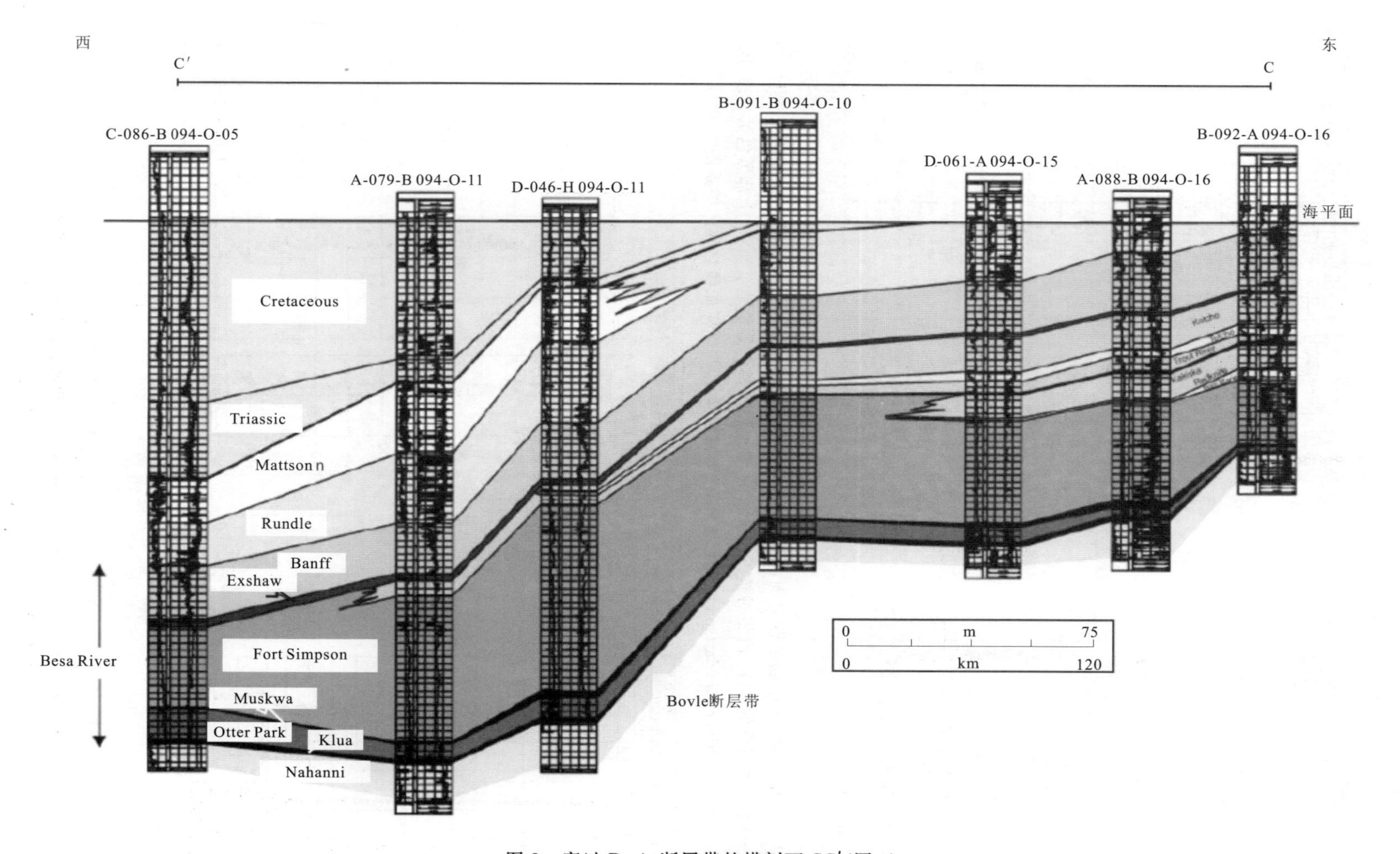

图 8　穿过 Bovie 断层带的横剖面 CC′(图 3)
表明在横穿 Bovie 断层带的 Mattson 组地层遭受了剥蚀

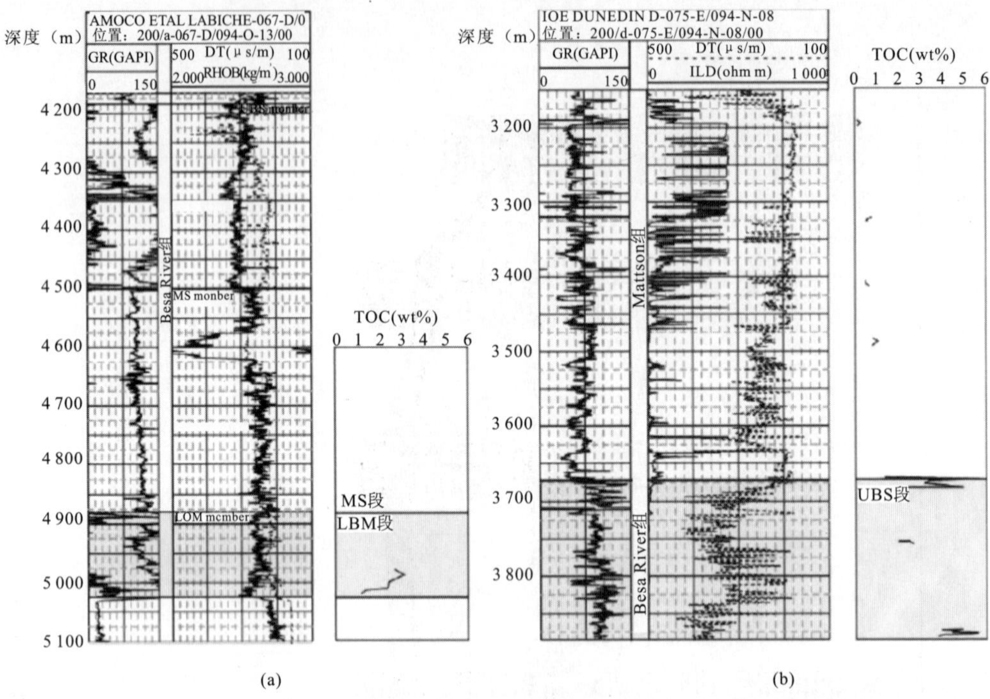

(a)　　(b)

图 9　(a)Besa River 组地层纵向剖面上 TOC 与测井响应之间的关系图；其中在中部页岩段（Besa River）地层中测量的 TOC 值相对较低（Simpson 组地层的横向等价地层）；(b)上部黑色页岩段（Besa River）与 Mattson 组地层岩心测量 TOC 与测井相应曲线之间的关系图

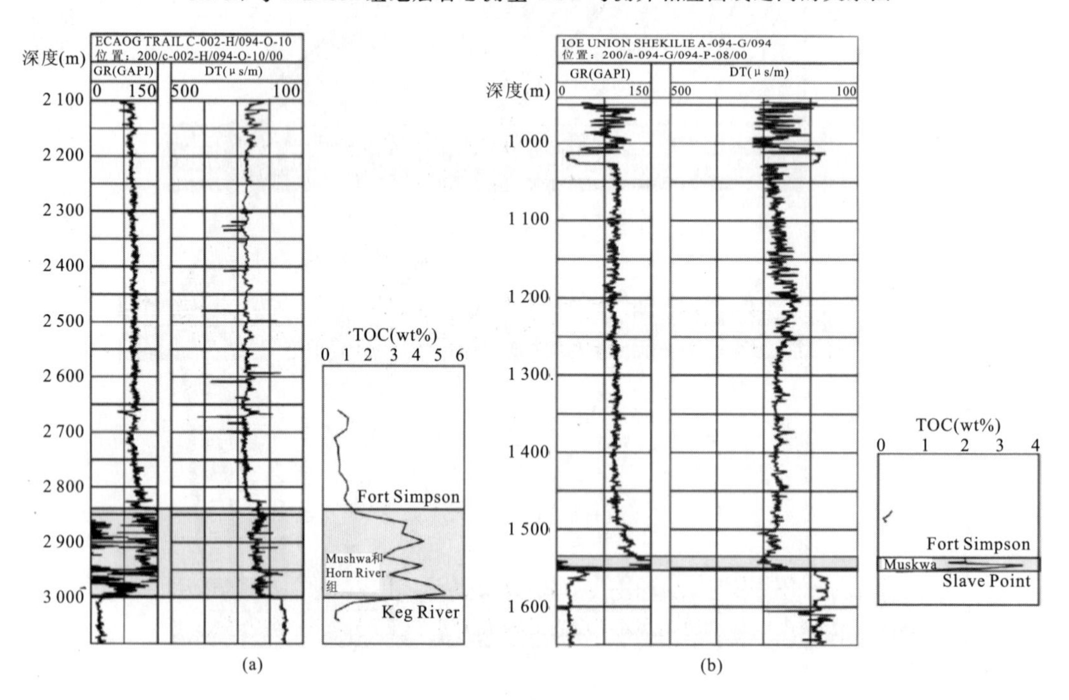

(a)　　(b)

图 10　各组地层的 TOC 岩心剖面图

(a)Horn River、Muskwa 和 Fort Simpson 组地层的 TOC 岩心剖面图；

(b)穿过 Muskwa 和 Fort Simpson 组地层的 TOC 岩心剖面图

这些地区岩层不仅热成熟很高(以 Besa River 泥页岩最为显著),TOC 含量也相当高,所以该区域具有十分优越的天然气潜力。Pseudo－Van Krevelen 散点图只能在一定程度上判定有机质类型,因为过成熟度条件下氢指数和氧指数都接近零,将无法区别海相与陆相干酪根之间的差别。

5)矿物成分

下部黑色泥岩段中最主要的矿物成分为石英,含量高达 58%～93%。石英含量低时碳酸盐岩含量高,例如样品 BRS325－7 中,白云岩的含量高达 39%。伊利石是唯一主要存在的粘土矿物,含量 1%～25%。Besa River 上部黑色页岩中石英、粘土含量相对较多,形成双峰结构,而碳酸盐岩矿物的含量则相对较少。石英含量 11%～73%,粘土含量变化范围很大,为 26%～88%之间,与下部黑色泥岩段相似。主要粘土矿物为伊利石,而高岭石的含量也很高(超过 23%)。绿泥石的含量低,含量不到 3%。Muskwa 岩层石英含量最高达 86%,平均含量 55%;粘土含量范围为 0～53%(主要为伊利石,部分为高岭石),样品中钙质分布不集中(如样品 MU1416－9,方解石含量高达 82%,因此将其划分为灰质石灰岩,Pettjohn,1975)。在有机质富集的沉积地层中(下部黑色泥岩段和上部黑色页岩段以及 Muskwa 地层),黄铁矿的含量超过 1%。有机制贫乏的 Fort Simpson 地层中粘土含量高,其中伊利石、高岭石以及绿泥石的含量均等,同时还含有少量方解石(＜2%)。

由于石英含量与 TOC 之间的协变性,在泥盆系沉积地层中硅质可能为生物成因,尽管重结晶作用很难确定主要的硅质沉积结构。Pelzer 和 Stasiuk 以及 Fowler(2004)认为石英主要是海绵骨针、放射虫囊以及硅质微化石在颗粒沥青充填的邻近地层中沉积。Ross 和 Bustin (2007,未发表)根据大量的硅质含量(不是碎屑成因),痕迹以及稀土金属元素也提出了硅质生物成因的观点,在高热成熟度阶段,利用主要氧化物的地球化学计算很难区分生物成因石英和岩屑成因的石英。

6)含气量

页岩气资源评价的一个主要参数就是确定页岩气储集潜力。烃类气体有 3 种赋存形式:①吸附态天然气;②游离态天然气(气体没有吸附在内表面);③溶解态天然气(溶解于水、沥青中)。潜在的游离气与吸附气储量都是我们评价的范围。吸附气量可能包含溶解气,因为在实验条件下很难将它分离出来。实验时将地层压力设定为静水条件下的地层压力(9.792 kPa/m; 0.43 psi/ft),地温梯度为 4℃/100m(2.2°F/100ft)(根据 Majorowicz 等,2005)的条件下进行模拟。本文中,实验在达到 100℃的条件下进行。吸附气量由以下公式计算:

$$n_{\text{sorbed}} = a \times \ln(r_{\text{temp}}) + b \tag{1}$$

式中:n_{sorbed}为吸附气量;a、b 为常数(值分别为－0.8114 和 3.8659);r_{temp}为页岩气的储层温度。公式(1)是在 30℃、50℃、75℃、100℃条件下测量 TOC 为 2%～4%页岩样品的吸附量推导出来的,而利用公式还可以推导出温度高于 100℃时气体的吸附量(Ross 和 Bustin, 2007,未公开发表)。

7)吸附量

在 Liard 盆地,石英富集的下部黑色泥岩段、粘土矿物富集的上部黑色页岩段以及 Mattson 页岩地层在深度 3 182～3 874m 的埋深下,吸附量小于 0.01cm^3/g(0.32scf/ton),此时地层温度在 127～155℃(261～311°F)。位于 Bovie 断层东部的 Muskwa 页岩由于埋深相对较浅,地层温度相对较低(＜81℃;＜176°F),最大吸附量达到 0.7cm^3/g[22scf/ton;图 11(a)]。

碳酸盐岩富集的样品(样品 MU1416-9)吸附能力相对较差(0.1cm³/g,3.2scf/ton),即上覆的 Fort Simpson 页岩吸附气量很少超过 0.1cm³/g(3.2scf/ton)。对于绝大部分样品,吸附量并不能明显改变 Langmuir 推导的储层压力(Besa River 样品,压力高达 35MPa[5 090psi])。因为等温吸附的平衡形成于低压时期,通常在 10~15MPa 范围内[160~2 190psi,图 11(b)]。

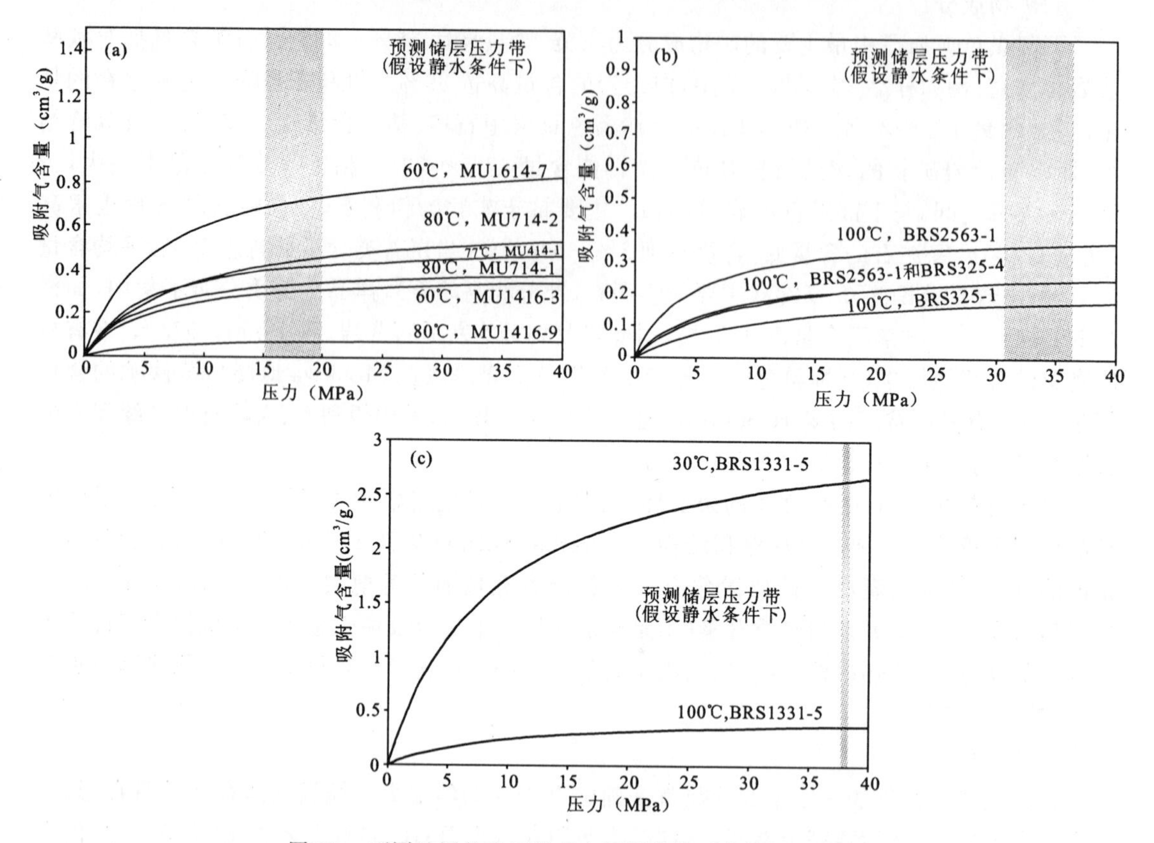

图 11 不同地层的岩石样品在不同条件下的等温吸附线

(a)Muskwa 组岩石样品在不同温度下的等温吸附线,浅灰色区域代表近似储层压力;(b)下部黑色泥岩段(Beas River)岩石样品在 100℃条件下的等温吸附线。当压力达到 20MPa 左右时,吸附达到饱和。而预测的储层压力已经达到了这个饱和压力点;(c)温度对于上部黑色页岩段(Beas River)岩石样品吸附量的影响。当温度由 30℃上升到 100℃时,吸附量急剧下降

泥盆系—密西西比系泥页岩有机质含量控制烃类气体的吸附能力。有机质为微孔隙结构[根据 IUPAC 的划分(Rouquerol,1994),直径小于 2nm 的为微孔隙,直径 2~50nm 的为中孔隙,直径大于 50nm 的为大孔隙)],具有很大的内表面积,同时由于孔隙结构的转化(Ross 和 Bustin, 2007, 未公开发表)内表面积随着成熟度的升高逐渐增加。甲烷还能以溶解态储存于沥青基质中,对于其他岩层中天然气的储存量意义重大(Chalmers 和 Bustin, 2007b;Ross 和 Bustin, 2007, 未公开发表)。粘土矿物有助于吸附气储集(Lu 等,1995;Ross 和 Bustin, 2007, 未公开发表),因为铝硅酸盐例如伊利石所具有的微孔系结构大大有利于气体的吸附(Ross 和 Bustin, 2007,未公开发表)。然而,高温影响吸附量与微孔隙(有机质及粘土组分)的关系,这是因为物理吸附是一个放热反应,温度的升高将降低气体的吸附能力(例如 Liard 盆地 Besa River 和 Mattson 地层)[图 11(c)]。另外,粘土的含量会影响含水率,例如含水率

为 5%将会导致吸附量下降 60%(Ross 和 Bustin,2007)。下部黑色泥岩段中硅质富集的泥岩比粘土矿物富集的泥岩含水率低,这是因为石英对于水和气体没有吸附性(Ross 和 Bustin,2007,未公开发表)。

8)潜在的游离气量,总孔隙度以及渗透率

根据临界饱和度条件下的天然气含量发现与致密砂岩储层相似,页岩气储层中有很大一部分是游离气(Kuuskraa 等,1992; Montgomery 等,2005; Bustin, 2006)。定量分析地层的总孔隙度还有游离气的含量显得相当必要。本次研究中,我们通过连通孔隙中甲烷的饱和度,即含水饱和度为零的条件下,评估游离气的含量。研究中用的岩石样品并不是最近采集,含水饱和度未知。

Besa River 泥页岩的总孔隙度随岩性而改变。粘土矿物富集的上部黑色页岩段总孔隙度为 3.9%~6.7%,其中很大一部分的孔隙存在于铝硅酸盐中(Ross 和 Bustin, 2007, 未公开发表)。粘土富集的样品中,游离气的含量达到总含气量的 85%[图 12(a)]。石英和碳酸盐岩含量较高的下部黑色泥岩段孔隙度相对较低,在 0.6%~2.1%之间,因此游离气含量也较低[图 12(b)、(c)]。在高成熟的条件下(R_o>4%),成岩作用过程中硅质和碳酸盐岩的压溶和再分布作用胶结了细粒基质中的孔隙(Bjorlykke, 1999)。然而在低孔隙度(0.5%~6.8%)的地层中,由于在高温条件下(>100℃)吸附气量少,游离气占总含气量很大比例。Muskwa 及 Fort Simpson 地层到 Bovie 断层带东部的页岩孔隙度在 0.7%~4.7%之间,但是孔隙性与岩性之间的关系没有 Besa River 地层中显著。然而与 Besa River 泥页岩相似,Muskwa 沉积地层中高碳酸盐岩含量对于地层的总孔隙度有负面影响。

孔隙度测定法表明渗透率低于 0.04md,普遍为毫微达西时,全部样品的渗透率与孔隙度之间关系不显著[图 13(a)]。上部黑色页岩段渗透率越高(在 0.004~0.02md 之间)表明其所具有的总孔隙度越大,渗透率与孔隙度之间唯一显著的关系表现在硅质的下部黑色泥岩段沉积地层中,其中渗透率与孔隙度成对数-线性关系[图 13(b)],与先前实验测量的泥岩渗透率的值相近(Neuzil, 1994; Schlömer 和 Krooss, 1997; Dewhurst 等,1998)。图 13(b)中还有燧石的孔隙度与渗透率数据,它显示在下部黑色泥岩段沉积地层的对数-线性图中,表明了在生物硅质沉积中渗透率随孔隙度呈对数级减少。因为没有对裂缝研究取样,这里所说的渗透率指的是基质的渗透率。全岩分析和薄片评估表明在下部黑色泥页岩段以及 Muskwa 页岩中存在天然裂缝,然而确定的大部分天然裂缝被方解石胶结或黄铁矿矿化。因此,较小的裂缝对于气体的保存贡献很小。

3. 地球化学特征与测井曲线分析

TOC 以及无机组分的含量与分布,对评价泥盆系—密西西比系天然气资源潜力的勘探与开发具有十分重要的意义。另外,由于数据有限,所以利用岩心分析对测井曲线的解释进行校准十分重要,因为这样可以更好地证明页岩气储层在空间分布的多样性。以下部分将讨论泥盆系—密西西比系与岩石物理属性和地球化学特征方面的非均质性。

1)有机质含量、放射性元素(U、Th、K)以及伽马射线测井

下部黑色泥岩段与 Muskwa 地层中,TOC 与铀(U)含量之间有很好的相关性(Ross 和 Bustin, 2007, 未公开发表)。高铀含量($2\times10^{-6}\sim20\times10^{-6}$),高 TOC 值与伽马测井曲线中高值的部分相一致。有机质贫乏的 Fort Simpson 页岩比 Muskwa 地层中铀的含量低 80%,所

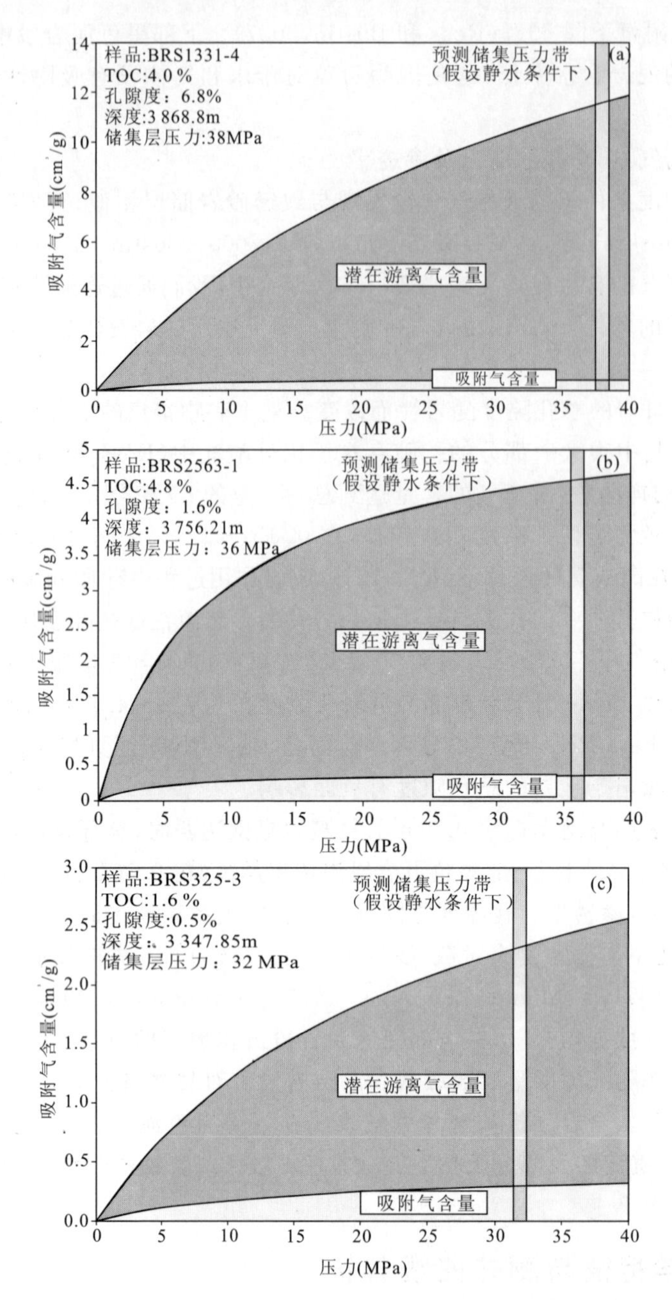

图 12　假设孔隙中充满了天然气(含水饱和度为 0)时潜在的游离气含量

(a)上部黑色页岩段；(b)、(c)下部黑色泥岩段样品在温度为 100℃时的吸附气量，在高储层温度条件下(>100℃)，在孔隙度为 0.5%～6.8%范围内，总含气量中的大部分为游离气

以 Fort Simpson 页岩伽马曲线响应值下降(图 10、图 14)。尽管上部黑色页岩段地层中有机质、硫元素富集以及含有硫铁矿，与高伽马值相一致，但铀含量与 TOC 之间没有明显的关系(平均铀含量为 2.8×10^{-6})(Ross 和 Bustin，2007，未公开发表)。因此，伽马射线测井可以用来测量钍及更少量的钾，它是粘土矿物的主要元素，更具体的说是伊利石(Ross 和 Bustin，2007，未公开发表)。上覆水层及快速沉积物中很少有生物活动，导致有机质与 U 之间的反

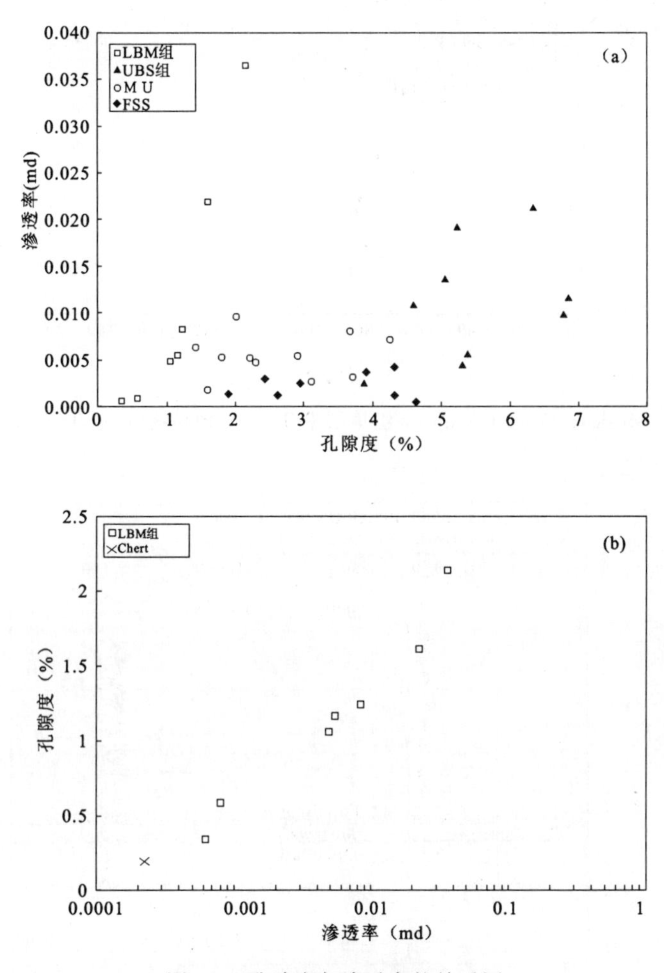

图 13　孔隙度与渗透率的关系图

(a)渗透率越高往往与多孔的地层相关(上部黑色页岩段地层)，但 Beas River，Muskwa，Fort Simpson 组地层岩石样品中孔隙度与渗透率之间的关系十分微弱；(b)下部黑色泥岩段地层中孔隙度与渗透率之间的近似线性关系

应时间减少，从而使有机质对 U 失去吸附能力(Ross 和 Bustin，2007，未公开发表)。这样，整个上部黑色页岩段伽马测井曲线推算的 TOC 不准确。

2)泥页岩组分、体积密度与声波测井相应

地层密度与声波测井结果表明 Muskwa 地层与上覆 Fort Simpson 页岩地层的有机质含量差别很大[图 15(a)]。有机质富集的地层体积密度很小，声波时差很大，这是因为干酪根密度比石英(2.65cm^3/g)和粘土矿物(2.77cm^3/g)小(约 1.4cm^3/g)。石英富集的下部黑色泥岩段地层中，有机质富集的区域声波时差或者体积密度没有出现波动现象。不管有机质含量多少，生物成因硅质(表明硅质与 TOC 在同时期富集)含量的增加将会使地层密度增加，声波时差减少[图 15(b)]。考虑到缩放实验数据与实测数据之间固有的差异性，建立声波时差与石英含量之间的反向关系显得尤其重要。

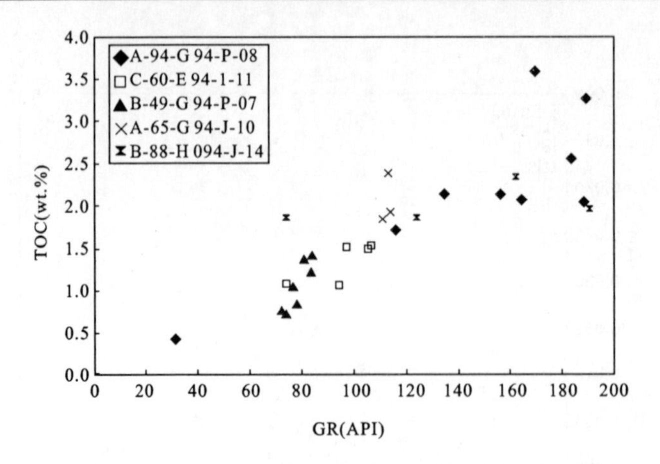

图 14 Muskwa 和 Fort Simpson 组地层中 TOC 与伽马响应(API)之间的关系

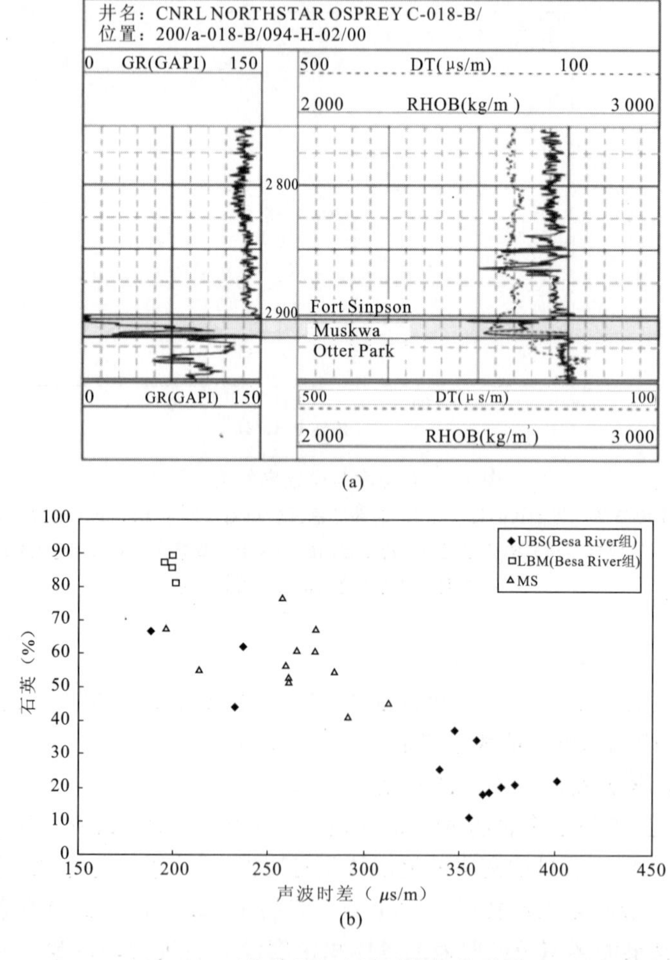

图 15 石英含量与声波时差值关系图

(a)Muskwa 组地层的声波和密度测井响应曲线。表明声波时差的增加，有效密度的减小与有机质的富集程度相关；(b)下部黑色泥岩段和上部黑色页岩段的地层中石英含量和声波时差值之间反向关系

对于下部黑色泥岩段地层，密度测井响应与总孔隙度之间呈反向的关系，表明生物成因蛋白石由蛋白石-A 至蛋白石-CT 的成岩转化（Volpi 等，2003）将会导致孔隙度减少。在成岩作用的硅质胶结过程中，岩层物理属性的变化是由初期的蛋白石转化和蛋白石-方石英胶结作用引起(Lonsdale，1990；Nobes 1992)。扫描电镜分析显示未发现硅质成岩作用的结构，重结晶作用破坏原始微化石，而只留下原始微层状结构的轻微痕迹。

横向上声波时差的变化与硅质含量的增加相关，可以将研究区区域内声波时差的分布描绘出来(220～330 ms/m；图 16)，表示出盆地区域内石英富集的分布趋势。在 Liard 盆地区域，泥岩的特征是含有生物成因硅质，在富含生物的环境中沉积(Ross 和 Bustin，2007，未公开发表)，进一步证明了其所含硅质为生物起源的观点。然而，在更东部的区域(经度为 122°W 区域的东部)用声波数据(和密度数据)判断石英分布时应该注意，因为此时碳酸盐岩的存在也

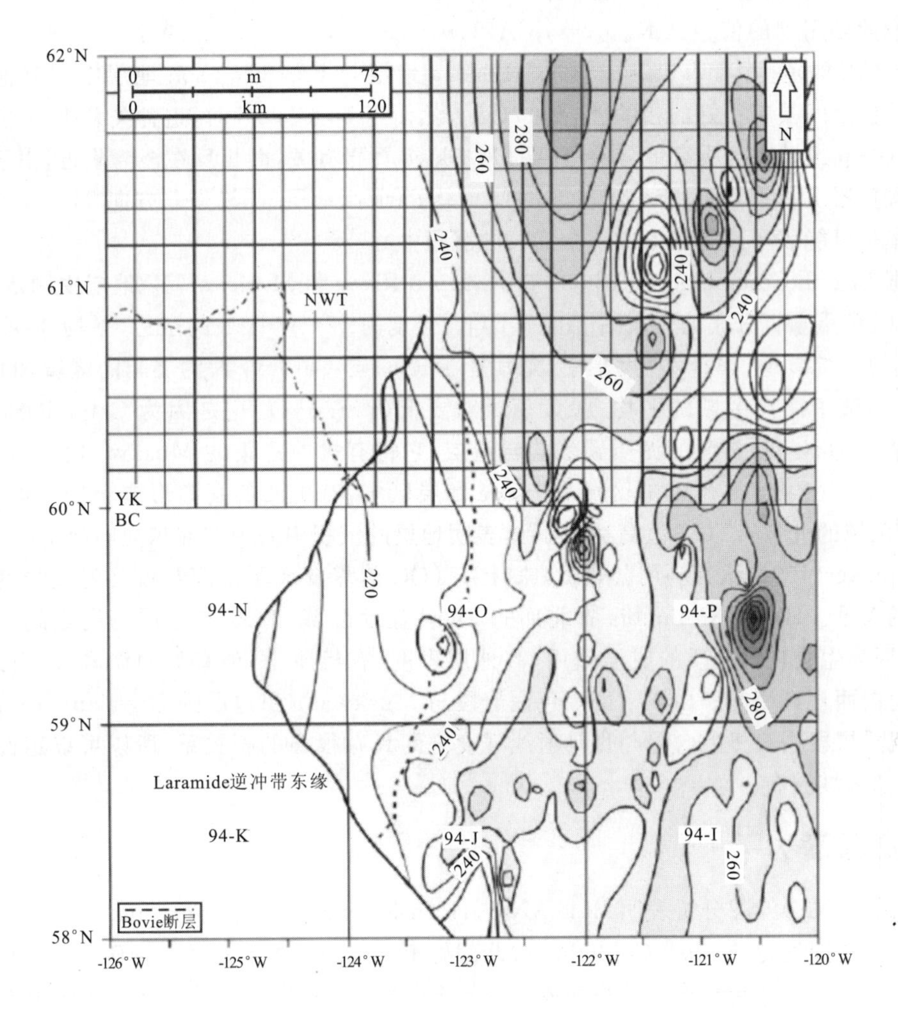

图 16 横穿 British Columbia 省北部/Yukon 南部和 Northwest Territories 区域的 Horn River 地层以及 Muskwa 地层的平均声波时差(包括 Beas River 的下部黑色泥岩段地层)等值线图(等值线间隔为 10μs/m)向西至 Liard 盆地区域声波时差逐渐变小，这很可能是由于石英的富集引起(生物成因石英)

会导致声波时差的读数很小(Issler, 1992)。另外,Besa River 地层中生物成因硅质与硅铝酸盐岩含量也会影响声波与密度测井响应。上部黑色页岩段粘土矿物富集(与富含石英的沉积地层相比孔隙度更高),石英含量低,对应的声波时差高,地层密度低[如图 4(a)的声波与密度测井响应]。

3)结合伽马射线与密度测井响应描绘 TOC 分布

Muskwa 页岩中有机碳含量的增大将会伴随着伽马测井值的增大和密度测井值的减小。因此可以利用视伽马射线和地层密度的模型对 TOC 进行校正。利用如下的等式来确定 TOC 的含量(由 Schmoker 修正改进,1980):

$$\mathrm{TOC}=(\mathrm{GR}_{\mathrm{baseline}}-\mathrm{GR}_{\mathrm{units}})/Am \tag{2}$$

式中:$\mathrm{GR}_{\mathrm{baseline}}$为不含有机碳地层的伽马射线强度(单位为 API);$\mathrm{GR}_{\mathrm{unit}}$为整个地层单元的伽马射线强度;$m$ 为伽马射线强度与地层密度线性关系图的斜率;A 是常数。

我们此处用到的值为:$\mathrm{GR}_{\mathrm{baseline}}=15°\mathrm{API}$,$m=-192$,$A=0.3$。研究区域 $\mathrm{GR}_{\mathrm{unit}}$的值多在 75~150°API 的范围内。TOC<2%时,Muskwa 地层与 Fort Simpson 地层中实测值与测井曲线推导值之间具有很好的相关性[图 17(a)],然而当 TOC>2%时,这种关系则不明显。

在 94-p 区域有机质富集与该地段的 Muskwa 页岩有关,而相反在海湾附近,由于主要为泥质碳酸盐岩沉积物,相对有机质贫乏(如 Otter Park 组地层)。沿南北方向 94-O 细长的有机质富集带可能表明该区域形成一个细长的沉积中心

根据 British Columbia 省北部 388 口井,Horn River 和 Muskwa 沉积地层中测量的数据,绘制出 TOC 重量百分比的分布图[图 17(b)]。经度为 122°W 区域的东边,平均 TOC 值在很薄的地层内(<25m;<82ft)高度集中,尤其是在 Klua 与 Cardove 海湾之间的区域,TOC 值超过 3%。而整个海湾区域的平均 TOC 值相对要低(<1.6%),这是因为 Otter Park 地层和 Evie 段地层为有机质贫乏的泥质碳酸盐岩地层,它将有机质富集的 Muskwa 地层与 Klua 地层分离开来。在经度 122°W 的区域和 Bovie 断层区域,有机质的富集形成于较厚地层中(纬度 59 °N区域的北部),TOC 值高达 3%,这表明地层的沉积中心由北北东向向南南西向延展。

Schmoker(1990)认为利用公式(2)来计算 TOC 值需要地层密度与伽马射线强度之间存在定量的关系。British Columbia 省北部的 Liard 盆地区域,TOC 与地层密度之间呈比例关系,这是因为生物成因硅质的成岩作用(高地层密度、有机质、石英富集的泥岩)。因此,TOC 的计算值向西逐渐变小。由于下部黑色泥岩段与 Muskwa 沉积地层的 Givetian—Frasnian 阶富含有机质层段内有机质含量与伽马射线强度之间具有很强的相关系,所以可以定性地来评价 TOC 的区域分布。

4. 资源潜力

实验数据结合绘图分析表明 Besa River、Horn River、Muskwa、Fort Simpson 地层拥有巨大的页岩气勘探潜力,British Columbia 省北部处于生气阶段的泥盆系—密西西比系勘探潜力巨大,因此,虽然油气共存将会减小气体的有效渗透率,但是并不会对区域产气潜力形成抑制(例如位于 Fort Worth 盆地西北部的 Barnett 页岩、Montgomery 等,2005)。在 Liard 盆地及邻近东部区域(分布面积约 125 000km²)中,Horn River 地层(包括下部的黑色泥岩段)以及上覆 Muskwa 页岩是最主要的页岩气勘探目标(图 18 为勘探区域范围与 Texas 州 Ford Worth 盆地中勘探区域范围对比)。虽然 Fort Simpson 地层中有机质贫乏,但仍然是页岩气勘探的

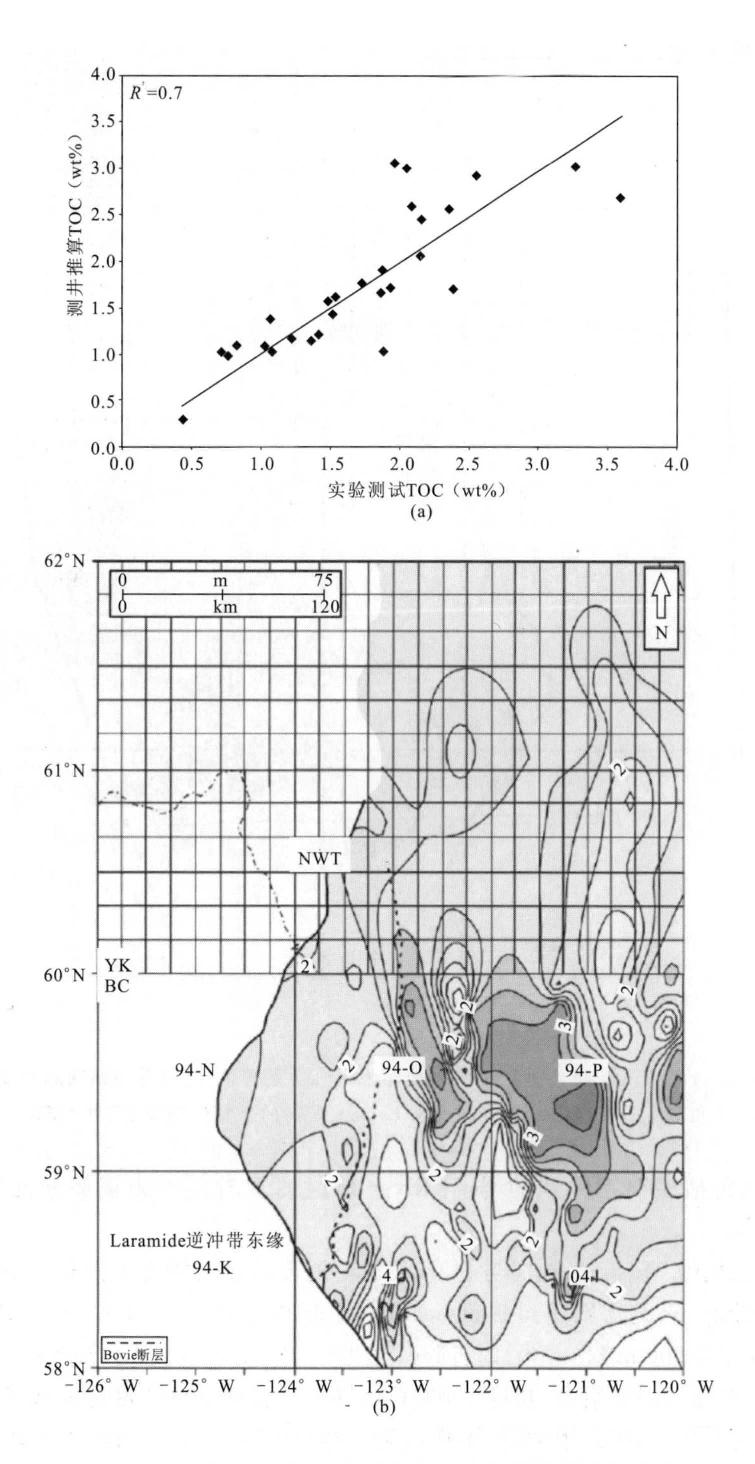

图 17 根据测井资料计算 TOC 与实验测量 TOC 之间的关系图(a)与 Horn River 和 Muskwa 组地层 TOC 集中区域分布图(b)(等值线间隔为 0.2%)

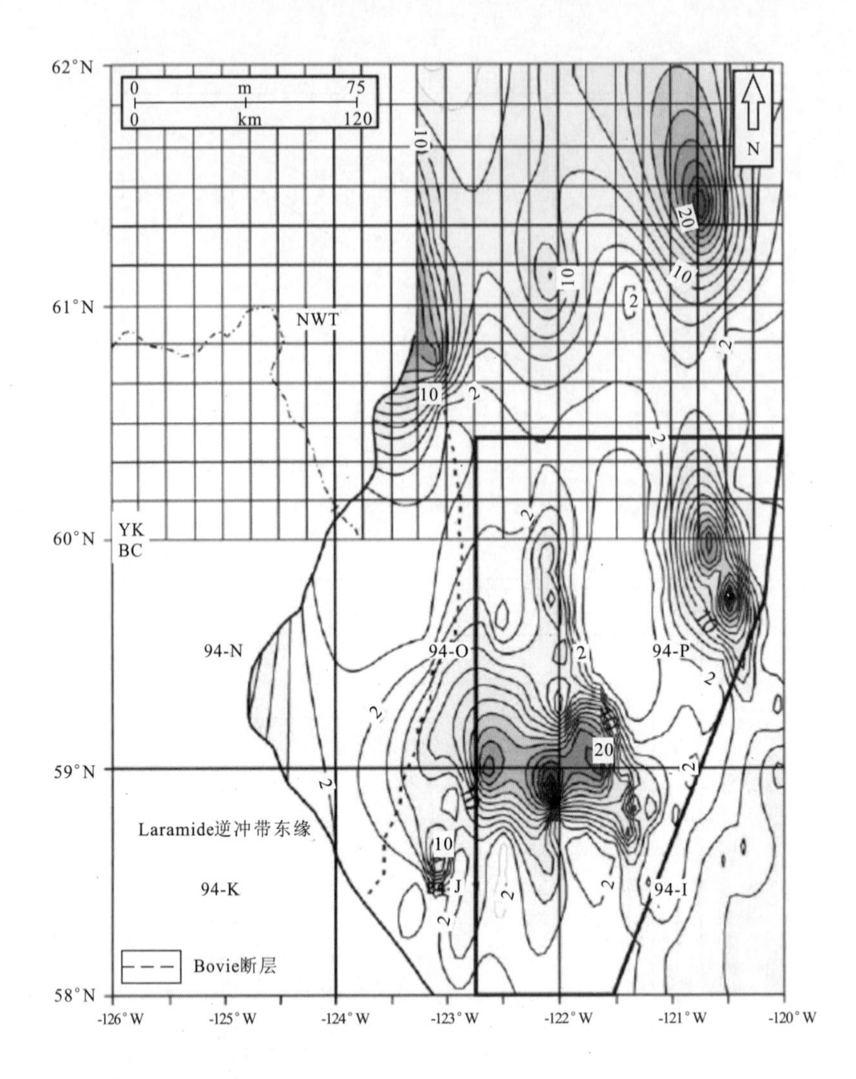

图 18　Horn River 和 Muskwa 组地层中单位地层吸附气含量等值线图(等值线间隔为 2bcf/section)
右角落为 Texas 州 Fort Worth 盆地(Barnett 页岩)的分布图,用来进行对比研究

重要目标区域(包括横向上同期的 Besa River 地层的页岩),因为该部分地层的厚度超过 1 000m(3 280ft)。

该研究区区域内 Muskwa 地层与 Horn River 地层的吸附能力范围是 10～20bcf/section(图 18),Fort Simpson 地层则达到 9bcf/section,上部黑色页岩段为 0.5～1.2bcf/section(图 19)。在埋深大于 3 500m(11 480ft)时,Liard 盆地中 Muskwa 与 Fort Simpson 地层的总吸附量大大降低,此时地层温度很高[超过 150℃(302°F)]。同时 Liard 盆地区域压力大于等温线达到平衡时的地层压力,压力增加时,不再吸附气体(图 11)。上部黑色页岩地层中总吸附气含量与地层厚度相关性很好。Bovie 断层北部区域,由于泥页岩厚度更大,所以所具有的吸附气量也更大,例如 Klua 和 Cardova 海湾区域。但是,这些区域的 Otter Park 地层以及 Evie 地层中富含泥质碳酸盐岩夹层,与 Horn River、Muskwa 地层相比,有机质相对贫乏(Arrowhead

背斜轴以及附属点边缘的西部区域)。Horn River 与 Muskwa 地层的总含气量(游离气与吸附气的总量)为 60～240bcf/section(图 20),而 Fort Simpson 地层与上部黑色页岩地层(Liard 盆地范围内,图 21)总含气量为 100～600bcf/section。该区域内游离气的含量几乎是吸附气含量的 12 倍,例如 NTS:94－P－4。Fort Simpson 地层与 Muskwa 地层泥页岩中估算的总气储量是 144～600tcf。

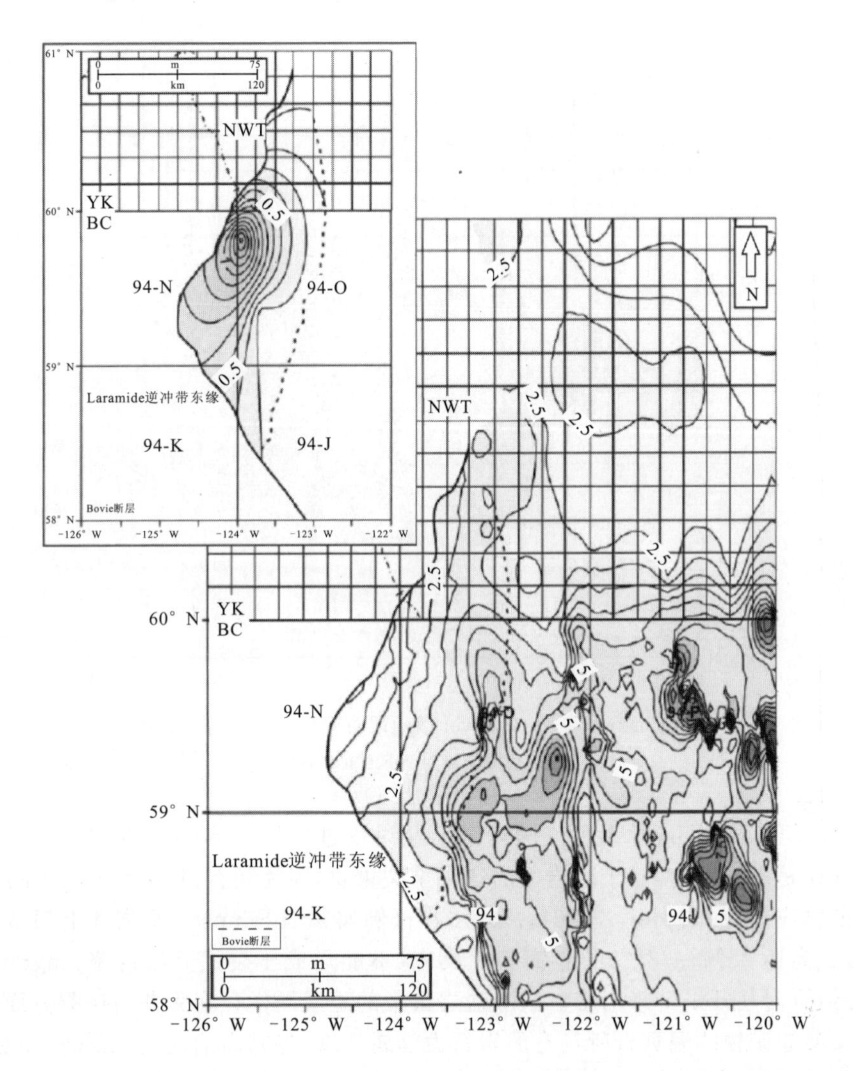

图 19　Fort Simpson 组地层以及其横向等时的上部黑色页岩段地层(Besa River)中单位地层吸附气含量等值线图(等值线间隔分别为 0.5bcf/section,0.2bcf/section)同 Horn River 和 Muskwa 组地层相似,Fort Simpson 组地层吸附气量向 Liard 盆地方向值逐渐变小,而上部黑色页岩段地层吸附量随厚度的变化而变化

附属点(Slave Point)边缘西部区域 Horn River 地层以及 Muskwa 地层中的泥页岩富含石英和有机碳,这对于泥盆系—密西西比系的天然气产量有十分重要的意义。石英含量高、粘土矿物含量低的地层比粘土矿物富集的地层(如 Caney 页岩地层,Brown,2006)更利于压裂(例如圣胡安盆地 Lewis 页岩段,Bereskin 等,2001)。Texas 州 Fort Worth 盆地的下部 Bar-

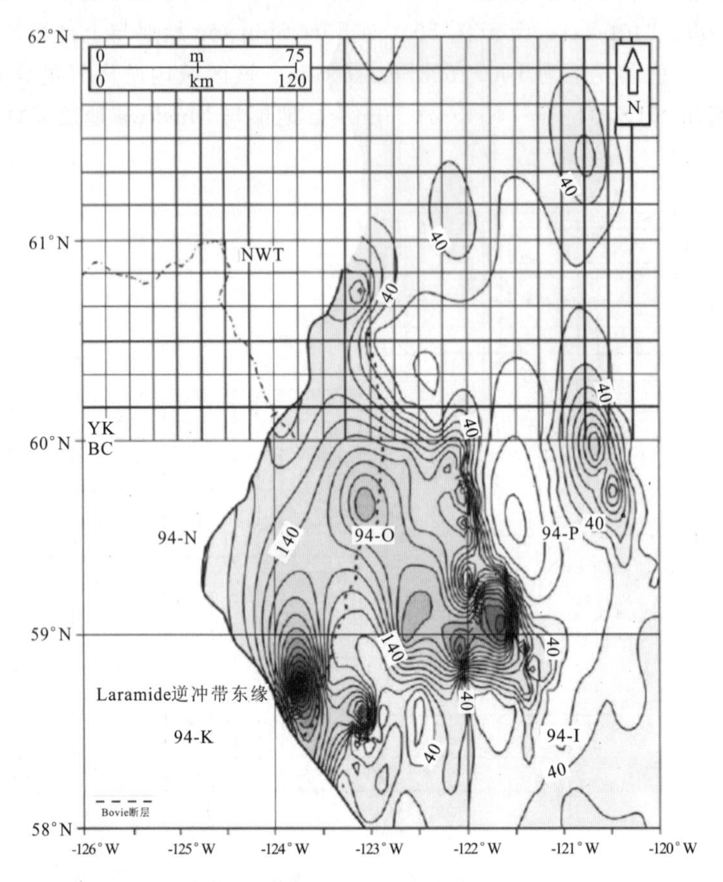

图 20 Muskwa 和 Horn River 组地层总吸附气含量等值线图

（等值线间隔为 20bcf/section）

nett 页岩层段组成相似，其对天然气的产量已经讨论过（Montgomery 等，2005）。裂缝（不管是天然裂缝还是诱导裂缝）对于页岩气的产量至关重要，因为具有极低渗透率的基质将抑制气体向井筒的供应能力（Soeder，1988）。塑性岩石（例如 Fort Simpson 页岩和上部 Barnett 页岩段，粘土含量高达 26%～88%）的非膨胀性反应（不能形成压裂提升渗透率；Ingram 和 Urai，1999）将会给页岩气开采带来困难。碳酸盐岩富集的地层同样存在完井与压裂方面的问题，这是由富含碳酸盐矿物的泥页岩所具有的岩石力学属性决定的（高泊松比，低杨氏模量）。例如，方解石富集的页岩通常作为裂缝延伸的有效封闭，它会影响邻近含气黑色页岩的压裂效率（例如 Antrim 下部地层的中间灰色相带；Manger 等，1991）。另外，不仅需要优化开采方案（通过压裂），同时还需要最大化地提高产气量，而这与有效孔隙度和游离气的储存空间密切相关，所以应该在石英含量与总孔隙度之间寻找一种平衡，因为硅质富集的泥页岩与粘土矿物富集的泥页岩地层相比，孔隙度要低得多。

对 Givetian—Frasnian 阶有机碳富集的地层，页岩气勘探的有利区域为 Bovie 断层带东部，经度在 122～123°W 的区域，区域覆盖面积达 6 250km^2。原因如下：

（1）高有机碳含量；

（2）泥页岩厚度达到 200m(656ft)（邻近附属点碳酸盐岩台地区域）；

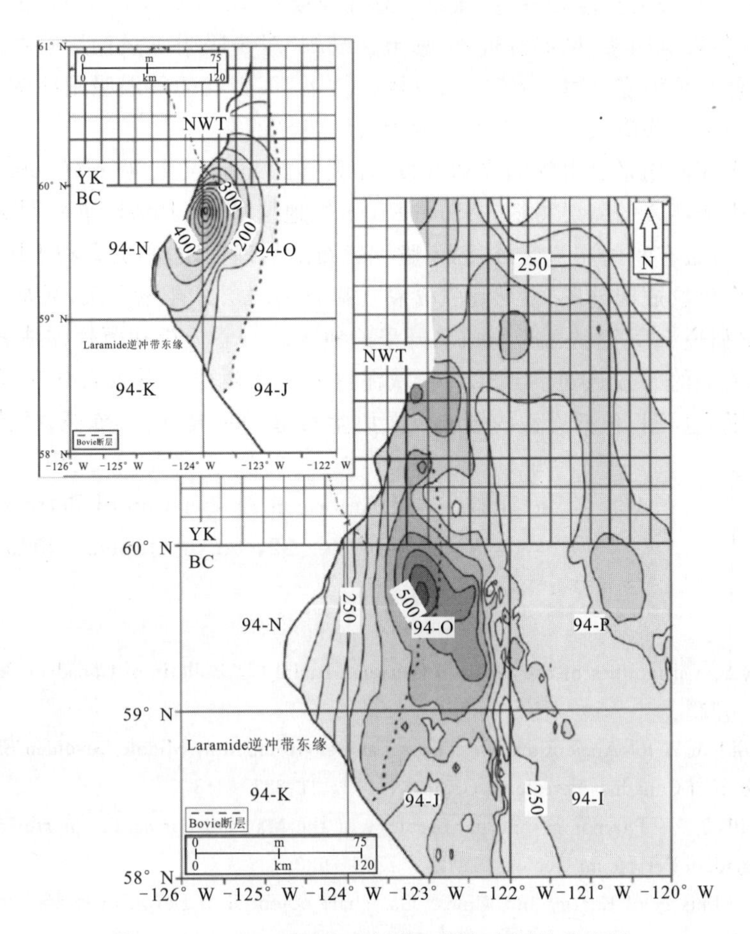

图 21 Fort Simpson 组地层总吸附气含量等值线图

（等值线间隔为 50bcf/section）

(3)该区域石英含量(压裂能力)与总孔隙度(游离气储量)之间的最佳平衡；

(4)地层埋深在海平面以下 2 000m(6 560ft)左右，因此开发成本要远远低于埋深达海平面以下 4 000m(13 100ft)位于 Bovie 断层西部区域的邻近地层。

5. 结论

British Columbia 省北部、Yukon 南部、西北地区的泥盆系—密西西比系具有良好的连续型天然气聚集。通过绘制该地层的厚度、有机碳、无机物以及含气量(吸附气加上游离气)的分布变化图确定了有利的勘探区域。综合各个参数确定区域的总气储量高达 600bcf/section。

在 Cardova 与 Klua 海湾及 122°W 以西的区域，泥质地层分布成熟至过成熟的气体。Arrowhead Salient 南部厚的 Muskwa 地层以及附属点边缘西部的 Horn River 地层(94－O－08 到 94－O－15)有机质富集(高达 3.2%)。盆地经度 122°W 的西部区域沉积地层是最有利的页岩气勘探区域，而海湾区域地层则相对次之，因为该地区有机碳含量相对较低(平均为 1.4%)，同时普遍存在碳酸盐岩夹层，例如 Otter Park 地层与 Evie 段地层。

高温高压条件下的吸附分析表明该区域的含气量主要为游离气，其中研究区域的西部(附属点边缘西部区域)最为显著,进一步强调了总孔隙度对总气储量的控制作用。在温度更高的条件下,任何其他影响因素(例如有机质、粘土含量等)对于吸附气量的影响都微不足道,因为在此时吸附气量几乎为零。由于在高温、高压条件下,页岩气的等温吸附线的斜率很低,所以直至整个地层压力显著降低,才会有少量的吸附气产出。

泥盆系—密西西比系页岩气的成功开发,需要描绘出超过 1 000m(0.6mile)的泥页岩中天然气富集区带或层段的储层特征。Horn River 组地层(Besa River 组下部黑色泥岩段地层)石英富集,可能是最有利的产气区域,因为脆性岩石的物理性质,其更有利于压裂。然而,下部黑色泥岩段富含生物成因硅质,显然比富含粘土矿物的岩层总孔隙度低,例如上部黑色页岩段地层,这有必要研究 GIP 高的区带与成功开采的地区。岩心分析和薄片评估表明矿化的裂缝不能形成气体流动的有效通道。WSCB 区域泥盆系—密西西比系页岩气探区需要进一步研究裂缝形成的诱发原因,包括岩性的影响以及原生裂缝的重要性。(陈尧、杨苗译,何发岐、龚铭、高清材校)

原载 The American Association of Petroleum Geologists.
AAPG Bulletin, v. 92, no. 1 (January 2008), pp. 87—125

参考文献

Allan J, Creaney S. Oil families of the Western Canadian basin[J]. Bulletin of Canadian Petroleum Geology, 1991,39:107—122.

Bebout D G, Maiklem W R. Ancient anhydrite facies and environments, Middle Devonian Elk Point Basin[J]. Alberta: Bulletin of Canadian Petroleum Geology,1973, 21:287—343.

Braman D R, Hills L V. Palynology and paleoecology of the Mattson Formation, northwestern Canada[J]. Bulletin of Canadian Petroleum Geology,1977,25:582—630.

British Columbia Ministry of Energy and Mines. Gas shale potential of Devonian strata, northeastern British Columbia[J]. Petroleum Geology Special Paper, 2005,1:150

Brown D. Shales require creative approaches[J]. AAPG Explorer,2006, 27: 6—10.

Bustin R M. Gas shale tapped for big pay[J]. AAPG Explorer,February,2005, 26:5—7.

Bustin R M. Rethinking methodologies of characterizing gas in place in gas shales (abs.)[C]. AAPG Annual Meeting Program,2006.

Caplan M L, Bustin R M. Palaeoenvironmental and palaeoceanographic controls on black, laminated mudrock deposition: Example from Devonian - Carboniferous strata, Alberta, Canada[J]. Sedimentary Geology, 2001,145:45—72.

Cardott B J. Gas shales tricky to understand[J]. AAPG Explorer, 2006 26:48.

Cecile M P, Morrow D W, Williams G K. Early Paleozoic (Cambrian to Early Devonian) tectonic framework, Canadian Cordillera[J]. Bulletin of Canadian Petroleum Geology,1997,45:54—74.

Chalmers G R L, Bustin R M. The organic matter distribution and methane capacity of the Lower Cretaceous strata of northeastern British Columbia, Canada[J]. International Journal of Coal Geology,2007,70:223—239.

Chalmers G R L, Bustin R M. On the effects of petrographic composition on coalbed methane sorption[J]. International Journal of Coal Geology, 2007,69:288—304.

Curtis J B. Fractured shale gas systems[J]. AAPG Bulletin,2002,86:1 921—1 938.

Dewhurst D N , Aplin A C, Sarda J P, et al. Compaction - driven evolution of porosity and permeability in natural mudstones: An experimental study[J]. Journal of Geophysical Research, 1998,103:651—661.

Espitalie J, Laporte J L, Madec M,et al. Methode rapide de characterisaion des roches meres de leur potential petrolier et de leur degre d'evolution[J]. Revue de l'Institut Franc,ais du Petrole,1977,32 :23—42.

Fitzgerald E L, and L T. Braun Disharmonic folds in Besa River Formation, northeastern British Columbia, Canada[J]. AAPG Bu-lletin,1965, 49:418—432.

Gabrielse H. Tectonic evolution of the northern Cordilleran[J]. Canadian Journal of Earth Sciences, 1967,4: 271—298.

British Columbia 省东北部下白垩统气页岩（第一部分）

——地质因素对甲烷吸附能力的影响

Chalmers G R L，Bustin R M

(Department of Earth and Ocean Sciences Vniversity of British Columbia)

摘　要:本文研究了加拿大 British Columbia 省东北部的下白垩统 Buckingshore 组地层以及同期地层，地质因素对甲烷吸附能力的影响。研究发现，6MPa 以下，地层中甲烷吸附能力为 0.04～1.89cm³/g(即 870psi 压力条件下为 3.2 ～ 60.4 scf/ton)，且总有机碳(TOC)含量为 0.5%～17%，平衡含水率为 1.5%～11%，另外，由 T_{max} 值确定其有机质成熟度，T_{max} 取值为 416℃(未成熟)～476℃(过成熟)。TOC 含量是控制甲烷吸附能力最重要的因素，但是还存在其他重要的影响因素，包括干酪根类型、有机质成熟度以及粘土含量(尤其是伊利石的含量)。其中 TOC 含量与甲烷吸附能力存在正相关性。样品的表面面积越大，其甲烷吸附能力越强。页岩中微孔隙和中孔隙的表面积随着 TOC 含量和伊利石含量的增大而增大。单位体积的 TOC 条件下，Ⅱ/Ⅲ型和Ⅲ型干酪根比Ⅰ型和Ⅱ型干酪根的甲烷吸附能力更强。这是因为单位体积 TOC 条件下，Ⅱ/Ⅲ型和Ⅲ型干酪根的微孔体积更大。另外，对所有的干酪根类型来说，单位体积 TOC 条件下，微孔隙体积都会随干酪根成熟度的增加而增大。整个研究区域内，TOC 聚集物随有机质成熟度的增加而逐渐减少，这在一定程度上是有机质裂解生成烃类的缘故，但另一方面也反映区域沉积环境的不同。随着成熟度的增加，经过伊利石化过程，页岩中伊利石的含量也会逐渐增加。此外，甲烷的吸附能力与含水量之间不存在相互关系。高含水量的样品可能具有很高的甲烷吸附能力，这证明页岩中，水与甲烷分子的吸附点不同。

引　言

当设计和实施含气页岩的勘探方案时，关键是要弄清页岩中控制甲烷吸附能力的地质因素，尤其是边缘区域。这些地质因素包括：总有机碳(TOC)含量、干酪根类型、干酪根成熟度、矿物成分、含水量以及孔径分布。页岩中 TOC 含量与其对天然气的吸附能力呈正相关性(Lu 等，1995；Chalmers 和 Bustin，2007)，尽管许多分散的数据表明还存在其他需要研究的因素。含气页岩在一定程度上与煤层气相似，同样存在部分天然气以吸附态储存。另外，影响甲烷吸附能力的地质因素也具有相似性，因此煤中的研究成果对有机质页岩的研究过程具有很好的借鉴作用。

笔者的目的在于阐述 British Columbia 省东北部下白垩统 Buckinghorse 组地层以及其等时地层的基底层段中，地质因素对甲烷吸附能力的影响(图 1 和图 2)。

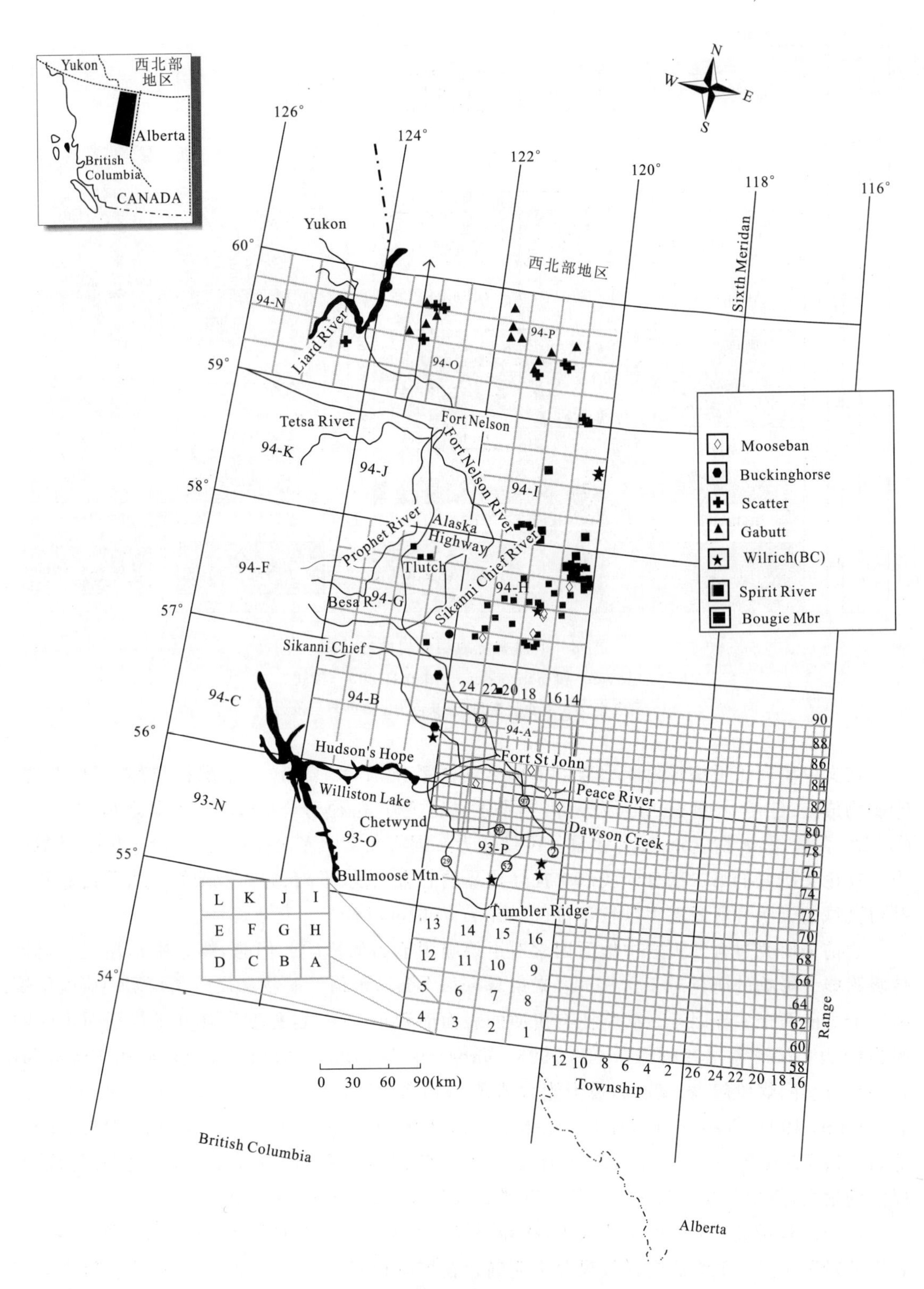

图1 研究区区域位置和采样井位的分布图
(符号标出了主要分析层段的位置,插图为加拿大西部区域的位置图)

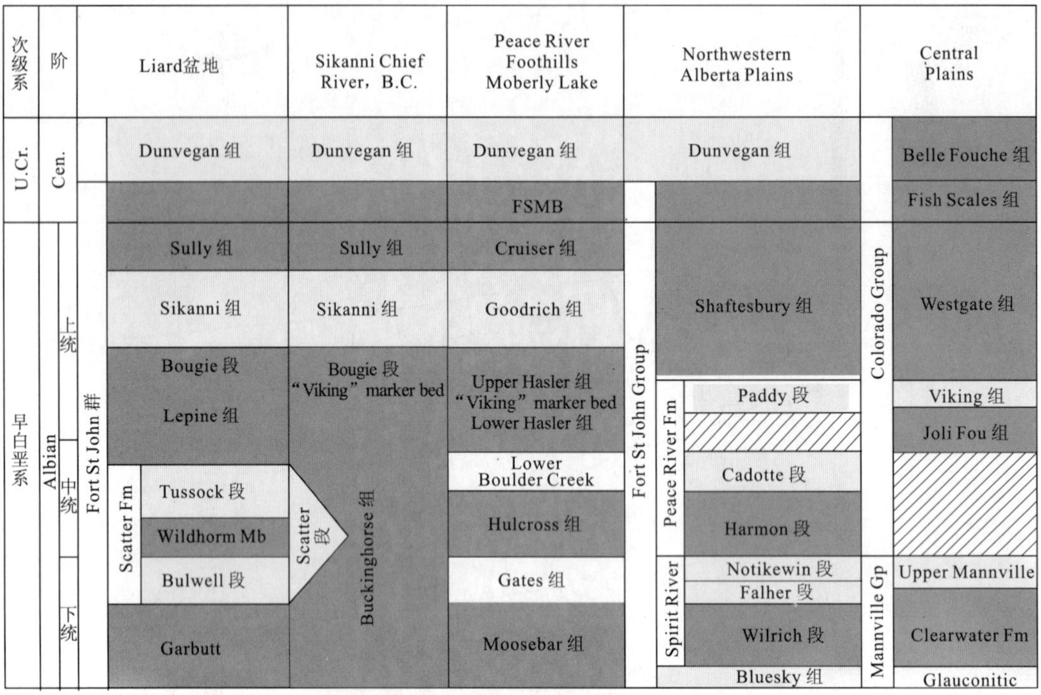

次级系	阶		Liard盆地	Sikanni Chief River, B.C.	Peace River Foothills Moberly Lake	Northwestern Alberta Plains	Central Plains
U.Cr.	Cen.		Dunvegan组	Dunvegan组	Dunvegan组	Dunvegan组	Belle Fouche组
早白垩系	Albian	上统	Fort St John 群		FSMB	Fort St John Group	Colorado Group: Fish Scales组
			Sully组	Sully组	Cruiser组	Shaftesbury组	Westgate组
			Sikanni组	Sikanni组	Goodrich组		
			Bougie段 Lepine组	Bougie段 "Viking" marker bed	Upper Hasler组 "Viking" marker bed Lower Hasler组	Peace River Fm: Paddy段	Viking组 Joli Fou组
		中统	Scatter Fm: Tussock段	Scatter段	Lower Boulder Creek	Cadotte段	
			Wildhorm Mb	Buckinghorse组	Hulcross组	Harmon段	
			Bulwell段		Gates组	Spirit River: Notikewin段 Falher段	Mannville Gp: Upper Mannville
		下统	Garbutt		Moosebar组	Wilrich段 Bluesky组	Clearwater Fm Glauconitic

图2　下白垩统地层的岩性柱状图

(Jowett 和 Schroeder-Adams，2005，校正)

(深灰色为主要页岩层段，浅灰色为主要砂岩层段。)

在文中研究了甲烷吸附能力与以下因素的关系：①TOC 含量；②干酪根类型；③成熟度；④矿物成分；⑤含水量；⑥孔径分布。同时也研究了孔径分布与以下因素之间的关系：①TOC 含量；②矿物成分；③含水量。甲烷能力一词将在文中多次使用，其等价于甲烷吸附能力。在论文研究的第二部分中我们将描述样品的总含气量(吸附、游离及溶解气含量的总和)，并对区域的天然气资源潜力进行评价(Chalmers 和 Bustin)。

之前未研究过含气页岩中地质因素对甲烷吸附能力的影响。但是，煤层中地质因素对甲烷吸附能力影响的研究对于含气页岩来说具有很大参考价值。矿物和煤阶是煤层中影响甲烷吸附能力的两个主导因素。矿物比有机质的表面面积小，在一定程度上降低了煤层对甲烷的吸附能力(Faiz 等，1992；Yee 等，1993；Crosdale 等，1998；Laxminarayana 和 Crosdale，1999)。此外，煤阶越高，煤层的吸附能力越强(Gan 等，1972；Unsworth 等，1989；Lamberson 和 Bustin，1993；Yee 等，1993；Beamish 和 Crosdale，1995；Clarkson 和 Bustin，1996；Levy 等，1997；Prinz 等，2004；Prinz 和 Littke，2005；Chalmers 和 Bustin，2007)。这是因为随着煤阶的增高，煤层的微孔隙表面面积逐渐增大(Clarkson 和 Bustin，1996)。

由于煤阶对吸附能力的影响太大，掩盖了煤层中岩石组分对吸附能力的影响，所以关于岩石组分对甲烷吸附能力影响的效果并不明确。在煤阶相同的情况下研究发现：镜质组含量与甲烷吸附能力之间存在正相关性(Crosdale 和 Beamish，1993；Lamberson 和 Bustin，1993；Bustin 和 Clarkson，1998；Crosdale 等，1998；Clarkson 和 Bustin，1999；Laxminarayana 和

Crosdale, 1999; Mastalerz 等,2004; Hildenbrand 等,2006)。这是由于镜质组煤素质与惰性煤素质相比,微孔隙含量更多,同时随着煤阶的升高,二者影响效果的差异更加显著(Unsworth 等,1989; Lamberson 和 Bustin, 1993; Beamish 和 Crosdale, 1995; Chalmers 和 Bustin, 2007)。另一研究发现煤层中岩石组分与甲烷吸附能力之间并不存在相关性(Carroll 和 Pashin, 2003; Faiz 等,1992; Faiz 等,待刊)。壳质组煤素质富集的煤层甲烷吸附能力与高煤阶、镜质组煤素质富集的煤层相当(Chalmers 和 Bustin, 2007b),这是由于其中存在溶解气的缘故。尽管壳质组煤素质富集的煤层为稀有煤层类型,但在海相成因的页岩中壳质组煤素质十分常见,这样溶解气将是页岩总含气量很重要的一部分。

煤层中,含水量与甲烷吸附能力存在负相关性,这是因为水分子将减少甲烷分子的吸附空间(Joubert 等,1974; Levy 等, 1997; Mavor 等,1990; Yalcin 和 Durucan, 1991; Yee 等, 1993)。此外,由于煤中能吸引水分子的羧基官能团缺失,使得其含水量随着煤阶的升高而降低(Mahajan 和 Walker, 1971; Nishino, 2001)。随着含水量的增加,甲烷吸附能力下降到最低点,此后含水量继续增加将不会对煤层的甲烷吸附能力产生影响(Joubert,1974)。Chalmers 和 Bustin 观察到,British Columbia 省东北部下白垩统页岩中,含水量和甲烷吸附能力都会随着 TOC 含量的增加而增加,同时他们指出在这种情况下,亲水吸附点和疏水吸附点会同时增加,为甲烷分子和水分子提供更多的吸附空间。

1. 方法

将来自 Buckinghorse 组地层及其同期地层(Moosebar - Wilrich - Garbutt 地层; 图 2)底部层段的大块样品在环形磨机中作碾磨处理,然后利用 60 孔的网筛(250μm)对磨碎样品进行筛选。将筛选出的样品进行高压甲烷吸附、X 射线衍射、岩石热解和表面面积等分析。另外取完整的岩石样品进行氦比重测试和压汞孔隙度测定。所有实验除了岩石热解分析是在 Alberta 省 Calgary 的加拿大地质调查局完成以外,其他实验分析均在 British Columbia 大学完成。

1)有机地球化学特征

有两种方法可以确定 TOC 含量:①先使用 CM 5014® CO_2库仑计,通过电量分析测定总无机碳含量,然后用 Carlo Erba® NA 1500 CNS 分析仪确定总碳含量,用总碳量减去总无机碳含量就可得到 TOC 含量;②用配备 TOC 模块的 Rock - Eval 6 热解仪进行分析,根据烃类生成过程以及 650℃ 的氧化过程中,演化生成的 CO_2 总量来计算出 TOC 含量(Stasiuk 等, 2006)。另外,利用 T_{max} 值来确定样品的成熟度,而 T_{max} 值则由 S_2 的最大峰值决定。S_2 的峰值是由干酪根裂解形成,它代表了烃源岩可以生成油气的总量。我们可以利用校正的 Van Krevelen 示意图来绘制样品的氢指数[$I_H=(S_2/TOC)/100$]和氧指数[$I_O=mg(CO_2)/g$,样品/TOC]分布,从而获得有关样品干酪根类型的信息。

2)样品的水分平衡

根据 ASTM 的 D 1412 - 04 标准(2004),可以确定煤层的平衡含水率,文中,我们将利用该标准来确定页岩样品的平衡含水率。而通过平衡含水率可以估算页岩的原地含水量。实验中,我们将研磨的样品放入 30℃的 KCl 饱和溶液中(ASTM D 1412 - 04, 2004)浸泡直至质量恒定为止,这样根据样品质量的变化即可确定其平衡含水率的大小。含水量通过样品烘干后再计算质量减少量的方法确定。

3)高压甲烷吸附分析

利用一个高压体积吸附装置确定样品的甲烷吸附能力。甲烷吸附能力分析过程中，首先确保样品处于含水平衡状态。本文中所有的分析结果都建立在(30±0.1)℃的等温条件下。最后，我们对任意压力下(取6MPa)不同样品的气体含量(cm^3/g)进行对比分析。体积吸附分析的误差小于4%。

4)页岩矿物成分

将压碎的样品与酒精混合、碾碎，然后涂到载玻片上，进行X衍射分析。对样品进行X衍射处理的原理是采用半定量技术来评估页岩中各矿物成分的含量。实验中，Siemens Diffraktometer D5000在40kV和40mA的条件下配置标准聚焦的Cu X射线管。然后，根据各矿物成分主峰值的曲线面积来确定其相应的含量，最后利用洛伦兹偏振进行修正(Pecharsky和Zavalij, 2003)。

5)孔径分布

样品中孔隙的大小主要为微米级和纳米级。微孔隙是指直径小于2nm的孔隙，中孔隙指直径为2～50nm的孔隙，大孔隙指直径大于50nm的孔隙(IUPAC, 1997)。使用Micromeritics ASAP 2010™，在低温压条件下(−196°C，<127 kPa)，测量样品对N_2的吸附能力，同时结合连续Brunauer, Emmett和Teller法(BET)确定每个样品中孔隙的表面面积(Brunauer等，1938)。而样品中孔隙和大孔隙(2～200 nm)的孔径分布则是在0.06～0.99(相对压力无单位)的相对压力条件下，利用Barrett、Johner和Halenda (BJH)法确定(Barrett等，1951)。最后微孔隙的表面面积则是在0℃下，根据CO_2吸附量利用Dubinin－Radushkevich (D－R)方程确定，计算过程中，取CO_2分子的横截面积为0.253nm^2 (Clarkson和Bustin, 1996)。整个实验分析之前，我们将研磨样品(1～2g，<250μm)在150℃条件下脱气处理12h。在分析过程中，许多样品需要多次添加氦气，以便完全排除残余挥发物。分析误差为6%左右。

使用Micromeritics Autopore IV™孔隙测定仪，通过压汞技术，也可以确定样品孔径分布。将介于5～10g之间的完整岩石样品在115℃下烘干至少2h，使其脱气，为低压压汞做准备。压力高至414MPa的情况下，根据高压分析确定注入汞的体积(60 000psi)，分析误差为9%左右。

6)总孔隙度测量

将样品的体积密度减去其骨架密度就可以计算出其孔隙度。骨架密度计算不包括岩石的孔隙体积密度。通过压汞和阿基米德原理可以算出体积密度，且误差小于1%左右，分析误差小于0.3%左右。骨架密度可以通过氦比重测定获得，总碳体积精确度误差为2%左右，分析误差小于0.3%左右。

2. 实验结果

1)地球化学特征与甲烷吸附能力

6MPa时，215个样品的甲烷吸附能力变化范围为0.04～1.89cm^3/g(在870 psi下，3.2～60.4 scf/ton)，TOC含量范围为0.53%～17.00%(附录A)。图3显示了等温线与TOC含量、含水量之间的关系(附录A)。而图4显示了TOC含量、干酪根类型、成熟度与甲烷吸附能力的关系。根据图4我们可以看出，无论样品间存在着多大的差异，TOC含量与甲烷吸附能

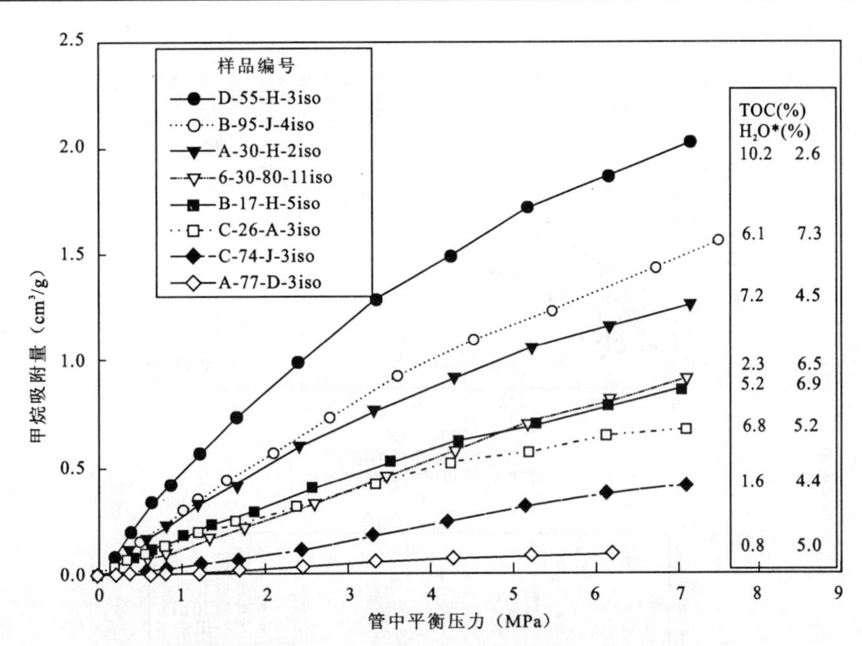

图 3 不同 TOC 含量和含水量条件下的等温线图

H_2O 指样品的平衡含水率。尽管一般情况下甲烷吸附能力随 TOC 含量增加而增加，但样品间仍有差异，这表明存在有其他因素影响页岩的甲烷吸附能力

力之间都呈正相关性。T_{max} 值确定了样品的成熟度，其测量值的范围在 416～476℃之间（附录 A）。随着成熟度的增加，TOC 含量减小，甲烷吸附能力也随之减小[图 4(b)、(c)]。而在以下章节中，我们都会清楚的看到 TOC 含量对甲烷吸附能力的巨大影响。当 TOC 含量相同时，评价其他因素对其甲烷吸附能力的影响。

页岩中干酪根类型有Ⅰ型、Ⅱ型、Ⅱ/Ⅲ型和Ⅲ型。根据数据我们确定所采样品主要为Ⅱ/Ⅲ型干酪根（图 5，附录 A）。通常情况下，Ⅰ型和Ⅱ型干酪根与Ⅱ/Ⅲ型和Ⅲ型干酪根相比，TOC 含量更高[图 4(b)]，但同时成熟度却相对较低[图 4(c)]。氢指数（I_H）取值范围为 23～500mg/g(HC/TOC)（附录 A）。I_H 与甲烷吸附能力之间存在明显的正向关系[图 6(a)]，因此Ⅰ型和Ⅱ型干酪根（高 I_H）比Ⅱ/Ⅲ型和Ⅲ型干酪根（低 I_H）的甲烷吸附能力更强。从图 4(a)中也可以观察到相似的趋势。另外，当根据 TOC 含量对甲烷吸附能力进行归一化处理时，I_H 与甲烷吸附能力呈负相关性[图 6(b)]。甲烷吸附能力随 I_H 的增加而降低。

2)矿物成分

British Columbia 省东北部的 Buckinghorse 组地层及其同期地层主要由石英、伊利石和高岭石构成，同时含有少量的(0～21%)黄铁矿、白云石、绿泥石、钠长石、菱铁矿、方解石及石膏（表 1）。另外 3 个样品中都存在微量的水铁矾和斜硫锑铅矿，这些矿物质形成于成岩作用阶段，为硫化物氧化的产物（即“风化作用”）。在实验研究过程中不考虑这些数据。

TOC 含量与总粘土含量没有明显的相关性。为确定页岩矿物成分是否对甲烷吸附能力有促进作用，我们取干燥和含水平衡样品，分别绘制总粘土含量及各单独的矿物成分含量与甲烷吸附量之间的关系。分析发现页岩的甲烷吸附能力与高岭石，绿泥石含量没有明显相关性，同时在含水平衡样品中，与总粘土含量[图 7(a)]及伊利石含量[图 7(b)]也没有关系。但是在

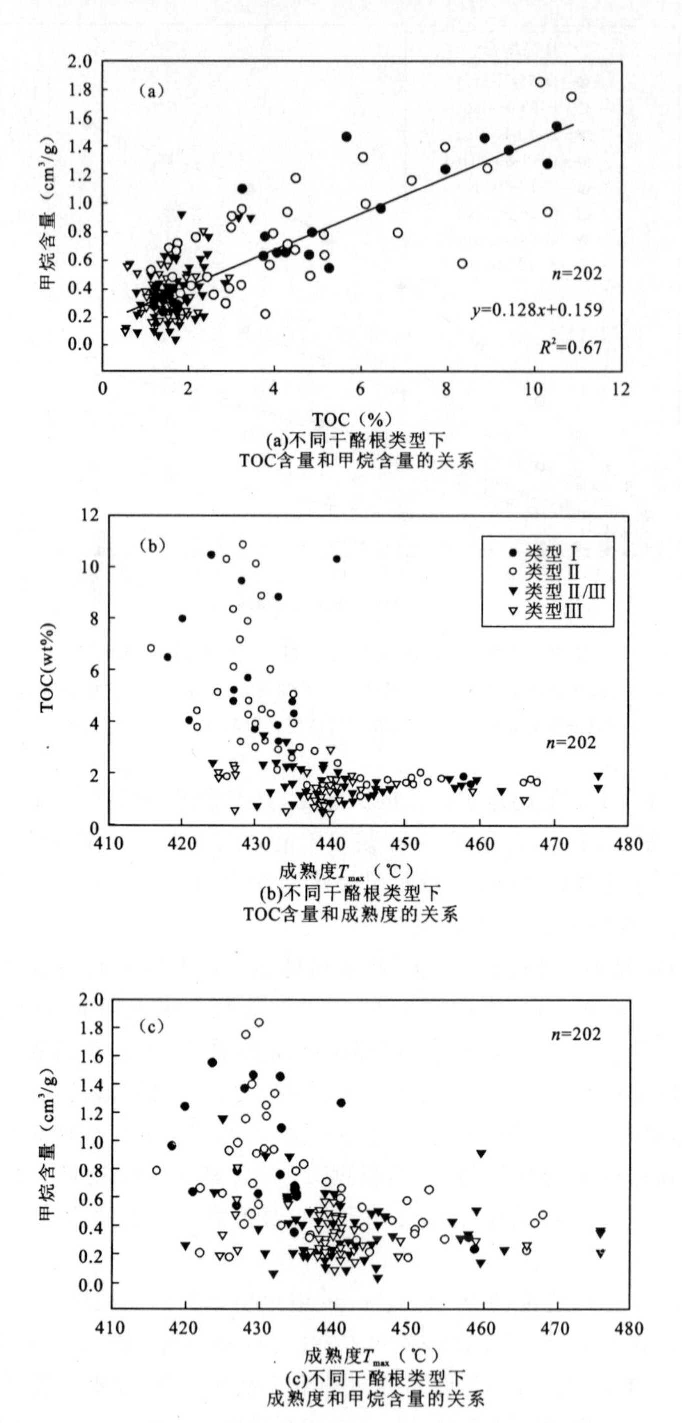

(a)不同干酪根类型下
TOC含量和甲烷含量的关系

(b)不同干酪根类型下
TOC含量和成熟度的关系

(c)不同干酪根类型下
成熟度和甲烷含量的关系

图 4　不同干酪根类型下甲烷含量与 TOC 含量、成熟度的关系图

(a)不同干酪根类型下 TOC 含量和甲烷吸附能力之间的关系；(b)成熟度与 TOC 含量关系；(c)成熟度和甲烷吸附能力关系。Ⅰ型和Ⅱ型干酪根比Ⅱ/Ⅲ型和Ⅲ型干酪根具有更高的 TOC 含量。成熟度与 TOC 含量之间存在反向相关性(与煤层相比)，而成熟度与甲烷吸附能力也存在反向相关性(解释见文章)

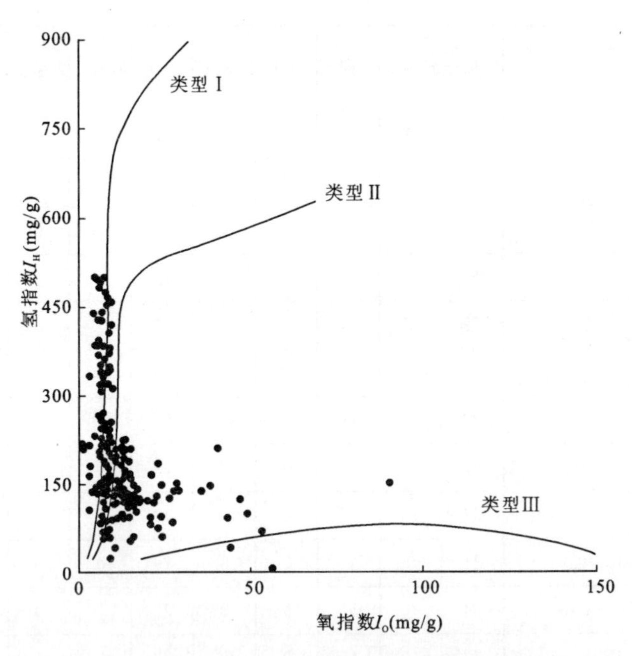

图 5 Van Krevelan 修改的岩石热解分析图

(校正后的 Van Krevelen 图,显示了通过 Rock - Eval 仪器测试的所有样品的干酪根类型。最常见的干酪根类型为Ⅱ/Ⅲ型)

表 1 对样品中的矿物成分进行孔径分布的分析(矿物含量用体积百分比形式表示)

样品编号	总粘土	海绿石	伊利石	石膏	高岭石	石英	黄铁矿	方解石	白云石	钠长石	菱铁矿
14 - 20 - 77 - 23W6 - 2iso	46	3	38	0	5	51	0	0	1	2	0
3 - 21 - 81 - 22W6 - 4iso	48	0	32	0	16	51	0	0	1	0	0
4 - 21 - 83 - 17W6 - 5iso	58	0	36	0	22	41	1	0	0	0	0
6 - 29 - 81 - 15W6 - 4iso	55	0	47	0	8	42	1	0	1	1	0
6 - 30 - 80 - 13W6 - 11iso	35	0	30	15	5	49	0	0	0	1	0
6 - 30 - 80 - 12iso	71	7	58	0	6	28	0	0	0	0	0
6 - 30 - 80 - 14iso	35	0	27	0	7	63	1	0	0	1	0
7 - 30 - 80 - 14W6 - 3iso	47	10	20	0	18	46	2	0	0	6	0
7 - 30 - 80 - 4iso	70	9	55	0	7	28	0	0	0	1	0
a - 1 - l - 94 - H - 12 - 3iso	56	0	56	0	0	43	0	0	0	1	0
a - 30 - h - 94 - H - 9 - 3iso	57	0	53	3	4	39	1	0	0	0	0
a - 30 - h - 4iso	88	2	82	0	4	12	0	0	0	0	0
a - 32 - a - 94 - H - 5 - 2iso	35	0	34	0	2	43	0	0	0	0	22
a - 5 - d - 94 - H - 9 - 3iso	45	0	39	0	5	54	0	0	0	1	0
a - 65 - k - 94 - P - 7 - 2iso	32	0	11	0	20	66	2	0	1	0	0

续表 1

样品编号	总粘土	海绿石	伊利石	石膏	高岭石	石英	黄铁矿	方解石	白云石	钠长石	菱铁矿
a-65-k-3iso	20	0	5	0	15	79	1	0	0	0	0
a-77-d-94-O-11-3iso	49	0	29	0	20	51	0	0	0	0	0
a-77-k-94-P-7-10iso	24	0	4	0	20	75	1	0	0	0	0
a-77-k-11iso	19	9	1	3	8	72	1	0	0	0	0
a-77-k-16iso	59	0	51	0	8	40	1	0	0	0	0
a-77-k-2iso	67	2	27	0	38	33	0	0	0	0	0
a-77-k-3iso	38	0	18	0	21	55	1	0	6	0	0
b-17-h-94-l-9-2iso	67	7	58	0	3	32	0	0	0	0	0
b-17-h-2iso	57	10	37	0	9	40	2	0	0	1	0
b-55-e-94-O-13-4iso	21	0	13	0	8	79	0	0	0	0	0
b-56-e-94-l-10-4iso	54	0	51	9	3	36	1	0	0	0	0
b-66-d-94-O-15-6iso	77	10	46	0	21	23	0	0	0	0	0
b-95-j-94-P-12-6iso	59	0	57	3	2	38	0	0	0	0	0
b-95-j-7iso	36	0	33	0	4	63	0	0	0	0	0
b-95-j-8iso	14	0	0	0	14	80	3	0	0	0	3
c-26-a-94-P-11-4iso	33	0	15	0	18	66	1	0	0	0	0
c-30-k-94-P-6-3iso	46	0	33	0	13	53	0	1	0	0	0
c-35-h-94-A-14-4iso	46	0	28	0	18	48	0	0	1	0	0
c-63-b-94-P-1-1iso	59	0	53	0	6	39	1	0	0	0	0
c-8-i-94-H-5-4iso	59	5	50	0	4	41	0	0	0	0	0
d-55-f-94-P-6-4iso	73	8	39	0	26	26	0	0	0	0	0
d-55-94-P-12-3iso	37	0	26	0	12	60	1	2	0	0	0
d-55-h-4iso	68	3	62	0	3	31	1	0	0	0	0
d-57-L-94-H-8-4iso	34	0	25	0	9	65	0	0	0	1	0
d-65-d-94-P-12-10iso	29	0	26	0	3	70	1	0	0	0	0
d-65-d-1iso	35	0	22	7	13	51	5	2	0	0	0
d-65-d-5iso	37	0	21	9	16	52	2	0	0	0	0
d-66-i-94-G-1-3iso	50	0	45	0	6	49	0	0	0	1	0
d-71-g-94-l-1-2iso	74	12	57	0	5	25	0	0	0	0	0
d-75-e-94-N-8-6iso	75	0	72	0	3	24	0	0	0	1	0
d-94-l-94-B-8-2iso	35	0	28	0	7	59	0	1	0	0	5

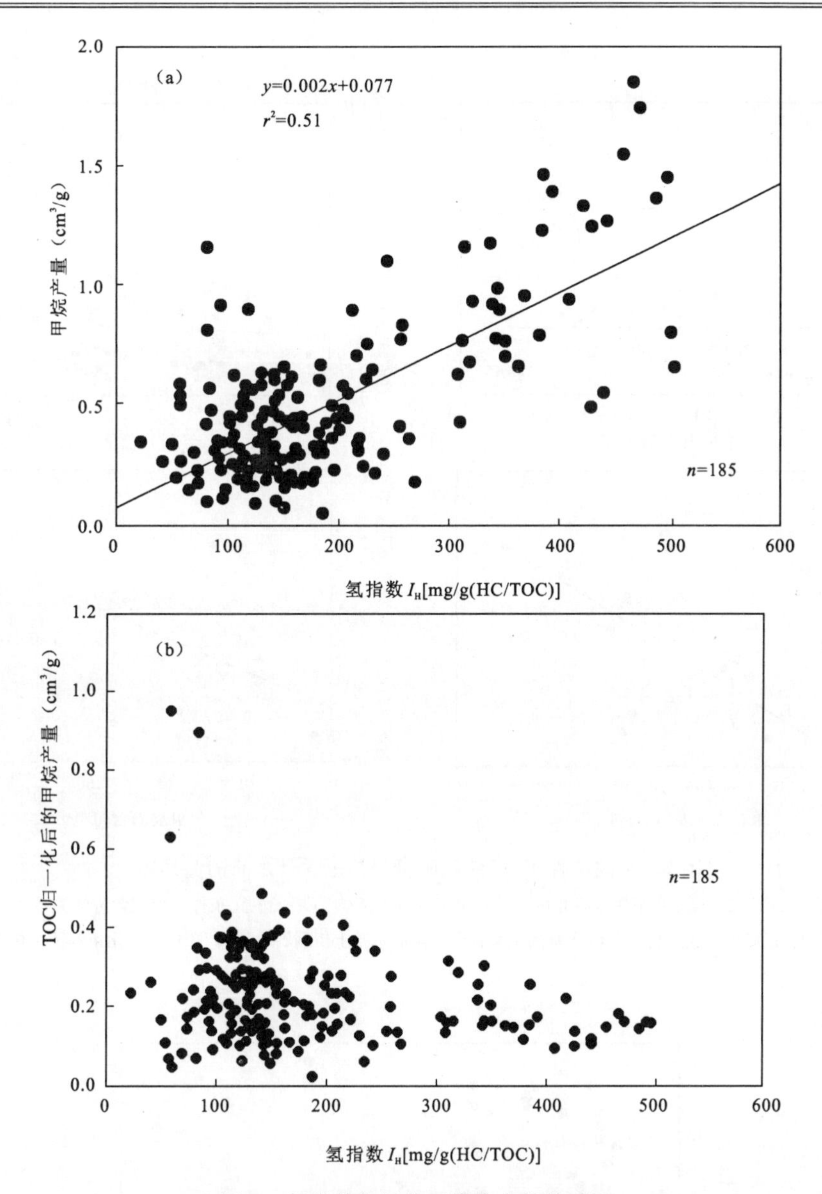

图 6 氢指数与甲烷吸附能力的关系图

(a)氢指数(I_H)与甲烷吸附能力间的关系图(原始数据);(b)TOC归一化条件下,氢指数和甲烷吸附能力的关系。所有干酪根类型都从这些图中表示出来。甲烷吸附能力随氢指数增加而增加,这是因为TOC含量也随之增长的缘故。在TOC归一化条件下,甲烷吸附能力随I_H增加而减小。而甲烷吸附能力主要受TOC含量变化的影响

干燥样品中,页岩的甲烷吸附能力与总粘土含量[图 7(c)]及伊利石含量[图 7(d)]之间存在正相关性。目前,我们除了确定伊利石含量随成熟度的增长而增加外,还没有观察到其他矿物含量与成熟度之间是否存在明显的关系(图 8)。

通过氦比重瓶测定法确定样品的总孔隙度为 0.84%~22.1%(附录 A)。中孔隙表面面积为 1.5~53.0m²/g,微孔隙表面面积为 18.6~70.3m²/g。表 2 显示了样品中孔、微孔,以及二者混合孔隙的表面面积。

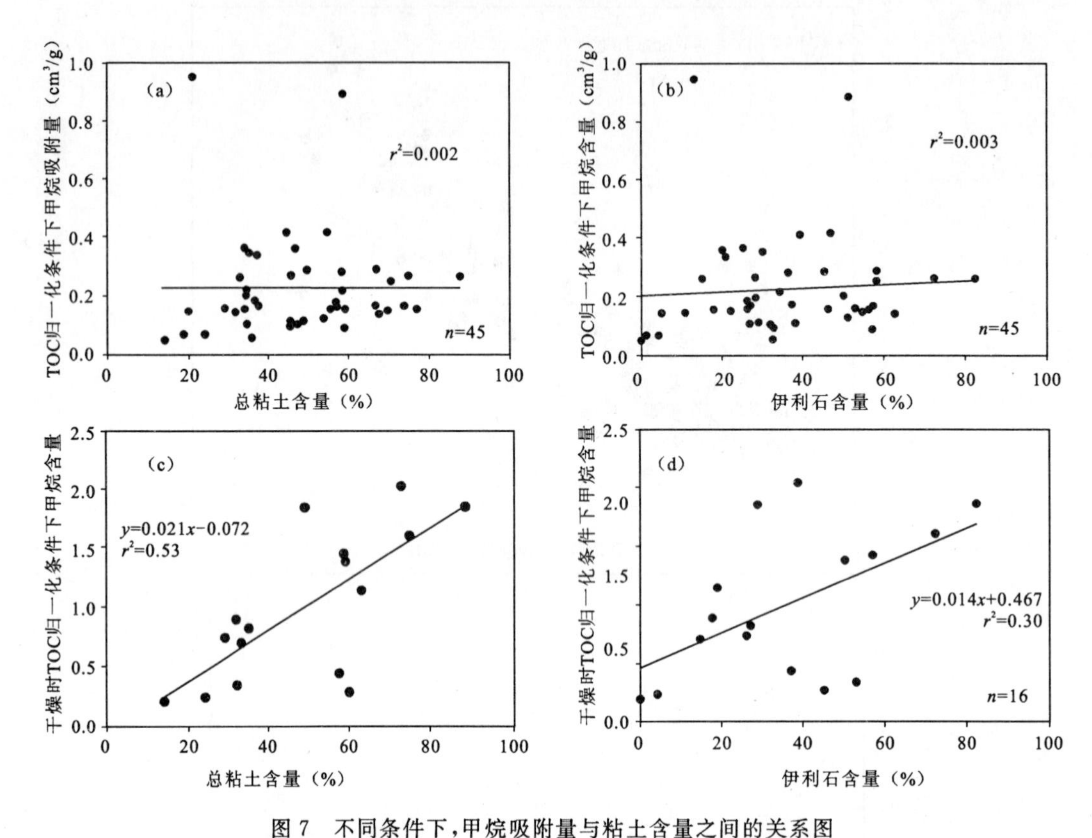

图 7　不同条件下，甲烷吸附量与粘土含量之间的关系图

(a)总粘土含量与 TOC 归一化条件下甲烷含量的关系；(b)伊利石含量与 TOC 归一化条件下甲烷含量的关系；(c)干燥的基础上总粘土含量与 TOC 归一化条件下甲烷含量的关系；(d)干燥的基础上伊利石含量与 TOC 归一化条件下甲烷含量的关系

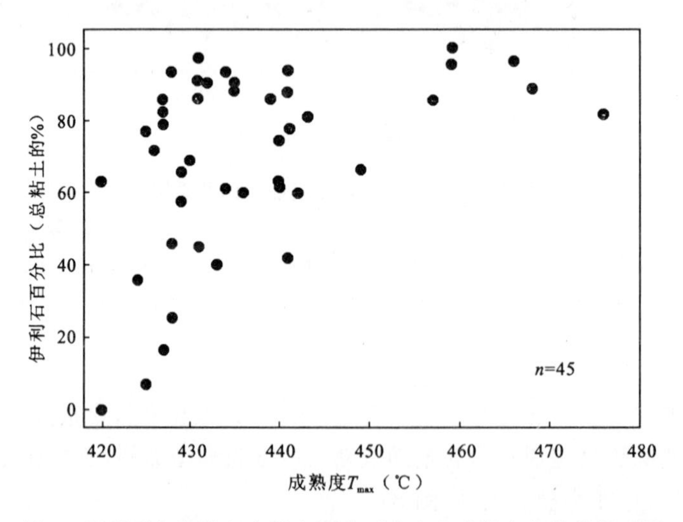

图 8　伊利石在总粘土含量中所占百分比和成熟度变化的关系图

（伊利石组分含量随成熟度的增加而增加，这是由绿泥石和高岭石的伊利石化作用造成的）

表 2 不同中等孔隙和微孔隙表面面积与之对应的TOC含量和甲烷吸附能力

样品编号	中等孔隙表面面积 BET - N_2(m^2/g)	D-R等效微孔隙表面面积- CO_2(m^2/g)	中等孔隙和微孔隙表面面积(m^2/g)
6-30-80-13W6-11iso	9.3	27.3	36.7
6-30-80-12iso	19.2	26.8	46.0
6-30-80-12iso	17.3	26.9	44.2
6-30-80-14iso2	5.0	21.3	26.2
7-30-80-14W6-4iso	21.2	31.1	52.3
a-30-h-94-l-9-2iso	13.5	42.7	56.2
a-30-h-4iso	53.0	50.6	103.7
a-32-a-94-H-5-2iso	15.8	29.3	45.1
a-65-k-94-P-7-2iso	1.5	44.5	46.0
a-65-k-3iso2	21.5	52.6	74.1
a-77-d-94-O-11-3iso	13.5	21.2	34.8
a-77-k-94-P-7-10iso	7.7	31.8	39.5
a-77-k-11iso	2.0	47.7	49.7
a-77-k-2iso	16.5	45.0	61.5
a-77-k-3iso	18.9	45.1	64.0
b-17-h-94-l-9-2iso	23.3	31.1	54.4
b-17-h-3iso	22.3	47.6	69.8
b-55-e-94-O-13-4iso	20.7	24.0	44.6
b-56-e-94-O-13-5iso	5.2	28.3	33.5
b-66-d-94-O-15-6iso	23.2	32.7	55.9
b-95-j-94-P-12-6iso	38.2	45.1	83.3
b-95-j-7iso	39.4	39.6	79.0
b-95-j-8iso	1.8	18.6	20.4
c-26-a-94-P-11-4iso2	26.1	41.7	67.9
c-30-k-94-P-6-3iso	11.4	43.3	54.7
c-63-d-94-p-1-1iso	29.4	45.4	74.8
c-84-f-94-l-3-2iso	32.3	40.2	72.5
c-8-i-94-H-5-4iso	20.8	32.6	53.5
d-55-f-94-P-6-4iso	35.2	52.4	87.6
d-55-h-94-P-12-3iso	15.9	40.0	56.0
d-55-h-4iso	19.2	46.1	65.2
d-65-d-94-P-12-10iso	28.1	41.0	69.1
d-65-d-94-P-7-1iso	3.2	70.3	73.5
d-65-d-5iso	17.3	49.2	66.5

页岩的孔隙表面面积与其甲烷吸附能力之间呈正相关性(Clarkson 和 Bustin, 1999)。所以,为了更好地了解 TOC、干酪根类型、成熟度以及矿物成分对甲烷吸附能力的影响,我们此时先评价这些参数对页岩孔隙结构的影响。在目前的研究中发现,当甲烷吸附能力较高时,样品的微孔隙表面面积比其中孔隙表面面积大得多[图 9(a)]。微孔隙表面面积随着 TOC 含量的增加而增加[图 9(b)]。TOC 含量低的样品比 TOC 含量高的样品中孔隙表面面积大,但是微孔隙表面面积却相对较小。此外伊利石也是控制页岩中孔隙、微孔隙结构的关键因素[图 10(a)]。与伊利石本身对甲烷吸附能力的影响相比,其对页岩中孔隙和微孔隙表面面积的影响更加明显。此外,页岩的中孔隙和微孔隙表面面积与绿泥石和高岭石含量不存在相关性。

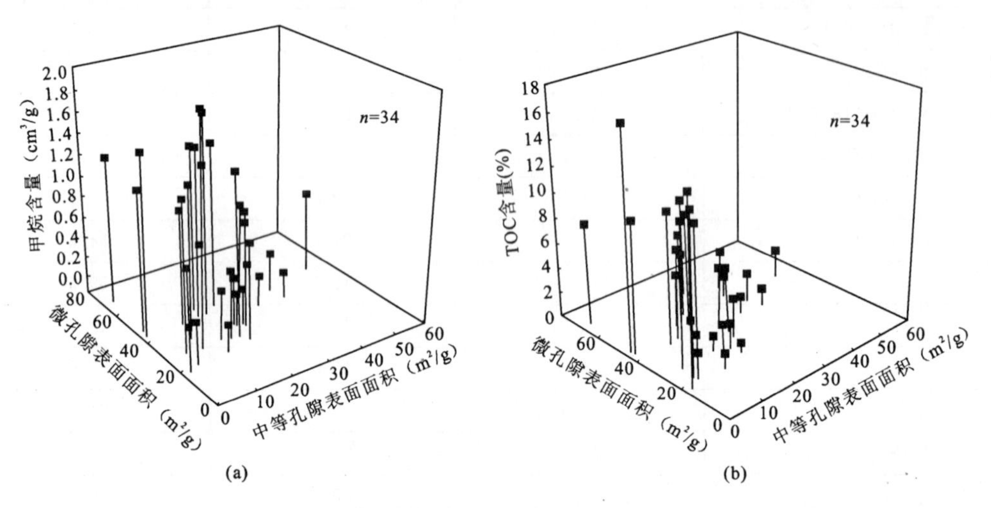

图 9 甲烷含量,TOC 含量与微孔隙表面面积和中等孔隙表面面积之间的关系图

(a)中孔隙和微孔隙表面面积与甲烷吸附能力的关系图;(b)中孔隙和微孔隙表面面积与 TOC 含量的关系图。甲烷吸附能力较高的样品中,其微孔隙表面面积大于中孔隙表面面积。TOC 含量较高的样品中,同样微孔隙表面面积大于中孔隙表面面积,这表明页岩中微孔隙表面面积影响其甲烷吸附能力

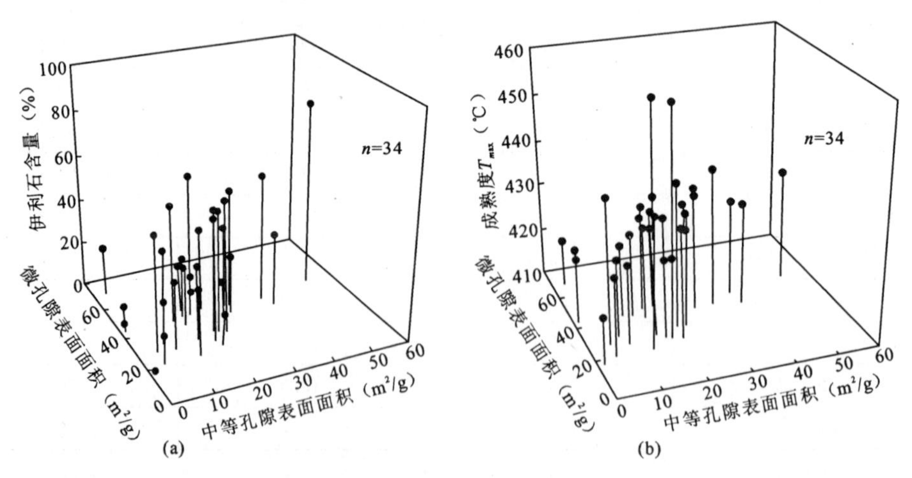

图 10 微孔隙、中孔隙表面面积与伊利石含量和样品成熟度之间的关系图

(a)中孔隙和微孔隙表面面积和伊利石含量的关系图;(b)中孔隙和微孔隙表面面积与成熟度的关系图。图(a)表明伊利石含量可以促进中孔隙表面面积增加。同时随着成熟度的增加,中孔隙表面面积也增加,这是由于伊利石含量的增加以及 TOC 含量的减少

页岩的微孔隙和中孔隙表面面积普遍随成熟度的增加而增加[图 10(b)]。选择合适样品,通过绘制不同成熟度(T_{max}为 420～459℃)条件下微孔隙体积的分布图来证明:成熟样品中,TOC 含量与其微孔隙体积存在很大的相关性[图 11(a)]。低成熟样品中,其所含微孔隙表面面积比中孔隙表面面积大得多。而在 TOC 归一化的条件下,微孔隙体积与成熟度存在负相关性[图 11(b)]。

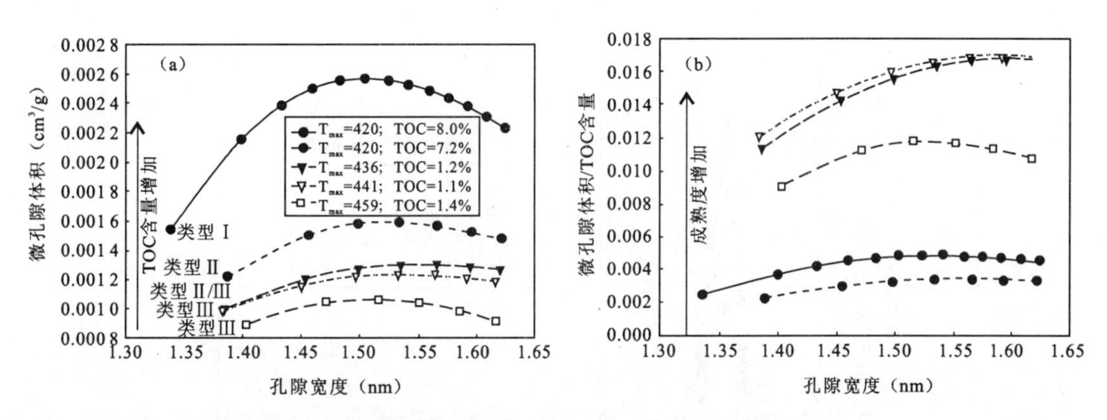

图 11 微孔隙体积、成熟度、TOC 及干酪根类型之间的关系图

(a)微孔隙体积、成熟度、TOC 含量及干酪根类型之间的关系图(原始数据);(b)在 TOC 归一化条件下三者的相互关系。TOC 归一化后的结果相反说明影响甲烷吸附能力的主要因素是 TOC 含量。另外干酪根类型也表现出相同趋势,即Ⅰ型和Ⅱ型干酪根具有较高甲烷吸附能力,这是由于其 TOC 含量相对更高的缘故。TOC 归一化后,单位 TOC 条件下,Ⅱ/Ⅲ型和Ⅲ型干酪根则具有较高的甲烷吸附能力

从图 12 中可以看出 TOC 含量的影响,图 12(a)中,A 组干酪根(Ⅰ型和Ⅱ型)比 B 组干酪根(Ⅱ/Ⅲ型和Ⅲ型)的微孔表面面积大(尽管这两组存在重合之处)。而当对 TOC 进行归一化处理时,结果就颠倒过来了,即单位 TOC 条件下,B 组干酪根比 A 组干酪根表面面积大[图 12(b)]。

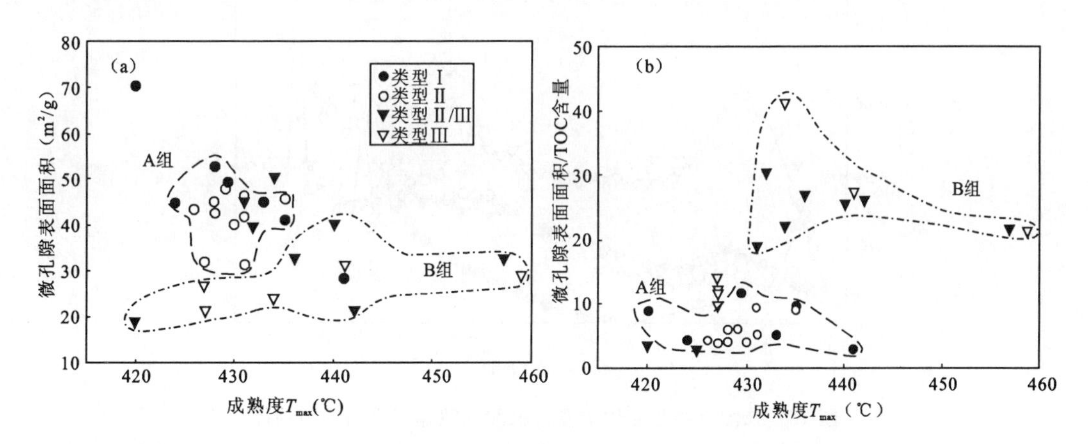

图 12 不同条件下微孔隙表面面积与成熟度之间的关系图

(a)微孔隙表面面积和成熟度的关系图;(b)TOC 归一化处理后,二者的关系图。干酪分类型分为 2 组,A 组(虚线)为Ⅰ型和Ⅱ型干酪根,B 组(点虚线)为Ⅱ/Ⅲ型和Ⅲ型干酪根。A 组的微孔隙表面面积比 B 组大,但对 TOC 进行归一化处理后,结果相反(b),这进一步说明 TOC 含量是影响微孔隙表面面积的主要因素

总粘土含量与中孔隙、微孔隙体积存在正相关性[图 13(a)、(b)]。样品 b－95－j－8iso 的粘土含量最低，石英含量最高(表 1)，微孔隙和中孔隙体积最小[表 2;图 13(a)、(b)]。对于直径在1 万～10 万 nm 范围内的样品来说，其大孔隙体积普遍随粘土含量的减少而增加，同时样品内的石英含量也会随之增加[表 1;图 13(a)]。另外，样品 a－30－h－2iso 和样品 d－55－h－4iso 的微孔隙、中孔隙体积比其他样品的要大得多[图 13(b)]。

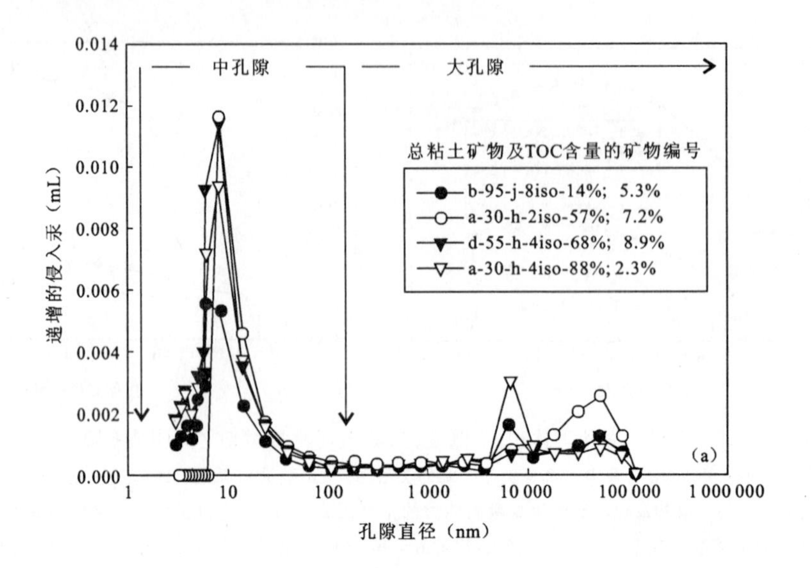

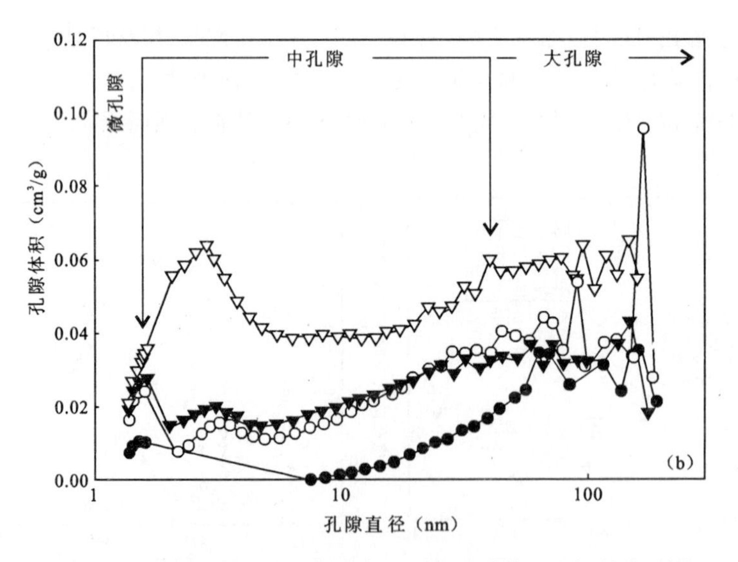

图 13　孔隙直径与递增的侵入汞和孔隙体积之间的关系图

(a)用压汞孔隙测定法测得的样品的孔径分布与石英含量的关系图;(b)由 N_2 和 CO_2 吸附分析确定二者的关系图。微孔隙体积随石英含量的增加而增加(a)，而中孔隙体积随粘土含量增加而增加(b)。样品 a－30－h－2iso 和样品 d－55－h－4iso 的微孔体积急剧增加是由于其含有更高的 TOC 含量的缘故(b)

3)含水量对甲烷吸附能力的影响

样品的平衡含水率为1.5%~11.0%。样品的含水量与成熟度存在负相关性,随成熟度的升高而减少[图14(a)]。在TOC含量归一化的条件下,Ⅱ/Ⅲ型和Ⅲ型干酪根样品中的含水量较高[图14(b)]。TOC与含水量之间不存在相关性[图15(a)],且含水量与样品的甲烷吸附能力之间也不存在相关性[图15(c)]。而含水量与样品的中孔隙和微孔隙总表面面积却普遍存在有正相关性[图15(d)]。

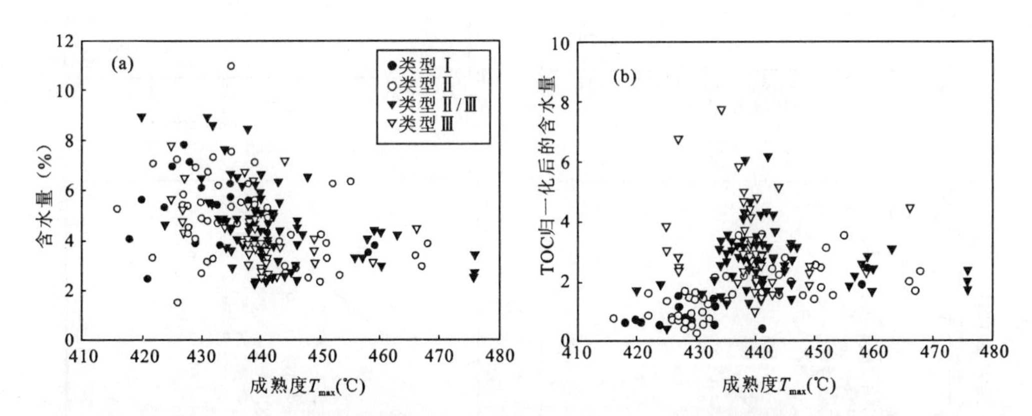

图14 样品的含水量及TOC归一化后的含水量与成熟度的关系图

(a)含水量与成熟度的关系图(原始数据);(b)TOC归一化处理后,含水量与成熟度的关系图。由于TOC的消耗和伊利石含量的增加,从而微孔隙度随成熟度的增加而减小,使得含水量和成熟度间呈负相关性(a)。当TOC归一化处理后,在Ⅱ/Ⅲ型和Ⅲ型干酪根为主样品中含水量最大,这是因为在单位TOC条件下,其微孔隙表面面积更大的缘故

3. 讨论

1)有机地球化学与甲烷吸附能力

通过研究,我们发现页岩中TOC含量、干酪根类型、氢指数(I_H)及有机质成熟度之间存在密切的相互关系,导致这些参数对甲烷吸附能力影响复杂。例如,I_H受干酪根类型和成熟度的影响,随着成熟度的增加,干酪根转换为烃类,I_H和TOC含量相对减少。

研究结果表明:TOC含量是控制下白垩统页岩甲烷吸附能力的主要因素。此外,图4(a)中显示的普遍的正相关趋势表明一些次要因素对页岩中的甲烷吸附能力也有促进作用。我们通过讨论页岩中孔径大小分布最终解释了TOC含量是影响其甲烷吸附能力的主要因素。同时,页岩的成熟度与其甲烷吸附能力间存在负相关性[图4(c)]是因为TOC含量随成熟度的增加而减少[图4(b)]。对比煤层来看,煤层对甲烷的吸附能力随煤阶的升高而增长(Gan等,1972;Unsworth等,1989;Lamberson和Bustin,1993;Yee等,1993;Beamish和Crosdale,1995;Clarkson和Bustin,1996;Levy等,1997;Prinz等,2004;Prinz和Littke,2005;Chalmers和Bustin,2007b)。TOC含量与成熟度,干酪根类型有关是因为:①生烃过程中TOC的损耗;②沿着变形前缘,矿物质含量随成熟度增加而增加(Chalmers和Bustin,本文)。

对成熟度和甲烷吸附能力之间的关系,我们也作过类似的观察。干酪根类型对甲烷吸附能力的影响也主要体现在TOC上。与含有Ⅱ/Ⅲ型和Ⅲ型干酪根的样品相比,含有Ⅰ型和Ⅱ

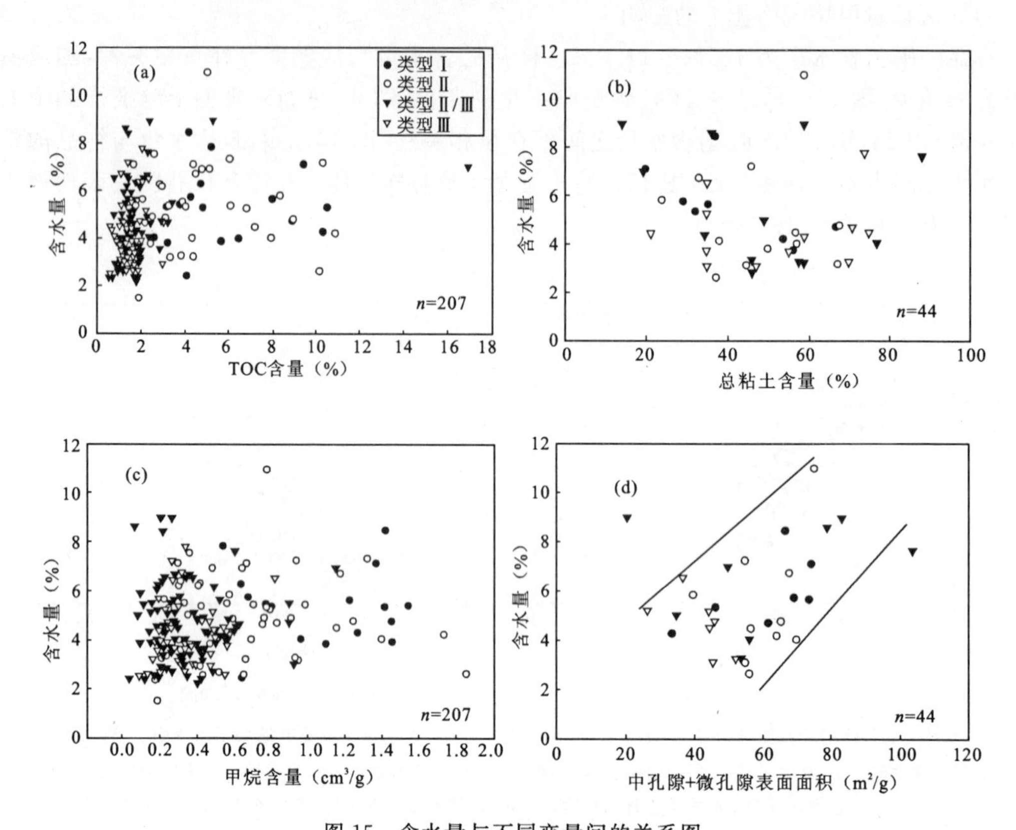

图 15　含水量与不同变量间的关系图

(a)含水量与 TOC 含量的关系；(b)含水量与总粘土含量的关系；(c)含水量与甲烷含量的关系；(d)含水量与微孔隙及中孔隙的关系

型干酪根的样品由于具有更高的 TOC 含量，因此其甲烷吸附能力更高[图 4(a)]。样品中甲烷吸附能力不受干酪根类型的直接影响。此外，干酪根类型会沿着变形前缘由Ⅰ型和Ⅱ型向Ⅱ/Ⅲ型和Ⅲ型改变。因此，与主要为Ⅰ型和Ⅱ型干酪根的样品相比，主要为Ⅱ/Ⅲ型和Ⅲ型干酪根的样品的 TOC 含量更低，同时甲烷吸附能力也相对更低。在本次研究的第二部分有详细论述(Chalmers 和 Bustin，本文)。当对 TOC 进行归一化处理后[图 6(b)]，I_H 和甲烷吸附能力之间的负相关性表明：单位 TOC 条件下，与高 I_H 样品（Ⅰ型和Ⅱ型）相比，低 I_H 样品（Ⅱ/Ⅲ型和Ⅲ型）具有更高的甲烷吸附能力。该现象进一步说明：TOC 含量是影响页岩甲烷吸附能力的主要因素，而干酪根类型为次要因素。

2)页岩矿物

Adams 和 Bustin(2001)在现代沉积物中观察到 TOC 含量和粘土含量呈正相关性，这是由于在沉积作用阶段，有机质吸附在粘土颗粒表面。然而在 Buckinghorse 组页岩样品中，TOC 含量与粘土含量之间却不存在相互关系。这可能与成岩作用以及有机质的类型相关，具体是成岩作用的程度将会影响 TOC 含量与伊利石含量之间的关系。

有人认为伊利石在高压条件下(<7 MPa；Lu 等，1995)能吸附甲烷气体。虽然粘土颗粒在干燥条件下可以吸附甲烷气体，但是从图 7(a)至图 7(d)的趋势可以看出，对于含水平衡的样品，由于水分的存在，含气页岩的粘土成分基本已失去了甲烷吸附的能力。

伊利石含量随成熟度的增加而增大,这是因为在80～120℃条件下发生了伊利石化作用,高岭石和蒙脱石逐渐向伊利石转化(Potter等,2005)。本文研究中的样品都经历过50～130℃的温度,所以可能处于伊利石化的不同阶段(图8)。此外,伊利石含量的变化也可以反映地层沉积环境以及物源区的不同。

3)孔径分布对甲烷吸附能力的影响

由于在孔隙体积一定的条件下,孔隙的表面面积随孔隙大小的减小而急剧增大,因此页岩的孔隙结构对甲烷吸附能力的影响巨大。在煤层气的研究中我们已经确定了孔径分布对影响甲烷吸附能力存在影响(Gan等,1972;Unsworth等,1989;Lamberson和Bustin,1993;Yee等,1993;Beamish和Crosdale,1995;Clarkson和Bustin,1996;Levy等,1997;Prinz等,2004;Prinz和Littke,2005;Chalmers和Bustin,2007b)。图9(b)中,微孔隙表面面积随TOC含量的增加而增加,表明大多数的微孔隙都与干酪根有关。从图9(a)和图9(b)中可以看出微孔隙度、TOC及甲烷吸附能力之间存在的相互关系,再次证明了TOC含量在影响甲烷吸附能力上的重要性。

对低成熟度的样品而言,由于其TOC含量更高,因此其微孔隙表面面积比中孔隙表面面积大[(图4(b)说明了低成熟度与高TOC之间的联系]。图10(b)中3个样品的微孔隙表面面积大于40m^2/g,而中孔隙表面面积小于5m^2/g也证明了该观点。当成熟度增加时,微孔隙表面面积的增长不会有中孔隙表面面积增长那么显著,这是因为:①TOC在生烃过程中有损耗,减少了微孔隙的数量;②成熟度增加时,伊利石的含量增加,形成的中孔隙表面面积比微孔隙表面面积大得多。

伊利石和微孔隙、中孔隙表面面积[图10(a)]之间的关系比其与甲烷吸附能力的直接关系更为紧密,这是因为表面面积分析是在干样品中进行的,而甲烷吸附能力分析是在含水平衡的样品中进行的。而含水量能够减小样品对甲烷的吸附能力。而伊利石和甲烷吸附能力间的正相关性[图7(d)]是伊利石和微孔隙,中孔隙表面面积之间存在正相关性的表现[(图10a)]。由于甲烷吸附能力随表面面积增加而增大,因此页岩的伊利石含量、表面面积和甲烷吸附能力之间也存在相似的关系。

TOC、干酪根类型、成熟度和微孔隙度之间有着复杂的关系[图11(a)]。图10(b)中,微孔隙和中孔隙表面面积随成熟度的增加而增加,这反映了表面面积与TOC含量和伊利石含量之间的关系。微孔隙表面面积随TOC含量的增加而增加,中孔隙表面面积随伊利石含量的增加而增加。而煤层中的微孔隙体积随成熟度的增加而增加(Gan等,1972;Unsworth等,1989;Lamberson和Bustin,1993;Yee等,1993;Beamish和Crosdale,1995;Clarkson和Bustin,1996;Levy等,1997;Prinz等,2004;Prinz和Littke,2005;Chalmers和Bustin,2007)。图11(a)中,微孔隙体积与成熟度之间呈负相关性,这表明TOC随成熟度的增加而减小。在TOC含量进行归一化处理后,微孔隙体积随成熟度增加而增加,这与预期的结果一致[图11(b)]。研究发现,页岩中Ⅰ型干酪根比Ⅲ型干酪根具有更大的微孔隙表面面积,与煤层相比(Chalmers和Bustin,2007)正好相反[图12(a)]。这是由于与煤层相比,页岩的有机质含量较少,故微孔隙体积的不同,反映页岩TOC含量的不同,而不是干酪根的类型(即煤素质)的不同。

页岩中孔径分布受TOC含量和矿物类型的影响(图13)。样品的矿物类型主要为高岭石和石英,因此该类样品具有较低的中孔隙和微孔隙体积[表2,图13(a)、(b)]。与其他类型粘土矿物相比，高岭石的吸附能力较差(见表 1 和表 2)，这是因为其孔隙表面面积较小，且石英颗粒不包含在内表面积。样品 a - 30h - 2iso 和样品 d - 55 - h - 4iso 与其他样品相比，微孔隙体积较大，这可能与其 TOC 含量相对较高有关[图 13(b)]。温度可能会影响测量孔隙大小的可测范围[图 13(b)]，对 b - 95 - j - 6iso 样品而言，当孔隙直径为 6nm 左右时，测量的中孔隙体积为 0，这表明在－196℃时，将检测不到小于 6nm 的孔隙(N_2吸附分析)。但是 CO_2的吸附分析表明，样品中有微孔隙存在，且能够在 0℃的分析温度下探测到(Marsh，1989)。

4)含水量

含水量对甲烷吸附能力存在有负面影响，这是因为此时水分子将占据了甲烷分子的吸附点。而页岩的含水量与 TOC 含量相关，因为水分子被有机质的官能团吸附(Joubert 等，1974；Unsworth 等，1989)，同时页岩的表面面积受干酪根内微孔隙的影响。与煤层中观察到的情况相似(Mahajan 和 Walker，1971)，含水量和甲烷吸附能力之间呈负相关性，这是因为在成熟过程中，TOC 和干酪根中的官能团有损耗[图 14(a)]。页岩的 TOC 含量随成熟度的增加而减少，同时页岩的微孔隙度以及甲烷分子吸附点的数量也会随之减少。此外，干酪根类型也影响页岩的含水量。Ⅱ/Ⅲ型和Ⅲ型干酪根比Ⅰ型和Ⅱ型干酪根的含水量高，这是因为其微孔隙含量更多[图 11(b)]的缘故。最后，并非所有的Ⅱ/Ⅲ型和Ⅲ型干酪根样品的含水量都较高，表明还有其他影响页岩含水量的因素存在。

页岩的 TOC 含量与含水量之间不存在相关性[图 15(a)]，这是因为粘土矿物含量的影响。同样页岩含水量与总粘土含量之间也不存在相互关系[图 15(b)]。含水量与粘土含量、TOC 含量之间不存在相互关系，说明这 3 个参数之间的关系很复杂。因此页岩中含水量的影响因素需要进一步研究。由于在进行甲烷吸附分析前，要完成样品的含水平衡处理，所以此时甲烷仍处于吸附状态，故不管含水量如何，吸附点(疏水性)对甲烷的吸附能力仍然存在。图 15(c)表明 Buckinghorse 组页岩可能含有较高的含水量，但是仍具有较强的甲烷吸附能力。页岩的含水量与微孔隙的总孔隙度之间存在显著的正相关性[图 15(d)]，这可以解释为页岩中粘土和 TOC 的表面面积对含水量有促进作用。

4. 概括与总结

页岩的地质因素对甲烷吸附能力的影响是复杂的。TOC 含量是影响下白垩统页岩样品甲烷吸附能力的主要因素，但是各种显著关系表明也存在其他次要影响因素，而 TOC 含量可能在一定程度上掩盖其他地质因素的影响。具有较高甲烷吸附能力的样品，有机质主要为Ⅰ型或Ⅱ型干酪根，这些样品甲烷吸附能力较高的原因是其具有较高的 TOC 含量，而与干酪根类型无直接关系。Ⅱ/Ⅲ型和Ⅲ型干酪根比Ⅰ型和Ⅱ型干酪根的甲烷吸附能力高是因为它们具有较大的微孔隙体积(单位 TOC 条件下)。

TOC 含量还会影响成熟度与甲烷吸附能力之间的关系。成熟度与甲烷吸附能力之间存在负相关性，这是因为 TOC 随成熟度的增加而减小。与低成熟度的样品相比，成熟度越高时，TOC 含量越低，这是由于生烃和矿物质稀释作用的结果。

孔径分布控制下白垩统页岩的甲烷吸附能力。微孔隙的表面面积是控制甲烷吸附能力的一个关键因素，从本文研究来看，页岩中的 TOC 和伊利石含量有利于增大其微孔隙表面面积。随着伊利石化过程，伊利石含量随成熟度的增加而增大，其中孔隙表面面积比微孔隙表面面积增长的幅度更大。在相对尺度下，页岩 TOC 含量随样品成熟度的增加而减小，这使微孔隙表面面积减小，而中孔隙表面面积增加。样品干燥条件下，总粘土含量和伊利石含量都与甲烷吸附能力呈正相关性(TOC归一化处理后)，然而在含水平衡情况下，这种关系则不再存在。这表明在含水平衡条件下，大量水分子占据页岩中粘土矿物表面的吸附点。

平衡含水率与甲烷吸附能力之间不存在相互关系。这说明当页岩同时具有较高的含水量和甲烷吸附能力时，水分子和甲烷分子是吸附在不同的吸附点上。由于TOC含量随成熟度增加而减少，含水量也会随成熟度增加而减少。此外，干酪根中官能团随成熟度增加而损耗，也使得页岩中含水量随之减少。在单位TOC条件下，以Ⅱ/Ⅲ型和Ⅲ型干酪根为主的样品与以Ⅰ型和Ⅱ型干酪根为主的样品相比含水量更高，这是因为Ⅱ/Ⅲ型和Ⅲ型干酪根中微孔隙的体积更大(陈尧、易锡华译，何发岐、龚铭、杨苗校)。

原载 bulletin of canadian petroleum geology Vol. 56, no. 1 (march, 2008), p. 1—21.

参考文献

Adams R S, Bustin R M. The effects of surface area, grain size and mineralogy on organic matter sedimentation and preservation across the modern Squamish Delta, British Columbia: the potential role of sediment surface area in the formation of petroleum source rocks[J]. International Journal of Coal Geology, 2001, 46: 93—112.

Barrett E P, Johner L S, Halenda P P. The determination of pore volume and area distributions in porous substances. I. Computations from Nitrogen Isotherms[J]. Journal of the American Chemical Society, 1951, 73: 373—380.

Brunauer S , Emmett P H, Teller E. Adsorption of gases in multimolecular layers[J]. Journal of the American Chemical Society, 1938, 60: 309—319.

Bustin R M, Clarkson C R. Geological controls on coalbed methane reservoir capacity and gas content[J]. International Journal of Coal Geology, 1998, 38: 3—26.

Chalmers G R L, Bustin R M. The organic matter distribution and methane capacity of the Lower Cretaceous strata of Northeastern British Columbia, Canada[J]. International Journal of Coal Geology, 2007, 70: 223—239.

Clarkson C R, Bustin R M. Variation in micropore capacity and size distribution with composition in bituminous coal of the Western Canadian Sedimentary Basin[J]. Implications for coalbed methane potential. Fuel, 1996, 75 (13): 1 483—1 498.

Faiz M M, Aziz N I, Hutton A C, *et al*. Porosity and gas sorption capacity of some eastern Australian coals in relation to coal rank and composition. Coalbed Methane Symposium, Townsville[C]. 1992, November, 19—21.

Gan H, Nandi S P, Walker Jr P L. Nature of porosity in American Coals[J]. Fuel, 1972, 51: 2—277.

Hildenbrand A, Krooss B M, Busch A, et al. Evolution of methane sorption capacity of coal seams as a function of burial history - a case study from the Campine Basin, NE Belgium[J]. International Journal of Coal Geology, 2006, 66: 179—203.

Joubert J I, Grein C T, BienstockD. Effect of moisture on the methane sorption capacity of American coals [M]. Fuel, 1974, 53: 186—191.

Jowett D M S, Schroder - Adams C J. Paleoenvironments and regional stratigraphic framework of the Middle - Upper Albian Lepine Formation in the Liard Basin[J]. Northern Canada. Bulletin of Canadian Petroleum Geology, 2005, 53 (1): 25—50.

Lamberson M N, Bustin R M. Coalbed methane characteristics of Gates Formation coals, northeastern British Columbia[J]. effect of maceral composition. American Association of Petroleum Geologists Bulletin, 1993, 77 (12): 2 062—2 072.

附录 A 216 个样品的数据汇总

（包括甲烷吸附能力分析、总天然气含量分析、孔隙度分析、平衡含水率分析以及总有机碳含量、干酪根类型、I_H 和成熟度的分析）

样品编号	TOC (wt%)	温度(%)	孔隙度(%)	甲烷吸附量 (cm^3/g)	成熟度 T_{max}(℃)	I_H[mg/g (HC/TOC)]	干酪根类型
14-20-77-23W6-2iso	1.96	3.36	3.41	0.22	—	—	—
14-20-77-3iso	1.35	2.70	5.49	0.34	—	—	—
14-20-77-4iso	1.44	3.38	5.36	0.37	—	—	—
14-20-77-5iso	1.49	2.52	4.13	0.35	476	23	Ⅱ/Ⅲ
3-21-81-22W6-2iso	1.63	4.03	4.56	0.30	—	—	—
3-21-81-3iso	1.61	3.55	3.80	0.19	449	109	Ⅲ
3-21-81-4iso	1.70	3.10	3.66	0.18	—	—	—
4-21-83-17W6-2iso	1.54	3.53	6.44	0.19	—	—	—
4-21-83-3iso	1.61	3.70	4.58	0.24	—	—	—
4-21-83-4iso	1.88	3.60	6.03	0.21	440	144	Ⅱ/Ⅲ
4-21-83-5iso	1.20	3.29	5.38	0.34	—	—	—
6-29-81-15W6-2iso	1.55	4.40	5.50	0.20	—	—	—
6-29-81-3iso	1.15	4.75	7.93	0.43	439	103	Ⅲ
6-29-81-1iso	1.37	3.72	7.62	0.57	—	—	—
6-30-80-13W6-11iso	2.34	6.52	11.78	0.82	427	83	Ⅲ
6-30-80-12iso	1.92	4.72	9.15	0.48	—	—	—
6-30-80-13iso	2.19	5.12	4.12	0.49	—	—	—
6-30-80-14iso	2.21	5.17	11.88	0.23	—	—	—
7-30-80-14W6-2iso	1.83	2.63	2.62	0.21	—	—	—
7-30-80-3iso	1.05	3.06	4.42	0.38	—	—	—
7-30-80-4iso	1.14	3.24	4.59	0.17	441	73	Ⅲ
7-30-80-5iso	1.02	3.57	5.57	0.35	—	—	—
a-1-l-94-H-12-2iso	1.91	3.57	3.01	0.32	458	142	Ⅰ
a-1-l-3iso	1.59	3.77	3.00	0.25	459	128	Ⅰ
a-23-g-94-l-3-2iso	1.91	3.63	4.80	0.45	441	164	Ⅱ/Ⅲ
a-25-a-94-H-1-2iso	2.82	3.57	10.54	0.45	435	209	Ⅱ/Ⅲ
a-25-f-94-H-16-2iso	2.07	5.63	12.18	0.23	439	179	Ⅱ
a-26-b-94-O-11-2iso	1.40	7.19	6.33	0.27	444	116	Ⅲ
a-26-b-3iso	1.43	3.85	3.61	0.51	446	141	Ⅱ/Ⅲ
a-26-b-4iso	1.45	4.45	2.78	0.3	446	141	Ⅱ/Ⅲ
a-26-b-5iso	1.51	4.17	4.22	0.22	445	146	Ⅱ
a-26-b-6iso	1.47	4.77	3.84	0.41	446	127	Ⅱ/Ⅲ
a-26-b-7iso	1.36	4.26	2.66	0.47	447	132	Ⅱ/Ⅲ
a-30-h-94-l-9-2iso	7.18	4.48	6.89	1.16	428	314	Ⅱ
a-30-h-4iso	2.30	7.62	10.10	0.61	434	142	Ⅱ/Ⅲ
a-32-a-94-H-5-2iso	1.37	3.10	2.89	0.3	459	69	Ⅲ
a-32-a-3iso	1.56	4.37	2.16	0.51	459	115	Ⅱ/Ⅲ
a-32-a-4iso	1.81	2.97	4.66	0.92	460	94	Ⅱ/Ⅲ
a-45-b-94-H-16-2iso	2.03	6.30	16.68	0.42	452	130	Ⅱ
a-45-b-3iso	1.54	4.88	3.62	0.45	438	101	Ⅱ/Ⅲ
a-45-b-4iso	1.76	5.41	10.08	0.71	439	21	Ⅱ
a-5-d-94-H-9-2iso	1.89	6.41	6.44	0.27	439	138	Ⅲ

续附录 A

样品编号	TOC (wt%)	温度(%)	孔隙度(%)	甲烷吸附量 (cm^3/g)	成熟度 T_{max}(℃)	I_H[mg/g (HC/TOC)]	干酪根类型
a-5-d-3iso	1.61	3.22	4.12	0.67	441	184	Ⅱ
a-65-k-94-P-7-2iso	10.49	5.32	2.63	1.55	424	456	Ⅰ
a-65-k-3iso	9.43	7.12	4.45	1.37	428	485	Ⅰ
a-65-k-6iso	3.26	3.82	11.28	1.1	433	244	Ⅰ
a-65-k-7iso	5.70	3.90	6.40	1.46	429	385	Ⅰ
a-77-d-94-O-11-2iso	0.81	4.05	0.96	0.51	438	59	Ⅲ
a-77-d-3iso	0.81	4.98	8.64	0.09	442	125	Ⅱ/Ⅲ
a-77-d-4iso	0.87	3.73	1.74	0.29	442	90	Ⅱ/Ⅲ
a-77-d-4iso	0.95	4.01	3.60	0.28	441	93	Ⅱ/Ⅲ
a-77-k-94-P-7-10sio	8.34	5.84	6.29	0.58	427	58	Ⅱ
a-77-k-11iso	16.99	6.97	7.15	1.16	425	83	Ⅱ/Ⅲ
a-77-k-14sio	1.88	1.50	22.16	0.19	426	268	Ⅱ
a-77-k-16iso	0.64	4.33	17.84	0.57	427	83	Ⅲ
a-77-k-2iso	8.84	4.71	2.99	1.45	433	494	Ⅰ
a-77-k-3iso	10.86	4.19	2.16	1.74	428	472	Ⅱ
a-77-k-4iso	5.23	7.83	4.46	0.55	427	441	Ⅰ
a-77-k-5iso	4.34	3.26	6.16	0.93	432	340	Ⅱ
a-77-k-6iso	3.00	4.68	7.29	0.83	436	258	Ⅱ
a-77-k-7iso	2.20	4.66	8.55	0.76	433	226	Ⅱ
a-77-k-8iso	6.11	5.38	8.01	0.99	427	344	Ⅱ
a-7-c-94-H-11-2iso	3.79	3.29	7.04	0.22	422	234	Ⅱ
a-7-c-3iso	1.72	2.62	1.87	0.66	453	151	Ⅱ
a-88-j-94-H-4-2iso	1.79	4.32	1.01	0.15	460	69	Ⅱ/Ⅲ
a-88-j-3iso	1.38	4.22	1.55	0.23	463	73	Ⅱ/Ⅲ
a-88-j-4iso	1.68	3.35	5.21	0.23	466	95	Ⅱ
b-17-h-94-l-9-2iso	3.26	3.16	4.28	0.94	431	320	Ⅱ
b-17-h-3iso	7.93	4.02	4.71	1.4	429	392	Ⅱ
b-17-h-4iso	1.61	4.82	10.40	0.58	434	131	Ⅱ/Ⅲ
b-17-h-5iso	5.15	6.94	8.22	0.64	425	144	Ⅱ
b-24-b-94-H-16-3iso	2.85	6.25	8.48	0.3	438	242	Ⅱ
b-2-f-94-H-16-2iso	1.36	4.41	2.50	0.5	439	112	Ⅲ
b-2-k-94-H-16-2iso	1.15	5.36	11.22	0.31	438	111	Ⅲ
b-30-c-94-H-10-3iso	1.84	2.96	4.01	0.4	444	170	Ⅱ
b-30-g-94-H-6-3iso	1.58	3.85	1.78	0.35	451	128	Ⅱ
b-40-g-94-H-16-2iso	1.28	5.48	9.19	0.26	438	112	Ⅱ/Ⅲ
b-40-g-3iso	1.46	4.65	8.72	0.63	439	108	Ⅱ/Ⅲ
b-40-g-4iso	1.64	7.12	5.92	0.3	439	187	Ⅱ
b-44-e-94-l-2-3iso	1.69	3.50	8.44	0.43	440	199	Ⅱ/Ⅲ
b-48-a-94-H-16-3iso	1.38	5.62	8.23	0.53	438	115	Ⅱ/Ⅲ
b-55-e-94-O-13-10iso	1.53	2.55	3.18	0.17	444	165	Ⅱ/Ⅲ
b-55-e-11iso	1.50	2.93	1.12	0.32	446	161	Ⅱ
b-55-e-12iso	1.50	2.49	4.08	0.2	442	146	Ⅱ/Ⅲ
b-55-e-13iso	1.07	2.70	3.41	0.28	445	154	Ⅱ/Ⅲ
b-55-e-16iso	1.69	2.37	3.04	0.04	446	185	Ⅱ/Ⅲ

续附录 A

样品编号	TOC (wt%)	温度(%)	孔隙度(%)	甲烷吸附量 (cm^3/g)	成熟度 T_{max}(℃)	I_H[mg/g (HC/TOC)]	干酪根类型
b-55-e-17iso	1.68	2.52	1.29	0.44	448	195	Ⅱ
b-55-e-18iso	1.66	3.97	4.40	0.3	443	181	Ⅱ
b-55-e-19iso	1.64	3.03	1.91	0.33	446	183	Ⅱ/Ⅲ
b-55-e-20iso	1.34	2.71	5.66	0.34	440	134	Ⅲ
b-55-e-2iso	0.56	0.34	4.78	0.12	439	95	Ⅱ/Ⅲ
b-55-e-3iso	1.03	2.99	2.31	0.38	438	108	Ⅲ
b-55-e-4iso	0.58	4.49	4.96	0.55	434	59	Ⅲ
b-55-e-5iso	0.53	2.51	4.53	0.1	440	81	Ⅲ
b-55-e-6iso	0.95	2.60	10.05	0.27	443	138	Ⅱ/Ⅲ
b-55-e-7iso	1.21	3.87	2.78	0.16	441	117	Ⅱ/Ⅲ
b-55-e-9iso	1.31	5.48	2.73	0.16	443	150	Ⅱ/Ⅲ
b-56-e-94-1-10-5iso	10.30	4.27	5.08	1.27	441	441	Ⅰ
b-59-i-94-O-11-3iso	1.75	6.36	5.18	0.22	443	195	Ⅱ/Ⅲ
b-59-i-4iso	2.13	6.54	2.27	0.23	436	110	Ⅱ/Ⅲ
b-59-i-5iso	4.80	6.28	0.84	0.64	435	204	Ⅰ
b-59-i-6iso	3.88	5.49	2.67	0.57	430	229	Ⅱ
b-59-i-7iso	3.46	5.51	1.16	0.9	431	119	Ⅱ/Ⅲ
b-66-d-94-O-15-2iso	1.35	4.53	6.22	0.19	438	164	Ⅱ/Ⅲ
b-66-d-3iso	1.34	3.78	4.46	0.19	437	165	Ⅱ/Ⅲ
b-66-d-4iso	1.39	5.68	8.20	0.31	—	—	—
b-66-d-5iso	1.27	5.92	5.44	0.18	—	—	—
b-66-d-6iso	1.22	4.03	6.50	0.19	436	113	Ⅱ/Ⅲ
b-66-d-7iso	1.31	5.41	6.40	0.12	—	—	—
b-66-d-8iso	1.15	4.99	5.05	0.25	—	—	—
b-70-b-94-H-16-2iso	1.26	4.67	9.78	0.25	438	104	Ⅲ
b-76-d-94-1-2-2iso	1.70	4.62	15.72	0.3	441	162	Ⅱ/Ⅲ
b-79-g-94-O-11-10iso	2.93	4.74	3.61	0.28	—	—	—
b-79-g-2iso	1.81	3.84	1.14	0.36	440	92	Ⅲ
b-79-g-3iso	1.15	2.70	1.70	0.5	445	194	Ⅱ/Ⅲ
b-79-g-4iso	1.20	2.65	2.70	0.53	444	162	Ⅱ
b-79-g-5iso	1.23	3.81	3.80	0.1	446	144	Ⅱ/Ⅲ
b-79-g-6iso	1.07	3.62	8.40	0.28	439	124	Ⅲ
b-81-g-94-H-16-2iso	1.35	6.20	5.68	0.19	439	133	Ⅱ/Ⅲ
b-84-i-94-H-4-2iso	1.58	4.01	11.17	0.35	458	97	Ⅱ/Ⅲ
b-95-i-94-P-12-2iso	4.42	7.11	1.78	0.67	422	363	Ⅱ
b-95-j-3iso	0.78	6.52	10.76	0.38	430	141	Ⅱ/Ⅲ
b-95-j-4iso	6.05	7.34	9.38	1.33	432	418	Ⅱ
b-95-j-5iso	—	2.19	10.23	1.06	—	—	—
b-95-j-6iso	2.37	8.95	7.45	0.21	431	157	Ⅱ/Ⅲ
b-95-j-7iso	1.30	8.59	10.48	0.07	432	150	Ⅱ/Ⅲ
b-95-j-8iso	5.32	8.95	5.41	0.27	420	60	Ⅱ/Ⅲ
c-15-e-94-H-16-2iso	1.57	5.12	6.40	0.16	439	122	Ⅱ/Ⅲ
c-16-d-94-H-10-2iso	1.58	2.57	5.91	0.57	440	123	Ⅲ
c-26-a-94-P-11-3iso	6.84	5.24	1.11	0.79	416	380	Ⅱ

续附录 A

样品编号	TOC (wt%)	湿度(%)	孔隙度(%)	甲烷吸附量 (cm^3/g)	成熟度 T_{max}(℃)	I_H[mg/g (HC/TOC)]	干酪根类型
c-26-a-4iso	4.51	6.71	4.42	1.18	431	337	Ⅱ
c-26-a-6iso	1.42	6.55	4.35	0.34	448	95	Ⅱ/Ⅲ
c-26-a-8iso	2.95	6.19	9.15	0.41	433	255	Ⅱ
c-30-k-94-P-6-3iso	10.31	7.22	2.82	0.94	426	409	Ⅱ
c-30-k-4iso	4.33	4.02	2.20	0.7	429	351	Ⅱ
c-32-e-94-H-16-2iso	1.40	3.55	11.57	0.41	439	128	Ⅱ/Ⅲ
c-32-i-94-H-9-2iso	2.25	4.85	9.06	0.42	436	198	Ⅱ/Ⅲ
c-35-b-94-A-14-2iso	1.74	2.35	4.03	0.43	441	156	Ⅱ/Ⅲ
c-35-b-3iso	1.77	2.23	5.10	0.41	439	159	Ⅱ/Ⅲ
c-35-b-4iso	0.89	2.81	9.80	0.24	440	120	Ⅱ/Ⅲ
c-42-g-94-l-3-2iso	1.36	6.65	9.72	0.28	440	144	Ⅱ/Ⅲ
c-51-b-94-O-14-2iso	1.49	5.26	2.61	0.25	441	222	Ⅱ
c-51-b-5iso	1.38	3.54	6.32	0.32	440	217	Ⅱ
c-56-i-94-H-9-2iso	2.37	4.04	12.54	0.55	439	207	Ⅱ/Ⅲ
c-62-b-94-H-11-2iso	4.82	6.93	1.65	0.49	429	427	Ⅱ
c-62-b-3iso	1.86	3.27	3.26	0.37	451	131	Ⅱ
c-63-d-94-P-1-1iso	5.05	10.97	7.97	0.78	435	342	Ⅱ
c-63-d-2iso	4.00	5.34	7.95	0.78	435	257	Ⅱ
c-74-f-94-H-16-2iso	1.47	3.39	11.04	0.48	438	139	Ⅲ
c-74-j-3iso	1.64	4.37	1.61	0.22	443	146	Ⅱ/Ⅲ
c-74-j-4iso	1.35	3.83	1.69	0.18	438	123	Ⅲ
c-78-i-94-H-9-2iso	1.15	6.71	5.93	0.32	437	107	Ⅲ
c-80-g-94-H-16-2iso	1.39	8.41	9.55	0.22	438	125	Ⅱ/Ⅲ
c-80-g-3iso	1.37	4.35	10.51	0.45	438	94	Ⅱ/Ⅲ
c-84-f-94-l-3-2iso	1.57	5.90	11.79	0.1	440	111	Ⅱ/Ⅲ
c-89-g-94-B-16-2iso	1.79	2.96	6.18	0.43	467	81	Ⅱ
c-8-i-94-H-5-4iso	1.51	3.26	2.98	0.32	457	92	Ⅱ/Ⅲ
d-10-c-94-H-7-2iso	1.91	3.87	2.73	0.42	441	166	Ⅱ/Ⅲ
d-10-c-4iso	2.95	2.93	1.70	0.48	440	138	Ⅲ
d-13-k-94-H-7-2iso	2.41	4.86	1.86	0.6	441	156	Ⅱ
d-13-k-7iso	1.65	5.10	14.55	0.29	442	113	Ⅱ/Ⅲ
d-20-h-94-I-9-3iso	3.19	4.65	9.35	0.9	434	212	Ⅱ/Ⅲ
d-23-L-94-H-2-2iso	2.05	4.19	2.31	0.54	441	148	Ⅱ/Ⅲ
d-24-L-94-H-2-4iso	1.96	3.13	4.19	0.44	443	160	Ⅱ/Ⅲ
d-33-f-94-P-13-2iso	1.88	5.63	10.97	0.2	425	55	Ⅲ
d-33-f-3iso	1.57	4.51	12.92	0.62	435	159	Ⅱ/Ⅲ
d-33-f-4iso	0.81	2.87	8.86	0.21	435	119	Ⅱ/Ⅲ
d-33-f-5iso	0.46	3.71	10.51	0.42	434	188	Ⅱ/Ⅲ
d-33-f-6iso	2.45	4.61	5.33	0.64	424	132	Ⅱ/Ⅲ
d-33-f-7iso	6.48	4.04	3.94	0.96	418	369	Ⅰ
d-33-f-9iso	4.06	2.45	5.01	0.65	421	500	Ⅰ
d-33-j-94-H-7-3iso	2.18	5.20	9.58	0.19	439	173	Ⅱ/Ⅲ
d-33-j-5iso	1.66	4.60	2.71	0.24	439	136	Ⅱ/Ⅲ

续附录 A

样品编号	TOC（wt%）	温度（%）	孔隙度（%）	甲烷吸附量（cm^3/g）	成熟度 T_{max}（℃）	I_H[mg/g（HC/TOC）]	干酪根类型
d－38－k－94－H－9－4iso	1.45	3.87	6.25	0.4	438	202	Ⅱ/Ⅲ
d－47－c－94－H－10－2iso	2.42	3.80	3.76	0.47	441	205	Ⅱ
d－51－f－94－H－16－3iso	1.82	6.37	9.54	0.31	455	136	Ⅱ
d－55－e－94－H－6－3iso	1.79	3.27	2.82	0.44	456	130	Ⅱ/Ⅲ
d－55－f－94－P－6－2iso	4.82	5.31	8.80	0.8	427	499	Ⅰ
d－55－f－3iso	1.65	4.38	10.39	0.6	435	182	Ⅱ/Ⅲ
d－55－f－4iso	2.45	4.87	6.09	0.77	433	311	Ⅱ
d－55－f－5iso	3.04	4.87	8.68	0.91	430	343	Ⅱ
d－55－f－6iso	2.59	7.53	8.26	0.36	435	265	Ⅱ
d－55－h－94－P－12－2iso	—	3.28	1.60	0.56	—	—	—
d－55－h－3iso	10.16	2.63	3.94	1.85	430	465	Ⅱ
d－55－h－4iso	8.92	4.78	5.41	1.25	431	427	Ⅱ
d－55－h－5iso	—	4.69	7.07	0.61	—	—	—
d－55－h－6iso	—	5.90	10.19	0.64	—	—	—
d－57－L－94－H－8－2iso	1.77	5.61	4.24	0.28	440	146	Ⅱ/Ⅲ
d－57－L－4iso	1.67	4.35	2.73	0.61	440	224	Ⅱ/Ⅲ
d－65－d－94－P－7－6iso	3.16	5.32	2.37	1.42	—	—	—
d－65－d－7iso	3.23	5.36	1.62	0.43	428	309	Ⅱ
d－65－d－10iso	4.28	5.74	6.02	0.68	435	318	Ⅰ
d－65－d－11iso	3.83	5.42	9.71	0.77	433	351	Ⅰ
d－65－d－1iso	7.98	5.64	6.62	1.23	420	383	Ⅰ
d－65－d－5iso	4.18	8.46	3.90	1.42	—	—	—
d－65－d－8iso	2.62	4.00	1.13	0.57	—	—	—
d－66－i－94－G－1－3iso	1.68	3.87	5.31	0.48	468	85	Ⅱ
d－67－k－94－H－2－2iso	1.31	3.49	3.56	0.27	441	126	Ⅱ/Ⅲ
d－68－c－94－H－7－7iso		2.67	2.68	0.68	—	—	—
d－68－c－7iso	0.88	3.86	6.01	0.24	439	120	Ⅲ
d－71－g－94－l－1－2iso	2.04	7.77	7.56	0.34	425	51	Ⅲ
d－75－e－94－N－8－6iso	1.01	4.48	6.47	0.27	466	42	Ⅲ
d－75－e－9iso		2.54	8.81	0.41	—	—	—
d－76－j－94－H－10－2iso	1.60	4.98	7.42	0.36	440	219	Ⅱ
d－77－f－94－H－3－3iso	1.68	4.21	1.28	0.58	450	147	Ⅱ
d－77－f－4iso	1.67	2.34	9.69	0.18	450	117	Ⅱ
d－84－c－94－H－16－2iso	1.47	5.08	11.80	0.39	440	156	Ⅱ/Ⅲ
d－92－f－94－H－9－2iso	2.00	3.90	12.35	0.22	437	183	Ⅲ
d－93－b－94－H－16－3iso	2.32	6.66	13.13	0.36	435	195	Ⅱ/Ⅲ
d－94－I－3iso	1.96	3.80	4.04	0.24	—	—	—
d－94－I－4iso	1.70	2.61	1.51	0.15	443	98	Ⅲ
d－99－g－94－H－16－2iso	1.57	5.49	4.58	0.33	437	177	Ⅱ
d－99－i－94－H－9－2iso	1.95	6.17	7.67	0.5	437	118	Ⅱ/Ⅲ
d－99－k－94－H－2－3iso	1.57	3.88	4.78	0.45	441	149	Ⅲ

British Columbia省东北部下白垩统气页岩(第二部分)

——区域潜在天然气资源的评估

Gareth R L Chalmers, Bustin R M
(Departmant of Earth and Vcean Sciences Vniversity of British Columbia)

摘 要:在 British Columbia 省东北部的下白垩统 Buckinghorse 组地层以及其等时地层都作为潜在的页岩气储层进行了研究。我们对总计 215 块岩心样品作了包括甲烷吸附能力、含水量、总孔隙度在内的多项分析,采用 Rock-Eval 6 ®仪器分析了部分样品的有机碳、矿物成分含量,同时通过孔隙度测定来确定样品的渗透率。测量发现样品 TOC 含量为 0.2%~16.99%,平均为 2.52%。有机质的类型为Ⅰ型、Ⅱ型和Ⅲ型干酪根的混合型。含水量为 1.5%~11%,平均为 4.6%。在静水压力条件下,甲烷吸附量能力为 0.03~1.86cm^3/g,平均为 0.53cm^3/g。页岩的孔隙度为 0.7%~16%,平均值为 6.5%。在静水压力下的总含气量为 1.49~14.5cm^3/g,平均值为 5.7cm^3/g。

通过采用 Rock-Eval T_{max}测定沿着变形前锋方向埋藏最深区域的热成熟度,得到其最高热成熟度水平,T_{max}值的范围为 416℃(未成熟)~476℃(过成熟)。TOC 含量和储层压力是控制地层甲烷吸附能力的主要因素。甲烷吸附能力最高的地方是在靠近 British Columbia 省 NTS 工区的 94-P 研究区域,该地区的 TOC 含量是最高的,并且干酪根类型主要是Ⅰ型和Ⅱ型。在埋藏较深的区域(临近变形前缘区域),地层有很高的储层压力,在区域地层 TOC 含量相对较低的情况,也能大大提高地层的甲烷吸附能力,提高气体储量。沿着变形前缘的区域 TOC 含量最低,很可能是相比盆地远端部分,该区域地层的沉积速率更快、成熟度更高的原因。

引 言

位于 British Columbia 省东北部区域厚度较大、有机质富集的下白垩统页岩,由于其在地层延伸程度、厚度、成熟度和有机质丰度等条件上的优越性,是一套具有优越勘探前景的天然气探区(Faraj 等,2004)。随着现代常规天然气产量的逐年下降,这种页岩内的天然气资源代表了一种具有巨大勘探潜力的非常规天然气资源(Bustin,2005)。

我们主要通过测量在原地压力条件下地层的天然气含量来评估含气页岩的勘探潜力。为确定含气页岩的勘探潜力,我们需要测量地层的总含气量(包括吸附气含量和游离气含量)以及目标层段地层的沉积厚度。页岩的储气能力主要受 TOC 含量、干酪根类型、成熟度、含水量、孔隙的孔径分布、矿物成分、地层厚度、埋藏深度以及储层的压力和温度等因素的控制(Ross 和 Bustin)。为了搞清楚整个区域天然气储量的分布情况,很有必要分析出这些控制因素之间的空间关系。沉积盆地的演化过程会对控制其天然气储量的地质因素的分布产生影响,这是因为盆地演化的过程决定了地层的沉积厚度、几何形态、盆地结构和沉降速率(Leckie

和 Smith,1992)。

早期对美国东部和南部地区气页岩的研究工作仅局限于对产气层特性的描述(Hill 和 Nelson,2000;Montgomery 等,2005)。但问题是每一个页岩气探区都有其独特的地质特征和天然气储量控制因素,在不同的盆地和地层中都不相同,这就意味着都需要采用特定的方法来评估它们天然气储量的控制因素。而 British Columbia 省东北部的下白垩统页岩则提供了一个难得的机会,使我们来系统地研究气页岩天然气储量的控制因素,以及它们对区域天然气储量分布的影响(图 1 和图 2)。

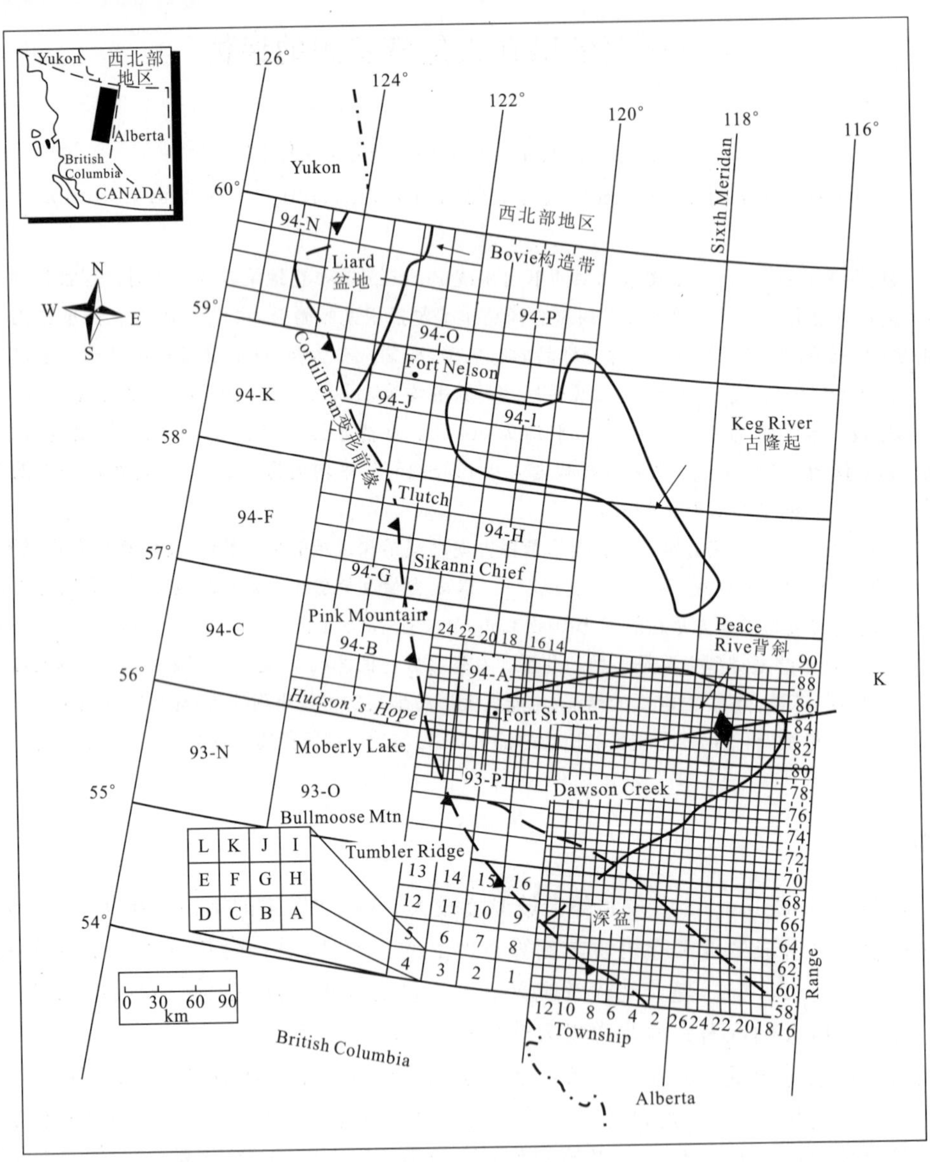

图 1 British Columbia 省东北部研究区域的地质构造图

本论文的主要研究目的是为确定以下几个方面的内容:①British Columbia 省东北部下白垩统岩性分布,尤其是富含有机质的标志层段(ORB);②区域有机碳的分布情况;③区域孔隙

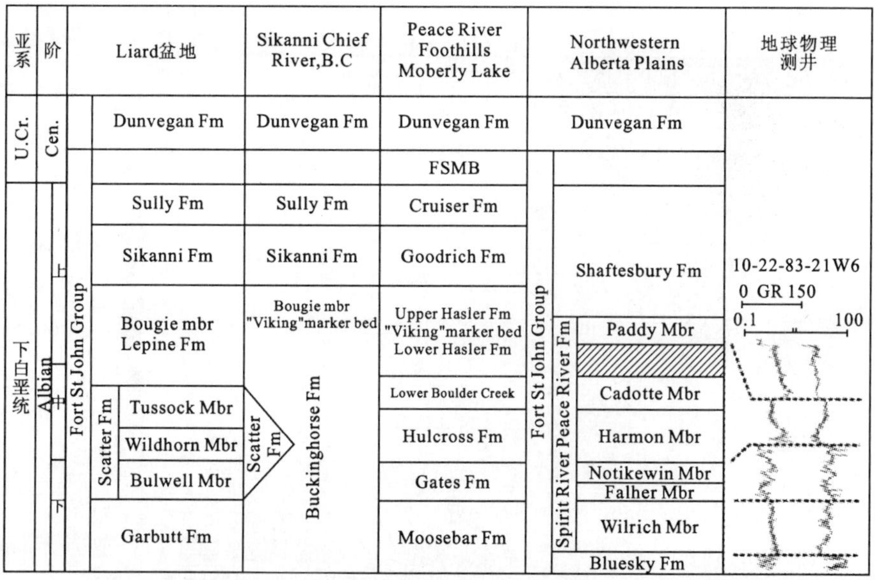

亚系	阶	Liard盆地	Sikanni Chief River,B.C	Peace River Foothills Moberly Lake	Northwestern Alberta Plains	地球物理测井
U.Cr.	Cen.	Dunvegan Fm	Dunvegan Fm	Dunvegan Fm	Dunvegan Fm	
				FSMB		
下白垩统	Albian 上	Fort St John Group: Sully Fm	Sully Fm	Cruiser Fm	Fort St John Group: Shaftesbury Fm	10-22-83-21W6 0 GR 150 0.1 100
		Sikanni Fm	Sikanni Fm	Goodrich Fm	Shaftesbury Fm	
	中	Bougie mbr Lepine Fm	Bougie mbr "Viking"marker bed	Upper Hasler Fm "Viking"marker bed Lower Hasler Fm	Spirit River Peace River Fm: Paddy Mbr	
		Scatter Fm: Tussock Mbr	Scatter Fm / Buckinghorse Fm	Lower Boulder Creek	Cadotte Mbr	
		Wildhorn Mbr		Hulcross Fm	Harmon Mbr	
		Bulwell Mbr		Gates Fm	Notikewin Mbr Falher Mbr	
	下	Garbutt Fm		Moosebar Fm	Wilrich Mbr	
					Bluesky Fm	

图 2 British Columbia 省东北部和 Alberta 省西北部的下白垩统分布表
插图为相关地层的地球物理测井曲线

度的分布情况;④甲烷吸附能力最强的区域以及总气储潜力最大的区域;⑤储层的压力和温度;⑥地层渗透率的控制因素;⑦整个研究区域的岩石物性变化。

该论文主要分为两部分,第一部分确定 Buckinghorse 组地层潜力勘探区域的几何形态,同时参考 WCSB 区域的演化过程及其古地理背景,对区域甲烷吸附能力的地质控制因素进行阐述;第二部则评估了区域的页岩气资源的分布情况,主要包括对区域吸附气含量、总天然气含量和地层天然气储量的评估,另外还确定了控制天然气分布的地质因素。基质渗透率、天然裂缝和地貌的改变都在考虑范围内,因为这些因素都是控制其储量的关键因素。

1. 地质背景

1)岩性分布情况

Buckinghorse 组地层及其同类地层在沉积时期受其相对海平面和古地理条件的影响(Hayes 等,1994)。British Columbia 省下白垩统页岩地层有很多种命名,包括 Buckinghorse、Moosebar、Garbutt 和 Wilrich 组地层。Buckinghorse 组地层为黑灰色页岩,最大厚度估计有 1 600m(图 2 和图 3),该地层下伏为 Gething 或 Bluesky 组砂岩地层。该页岩层粒度由下向上变粗,出现砂泥岩和薄砂岩层,直至上部的 Sikenni 组砂岩段地层(Hage,1994;Stott,1982)。Moosebar 组地层在地层学上是和 Buckinghorse 组地层等时的地层(图 2),且厚度相对减少了 300m(临近 Hudson Hope 的区域)至 30m(沿西南方向至 Alberta 西部区域)不等(Stott,1982,;Mclean 和 Wall,1981)。总的来说,Moonsebar 组页岩由下向上逐渐变粗,逐步形成上部的砂泥岩段,且最终形成上覆的 Gate 组细粒砂岩地层。Garbutt 组地层为 Moosebar 组地层在北部区域的等时地层(图 2)。Garbutt 组地层为黑色泥质页岩,并且向上粒度逐渐变粗,逐步形成 Scatter 组砂岩层(Leckie 和 Potocki,1998),其厚度变化范围较大,由 Liard 盆地的南部(379m)向东北部(82m)方向逐渐变小(Leckie 和 Potocki,1998)。该地层的底部还含有

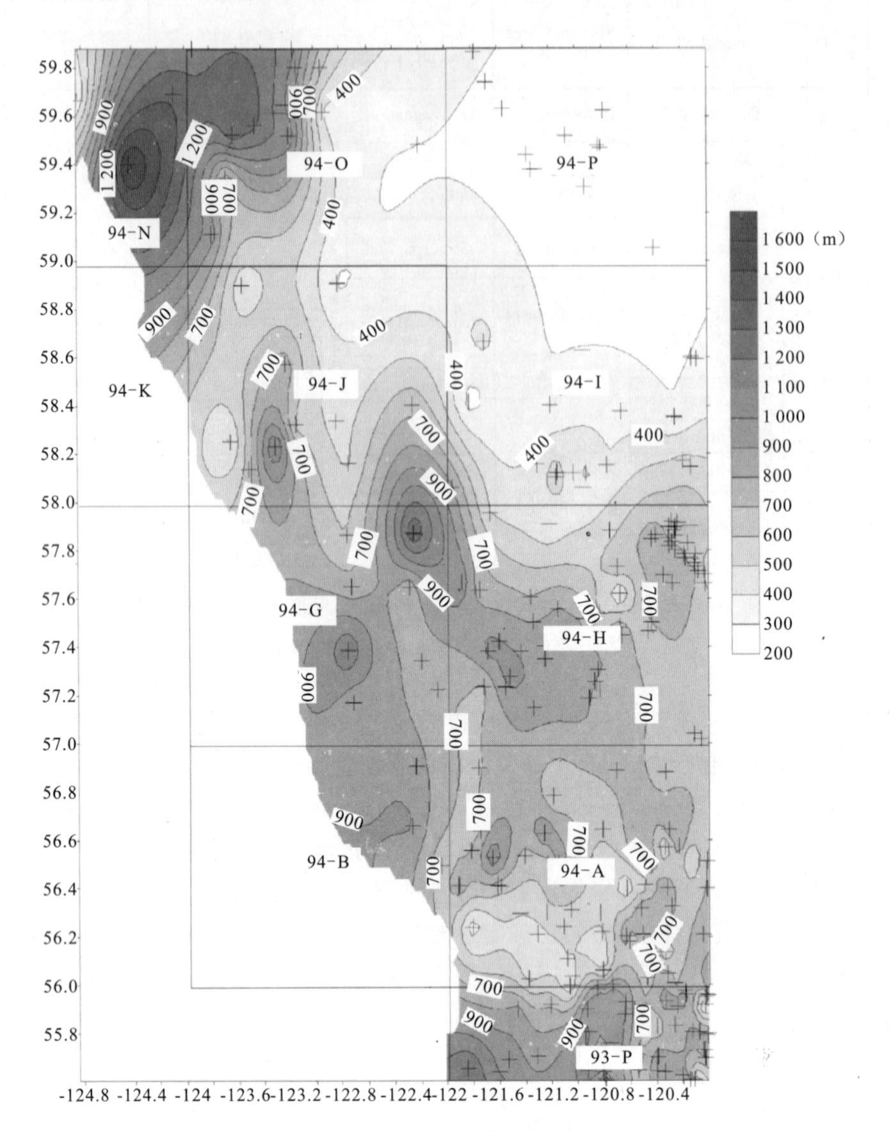

图 3 Buckinghorse 组地层的等厚图
（十字标记处为用来测算等厚图钻井的位置）

10～20m 的放射性层段(Leckie 和 Potocki,1998),为一凝缩层。Scatter 组地层和下伏 Lepine 组页岩层之间呈区域广泛性的不整合接触,我们将其称之为“Scatter 组地层标记”(Jowett 和 Schroeder－Adams,2005)。在标段 93－P 和 94－A(图 1)区域的下白垩统的岩性关系、沉积相和古地理资料都有详细的记录(如 Stott,1982;Taylor 和 Walker,1984;Leckie,1986)。最近,研究者们采用关键海泛面和生物地层学的方法,已经完成了盆地北部区域下白垩统的相关研究工作,论证了地层几何形态的变化(Schroeder－Adams 和 Petersen,2003;Webb 等,2005;Jowett 和 Schroder－Adams,2005)。整个研究中追溯了区域的 4 次主要的海侵运动,同时论证了研究区域的沉积环境由南部的浅水近滨岸环境向北部的深水近海环境转变(Webb 等,2005)。NEBC 区域 Buckinghorse 组地层的厚度沿西北方向由 Peace River 到 Trutch 区域逐渐变厚(Schroder - Adams 和 Pedersen,2003),此外,在 Trutch 区域内的 Buckinghorse 组地层沿着向西的方向逐渐变厚直至陆外缘的西部(Schroder - Adams 和 Pedersen,2003)。

2)沉积环境

Hayes 等(1994)认为 Buckinghorse 组地层的沉积环境为由开放海的中部盆地向浅部大陆架逐步转变。页岩的基底层段含黄铁矿和丰富的有机质,呈块状,分布均匀,表明其沉积于底水缺氧的环境(Stott,1982)。另外,有孔虫的发现表明其盐度为正常值,但是其流量是受限制的。水深范围为 30m(南部区域)到 180m(北部区域)(Stott,1982)。研究者认为 Moosebar 组地层的沉积环境为波浪成因的临滨环境(Taylor 和 Walker,1984)或者为三角洲至滨海—过渡至临滨的沉积环境。而 Garbutt 组地层的沉积环境为波浪成因的大陆架环境(Leckie 和 Potocki,1998)。

3)盆地的演化过程和构造控制因素

盆地在早白垩世的演化过程开始于外部物源在盆地西部区域的沉积,并且在邻近变形前锋的区域达到最大沉降速率,在前陆槽处渐渐形成了一个新的沉降凹陷(Smith,1994)。沉积物由于构造活动从高地被搬运到东部的前陆槽区域(Leckie 和 Smith 1992)。从变形前锋带处至稳定的东部地台区域,地层的沉积速率和沉降速率都会降低(Leckie 和 Smith,1992)。

研究区内主要构造压实了储集空间和沉积物,Pink Mountain 和 Peace River 背斜带区域发育的 Cordilleran 变形前锋和 Bovie 构造对 Liard 盆地的沉积有至关重要的影响(图 1),在侏罗纪至白垩纪期间,变形前锋和 Bovie 构造都增加了盆地西部边界区域的沉积空间。且在此期间,Pink Mountain 区域(图 1)受伸展构造的影响,在下白垩统的古地表上形成沉降特征(Hinds,2002;Hinds 和 Spratt,2005),并且导致了白垩系地层厚度的增厚。另外,在 Peace River 背斜带(PRA)区域由于上覆地层和部分下白垩统的抬升和剥蚀作用导致了 Moosebar 组(Wilrich 组)地层埋深的减小(Leckie 等,1990)。

4)古地理

尽管北部的 Garbutt 组地层在层序地层学上讲是与 Moosebar - Wilrich 组等时的地层,但是 Smith(1994)用古地理资料证明这些地层为年序堆积层。Garbutt 组地层与南部的 Cadomin 和 Gething/Bluesky 组地层为同期沉积的地层。Keg River 古隆起(图 1)成为了沉积物从南部向西南方向搬运的一个障碍,逐渐形成了浅层的沉积格架(Smith,1994),并且在研究区域的东北部形成了一段凝缩层(标段 94 - P)(Leckie 和 Potocki,1998)。随着海平面上升超出古隆起高度,页岩开始向南沉积至深盆区域(图 1),此时 Moosebar 组(Wilrich)地层开始沉积。与此同时,Scatter 组地层在 Liard 盆地的东部也开始沉积,而物源则来源于西部活跃的变形前锋带(Leckie 和 Potocki,1998)。

2. 研究方法

我们从整个 British Columbia 省东北部的 87 口钻井中总共采集了 215 块样品,并对其作了甲烷吸附能力的研究分析。另外对这些样品的含水量和总孔隙度也进行了测量。与此同时,利用 Rock - Eval 6 分析仪对每口井至少选择一块有代表性的样品进行热解分析,并且选定部分样品对其 TOC、矿物成分含量和孔隙度作详细分析,然后对样品渗透率进行分析。

1)研究区域的剖面图、等厚图和构造图

在研究区域内作 7 条横截面,保证每条横截面内所用钻井的平均井距约 20km(图 4)。其相关性根据盆地远端部分的海泛面和盆地南部(该区域沉积了 Falther－Gates－Notikewin 组滨面砂岩)的岩性变化确定。伽马射线和电阻率测井都与声波、密度测井同时使用,或者当密度测井无法使用时取而代之。当伽马射线测井不可行或者无法覆盖整个地层的时候,就采用自然电位测井。

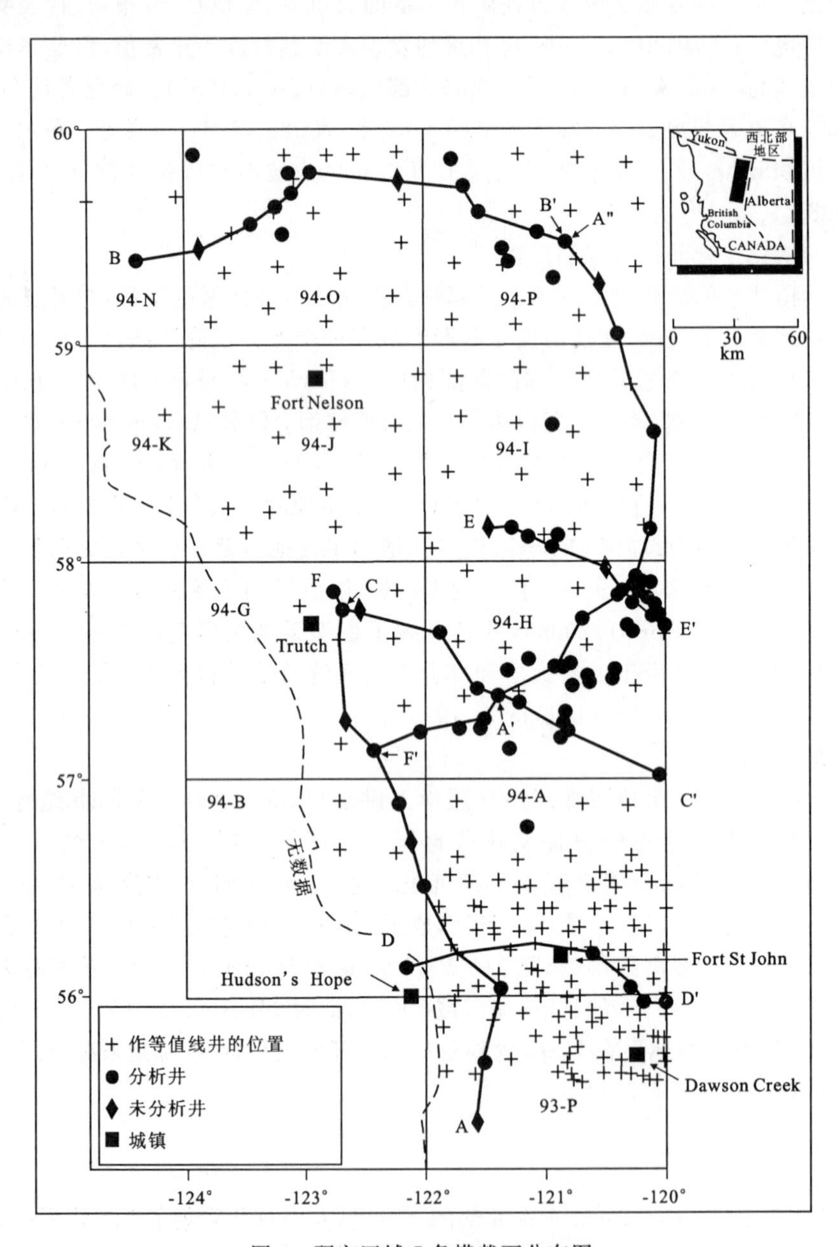

图 4　研究区域 7 条横截面分布图

文中所用 3 条横截面的指示图,图中圆圈为分析横截面井的位置,十字架作为等值线井的位置,另外 4 条横截面 C—C′、D—D′、E—E′、F—F′,具体见附录 A、B、C、D

我们通过测井的方法识别每段地层顶界面从而建立整个研究区域(图 4)以及相应层段的

等厚图(图 3 和图 5)和构造图(图 6)。本文研究的重点是 Buckinghorse 组有机质富集的层段(ORB),并且样品采集也重点选择在该区段内。我们主要是通过 Leckie 和 Potocki 所描述的放射性标记(1998)来确定区别出 Buckinghorse 组地层的 ORB 层段。整个研究过程中,我们计算了 ORB 地层和 Garbutt - Moosebar - Wilrich 组地层的厚度,同时还包括在地层学上与其等时的地层,建立以下层段地层的等厚图:①Buckinghorse 组有机质富集的标志层段[ORB,图 5(a)];②Garbutt - Moosebar - Wilrich 段地层[图 5(b)];③整个 Buckinghorse 组地层(图 3)。

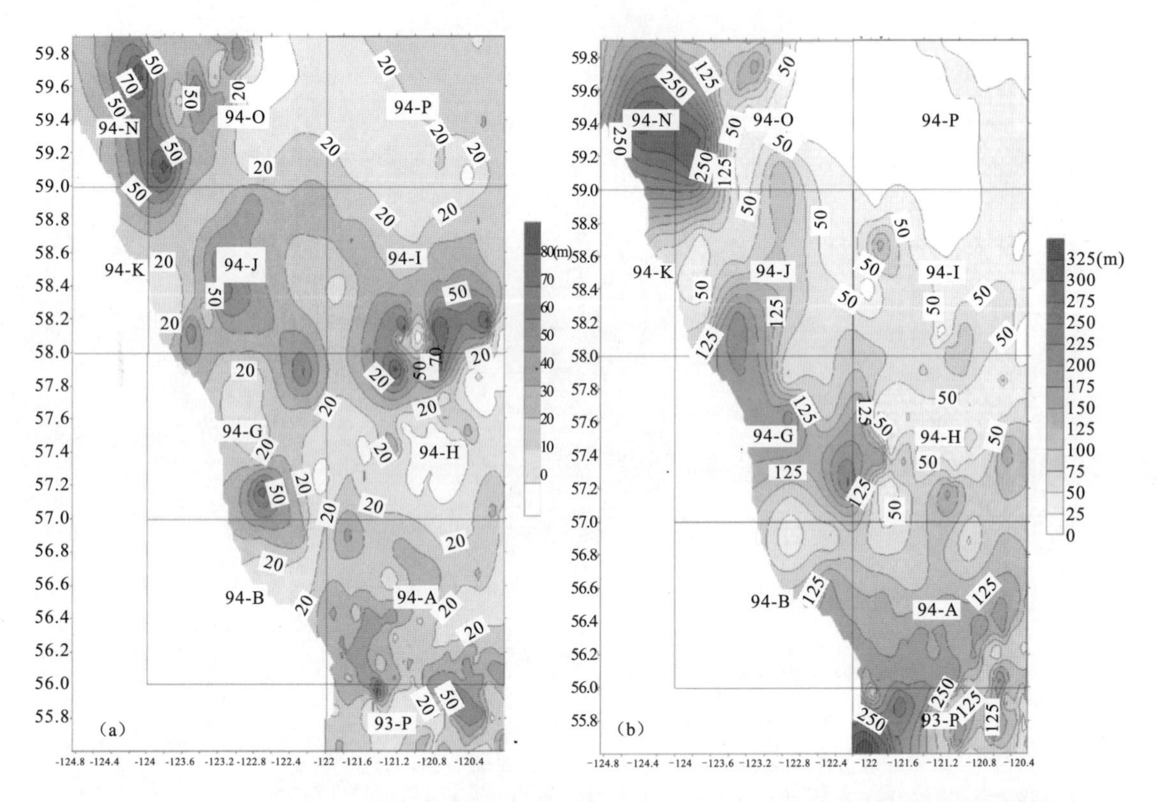

图 5 Buckinghorse 组地层富含有机质底部层段的等厚图(a)和 Moosebar 组地层及其等时地层的等厚图(b)

2)有机地化特征

确定 TOC 含量有两种方法。一种就是用 CM5014 CO_2 电量计进行电量分析来测定无机碳含量。Carlo Erba NA1500 CNS 分析器来确定总碳含量,而 TOC 含量就等于测定的总碳含量减去无机碳含量。另外一种方法就是通过采用 Vinci Technologies Rock - Eval 6 高温分解测定 TOC 含量。TOC 值可以根据碳氢化合物在 650℃生成的 CO_2 的量来计算(Behar 等,2001)。样品的热成熟度根据 T_{max} 值(单位为℃)确定,而该值又取决于 S_2 的峰值温度。S_2 的峰值形成于干酪根裂解,代表了烃源岩所能产生油气的总量。最后我们根据修正的 Van Krevelen 图解表(图 7)来绘制氢指数和氧指数分布图,从而根据样品的氢、氧指数分布确定其相应的干酪根类型。

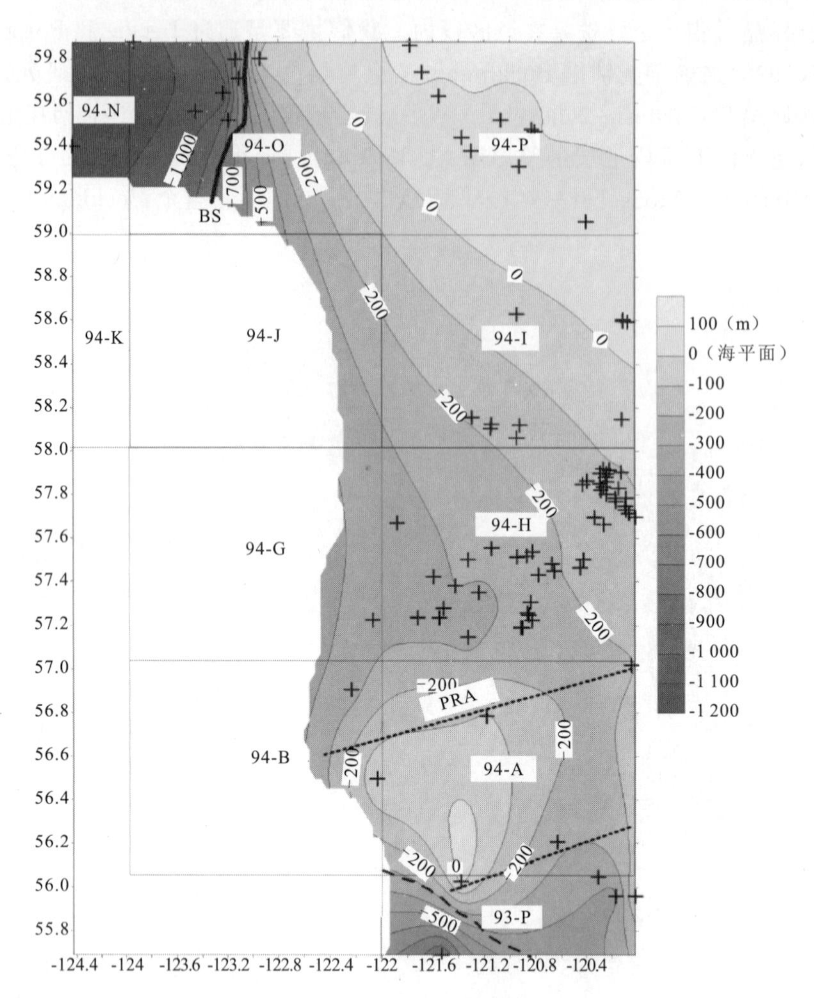

图 6　Buckinghorse 地层的基底构造图

短虚线为 Peace River 背斜带的边界线；长虚线为 Deep 盆地边界线；

实线为 Bovie 构造的近似位置；十字标记处为井位

3)高压甲烷气吸附分析

样品中甲烷的吸附量是利用高压密封容器吸附装置确定。所有的样品都经过环形的碾磨机后再通过 60 网孔(直径为 250μm)的网筛进行筛选，碾磨过的样品能减少吸附过程中每个压力阶段的平衡时间，但不会增加样品的甲烷吸附能力，因为由颗粒粒度的减小而造成的表面积增加对其中微孔隙表面面积产生的影响可以忽略不计。实验中，我们将研磨过的样品置于常压 30℃的饱和 KCl 溶液中，并确定其平衡含水率(ASTMD 1412 - 04,2004)。为了将样品作对比分析，所有的分析报告都是在(30±0.1)℃温度条件下进行的。含水量通过样品烘干、计算质量减少量的方法确定。气体体积为标准温度和压力条件下，单位为 cm^3/g。整个气体体积计算过程中的误差不超过 4%左右。

4)孔隙度和总含气量

将样品的体积密度减去其骨架密度就可以计算出孔隙度。通过压汞的方法，根据阿基米

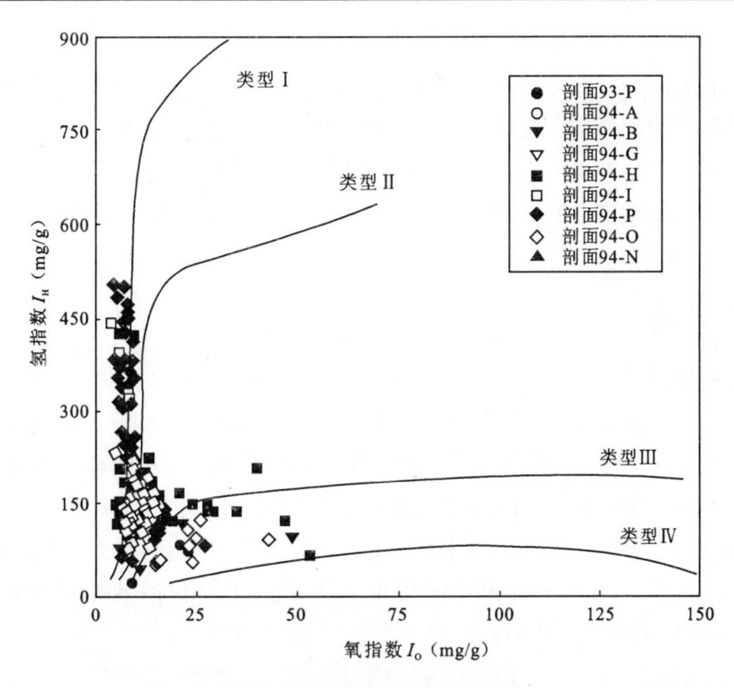

图 7 改进的 Van Krevelen 图
(根据样品参数分布确定的干酪根类型)

德原理可以算出体积密度,其精确度很高,能使体积误差小于 1%左右,且体积重复计算的概率小于 0.3%左右。骨架密度可以通过氦比重测定获得,其计算的体积误差为 2%左右,体积重复计算的概率小于 0.3%左右。由于氦气和甲烷气的分子大小不同,所以根据氦气测得的孔隙度比甲烷测得的孔隙度要大一些,当把实验数据运用到实际储层中时,该差别也应该予以考虑。

页岩样品中的总气体含量为其中吸附气、游离气和溶解气最大量的总和。为了计算出总含气量,首先应将吸附气所占据的体积从总孔隙度中减去,从而确定总孔隙体积中供游离气聚集的空间。而这种计算的前提是假设所有的孔隙中,甲烷气和氦气一样都能进入,并且假定水的饱和度为 0,而新采集的岩心样品是不满足假设的,所以这些样品的孔隙度分析都是在样品干燥的基础上完成。由于含水平衡而未碾磨的样品在本实验过程中不可用,其中含有的水量将大大减少整个样品的总气体含量,所以这种假设必不可少。在本文的研究中,储层的总含气量为储层内所有气体含量和原地残留气体含量的总和。

5)渗透率

我们将高压水银孔隙率计测得的侵入数据代入到 Swanson(1981)方程中,所获得的渗透率数据是在围压为 6.9MPa 时等效的盐水渗透率。尽管样品所处深度和围压不同,但是这些数据可以在一定的数据集范围内进行比较和对比,并不一定代表了初始值。页岩的非均质性结构对这些测量产生的影响微乎其微,因为流体侵入样品是在静水压力下从各个方向同时发生的。试验中我们将 5~10g 的岩石样品在 115℃的温度下烘烤至少 2h,然后准备进行低压侵入。低压侵入的压力范围为低于 50μmHg 至 1Pa 之间,而高压分析测量侵入水银体积时,压力范围为常压至 414MPa,能测量的孔径大小范围是 3nm~100μm(包含大孔、中孔的孔径范围在内；IUPAC，1997）。

6）页岩矿物成分

将压碎的样品与酒精混合、碾碎，然后涂到载玻片上，进行X光衍射分析。实验中，Siemens Diffraktometer D5000在40kV和40mA的条件下配置标准聚焦的Cu X射线管，然后根据各矿物成分主峰值的曲线面积来确定其相应的含量，最后利用洛伦兹偏振进行修正（Pecharsky和Zavalij，2003）。

3. 结果和讨论

1）地层构造和层序

Buckinghorse组地层至其基底部位的总垂直深度达400～1 800m，我们所采集的样品大多数都集中在Buckinghorse组富有机质层段(ORB段地层)。其基底面的构造图重点突出了研究区东北部的Liard盆地区域(Bovie构造带为盆地的东部边界)(图6)。盆地的层积倾斜角为向西方向，并且区域倾斜角在盆地南部陡峭(该区域与Deep盆地北部的延伸区域毗邻，93－P标段区域)(图6)。而Buckinghorse组地层在标段94－A区域相对埋藏较浅则与区域的Peace River背斜构造有关(图6)。

2）等厚线

Buckinghorse组地层的总厚度为260～1 636m(图3)。在Liard盆地Bovie构造带的西部区域厚度最大(图1)。研究区域内最主要的沉积中心为：①Liard盆地(94－N/94－O区域)；②中部94－J区域；③Trutch地区(94－G区域)；④Deep盆地(93－P区域)。这些沉积中心都临近于变形前锋带，因为此区域地层的沉积和沉降速率很大。在Liard盆地内有两处沉积中心(94－N和94－O)，通过ORB段地层的等厚图我们也可以清晰地看出来[图5(a)]。而Leckie和Potocki(1998)在上覆的Scatter组地层中也观察到类似的模式。从等厚图[图5(a)]中我们将ORB段地层局部变薄解释为受Moosebar Sea海侵之前的地势变化的影响。发生地层变薄区域的Gething组地层(南部的94－H地区)主要是河流相沉积，而Cadomin组地层(毗邻变形前锋带)则是冲积扇沉积相(Smith，1994)。因此邻近海峡处的沼泽地和湖泊在海侵过程中会逐渐变成洼地。整个94－I和94－H工区边界处的ORB段地层的厚度逐渐增加就是因为ORB段地层沉积物填充到这些洼地中的结果。这种概念就类似"Puddle模型"(Wignall，1994)，该模型强调了海侵初期阶段黑色页岩形成过程中地形的重要性。洼地就像一个小盆地一样，其中的水循环是受到限制的并且能够保存更多的有机质，从而与高海拔区域页岩沉积相比，其基底海侵黑色页岩的沉积厚度要大得多。ORB段地层在标段94－P区域的沉积厚度达10～30m，同时区域Buckinghorse组地层逐渐变薄，厚度减少至300m以下(图3)。94－P区域地层变薄反映了该区域地层的沉积速率和沉降速率相对较低。

沿着变形前锋带区域[图5(b)]的Garbutt－Moosebar－Wilrich段地层的厚度最大，其沉积速率和沉降速率也相对最高。该段地层沿着94－G和94－H[图5(b)]边界逐渐变厚，这与早白垩世Pink Maaintain区域活跃的伸展构造相关(Hinds，2002；Hinds和Spratt，2005)。

3）地层剖面

3幅地层剖面图(图8到图10)显示了纯砂岩(灰色填充)、富含有机质的页岩(深灰色填充)以及砂泥岩/有机质贫乏的页岩(中灰色填充)的地层厚度和几何形态特征。而附录A到附录D中还有所作的另外4幅地层剖面图。

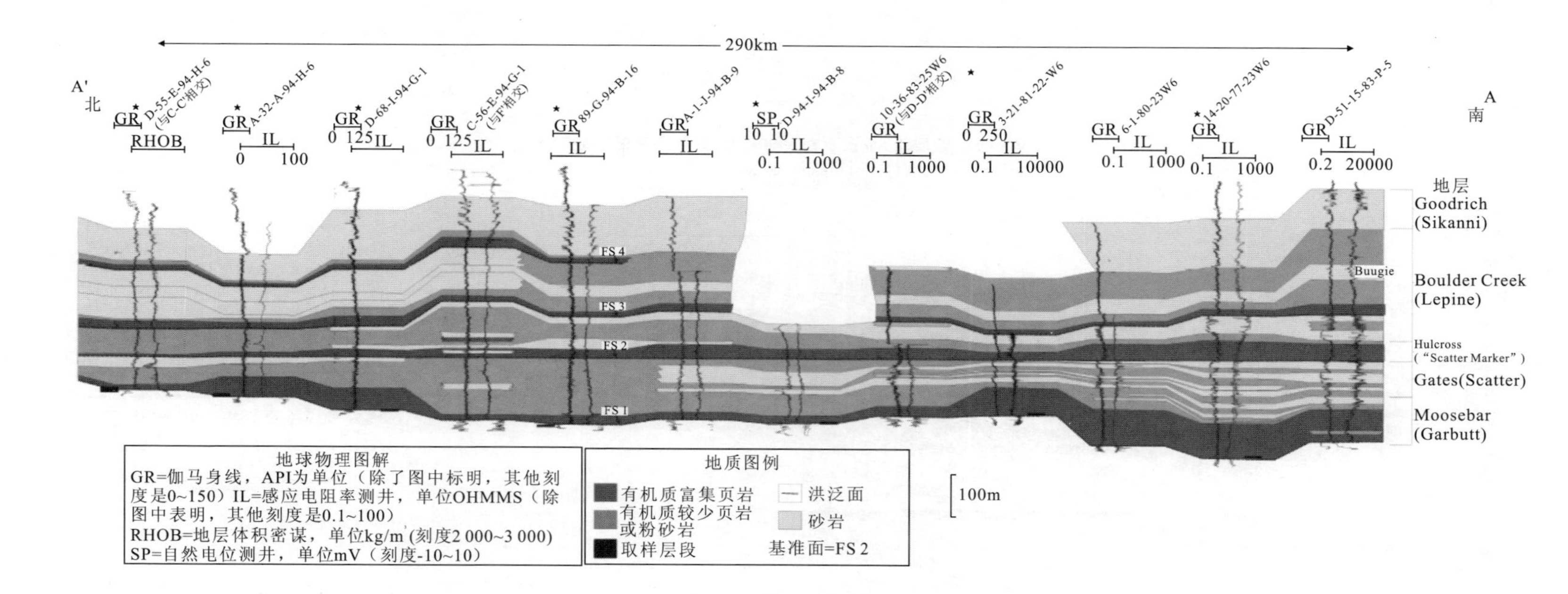

图 8　地层剖面 A—A′

图中确定了 Buckinghorse 组地层及其等时地层。剖面具体的区域位置见图 3。PRA 的位置可以根据 Sikanni 组地层和 Lepine 组地层部分层段的剥蚀来识别

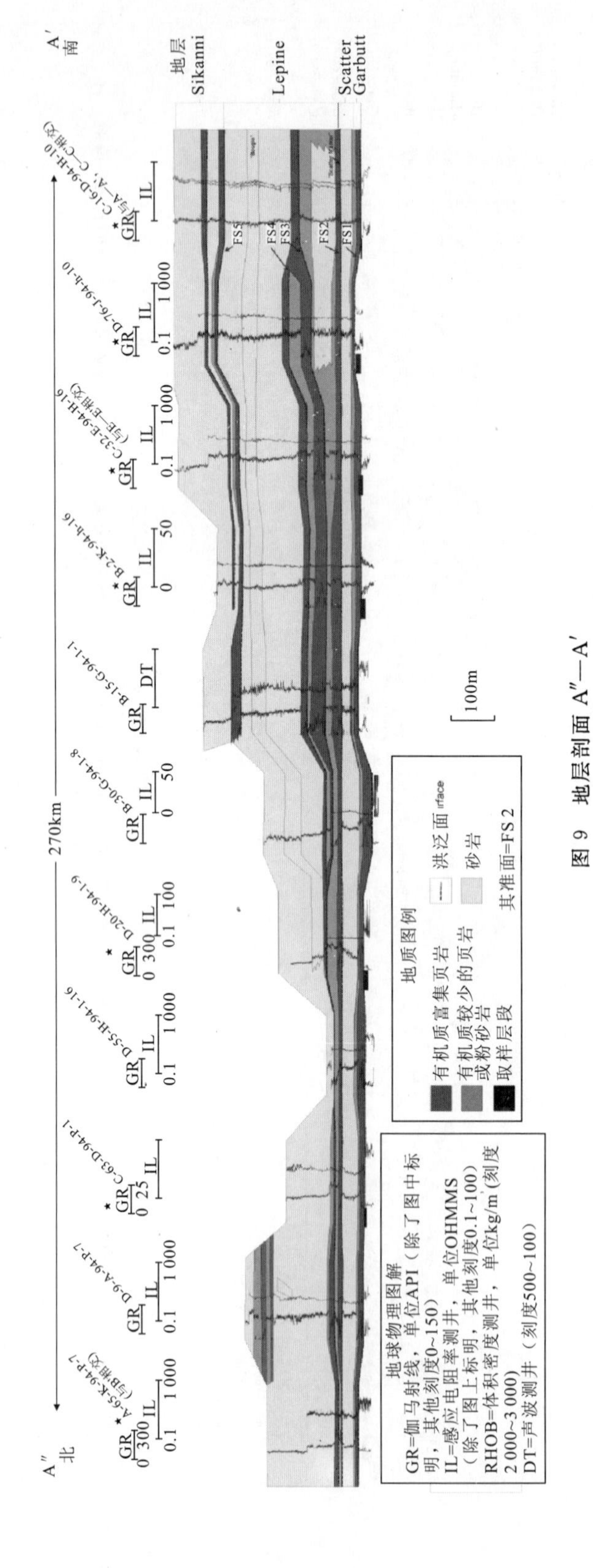

图 9　地层剖面 A″—A′

洪泛面向北发生合并，导致地层厚度减少（剖面 A—A′—A″）。

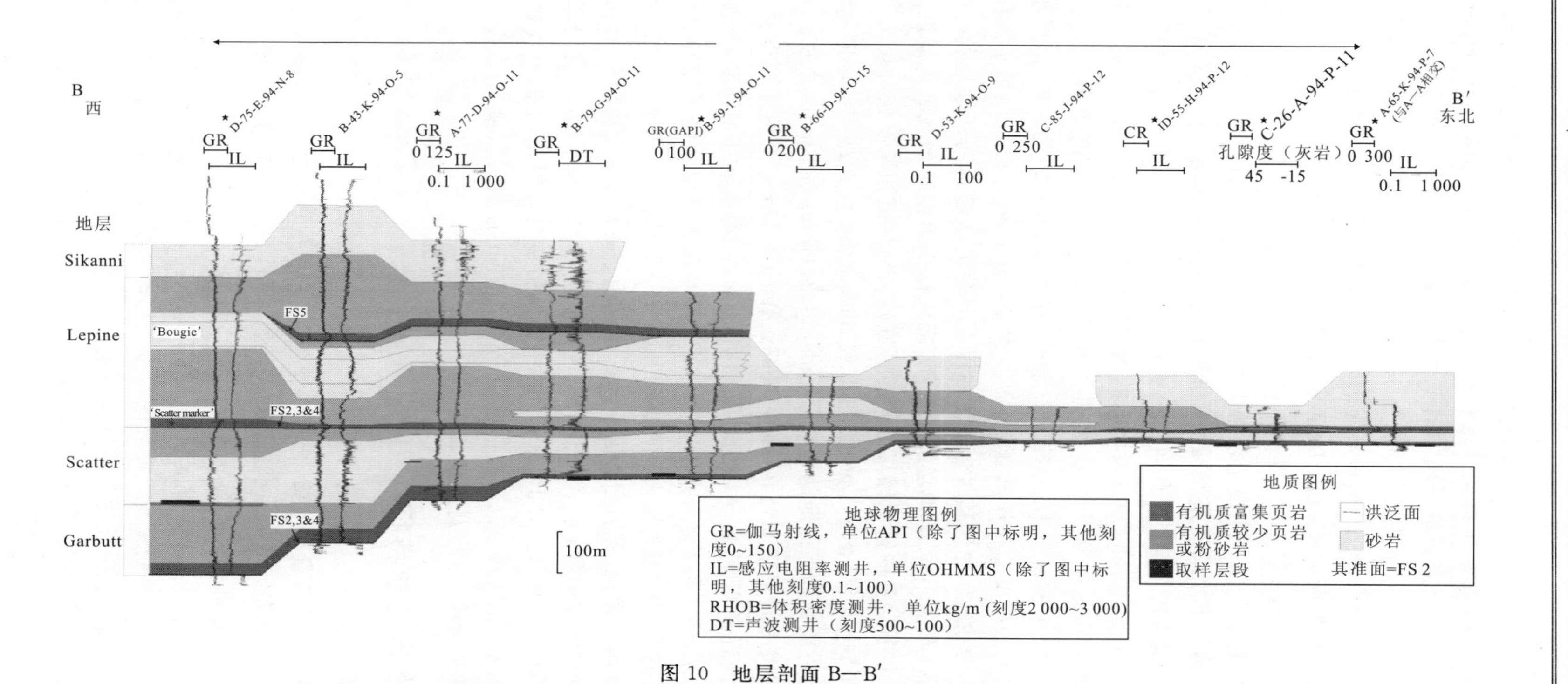

图 10　地层剖面 B—B′

B′的末端与 A 相连，并且是 A—A′—A″剖面向西部的延伸。该剖面出现的厚度陡增是因为 Bovie 构造的同沉积时期的断层作用，并且确立了 Liard 盆地的东部边界（在钻井 B-59-I-04-O-11 和 B-66-D-94-O-13 之间））

储集空间的快速增加引起了洪泛面的形成，导致粗粒层段与上覆细粒层段地层接触，形成典型的海相页岩。由于地层中泥质含量或有机质含量的增加，伽马射线响应中会出现曲线值的陡增，采取这样的识别方法将剖面中的 5 个洪泛面(FS1、2、3、4 和 5)都一一识别出来。起先的 3 个洪泛面在整个研究区域中都能够识别出来，在 94－H 区域出现第四个洪泛面，而在 94－G 区域 A－A′剖面的 Buckinghorse 组地层顶部发现了第五个洪泛面(图 8)。在剖面 A′－A″(图 9)北部末端和剖面 B－B′(图 10)西部末端处，3 个上部的洪泛面(FS 2、3 和 4)在井 C－85－J－94－P－12 和 A－65－K－94－P－7 处联合成为一个洪泛面。这 3 个洪泛面的联合可以理解为第二个凝缩层，第一个凝缩层是由 Leckie 和 Potocki(1998)在 Garbutt 组地层底部发现并识别的。而第二个凝缩层是“Scatter 组地层标记”的一部分，本文研究中我们将“Scatter 组地层标记”认为是 FS2(当作所有剖面的基准)，等同于研究区域南部的 Hulcross 组地层的基底层段(图 8)。在 FS 2 和 ORB 段之间的地层厚度开始变薄，并且在剖面 A′－A″北部末端被一薄层的 Scatter 组地层分隔开来，表明其地层厚度沿东北方向逐渐减小。Scatter 组地层在 94－H(剖面 A″－A′的南部末端)的露头显示 Buckinghorse 组地层内，地层厚度朝北方向逐渐增加但同时页岩的厚度却在逐渐变薄。94－P、94－I 和 94－H 区域由于沉积速率和沉降速率小，形成了两个凝缩层，并且其页岩层段的厚度与研究区域的南部地层相比也较薄一些[图 5(a)]。在 Scatter 和 Lepine 组地层沉积期间，沉积物供给量增加或者地层沉降速率的降低，都会导致 94－I 和 94－P 内较低储集空间的区域砂岩地层沉积厚度相对较大。

在 94－G 和 94－B 和(图 8)Deep 盆地区域 Buckinghorse 组地层的厚度是最大的。94－G 区域在早白垩世主要受伸展构造的影响(Hinds，2002；Hinds 和 Spratt，2005)，而在 Deep 盆地区域形成了非常大的储集空间(Jackson，1984)。Buckinghorse 组地层厚度沿 B－B′剖面(图 10)西部末端方向逐渐变厚，这是因为在沉积期间 Bovie 构造活动很活跃，增加了其储集空间(Leckie 等 1991；Leckie 和 Potocki，1998)。ORB 段地层厚度最大的区域其对应的整个 Buckinghorse 组地层的厚度也相对较大。而在钻井 A－1－J－94－B－9 和 6－01－80－23W6 之间的区域 Buckinghorse 组地层的厚度相对变薄，这是由于 Sikanni 段和部分 Lepine 段地层在沉积间歇期遭受剥蚀的缘故(图 8)。而这种变薄的趋势在受 Peace River 背斜影响的区域内也十分明显(Wright 等，1994)。如 Buckinghorse 组地层在其等厚图的 94－A 区域也明显相对较薄(图 3)。Leckie 等(1990)也曾报告过在 Peace River 背斜带区域 Cadotte 段地层(等时于 Lepine 组地层的部分层段)的剥蚀现象。

4. 有机地球化学特征

1)总有机碳含量

在整个区域，TOC 含量在 0.2%～16.99%(均为质量百分数)之间，平均值为 2.52%[图 11(a)；附录 E]。在研究区域的东北部(94－P 和 94－I)TOC 含量最高(＞3%)，而沿着变形前锋带的区域 TOC 含量则相对最低(＜1%)。

研究区内 TOC 分布主要受到无机成分沉降速率和有机质成熟度的影响。沉积和沉降速率决定了地层的厚度和埋藏深度。而埋藏深度既影响有机质的成熟度，又影响其生烃演化的程度，因此 TOC 含量与成熟度之间就存在一种反向的相关性(图 6；Chalmers 和 Bustin)。此外，沉积速率也会直接影响着 TOC 含量，这是因为无机成分沉积速率的增加将会对地层的 TOC 浓度起稀释作用。该稀释效应假设地层中 TOC 所占比率为恒定不变的，与盆地的沉降

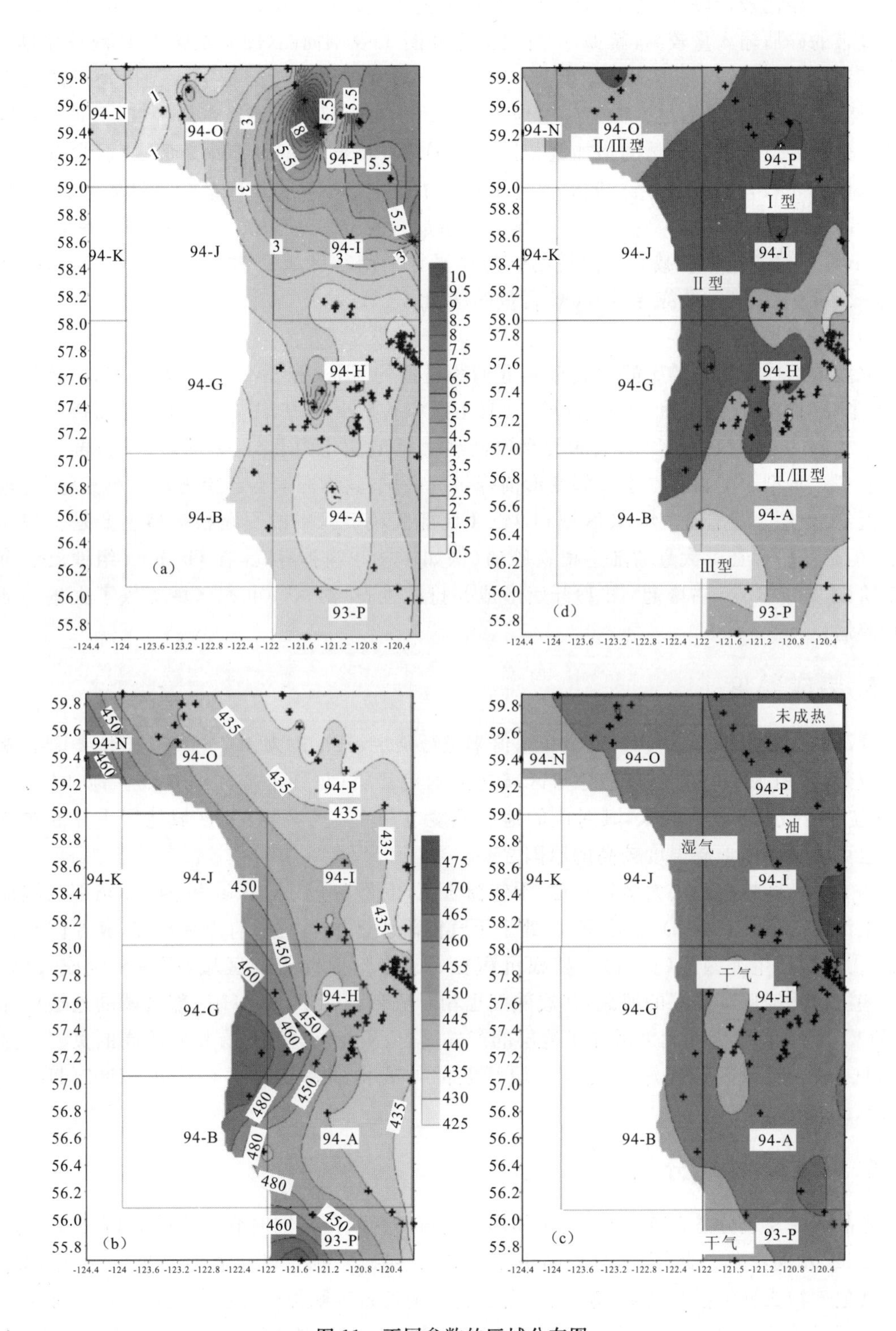

图 11 不同参数的区域分布图

(a)TOC含量；(b)干酪根类型；(c)干酪根成熟度 T_{max}；(d)生油窗、湿气窗和干气窗的区域分布图；计算的所有数据为平均值，十字标记处为钻井位置

速率的改变相比较，其所含比例不受自身有机碳生成或者外部有机碳流入的影响。例如，在变形前锋带的碎屑输入量较高，就如等厚图(图 3 和图 5)及剖面图(图 8 至图 10)所图示的那样，导致了该区域的 TOC 浓度相对最低[图 11(a)]。尽管外来的干酪根混入到原地形成的干酪根中，然后一起被从沿海地区搬运到盆地中并且沉积在毗邻形变前锋带的区域，但是这种搬运来的有机质的量与沉积碎屑的增加量相比还是影响甚微的。在变形前锋带区域，含有氧气的地下水也会导致有机质的分解，同时促进沉积物中的生物扰动作用而减少有机质的含量，从而进一步降低了 TOC 含量。在 94－P 区域白垩系页岩的压实过程中(Leckie 和 Potocki，1998)，Keg River 古隆起进一步减少了碎屑物从海岸平原向南部区域的输入(Smith，1994)，这就会形成一个沉积贫乏区，最终导致 TOC 含量的增加[图 11(a)]。

2)干酪根类型

大多数的样品所含的干酪根类型是Ⅱ型和Ⅲ型的[图 7 和图 11(b)；附录 E]。部分岩石样品(主要来自于 94－P 和 94－I 区域)含有Ⅰ型和Ⅱ型干酪根(图 7)。由变形前锋带至研究区的东北部(94－P)区域，干酪根的类型逐渐地由Ⅲ型变化为Ⅱ/Ⅲ型的混合型，再变化为Ⅰ型和Ⅱ型。Ⅲ型干酪根存在于毗邻变形前锋带的区域，其物源来自于沿海地区第三纪(古近纪和新近纪)地层。尽管在 94－P 区域和 94－I 北部区域页岩中的干酪根类型主要是Ⅰ型和Ⅱ型的，但是其中存在有大量的陆生植物碎屑(例如树枝和蕨类等)。在 Garbutt 组地层的沉积初期阶段，Keg River 古隆起(图 1)开始形成并持续生长，给这些沉积区域提供了大量的陆生植物碎屑。

5. 热成熟度

样品的成熟度根据 Rock－Eval T_{max}值来进行确定，其范围为 407～476℃(附录 E)。整个地区成熟度[图 11(c)]的分布趋势与区域构造的趋势类似(图 6)。在 Liard 盆地，94－H 和 Deep 盆地区域由于埋深较大，其对应的地层温度也较高。另外，这些区域地层中高温热流的存在也可能是导致地层温度较高的原因之一。

本文研究区域的地层大多处于湿-干气窗阶段，但是在 94－P 区域和 94－I 东部区域地层处于生油窗阶段[图 11(d)；附录 E]。处于干气窗阶段区域与变形前锋带相临，其原因有以下两点：①大量陆生类型的(Ⅲ型)干酪根沉积在邻近变形前锋带的区域，更容易生成天然气；②这些沉积物经历了更深的埋藏，其成熟度也相对更高。处于 94－H 西部区域的地层埋深更大，TOC 含量更高，因此大大增加了地层的产气能力，从而该区域具有相对较高的页岩气潜力[图 11(d)]。而该区域埋深较大与区域活跃的伸展构造密切相关(Hinds，2002；Hinds 和 Spratt，2005)。

6. 页岩矿物成分

样品的主要成分是石英(12%～80%)、伊利石(0～82%)，同时含有高岭石(高达 38%)和绿泥石(12%)(表 1)。此外，部分样品中菱铁矿(0～22%)和石膏也相对富集(0～15%)。而一些其他矿物成分包括黄铁矿、方解石、白云石和钠长石等则微量存在。这些矿物成分主要为岩屑成因形成的，但是大量存在的伊利石成分反映了页岩形成过程中存在有较强的成岩作用。此外，在 93－P、94－G、94－N 以及 94－I 沿着变形前锋带区域的地层中发现有很高的伊利石含量[图 12(a)]。而石英含量的分布趋势[图 12(b)]与伊利石含量的分布趋势呈反向关系，这

表 1 各中页岩样品的主要矿物成分

(单位:%)

总粘土	海绿石	伊利石	石膏	高岭石	石英	黄铁矿	方解石	白云石	钠长石	菱铁矿
93 - P Section										
35	0	30	15	5	49	0	0	0	1	0
71	7	58	0	6	28	0	0	0	0	
35	0	27	0	7	63	1	0	0	1	0
47	10	20	0	18	46	2	0	0	6	0
46	3	38	0	5	51	0	0	1	2	0
94 - A Section										
48	0	32	0	16	51	0	0	1	0	0
58	0	36	0	22	41	1	0	0	0	0
55	0	47	0	8	42	1	0	1	1	0
46	0	28	0	18	48	0	0	1	0	0
94 - B Section										
35	0	28	0	7	59	0	1	0	0	5
94 - H Section										
35	0	34	0	2	43	0	0	0	0	22
59	5	50	0	4	41	0	0	0	0	0
56	0	56	0	0	43	0	0	0	1	0
45	0	39	0	5	54	0	0	0	1	0
94 - G Section										
50	0	45	0	6	49	0	0	0	1	0
94 - I Section										
57	0	53	3	4	39	1	0	0	0	0
88	2	82	0	4	12	0	0	0	0	0
54	0	51	9	3	36	1	0	0	0	0
57	10	37	0	9	40	2	0	0	1	
67	7	58	0	3	32	0	0	0	0	0
74	12	57	0	5	25	0	0	0	0	0
94 - P Section										
32	0	11	0	20	66	2	0	1	0	
20	0	5	0	15	79	1	0	0	0	0
20	10	1	3	9	75	1	0	0	0	0
67	2	27	0	38	33	0	0	0	0	0
94 - P Section										
24	0	4	0	20	76	1	0	0	0	0
38	0	18	0	21	55	1	0	6	0	
59	0	51	0	8	40	1	0	0	0	
33	0	15	0	18	66	1	0	0	0	
46	0	33	0	13	53	0	1	0	0	0
59	0	53	0	6	39	1	0	0	0	0
59	0	57	3	2	38	0	0	0	0	0
36	0	33	0	4	63	0	0	0	0	0
14	0	0	0	14	80	3	0	0	0	3
73	8	39	0	26	26	0	0	0	0	
37	0	26	0	12	60	1	2	0	0	
68	3	62	0	3	31	1	0	0	0	0
37	0	21	9	16	52	2	0	0	0	
35	0	22	7	13	51	5	2	0	0	0
29	0	26	0	3	70	1	0	0	0	0
94 - O Section										
49	0	29	0	20	51	0	0	0	0	0
77	10	46	0	21	23	0	0	0	0	0
21	0	13	0	8	79	0	0	0	0	0
21	0	13	0	8	79	0	0	0	0	0
75	0	72	0	3	24	0	0	0	1	0

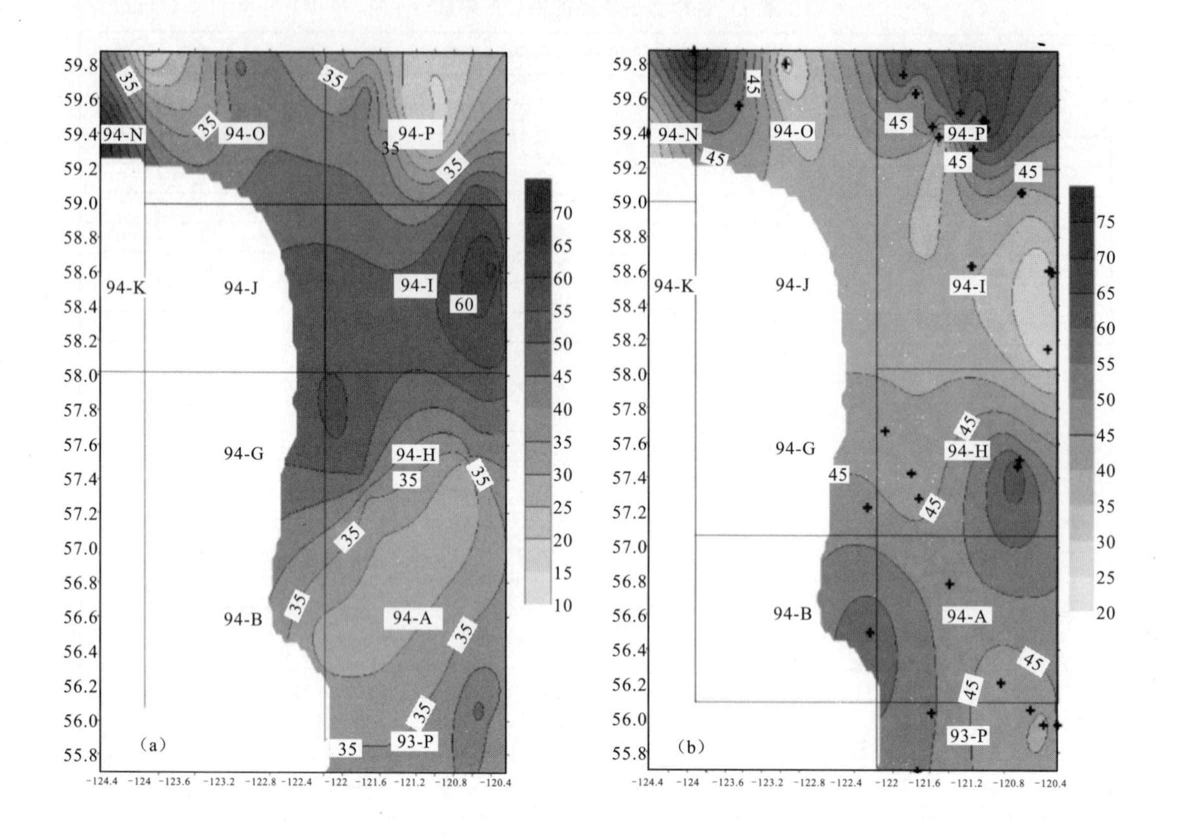

图 12　伊利石(a)和石英(b)含量的区域分布图

每个井位的数据均取平均值，(b)图中十字标记为所分析钻井的位置

表明这两种矿物成分是 Buckinghorse 组页岩主要的矿物组分。除了沉积环境和物源这两个因素，成熟度也对整个研究区域的伊利石分布情况存在影响。高成熟度的区域伊利石含量相对较高(93－P、94－G 和 94－N)。在高岭石和蒙脱石的伊利石化过程中，伊利石的含量随着成熟度的增加而增加，即伊利石含量和成熟度之间存在正向的相关性(Chalmers 和 Bustin)。

通过观察发现 94－P 和 94－I 区域(含薄层砂泥岩和纯砂岩)的地层中采取的岩心样品应该为浊积岩(图 13)。在 94－P 区域[图 12(b)]地层中发现有较高含量的石英，其来源是南部的 Keg River 古隆起(图 1)。这些石英碎屑被幕式地搬运到“沉积贫乏区”形成了薄的浊积岩床。在 A－77－K－94－P－7 井的所采岩心中，我们在页岩层段中发现砾状薄层的存在(图 13)，其颗粒有鹅卵石大小、为次圆形的燧石碎屑。这些燧石碎屑大部分可能来源于二叠系的 Belloy 组地层，或者来自暴露于 Keg River 古隆起的泥盆系—三叠系的砾状岩层(Smith，1994)。

7. 甲烷吸附量

在地层压力条件下，吸附量范围为 0.03～1.86cm^3/g，平均值为 0.54cm^3/g(附录 F)。在本文研究中，储层的地层压力假设为静水压力，整个盆地中不同区域的静水压力不同，其值范

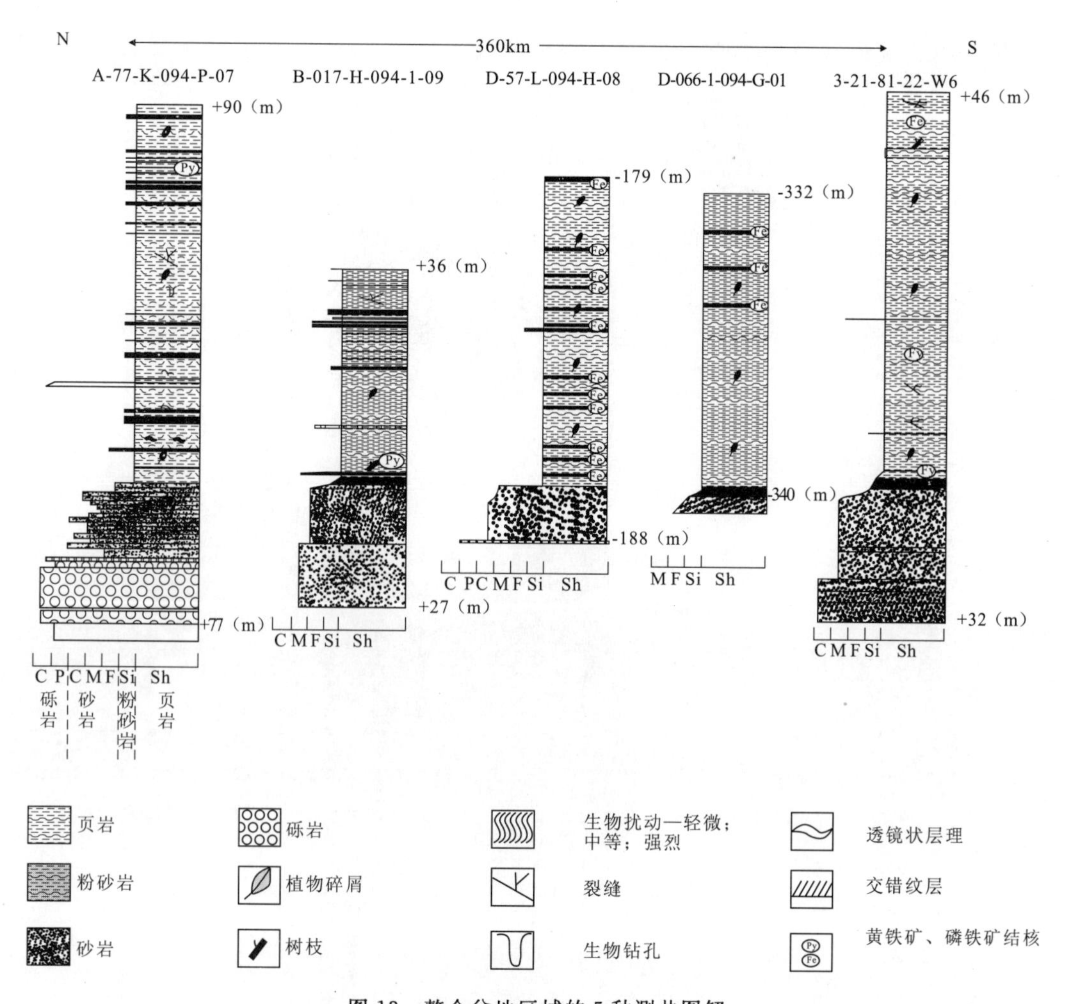

图 13 整个盆地区域的 5 种测井图解

包括了部分 Gething/Bluesky 组地层和 Buckinghorse 组地层的底部层段。深度以海平面为基准

围在 2.9～17.6MPa 之间，平均的静水压力为 8.6MPa。具有最高甲烷吸附能力的区域位于 94－P、94－I、94－H、94－N 和 94－O 区域(图 14)。其中 94－P 和 94－I 区域的高甲烷吸附量与其较高的 TOC 含量相关，而在 94－H、94－N 和 94－O 区域则是受地层压力较高的影响。

8. 总天然气含量

页岩的总孔隙度为 0.7%～16%，平均值为 6.5%[图 15(a)；附录 F]。在地层压力条件下，总天然气含量(游离＋吸附)为 1.49～14.5cm^3/g，平均值为 5.7cm^3/g(附录 F)。在图 15(b)中，94－N 区域的天然气总量最高，这是因为该区域的地层压力相对较高的缘故；而在地层压力很低的 94－A 区域，其天然气含量最低。在地图标记的 94－I 和 94－H 区域，其总天然气含量也比较高，这是因为该区域比周围区域[图 15(a)]具有更高的孔隙度和压力。在 Peace River 背斜带区域(94－A)的 Sikanni 组地层以及部分 Lepine 组地层由于抬升和剥蚀的作用，导致地层埋深减小，从而减小了采样间隔的深度，致使区域的地层压力相对较低。研究区南部

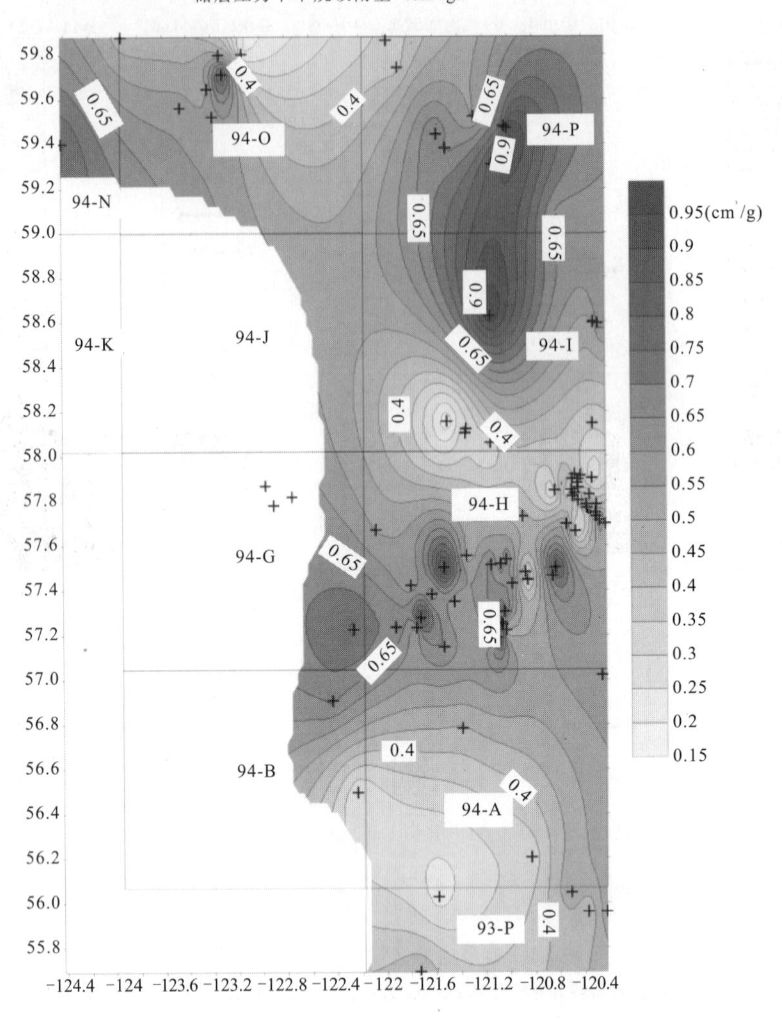

图 14　根据每口井甲烷吸附量的平均值绘制的等值线图

气体含量是在温度为 30℃，静水压力条件下测量的（十字标记为所分析钻井的位置）

区域（Deep 盆地）的埋藏史研究表明区域沉积在第三纪（50Ma）达到最大埋深，为 3～7km，后来由于一系列的抬升作用，有大约 1.5～6km 厚的地层遭受剥蚀（Kalkreuth 和 McMechan，1988）。剥蚀作用强度在 BC/Alberta 边界处的 Deep 盆地内最大（>5km），向北逐渐减小。而埋藏深度和地层压力的减小对该区域的总的天然气含量和地质储量都有影响。

9. 天然气地质储量的评估

我们评估了区域 ORB 段[图 16(a)]和 Garbutt - Moosebar - Wilrich 段地层[图 16(b)]在地层压力条件下的天然气地质储量（附录 F）。整个评估是在恒温（理想状态）30℃下进行，且不考虑储层压力变化的影响。地层温度是通过测量所研究图 16 ORB 段地层（a）和 Garbutt - Moosebar - Wilrich 段及其与等时地层（b）的 GIP 分布图（十字标记处为所分析钻井的位置）。

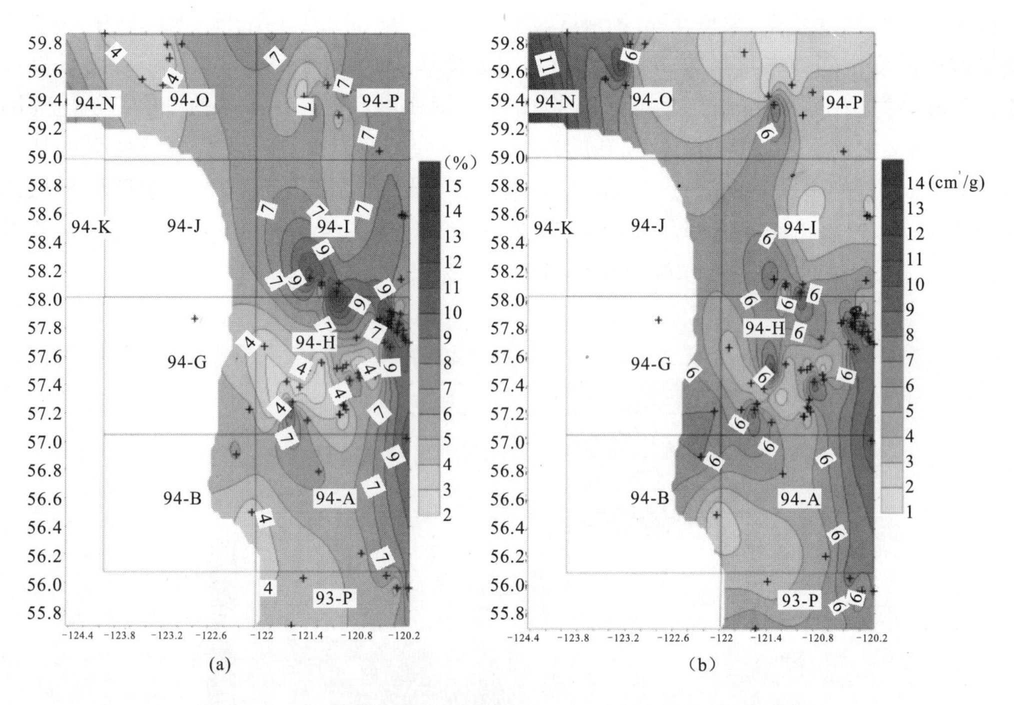

(a) (b)

图 15 每口井的平均孔隙度(a)以及总含气量(b)分布图

十字标记处为所分析钻井的位置

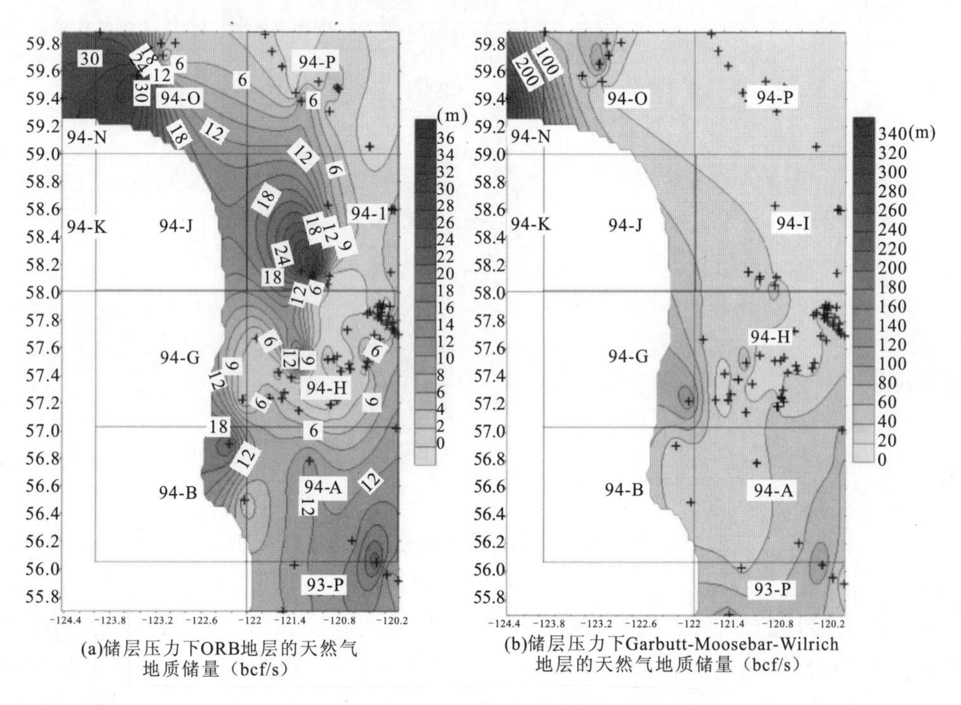

(a)储层压力下ORB地层的天然气地质储量（bcf/s） (b)储层压力下Garbutt-Moosebar-Wilrich地层的天然气地质储量（bcf/s）

图 16 ORB 段地层(a)和 Garbutt - Moosebar - Wilrich 段及其与等价地层(b)的 GIP 分布图

十字标记处为所分析钻井的位置

钻井的井底温度获得，温度为 8.8～63.4℃，平均值为 30.2℃（图 17）。页岩中甲烷的吸附量与地层温度之间存在负指数关系（图 18），当温度从 10℃上升到 30℃时，样品的甲烷吸附量急剧下降，并且在温度到 30℃之后呈平坦曲线。图 18 所示 4 个样品的 TOC 含量范围在 1.0%～17.0%之间。与 TOC 含量较高的样品（8%～17%）相比，在 TOC 含量较低的样品中（1%～3.2%），甲烷吸附量随温度变化的趋势很小。在地层温度小于 30℃的地层中采取的高 TOC 含量样品，比本文所研究样品所含的甲烷量要略微高一些。所以，在研究区的东北部区域（94－O、94－P 和 94－I），其实际甲烷储量要比评估值高。

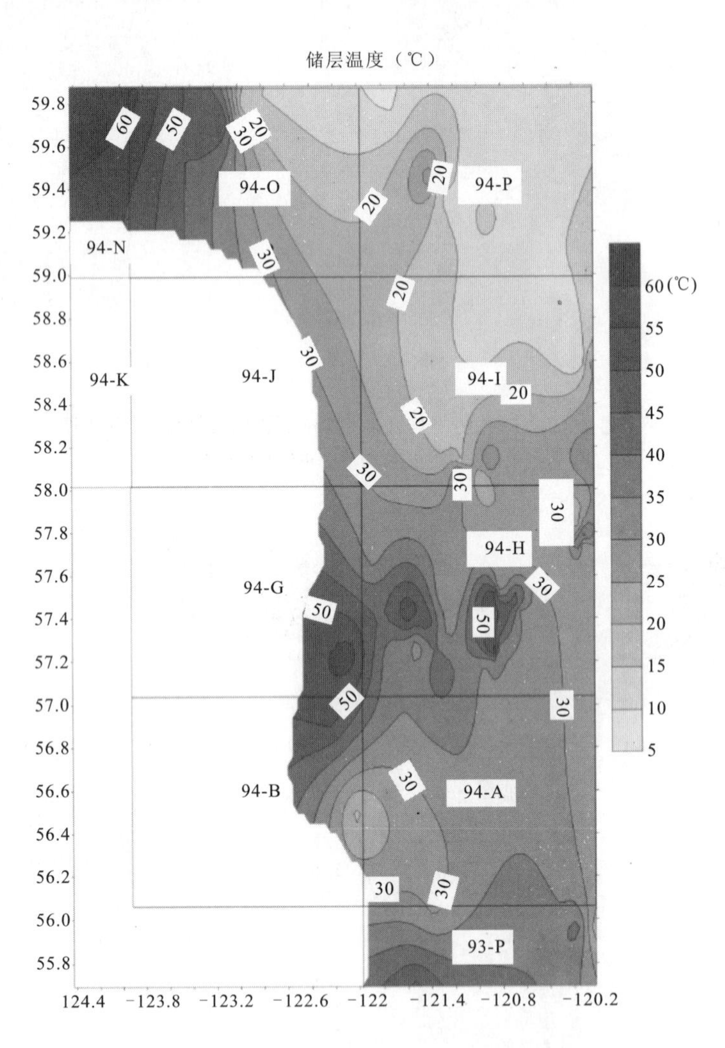

图 17　根据测量钻井底部温度所绘制的等温线图

天然气地质储量的评估需要很多地质参数，包括总孔隙度、吸附气含量、地层的厚度以及地层压力。对 ORB 段地层而言，94－I 的西南部区域，94－N 和 94－O 区域的天然气地质储量最为丰富（>24bcf/section），其原因有以下两点：①较大的地层厚度；②较高的孔隙度。94－N 和 94－O 区域的 ORB 段地层由于埋深较大而具有了较高的地层压力，致使区域具有了较高的地质储量。与之相比，Garbutt－Moosebar－Wilrich 段地层的地质储量向北方向明显逐渐增加,其原因就是在 Liard 盆地内地层厚度相对较大[图 16(b)]。地层厚度和地层压力这两大因素,使得 94 - N 区域 Garbutt - Moosebar - Wilrich 段地层的天然气地质储量超过了 300bcf/section。

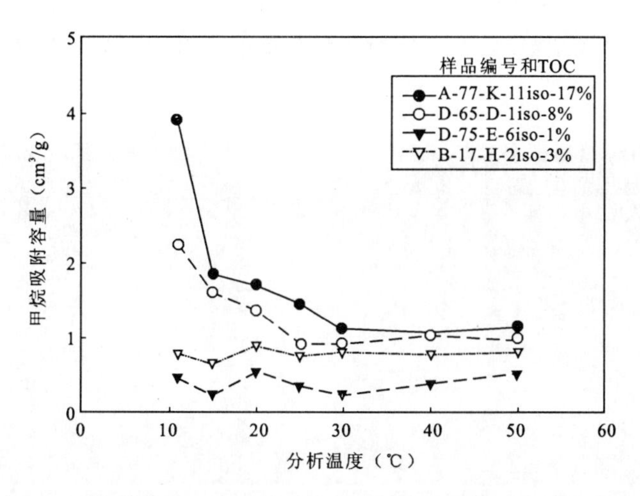

图 18 4 种不同 TOC 含量样品的甲烷吸附量与温度之间的关系图

10. 可开采性的讨论

区域下白垩统页岩的基质渗透率(用压汞法来测定)为 0.000 5~0.3md。尽管在浅层采集的样品显示渗透率的变化范围较大,但总体上随着埋深的增加地层的渗透率逐渐减小(图 19)。这种趋势关系和孔隙度与埋深的关系类似,即渗透率和孔隙度都会随着成岩作用的增强而较小。矿物成分和结构的差异性(例如伊利石和石英含量)是导致浅层样品渗透率差异性的主要原因。部分浅层样品具有相当低的渗透率,这可能是因为其原始埋藏深度比较深,而后来是由于抬升和上覆地层的剥蚀作用才导致埋深变浅(例如在 Peace River 背斜带区域采集的样品)。

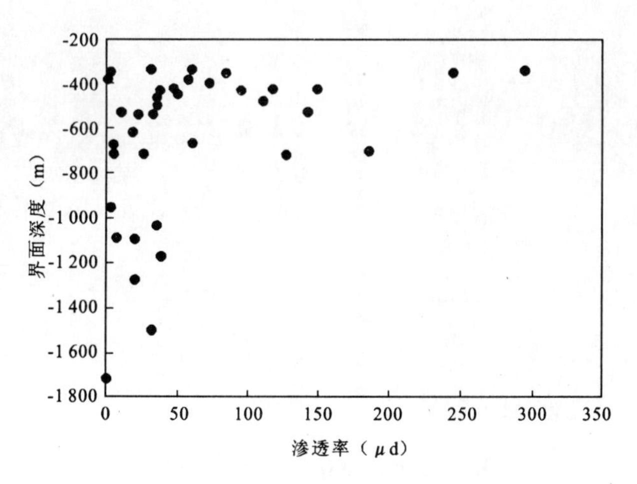

图 19 下白垩统页岩不同深度下基质渗透率的分布图

页岩中天然裂缝和粗粒度岩相的出现也会增加钻井的产气率。Buckinghorse 组地层中存在的天然裂缝[图 20(a)、(b)]都不是开启的，它们被方解石、石英或黄铁矿等矿物部分所填充。还有一些裂缝有被沥青浸染的现象[图 20(a)]。天然裂缝大量地发育在砂岩体尖灭的页岩地层中(Cherven 和 Fisher，1992；Cosgrove 和 Hillier，2000)。不同岩性之间差异压实作用能够让地层形成受迫披盖褶皱，此时天然裂缝就会集中发育在页岩地层内。从剖面图中可以

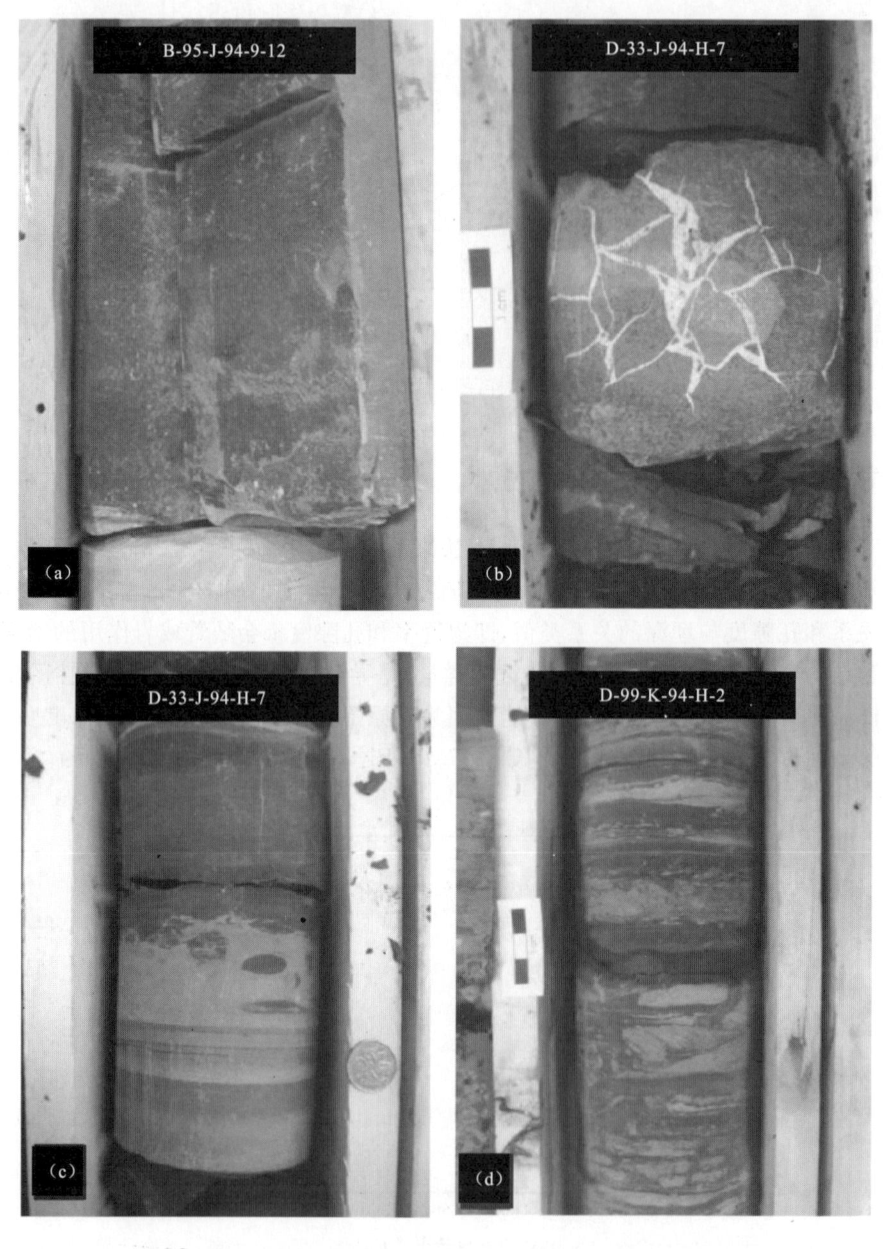

图 20 Buckinghorse 组地层中存在的天然裂缝以及相态的改变

(a)一垂直、沥青填充的裂缝，岩心直径为 4in(10cm)；(b)方解石填充的裂缝；(c)页岩相态的改变，由非常细粒的砂岩向细粒砂岩逐渐转变，其主要为火山灰沉积；(d)风暴岩

看出,94－H区域的Garbutt－Moosebar－Wilrich段地层中大量的砂岩段地层尖灭,大大有利于该区域天然裂缝的发育。

在Buckighorse组地层中出现了从页岩到粗粒岩层的岩相变化[图13、图20(c)、(d)]。薄的细粒砂岩层和透镜体都含有波状纹理,这表明其为风暴沉积,并且在风暴事件中经历了沉积能量的变化过程[图20(d)]。岩层由下至上颗粒逐渐变细,依次为细粒砂岩层、砂泥岩层和含有黑云母晶体的泥岩,以及火山沉积的皂土岩[图20(c)]。

11. 勘探开发的讨论

上述我们对British Columbia省东北部的下白垩统页岩的天然气资源潜力作了全面的评估,包括其吸附气量和总天然气量,以及总的天然气地质储量。吸附气含量主要是受TOC含量的控制,总天然气含量是根据吸附气量和总孔隙度计算得来,而区域的天然气地质储量则是根据总天然气含量和地层厚度来计算获得。

一般情况下,地层厚度随着埋藏深度的增加而增加(例如Liard盆地中地图标记的94－N和94－O区域),此时地层压力也会随之一起增加,这些因素的共同作用引起了区域天然气地质储量的增加。即使在TOC含量较低的区域也不例外,虽然区域的TOC含量很少,但是其作为甲烷气的来源,依旧是非常重要的组成部分。随着埋深的增加,孔隙度和渗透率就会大大地降低,从而会减少游离气组分的含量,同时页岩的产气能力也会大大降低。由于页岩储层的渗透率相对较低,因此利用压裂来形成诱导裂缝就显得尤为重要,这样以来对于岩石力学的地质控制因素我们也应进行细致的考虑。

12. 结论

(1)TOC分布情况与地层厚度存在逆相关性,这是因为较快的沉积率将会对矿物质起稀释作用。毗邻变形前锋带区域的地层TOC含量较低,并且向东北方向TOC含量逐渐增加(如94－P区域)。TOC含量最高的区域为94－P区域凝缩层段,该区域的ORB段地层最薄,并且洪泛面发生联合。在Moosebar Sea的海侵期间,该区域地层的沉积速率很慢,而且水流循环受到地势的限制。

(2)在94－I区域内的Keg River古隆起为94－P区域的ORB段地层沉积过程中石英和陆生植物碎屑的主要来源。而且该古隆起就像一个栅栏阻碍了南部方向的沉积推进作用,进一步减少了94－P区域内的碎屑沉降速率。

(3)沿着变形前锋带的区域地层的成熟度相对更高,特别是在Liard和Deep盆地中,由于埋深较大而具有较高的成熟度。而且成熟度由生干气窗(毗邻变形前锋带的区域)向东方向逐渐降低直至生油阶段。

(4)在94－P和94－I区域地层的吸附气含量最高,这是因为这些区域有很高的TOC含量,但是其较低的成熟度表明与毗邻变形前锋带的区域相比,区域生成气体的量要小得多。

(5)94－I区域的总天然气含量和天然气地质储量很高,这是因为与其他研究区域相比,该区域有非常高的孔隙度,且ORB段地层相对较厚。而在毗邻变形前锋带的区域,地层所具有的高天然气地质储量则与其较高的地层压力有关。

(6)如果地层温度在30℃以下并且TOC含量很高的情况下,地层则会具有很高的甲烷吸附能力。如研究区的东北部区域相比于其他区域甲烷吸附量要大得多。

(7)Garbutt - Moosebar - Wilrich 段地层和其等时地层在 94 - N 区域范围内，都含有很高的天然气地质储量，这是因为这些区域地层厚度较大，埋藏较深，同时所具有的地层压力更高的缘故。

(8)基质渗透率会随着埋深的增加而降低。

(9)94 - P 区域具有的页岩气开采潜力最大，因为该区域有很高的 TOC 含量和吸附气含量，并且沿着变形前锋带区域的地层压力也相对较高，能大大提高地层的总天然气含量(陈尧、高清材译，杨苗、祁星校)。

原载 Bulletin Of Canadian Petroleum Geology Vol. 56, No. 1 (March, 2008), P. 22—61.

参考文献

Behar F, Beaumont V, Penteado De B, et al. Rock - Eval 6 technology: performances and developments[J]. Oil & Gas Science and Technology - Rev. IFP, 2001,56(2):111—134.

Bustin R M. Gas shale tapped for big play[J]. American Association of Petroleum Geologists, Tulsa, Oklahoma, USA. February, AAPG Explorer,2005,26 (2):30.

Chalmers G R L, Bustin R M (this issue). Lower Cretaceous gas shales in northeastern British Columbia, Part I: geological controls on methane sorption capacity[J]. Bulletin of Canadian Petroleum Geology,56(1).

Cosgrove J W, Hillier R D. Forced - fold development within Tertiary sediments of the Alba Field, UKCS: evidence of differential compaction and post - depositional sandstone remobilization. In: Forced Folds and Fractures. J. W. Cosgrove and M. S. Ameen, (eds.)[J]. The Geological Society of London, Special Publications, 2000,169:51—60.

Hage C O. Geology adjacent to the Alaska Highway between Fort St John and Fort Nelson, British Columbia [D]. Geological Survey of Canada, Department of Mines and Resources, Mines and Geology Branch. 1994, 44—30;1—22.

Hill D G, Nelson C R. Gas productive fractured shales: an overview and update[J]. Gas TIPS, Summer, 2000,4—13.

Hinds S J. Stratigraphy, structure and tectonic history of the Pink Mountain Anticline, Trutch (94G) and Halfway River (94B) map areas,northeastern British Columbia. M. Sc. thesis[D]. University of Calgary, Calgary, Alberta, 2002,104 .

Jackson P C. Paleogeography of the Lower Cretaceous Mannville Group of western Canada. In: Elmworth - Case study of a deep basin gas field. A. Masters (ed.)[J]. AAPG Memoir 38, Oklahoma USA,1984,79—114.

Jowett D M S, Schroder - Adams C J. Paleoenvironments and regional stratigraphic framework of the Middle - Upper Albian Lepine Formation in the Liard Basin, northern Canada[J]. Bulletin of Canadian Petroleum Geology, 2005, 53(1):25—50.

Kalkreuth W, McMechan M. Burial history and thermal maturity,Rocky Mountain front ranges, foothills, and foreland, east - central British Columbia and adjacent Alberta[J]. Canada. AAPG Bulletin,1988,72 (11):1 395—1 410.

Karst R H. Correlation of the lower Cretaceous stratigraphy of Northeastern British Columbia from foothills to plains[J]. B. C. Ministry of Energy and Mines,1981,79—89.

Leckie D A. Rates, controls, and sand - body geometries of transgressiveregressive cycles: Cretaceous Moosebar and Gates formations, British Columbia[J]. AAPG Bulletin, 1986, 70:516—535.

McLean J R, Wall J H. The Early Cretaceous Moosebar Sea in Alberta. Bulletin of Canadian Petroleum Geology, 1981, 29(3): 334－377.

Masters J A. Elmworth, case study of a deep basin gas field[J]. AAPG Memoir 38, Oklahoma USA, 1984, 316 .

附录 A

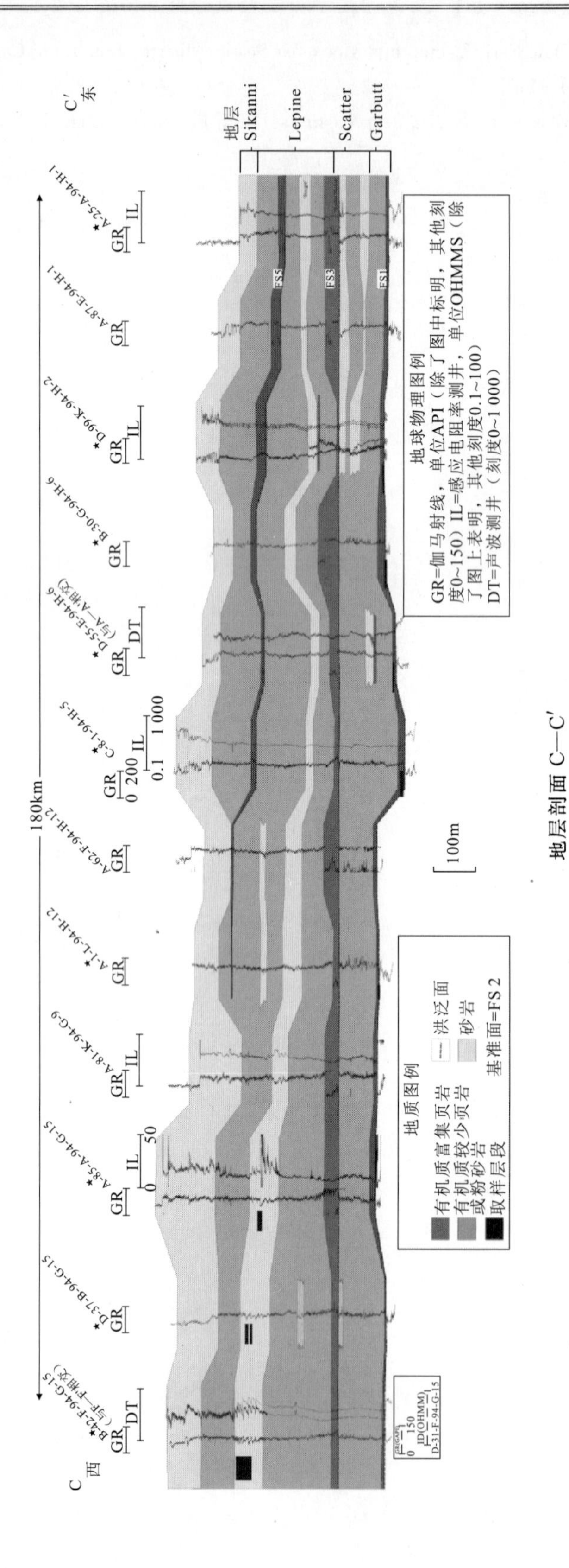
C
西
C′
东
180km
B-42-F-94-G-15
（与F—F′相交）
D-37-B-94-G-15
A-85-A-94-G-15
A-81-K-94-G-9
A-1-L-94-H-12
A-62-F-94-H-12
C-8-1-94-H-5
D-55-E-94-H-6
（与A—A′相交）
B-30-G-94-H-6
D-99-K-94-H-2
A-87-E-94-H-1
A-25-A-94-H-1
GR
IL
DT
0 200
0.1 1000
0 50
地层
Sikanni
Lepine
Scatter
Garbutt
FS5
FS3
FS1
100m
地质图例
有机质富集页岩
有机质较少页岩或粉砂岩
取样层段
洪泛面
砂岩
基准面=FS 2
地球物理图例
GR=伽马射线，单位API（除了图中标明，其他刻度0~150）IL=感应电阻率测井，单位OHMMS（除了图上表明，其他刻度0.1~100）
DT=声波测井（刻度0~1 000）

地层剖面 C—C′

附录 B

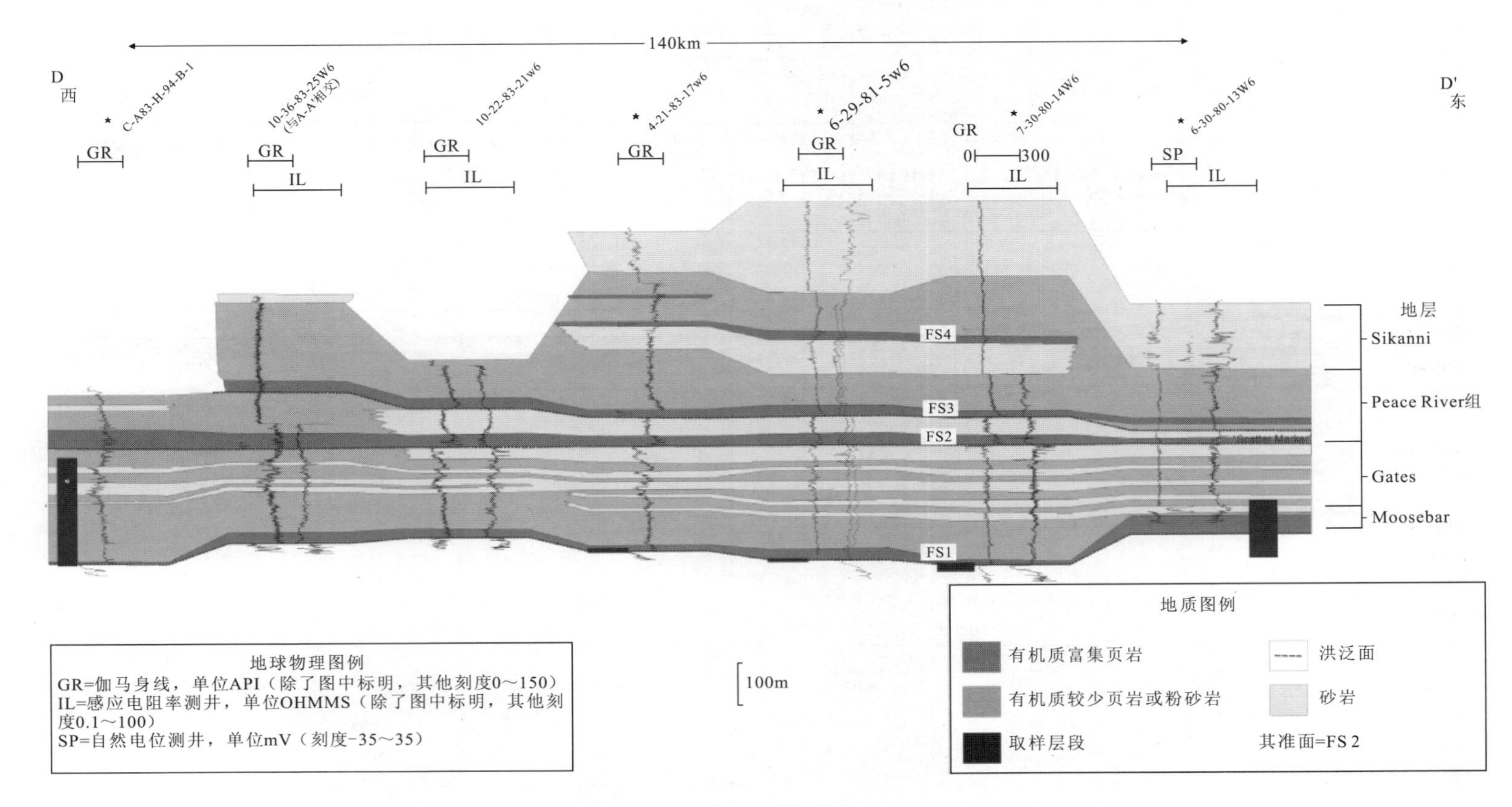
140km
D
西
D'
东
C-A83-H-94-B-1
10-36-83-25W6
(与A-A'相交)
10-22-83-21w6
4-21-83-17w6
6-29-81-5w6
7-30-80-14W6
6-30-80-13W6
GR
IL
SP
0
300
地层
Sikanni
Peace River组
Gates
Moosebar
FS4
FS3
FS2
FS1
100m
地球物理图例
GR=伽马身线，单位API（除了图中标明，其他刻度0～150）
IL=感应电阻率测井，单位OHMMS（除了图中标明，其他刻度0.1～100）
SP=自然电位测井，单位mV（刻度-35～35）
地质图例
有机质富集页岩
有机质较少页岩或粉砂岩
取样层段
洪泛面
砂岩
其准面=FS 2

底层剖面 D—D′

附录 C

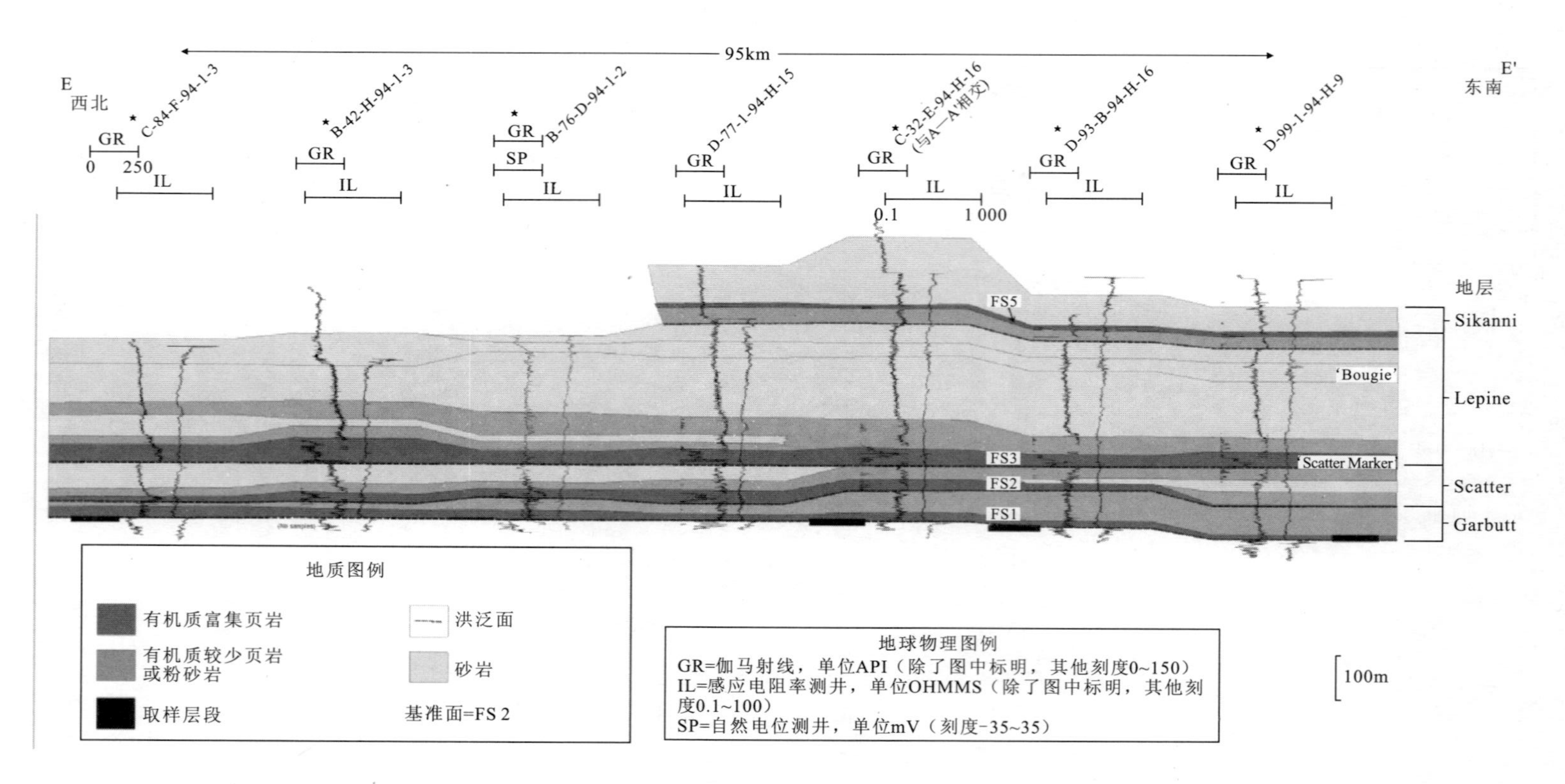
95km
E
西北
E'
东南
C-84-F-94-1-3
B-42-H-94-1-3
B-76-D-94-1-2
D-77-1-94-H-15
C-32-E-94-H-16
(与A—A'相交)
D-93-B-94-H-16
D-99-1-94-H-9
GR
SP
IL
0
250
0.1
1 000
地层
Sikanni
Lepine
Scatter
Garbutt
'Bougie'
'Scatter Marker'
FS5
FS3
FS2
FS1
100m
地质图例
有机质富集页岩
有机质较少页岩或粉砂岩
取样层段
洪泛面
砂岩
基准面=FS 2
地球物理图例
GR=伽马射线，单位API（除了图中标明，其他刻度0~150）
IL=感应电阻率测井，单位OHMMS（除了图中标明，其他刻度0.1~100）
SP=自然电位测井，单位mV（刻度-35~35）

地层剖面 E—E′

附录 D

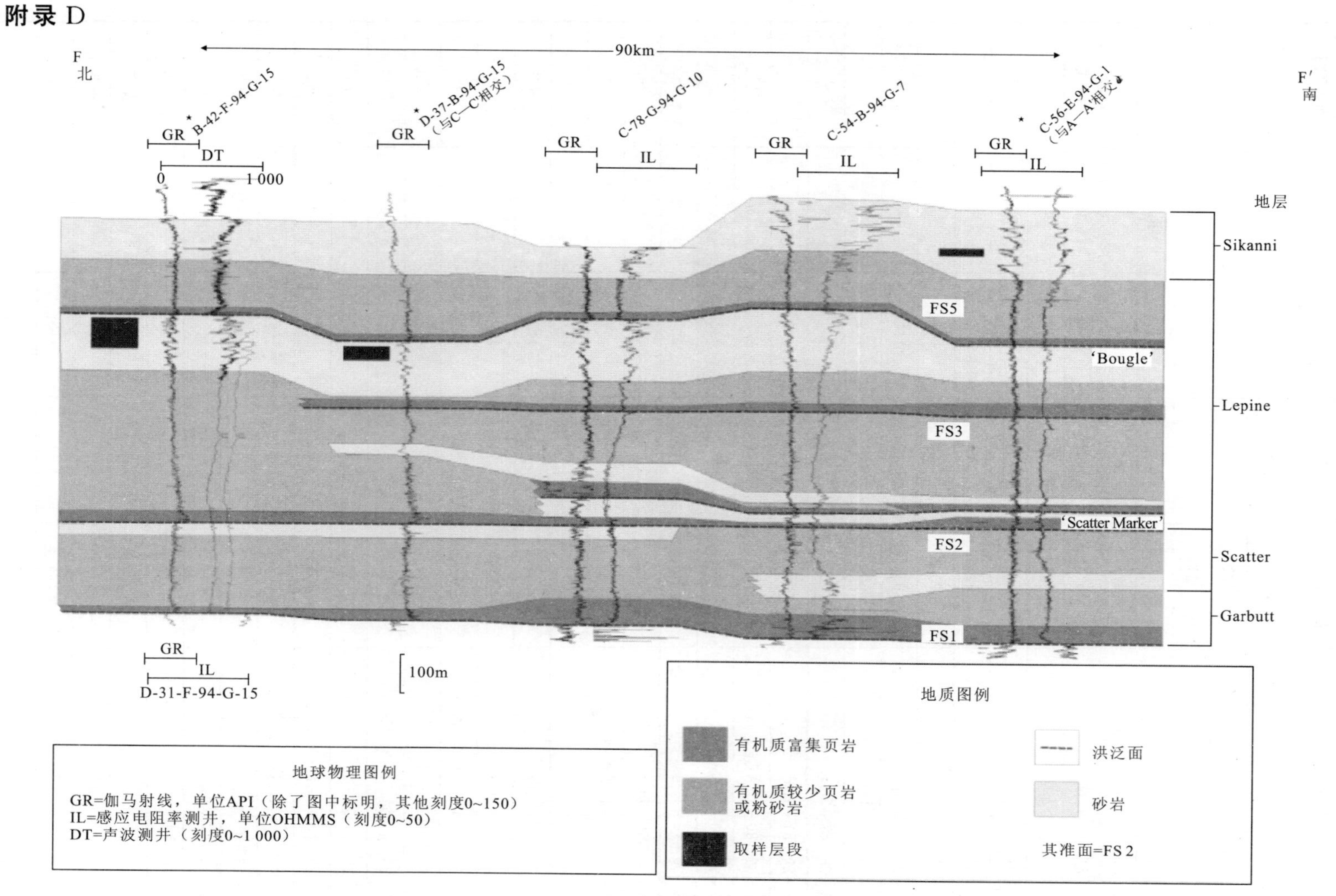

F
北
F′
南
90km
B-42-F-94-G-15
D-37-B-94-G-15
（与C—C′相交）
C-78-G-94-G-10
C-54-B-94-G-7
C-56-E-94-G-1
（与A—A′相交）
GR
DT
IL
0
1 000
D-31-F-94-G-15
100m
地层
Sikanni
Lepine
Scatter
Garbutt
FS5
'Bougle'
FS3
'Scatter Marker'
FS2
FS1
地球物理图例
GR=伽马射线，单位API（除了图中标明，其他刻度0~150）
IL=感应电阻率测井，单位OHMMS（刻度0~50）
DT=声波测井（刻度0~1 000）
地质图例
有机质富集页岩
有机质较少页岩或粉砂岩
取样层段
洪泛面
砂岩
其准面=FS 2

地层剖面 F—F′

附录 E

样品编号	样品深度(m)	TOC(%)	成熟度 T_{max}(℃)	干酪根类型	油/气窗
14-20-77-23W6-2iso	−1 718.2	1.96	476	—	—
14-20-77-3iso	−1 720	1.35	476	—	—
14-20-77-4iso	−1 721	1.44	476	—	—
14-20-77-5iso	−1 722.65	1.49	476	Ⅱ/Ⅲ	干气
3-21-81-22W6-2iso	−671.5	1.63	449	—	—
3-21-81-3iso	−674.5	1.61	449	Ⅲ	湿气
3-21-81-4iso	−681.1	1.70	449	—	—
4-21-83-17W6-2iso	−940	1.54	440	—	—
4-21-83-3iso	−945.4	1.61	440	—	—
4-21-83-4iso	−950.7	1.88	440	Ⅱ/Ⅲ	油
4-21-83-5iso	−954.7	1.20	440	—	—
6-29-81-15W6-2iso	−1 090	1.55	439	—	—
6-29-81-3iso	−1 090.5	1.15	439	Ⅲ	油
6-29-81-1iso	−1 090.83	1.37	439	—	—
6-30-80-13W6-11iso	−704.2	2.34	427	Ⅲ	湿气
6-30-80-12iso	−711.6	1.92	427	—	—
6-30-80-13iso	−714.6	2.19	427	—	—
6-30-80-14iso	−722.9	2.21	427	—	—
7-30-80-14W6-2iso	−1 088	1.83	441	—	—
7-30-80-3iso	−1 091.43	1.05	441	—	—
7-30-80-4iso	−1 095.5	1.14	441	Ⅲ	湿气
7-30-80-5iso	−1 096.9	1.02	441	—	—
a-1-I-94-H-12-2iso	−1 110.4	1.91	458	Ⅰ	湿气
a-1-I-3iso	−1 117	1.59	459	Ⅰ	湿气
a-23-g-94-I-3-2iso	−659.3	1.91	441	Ⅱ/Ⅲ	湿气
a-25-a-94-H-1-2iso	−964.7	2.82	435	Ⅱ/Ⅲ	油
a-25-f-94-H-16-2iso	−789.75	2.07	439	Ⅱ	油
a-26-b-94-O-11-2iso	−1 313.6	1.40	444	Ⅲ	湿气
a-26-b-3iso	−1 314.1	1.43	446	Ⅱ/Ⅲ	湿气
a-26-b-4iso	−1 314.8	1.45	446	Ⅱ/Ⅲ	湿气
a-26-b-5iso	−1 315.5	1.51	445	Ⅱ	湿气
a-26-b-6iso	−1 316.4	1.47	446	Ⅱ/Ⅲ	湿气
a-26-b-7iso	−1 316.9	1.36	447	Ⅱ/Ⅲ	湿气
a-30-h-94-I-9-2iso	−338.2	7.18	428	Ⅱ	油
a-30-h-4iso	−314.9	2.30	434	Ⅱ/Ⅲ	油

续附录 E

样品编号	样品深度(m)	TOC(%)	成熟度 T_{max}(℃)	干酪根类型	油/气窗
a-32-a-94-H-5-2iso	−1 035.4	1.37	459	Ⅲ	干气
a-32-a-3iso	−1 043.1	1.56	459	Ⅱ/Ⅲ	湿气
a-32-a-4iso	−1 031.54	1.81	460	Ⅱ/Ⅲ	湿气
a-45-b-94-H-16-2iso	−902.3	2.03	452	Ⅱ	湿气
a-45-b-3iso	−906.2	1.54	438	Ⅱ/Ⅲ	湿气
a-45-b-4iso	−909.9	1.76	439	Ⅱ	油
a-5-d-94-H-9-2iso	−985.8	1.89	439	Ⅲ	油
a-5-d-3iso	−991.8	1.61	441	Ⅱ	油
a-65-k-94-P-7-2iso	−423.3	10.49	424	Ⅰ	
a-65-k-3iso	−423.7	9.43	428	Ⅰ	油
a-65-k-6iso	−426.5	3.26	433	Ⅰ	油
a-65-k-7iso	−427.4	5.70	429	Ⅰ	油
a-77-d-94-O-11-2iso	−1 499.2	0.81	438	Ⅲ	湿气
a-77-d-3iso	−1 502.45	0.81	442	Ⅱ/Ⅲ	湿气
a-77-d-4iso	−1 500.8	0.87	442	Ⅱ/Ⅲ	湿气
a-77-d-5iso	−1 501.7	0.95	441	Ⅱ/Ⅲ	湿气
a-77-k-94-P-7-10iso	−431.0	8.34	427	Ⅱ	油
a-77-k-11iso	−431.8	16.99	425	Ⅱ/Ⅲ	未成熟
a-77-k-14iso	−433.4	1.88	426	Ⅱ	未成熟
a-77-k-16iso	−429.3	0.64	427	Ⅲ	湿气
a-77-k-2iso	−422.3	8.84	433	Ⅰ	油
a-77-k-3iso	−423.55	10.86	428	Ⅱ	油
a-77-k-4iso	−424.45	5.23	427	Ⅰ	油
a-77-k-5iso	−425.45	4.34	432	Ⅱ	油
a-77-k-6iso	−426.5	3.00	436	Ⅱ	油

附录 F

样品编号	孔隙度(%)	渗透率(μd)	样品深度(m)	吸附气含量(cm^3/g)	总气体含量(平均/井)(cm^3/g)	Ord 地层 GIP(bcf/section)	Garbutt - Moosebar 地层 GIP(bcf/section)
14-20-77-23W6-2iso	3.41	—	−1 718.2	0.3	—	—	—
14-20-77-3iso	5.49	0.52	−1 720.0	—	—	—	—
14-20-77-4iso	5.36	—	−1 721.0	0.74	—	—	—
14-20-77-5iso	4.13	—	−1 722.6	0.31	6.20	9.9	87.6
3-21-81-22W6-2iso	4.56	5.01	−671.5	0.3	—	—	—
3-21-81-3iso	3.80	—	−674.5	0.19	2.96	11.6	34.5
3-21-81-4iso	3.66	—	−681.1	0.18	—	—	—
4-21-83-17W6-2iso	6.44	—	−940.0	0.21	—	—	—
4-21-83-3iiso	4.58	—	−945.4	0.26	—	—	—
4-21-83-4iiso	6.03	2.32	−950.7	0.32	4.42	12.5	50.9
4-21-83-5iiso	5.38	—	−954.7	0.47	—	—	—
6-29-81-15W6-2iso	5.50	—	−1 090.0	0.22	—	—	—
6-29-81-3iso	7.93	7.93	−1 090.5	0.51	7.79	22.2	103.7
6-29-81-1iso	7.62	—	−1 090.8	0.77	—	—	—
6-30-80-13W6-11iso	11.78	184.88	−704.2	0.87	—	—	—
6-30-80-12iso	9.15	26.27	−711.6	0.61	7.36	12.2	29.0
6-30-80-13iso	4.12	5.03	−714.6	0.45	—	—	—
6-30-80-14iso	11.88	126.13	−722.9	0.25	—	—	—
7-30-80-14W6-2iso	2.62	—	−1 088.0	0.17	—	—	—
7-30-80-3iso	4.42	7.066	−1 091.4	0.54	5.35	11.3	49.7
7-30-80-4iso	4.59	20.20	−1 095.5	0.3	—	—	—
7-30-80-5iso	5.57	—	−1 096.9	0.57	—	—	—
a-1-I-94-H-12-2iso	3.01	—	−1 110.4	0.67	3.24	3.4	35.7
a-1-I-3iso	3.00	—	−1 117.0	0.42	—	—	—
a-23-g-94-I-3-2iso	4.80	—	−659.3	0.36	3.04	1.9	9.6
a-25-a-94-H-1-2iso	10.54	—	−964.7	0.58	9.75	11.1	62.2
a-25-f-94-H-16-2iso	12.18	—	−789.75	0.28	8.87	10.2	54.7
a-26-b-94-O-11-2iso	6.33	—	−1 313.6	0.42	—	—	—
a-26-b-3iso	3.61	—	−1 314.1	0.9	—	—	—
a-26-b-4iso	2.78	—	−1 314.8	0.45	—	—	—
a-26-b-5iso	74.22	—	−1 315.5	0.39	—	—	—
a-26-b-6iso	3.84	—	−1 316.4	0.62	5.77	20.2	20.2
a-26-b-7iso	2.66	—	−1 316.9	0.72	—	—	—
a-30-h-94-I-9-2iso	6.89	59.82	−338.2	0.74	—	—	—

续附录 F

样品编号	孔隙度(%)	渗透率(μd)	样品深度(m)	吸附气含量(cm^3/g)	总气体含量(平均/井)(cm^3/g)	Ord 地层 GIP(bcf/section)	Garbutt - Moosebar 地层 GIP(bcf/section)
a-30-h-4iso	10.10	294.3	-341.9	0.39	2.98	3.4	3.4
a-32-a-94-H-5-2iso	2.89	35.29	-1 035.4	0.52	—	—	—
a-32-a-3iso	2.16	—	-1 043.1	0.81	3.77	3.4	26.3
a-32-a-4iso	4.66	—	-1 031.5	1.49	—	—	—
a-45-b-94-H-16-2iso	16.68	—	-902.3	0.63	8.91	3.0	25.6
a-45-b-3iso	3.62	—	-906.2	0.62	—	—	—
a-45-b-4iso	10.08	—	-909.9	0.98	—	—	—
a-5-d-94-H-9-2iso	6.44	—	-985.8	0.34	—	—	—
a-5-d-3iso	4.12	—	-991.8	0.89	4.66	11.8	12.6
a-65-k-94-P-7-2iso	2.63	148.93	-423.3	1.14	—	—	—
a-65-k-3iso	4.45	117.59	-423.7	1.02	3.38	4.0	4.2
a-65-k-6iso	11.28	—	-426.5	0.64	—	—	—
a-65-k-7iso	6.40	—	-427.4	1.08	—	—	—
a-77-d-94-O-11-2iso	1.96	—	-1 499.2	1.07	—	—	—
a-77-d-3iso	8.64	31.82	-1 502.4	0.21	—	—	—
a-77-d-4iso	1.74	—	-1 500.8	0.47	—	—	—
a-77-d-5iso	3.60	—	-1 501.7	0.56	6.68	35.1	32.6
a-77-k-94-P-7-10iso	6.29	94.84	-431	0.55	—	—	—
a-77-k-11iso	7.15	37.57	-431.8	1.02	—	—	—
a-77-k-14iso	22.16	—	-433.4	1.02	—	—	—
a-77-k-16iso	17.84	—	-429.3	0.43	—	—	—
a-77-k-2iso	2.99	47.53	-422.3	1.07	—	—	—
a-77-k-3iso	2.16	—	-423.55	1.86	—	—	—
a-77-k-4iso	4.46	—	-424.45	0.46	—	—	—
a-77-k-5iso	6.16	—	-425.45	0.75	—	—	—
a-77-k-6iso	7.29	—	-426.5	0.65	—	—	—
a-77-k-7iso	8.55	—	-427.5	0.56	—	—	—
a-77-k-8iso	8.01	—	-428.5	0.75	3.89	7.1	5.7
a-7-c-94-H-11-2iso	7.04	—	-1 089.8	0.49	—	—	—
a-7-c-3iso	1.87	—	-1 096.4	0.97	10.73	23.2	55.8
a-88-j-94-H-4-2iso	1.01	—	-1 162.6	0.4	—	—	—
a-88-j-3iso	1.55	—	-1 166.6	0.34	—	—	—
a-88-j-4iso	5.21	—	-1 172.2	1.36	4.86	7.3	16.9
b-17-h-94-I-9-2iso	4.28	31.35	-338.4	0.56	2.84	5.2	5.2

续附录 F

样品编号	孔隙度 (%)	渗透率 (μd)	样品深度 (m)	吸附气含量 (cm^3/g)	总气体含量 (平均/井) (cm^3/g)	Ord 地层 GIP (bcf/section)	Garbutt - Moosebar 地层 GIP (bcf/section)
b-17-h-3iso	4.71	32.14	−340.3	0.91	—	—	—
b-17-h-4iso	10.40	—	−341.9	0.37	—	—	—
b-17-h-5iso	8.22	—	−343.0	0.42	—	—	—
b-24-b-94-H-16-3iso	8.48	—	−854.0	0.33	7.75	1.0	21.6
b-2-f-94-H-16-2iso	2.50	—	−801.3	0.6	2.32	3.6	15.4
b-2-k-94-H-16-2iso	11.22	—	−770.25	0.37	7.91	4.3	18.5
b-30-c-94-H-10-3iso	4.01	—	−984.6	0.51	2.90	2.4	6.6
b-30-g-94-H-6-3iso	1.78	—	−1 084.4	0.55	2.04	—	—
b-40-g-94-H-16-2iso	9.19	—	−796.3	0.3	6.58	2.2	16.7
b-40-g-4iso	5.92	—	−804.7	0.37	—	—	—
b-44-e-94-I-2-3iso	8.44	—	−631.9	0.43	4.43	0.9	8.8
b-48-a-94-H-16-3iso	8.23	—	−886.18	0.4	6.25	8.8	18.4
b-55-e-94-O-13-10iso	3.18	—	−1 488.2	0.2	—	—	—
b-55-e-11iso	1.12	—	−1 490.8	0.78	—	—	—
b-55-e-12iso	4.08	—	−1 493.4	0.38	—	—	—
b-55-e-13iso	3.41	—	−1 537.2	0.47	8.13	27.2	56.2
b-55-e-16iso	3.04	—	−1 538.8	0.03	—	—	—
b-55-e-17iso	1.29	—	−1 540.7	0.77	—	—	—
b-55-e-18iso	4.40	—	−1 542.2	0.52		—	—
b-55-e-19iso	1.91	—	−1 543.7	0.55	—	—	—
b-55-e-20iso	5.66	—	−1 489.8	0.67		—	—
b-55-e-2iso	4.78	—	−1 164.5	0.29	—	—	—
b-55-e-3iso	2.31	—	−1 169.1	0.52	—	—	—
b-55-e-4iso	4.96	38.36	−1 172.3	1.0	—	—	—
b-55-e-5iso	4.53	—	−1 176	0.13	—	—	—
b-55-e-6iso	10.05	—	−1 404	0.51	—	—	—
b-55-e-7iso	2.78	—	−1 406.7	0.4	—	—	—
b-55-e-9iso	2.73	—	−1 409.2	0.29	—	—	—
b-56-e-94-I-10-5iso	5.08	49.7	−448.0	1.01	2.51	9.8	3.3
b-59-i-94-O-11-3iso	5.18	—	−1 194.2	0.3	—	1.5	40.5
b-59-i-4iso	2.27	—	−1 197.0	0.32	—	—	—
b-59-i-5iso	0.84	—	−1 200.1	1.16	—	—	—
b-59-i-6iso	2.67	—	−1 204.0	0.89	3.69	1.5	28.7
b-59-i-7iso	1.16	—	−1 208.5	1.66	—	—	—

续附录 F

样品编号	孔隙度(%)	渗透率(μd)	样品深度(m)	吸附气含量(cm^3/g)	总气体含量(平均/井)(cm^3/g)	Ord 地层 GIP(bcf/section)	Garbutt-Moosebar 地层 GIP(bcf/section)
b-66-d-94-O-15-2iso	6.22	—	−527.8	0.18	—	—	—
b-66-d-3iso	4.46	—	−530.0	0.17	—	—	—
b-66-d-4iso	8.20	—	−532.0	0.31	—	—	—
b-66-d-5iso	5.44	—	−534.4	0.18	—	—	—
b-66-d-6iso	6.50	32.93	−538.0	0.19	—	—	—
b-66-d-7iso	6.40	—	−540.0	0.11	—	—	—
b-66-d-8iso	5.05	—	−545.7	0.2	4.12	4.9	28.7
b-70-b-94-H-16-2iso	9.78	—	−824.2	0.31	7.53	3.6	20.1
b-76-d-94-I-2-2iso	15.72	—	−652.2	0.29	10.08	3.5	57.2
b-79-g-94-O-11-10iso	3.61	—	−1 618.5	0.34	—	—	—
b-79-g-2iso	1.14	—	−1 617.6	0.66	—	—	—
b-79-g-3iso	1.70	—	−1 622.2	0.58	11.46	13.9	115.1
b-79-g-4iso	270	—	−127.6	1.06	—	—	—
b-79-g-5iso	3.80	—	−1 631.2	0.12	—	—	—
b-79-g-6iso	8.4	—	1 634.1	0.44	—	—	—
b-81-g-94-H-16—2iso	5.68	—	−810.2	0.25	3.91	2.1	7.0
b-81-i-94-H-4-2iso	11.17	—	−1 171.2	0.56	8.97	4.3	14.2
b-95-i-94-P-12-2iso	1.78	—	−340.2	0.37	2.07	2.4	2.5
b-95-j-3iso	10.76	—	−341.3	0.21	—	—	—
b-95-j-4iso	9.38	—	−342.6	0.86	—	—	—
b-95-j-5iso	10.23	55.61	−344.2	0.73	—	—	—
b-95-j-6iso	7.45	3.3	−346.8	0.17	—	—	—
b-95-j-7iso	10.48	244.26	−348.2	0.13	—	—	—
b-95-j-8iso	5.41	84.31	−351.35	0.19	—	—	—
c-15-e-94-H-16-2iso	6.4	—	−858.3	0.21	5.23	2.1	11.7
c-16-d-94-H-10-2iso	5.91	—	−992.68	0.68	4.76	3.7	10.1
c-26-a-94-P-11-3iso	1.11	—	−392.05	0.55	1.89	2.7	2.5
c-26-a-4iso	4.42	72.34	−393.95	0.76	—	—	—
c-26-a-6iso	4.35	—	−397.7	0.22	—	—	—
c-26-a-8iso	9.15	—	−399.45	0.32	—	—	—
c-30-k-94-P-6-3iso	2.82	35.21	−465.9	0.85	—	—	—
c-30-k-4iso	2.2	—	−467.1	0.58	1.54	1.1	1.1
c-32-e-94-H-16-2iso	11.57	—	−819.25	0.49	7.60	2.1	17.8
c-32-I-94-H-9-2iso	9.06	—	−913.35	0.52	8.27	7.2	31.2
c-35-h-94-A-14-2iso	4.03	—	−863.2	0.51	4.96	12.8	33.9
c-35-b-3iso	5.1	—	−864.8	0.51	—	—	—
c-35-b-4iso	9.8	—	−867.6	0.31	—	—	—
c-42-g-94-I-3-2iso	9.72	—	−656.2	0.29	6.29	38.7	38.1

续附录 F

样品编号	孔隙度(%)	渗透率(μd)	样品深度(m)	吸附气含量(cm³/g)	总气体含量(平均/井)(cm³/g)	Ord 地层 GIP(bcf/section)	Garbutt - Moosebar 地层 GIP(bcf/section)
c-51-b-94-O-14-2iso	2.61	—	−1 237.1	0.43		—	—
c-51-b-5iso	6.32	—	−1 244.0	0.58	6.52	8.8	65.4
c-56-I-94-h-9-2iso	12.54	—	−892.9	0.69	9.17	10.5	32.0
c-62-b-94-H-11-2iso	1.65	—	−1 030.1	0.62	3.15	0.9	6.2
c-62-b-3iso	3.26	—	−1 025.2	0.4	—	—	—
c-63-d-94-P-1-1iso	7.97	35.21	−498.4	0.66	—	—	—
c-63-d-2iso	7.95	—	−499.7	0.57	3.60	1.0	7.0
c-74-f-94-H-16-2iso	11.04	—	−793.75	0.43	6.72	2.3	15.5
c-74-j-3iso	1.61	—	−1 073.8	0.39	1.49	0.3	8.6
c-74-j-4iso	1.69	—	−1 075.5	0.26	—	—	—
c-78-I-94-H-9-2iso	5.93	—	−858.6	0.39	5.27	−0.7	17.7
c-80-g-94-H-16-2iso	9.55	—	−830.1	0.26	9.91	3.9	22.0
c-80-g-3iso	10.51	—	−824.75	0.52	—	—	—
c-84-f-94-I-3-2iso	11.79	61.59	−659.8	0.15	7.87	29.0	36.4
c-89-g-94-B-16-2iso	6.18	—	−1 322.4	0.66	7.12	22.6	23.1
c-8-I-94-H-5-4iso	2.98	20.14	−1 279.3	0.55	3.11	0.9	5.5
d-10-c-94-H-7-2iso	2.73	—	−1 068.9	0.61	—	—	—
d-10-c-4iso	1.7	—	−1 081.8	0.63	2.22	0.8	10.0
d-13-k-94-H-7-2iso	1.86	—	−1 121.3	0.84	9.42	2.5	23.2
d-13-k-7iso	14.55	—	−1 125.0	0.39	—	—	—
d-20-h-94-I-9-3iso	9.35	—	−339.0	0.5	2.97	−3.7	3.7
d-23-L-94-H-2-2iso	2.31	—	−1 034.8	1.0	2.97	4.1	30.2
d-24-L-94-H-2-4iso	4.19	—	−1 044.9	0.25	4.61	1.3	55.0
d-33-f-94-P-13-2iso	10.97	—	−2 983.3	0.15	—	—	—
d-33-f-3iso	12.92	—	−300.7	0.39	—	—	—
d-33-f-4iso	8.86	—	−301.1	0.13	—	—	—
d-33-f-5iso	10.51	—	−303.5	0.49	—	—	—
d-33-f-6iso	5.33	—	−305.5	0.36	2.41	2.6	2.8
d-33-f-7iso	3.94	—	−309.9	0.65	—	—	—
d-33-f-9iso	5.01	—	−312.8	0.41	—	—	—
d-33-j-94-H-7-3iso	9.58	—	−1 131.9	0.22	—	—	—
d-33-j-5iso	2.71	—	−1 137.7	0.38	6.72	4.2	18.1
d-38-k-94-H-9-4iso	6.25	—	−888.5	0.55	5.35	1.8	14.7
d-47-c-94-H-10-2iso	3.76	—	−967.35	0.67	3.99	0.8	9.2
d-51-f-94-H-16-3iso	9.54	—	−818.75	0.36	7.16	2.0	17.6
d-55-e-94-H-6-3iso	2.82	—	−1 130	0.7	3.86	3.3	30.4
d-55-f-94-P-6-2iso	8.80	—	−476.35	0.65	—	—	—
d-55-f-3iso	10.39		−478.45	0.48	—	—	—

续附录 F

样品编号	孔隙度(%)	渗透率(μd)	样品深度(m)	吸附气含量(cm^3/g)	总气体含量(平均/井)(cm^3/g)	Ord 地层 GIP (bcf/section)	Garbutt - Moosebar 地层 GIP (bcf/section)
d-55-f-4iso2	6.09		−483.1	0.66	—	—	—
d-55-f-5iso	8.68	—	−485.55	0.78	—	—	—
d-55-f-6iso	8.26		−487.5	0.78	8.70	10.2	10.1
d-55-h-94-P-12-2iso	1.60		−377.2	0.42	—	—	—
d-55-h-3iso	3.94	0.88	−380.6	0.43	—	—	—
d-55-h-4iso	5.41	57.21	−382.7	0.98	—	—	—
d-55-h-5iso	7.07	—	−384.8	0.4	—	—	—
d-55-h-6iso	10.19	—	−386.4	0.43	2.43	2.5	2.7
d-57-L-94-H-8-2iso	4.24	—	−1 120.2	0.46	—	—	—
d-57-L-4iso	2.73	—	−1 127.6	0.96	4.90	0.7	15.1
d-65-d-94-P-7-6iso	2.37	—	−531.1	1.23	—	—	—
d-65-d-10iso	1.62	—	−531.95	0.76	3.05	2.9	2.8
d-65-d-10iso	6.02	22.21	−534.75	0.61	—	—	—
d-65-d-11iso	9.71	—	−535.8	0.69	—	—	—
d-65-d-1iso	6.62	10.86	−528.9	1.13	—	—	—
d-65-d-5iso	3.90	142.85	−529.9	1.21	—	—	—
d-65-d-8iso	1.13	—	−532.75	0.51	—	—	—
d-66-i-94-G-1-3iso	5.31		−1 310.4	0.76	7.04	1.5	118.9
d-67-k-94-H-2-iso	3.56	—	−1 044.4	0.43	3.66	0.8	32.7
d-68-c-94-H—7—2iso	2.68	—	−1 086.2	1.14	6.21	3.6	21.0
d-68-c-7iso	6.01	—	−1 092.5	0.35	—	—	—
d-71-g-94-1-1-2iso	7.56	—	−637.3	0.36	5.62	5.0	5.0
d-75-e-94-N-8-6iso	6.17	—	−1 791.8	0.63	14.49	31.0	356.1
d-75-e-9iso	8.81		−1 792.7	0.98	14.56	—	—
d-76-j-94-h-10-2iso	7.42	—	−848.7	0.47	6.41	3.2	10.5
d-77-f-94-H-3-3iso	1.28	—	−1 063.8	1.05	5.74	4.4	31.7
d-77-f-4iso	9.69	—	−107.4	0.25	—	—	—
d-84-c-94-H-16-2iso	11.80	—	835.4	0.46	9.58	2.6	25.8
d-92-f-94-H-16-3iso	12.35	—	−839.4	0.26	9.76	3.3	27.1
d-93-b-94-h-16-3iso	13.13	—	−848.0	0.44	10.65	2.1	30.7
d-94-1-94-B-B-2iso	4.46	18.05	−618.7	0.35	—	—	—
d-94-q-3iso	4.04	—	−621.9	0.25	1.95	4.6	20.4
d-94-1-4iso	1.51	—	−625.1	0.15	—	—	—
d-99-g-94-H-16-2iso	4.58	—	−788.75	0.38	3.26	0.7	7.5
d-99-i-94-H-9-2iso	7.76	—	−863.44	0.66	6.27	5.8	20.1
d-99-k-94-H-2-3iso	4.78	—	−1 062.6	0.68	4.81	7.9	27.8

Texas 州 Bend 背斜带—Fort Worth 盆地密西西比系 Barnett 页岩的地质结构以及 Barnett-古生代总含油气系统

Pollastro R M, Jarvie D M, Hill R J, Adams C W
(Certral Energy Resources Team, V. S. Geological Survey)

摘　要:描述了 Barnett 页岩的主要地质特征与评价标准,同时描述了 Fort Worth 盆地 Barnett-古生代含油气系统(TPS),并以此来确定 Barnett 页岩油气资源评价中的两个有利勘探地质区域,称之为"评估地层单元"。美国地质局评估 Barnett 页岩中可开采的天然气潜在资源量达到 26tcf。

Texas 州 Bend 背斜带—Fort Worth 盆地区域的 Barnett 页岩为古生代储层中主要的一套产油气烃源岩,同时也是 Texas 区域最重要的产气地层之一。由测井资料以及商业数据库绘制的图件和地层的油气地球化学特征表明 Barnett 页岩中有机质富集,生烃的热成熟度超过 Bend 背斜带—Fort Worth 盆地绝大部分的其他地层。在邻近 Muenster 背斜带的 Fort Worth 盆地东北部以及构造最深的区域,地层沉积厚度超过 1 000ft (305m),同时与石灰岩地层单元层互层分布,向西逐渐变薄,至密西西比系 Chappel 陆架区域,沉积厚度只有几十英尺。

Barnett-古生代总含油气系统界定为达到热成熟的 Barnett 页岩生成了大量烃类气体的区域,同时生成的烃类气体:①在 Barnett 页岩中形成非常规的连续型聚集,②运移、分散至众多的寒武系常规碎屑岩、碳酸盐岩储层中。镜质体反射率(R_o)的测量值表明其与现今的埋深关系不大。Barnett 页岩的 R_o 等值线分布图以及生烃的类型表明地层埋藏后期经历了巨大的抬升和剥蚀作用。另外,地层的热成熟度史由于受沿着 Ouachita 逆断层前缘以及 Mineral Wells-Newark East 断层系统的地热事件作用的影响而加强。

我们根据地层的岩石组成以及热成熟度确立了 Barnett 页岩的两个有利产气评价区域地层:①一个为较大的 Newark East 气田中压裂困难的连续型 Barnett 页岩产气评价区域,为最佳的产气区域,由致密非渗透性的石灰岩上、下包围着达到生气窗的 Barnett 厚层(≥300ft,≥91m)页岩(R_o≥1.1%);②另外一个为分布广泛,达到生气窗的 Barnett 页岩有利产气评价区域,但是厚度不到 300ft(90m),同时其上覆和下伏石灰岩地层至少有一个缺失。

引　言

Texas 中北部 Bend 背斜带—Fort Worth 盆地区域为一成熟的含油气区域(图 1),此区域的油气勘探与开发起始于 19 世纪初。1998 年以前,常规储层中油气主要产于奥陶系—二叠系(Ball 和 Perry, 1996)。然而现在认识到密西西比系 Barnett 页岩中形成的大规模连续型(非常规)非伴生天然气聚集具有十分重要的勘探意义。

自 2000 年以来,Barnett 页岩的年产气量使其较大的 Newark East 气田成为 Texas 最大的气田(图 1)(EIA, 2002; Rach, 2004)。如今 Barnett 页岩 Newark East 气田年产气量为全美第二(EIA, 2005)。由 1993 年至 2006 年 1 月的累计产气量达到 1.8tcf;2005 年

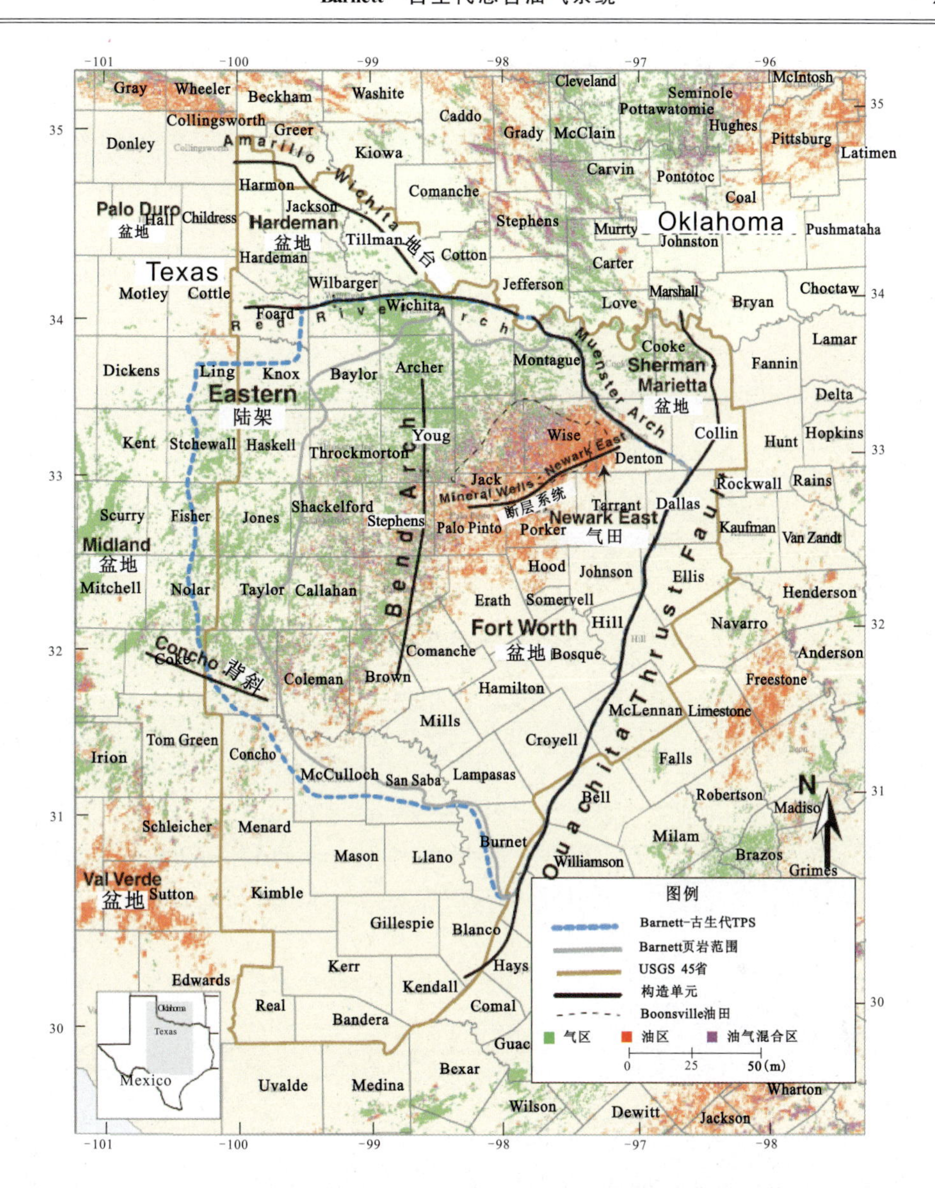

图 1 美国地质局确定的 Bend 背斜带—Fort Worth 盆地区域的地理位置及其主要构造特征
其中包含了 Newark East 和 Boonsville 气田区域，密西西比系 Barnett 页岩的延伸范围，Barnett-古生代总含油气系统区域位置等。油点只包含有产油井，气点只包含有产气井，而混合点既包含有油井也包含有气井

的产气量为 480bcf，相比于 1993 年减少了 11bcf（德州铁路委员会，2006）。Newark East 气田的天然气探明储量估计达到 2.5～3.0tcf（Bowker，2003）。另外，美国地质局最近调查发现，Fort Worth 盆地中的两个 Barnett 页岩产气评价区域可开采的非探明储量达到约 26tcf（Pollastro 等，2004b；Pollastro，2007）。

美国地质局与 Adexco 制作公司（Fort Worth，Texas）联合利用测井资料、商业井数据库、科学文献构建了 Bend 背斜带—Fort Worth 盆地 Barnett 页岩的地质结构，并确定了 Barnett 页岩的地质范围，以及其与上覆、下伏地层之间的关系；明确了 Barnett 页岩中未探明油气资源的有利勘探区域。同时美国地质局与 Humble Geochemical Services 公司（Humble，Texas)联合建立了 Barnett 页岩的油气地化研究,以此来识别研究区域内的总含油气系统,主要的研究内容为:①识别主要的烃源岩;②描述古生带常规储层中油气以及 Barnett 页岩中连续聚集油气的特征;③判定哪些区域的 Barnett 页岩热成熟度处于生气窗。TOC 以及平均镜质体反射率值的分析由 Humble Geochemical Services 公司完成。Barnett 页岩中所取样品位置,以及其有机地化特征的描述,详细解释可参考 Javie(2007)以及 Hill(2007)等的文章。

我们的目的是在总含油气系统的背景下系统地回顾 Barnett 页岩的地质结构和热成熟度史。根据 Javie(2007)以及 Hill(2007)等的文章中对于 Barnett 页岩有机地球化学特征的解释,结合 Bend 背斜带—Fort Worth 盆地的地质结构来详细说明 Barnett -古生代的总含油气体系统,从而进一步确定 Barnett 页岩的地质范围以及其与待勘探的可开采油气资源有利区域之间的层位关系。最后这些关系和解释用来评价 Pollastro 等文章所讨论的 Barnett 页岩中潜在的天然气资源。

1. 总含油气系统,资源评价以及 Barnett 页岩的连续油气聚集

现在美国地质局对于未勘探油气资源的评价是基于含油气系统的评价方法(Klett 等,2000; Magoon 和 Schmoker, 2000; Pollastro, 2007)。与含油气系统类似,总含油气系统(TPS)包含的要素有烃源岩、储层、盖层以及烃类圈闭。总含油气系统不同于常规含油气系统的定义。Magoon 与 Dow(1994)对于常规含油气系统的定义为包含在一个区域范围内的所有已知的油气藏以及与其相连的特定的一套或多套成熟烃源岩。然而总含油气系统更有利于油气资源的评价,因为它还包括有由于烃类运移而聚集存在于成熟烃源岩中的待勘探的油气资源。总的来说,评价的地层单元都可以划分到两种油气聚集类型(常规型和连续型)中来,从而达到资源评价的目的,尽管某些油气聚集同时含有两种类型的特点(这表明过渡型油气聚集的存在)。(Schenk 和 Pollastro, 2002; Pollastro, 2007)。由于连续型油气聚集的评价方法与常规的油气聚集有很大的不同(Schmoker, 1999, 2002),在总含油气系统中,储层的描述对于评价待勘探油气资源至关重要。而 Texas Fort Worth 盆地的 Barnett 页岩是连续型页岩气聚集最典型的例子。在遍及整个 Bend 背斜带—Fort Worth 盆地钻井中收集大量的古生代含油气储层的样品以及 Barnett 页岩(也包括其他潜在的烃源岩)的岩心、岩屑,然后根据美国调查局以及 Humble Geochemical Services 公司联合提出的研究方法进行分析[图 2(a)]。研究发现 Bend 背斜带—Fort Worth 盆地区域有机质富集,密西西比系 Barnett 页岩为主要的烃源岩,为古生代储层提供了油气资源(Jarvie 等,2001; 2004a, b; 2005; 2007; Pollastro 等,2003; Hill 等,2007)。

虽然其他地层单元也具有一定的生烃潜力(包括有机质富集的宾夕法尼亚系),但是对于 Barnett 页岩所产的石油以及其中岩石提取物中各种油类之间的关系分析表明盆地分布的油气主要来源于 Barnett 页岩(Jarvie 等,2001, 2004)。例如利用气象色谱、生物标志、碳同位素等多方面的进行对比分析发现低成熟度 Barnett 页岩所产的石油与位于 Shackelford、Callahan 和 Throckmorton 县的盆地西部区域的常规储层中石油之间存在很大的相关性,所产石油硫含量均低,来源于海相烃源岩。类似地,同种石油的轻烃、生物标记、碳同位素等方面与中部 Barnett 页岩也具有很好的相关性。在奥陶系 Ellenburger 群—下二叠统所有储层中都含有 Barnett 页岩所产的油气(Jarvie 等,2004a, b; 2005; 2007; Hill 等,2007),因此确定了 Barnett -古生代总含油气系统的地层分布。奥陶系、密西西比系以及下宾夕法尼亚统储层主要为

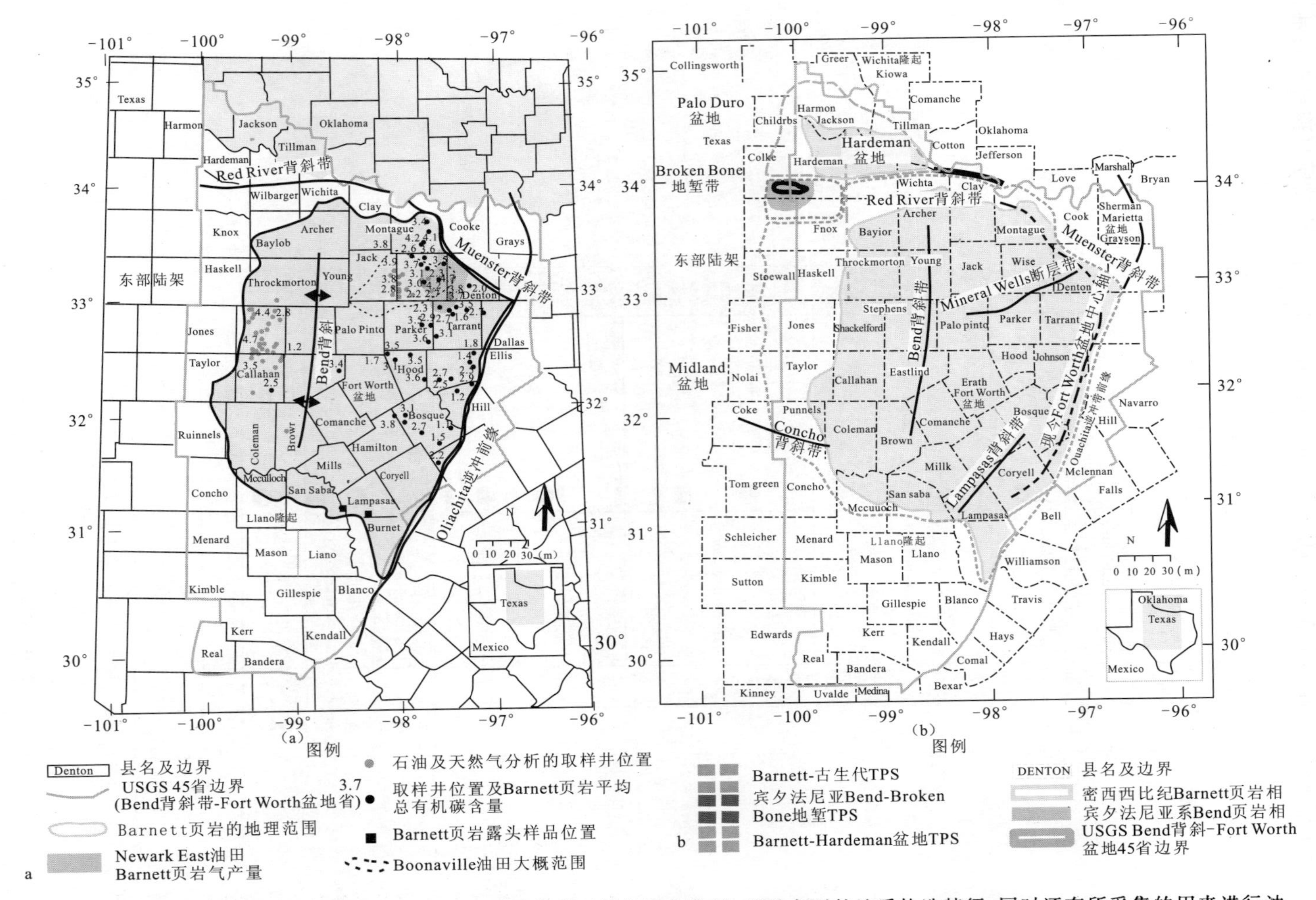

图 2 美国地质局确定的 Bend 背斜带—Fort Worth 盆地区域的地理位置，以及主要的地质构造特征，同时还有所采集的用来进行油气分析、有机碳含量分析样品的位置(a)；Barnett -古生代总含油气系统的边界范围以及在 Bend 背斜带—Fort Worth 盆地区域内的主要构造要素(b)(Pollastro，2003，有修改)

碳酸盐岩，而中、上宾夕法尼亚统地层主要为碎屑岩地层(图 3)。尽管最近对于 Barnett 页岩的开采与钻井提供了很多新的测井数据，但是 Bend 背斜带—Fort Worth 盆地的油气分布总体上如图 1 所示(2003 年绘制)，分布面积达 0.25mile²(0.64km²)。当一个储层只聚集有石油

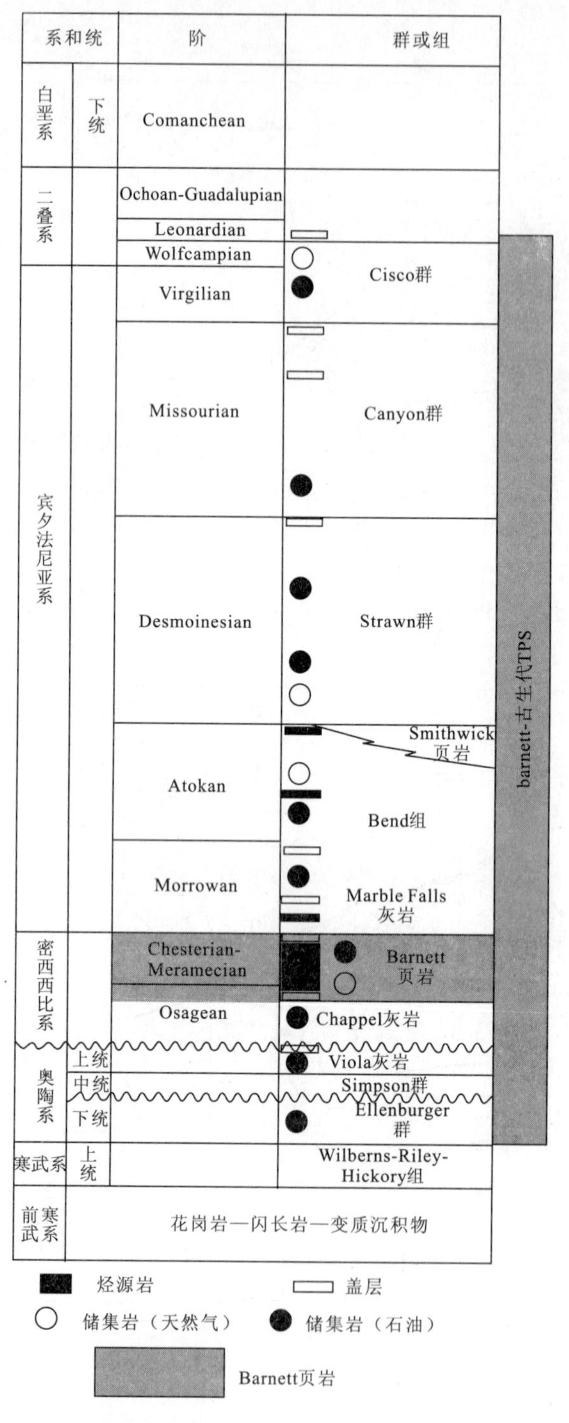

图 3　Bend 背斜带—Fort Worth 盆地区域的综合地层剖面图

该图显示了整个 Barnett -古生代含油系统的烃源岩、储层、盖层(Pollastro, 2003, 修改)

时，就把它称为油藏；如果只有天然气聚集于其中则称之为气藏；如果既含有石油，又含有天然气，则称之为油气藏。

Bend 背斜带—Fort Worth 盆地中的油气分布与 Barnett 页岩烃源岩的热成熟趋势有密切的关系。绝大部分的气藏分布于盆地东北部区域或沿着 Ouachita 逆断层前缘的区域，这些区域是盆地热成熟较高、埋藏较深的区域。油藏则主要分布于盆地的西部和北部区域，该区域盆地烃源岩的热成熟度中等或偏低。而油气藏则主要分布于油藏、气藏过渡区域。

盆地的东部以及沿着 Ouachita 逆断层前缘的区域缺少可开采性油、气藏的主要原因有以下几点：①区域没有很好的常规储层；②图 1 中的美国地质局(2004)评价时所用录井数据仅限制在 2003 年以前，而 2003 年以后，在 Barnett 页岩中完成的钻井大约 3 000 口，其中有几百口井位于盆地的东部区域。

图 1 和图 2(b)大致圈定了 Barnett -古生代总含油气系统的地质边界；图 4 总结了 Barnett -古生代总含油气系统的含油气系统要素和地质事件。

2. Bend 背斜带—Fort Worth 盆地的构造演化与总体地层分布

Fort Worth 盆地为 Texas 中北部—南北向狭长的浅层凹槽，区域面积达 15 000 mile^2 (38 100 km^2)(图 1)。它是晚古生代 Ouachita 造山运动形成的几大前陆盆地之一，经历的主要构造事件为构造碰撞而产生的逆冲-褶皱变形作用(Walper，1982；Thompson，1988)。Ouachita 逆断层前缘为 Fort Worth 盆地的东部边界区域(图 1、图 2)。该走向上的其他盆地包括有 Black Warrior、Arkoma、Kerr、Val Verde 和 Marfa 盆地(Flawn 等，1961)。

Fort Worth 盆地为一楔形、向北逐步加深的凹陷盆地，总体的结构分布如 Ellenburger 群地层构造等高线图(图 5)所示。该盆地与盆地北东北边界区域的 Muenster 背斜带大致相平行，然后向南延伸至与 Ouachita 构造带前缘平行(图 5)。

Fort Worth 盆地的反向与正向边界线由于早、中宾夕法尼亚世 Ouachita 褶皱带向东逐步上升而向西，西北逐步转移(Tai，1979)。盆地的北部边界形成于 Red River 与 Muenster 背斜带的断层边界基底的抬升(图 5)时。这些是 Amarillo - Wichita 西北向显著性抬升的一部分，形成于基底断层的再生，与 Ouachita 压实过程中 Oklahoma 坳拉槽密切相关(Walper，1977，1982)。

Fort Worth 盆地向西逐渐变浅，与一系列平缓构造相连，包括 Bend 背斜带、Eastern 大陆架以及 Concho 背斜带[图 2(b)]。Bend 背斜为 Texas 中部的 Llano 隆起带向北逐步延伸形成的大型地下构造(图 1、图 2)，为 Fort Worth 盆地于晚密西西比世的沉积形成，同时受晚古生代向西的倾斜作用(形成了西部的米德兰盆地)的影响(Walper，1977，1982；Tai，1979)。因此，Bend 背斜为一未经过剧烈抬升的弯曲构造高点；它代表了当前 Fort Worth 盆地主要的西部边界线。Llano 隆起在前寒武纪和古生界(寒武系—宾夕法尼亚系)地层中形成上凸状的特征，为 Fort Worth 盆地的南部边界(图 2、图 5)。Llano 隆起在前寒武纪开始有间歇性的正向运动(Flawn 等，1961)。在 Lampasas 和 San Saba 县的 Barnett 页岩地层沿着隆起带暴露于地表(Grayson 等，1991)。盆地的第二构造特征为盆地南部的 Lampassas 背斜带，它从 Llano 隆起向东北方向延伸，最后与 Ouachita 构造带前缘紧密平行[图 2(b)]。

Fort Worth 盆地所含有的其他构造包括：①大、小断层；②局部褶皱带；③裂缝；④Ellenburger 群地层中的岩溶相关的坍塌构造；⑤逆冲褶皱构造。主要的逆向断层(可能为走滑断

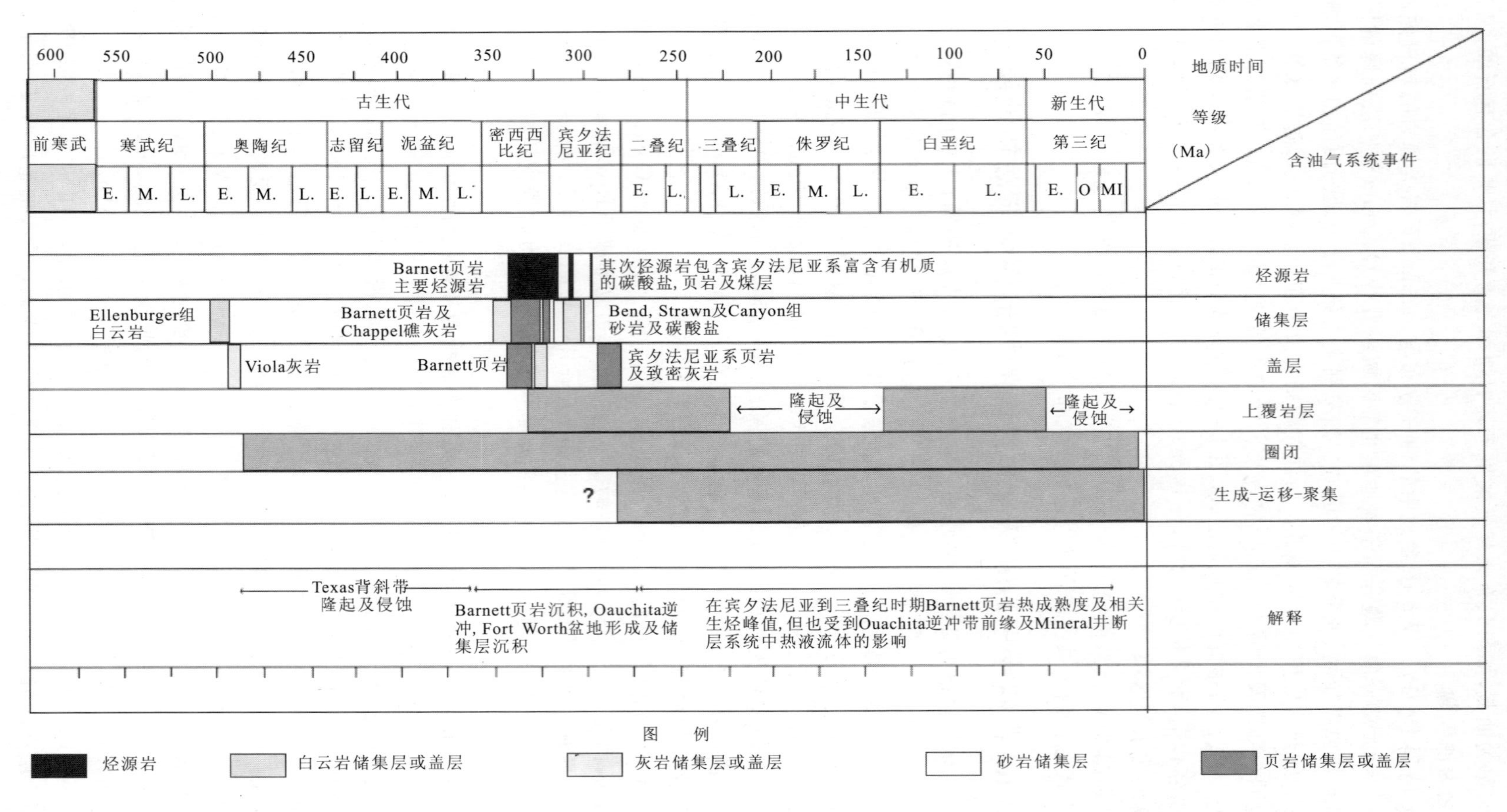

图 4　Fort Worth盆地的Barnett-古生代总含油气系统的事件表，E=早期，M=中期，L=晚期，O=渐新世，Mi=中新世

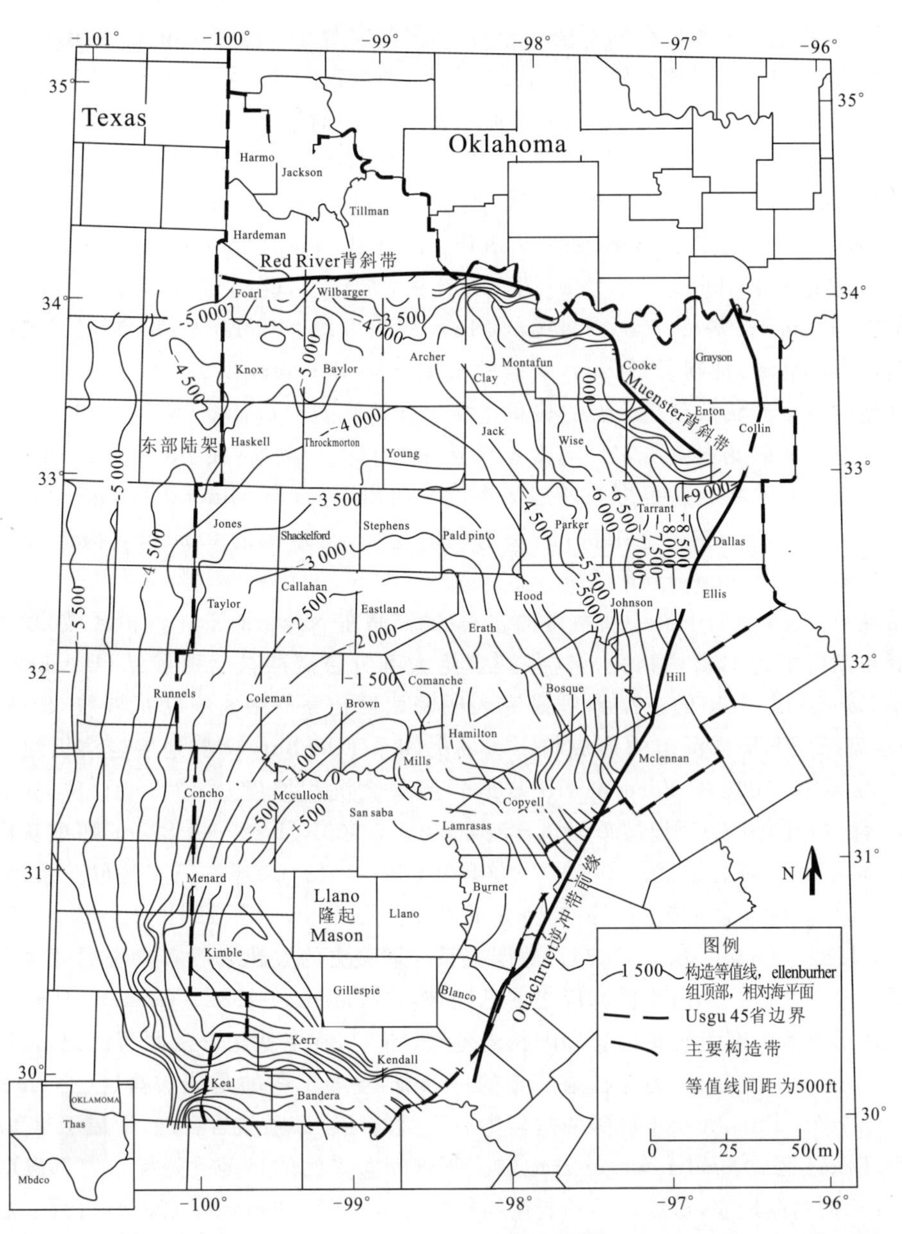

图 5 Texas 州中北部 Bend 背斜带—Fort Worth 盆地 Ellenburger 群地层的顶面构造等高线图
数据来源于地下测井和 HIS 的测井数据库(ISH Energy,2003)

层)确定了 Red River 和 Muenster 背斜带的南部边界(Flawn 等,1961; Henry, 1982)。Montague 县密西西比系(主要为 Barnett 页岩)的等厚线图表明 Fort Worth 盆地北部局部断块的存在(Henry, 1982)。逆冲褶皱构造解释了存在于盆地最东部的地层,它包含或者覆盖了密西西比系以及更古老的地层。在 Barnett 页岩的主要产气区域一个重要的构造特征为 Mineral Wells 断层[图 1、图 2(b)],主要为东北—西南向趋势的构造,位于 Palo Pinto、Parker、Wise 和 Denton 县区域。断层的东北部分穿过 Newark East 气田;断层系统在非正式情况下也被称为 Mineral Wells - Newark East 断层系统(Pollastro 等,2003, 2004)。另外,对于 Mineral Wells 断层的来源现在并不是十分明了,因为它看起来与 Muenster 和 Red River 背斜带以及 Ouachita 逆向断层的断块没有直接的联系,而特定的地震资料表明它应该为一基底断层,可能由于密西西比纪的周期性运动(Pollastro, 2003)而遭受了周期性的再生活化作用,尤其是在晚古生代(Montgomery 等,2005)。研究表明 Mineral Wells 断层为一重要的地质因素,它的主要作用在于:①影响 Bend 组砾岩地层的沉积;②影响 Barnett 页岩的沉积模式与热演化史(Bowker, 2003; Pollastro, 2003; Pollastro 等,2004a; Montgomery 等,2006);③控制 Fort Worth 盆地北部 Boonsville 气田[图 2(a)]中生成伴生气的分布和运移(Jarvie 等 2003, 2004, 2005; Pollastro 等,2004);④Newark East 气田内的 Mineral Wells 断层区域以及与其相连裂缝贯穿的区域,抑制了 Barnett 页岩的气体产量(Bowker, 2003; Pollastro, 2003)。

在盆地的很多区域都存在小型的陡角正断层和地堑型构造特征(Reily, 1982; Williams, 1982),其构造方向的变化说明它们与大型构造单元相关。例如,在 Boonsville 和 Newark 气田区域高密度分布的井显示很多正断层为东北—西南走向,与 Mineral Wells - Newark East 断层平行或近似平行。在盆地中部,断层为南北走向,与东部的 Ouachita 构造带前缘相关(Adams, 2003; Montgomery 等,2005, 2006)。

由钻穿 Barnett 页岩的井中所取得的岩心(尤其是在 Newark East 气田区域)发现形成的天然裂缝与断层的走向密切相关。这些裂缝绝大部分被碳酸盐岩所胶结(Bowker, 2003)。最近关于 Boonsville 气田的三维地震研究表明密西西比系—中宾夕法尼亚统(Strawn 组地层)的中小型断层和局部沉陷的形成与下覆的奥陶系 Ellenburger 群地层岩溶坍塌作用密切相关(Hardage 等,1996)。Fort Worth 盆地岩层最大沉积厚度达 12 000ft(3 660m)(邻近 Muenster 背斜带的区域)。地层单元包含有 4 000～5 000ft(1 220～1 524m)厚的奥陶系—密西西比系碳酸盐岩、页岩地层;6 000～7 000ft(1 829～2 134m)厚的宾夕法尼亚系碎屑岩、碳酸盐岩地层,以及位于盆地东部很薄的白垩系风化盖层(Flawn 等,1961; Henry, 1982; Lahti 和 Huber, 1982; Thompson, 1988)。地层关系与埋藏史的重建表明宾夕法尼亚系上段地层以及二叠系地层可能在早白垩世海侵之前已经被剥蚀(Henry, 1982; Walper, 1982)。

沉积岩下方为前寒武纪花岗岩和闪长岩基底(图 3),在寒武纪—密西西比纪,该区域沉积了现在的 Fort Worth 盆地,为克拉通陆架的一部分,主要沉积的是碳酸盐岩(Turner, 1957; Burgess, 1976)。Ellenburger 群碳酸盐岩为以广阔的陆缘碳酸盐岩台地,形成于早奥陶世,覆盖了整个 Texas 区域。Ellenburger 群地层沉积末期海平面的显著下降导致上部碳酸盐岩层序中,地台长期暴露地表,形成广泛的岩溶特征(Sloss, 1976;Kerans, 1988)。此外,后期大型的溶蚀事件导致该区域中志留系、泥盆系的地层缺失(Henry,1982)。在 Fort Worth 盆地的绝大部分区域,Barnett 页岩沉积与下伏岩层呈不整合接触。在 Chappel 陆架区域,Chappel 灰岩塔礁与石灰岩小丘体沉积于 Ellenburger 不整合地层上部。在该区域,下部 Barnett 页岩的上半部分沿着陆架逐渐变薄,披盖于灰岩塔礁与小丘体之上,对于 Chappel 石灰岩储层起到封盖的作用。

密西西比系岩层由浅海石灰岩和黑色、有机质富集的页岩组成;然而,由于密西西比地层缺少足够的标准化石,所以还不能对其准确地界定。宾夕法尼亚系(Morrwan 组)Marble Falls 石灰岩上覆于 Barnett 页岩之上,分为上部石灰岩段地层和下部深色灰岩与灰黑色页岩互层段,有时指 Comyn 段地层。下 Marble Falls 段地层的下部页岩通常作为一段指示层,但是在测井解释中还是经常将其弄错为 Barnett 页岩(非正式情况下将它称为"伪 Barnett 页岩")。这段下 Marble Falls 段地层中下部的页岩指示层(或伪 Barnett 页岩层)在图 6 中的测井剖面以及图 7、图 8 的连井剖面都显示出来。最上部的密西西比系地层和最下部的宾夕法

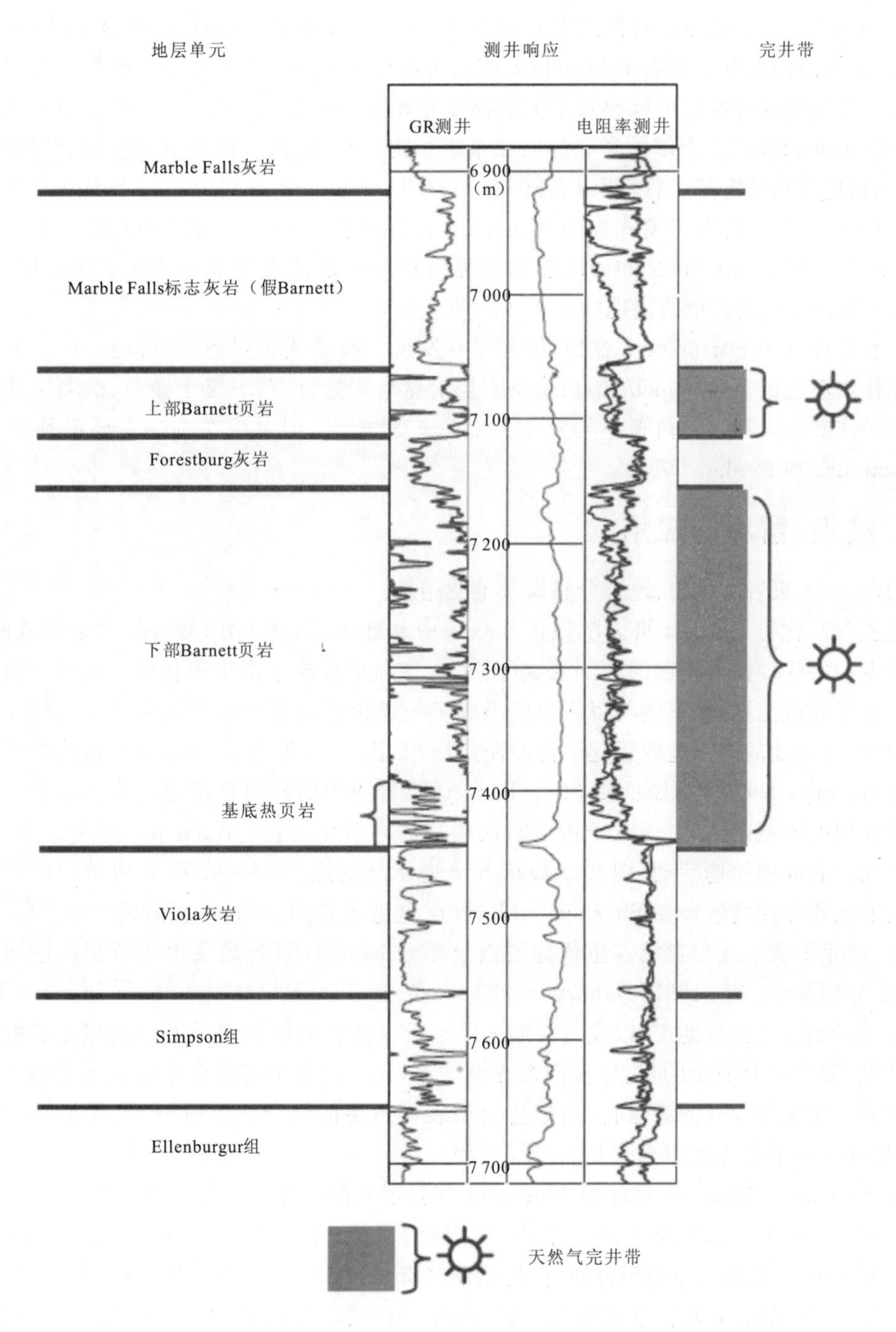

图 6 Barnett 页岩及其上覆地层的剖面中典型的伽马测井和电阻率曲线

尼亚系地层呈整合接触，但是局部地区也存在不整合情况（最邻近 Muenster 背斜带的区域地层）(Flippin, 1982; Henry, 1982)。

Marble Falls 组地层上部的宾夕法尼亚系地层通常含有碎屑岩和混合碳酸盐岩沉积物，形成于向西推进的河相-三角洲沉积环境，以及海侵碳酸盐岩堤岸相沉积环境（Cleaves, 1982; Thompson, 1988）。陆源碎屑物主要来源于 Muenster 背斜带、Ouachita 褶皱带，同时逆冲断层向东、北方向的抬升作用表示 Ouachita 构造带前缘前推的阶段为盆地沉积和填充的主要阶段。向西推进的逆冲断层前缘导致了沉积物填充和盆地的形成，引起了沉积中心向西逐步转移（Thompson,1988）。下部的宾夕法尼亚系沉积物含有 Atokan 砾岩、砂岩、页岩以及薄层石灰岩，沉积环境包括海相、滨海相以及陆相沉积环境（Thompson, 1982）。下部的宾夕法尼亚系（Atokan 组地层）的沉积模式表明 Muenster 背斜带在大抬升之前为该地层一有效物源区（Lovick 等,1982）。沿 Muesnster 背斜带区域地层中断层的再复活与其构造活动相关，同时伴随有 Oklahoma 坳拉槽的出现。

二叠系存在于 Fort Worth 盆地，但是没有发现三叠系或侏罗系，这可能是由于前白垩纪的侵蚀作用引起的。Comanche 组白垩系岩层沿盆地东部分布，上覆于倾斜、被剥蚀的古生代岩层上（Walper, 1982）。白垩系岩层不具备有产烃能力，但是现在为一主要的地下蓄水层（Herkommer 和 Denke, 1982）。

3. 结果、解释与应用

1)Barnett 页岩沉积物、地理分布以及地层结构

晚密西西比世 Barnett 页岩沉积于 Texas 中北部区域，在 Fort Worth 盆地形成的早期，位于早期古生代坳拉槽南部的边部区域（图 9）。该盆地形成于南美洲板块与北美洲板块的碰撞。在汇聚和碰撞期间，下坳与沉积主要形成于与坳拉槽关系微弱的再生地层区域。早宾夕法尼亚世，在盆地的东部边缘引起了掩冲断层作用（图 10），形成了 Ouachita 地槽并开始了造山运动（Henry, 1982; McBee, 1999）。Barnett 页岩当中的碎屑物质很可能来源于初期向东有俯冲作用的区域，也可能来源于古老断块构造的再活化，例如 Muenster 和 Red River 背斜带向东北和北向的构造活动（图 9）。Ouachita 逆断层前缘和 Muenster 背斜带中活跃的抬升作用而非沉积作用能解释在 Sherman－Marietta 盆地东北部 Barnett 页岩地层缺少的原因[图 2(b)]。整个下宾夕法尼亚统古生代地层以及部分 Barnett 页岩地层由于断块构造运动被剥蚀而缺失（Flawn 等,1961; Henry, 1982）。位于 Texas、Oklahoma、Arkansas 和 New Mexico 的 Barnett 页岩地层，以及其同期地层单元很显然沉积于 Ouachita 地槽边界的陆架或盆地区域（图 9）。Barnett 页岩厚度向东逐渐变厚（图 11）表明物源在东或东北方向。黑色的含油泥岩以及局部存在的海绿石、磷酸盐物质表明地层的沉积速度缓慢，尤其是 Fort Worth 盆地 Barnett 页岩的基底部分（Mapel 等,1979）。

在 Sherman－Marietta 盆地的 Muenster 背斜带北部以及 Ouachita 逆冲断层带东部，Barnett 页岩层段缺失（图 2），图 1、图 2 和图 11 描绘了 Bend 背斜带 Fort Worth 盆地（Pollastro, 2003) Barnett 页岩的现今地理分布，由地质测井资料、HIS 井史数据（IHS Energy,2003）以及 Mapel 等(1979)的测井数据绘制而成。如今 Barnett 页岩存在于 Hardema 盆地北部的区域，形成倾油型 Barnett 页岩含油气系统（Pollastro 等,2004a, b)，即 Barnett－Hardeman 总含油气系统[图 2(b)]；同时 Midland、Delaware 和 Palo Duro 盆地西部也存在有 Barnett 页岩。由

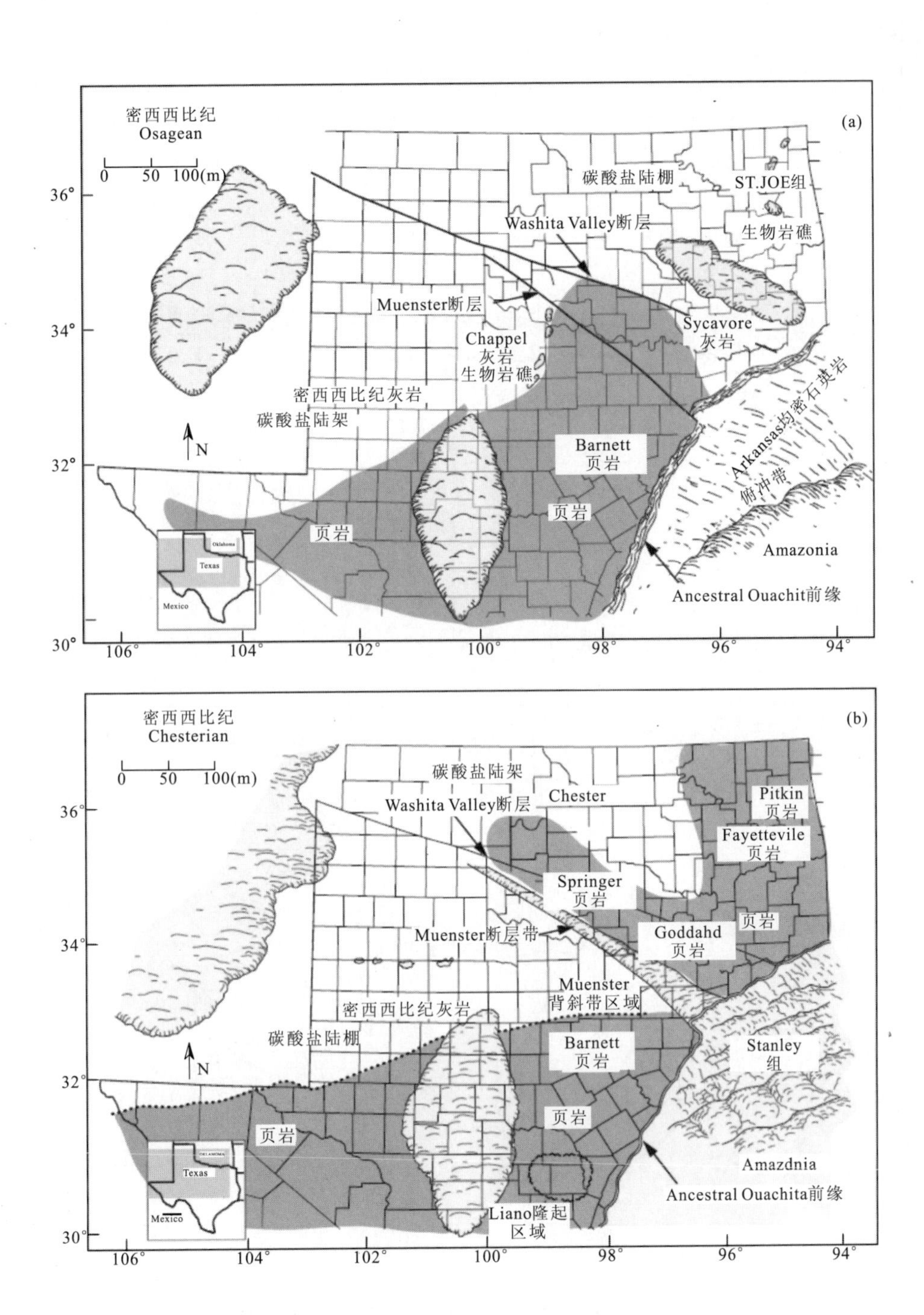

图 9 密西西比纪时期 Texas 北部以及 Oklahoma 西南部的古地理图(McBee 修正,1999)
(a)Osagen 为 Fort Worth 盆地附近的初期沉降带以及随后的隆起带、Barnett 页岩的下部沉降区(深色阴影区域)、Chappel 陆架、生物岩礁的位置;(b)Chensterian 显示了 Barnett 页岩上部层段或其等时层段主要的构造形态和面积分布,浅色阴影区域为上升区

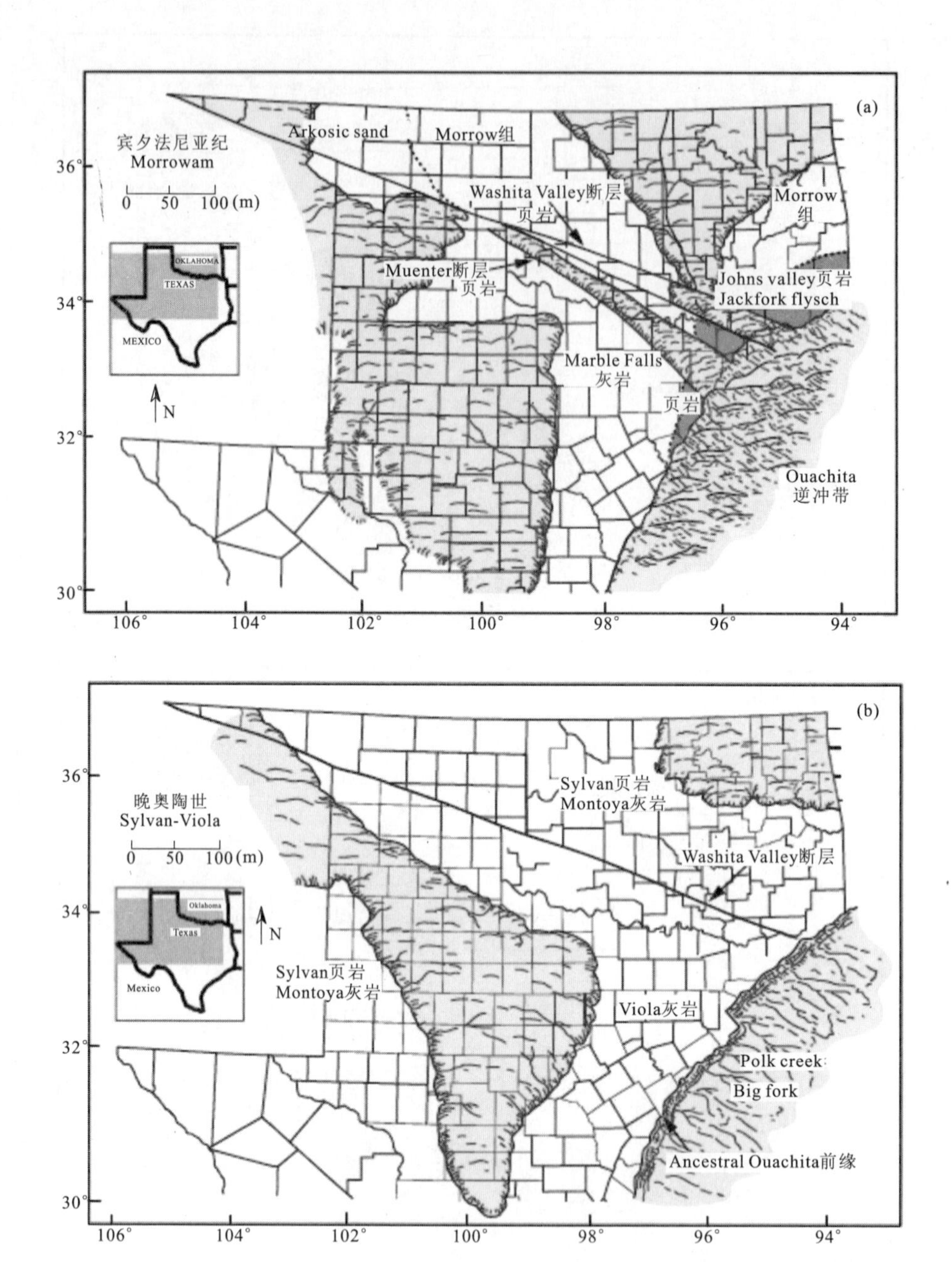

图 10　Texas 中北部以及 Oklahoma 西南部的古地理图

(a)宾夕法尼亚纪(Morrowan 世)Ouachita 逆冲作用位置,持续的地层抬升,盆地逐渐形成。同时包含有 Marble Falls 组地层中石灰岩和页岩沉积物的沉积区域;(b)上奥陶统 Viola 组石灰岩和 Sylvan 组页岩沉积物的区域位置。浅灰色为突出部分(Mcbee,1999,修改)

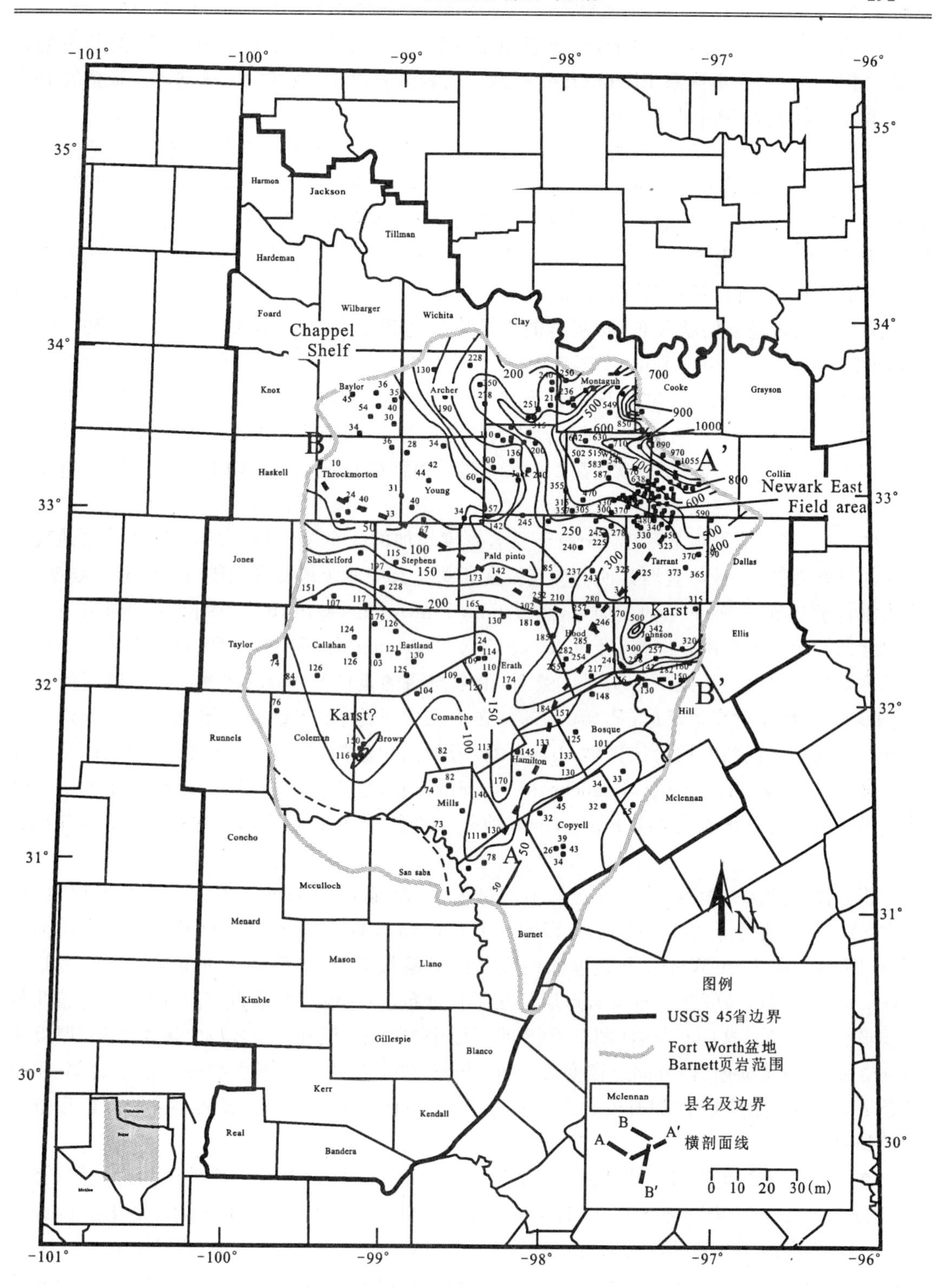

图 11 Barnett 页岩的延伸范围以及 Barnett 页岩的区域等厚图

厚度由 0～300ft 时等值线间隔为 50ft，由 300～1 000ft 时等值线间隔为 100ft。同时还有图 7、图 8 中条剖面 AA′、BB′的位置(Pollastro，2003，修改)

于侵蚀导致沿着东部陆架的 Barnett 页岩地层缺失，沉积主要为沿着 Chappel 陆架分布的石灰岩(图 9)。但是在奥陶系 Ellenburger 群地层的岩溶表面还是发现了一些小型、孤立的 Barnett 页岩残余地层(Mapel 等，1979)。

根据超过 300 口井的地质测井资料绘制了包含有 Barnett 页岩及其上覆、下伏地层的几幅地层剖面图和等厚线图。图 11 为 Bend 背斜带—Fort Worth 盆地 Barnett 页岩的等厚图。该区域地层的地理范围北部受 Red River 和 Muenster 背斜带控制，南部、东南部受 Ouachita 构造带前缘的控制，在 Fort Worth 盆地的北部，Barnett 页岩的平均厚度达 150ft(76m)；在盆地邻近 Muenster 背斜带的最深区域沉积厚度最大，超过 1 000ft(305m)(图 11)，该区域地层中页岩与石灰岩呈互层状分布，石灰岩的累计厚度达到 400ft(122m)(Mapel 等，1979；Henry，1982；Bowker，2003；Pollastro，2003；德州铁路委员会，2003)。Barnett 页岩向西逐渐变薄，到密西西比 Chappel 陆架区域以及沿着 Llano 隆起带的区域沉积厚度只有几十英尺(图 8 和图 11)。总的来说，Barnett 页岩缺失的区域为：①沿着 Red River 和 Muenster 背斜带北部和东北部被侵蚀的区域；②沿着 Llano 隆起带南部的区域；③盆地向西的区域，那里受剥蚀作用影响，沉积物转变为石灰岩。

图 11 的等厚线图也显示出 Barnett 页岩厚度增加的 3 个总体趋势方向，这些与盆地现今的几何形态无关，但是与盆地其他的构造要素相关。其中两个增厚带包围着 Chappel 陆架：一个为垂直于 Bend 背斜的东西走向带，经过 Palo Pinto、Shackelford 和 Stephens 县；另一个为盆地北部的西北—东南走向带，经过 Jack、Clay 和 Archer 县(图 11)。Barnett 页岩沿这些走向厚度增加的原因并不是十分明了。然而，由东向西的走向与 Barnett 页岩热成熟度的趋势[由平均镜质体反射率值反应(R_o=0.9%)，在下文中讨论]是接近一致的(图 12)。Pollastro(2003)认为东西向的断层对该区域 Barnett 页岩的沉积起控制作用。第三个 Barnett 页岩厚度增加带经过 Hood、Erath、Comanche 和 Hamilton 县，位于盆地北部，近似平行于 Ouachita 构造带的前缘。这可能代表着 Fort Worth 前陆盆地和 Barnett 页岩沉积物初期形成的初始方向。

根据图 6 的测井解释，建立综合的地层剖面，从而显示出 Barnett 页岩的岩性和厚度(图 7、图 8)。在盆地的绝大部分区域，该段地层基底的伽马测井响应为高值(基底富含有机质的页岩，图 6)。在 Fort Worth 盆地埋深最大的区域厚状地层(最厚达 1 000ft，305m)，邻近于 Muenster 背斜带，与厚状的石灰岩地层呈互层状分布，一些地区俗称为“石灰冲积层”(德州铁路委员会，2003)。这些石灰岩[图 7、图 8 的剖面中未显示，但在图 13(a)中描绘出来]厚度由 Muenster 背斜带向南、西方向逐渐变薄。Bowker(2003)认为它的沉积物源来自于北部(很可能是 Muenster 背斜带)的泥石流。图 8 显示了 Barnett 页岩在 Chappel 陆架区域向西逐渐变薄的趋势。

在 Newark East 气田区域，Barnett 页岩细分为上、下两段，并被一段碳酸盐岩地层(俗称为“Forestburg 石灰岩”)分离开来(Henry，1982)(图 6、图 7)。上段 Barnett 页岩和 Forestburg 石灰岩存在于盆地的绝大部分区域，而 Newark East 气田区域的南、西部 Forestburg 石灰岩缺失，而上段 Barnett 页岩可以一直追溯到最西部的区域(图 7、图 14)。在 Muenster 背斜带附近区域，Forestburg 石灰岩厚度超过 200ft(61m)，厚度向西、南方向迅速变薄[图 7、图 13(b)]，在最南部的 Wise 和 Denton 县区域形成尖灭。致密石灰岩地层不是勘探的目标层段，但是对于垂直完井十分重要，因为它是一道非渗透性的遮挡层，有利于限制诱导裂缝(在

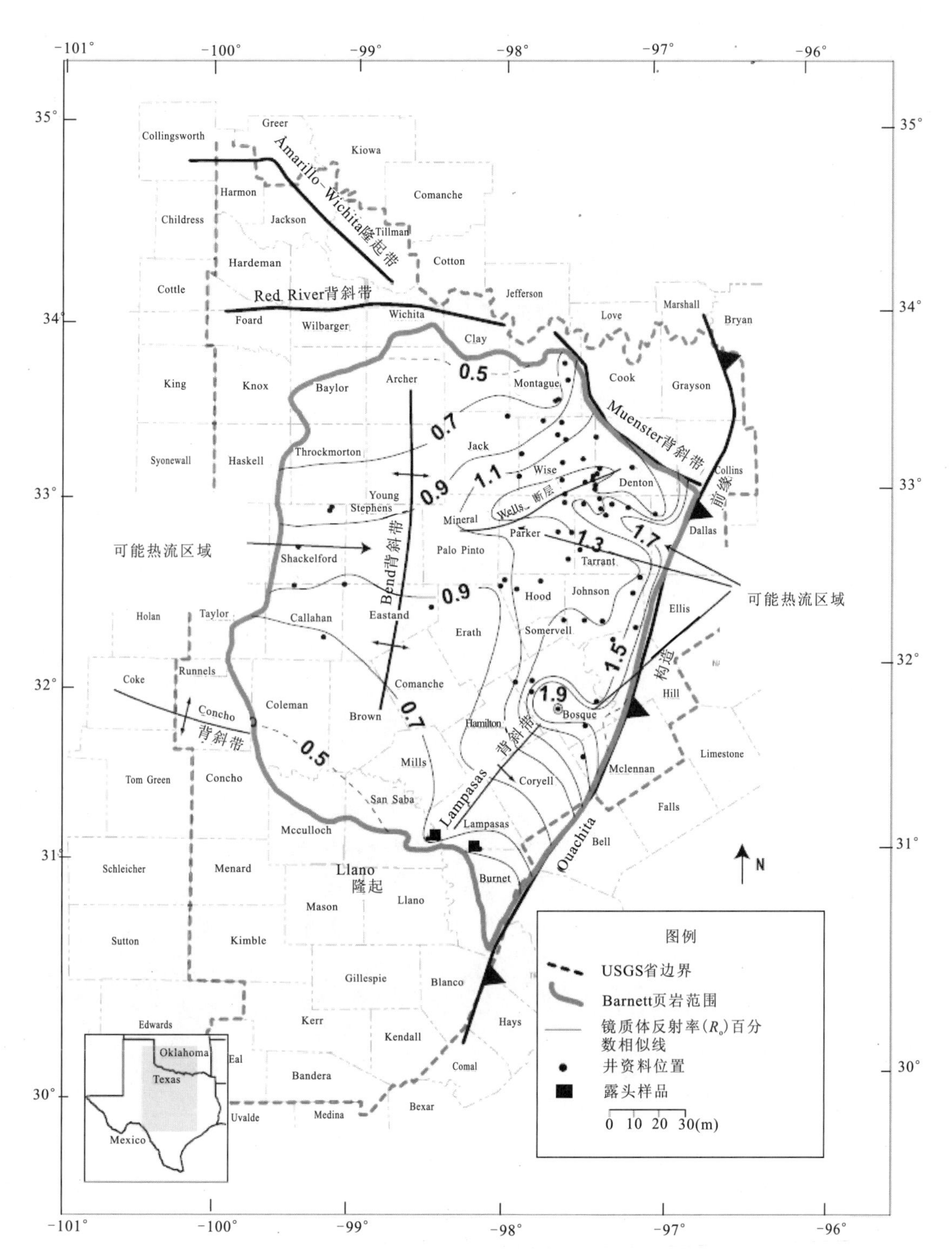

图 12　根据镜质体反射率绘制的 Barnett 页岩热成熟度的等值线图

数据来源于 Texas 州 Hunbe 地化服务公司，同时图中还标示出了可能的高热流和高 R_o 区域（箭头指向区域）

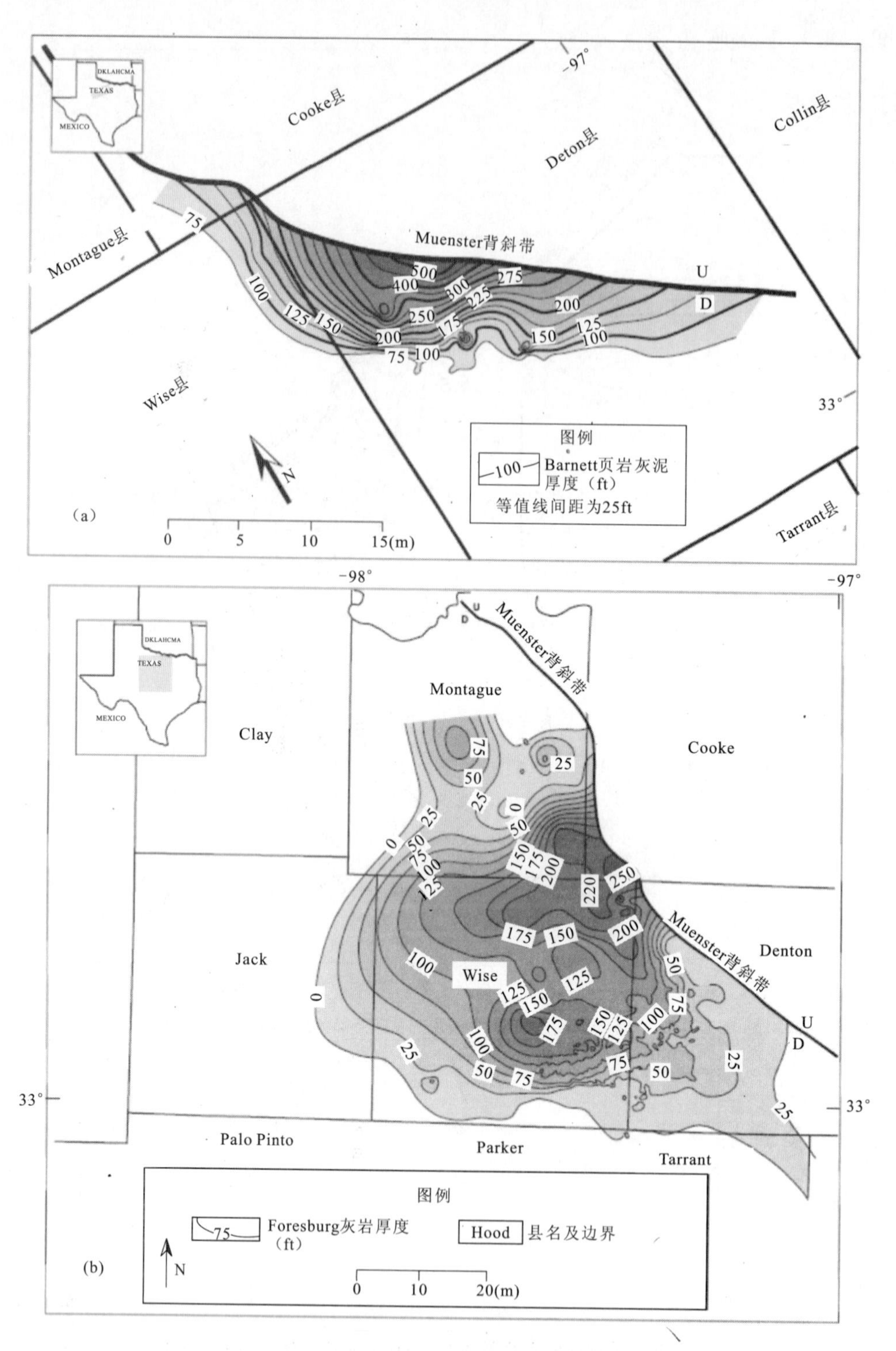

图 13　Fort Worth 盆地灰岩等厚图

(a)为 Barnett 灰岩等厚图；(b)为 Forestburg 灰岩等厚图

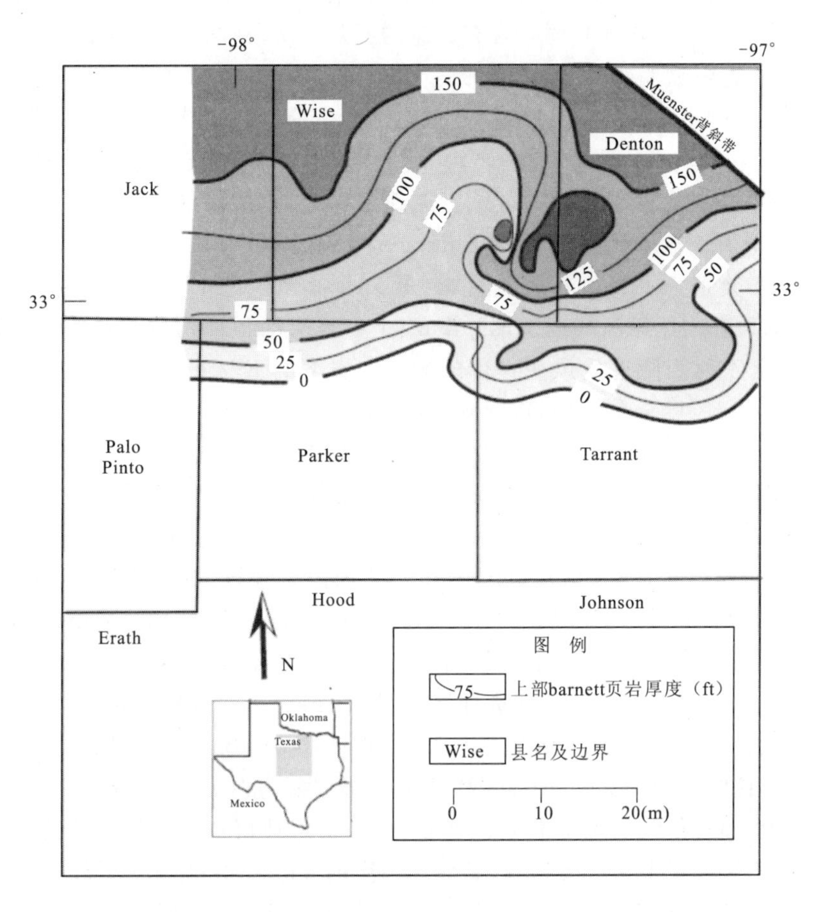

图 14 Texas 州 Fort Worth 盆地上部 Barnett 页岩的等厚图

Barnett 页岩的气井中需要通过压裂产生)的区域范围。Forestburg 石灰岩层缺失的区域，上、下段的 Barnett 页岩在测井曲线和剖面图中的显示为一致的。在 Newark East 气田区域的西部、西南部 Barnett 页岩厚度急剧变薄，仅最下部的一部分(以下简称为"下部 Barnett 页岩段")还存在。在该区域上部 Barnett 页岩段由页岩转变为石灰岩(Grayson 等，1991；McBee，1999)(图 9)。

Marble Falls 石灰岩(宾夕法尼亚系 Morrowan 组)紧接着覆盖于 Barnett 页岩上方，由 Newark East 气田区域的石灰岩逐步转变至盆地的东南部区域为页岩[图 7、图 10(a)]。在 Newark East 气田区域，地层中的致密非渗透性石灰岩(例如 Forestburg 石灰岩)对于 Barnett 页岩气井所包含的诱导裂缝形成有效的压裂障壁的作用。测井数据表明 Marble Falls 石灰岩在 Newark East 气田区域南部厚度急剧变薄，此时在 Fort Worth 盆地中东部区域岩性转变为页岩[图 10(a)](McBee，1999；Adams，2003；Bowker，2003；Pollastro，2003)。因此，致密石灰岩的南部边界对于主要 Barnett 页岩气的勘探与开发有很大的作用。在 Fort Worth 盆地南部区域以及 Brown、Comanche、Mills 和 Hamilton 县区域，Marble Falls 石灰岩形成了常规油气藏。在那些区域，地层由碳酸盐岩组成，埋深在 2 000～3 000ft(610～914m)，形成常规地层圈闭储集烃类气体(Namy，1982)。

Fort Worth 盆地的密西西比层段在 Muenster 背斜带的西南部厚度最大，该区域 Barnett 页岩的厚度达到 1 000ft(305m)，同时含有大量的石灰岩层段[图 7、图 13(a)](Bowker，2003；Pollastro，2003；德州铁路委员会，2003)。Newark East 气田区域以及沿着 Bend 背斜带东侧的区域，地层沿着 Chappel 陆架碳酸盐岩台地逐渐变薄(图 8、图 11)。在那些区域，Barnett 页岩位于密西西比 Chappel 石灰岩[主要为海百合灰岩，局部隆起含灰岩塔礁，厚度达 300ft(91m)]之下，这些隆起含灰岩塔礁的区域为局部勘探区，该层段的常规地层圈闭受上覆 Barnett 页岩的封闭作用(Browning，1982；Ehlmann，1982)。

图 5 和图 15 分别为 Bend 背斜带—Fort Worth 盆地区域 Ellenburger 群地层以及 Barnett 页岩地层的顶部构造等高线图。Ellenburger 群地层的顶部构造等高线图以溶岩崩塌为主要特征，长期处于地表附近受风化作用的影响。岩溶的 Ellenburger 群地层普遍导致在局部区域 Barnett 页岩厚度分布不均匀，形成多孔状的 Ellenburger 古地貌。而通过测井曲线确定了岩溶的 Ellenburger 群地层存在于 Johnson 和 Brown 县区域(图 11)。

沿着 Fort Worth 盆地东部，上奥陶统 Viola 组石灰岩地层中的致密结晶石灰岩以及白云质灰岩[图 10(b)]和 Simpson 组石灰岩(合称 Viola - Simpson 组地层)位于 Ellenburger 群地层与 Barnett 页岩地层之间。Viola - Simpson 组岩层向东倾斜，与下密西西比统不整合接触；沿西北—东南趋势方向(图 16)，经过 Clay、Montague、Wise、Tarrant、Johnson 和 Hill 县，在区域西部地层缺失(Henry，1982；Bowker，2003；Pollastro，2003)。

Viola - Simpson 地下露头的西部边界区域是 Barnett 页岩气探区的一个重要边界点，因为在西、南部区域 Viola 和 Simpson 组岩层缺失[图 16(b)]，Barnett 页岩直接与 Ellenburger 群碳酸盐岩地层接触。Ellenburger 群碳酸盐岩地层主要为白云岩，岩溶作用发育，孔隙度比起下伏岩层要大，拥有很大的含水潜力。当 Barnett 页岩地层位于低压裂梯度的 Ellenburger 群地层上方，而不是相对致密非渗透性、高压裂梯度的 Viola - Simpson 石灰岩上方时，对 Barnett 页岩完成垂直钻存在两个普遍的问题：①含气饱和的 Barnett 页岩中，压裂所需要的能量不包含在内，在一定程度上限制了井的产量；②诱导裂缝将移动与下伏多孔、含水饱和的 Ellenburger 群地层相连通，这样高盐度的水进入 Barnett 页岩，给生产带来多种问题。最近，这些裂缝阻隔性灰岩(下伏的 Viola - Simpson 或者上覆的 Marble Falls 碳酸盐岩地层)缺失区域的 Barnett 页岩开始通过水平钻井进行勘探。

2)石油地化特征和热成熟史概述

对于 Fort Worth 盆地的油气地化特征、有机质富集程度以及生气量的研究一直都在进行着讨论(2001；2003；2004a，b；2005)，在此参考 Hill 等(2007)和 Javie 等(2007)的文章中对上述内容的详细解释和研究。这些研究表明该区域所产的油气主要来自 Barnett 页岩。这里我们来对 Fort Worth 盆地 Barnett 页岩的油气地化特征和热成熟史进行简单的讨论，同时结合地质情况来进一步描述 Barnett -古生代总含油气系统，建立和确定 Barnett 页岩有利的油气勘探区域的地理范围。

在下列地层单元的产油气储层中采取样品：奥陶系 Ellenburger 群地层，Viola 组石灰岩，Mississippian 系 Chappel 组石灰岩，Barnett 页岩以及宾夕法尼亚系 Bend 组、Strawn 组、Canyon 组地层(图 3)。Fort Worth 盆地区域绝大部分生成的烃类气体来自于 Barnett 页岩中的烃源岩，以至古生代时油气开始在常规与非常规储层中聚集和运移。区域范围内，产油量达到 20 亿桶，产气量达到 7tcf(Pollastro 等，2003)。

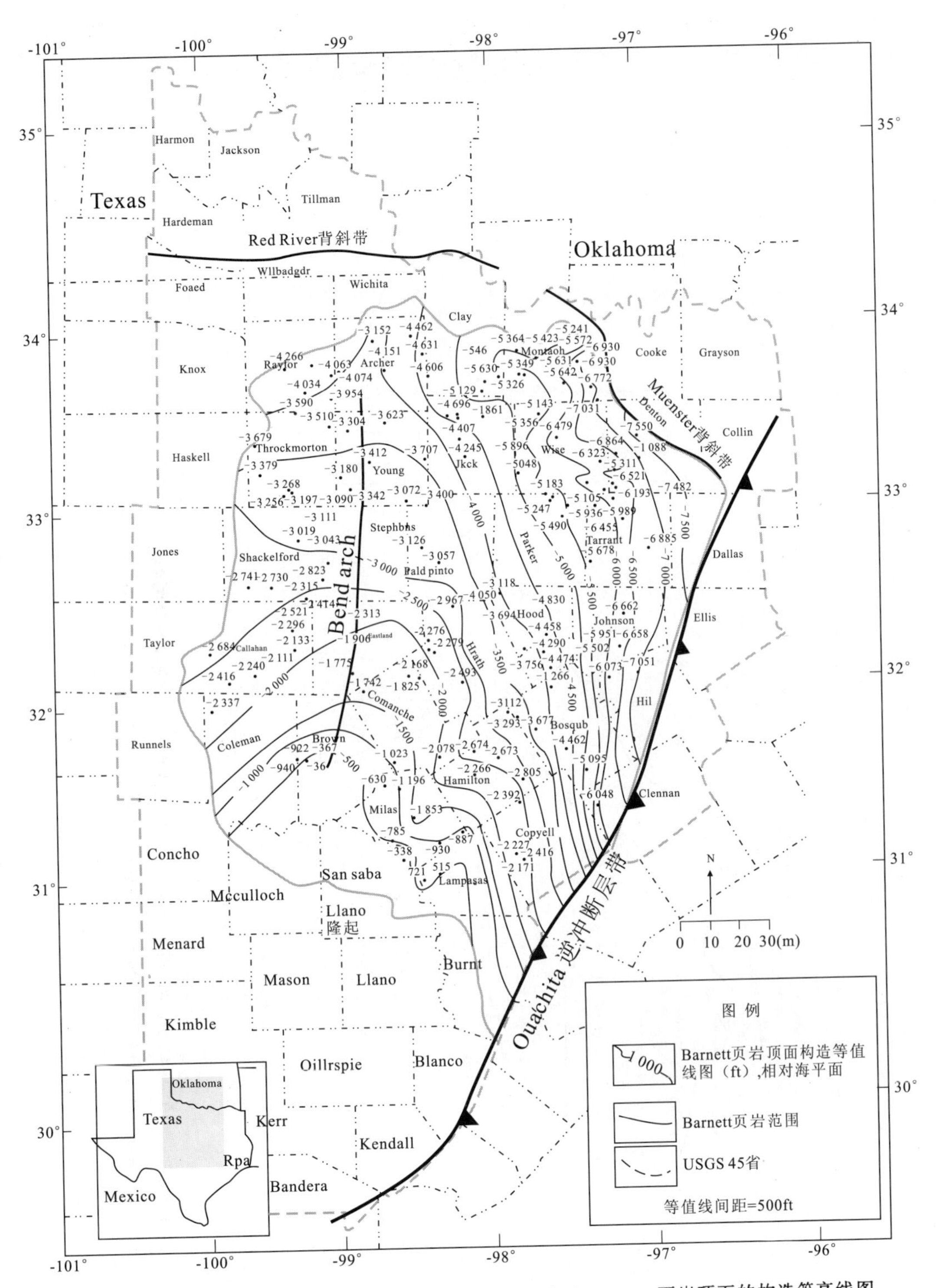

图 15　根据测井曲线绘制的 Bend 背斜带—Fort Worth 盆地 Barnett 页岩顶面的构造等高线图

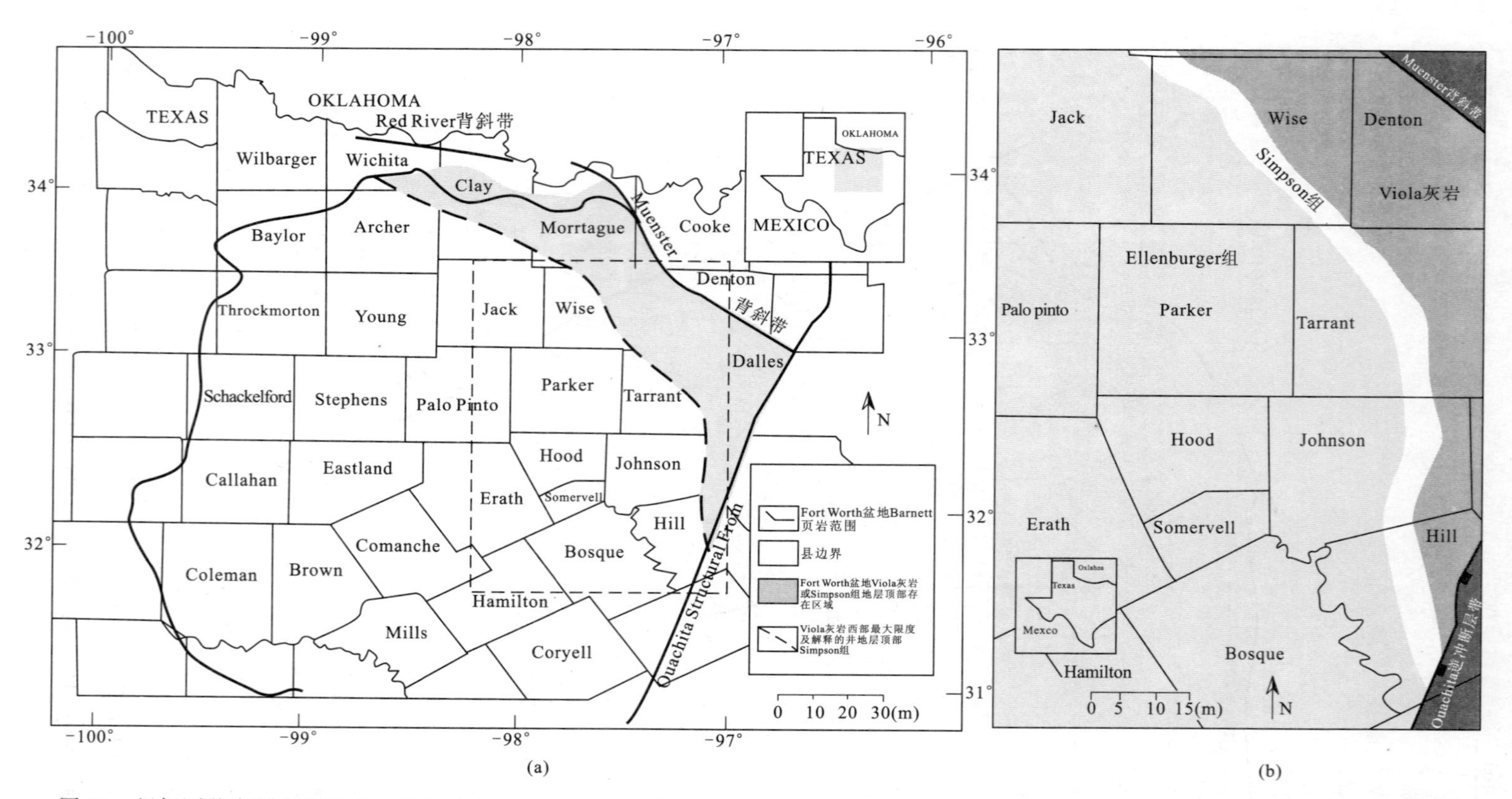

图 16 根据测井资料绘制的 Fort Worth 盆地 Barnett 页岩的地下地质图以及奥陶系 Viola 组石灰岩地层和 Simpson 组地层的地下分布图

(a)根据测井曲线绘制的 Viola 组石灰岩地层和 Simpson 组地层的地下分布图(HIS Energy,2003)。长方形的虚线代表的区域见图(b);(b)Barnett 页岩的的地下地质图(Adams,2003,修改)

Barnett页岩的平均TOC的分布如图2,取自不同深度下的岩屑样品测试值的平均值。平均TOC在1%～5%的范围内,区域的TOC平均值在2.5%～3.5%之间。Barnett页岩岩心样品所测的平均TOC值相对要高一些(Bowker, 2003; Jarvie等,2005)。Henk等(2000)和Jarvie等(2005)指出在San Saba和Lampasas县区域的Barnett页岩露头样品中部分TOC含量高达12%。Jarvie等(2007)发现在同一口井中通过岩心测量的TOC值是通过所取岩屑测量TOC值的2.4倍。因此这表明岩心中测量的TOC值经过了稀释作用。另外,不同样品之间TOC值的不同表明烃源岩分布的非均质性或者所采集样品之间存在偏差性。

Pollastro等(2003, 2004)认为Barnett页岩在垂直于Bend背斜带的区域由东至西厚度增加的趋势与图12的等镜质体反射率图中的R_o的变化趋势具有一致性。表明区域的断层运动、热液加热升温作用以及可能的基底断块再生作用与Barnett页岩的沉积是同时发生的。断裂或者断块移动很可能来自于一个由东至西的断层系,类似于Mineral Wells断层,对于区域Barnett页岩的沉积起控制作用。沿断层系的垂向运移以及相关的高热流作用将会导致Barnett页岩厚度变厚或变薄,对应测量的平均R_o值也会发生变化。Thompson(1982)提出了构造对于该区域地层沉积的影响,他认为上覆下宾夕法尼亚统Bend组的三角洲系统在一定程度上受其沿Mineral Wells断层系运动的控制。另外,Barnett页岩在垂直Bend背斜带厚度增加的趋势走向表明背斜构造对于密西西比系的沉积影响很小。

Bend背斜带—Fort Worth盆地区域另外一处重要的潜力烃源岩沉积于宾夕法尼亚纪(图3、图4),它包括:①暗色的细粒碳酸盐岩;②Smithwick组页岩层中的黑色页岩(Walper, 1982; Grayson等,1991);③存在于Wise、Jack、Young、Parker、Palo Pinto和McCulloch县区域的少量几段宾夕法尼亚系薄煤层(Mapel, 1967; Evans, 1974; Mapel等,1979)。

未达到热成熟的Barnett页岩中干酪根绝大部分为倾油的Ⅱ型干酪根。首先,地层开始由干酪根裂解直接生成石油和伴生气(R_o<1.1%),气体从Newark East气田及其邻近区域的地层内部生成,在更高的热成熟阶段(R_o≥1.1%)则可能经过石油和沥青的二次裂解(Jarvie等,2001, 2005, 2007)生成。由Boonsville气田区域的宾夕法尼亚系Bend组地层的常规储层,以及Newark East气田区域的连续型Barnett页岩油气聚集带进行气体取样,发现它们中储存的气体均来自Barnett页岩。Bend组地层中所储集的烃类气体湿度更大。这解释为此时的烃类气体生成于Barnett页岩热成熟度低,R_o<1.1%时,此时干酪根还处于生油期内,生成的烃类气体伴随有液态烃产物(Hill等,2004, 2007; Jarvie等,2004, 2007)。同期生成的烃类气体随后可能通过与Mineral Wells-Newark East断层系(Pollastro等,2004)相关裂缝向上运移至Boonsville气田区域多孔、可渗透的宾夕法尼亚系储层中。相反,在高成熟和高R_o阶段(R_o≥1.1%),Barnett页岩内干燥的非伴生气是由石油裂解生成的。因此众所周知,Barnett页岩应是以液态和气态两种形态排出烃类气体。Jarvie等(2003)通过埋藏史恢复发现在泥盆纪、侏罗纪、三叠纪时期Fort Worth盆地区域都经历了重大的抬升、剥蚀作用。相比之下,Ewing (2006)进一步研究Fort Worth盆地区域的埋藏史,提出二叠纪和三叠纪为该区域地层埋深最大,热量最高,生成烃类最多的时期,热成熟度的测量(R_o、烃类类型、气体湿度)证明Barnett页岩在埋藏过程中经历了多次加热作用,包括与Ouachita构造带前缘和Minerals Wells-Newark East断层系相关的热液加热作用(Bowker, 2003; Pollastro, 2003; Pollastro等,2004a; Montgomery等,2005, 2006)。如图4的含油气系统事件表所示,Barnett页岩生烃开始于晚宾夕法尼亚世,二叠纪和三叠纪达到生烃高峰,此后持续生烃直到现在(Jarvie

等，2001；Montgomery 等，2005，2006；Ewing，2006）。由于沥青裂解和石油二次裂解生烃作用，Barnett 页岩很可能经历过阶段性排烃过程。

Fort Worth 盆地区域 Barnett 页岩样品的 R_o 数据表明其 R_o 值与现今埋藏深度关系不大。尤其在 Tarrant 和 Bosque 县区域地层的 R_o 相对较高，而 Montague 县区域 R_o 则相对较低（图 17）。沿 Llano 隆起带区域地表露头样品的 R_o 值范围为 0.5%～0.7%。区域 R_o 等值线图以及生成的烃类类型（Pollastro 等，2003；Montgomery 等，2005）显示局部区域存在异常的高古地温，表明存在有加热升温事件，很可能是由于热液沿 Ouachita 构造带前缘以及 Mineral Wells - Newark East 断层系流动产生。在那些区域，等反射率线向西弯曲，与 Mineral Wells - Newark East 断层系近似平行；然而等值线垂直或者横穿主要的构造趋势方向，包括现今的盆地轴向、Bend 背斜带和 Ouachita 构造带趋向（图 12）。如先前所提到的，R_o＝0.9% 的镜质体反射率等值线证明了局部区域存在的异常高古地温，变化趋势方向与 Barnett 页岩厚度由西至东增加的趋势方向（图 11）有紧密的一致性。沿着趋势线方向，Barnett 页岩的异常高 R_o 值表明断层系向西延展，与 Mineral Wells 断层定向运移方向相似，此时热液流动形成的加热效益引起区域古地温的升高。下伏 Ellenburger 群地层晚期的白云石化作用（Kupecz 和 Land，1991），以及 Newark East 气田区域 Barnett 页岩中自然铜的存在所证明的矿化作用都进一步证明了升温作用来自于热液的流动（Bowker，2003）。

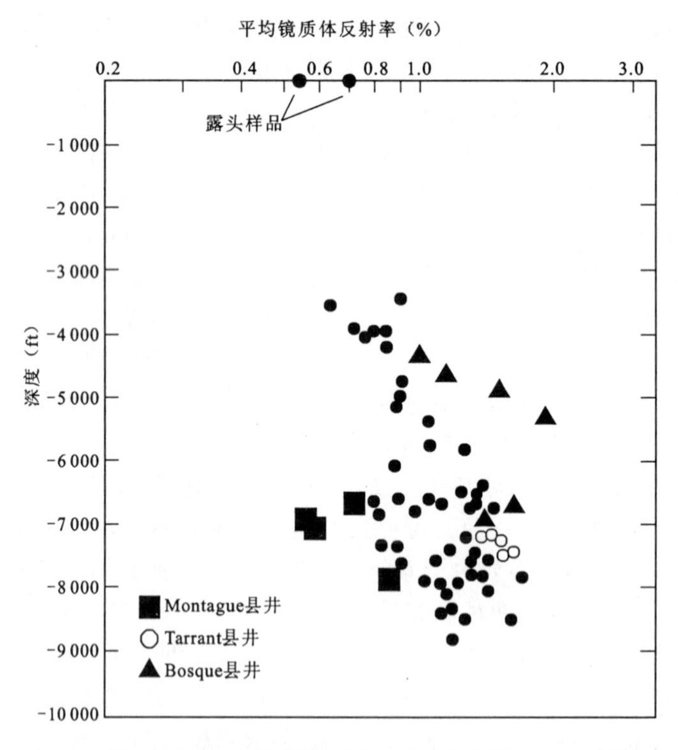

图 17　Texas 州 Bend 背斜带—Fort Worth 盆地 Barnett 页岩平均 R_o 值与深度关系的散点图

值得注意的是在 Bosque 和 Tarrant 县区域出现异常高的 R_o 值，而在 Montague 县出现异常低的 R_o 值另外，Barnett 页岩 R_o 值的区域分布不能通过现今的地层埋深进行解释。成熟度在区域南部、西部并不是呈逐步递减的趋势，镜质体反射率等值线图表明：①高成熟度的趋势方向(R_o= 0.9%)为由东至西，由 Palo Pinto 县至 Jones 县，垂直于 Bend 背斜带；②该趋势的南部和北部 R_o 值降低；③在 Ouachita 构造带前缘附近，热成熟度增加；④局部 R_o 值的升高和降低与盆地内构造运动的方向相关。在现今的北美地热调查中，Blackwell 和 Richards (2004)指出 Fort Worth 盆地沿着 Ouachita 构造带前缘高热流的区域与图 12 中高成熟度的区域相当吻合。此外，其他地化、地磁方面的研究也可以用来证明热液流体的运移来自于 Ouachita 逆断层前缘(Van Alstine 等，1997； Appold 和 Nunn，2005)。

Jarvie 等观察到 Barnett 页岩中油二次裂解成气大约发生在 R_o=1.1%时，并且与油气产量之间具有很好的关联性。因此我们利用图 12 中 R_o=1.1%的等值线来作为非伴生气生成的临界热成熟度，从而确定 Barnett 页岩中潜在的产非伴生气的区域。类似的，在 Barnett 页岩 R_o 值位于 0.6%～1.1%之间的区域，地层将生成液态石油。尽管数据有限，但是 Barnett 页岩井中产油区主要分布在 R_o<1.1%的区域。类似的，产气区主要位于 R_o>1.1%的区域(图 18)，因此，它们的分布与生油窗、生气窗的热成熟度密切相关。

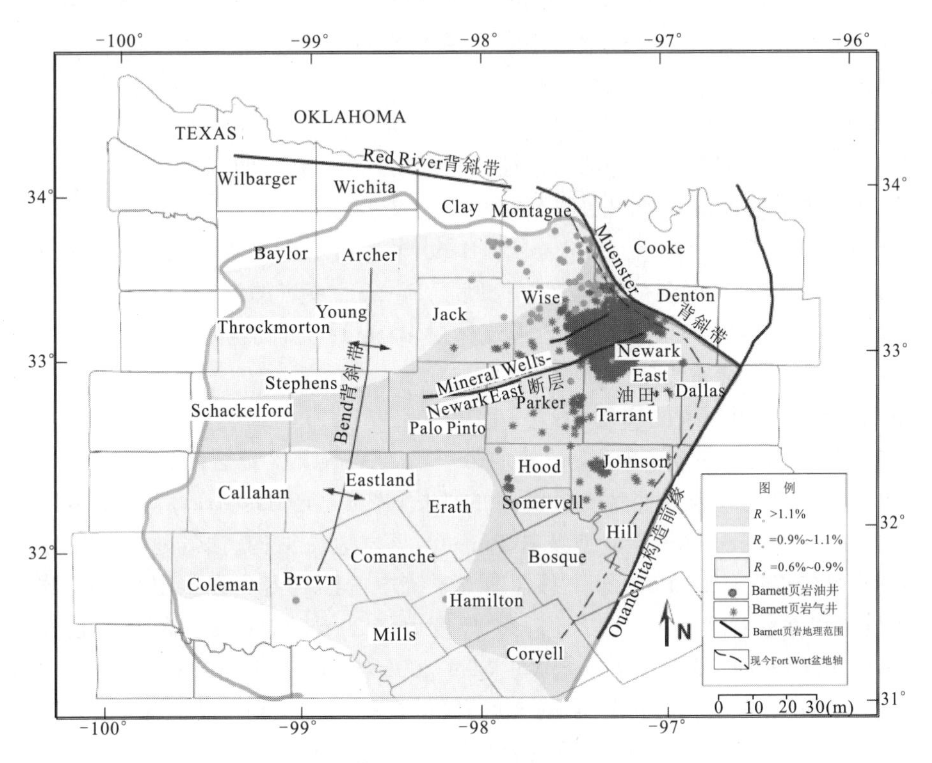

图 18　Texas 州 Fort Worth 盆地 Barnett 页岩中油气产量与生油、气窗
(根据平均 R_o 值判定)之间的关系
数据来源于 HIS Energy(2003)2 900 口井的数据

Bend 背斜带—Fort Worth 盆地 Barnett 页岩生成的烃类气体的组分随着其成熟度 R_o 的改变而改变。在 R_o 值达到生气窗(R_o≥1.1%)时，Barnett 页岩的成熟度向西、西北方向逐渐降低，同时伴随着生成烃类气体湿度的增加，相应含热量随之增加(Btu) (Jarvie，2003，未出

版的数据资料；Montgomery 等，2005）。当 R_o 为 1.1%～1.4%时，此时干酪根以生湿气为主(Jarvie 等，2005，2007)。沿着 Ouachita 逆断层前缘以及临近于 Muenster 背斜带高热成熟度区域(R_o≥1.4%)以生干气为主。这种热成熟度的分布趋势与现今 Barnett 页岩地层的埋藏深度没有直接关系。例如，在 Hood 县，干气主要生于处于盆地构造深处的西部区域，该区域其他热源，例如热液流动作用，很可能对烃源岩的热演化史产生影响。

总的来说，Fort Worth 盆地的古地温相比于现今温度要高得多。尽管埋藏史恢复表明新近地层曾遭受多期的侵蚀作用，图 12 的镜质体反射率等值线分布图所显示的异常高 R_o 值的分布表明 Barnett 页岩的热演化史受与 Ouachita 逆断层前缘相关热液加热作用的影响，很可能受二级构造影响沿着 Mineral Wells - Newark East 断层系延伸至西北部区域(Pollastro，2003；Pollastro 等，2004a；Montgomery 等，2006)。Adams(2003)绘制了 Fort Worth 盆地与 Ouachita 逆断层前缘平行，垂直的表面断层；那些垂直于 Ouachita 逆断层前缘的断层为西北走向。由 Ouachita 逆冲作用形成的热液流体将会沿着断层经过岩溶多孔、可渗透的 Ellenburger 群碳酸盐岩地层，直至上部的密西西比系。其他的证据也证明热液加热作用的存在，包括有：①晚期 Ellenburger 群地层中的鞍形白云岩通过来源于宾夕法尼亚纪 Ouachita 造山带的热液流动形成(Kupecz 和 Land，1991)；②从 Newark East 气田区域井中所取 Barnett 页岩的岩心发现自然铜的存在(Bowker，2003)。类似地，Bowker (2003)认为 Ouachita 前缘的作用是将热卤水连续的推压进入盆地内部。

图 12 中 R_o＝0.9%的等镜质体反射率线显示出异常高 R_o 值的区域，与 Barnett 页岩厚度由东向西的变化趋势方向具有很好的相似性，这种关系很可能说明以下情况其中的一点或多点：①Bend 背斜带对盆地沉积和埋藏的影响很小；②断层系(主要为 Mineral Wells 断层系)在很大程度上控制着宾夕法尼亚系(Atokan 组)Bend 组地层中碎屑物的沉积，使沉积向西延展至穿过 Bend 背斜带，同时也在一定程度上控制了 Barnett 页岩的沉积，使地层厚度也向着西部逐渐变厚；③与断层系相关的运移的热液流体对 Barnett 页岩加热，导致其异常高成熟度的层段分布平行于断层系而垂直于 Bend 背斜带。

3)Barnett 页岩资源评价的应用

2003 年，美国地质局完成了对 Bend 背斜带—Fort Worth 盆地区域、Texas 中北部区域以及 Oklahoma 西南部区域未勘探油气资源量的评估(图 1)(Pollastro，2004，2007；Pollastro 等，2004b)。我们对 Fort Worth 盆地及其 Barnett 页岩地质结构、油气地化特征方面的研究是为了进一步确定 Barnett - Paleozoic 总含油气系统中的油气潜力勘探层段与区域。总而言之，在有机质富集并达到生气窗(R_o≥1.1%)，厚度大于 20m 的 Barnett 页岩中，已经对其中的非伴生气形成了工业性产量的开采。当厚度超过 200ft(60m)时为最有利的勘探区域，此时的含气量达到 100bcf/mile^2。通过对 Barnett 页岩(包含有其上覆和下伏致密、水力压裂困难的 Marble Falls 组和 Viola - Simpson 组石灰岩)的进一步细分(Pollastro，2003，2007；Pollastro 等，2004b)，确定了 Barnett 页岩连续型天然气气聚集的两组有利的评价单元，如图 19 所示。第一组为 Newark East 区域大面积的 Barnett 页岩连续产气评价单元，厚度大[普遍 300～400ft(91～122m)]，达到生气窗(R_o≥1.1%)，上覆有 Marble Falls 组石灰岩，下伏有 Viola - Simpson 组石灰岩；第二组为延伸的 Barnett 页岩连续产气评价单元(图 19)，该区域 Barnett 页岩同样达到生气窗，厚度至少 100ft(30m)，区域中一组或多组存在压裂困难的石灰岩地层缺失。另外，区域 Barnett 页岩厚度大于 100ft(30m)，达到生油窗的层段为第三组评价单元，

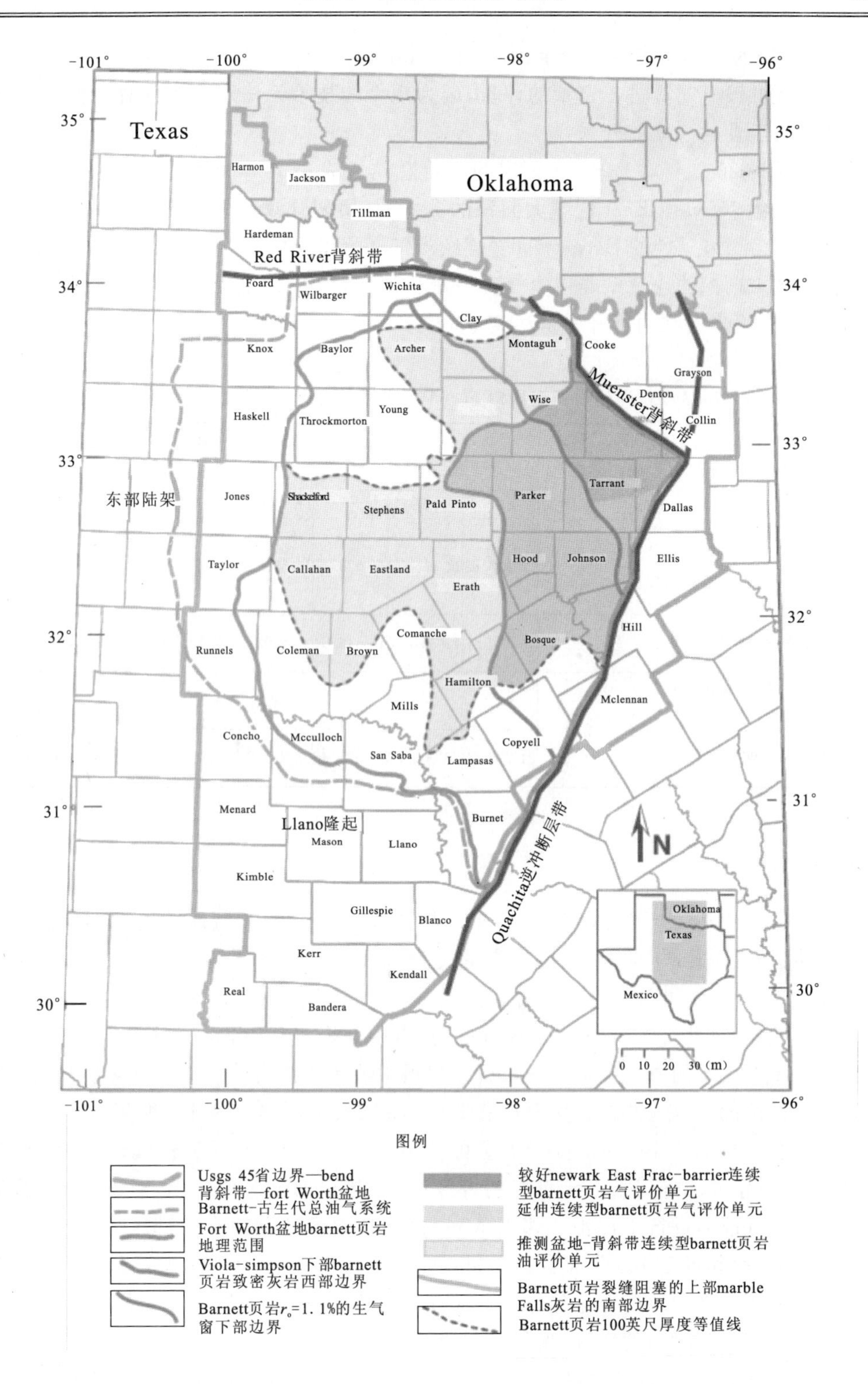

图 19　由美国地质局绘制的 Bend 背斜带—Fort Worth 盆地区域主要的构造要素和地层和热成熟边界范围以及包含了整个 Barnett -古生代总含油气系统的延伸范围，以此作为评价 Barnett 页岩的依据

即 Barnett 页岩的连续型产油评价单元(图 19)(Pollastro 等,2004b; Pollastro, 2007)。然而,这组评价单元并没有对其进行定量的评价,因为现今的技术无法对这种储存于致密页岩储层中的石油进行工业化产量的开采。

美国地质局 2003 年对 Barnett 页岩的评价总结于表 1,Pollastro(2007)对其进行了详细的讨论。第一组 Newark East 区域大面积的 Barnett 页岩连续产气评价单元中平均含气量达到 14.6tcf,而第二组延伸的 Barnett 页岩连续产气评价单元中平均含气量达到 11.4tcf。Barnett 页岩区域未勘探的连续型非伴生气资源量达到 26.2tcf,加上现在登记的天然气储集量为 4.0tcf,Barnett 页岩潜在的可开采量达到 30tcf。

表 1　2003 年美国地质调查局对 Fort Worth 盆地 Barnett 页岩的油气资源评价

TPS 和评价地层单元	油或气	总未探明资源量							
		天然气($\times10^9 ft^3$)				液化天然气(NGL)($\times10^6$bbl)			
		F95	F50	F5	平均值	F95	F50	F5	平均值
Bamett—dghgtg wa TPS Greater Newark East 气田区域裂缝阻隔的连续型 Barbett 页岩气评价单元	气	13 410.69	14 638.36	15 978.42	14 659.13	406.84	573.70	809.00	586.37
延伸的 Barnett 页岩气评价单元	气	8 305.14	11 361.66	15 543.04	11 569.73	282.01	445.28	703.09	462.79
假设的盆地—背斜 Barnett 页岩评价单元	油	未定量评价							
Barnett 页岩未探明资源总量		21 715.83	26 000.02	31 521.46	26 228.86	688.85	1 018.98	1 512.09	1 049.16

4. 总结

密西西比系 Barnett 页岩存在于 Texas 中北部 Fort Worth 盆地的绝大部分区域。在几个古生代储层中(Barnett 页岩)产出烃类的类型以及分布表明该区域范围内 Barnett 页岩为主要的烃源岩,但不是油气的唯一来源。因此 Barnett -寒武系总含油气系统定义为有大规模烃类生成的区域,这些烃类一部分在 Barnett 页岩内部聚集形成非常规天然气聚集,还有一部分运移和分布在大量的常规奥陶系—二叠系碎屑岩或碳酸盐岩储层中。总含油气系统的边界主要在地质构造的东、南、北部。然而沿着 Eastern 陆架的西部边界并不明确。

绘制的图件显示了 Barnett 页岩下覆的 Viola - Simpson 组石灰岩,以及上覆的 Marble Falls 石灰岩的分布,结合 Barnett 页岩的等厚线图、热成熟度等值线图,对 Barnett 页岩未勘探区域的产油气能力进行了评价。邻近 Muenster 背斜带的盆地东北部区域 Barnett 页岩的沉积厚度最大,而邻近 Llano 隆起带的 Chappel 陆架区域 Barnett 页岩厚度只有几十英尺。区域等厚线图表明异常的厚度变化趋势与盆地现今的几何形态有关,可以解释为在主要的盆地轴向上盆地沉积物随时间的运移,聚集受断层控制。

Barnett 页岩的总有机碳含量为 3%~5%,主要为倾油的Ⅱ型干酪根。油和初期的伴生气主要由干酪根的裂解生成,而在 Newark East 气田区域,高成熟度区域(R_o=1.1%),Barnett 页岩开始生成非伴生气,且主要由沥青和石油的二次裂解生成。热成熟度的多变性则是由于热液流体及其流态,主要来自于 Ouachita 逆断层前缘作用的同时热液流体沿着断层系运移,包括 Mineral Wells - Newark East 断层系,它在一定程度上影响了 Barnett 页岩的热成熟史以及烃类气体的生成。

在 Barnett -古生代总含油气系统中确定了 Barnett 页岩中技术上具有可开采性的两组连续产气评价单元,分别是:第一组为 Newark East 区域大面积的 Barnett 页岩连续产气评价单元,厚度大[普遍 300～400ft(91～122m)],达到生气窗(R_o≥1.1%),上覆有 Marble Falls 组石灰岩,下伏有 Viola - Simpson 组石灰岩;第二组为延伸的 Barnett 页岩连续产气评价单元(图 19),该区域 Barnett 页岩同样达到生气窗,厚度至少 100ft(30m),区域中一组或多组存在压裂困难的石灰岩地层缺失。

Fort Worth 盆地 Barnett 页岩巨大的资源潜力,使人们对于南美其他具有相似有机质富集、气体含量高特征的页岩产生浓厚的兴趣(Curtis, 2002; Faraj 等,2004)。例如,最近成功地对 Arkoma 盆地北部同期的密西西比系 Fayetteville 组页岩以及特拉华盆地西部的 Barnett 页岩进行了勘探开发(Petzet, 2004),这表明 Fort Worth 盆地 Barnett 页岩的模式对未来页岩气资源的评估和勘探有很好的借鉴作用(杨苗、高清材译,陈尧、祁星校)。

原载 The American Association of Petroleum Geologists . AAPG Bulletin, v. 91, no. 4 (April 2007), pp. 405—436

参考文献

Appold M S, Nunn J A. Hydrology of the western Arkoma Basin and Ozark platform during the Ouachita orogeny[J]. Implications for Mississippi Valley - type ore formation in the Tri - State Zn - Pb district, Geofluids,2005,5(4): 308—325.

Blackwell D D, Richards M C. Geothermal map of North America[J]. AAPG, scale 1 : 6 500 000, 1 sheet. Bowker K A, 2003, Recent development of the Barnett Shale play, Fort Worth Basin,West Texas Geological Society Bulletin,2004,4(26): 4—11.

Browning D W. Geology of the North Caddo area, Stephens County, Texas, in C. A. Martin, ed.[M]. Petroleum geology of the Fort Worth Basin and Bend arch area, Dallas Geological Society,1982,129—155.

Burgess W J. Geologic evolution of mid - continent and Gulf Coast areas; plate tectonics view[J]. Gulf Coast Association of Geological Societies Transactions,1976, 26: 132—143.

Flippin J W. The stratigraphy, structure, and economic aspects of the Paleozoic strata in Erath County, north central Texas, in C. A. Martin, ed. , Petroleum geology of the Fort Worth Basin and Bend arch area[M]. Dallas Geological Society,1982.

Hardage B A, Carr D L, Lancaster D E,et al. 3 - D seismic evidence of the effects of carbonate karst collapse on overlying clastic stratigraphy and reservoir compartmentalization[J]. Geophysics,1996,61(5): 1 336—1 350.

Henk F, Breyer J, Jarvie D M. Lithofacies, petrology, and geochemistry of the Barnett Shale in conventional core and Barnett Shale outcrop geochemistry (abs.), in L. Brogden, ed. , Barnett Shale Symposium, Fort Worth Texas[M]. Oil Information Library of Fort Worth,2000.

Jarvie D M, Hill R J, Pollastro R M, et al. Tobey Evaluation of unconventional natural gas prospects[J]. The Barnett Shale fractured shale gas model (abs.): 21st International Meeting on Organic Geochemistry, September 8—12, 2003, Krakow, Poland, CD - ROM, 2003, 2: 3—4.

Jarvie D M , Hill R J, Pollastro R M. Assessment of the gas potential and yields from shales: The Barnett Shale model, in B. J. Cardott, ed. , Unconventional energy resources in the southern midcontinent, 2004 symposium[M]. Oklahoma Geological Survey Circular 110,2005.

Jarvie D M , Hill R J, Ruble T E,et al. Unconventional shale - gas systems[J]. The Mississippian Barnett Shale of north - central Texas as one model for thermogenic shale - gas assessment: AAPG Bulletin,2007, 91: 475—499.

Lahti V R, Huber W F. The Atoka Group (Pennsylvanian) of the Boonsville field area, north - central Texas, in C. A. Martin, ed. , Petroleum geology of the Fort Worth Basin and Bend arch area[M]. Dallas Geological Society,1982, 377—400.

Lovick G P, Mazzine C G, Kotila D A. Atokan clastics: depositional environments in a foreland basin, in C. A. Martin, ed. , Petroleum geology of the Fort Worth Basin and Bend arch area[M]. Dallas Geological Society,1982,193—211.

第四章

问题与讨论

Fort Worth 盆地 Barnett 页岩气开发中的问题及讨论

Kent A. Bowker
(Lndependent producer and consultant)

摘 要:根据日生产量计算,Texas 州 Fort Worth 盆地的 Newark East 气田(Barnett 页岩)是目前 Texas 州生产效率最高的天然气气田,且产量以每年 10%的速度增长。然而,尽管近几年来,Barnett 页岩区已经得到一些公司的权威地质学家和工程师的深入研究,但对 Texas 州北部的 Barnett 地区页岩成功开采的基本控制因素仍存在不少的问题。

Barnett 天然气产量在接近断层和构造褶皱带处(背斜和向斜)较低。这些构造环境中存在特别多的裂缝,这不利于 Barnett 天然气的开发。Barnett 页岩中存在很少开启的天然裂缝,开启的裂缝对 Barnett 页岩的产量影响微乎其微。在 Barnett 页岩产气的热成熟区,地层表现为略超压[约 0.52psi/ft(11.76kPa/m)]。Barnett 页岩地层中的石灰岩层段来源于碎屑流,而碎屑流物源来自于当前盆地中心以北的碳酸盐岩台地。同时 Barnett 页岩对于其他类似盆地的勘探有参考作用,特别是 Ouachita 构造趋势方向的同类盆地。

持续的研究给非常规气藏开发带来了成功,Texas 州北部 Barnett 页岩气储层的开发就是一个鲜明的例子。

引 言

2001 年 12 月,Fort Worth 盆地的 Newark East 气田(Barnett 页岩)是 Texas 最大的生产气田(日产量)。目前,该气田日产量高达 1.3bcf,且年增长量远远大于 10%。Texas 北部的 Barnett 页岩产量有 99%以上来自 Newark East 气田。Barnett 页岩区的许多研究者认为 Newark East 气田产量最终会超过位于 Oklahoma 州、Kansas 州和 Texas 州的美国陆上最大气田 Hugoton 气田。但是,尽管很多年来,来自一些公司的许多资深地质学家和工程师对 Barnett 页岩的生产作了深入研究,但是他们对一些基本问题仍然存在争论和矛盾的地方。在本文中,笔者回顾了这些有争议的问题并曾经和许多熟悉 Barnett 页岩区的地质学家和工程师有过讨论,他们大多数认为这很简单:Barnett 页岩区就是一个裂缝型页岩气探区,与其他产气页岩储层一样。但是,Barnett 页岩与 Appalachian 盆地的 Antrim、Lewis、New Albany 及 Devonian 页岩或者其他多产的美国页岩不一样。最近在 Arkoma 盆地 Fayetteville 页岩的成功是一个例外,但是在其确定之前,还需要许多来自初产气区的额外数据。笔者相信当前不是每个人都能理解 Texas 最大气田真正的复杂性,但是有一点是可以确定的,即这不仅仅是一个裂缝型页岩气探区。Barnett 页岩如此大的储量是由很多因素综合作用形成的。

本文的目的是为了澄清一些存在于 Barnett 页岩工作者中的误区,并说明一些悬而未决的问题。基于以前对相似非常规储层的开采经验,地质学家和工程师对这些悬而未决的问题比较熟悉,他们目前虽然不在 Barnett 页岩区工作,但是收集他们的研究资料可以帮助对 Barnett 页岩的研究。

关于富含有机质页岩的研究有很多的文献资料(例如:Wignall, 1994),特别是俄罗斯关于黑色页岩研究的资料很优秀(例如:Yudovich 和 Ketris, 1997, 4 931 篇参考文献,一般都在俄罗斯)。但大多数涉及 Barnett 页岩和其他页岩气区的研究都很少用到这些文献。

将现在讨论的问题置入特定的环境下时,读者需要对 Barnett 页岩气区具备基本的了解。Bowker (2003)、Pollastro (2003)和 Montgomery 等(2005)的文章以及本文,都回顾了基本地质学和工程学问题,这将帮助一些读者理解我们在此讨论的问题。

1. 开启的天然裂缝、断层及构造褶皱与产量之间的关系

1)简介

开启天然裂缝的问题在 Barnett 页岩工作者中是争议最大的。研究初期,很多人,包括笔者在内,都认为开启的天然裂缝对 Barnett 页岩气的生产起决定性作用,尽管有经验的同事告诉我们事实不是这样的。实际上,如果在 Barnett 页岩内存在大量开启的裂缝,地层中储存的天然气量将大大小于现在的量。同时存在开启的天然裂缝将导致天然气大量从页岩中逸散至上覆岩层,而此时将导致页岩内的压力以及气储量大大减小。另外如果存在开启的裂缝,页岩内部则不会有异常高压的存在(也就是说,异常高压的存在与地层的边界有关)。需要注意的是,Barnett 页岩不仅是储层,它同样是烃源岩、圈闭及盖层,如果盖层存在裂缝则失去了封闭能力,游离气体大量逸散,将导致天然气的储量大大减小,最后只有吸附气储存在页岩中(例如 Michigan 北部的 Antrim 页岩)。

页岩气勘探开发的初期(Mitchell Energy 和 Chevron 刚刚开始研究此块区域时),研究者们将重点放在了断层附近的 Barnett 页岩,他们认为该区域的天然裂缝要相对发育得多。这种想法是正确的,断层附近地层的裂缝的确要发育些,但是这些裂缝几乎都被碳酸盐岩胶结物填充,部分基质孔隙也被断层附近的方解石填堵(基质孔隙度较低)。对 Barnett 页岩内裂缝遭胶结作用填塞的过程并没有详细的研究,但是很明显,从现在观察大型裂缝中存在的宏观沉积条带发现胶结物对裂缝的填充应为多期作用。这些证据表明,Barnett 页岩内的裂缝曾经处于开启状态,但是下伏 Ellenburge 和 Voilar 组(Hill 等,2007, 盆地的地层剖面图)地层中热矿物水通过裂缝向上运移最后形成碳酸盐岩胶结物填塞了裂缝((Bethke 和 Marshak,1990)。

2)开启的天然裂缝

经过 2～3 年的勘探研究,地质与工程研究者们才开始逐渐意识到开启的天然裂缝对 Barnett 页岩的产量意义不大。其根本原因是该区域根本不存在开启的天然裂缝[一些很个别的例子除外,在笔者调查过的数百英尺深的岩心中,笔者仅仅看过 3 处开启的天然裂缝,每个长度约 0.5in(1cm)]。这并不是说开启的天然裂缝在 Barnett 页岩中不存在,相反它们有很多,但是它们基本上被碳酸盐岩胶结物(通常是方解石)填充(这反驳了以下观点:我们看不到开启的天然裂缝是因为我们是在垂直方向取岩心,而这将大大降低了我们在垂直方向附近找到开启天然裂缝的概率)。通常情况下,地质与工程研究者认为应该确定裂缝渗透网络的位置,因为它是天然气从岩石基质运移至井孔的通道。刚接触 Barnett 页岩的研究者们通常认为:完井过程中形成的诱导裂缝将对存在的开启天然裂缝网络起促进的作用。但 Barnett 页岩基质的渗透率要用毫微达西来衡量,显然岩石的孔隙太小,在没有开启的天然裂缝的情况

下,不足以运移大量天然气。可以想象,在没有开启的天然裂缝存在的情况下,天然气要在如此致密的页岩(在 Fort Worth 盆地的沉积地层中,基质的渗透率都非常低)中运移是很困难的。为什么作为 Texas 州产量最大的储层之一其岩层渗透率会是最低的呢?

开启的天然裂缝也许不是影响 Barnett 地区天然气产量的因素,一些 Barrnet 页岩工程研究者们认为:充填的天然裂缝可以增强压裂作用的效果(如 Matthews H L 和 Suarez - Rivera R, 2004, 个人交流)。他们的理论很有说服力:被填塞的天然裂缝作为脆性区域,将有益于压裂中诱导裂缝的形成。下面的设想实验证明了这个观点(Suarez - Rivera R, 2005,个人交流)。在非均质的侧向应力条件下,在一块玻璃上钻一个孔,然后用水给这个孔加压,玻璃会沿着一个单一的通道破裂。但是,如果我们先将玻璃打碎,然后再将碎片完美的粘合在一起(以至于不存在缝隙),接着再重复上面的过程,这块厚玻璃就会沿着多个通道破裂。开启的天然裂缝的存在实际上可能抑制了诱导裂缝的生长。当裂缝在一个钢梁上或者一块金属薄片上形成时,如果在裂缝的尽头钻一个孔,那么这个裂缝就会停止延伸。通过除去裂缝顶端的压力点,由裂缝延伸带来的应力就会分散,裂缝也将不再增长。

笔者认为 Barnett 页岩中裂缝的离散分布、天然气的高度聚集以及岩石压裂性能三者的结合,成就了这块选区。Barnett 页岩不是裂缝型页岩气探区,但却是可以压裂的页岩气探区(Miller D, 2004, 个人交流)。

3)断层及构造褶皱带

如上所述,Barnett 页岩在主断层区裂缝高度发育。这些裂缝尽管现在已经被填塞,但是似乎减弱了断层区域内 Barnett 页岩物性的完整性,进而使得能量和流体可以在水力压裂作业下沿断层面运移并进入下伏地层,下伏地层通常是孔隙发育,同时含水饱和的 Ellenburger 组碳酸盐岩。一些公司在主要断层区钻井深度接近 500ft(152.4m),形成的诱导裂缝没有蔓延到 Ellenburger 的含水区域,但是断层区域的钻井依然没法获得开采成功。

通常,构造褶皱处(背斜和向斜)和岩溶区域钻井的产量与未受构造作用区域井的产量相比要低得多(Zhao, 2004)。同时,由于这些构造褶皱中天然裂缝的存在,水力压裂不是作用于 Barnett 地层,而是向下转移到下伏 Viola 和(或)Ellenburger 地层中,导致 Barnett 页岩压裂效果差。

2. 生气与非常规储层中储存压力的关系:Barnett 页岩内异常高压的来源

关于很多天然气盆地中(包括 Greater Green River 和 FortWorth 盆地)存在的异常高压,研究者之间的争论仍在继续。争论的核心问题是:盆地中心(连续型气)气体异常高压的来源。对于这个现象的解释,主要存在两种假说。

1)假说一

大量生成烃类可以形成地层超压,超压地层不仅仅是烃类的储层,同时也是烃源岩,达到生烃的门限成熟度。例如,Newark East 气田区域的 Barnett 页岩储层(同时也是烃源岩)目前的平均温度接近 180°F(82℃),在该温度下,烃源岩远没有达到生烃窗。Barnett 页岩在此区域内的平均总有机碳含量(TOC)达到 4.5%。因此,Barnett 区域内生成的烃类导致地层形成异常高压。这个假说由研究者在没有意识到下面第二种假说(即:他们未充分了解毛细管压力的作用)的前提下提出来的。假说一的问题是对基础化学动力学的误解。任何盆地,如果在其埋藏演化史(即北美的克拉通盆地)中没有经历过连续埋藏作用(或持续热流作用)达到最大埋深,它不可能生烃(Jarvie D M, 2003, 个人观点)。原因是在有机质所处温度不断升高的条件下,高分子有机质开始裂解形成小分子烃类。因为任何原始有机质,当温度到达一定程度时,其中将分子中各个基团连接成整体的化学键就会开始发生断裂。随着埋藏深度不断增加,温度也会不断上升,越来越多的大分子有机质开始裂解生成小分子的烃类。一旦盆地停止沉降(或者热流不再增加),有机质则会停止生烃。当盆地沉降,烃源岩中有机质生烃导致温度(活化能随之变化)升高。例如,在200°F(93℃)会发生断裂的化学键,在烃源岩排烃升温到200°F(93℃)时也会发生断裂。在抬升过程中,烃源岩也会再次处于200°F(93℃)温度环境下,但此温度下可以断裂的化学键已经断裂,所以不会再有新的烃类生成。所以对于Barnett页岩来说,如果想要继续生烃,必须使其所处的温度高于其所处的最高古地温(获得更高的活化能)。

2)假说二

目前的超压[约0.52psi/ft(11.76kPa/m)]实际上来源于常规地压梯度的作用(或者是在最大热流作用时期形成的轻微异常高压作用)。Barnett地层的极低渗透率(更确切地说,是极高的毛细管压力)让这个假说成为可能。Fort Worth盆地的镜质体反射率分布和盆地模拟说明:几千英尺厚的上古生代和中生代沉积地层从二叠纪开始就遭受侵蚀。Newark East气田的Barnett页岩地层目前的平均深度约为7 500ft(2 300m),因此,Barnett地层的平均储层压力为

$$0.52\ \text{psi/ft}\times 7500\ \text{ft}= 3900\ \text{psi}(27\ 048\ \text{kPa}) \tag{1}$$

如果我们假设正常的静水压力梯度为0.44psi/ft(9.95kPa/m)(盆地中Ellenburger组地层的孔隙压力),所以根据这个我们估计其上覆地层的剥蚀厚度为

$$3900\ \text{psi}/0.44\ \text{psi/ft}-7500\ \text{ft} =1364\ \text{ft}\ (415\ \text{m}) \tag{2}$$

我们知道,Fort Worth盆地中所有的烃类几乎都来源于Barnett页岩中(Jarvie等,2001,2003; Pollastro, 2003; Pollastro等,2004; Montgomery等,2005),所以,Barnett地层在整个生烃过程及后续地层抬升过程中,一定会存在有烃类的流失。另外,Barnett页岩所排出的烃类气体甚至在地表中都有发现,但是,Barnett地层的致密性使其内部的压力达到600psi(4 136kPa,为上述提到的地层2 300m埋深条件下的压力值),减缓了构造作用导致的压力的降低(图1)。

许多正式的资料指出(尤其是Devon的观点)Wise、Denton县以及Tarrant县北部等Barnett页岩的核心开采区域以外的地区中不存在超压现象。我不同意这种看法,主要有3个方面的原因:第一,地层地质历史和埋藏的过程是导致其超压的原因,核心区域的外围与核心区域应该都是类似的道理。Johnson县区域Barnett地层埋藏史与未超压的核心区域存在有很大的不同。但是,两个地区的地层剖面与镜质体反射率剖面显示了相似的地质演化史。第二,有的人指出Johnson县区域Barnett地层不存在超压,笔者认为其对核心区域Barnett地层原始超压并不是十分了解。当Mitchell Energy着手开发Newark East核心区域的Barnett页岩时,公司进行了许多压裂的前期准备工作,以及进行了10天的压力趋势测定(利用一个小套管进行穿孔,然后将井封闭10天,再用压力计测量井底压力)来确定由于断层作用造成压力衰竭的区域。压力下降测试的实际效果比测量地层孔隙压力要好。在30多次的测试中,只有一部分压力梯度为0.52psi/ft(11.76kPa/m)。其他梯度较低的测试不能说明测井区域的储层压力就低,只能反应气渗透率较低。由于记录的最大压力梯度为0.52psi/ft(11.76kPa/m),很

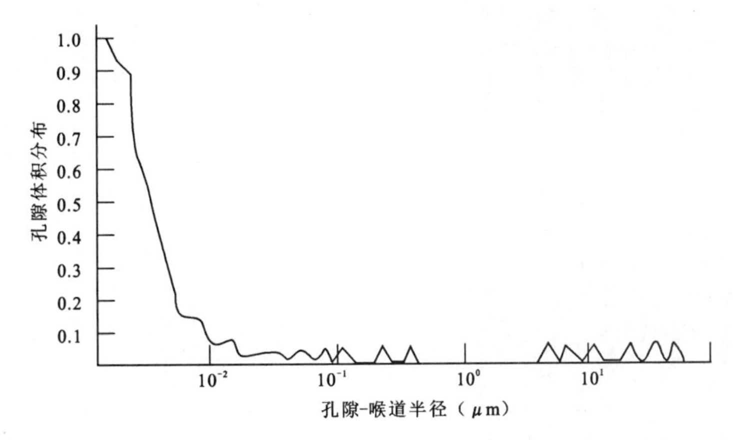

图 1　有机质富集的 Barnett 页岩中孔隙体积分布与孔喉半径的关系曲线图
值得注意的是平均孔喉半径为 50Å。Barnett 页岩为有效的盖层，
同时也是 Texas 州区域一个高产的天然气储层

多 Mitchell 工作者在文献中提到了 Barnett 地层的这个值(Lancaster 等，1993)。在 Johnson 县区域，在进行压裂之前，只进行了很少的压力恢复实验来确定储层的压力梯度，但是，笔者怀疑 Newwark East 气田储层压力在 0.52 psi/ft(11.76kPa/m)的压力梯度下各区域应该是相似的。第三，最近 Johnson 县区域(目前产区的一些最好的生产井都在 Johnson 县)通过水平钻井对 Barnett 页岩的开采取得了成功，表明位于 Newark East 气田核心区域的 Barnett 地层中同样存在超压现象。

3. 石灰岩岩层以及 Barnett 地层内的石灰质结核的来源

对于众多灰岩夹层的性质，Barnett 地质工作者存在一些分歧。在 Barnett 地层，包括 Forestburg 组灰岩地层单元中，灰岩岩层厚度一般不足 3ft(0.91m)。一些研究者认为(如 Johnson，2003)：这些灰岩由海退作用结合碳酸盐岩浅滩而形成，类似于 Bahamian 堤岸和浅滩。Barnett 地层内的灰岩夹层贯穿整个盆地。出于经济利益我们应将灰岩夹层情况考虑在内，尽管灰岩夹层产油气很少，但碳酸盐含量的增加将会降低页岩气的地质储量。因此，任何可以预测灰岩层位置、分布以及厚度的沉积模型，都是对 Barnett 页岩的开采有利的。但是浅滩沉积模式是不合理的。然而，大多数 Barnett 地层工作者显然没有仔细观察 Barnett 岩层的岩心，而仅仅依赖于测井资料来进行分析。

观察的岩心分析表明：Barnett 地层中的灰岩夹层来源于深海的碎屑流，而物源则可能位于 Oklahoma 州的南部区域。同时 Hall(2003)提出 Muenster 背斜带为该碳酸盐岩碎屑流的另一物源区，但是这个说法似乎不可能，因为 Muenster 背斜带在 Barnett 地层沉积之前并未出现明显的地势起伏。

(1)岩心检验清楚地说明：碳酸盐岩物质沉积于具有碎屑流沉积特征的岩层中，其特征为：Barrnet 页岩岩层基部具有侵蚀现象，同时混有化石残骸。在单一事件作用下连续沉积，向上颗粒逐渐变细，逐步递变至上部的黑色页岩地层(图 2、图 3)。

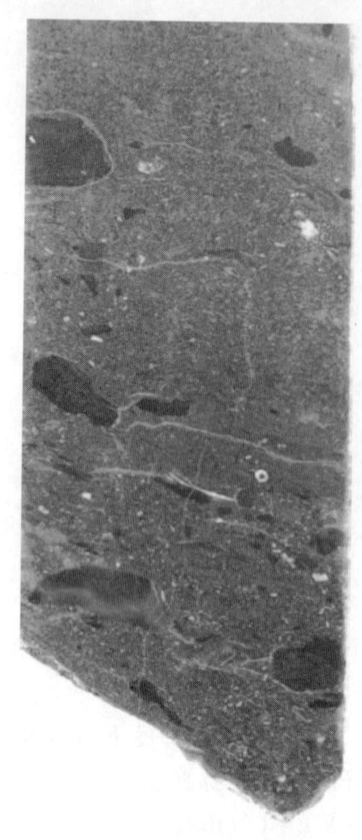

图 2　Barnett 页岩的岩心照片

照片中可见其为分选性极差的泥石流沉积，冲裂沉积物和贝壳碎屑存在于样品当中，同时样品中存在有应力消除的裂缝，岩心厚度为 3in(7.6cm)

图 3　Barnett 页岩的岩心照片

照片中可见碳酸盐岩富集的泥石流沉积物中陡峭的底边界，在基底上方 2ft(0.6m)处沉积物变成典型的有机质富集页岩，表明为单一事件沉积，岩心厚度为 7.6cm

(2)Barnett 地层内 Forestburg 灰岩的等岩性图清楚地表明：Barnett 地层内灰岩厚度最大的区域位于其构造最深处(图 4)。如果其中的灰岩代表着地层为浅滩沉积序列，它们将集中在盆地的最深处。在电子显微成像中偶尔可以观察到 Barnett 地层中的灰岩结核。笔者认为，不是所有的 Barnett 地层中的灰岩结核都是成岩作用成因的，有一部分来源于塑性岩层的形变作用(地层的不稳定性导致碳酸盐岩层内形成伏卧褶皱)。Grabowski 和 Pevear(1985)在 Green River 地层油页岩的研究中也描述过与之相似的构造。这个结论在 Barnett 地层岩心检验中也得到验证。但是 Papazis P K(2005，个人观点)在最近的工作中指出：一些碳酸盐岩结核的确来源于成岩作用。

4. 为什么该区域的某些核心区要好于其他区域

在 Newark East 气田的主要生产区内(Barnett 地层工作人员称之为“核心产气区”存在至少两个确定的高产气区。一个位于 Wise 县的最南部(集中在 Pearl Cox 区域)，另一个在 Tarrant 县北部(集中在 Bonds Ranch 区域)。无论完井技术如何，大量的气体都广泛分布于这两个区域，拥有很高的产量，主要原因为：①这些区域有更好的天然气运移机制；②该地区存在更多的天然气储量(即较多的天然气聚集)。要理解这两个地区高产的地质原因，需要进一步研

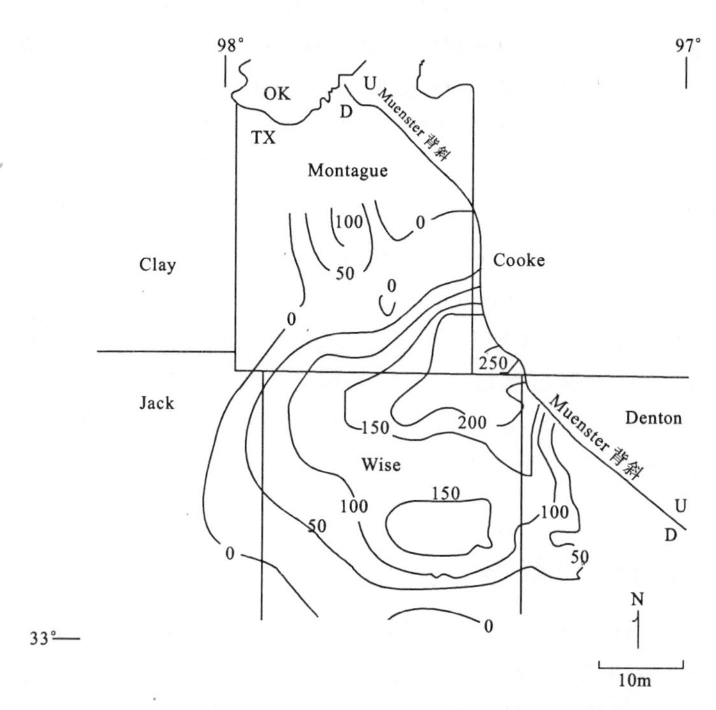

图 4 Barnett 地层单元中 Foresburg 组石灰岩地层的等厚图

间隔为 50ft(15.3m),厚度最大的区域位于 Fort Worth 盆地沉积最深区域的附近(Hall,2003,修改)

究远景区,但目前原因还不是十分明了。

1)天然气运移

目前还没有公开的资料系统地检验 Barnett 地层的渗透率和扩散率,据笔者所知,工业上还不存在这样的研究报告。电缆测井曲线不能直接确定 Barnett 地层的渗透率和扩散率,因此,我们只能使用岩心来测量。另外,只有 Dovon Energy 公司有足够的整个区域的岩心资料来进行系统研究。

2)天然气储量

Barnett 页岩中天然气储存于孔隙中或者吸附于有机质中(由于 Barnett 页岩中提取的粘土含量有限,在有限的吸附试验中,并没有对气体表现出吸附性能)。在 Barnett 地层中产量最高的核心区域,有机质高度集中,从而形成了较高的天然气储量。我们可以从测井曲线中估算出 Barnett 页岩中有机质的含量,实际上,从测井曲线上不能明显地反映出这两个区域有机质含量相对较高。而只有通过岩心样品的分析才能有效地解决这些问题。另外,比较这两个区域发现,页岩成岩作用的不同会直接影响页岩的岩石物理性质,这也从一方面解释了区域产量的不同与多变性。

5. 盆地演化史及 Ouachita 加热的作用

Ouachita 系统的(Texas 西部的 Permian 盆地可能是一个例外)很多前陆盆地在地史中经历过异常的高地温梯度(Bethke 和 Marshak, 1990)。这些盆地(即:Arkoma、Fort Worth 盆地, 以及局部范围的 Permian 盆地的次盆地和 Black Warrior 盆地)曾经在与 Ouachita 逆冲带相邻的区域生成干气。在 Fort Worth 盆地，可以看出，控制其热成熟度的主要因素是由于其接近 Ouachita 构造带前缘而不是由于埋深作用(Bowker, 2003; Pollastro 等,2004)。热卤水沿前进的 Ouachita 系统排出，并逐步运移穿过 Ellenburger 组地层(Bethke 和 Marshak, 1990; Kupecz 和 Land, 1991)，是热流增强的来源。

由于热液运移穿过 Ellenburger 组地层后作用于 Barnett 页岩地层，从而控制了其热成熟度，所以构造特征(主要为断层)是决定 Barnett 页岩热成熟度的一个重要因素，因为：①热流可能沿断层向上运移到上覆的 Barnett 页岩地层中，使一些断块的热成熟度高于其他断块；②断层可能作为挡板，并使得 Ellenberger 组地层中的热流围绕特定的断块运动。当低成熟度地层单元与 Ouachita 构造前缘达到最近时，在主要断块区域的 Barnett 页岩生成的气体其热量也有很大的不同。在主要断层区域，气体的热量要小得多，如：Mineral Wells 断层，穿过了 Newark East 气田北部的核心区域。此时 Barnett 页岩所产天然气的热量可以用来判断主要的断层倾向。系统地检测整个 Fort Worth 盆地 Ellenberger 组地层的岩心有利于恢复盆地的热演化史。

6. 以 Barnett 页岩为参考

一旦了解了是什么让 Barnett 地层如此高产，那么对相似聚集形式地层的勘探则会得到很大的帮助。勘探者不应该去寻找裂缝或者含气达到饱和的页岩地层，而应该去寻找可以压裂形成裂缝的含气饱和地层。详细过程当然要复杂得多，但它们从根本上与两个主要的相关变量有联系：①页岩成分(矿物成分)；②天然气储量。

1)天然气储量

页岩气探区要有经济价值，页岩中就必须拥有足够的天然气储量。因此，页岩也必须是曾大量生成过热成因气或生物气的烃源岩。页岩要生成大量天然气，就需要含有丰富的有机质、较大的厚度，并且受热流作用影响形成异常的高地温梯度。Barnett 页岩中天然气通过两种机制储存，即以游离态储存在基质孔隙中，以吸附态黏着于有机质表面(Bowker, 2003)。因此，页岩中必须含有丰富的有机质和(或)足够的基质孔隙，从而储存足够量的天然气以实现工业勘探价值。

2)有机质丰度

Barnett 地层的有机碳含量为 0.5%～7%，平均值为 4.5%(Bowker, 2003)，且吸附气含量与有机碳含量是成比例关系的(Mavor, 2003)。一般有机质含量高的层段，其天然气储量也相对要高，同时基质孔隙大，而粘土则相对较低，这 3 个因素的协同作用导致了 TOC 含量相对较高区域拥有更好的勘探前景。一套页岩要成为可行的勘探目标，其需要的最小 TOC 含量还不是十分明确，但应该在 2.5%～3%之间。

3)厚度

地学家还没有明确 Barnnet 页岩形成工业价值开采所需要的最小地层厚度。Michigan 盆地，在 Antrim 产区内有效的页岩厚度约为 30ft(10m)。对 Barnett 地层来说，100ft(30m)厚度足够形成工业性产量的天然气(尽管 Barnett 地层的厚度更薄，成熟度相对要低，埋藏也相对较浅)，但是 50ft(15m)还是太薄了。

4)热成熟度

达到干气窗的地层是 Barnett 页岩气开发有利的勘探目标。Jarvie 等(2007)总结了各种用于测定热成熟度的技术和分析方法。综合得出要获得工业性价值的天然气，Barnett 页岩应必须处于生气窗。

5)基质孔隙度

一些地学家认为：Newark East 气田区域近一半的天然气储存在基质孔隙中(Bowker，2003)。但是，根据大量的地质数据，Barnett 页岩的研究者们开始逐渐认识到应该有超过 50%的天然气储存于基质孔隙中。所以必须采用更新的技术来达到对非渗透性 Barnett 页岩孔隙度进行测量；而传统的实验测量方法此时并不适用。现今很少有实验室能够对其孔隙度进行精确测量。页岩中的含水饱和度更难测量。当然，为了准确地评价勘探目标的勘探潜力，含水饱和度和孔隙度都是必须知道的量。Barnett 地层中有机质富集区域的平均孔隙度为 5.5%，平均含水饱和度为 25%(Bowker，2003)。

6)矿物成分

绝大部分页岩中粘土矿物成分含量很高，但是 Barnett 页岩和其他具有勘探潜力的页岩并不是这样的。在评价 Barnett 型页岩的勘探潜力时，勘探者必须寻找可以进行压裂的岩石，即页岩中粘土含量相对较低的区域(一般少于 50%)，从而使压裂可以顺利进行。这种类型的页岩主要沉积于限制区，且形成于特殊的地质时段，例如 Michigan 盆地泥盆系—密西西比系的 Antrim 页岩以及绝大部分的 Barnett 页岩。

7. Texas 州北部的 Barnett 页岩生产史简介

图 5 为 Newark East 气田的产量变化曲线，其油气生成史是十分独特的。其最大特征就是从 1999 年以来，产量一直快速增长。为什么会出现这种情况呢？为什么需要 17 年才能达到这种产量(就生产而论，为什么 Mitchell Energy 公司经过很长时间的研究没有发现大规模的天然气聚集呢?)。该地区生产历史的另一个特殊的地方为：在 1999 年以多口钻井进行联合生产，而 2003 年的年产量要比 1998 年高。笔者无法解释为什么 Mitchell 公司研究 Barnett 页岩这么久却没有任何实质性的成功。相信那段时期 Michell 公司将勘探的历史记录了下来。有两个原因导致了 1999 年后产量的大幅增长：一是发现地层中气储量比以前的预估值高 4 倍；二是在探区中水力压裂技术(主要为水、降阻剂、杀菌剂、防垢剂和低浓度砂的结合运用)的成功应用从实质上降低了总的钻井成本。这两项发现使研究者对已有的井进行了再次压裂作业(因此上面提到的 1999 年前井的产量得到了大大的增加)，同时对于以前认为的非生产层的上部 Barnett 页岩也成功地进行了完井开采，这样整个探区的经济价值也得到了大大的提高(见 Bowker，2003，详细解释了 Barnett 页岩含气量的决定因素，同时 Walker 等，1998，回顾了 Texas 北部 Barnett 页岩中所使用的水力压裂技术)。

产量曲线(图 5)的稳定增长源于对 Barnett 页岩的深入了解，尤其是自 2002 年起水平钻井技术的广泛运用。

8. 结论

我们对产量丰富的 Texas 北部的 Barnett 页岩仍存在误解与迷惑。我们尝试着澄清了其中的一些问题，包括：开启的天然裂缝对于 Barnett 页岩的产量并不重要；Barnett 地层中灰岩夹层的成因和来源；盆地中相对高热量的来源；以及 Barnett 地层中超压的原因。Barnett 页岩还有许多重要的方面仍然处于未知的状态，目前还没有人能完全解释清楚 Barnett 页岩中

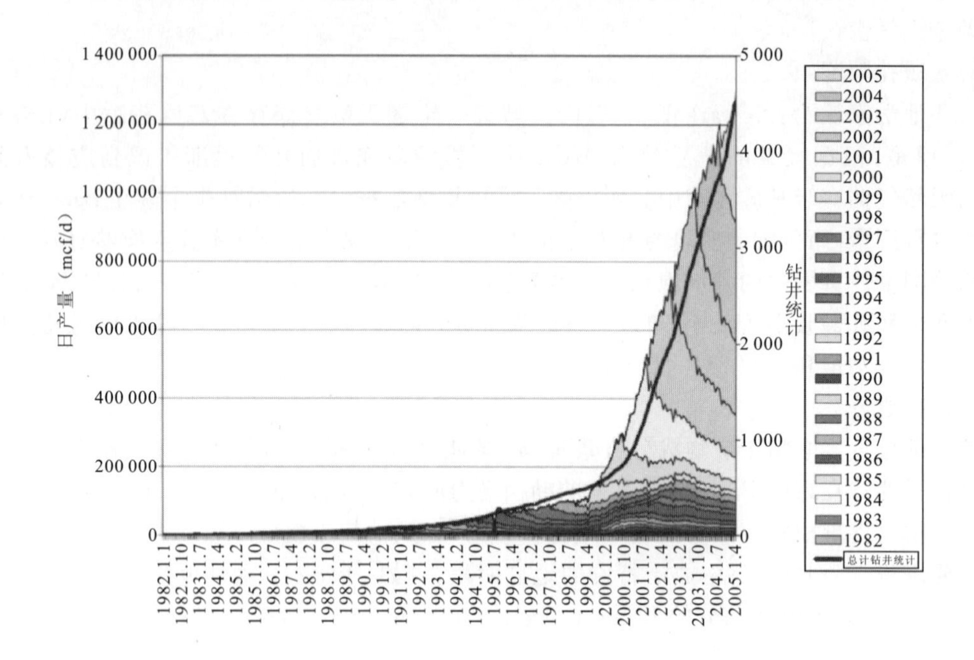

图 5 Newark East 气田(Barnett 页岩)的年产量变化曲线(数据至 2005 年 9 月)
不同颜色代表不同年限的产量，产量从 1999 年开始逐年增加，数据来源于德州铁路委员会(2005)

形成高产量天然气的原因。Barnett 页岩探区的产量还在以惊人的速度增长，且已经成为一种模型来指导其他具有相似特征的含气页岩探区的勘探开发(陈振林、何发岐、龚铭译，杨苗、易锡华校)。

原载 The American Association of Petroleum Geologists，AAPG Bulletin，2007，91(4)：523—533

参考文献

Bethke C M，Marshak S. Brine migrations across North America—The plate tectonics of groundwater[J]. Annual Review of Earth and Planetary Sciences，1990，18：287—315.

Bowker K A. Recent developments of the Barnett Shale play，Fort Worth Basin[J]. West Texas Geological Society Bulletin，2003，42(6)：4—11.

Jarvie D M，Claxton B L，Henk F，et al. Oil and shale gas from the Barnett Shale，Ft. Worth Basin，Texas (abs.)[J]. AAPG Annual Meeting Program，2001，10：A100.

Hill R J，Jarvie D M，Zumberge J，et al. Oil and gas geochemistry and petroleum systems of the Fort Worth Basin[J]. AAPG Bulletin，2007，91(4)：445—473.

Jarvie D M，Hill R J，Ruble T，et al. Unconventional shale-gas systems：The Mississippian Barnett Shale of north central Texas as one model for thermogenic shale-gas assessment[J]. AAPG Bulletin，2007，91(4)：475—499.

Kupecz J A，Land L S. Late-stage dolomitization of the Lower Ordovician Ellenburger Group，west Texas[J]. Journal of Sedimentary Petrology，1991，61：551—574.

Lancaster D E，McKetta S，Lowry P H. Research findings help characterize Fort Worth Basin's Barnett Shale[M]. Oil & Gas Journal，March 8，1993.

Montgomery S L, Jarvie D M, Bowker K A, et al. Mississippian Barnett Shale, Fort Worth Basin, northcentral Texas[J]. Gas - shale play with multi - trillion cubic foot potential: AAPG Bulletin, 2005,89(2):155—175.

Pollastro R M, Jarvie D M, Hill R J, et al. Geologic framework of the Mississippian Barnett Shale, Barnett - Paleozoic total petroleum system, Bend arch - Forth Worth Basin, Texas[J]. AAPG Bulletin, 2007, 91(4):405—436.

Wignall P B. Black shales: Geology and geophysics monographs[J]. Oxford, Oxford University Press, 1994, 30:130.

Zhao H. Thermal maturation and physical properties of Barnett Shale in Fort Worth Basin, north Texas (abs.)[J]. AAPG Annual Meeting Program, 2004,13:A154.

Barnett 页岩中的有孔虫目黏结形成的类燧石条带

Milliken K[a], Choh Suk－Joo[b], Papazis P[c], Schieber J[d]

(a Department of Geological Sciences, Vniversity of Texas at Austin

b Department of Earth and Environmental Sciences, Korea Vniversity

c Chevron International E&P CD

d Department of Geological Sciences, Indiana Vniversity)

摘　要：Texas 中部的 Barnett 页岩(密西西比系)中含有大量的微晶质石英颗粒，并以多种岩性存在。石英发育的一种典型的模式是呈带状与岩层相平行延伸生长，并且在平面内发育很多形似空心球体状的微孔隙结构。运用综合成像手段，通过透射偏振光显微镜检查、衍射和反射后的电子成像以及阴极发光成像、X 射线成像等发现这些石英颗粒主要由胶结的粉砂级碎屑石英颗粒组成，还混有少量的钙斜长石和方解石成分。

研究发现 Barnett 页岩中有机质富集的微晶质石英颗粒为黏结的有孔虫目在压实过程中形成。可以明确的是，碎屑石英颗粒中有很大一部分来源于这种生物堆积体，由于无法直接从三维样本中提取，所以研究重点强调了使用成像技术来检测岩化物质中黏结的有孔虫目。结合各种成像技术使我们能清晰地观察颗粒骨架的亚显微结构，如粒度大小、分选性等，而这些无法用常规的光学显微镜或 SEM 技术观察到。运用这些技术发现 Barnett 页岩中大量发育有黏结的孔虫目，并且推断如果把该观察技术应用到其他富含有机质的页岩层段中，可能会发现这种有机组织体的分布比我们目前认识到的要更为广泛。而与美国中西部泥盆系页岩的观察结果相比较研究后，也更加明确了这一点。

引　言

我们这里研究的为一套古生代黑色硅质页岩中的局部石英颗粒聚集体(条带状)(Fort Worth 盆地下密西西比统 Barnett 页岩)，发现其主要由黏结的有孔虫目贝壳崩塌而形成(Papazis 等，2005)。使用透射偏振光显微技术观察发现这些物质为自生的(与燧石类似)，但是没有进一步的研究能证明其由崩塌的孢子或海藻囊等硅化而来(例如塔斯马尼亚苞属)。

同时，我们需要使用反向散射电子成像和 SEM 阴极发光成像技术来证实这些石英颗粒为岩屑成因和自生成因的混合成因机制。该技术的使用能让我们认识黏结的有孔虫目的分布、组成和亚显微结构，搞清楚页岩中自生成因和岩屑成因硅质之间的平衡关系，确定黑色页岩沉积的环境条件。

1. Texas 中部的 Barnett 页岩

上密西西比统 Barnett 页岩是 Texas 中北部 Fort Worth 盆地的一套很重要的产气层。

(Montgomery 等,2005) (图 1)。该盆地边界范围为:东部为 Ouachita 褶皱带,西部为 Bend 背斜冲断层带,南部是前寒武纪 Llano 隆起带,北部是 Muenster 和 Red River 背斜带。该盆地为晚古生代的前陆盆地,并与 Ouachita 构造前缘的推进作用相关。

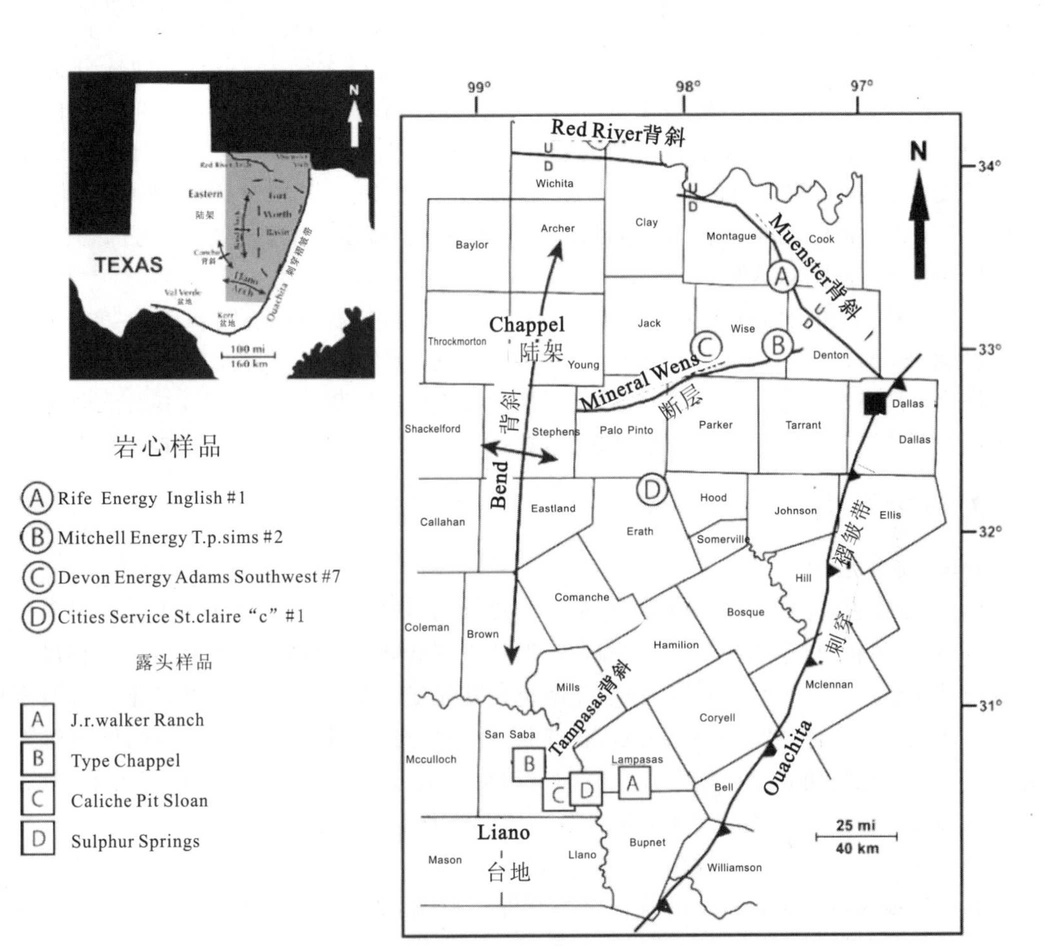

图 1 本文所用样品,岩心的位置图(Montgomery,2005,Papazis,2005)

Barnett 页岩虽然包含了许多种岩性,但是主体上为典型的古生代黑色硅质页岩。该地层单元主要为粉砂质页岩和粘土质微晶灰岩,同时局部伴有粉砂质生物泥晶灰岩和含化石的粉砂质页岩,并且在含化石的内碎屑岩中发现有大量的磷酸盐碎屑。有一些粗粒度层段的骨架组分来源于各种各样的海相无脊椎动物遗体,包括腕足类、海绵动物、瓣鳃动物、腹足类动物、头足类动物,牙形虫和棘皮类动物。局部碳酸盐富集的岩层中,其方解石胶结带就是来源于这种形式。

2. 取样、样品加工以及成像方法

Barnett 页岩样品都是从野外露头或者钻井岩心中取得(图 1)。77 个薄片样品反映了该地区的主要岩性变化情况。薄片切面垂直于岩层,并且对薄片进行抛光处理以后进一步做真空加压浸渗实验准备。为了作对比,同时也准备了一些平行于岩层的薄片样品。在最后的抛光过程中，采用在薄片表面反复注入低黏度的浸染介质来更有效地保留样品组织结构的完整性。

所有的薄切片都已经用传统的投射性偏振光显微镜测试法进行检查过。挑选出来的样品都覆盖上一层碳质涂抹层，并且用BSE成像技术进行检验(15kV的加速电压，样品的电流为12～15nA)。 通过使用能量分散光谱的X射线(射线直径大约为1μm)定性地分析元素组成。通过使用波长色散分光法(WDS)获得硅、镁、钾、钠和铁的X射线影像(阶段影像)，工作电压为15kV，电流为25nA，滞留时间为40ms，以及像素大小达1μm。在Philips/FEI XL 30 ESEM仪器中运用扫描阴极发光(CL)成像同时结合次级电子成像(SE)技术，工作电压为12kV，电流达到额定值的90%。扫描阴极发光成像的信号由一个装备有绿红蓝滤波器的Gatan PanaCL-2装置来采集。

为了比较，利用伯明顿印第安纳大学地质科学学院(IUB)的FEI Quanta 400 FEG仪器(静电发射SEM)对Barnett页岩和泥盆系页岩样品进行二次扫描阴极发光成像和电荷对比成像。该设备配备有色彩浓度监测器，扫描阴极发光成像像素高达1 600万，并且能分辨微米级和更小的石英颗粒。电荷对比成像是在燃烧室压力为90～120Pa的低真空模式中完成的。

3. 成像数据

1)Barnett页岩中石英

Barnett页岩样品中的石英存在有多种形式，而其中较大石英晶体中，所观察到主要的岩相、体积形式包括：棱角状的单晶体、细长的微晶质石英颗粒、钙质骨架碎屑的交代物以及细小的脉质填充纹理。从形状、扫描阴极发光颜色及其强度的多样性、带状结构的缺乏以及多种矿物成分和流体包裹体(如磷灰石、锆石、金红石)等方面来看，这些棱角状的单晶体显然来源于盆外岩屑。虽然棱角状单晶体石英颗粒的岩相特征也可以从显微照片中观察出来，但是下面的岩性描述集中于其中大量存在的细长微晶质石英条带。

2)微晶质石英条带的一般形式

典型的细长微晶质石英条带只有50～100μm厚，纵横比为10∶1(图2)，呈平行于岩层线状分布。虽不是所有，但是很多都包含有自然的平面板状结构(详细描述见下文)，在平面灯光下呈暗色，并且通常该结构延伸长度达25～50μm，直至聚集带的末端。也有部分石英条带由于压实作用围绕其中刚性颗粒(典型的为磷酸盐内碎屑)发生变形，从而导致了在整个石英条带中有细微的波纹和细圆齿状痕迹(图3)。

3)微晶质石英条带的岩性特征

横向偏振观察显示了细长石英条带的微晶质特性[图2(b)、图4(b)]。晶体的大小为1～10μm，分布并没有明显的择优取向。扫描阴极发光成像中单个微晶质的阴极发光强度(从难以侦测到非常亮；图4(c)和图5(b)、(f)和颜色[色泽范围从蓝色到微红色—橙黄色；图4(d)和图5(c)]存在有很大的变化。而从整个页岩层来看，分散贯穿在其中的所有石英单晶体所呈现的CL性质都在相同的范围内。

在扫描阴极发光成像中，单个的石英微晶质显示为一相对亮色的核心周围被暗色的石英所包围[图4(c)、(d)和图5(c)、(f)]。该亮色的石英微晶质呈棱角状，较之于暗色石英的区别在电荷对比成像中也能分辨出来(图6)。尽管大多数微晶石英物质由小于10μm的石英晶体组成，但是还是混合有一些砂粒级大小的石英晶体(图7)。带砂的石英条带其体积更大，厚度

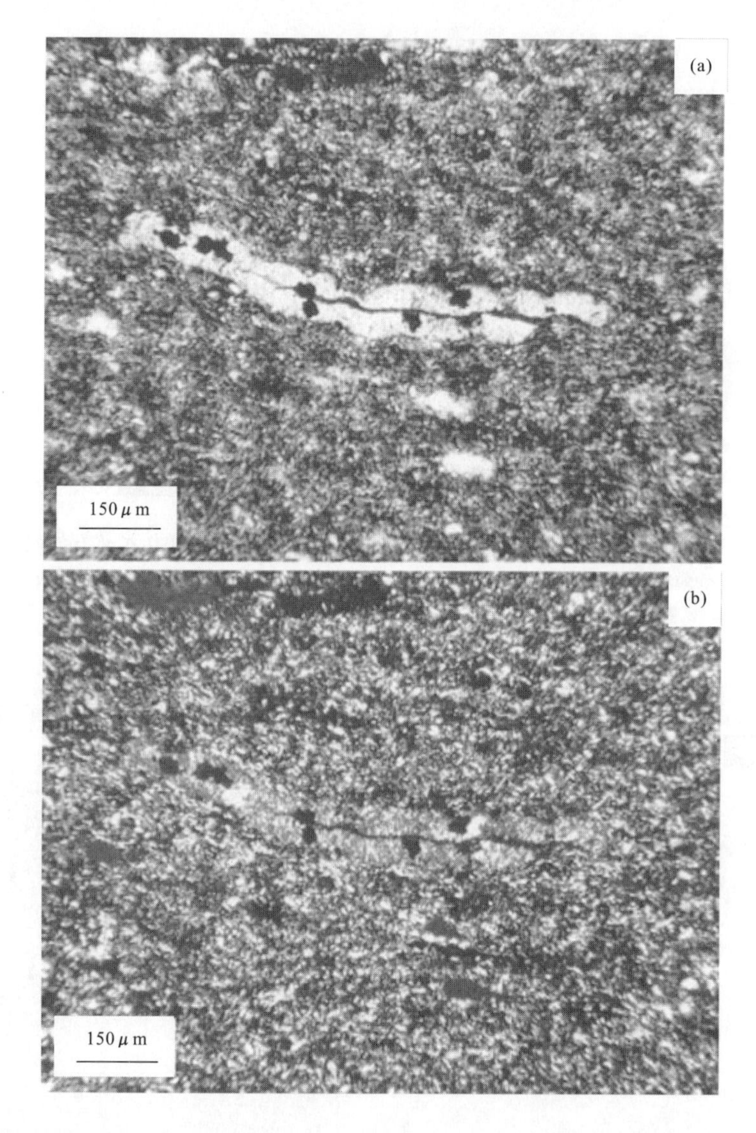

图 2　典型粉砂质黑色页岩样品当中的“燧石条带”照片，Muenster PXK－25，深度为 4 988ft，Texas 州 Erath 县。(a)水平偏振光成像，黑色的夹杂物为自生的黄铁矿；(b)交叉偏振光成像，亮色的夹杂物为碳酸盐岩，很可能为岩屑成因的

达到 300μm，并且包含有多种矿物质颗粒(例如磷酸盐内碎屑、骨屑等；图 8)。

4)微晶质石英条带中的非石英成分

微晶质石英条带的 BSE 成像以及 EDS 和 X 射线图像揭示了斜长石等形似石英微晶体的一些次要的组成成分[图 4(a)]。在 CL 成像中斜长石晶体的亮度明显要亮些[图 4(c)]。

平面光照射下能观察出整个微晶质石英条带也含有微小(≤1～5μm)的孔隙和分散的褐色杂质(图 2)。BSE 和 SE 成像证实了所有地区的微晶质石英条带都是多微孔的，中心板状结构[图 4(a)、(b)，图 5(a)、(d)和图 8(a)]。在平面光照射下，该中心板状结构中含有的暗色物质从颜色和结构上都很类似于周围富含泥质的沉积物。X 射线成像证实了这些中心暗色区域含有 K 元素，该元素普遍存在于云母和泥质富集的基质周围，但是相反，在石英富含区域周围

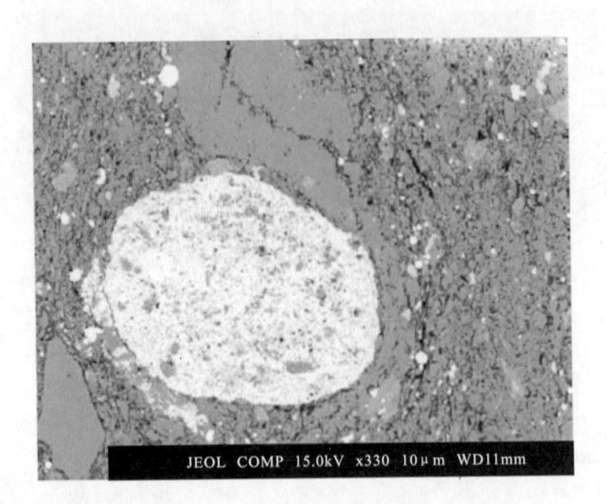

图3 在磷酸盐内碎屑周围的微晶石英聚集物压实作用形成的压型化石的照片；
岩屑粉砂颗粒(上部白色的物质)周围还伴生有很多类似的细小颗粒。反散射电子成像，
样品 PXK－4，T. PMitchell Energy Sims＃2 井，Texas 州 Wise 县

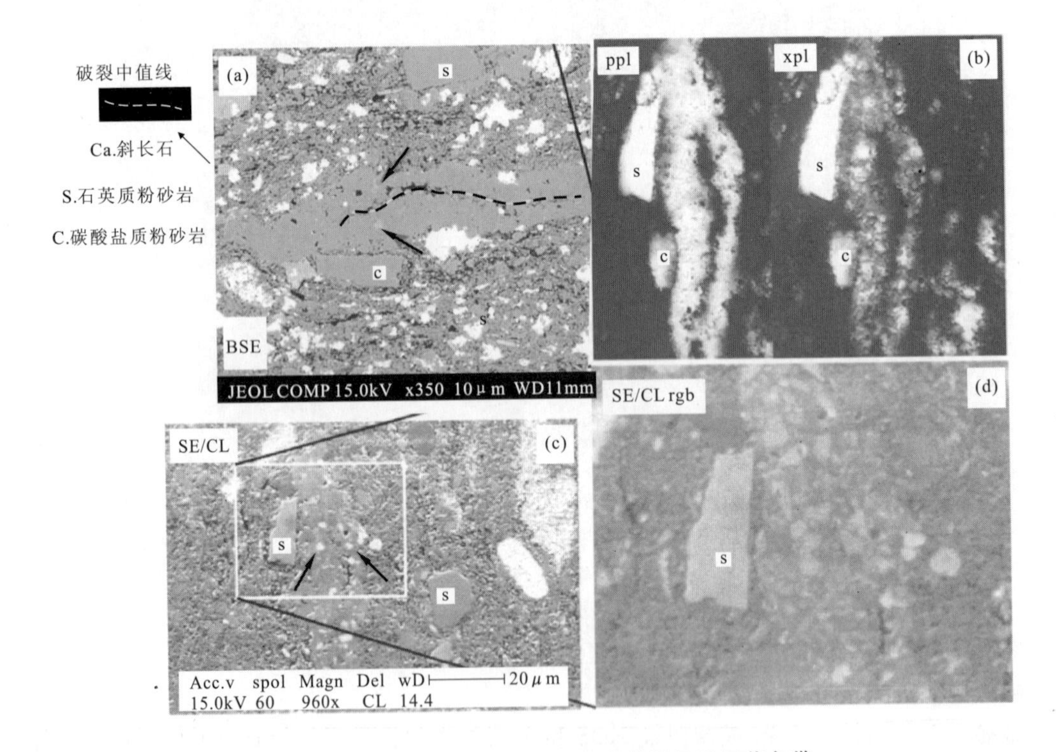

图4 在5种不同的成像模式下观察的微晶质石英条带

在各种成像模式中都对样品进行垂直调准。左边图形中，微晶石英条带内棱角状的粉砂颗粒(s)对不同模式下的成像进行比较十分有用。其中的矿物成分通过 EDS 进行分析。样品为 PXK－3，Mitchell Energy T. P. Sims＃2 井，Texas 州 Wise 县。(a)反散射电子成像。黑色的箭头是棱角状的钙斜长石结晶。在左边还可以看见钙质颗粒(c)的存在。黑色的为孔隙。在(b)中虚线为暗色的微孔隙结构。(b)左边为水平偏振光成像，右边为交叉偏振光成像。中间的黑线为非石英夹杂物，图像中可以很清晰看见石英为微晶质的。(c)全色 CL/SE 成像。各种微晶质可以通过 CL 的强度鉴别出来。

其中非常亮的为钙质斜长石颗粒，是典型的高温长石类。(d)RGB CL 成像，各种颜色的微晶质十分明显

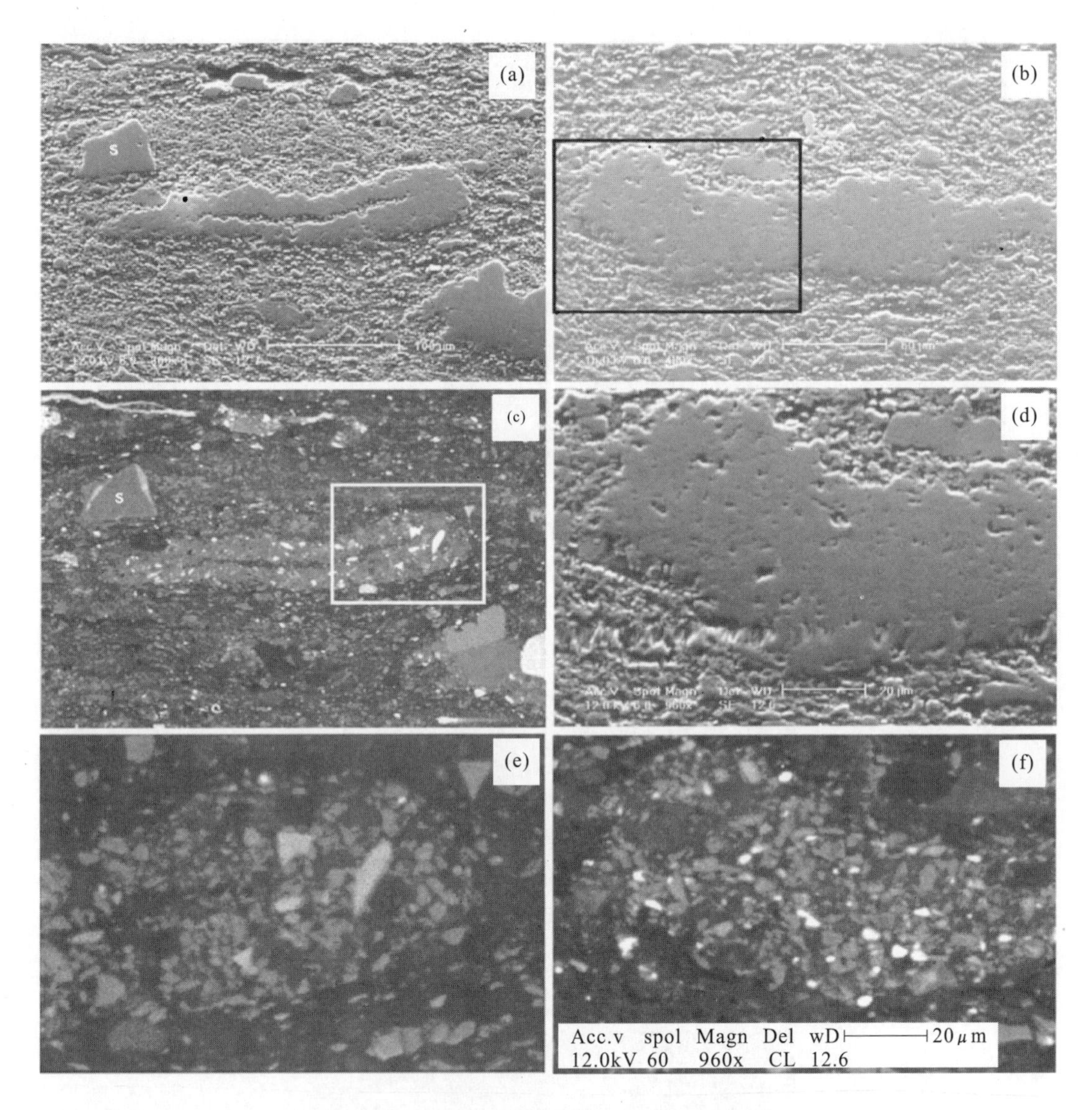

图 5 另外一个微晶石英条带的成像照片

(a)为次级电子成像。中间多孔隙区域的细小石英条带清晰地显现出来，因为在抛光过程中其有很好的抵抗力。样品 PXK－4，Mitchell Energy T. P. Sims＃2 井，Texas 州 Wise 县。(b)图 5(a)中图像的全色 CL 成像。(c)图 5(b)中长方向区域的 RGB CL 成像。微晶质颗粒之间 CL 强度、颜色以及其棱角形状的变化都很明显。(d)次级电子成像。该石英条带的中间区域没有多孔隙结构，样品 PXK－4，Mitchell Energy T. P. Sims＃2 井，Texas 州 Wise 县。(e)图 5(d)中黑色方框区域的次级电子成像照片。(f)图 5(e)中相同区域的全色 CL 成像。CL 强度以及棱角形状的变化能够很清晰地识别

并不存在[图 9(b)]。

4. 富含微晶质石英条带 Barnett 页岩的分布

对 77 个薄片进行测试后发现，其中至少有 60％的样品都包含有前面所描述的那种微晶质石英条带。该微晶质石英条带能够在几乎所有的主要岩层中(除了在胶结物中)观察到，而

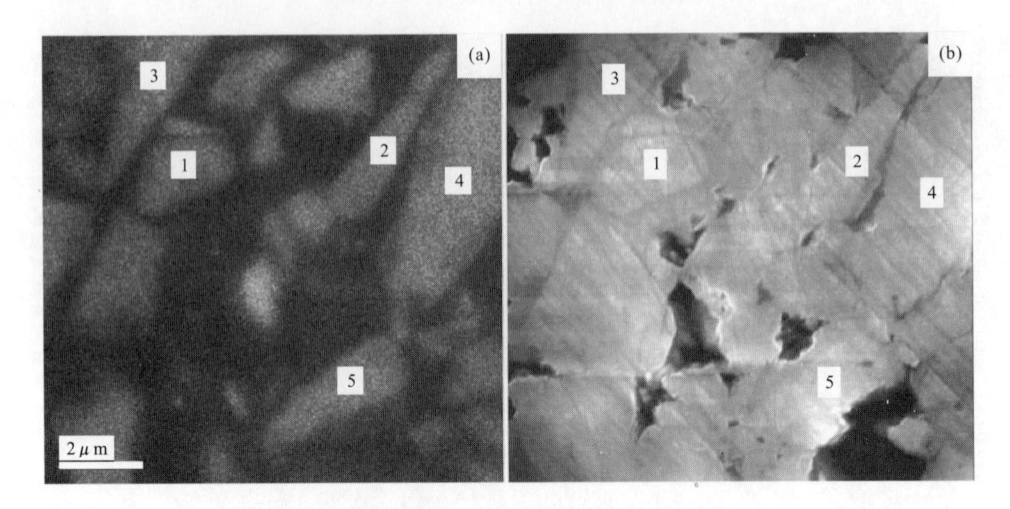

图 6　在微晶质石英条带内的石英类型对比

通过 CL 成像(a)和电荷对比成像(b)都能清晰地识别出来。两幅照片中编号的为岩屑颗粒。
样品 PXK－4，Mitchell Energy T. P. Sims＃2 井，Texas 州 Wise 县

图 7　石英条带内含有砂粒级和粉砂粒级的内碎屑

样品 PXK－4，Mitchell Energy T. P. Sims＃2 井，Texas 州 Wise 县。(a)为 SE 成像，(b)为 RGB CL 成像，其中细长蓝色亮光的部分为棘皮类动物的刺

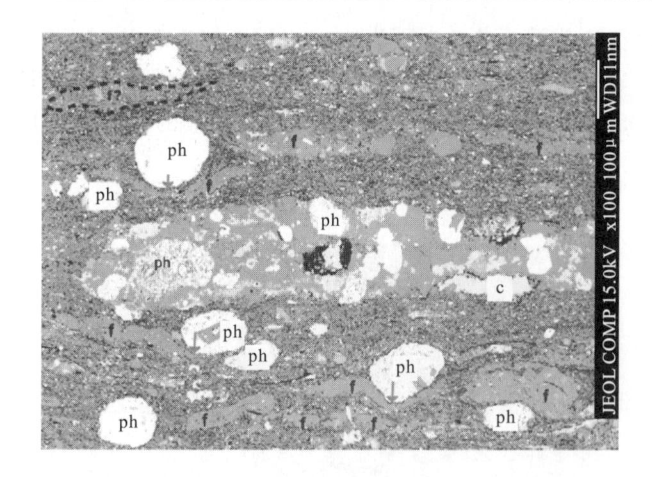

图 8　大型含砂粒的石英条带内含有很多非石英成分

包括有磷酸盐内碎屑(ph)和碳酸盐颗粒(c)。亮色的自形物为黄铁矿取代了石英。在图像中还离散分布着一些微晶质的石英条带(f),在局部区域,磷酸盐内碎屑附近的石英条带发生变形(箭头所指处),利用反散射电子成像,样品 PXK－4,Mitchell Energy T. P. Sims＃2 井,Texas 州 Wise 县

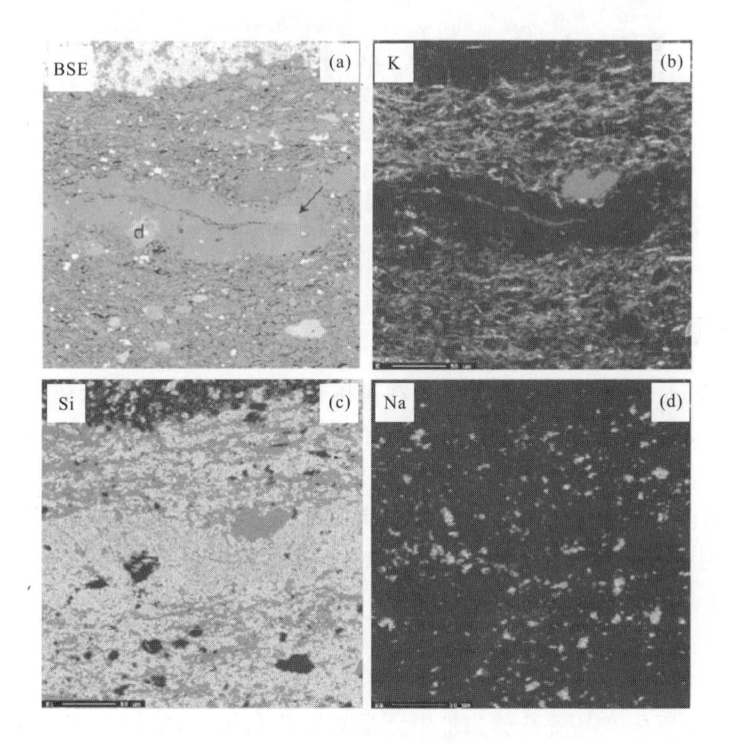

图 9　在 4 种成像模式下观察微晶质石英条带

注意观察在这些黏结物中的非石英成分以及矿物的选择性,在各种成像模式中都对样品进行垂直调准。样品 PXK－4,Mitchell Energy T. P. Sims＃2 井,Texas 州 Wise 县。(a)反散射电子成像。箭头所指为棱角状的白云石内碎屑(通过 EDS 鉴定);用(d)将其中一个较大的标记出来,在 Barnett 页岩中很可能普遍存在有岩屑成因的白云石内碎屑。(b)K－map 成像。亮色的为 K 含量较高的区域。细长的内碎屑为云母。而在微晶质石英条带内没有云母的存在。在多微孔隙的中间区域 K 富集,与之对应的该区域内基质粘土富集。(c)Si－map 成像,高硅质含量与石英的存在相关。在微晶质石英条带区域总石英含量很高。(d)Na－map 成像,高的 Na 含量与岩屑成因的长石有关(很可能是钠长石,也可能含有一定量的钙长石),其广泛分布于基质和石英条带内

且看起来无一例外地在粉砂质的暗色泥页岩中尤为发育。粉砂质暗色页岩中，该微晶质石英条带是其中碎屑粉砂岩的重要组成部分[图 9(a)、(c)]。在岩层中，微晶质石英的含量和碳酸盐含量之间存在某种负相关的关系。不管怎样，在含磷酸盐的内碎屑地层中都会存在有微晶质石英条带(图 10)。

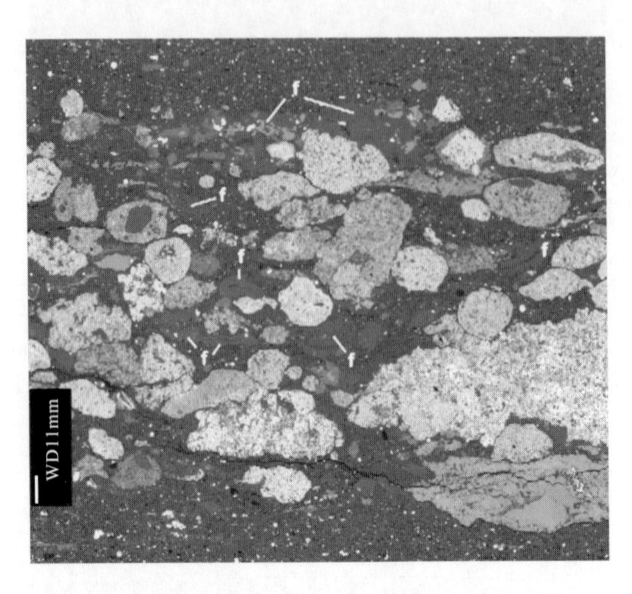

图 10　在磷酸盐内碎屑层中各种黏结的微晶质石英(f)
样品 PXK－4，Mitchell Energy T. P. Sims＃2 井，Texas 州 Wise 县

5. 在其他黑色页岩中的观测

我们尝试把 Barnett 页岩中的发现结合在美国东部泥盆系页岩中所观测的资料一起作更广泛深入的研究(Schieber, 2005)。Illinois 盆地形成于 Givetian 期到 Famennian 期(Lazar 和 Schieber, 2004)的黑色页岩(New Albany 页岩)以及 Appalachian 盆地的 Ohio 页岩都作了检测。其中的细粒石英透镜体与 Barnett 页岩样品中所描述的外观基本一致(图 11)。这些像燧石样物质的彩色阴极发光和对比成像表明其为硅质胶结的碎屑石英颗粒，这进一步证明了其与 Barnett 页岩具有很大的相似性。

6. 讨论

存在于 Barnett 页岩微晶质石英条带中大量的石英和长石，根据它们的形状(呈棱角状)、阴极发光的强度、颜色和特征，我们确定它们应该为岩屑颗粒(粉砂和部分砂粒)。阴极发光的差异性是岩屑石英的一个显著特征(Zinkernagel, 1978; Owen, 1991)，也包括岩屑石英粉砂岩在内(Milliken, 1994)。在通过对分散在整个页岩中的碎屑样品进行阴极发光强度和色差观察，也证实了上面的结论。在棱角状石英颗粒之间的暗色石英证明为自生的石英胶结物。而电荷对比成像分析也证实了这些独特石英类型的存在，进一步证明这些多形式的石英颗粒拥有截然不同的来源。

微晶质石英条带中所含有稀少的长石晶体同样也被认为是来源于岩屑，这是根据其棱角

图 11 在次级电子成像和 RGB CL 成像中观察到的微晶质石英条带，泥盆系 New Albany 页岩

状外形、较亮的阴极发光强度以及其组分分析得来的，因为自生的钙斜长石不能形成于成岩作用中。

很难从机械分选方面来解释富含石英的微晶质石英条带中大量的云母和粘土成分是怎样近乎被完全地排出。有一种观点认为，由于分选性非常好的岩层提供了足够的物源进入粉砂质富集的虫孔内，从而将其中填充物排出，但这些均无法从岩心观察到。压实的孢子和海藻囊（如塔斯马尼亚苞属）的体积大小和形状都很类似于微晶质的石英条带（Combaz，1980；Stach 和 Murchison，1982），但是在井壁上存在大量的岩屑石英颗粒组分排除了这些化石自生硅化的可能。

一种较为普遍的解释就是这些细长的微晶质石英条带是黏结的有孔虫目受高度地压实作用而成。同时，碎屑颗粒聚集物（石英加长石，不包括云母）、石英条带的整体形状、其内部微孔隙结构，以及在实验室压实测试得到的含粘土特性等都支持上述解释。

黏结是有孔虫目早期的构成形式（Ross 和 Ross，1991；McIlroy 等，2001；Scott 等，2003），并且很多古生代黏结的有孔虫目为单腔结构（Ross 和 Bustin，1991；McIlroy 等，2001；Scott 等，2003）。已经确认的是这些黏结的有孔虫目在现代的低氧环境下有很强的耐受力（Bernhard，1989；Bernhard 和 Reimers，1991；Sen Gupta 和 Machain - Castillo，1993；Gooday，1994），同样在从咸化的沿海水域到深海沉积环境，各种海相环境中都发现有存在（Chekhovskaya，1973；Haunold 等，1997；Hughes，1988；Flügel，2004）。据据酸处理和物

理风化后三维样品的观察结果，可以很容易地鉴别出泥页岩中黏结的有孔虫目。

黏结的有孔虫目的多微孔隙结构，以及其中存在的自生石英胶结物在次级电子成像中都得到了证明（Jorgensen，1977；Mendelson，1982；Weston，1984；Bender 和 Hemleben，1988；Mancin，2001）。成像结果证实了微孔隙和自生石英的存在，但是我们还无法确定这些自生石英替代的是蛋白石胶结物还是有机基质。

尽管薄片观察对理解岩层结构、物种多样性，有孔虫聚集物与岩性关系具有很大的帮助，但其并没有在黏结的有孔虫的研究中得到广泛地应用。Barnett 页岩中，黏结的有孔虫目受到强烈的压实作用，给三维样品研究带来了很大的困难。根据其厚度、纵横比、颗粒粒度分布和总体组成以及岩性的分布，我们推测在 Barnett 页岩内存在有多种此类单元。根据迄今为止我们所检测过的所有黑色页岩，进一步推测在黑色页岩中，黏结的有孔虫目的分布比我们通常所认为的范围更广、含量更高。协同电子反向散射和扫描阴极发光成像技术的应用，我们对黏结的有孔虫目的多样性和分布作了进一步的研究。

前人的研究认为页岩中的石英存在有多种形式，包括盆外岩屑（Blatt 和 Schultz，1976；Blatt，1987；Milliken，1994），微晶质石英交代了蛋白石骨架碎片、火山灰、矿脉填充以及自生孔隙充填。该研究揭示了岩屑成因和自生成因石英的存在与黏结的有孔虫目的存在有密切的关系。

7. 结论

Barnett 页岩中的微晶质石英条带是压缩的黏结的有孔虫目的遗骸。通过 CL、BSE 和 X 射线成像证明石英条带中粉砂级的石英和长石碎屑为岩屑成因。从石英条带的外观及其形状、大小以及其中存在的缝合线可以看出其来源于黏结的有孔虫目贝壳。表明起初的外壳有一部分与蛋白石一起发生生物矿化作用。压实作用导致黏结物的外壳崩塌萎缩从而发生了形状的改变。在 Barnett 岩层内部黏结的有孔虫目有效地聚集形成了大量的岩屑石英，并且形成了特别的微晶质石英条带，而如果没有 CL 或 BSE 成像则很容易将其误认为自生石英。在黑色页岩中微晶质石英富集的石英条带在将它解释为自生之前必须经过扫描电子显微成像的检验。当 Barnett 页岩中广泛大量分布黏结的有孔虫目时将提醒我们广大研究者在其他硅质页岩的研究中必须留心注意这种化石的存在（陈振林、易锡华译，王华、陈尧校）。

原载 Sedimentary Geology 198 (2007) 221—232

参考文献

Papazis P K，Milliken K L，Choh S J，et al. The widespread occurrence of agglutinated foraminifera in black shales，annual meeting[C]. Geological Society of America，Salt Lake City Utah，2005.

Reolid M，Herrero C. Evaluation of methods for retrieving foraminifera from indurated carbonates[J]. Application to the Jurassic spongiolithic limestone lithofacies of the Prebetic Zone (South Spain). Micropaleontology，2004，50：307—312.

Schieber J. Early diagenetic silica deposition in algal cysts and spores：a source of sand in black shales[J]. Journal of Sedimentary Research，1996，66：175—183.

Scott D B，Medioli F，Braund R. Foraminifera from the Cambrian of Nova Scotia[J]. The oldest multichambered foraminifera. Micropaleontology，2003，49：109—126.

SenGupta B K，Machain－Castillo M L. Benthic foraminifera in oxygen－poor habitats[J]. Marine Micropaleontology, 1993,20:183—201.

Sippel R F. Sandstone petrology, evidence from luminescence petrography[J]. Journal of Sedimentary Petrology, 1968, 38:530—554.

Weston J F. Wall structure of the agglutinated foraminifera Eggerella bradyi (Cushman) and Karreriella bradyi (Cushman)[J]. Journal of Micropalaeontology ,1984,3:29—31.

泥盆系页岩中黏结的底栖有孔虫目的发现以及其与古海氧化还原环境的联系

Schieber Jürgen
(Department of Geological Sciences, Indiana Vniversity)

摘　要:黏结的有孔虫目为底栖生物,形成于滨海到半深海的环境。尽管一些生物群可以生活在缺氧环境中,但是它们在海底至少需要一定量的氧来维持生命。研究发现广泛存在于上泥盆统黑色页岩中黏结的有孔虫目对在海底环境中碳的大量封存存在影响,同时与大气成分、全球气候也有很大的联系。本文通过广泛深入地研究美国东部泥盆系页岩来确定碳埋藏过程中的主要控制因素,研究过程中形成了一系列的方法机制。泥盆系黑色页岩中黏结的底栖有孔虫目的发现进一步引发了关于其起源的讨论,同时也指出了早期模型的局限性。

引　言

晚白垩世是地质演化过程中一个十分值得注意的一个时期,因为该阶段发生了大量的生物灭绝事件(Hallam 和 Wignall, 1997),同时全球普遍形成了一套黑色页岩地层(Klemme 和 Ulmishek, 1991)。其中这套页岩形成于约 2.9 亿年以前,标志着大气中的氧开始大幅度的增加,而这与 Gondwana 冰川作用密切相关(Berner, 2001)。为了揭示导致黑色页岩广泛沉积的因素,我们对美国东部沉积的上白垩统黑色页岩进行了多角度的分析,其中地层水体的氧化作用是一个一直存在争论的问题(Sageman 等, 2003; Schieber, 1998, 2003; Rimmer, 2004; Algeo, 2004)。对于指定的黑色页岩层段,可以解释为贫氧环境,或者层间缺氧环境,甚至是静海的底层水(缺氧-硫化物)(Sageman 等,2003; Kepferle, 1993; Werne 等, 2002)。因为底栖有孔虫目在海底至少需要一些氧气才能维持存在(Bernhard 和 Reimers, 1991; Bernhard 等,2003)。美国东部上泥盆统黑色页岩中所发现的广泛存在的黏结有孔虫目表明长期处于层间缺氧环境或者静海底层水中导致了该地层有机质的大量沉积。从地质学的角度,对其他重要页岩层段的取样分析也发现了其中残留有黏结的底栖有孔虫目,表明对全球黑色页岩的记录需要进行进一步的检验。

1. 方法和样品材料

对美国东部 Appalachian 和 Ilinois 盆地超过 1 000 块的薄片(图 1 和表 1)进行观察,这些综合的数据涵盖了整个晚白垩世沉积的地层,包括了所有该区域范围的黑色页岩地层单元。形成稍早的 Otaka Creek 页岩(吉维特期,New York 区域)也包括在内,因将其看成静海黑色页岩的例子(Sageman 等,2003; Werne 等,2002)。

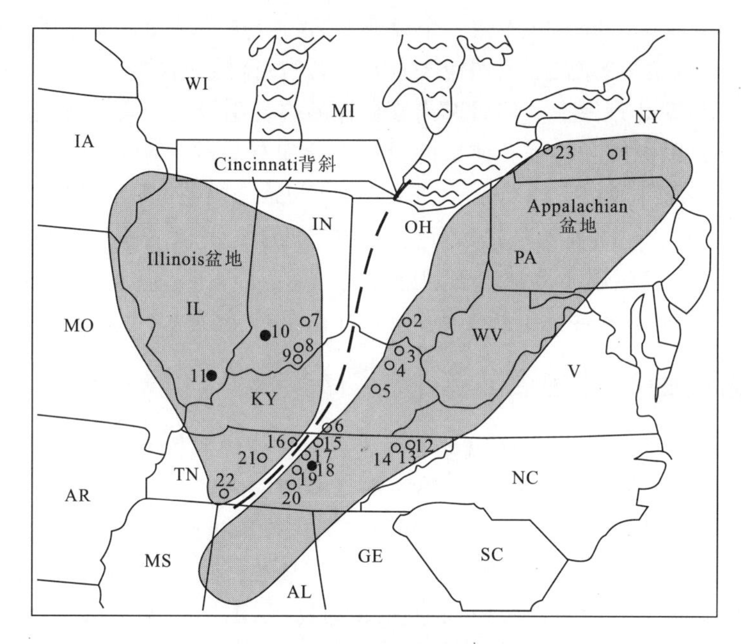

图 1 研究区的总体分布图

图中样品位置(圆圈)旁边的编号对应表 1 中的各个样品数据。黑色的圆圈指在该处整个地层厚度下进行了紧密取样。Illnois 和 Applachian 盆地区域用阴影部分圈出。虚线为 Cincinnati 背斜带,对于晚泥盆世间断性的热流作用起着至关重要的作用

表 1 样品位置

#	位置	地层单元	年代	类型
1	South Crosby, Yates Cty. NY	Sonyea Group	Lower Frasnian	露头
2	Tener Moutain, Adams Cty. OH	Ohio Shale 和 Cleveland 页岩	Famennian	露头
3	KEP-3, Adams Cty. KY	Ohio Shale 和 Cleveland 页岩	Frasnian	KGS 钻井岩心
4	Morehead, Rowan Cty. KY	Ohio Shale 和 Cleveland 页岩	Famennian	露头
5	Irvine, Estill Cty. KY	Ohio Shale 和 Cleveland 页岩	Famennian	露头
6	Burkesville, Cumb Cty. KY	Chattanooga Shale, Gassway 段	Famennian	露头
7	Core 763, Bartholomew Cty. IN	New Albany 页岩	Frasnian 和 Famennian	IGS 钻井岩心
8	Humpbrey#, Lwarence Cty. IN	New Albany 页岩	Frasnian 和 Famennian	UPR 钻井岩心
9	Wiseman#1, Harrison Cty. IN	New Albany 页岩	Frasnian 和 Famennian	UPR 钻井岩心
10	Core 873, Daviess Cty. IN	New Albany 页岩	Frasnian 和 Famennian	IGS 钻井岩心
11	Core 26376, Saline Cty. IL	New Albany 页岩	Frasnian 和 Famennian	ILGS 钻井岩心
12	Eidson, Hawkins Cty. TN	Chattanooga 页岩	Frasnian 和 Famennian	露头
13	Rock Haven, Grainger Cty. TN	Brallier 组	Frasnian 和 Famennian	露头
14	Thorn Hill, Grainger Cty. TN	Chattanooga	Frasnian 和 Famennian	露头
15	Celine, Clay Cty. TN	Chattanooga 页岩 Gassaway 段	Famennian	露头
16	Westmoreland, sumner Cty. TN	Chattanooga 页岩	Frasnian 和 Famennian	露头
17	Chestnut Mound, Smith Cty. TN	Chattanooga 页岩	Famennian	露头
18	Hurricane Bridge, Dekalb Cty. TN	Chattanooga 页岩	Frasnian 和 Famennian	露头
19	Woodbury, Cannon Cty. TN	Chattanooga 页岩	Frasnian 和 Famennian	露头
20	Noah, Coffee Cty. TN	Chattanooga 页岩	Frasnian 和 Famennian	露头
21	Pegram, Cheatham Cty. TN	Chattanooga 页岩	Frasnian 和 Famennian	露头
22	Olive Hill, Hardin Cty. TN	Chattanooga 页岩	Frasnian 和 Famennian	露头
23	Lancaster, Erie Cty. NY	Oatka Creek 页岩	Givetian	露头

圆滑的薄片由 Saskatchewan 省的一个商业实验室提供。利用偏光显微镜在反射光、透射光条件下对薄片进行初步的筛选(蔡司镜头Ⅲ)。偏光显微镜成像使用的是 Pixera Pro 600ES 数码相机,分辨率为 5.8 万像素。然后选出部分样品进行阴极发光实验,通过观察黏结的有孔虫目,从而确定黏结的方式和特征。使用的设备为装配有分散 X 射线显微分析(EDS)系统和 GATAN 浓度 CL 检测器的 FEI Quanta FEG 400 ESEM 装置。高分辨率的 CL 扫描((4 000 ×4 000 的像素,1 000μs 的曝光时间)通过一个狭窄的镜头光圈(孔径 4)在 10kV 的电压下运行,光斑大小 5。薄片经过碳质涂抹表面的处理,在真空环境下进行观察。扫面电子显微镜反向散射成像(BSE)的运行条件为电压 10kV,真空,孔径 4,光斑大小为 3。

2. 鉴别黏结的有孔虫目

Santa Barbara 盆地和 Guaymas 盆地的泥岩含有黏结的底栖有孔虫目,颗粒分选性好(图 2)。这些有孔虫目最初随机聚集为颗粒,然后在新的腔室内聚集合并为预期颗粒,最后留下来成为一个“碎屑堆积体”(Pike 和 Kemp,1996)。颗粒被有机胶结物包裹,而细粒的石英砂岩最为优先包裹。在埋藏和压实过程中,导致细粒石英颗粒(部分几百微米长,部分几十米厚)的透镜体破裂。内部的缝合线可能保存有腔室的遗迹特征(图 2)。有人认为在泥岩中通过显微镜看到分类清晰的细粒粉砂岩是黏结的底栖有孔虫目的遗体,而那些孤立同时分选又差的粉砂岩可能就代表着“碎屑堆积体”(Pike 和 Kemp,1996)。

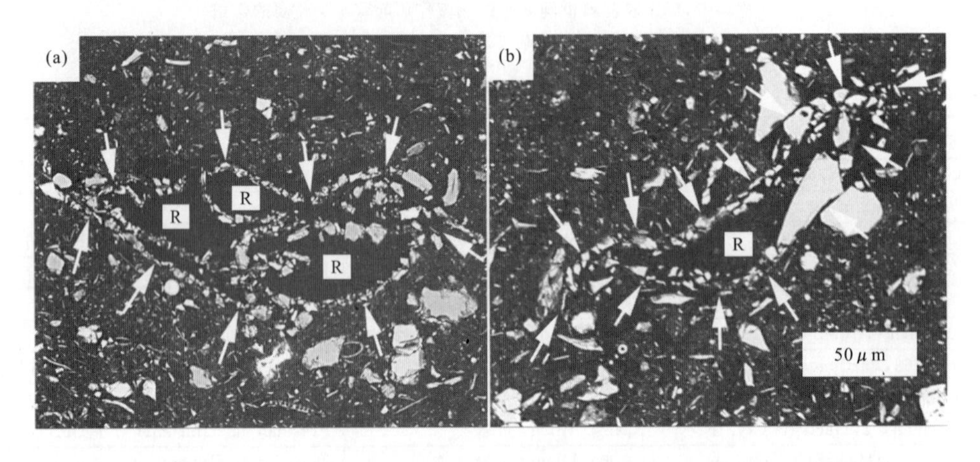

图 2　Santa Barbara 盆地地层中局部崩塌的黏结有孔虫目的反散射电子成像照片

样品通过树脂处理嵌入。白色的箭头指示为有孔虫目贝壳的边缘,R 表示填充了的腔室。(a)一个崩塌的多腔室标本;(b)崩塌的单个腔体样本。其中可见在有孔虫目贝壳内的石英颗粒更加细粒,同时分选性更好,这与其周围的泥质基质有关。当完全崩塌时,此时标本 b 很类似于上泥盆统黏结的底栖有孔虫目

在泥盆系黑色页岩的岩石薄片中发现有众多细粒石英晶体的透镜体,长度最大 500μm,厚度最大达 50μm(图 3、图 4)。它们的形态为细粒结晶的燧石,以及类似的塔斯马尼亚苞属海洋藻类的包囊(Tappan,1980)。因此它们开始被认为是硅质的有机残留物。根据 SEM 成像显示的颗粒形态我们提出了另一种假设:由于底部潮流作用细粒砂岩在泥质海底上部运移形成了微波状层理。

聚能对比成像(CCI;Watt 等,2000)以及用一个环境扫描电子显微镜(ESEM)进行 EDS

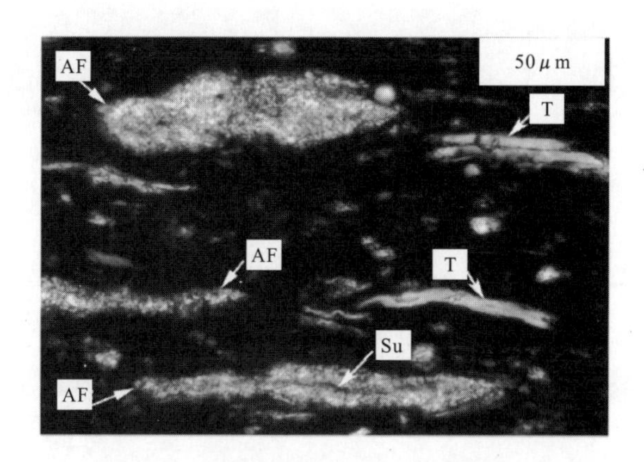

图 3 透镜状硅质特征的电镜照片

将其理解为连续型层状黑色页岩中黏结的有孔虫目(Cleveland,NE Kentucky)。箭头 Su 指中间的缝合线,它表明其为崩塌的有孔虫目贝壳。箭头 T 指塔斯马尼亚苞属海洋藻类的崩塌包囊

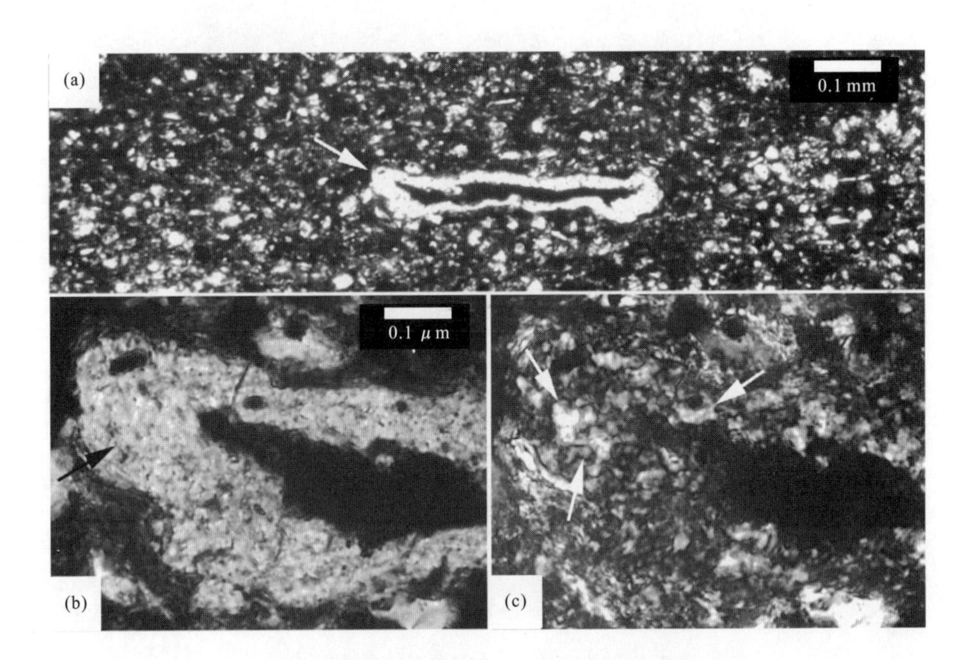

图 4 黏结底栖有孔虫目的几组电镜照片

(a)黏结的底栖有孔虫目的电镜照片(白色箭头),内部局部填充致使其未完全崩塌(Chattanooga 页岩,Tennessee 州中部);(b)颗粒状产物性质以及贝壳变形的特写镜头(黑色箭头);(c)利用交叉偏振光观察(b)中的图像。可以很清晰地看出贝壳壁上为多晶质的硅质条带。白色箭头指示的为单个的石英颗粒

分析显示这些特征为松散石英颗粒形成的石英胶结物基质[图 5(a)]。观察彩色阴极发光(CL)发现,橙色—微红色的为石英颗粒,而未发光的实质上是胶结物[图 5(b)]。通常情况下此时的石英颗粒只有几微米的大小(图 5),但是分选性好,呈棱角状[图 5(a)、(b)、(d)],比周围页岩基质[图 5(d)、(e)]中的石英粉砂岩更加细粒。呈棱角状表明石英颗粒由岩屑形成

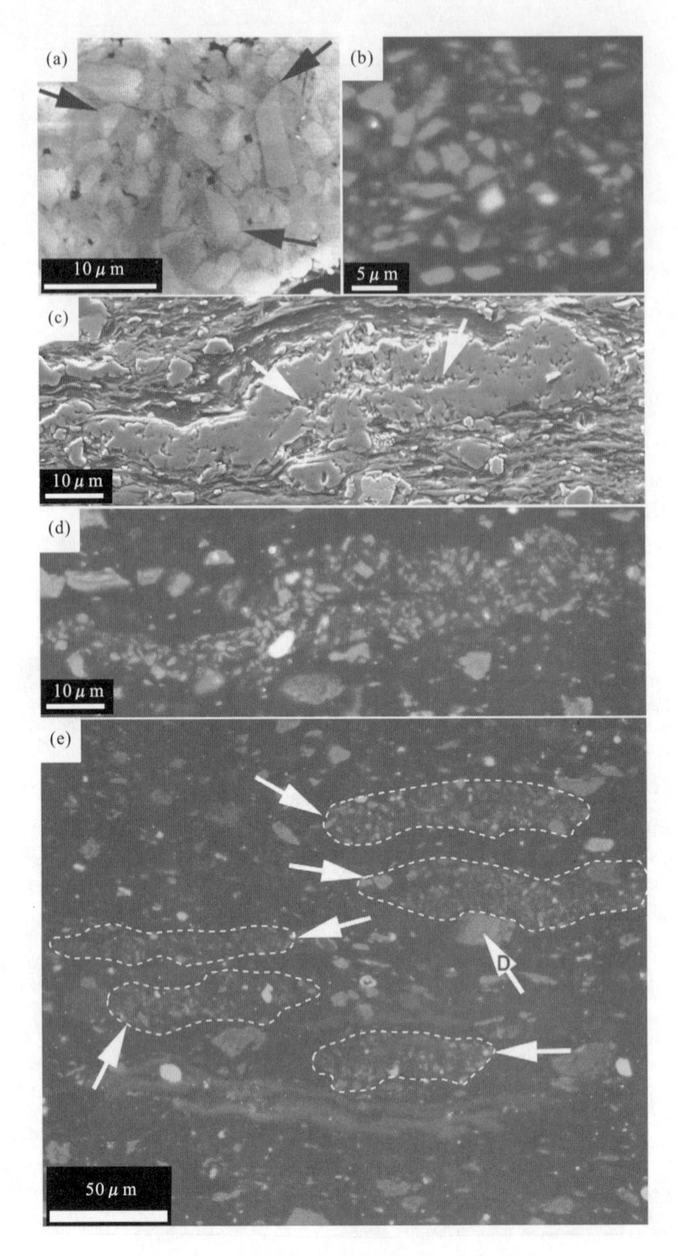

图 5　几组不同成像模式下的电镜照片

(a)反应页岩硅质特性的 ESEM 电荷对比成像(CCI)照片,图中可见岩屑成因的棱角状石英颗粒(亮色,黑箭头指示处),同时颗粒间还存在有石英胶结物(暗色);(b)扫描阴极发光成像,图中绝大部分亮色和灰蓝色的石英颗粒来自于板岩和片岩(Schieber 和 Wintsch,2005)。而少数浅蓝色颗粒则来自于片麻岩和花岗岩,而颗粒间的非发光物质为成岩作用的胶结物;(c)中缝合线内硅质特性的 SEM 成像照片(白色箭头指示处);(d)(c)图区域的扫描阴极发光成像照片,图中可见大量的细粒石英颗粒很可能来源于变质作用,同时该部分石英颗粒分选良好,细粒,与周围页岩中粗粒,分选性差的石英颗粒形成鲜明对比;(e)为 Clevelent 页岩(Kentucky 东北部区域)样品的扫描阴极发光成像照片,图中可见黏结底栖有孔虫目的各种不同样式的崩塌贝壳(白色箭头指示处)。同时应注意将有壳虫目贝壳与页岩基质内的石英颗粒进行粒度分选性的对比,带有 D 的箭头指示出此处的崩塌有孔虫目为更大的粉砂级颗粒压实过程中形成

(Blatt, 1992; Schieber 等 2000),同时,橙色—微红色的 CL 颜色(图 5)表明此石英颗粒来源于低品位的变质岩(Zinkernagel, 1978; Schieber 和 Wintsch, 2005)。而非发光的石英胶结物为成岩作用形成(Schieber 等,2000; Zinkernagel, 1978)。呈细粒状的石英颗粒证明将这些特征看作微状爬升波纹的观点是不正确的。毫米级的石英颗粒即使在最轻微的潮流作用下也是悬浮运移的(Potter 等,2005),因此不会形成波纹。尽管这样,最近的研究表明絮凝泥土在沉积物表面运移可以形成波纹,这种泥质波纹在泥盆系黑色页岩中已经确定存在(Schieber 等,2007)。这些泥质波纹实际上含有薄透镜状和层状的石英粉砂岩(Schieber 等,2007),但是它们与黏结的有孔虫目中观察的石英相比粒度要大得多(图 6)。此外,将这些解释为絮凝石英颗粒的特征是难以令人信服的,因为絮凝形成的聚合物受到粘土矿物和粉砂颗粒的控制作用,一般分选性很差(Potter 等,2005)。由于出现的岩屑石英和成岩作用石英胶结物的混合物,所以也不能解释为石英替代了原来海藻囊体或者类似出现的有机颗粒。

与 Santa Barbara 盆地和 Guaymas 盆地泥岩相比,泥盆系黑色页岩中观察到的来自于石英透镜体的岩屑石英分选性良好,并且比其周围页岩基质中的石英颗粒更加细粒(图 5)。这很有力地证明这些岩屑石英来自底栖黏结的有孔虫目的残骸(Pike 和 Kemp, 1996)。残余的填充物[图 4(a)]和中缝合线[图 3、图 5(c)]表明压实崩塌形成的中空特征,进一步证实了这些岩屑石英来自底栖黏结的有孔虫目的残骸的观点。Milliken 等(2007)描述了 Texas 州密西西比系 Barnett 页岩中的石英聚集物具有类似的特征,将它们称之为“燧石”条带,很类似于泥盆系页岩中细粒结晶石英的透镜体。他们将这些特征理解为底栖黏结的有孔虫目贝壳崩塌和硅化形成。压实过程的变形作用以及松软沉积物围绕“硬质”颗粒的形变作用[图 5(e)]都表明这些石英颗粒在形成石英胶结物之前已经被一种可变形的物质所粘合,例如在现代黏结的有孔虫目中发现的有机胶结物(Pike 和 Kemp, 1996)。因此泥盆系黑色页岩地层单元中含有的硅质透镜体初步证明该地层的沉积初期,黏结的底栖有孔虫目存在于海底。引申开来则证明了海底水中至少存在有少量的氧气(Pike 和 Kemp,1996; Bernhard 和 Reimers,1991; Bernhard 等,2003)。

3. 黏结的有孔虫目的分布

研究所观察的上千片的薄片,覆盖了 Appalachian 和 Ilinois 盆地的多个区域(图 1,表 1),涵盖了整个黑色页岩的范围(表 1),在很多样品中都显示有黏结的底栖有孔虫目。在 3 个区域点,对完整的地层层段(Frasnian—Famennian)紧密取样。在 18 号点(Hurricane Bridge 剖面, Tennessee 州 Dekalb 县的 Appalachian 盆地)采集 56 块薄片,每 9.5m 采一次样,其中的 43 块薄片(77%)中发现有黏结的有孔虫目。10 号点(Indiana 州 Davis 县)和 11 号点(Ilinois 州 Saline 县)都位于 Ilinois 盆地(图 1),分布采集 48 块和 49 块薄片,每 39m 和 49m 采一次样。两个点中都分别有 50%的薄片中含有黏结的有孔虫目残骸。在强生物扰动的灰色页岩中不存在黏结的有孔虫目,而存在生物扰动的黑色页岩中则含量很少(Schieber,2003),黑色页岩中常见层状分布结构,此时不会显示可识别的生物扰动特征(Schieber,2003)。上述提到密集采样的薄片(图 1,点 10、11、18)代表了区域所有重要的黑色页岩。其他部分区域由于局部的剥蚀导致地层厚度减少,所以从地表露头和钻井的岩心中取样进行补充(图 1)。样品覆盖范围不是很密集,但是薄片可以用于黑色页岩层段和各个地层单元。

所有黑色页岩层段都含有有孔虫目的残骸,但是总体的含量与页岩的类型有关。连续层

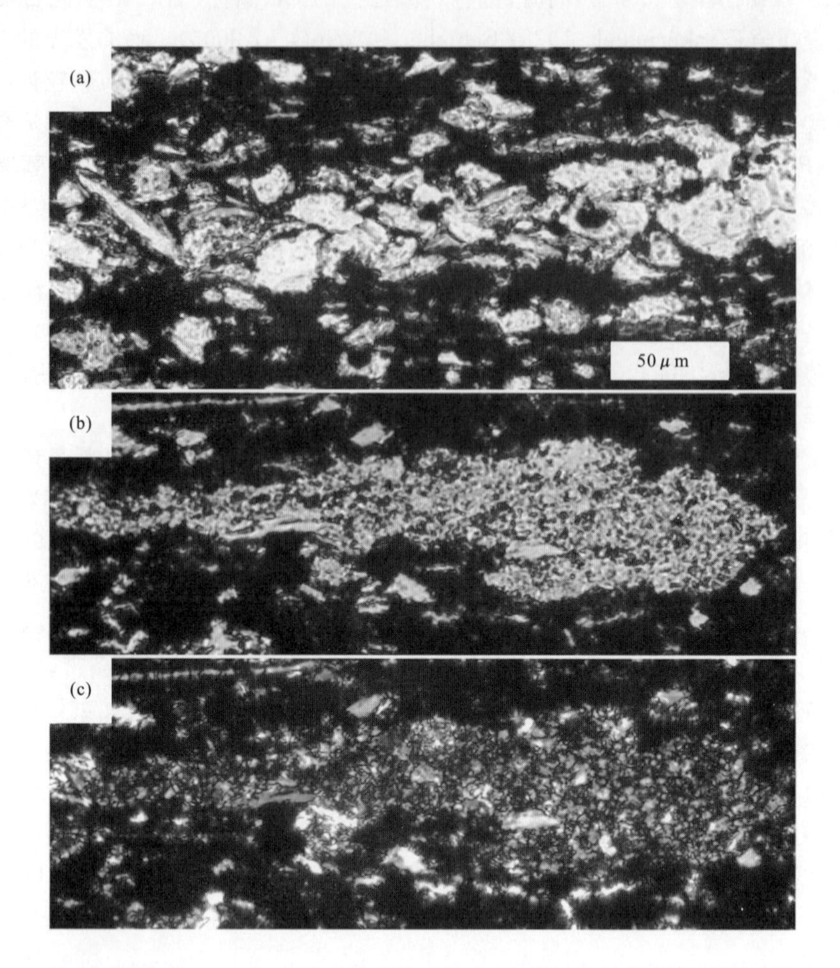

图 6 Tennessee 州下泥盆统 Chattanooga 页岩中沉积的石英砂岩，崩塌和硅质胶结的黏结有孔虫目的对比照片 (a)薄层岩屑石英砂岩电镜照片(图像中间部分)，单个的石英颗粒大小差不多为十几个微米；(b)样品中崩塌的底栖有孔虫目的电镜照片，其中的石英颗粒十分细粒；(c)利用交叉偏振光观察(b)中的图像，其中的石英颗粒为细粒，与(a)中的石英颗粒形成鲜明的对比

状分布的黑色页岩层理发育，缺少生物扰动的迹象，含有大量黏结的底栖有孔虫目(图 3)。非连续层状分布的黑色页岩层理不发育，有轻微的生物扰动迹象(Schieber，2003)，也含有有孔虫目。然而在非连续层状分布的黑色页岩中，有孔虫目的残骸随着生物扰动迹象的增加而变得越来越稀少。生物扰动作用对于有孔虫目贝壳的破坏作用可能是导致连续层状分布黑色页岩中有孔虫目含量少，而生物扰动迹象强烈的灰色页岩中没有有孔虫目的主要原因。

4. 泥盆系黑色页岩沉积物的前期研究

先前对泥盆系黑色页岩的研究在很大程度上依赖于水柱压力下的地化特征，例如氧化还原反应敏感金属的分布，尤其是 Mo 和 Fe，还有 C/S 比，黄铁矿化程度(DOP)等(Sageman 等，2003；Rimmer，2004；Algeo，2004；Werne 等，2002；Beier 和 Hayes，1989)。利用这些对特定的层段进行研究，这些地层层段在持续缺氧的底层水条件下沉积，包括 Indiana 和 Kentucky

New Albany 页岩的 Clegg Creek 组地层(Beier 和 Hayes,1989),纽约的 Oatka Creek 页岩以及 Kentucky 和 Ohio 的 Cleveland 页岩(Rimmer, 2004; Algeo, 2004)。所有这些区域都主要分布了上述所定义的连续层状黑色页岩(Schieber, 2003; Schieber 和 Lazar, 2004)。这些黑色页岩层段沉积于贫氧和各种氧化条件下,包括 Indiana 和 Kentucky New Albany 页岩的 Morgan Trail 和 Camp Run 组页岩地层(Beier 和 Hayes,1989),Kentucky 和 Ohio 的 Huron 页岩(Rimmer,2004)以及 New York 的 Geneseo、Middlesex、Rhinestreet、Pipe Creek 和 Dunkirk 页岩层段(Sageman 等,2003),这些地层主要为上述所定义的非连续层状分布黑色页岩。对 Tennessee 盆地的上泥盆统 Chattanooga 页岩主要从沉积学的角度进行了研究(Schieber, 1994, 1998),同时含有的页岩类型与 Appalachian 和 Ilinois 盆地观察到的相同。Tennessee 盆地中部沉积于风暴浪基的附近,与底层水体条件下的情况不同,而 Tennessee 盆地东部的 Chattanooga 页岩和类似的地层单元则沉积于伴有浊流的深水环境。

5. 结论

Santa Barbara 盆地现代的泥岩为层状分布,含碳质,没有生物扰动的迹象(Pike 和 Kemp, 1996; Schimmelmann 和 Lange, 1996),经历了完整的压实作用,形成了层状分布的碳质页岩,其中包含有黏结的底栖有孔虫目的压缩贝壳,与美国东部连续分布的泥盆系层状黑色页岩相似。而其中黏结的底栖有孔虫目的发现从根本上约束了它们的沉积环境。

某些现代的黏结底栖有孔虫目可以在低溶解氧条件下快速成长,甚至在缺氧条件下也能短暂地坚持一段时间(几个月),但是还是需要一定量的氧气才能维持生命(Bernhard 和 Reimers, 1991; Bernhard 等,2003)。Santa Barbara 盆地最深的部分为低氧化地层水环境(氧含量约为 0.05mL/L),同时每隔几年都会出现地层水更新的事件(Bograd 等,2002)。氧化还原反应发生的界面位于沉积物水接触面的下方,以形成大量硫氧化的贝日阿托氏菌为标记(Reimers 等,1996)。氧化还原反应的界面会间歇性地缓慢向上爬升,由距离水层底部的毫米级区域逐步上升到厘米级区域(Reimers 等,1996)。另外水层从来不会处于完全缺氧的环境。这是现在最可能的情况,就同通过长期的监测可以指示更遥远的地质过去一样(Bograd 等,2002; Reimers 等,1996),遍及整个层状页岩沉积物的黏结有孔虫目的残骸具有类似的作用(Pike 和 Kemp, 1996; 单个岩心观察)。

有孔虫目可以在低溶解氧条件下快速成长,甚至在缺氧条件下也能短暂地坚持几个月,与 Santa Barbara 盆地对比,在南美东部区域泥盆系黑色页岩中普遍存在的黏结的底栖有孔虫目指明了所处的底层水为贫氧条件,但不是完全的缺氧条件。短暂的间歇性缺氧(几个月)是可能发生的,因为 Santa Barbara 盆地黏结的底栖有孔虫目在短暂缺氧条件下可以存活(Pike 和 Kemp, 1996; Bernhard 和 Reimers,1991; Bernhard 等,2003),但是它们不能忍受长期的缺氧环境。Ilinois 和 Appalachian 盆地连续层状分布的黑色页岩基于其地球化学特征,被认为应是沉积于持续缺氧的底部静水环境(Sageman 等,2003; Rimmer, 2004; Algeo, 2004; Werne 等,2002)。我们所作的观察也证明了这点。然而除了持续的底水缺氧条件,应该还有其他的因素导致了在北美内陆海晚泥盆世沉积速率普遍较小的情况下沉积了一套广泛分布的黑色页岩地层(Schieber, 1998)。另一种情况是,由于季节性温跃层引起的短暂缺氧连同季节周期性协同作用导致了“缺氧反应形成”(Van Cappellen 和 Ingall, 1994)。这种环境下海底就会有黏结的有孔虫目存在。对于美国东部的泥盆系黑色页岩用一个富营养化的模型来作为一种通用的研究机制(Sageman 等,2003)。但是这种模型仅仅对 Appalachian 盆地最北部的区域进行了测试(Sageman 等,2003)。

黑色页岩沉积物中广泛存在的黏结的底栖有孔虫目初步地证明了地层沉积于广泛的缺氧环境中(图 1),说明富营养化的模型具有普遍的有效性。地球化学专学家通过设计各种方案来研究黑色页岩的形成条件,尤其是确定水层的氧化状态和缺氧情况的存在(Beier 和 Hayes, 1989; Jones 和 Manning, 1994; Calvert 等,1996)。然而进一步地检查发现,由岩石观察获得的信息(沉积构造、生物群、遗迹化石)与地球化学资料所指示的氧化状态之间存在有很多的矛盾之处。例如利用黄铁矿化程度(DOP;Raiswell 等,1988)来表征缺氧程度的方法,表明泥盆系黑色页岩样品很多形成于缺氧条件。然而不同程度的侵蚀作用(Schieber, 1998)、微生物扰动迹象(Schieber, 2003),以及这里所提到的黏结的有孔虫目的发现都与上述方法的结论存在矛盾。沉积学和岩相学的研究表明间歇性的侵蚀与改造作用引起粉砂质薄层液压黄铁矿富集,形成滞后沉积,导致了黄铁矿化程度(DOP)值高(Schieber, 2001)。另外对于氧化还原敏感的微量金属,其富集的确切过程并不为人所熟知,需要用更可靠的方法证明。例如,很长一段时间里,Mo 被认为是检测底部静水的代替矿物。然而我们也知道从现代环境的观察来看,Mo 富集的地方位于上覆有氧化水的沉积物中,其氧化还原界面仅仅在沉积物-水接触面几毫米以下的区域(Elbaz - Poulichet 等,2005; Morford 等,2005)。最终观察的范围也会有影响。黑色页岩地层的地化模型一般是基于均质样品整体分析建立的,样品厚度由几厘米到十几厘米不等。在泥盆系黑色页岩的末端,10cm 的层段厚度最多代表了 10 万年的时间间隔(Schieber, 1998),在这段长的时间间隔里地层形成了初期沉积。对于成功的地球化学研究来说,沉积与岩相方面的评价是必不可少的,因为对沉积过程的理解对于后期地球化学数据的解释有很大的约束作用,也是地球化学采样过程中必不可少的一环。

通过对收集的大量薄片特征的观察和检测,我们对黑色页岩中广泛存在的黏结的有孔虫目进行总体的评价(图 7)。研究表明黏结的有孔虫目还存在于 Bakken 页岩地层的层状黑色页岩(加拿大 Saskatchewan 省上泥盆统)、Sunbury 页岩(Ohio 密西西比系)、Barnett 页岩(Texas 的密西西比系)(Milliken 等,2007)以及 Texas 州的宾夕法尼亚系 Finis 页岩(Lobza 等,1994)中。另外,纽芬兰的 Joe Macquaker 不久前向我们展示了黏结有孔虫目的照片。

因此,从地质学角度上讲,其他黑色页岩层段的系统检验表明黏结的底栖有孔虫目在黑色页岩中的分布比以前的认识要普遍得多。这样对广泛分布黑色页岩的聚集期次需要进行总体的评价。所以很可能是由于各种组合因素导致了我们所观察到的高碳质含量地层的广泛分布,而不是单单由于海洋缺氧单一条件的作用。

Milliken 等(2007)利用观察黏结的底栖有孔虫目的方法来描述和评价黑色页岩获得了成功,同时似乎也可以根据岩石样品分析应用于其他的地层中。在大多数的情况下,收集的薄片可以让研究者很快地鉴定是否曾经有黏结的底栖有孔虫目存在(陈振林、高清材译,龚铭校)。

原载 Palaeogeography, Palaeoclimatology, Palaeoecology 271 (2009) 292—300

journal homepage:www. elsevier. com/locate/palaeo

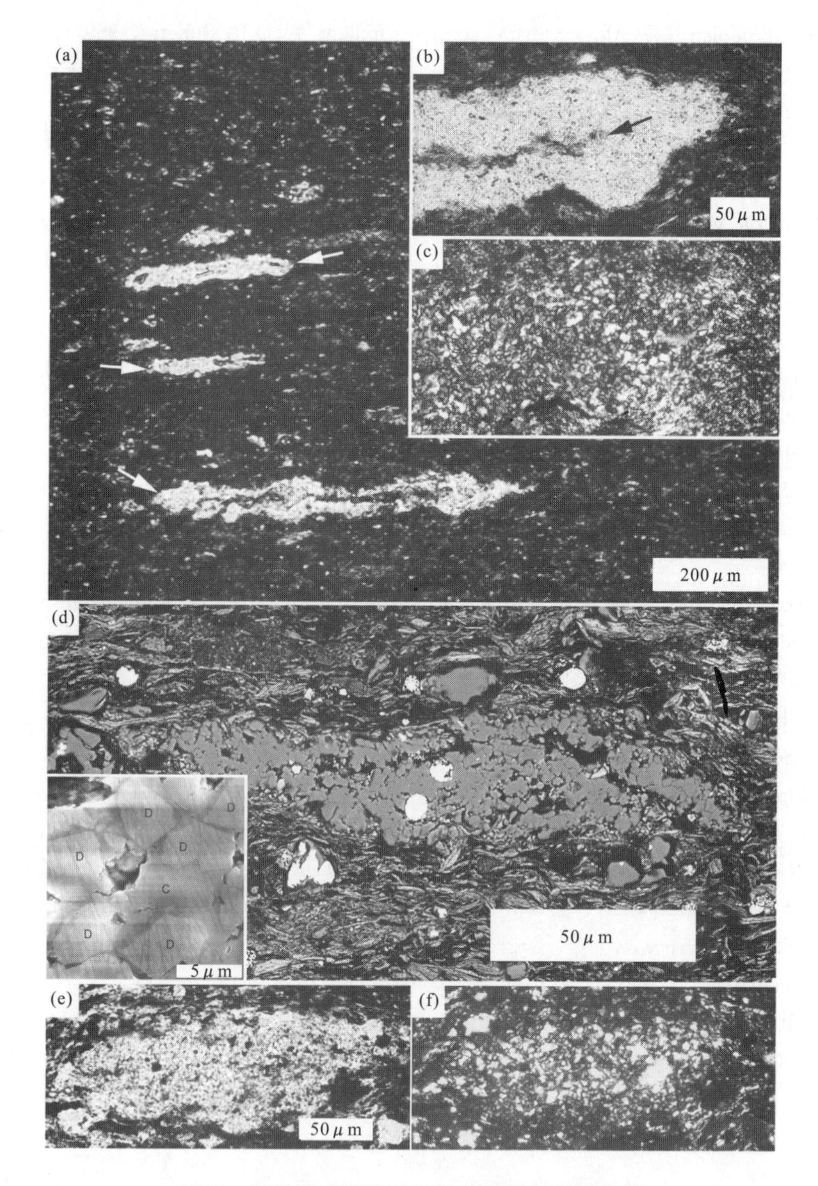

图 7　在其他黑色页岩地层中黏结的有孔虫目

(a) Texas 北部宾夕法尼亚系 Pinis 页岩中崩塌的黏结有孔虫目的电镜照片；(b)(a)中样品有孔虫目的特写照片；(c)利用交叉偏振光观察(b)中的图像，其中应该注意的是其中细粒的晶体石英形成双折射(灰色)；(d) Texas 州密西西比系 Barnett 页岩中崩塌有孔虫目的 SEM(反散射成像)电镜照片(Milliken，2007)，照片左下角为其中有孔虫目的电子对比成像照片，棱角状的岩屑石英颗粒(标记为 D 的颗粒)相比于其内部插入的石英胶结物(c)要亮一些。其中相互交叉的直线为薄片处理时形成的擦痕；(e) Saskatchewan 省上泥盆统 Baldcen 页岩中崩塌的黏结有孔虫目的电镜照片；(f)利用交叉偏振光观察(e)中的图像。其中细粒的晶体石英颗粒具有双折射的性质

参考文献

Algeo T J. Can marine anoxic events draw down the trace element inventory of seawater[J]. Geology，2004，32：1 057—1 060.

Berner R A. Modeling atmospheric O_2 over Phanerozoic time[J]. Geochimica et Cosmochimica Acta ，2001，65：685—694.

Beier J A，Hayes J M. Geochemical and isotopic evidence for paleoredox conditions during deposition of the

Devonian - Mississippian New Albany Shale, southern Indiana[J]. GSA Bulletin, 1989, 101: 774—782.

Bernhard J M, Reimers C E, Benthic foraminiferal population fluctuations related to anoxia[J]. Santa Barbara Basin. Biogeochemistry, 1991, 15: 127—149.

Bernhard J M, Visscher P T, Bowser S S. Sub - millimeter life positions of bacteria, protists, and metazoans in laminated sediments of the Santa Barbara Basin[J]. Limnology and Oceanography, 2003, 48: 813—828.

Calvert S E, Bustin R M, Ingall E D. Influence of water column anoxia and sediment supply on the burial and preservation of organic carbon in marine shales[J]. Geochimica et Cosmochimica Acta, 1996, 60: 1 577—1 593.

Elbaz - Poulichet F, Seidel J L, Jezequel D, et al. Sedimentary record of redox - sensitive elements (U, Mn, Mo) in a transitory anoxic basin (the Thau lagoon, France)[J]. Marine Chemistry, 2005, 95: 271—281.

Jones B, Manning D A C. Comparison of geological indices used for the interpretation of paleoredox conditions in ancient mudstones[J]. Chemical Geology, 1994, 111: 111—129.

Klemme H D, Ulmishek G F. Effective petroleum source rocks of the world. stratigraphic distribution and controlling depositional factors [J]. American Association of Petroleum Geologists Bulletin, 1991, 75, 1 809—1 851.

Meyers S R, Sageman B B, Lyons T W. Organic carbon burial rate and the molybdenum proxy. Theoretical framework and application to Cenomanian - Turonian oceanic anoxic event[J]. Paleoceanography, 2005, 20: 2 002—2 020.

Milliken K L, Choh S J, Papazis P, Schieber J. "Cherty" stringers in the Barnett Shale are agglutinated foraminifera[J]. Sedimentary Geology, 2007, 198: 221—232.

Morford J L, Emerson S R, Breckel E J, et al. Diagenesis of oxyanions (V, U, Re, and Mo) in pore waters and sediments from a continental margin[J]. Geochimica et Cosmochimica Acta, 2005, 69: 5 021—5 032.

Pike J, Kemp A E S. Silt aggregates in laminated marine sediment produced by agglutinated Foraminifera[J]. Journal of Sedimentary Research, 1996, 66: 625—631.

Raiswell R, Buckley F, Berner R, et al. Degree of pyritization of iron as a paleoenvironmental indicator of bottomwater oxygenation[J]. Journal of Sedimentary Petrology, 1988, 58: 812—819.

页岩组分以及孔隙结构对于页岩气储层储气潜力的重要性

Ross D J K, Bustin R M
(Department of Geological Sciences, University of British Columbia, 6339 Stores Road, Vancouver, BC V6T 1Z4, Canada)

摘　要:本文通过分析加拿大西部沉积盆地(WCSB)区域页岩气储层中的页岩组分、孔隙结构以及甲烷吸附能力来确定区域的页岩气勘探潜力。根据低压 CO_2 和 N_2 吸附测定以及高压 Hg 孔隙度测定发现泥盆系—密西西比系页岩、侏罗系页岩拥有复杂和非均质的孔隙分布。达到热成熟的泥盆系—密西西比系页岩(R_o 为 1.6%～2.5%)中,其 Dubinin - Radushkevich(D - R)CO_2 微孔隙体积为 0.31～2cc/100g,N_2 BET 表面积为 5～31m²/g。而侏罗系页岩热成熟度相对较低(为 0.9%～1.3%),与泥盆系—密西西比系页岩相比其 CO_2 微孔隙体积以及 N_2 BET 表面积相对要小,分别为 0.23～0.63cc/100g 和 1～9 m²/g。

干燥和含水平衡页岩在高压条件下甲烷的等温吸附线表明气体的吸附量随总有机碳含量的增加而增加。泥盆系—密西西比系页岩的甲烷吸附量随 TOC 含量以及微孔隙体积的增加而增加,这表明微孔隙和有机成分是甲烷吸附量的主要控制因素。然而在侏罗系页岩中,甲烷吸附量在一定程度上与其微孔隙体积无关。这说明存在有一定量的甲烷是以溶解态储存于基质沥青中。而溶解态的甲烷对整个泥盆系—密西西比系页岩的气体储量并不重要,泥盆系—密西西比系页岩中的有机质在热成岩作用时期开始结构转换生成烃类,形成和开启很多微孔隙结构导致气体吸附其中。因此泥盆系—密西西比系页岩与侏罗系页岩相比,在等量 TOC 情况下,其气体的吸附量更大。

无机物质对页岩的孔径、形态、总孔隙度以及吸附特性都存在影响。粘土矿物能将气体吸附在其内表面,吸附性受到粘土矿物的类型影响。伊利石和蒙脱石的 CO_2 微孔隙体积分别为 0.78cc/100g 和 0.79cc/100g,N_2 BET 表面积为 25cc/100g 和 30m²/g,甲烷吸附量为 2.9cc/g 和 2.1cc/g(干燥条件下),从而反映了粘土矿物的不规则表面之间存在有微孔隙性,同时其与粘土晶体的大小相关。Hg 孔隙度测定分析表明粘土矿物富集的页岩要比硅质富集的页岩孔隙度要大得多,这是由于其磷酸盐成分中含有大量的连通孔隙。粘土富集地层(低 Si/Al 比)的孔径分布范围小于 10nm,平均孔隙度达到 5.6%。硅质/石英富集的页岩(高 Si/Al 比)利用 Hg 分析并没有发现微孔和中孔的存在,其总孔隙度为 1%,与燧石相当。

引　言

1)页岩孔隙结构

解释有机质富集页岩的孔隙结构、吸附特性以及其储气潜力对评价页岩气储层的潜在含气量十分重要(Montgomery 等,2005; Bustin, 2005a; Pollastro, 2007; Ross 和 Bustin,2007, 2008)。对于 WCSB 区域,其页岩气资源量(包含泥岩、粉砂岩、致密砂岩以及泥灰岩中的天然气)估计达到 1 000tcf(10 亿 ft³)(Bustin,2005a,b)。为了减少勘探风险以及确定经济可行的勘探方案,我们需要很好地理解页岩气的储存和运移机制,从而确保获得长期的可采资源。然而在文献中缺少阐述页岩孔隙度、孔径分布以及气体储量关系的数据。我们往往是通过对页岩非均质的结构特性以及其复杂的孔隙网络进行分析来确定地层的资源潜力，而这受到很多地质因素相互作用的影响，包括：总有机碳含量、矿物成分、热成熟度、颗粒大小等（Yang 和 Aplin，1998；Dewhurst 等，1999a，b；Ross，2004；Ross 和 Bustin，2007；Chalmers 和 Bustin，2007a）。

先前的页岩气研究认为，甲烷的吸附量与总有机碳含量相关（Manger 等，1991；Lu 等，1995；Ross 和 Bustin，2007），尽管由于壳质煤素质（海相有机质）的孔隙结构受到的抑制作用不强，这种关系存在的原因并不是十分的明显。Chambler 和 Bustin（2007a）认为白垩系页岩中甲烷吸附量随着微孔隙体积的增加而增加，类似于煤层气的原理（Lamberson 和 Bustin，1993；Crostale 等，1998；Clarkson 和 Bustin，1999）。页岩中的微孔隙含量与 TOC 含量呈正相关，由于小于 2nm 的微孔隙相比于那些周围岩石组分相似的大孔隙而言拥有更大的内表面积和更强的甲烷吸附能力，所以它是多孔介质的一个至关重要的组成部分（Dubinin，1975）。

研究者利用 N_2 的低压等温吸附线，He 比重测定以及 Hg 孔隙度测定来阐述页岩复杂的孔隙结构（Katsube 和 Williamson，1994；Yang 和 Aplin，1998；Katsube 等，1998；Eseme 等，2006）。同时还分析了泥岩或页岩在不同的封闭压力和有效应力条件下的总孔隙体积和孔径分布（Mondol 等，2007），以便更好地确定泥页岩的渗透系数和盖层的封闭效率。而封闭效率的大小被认为很大程度依赖于粘土矿物的表面积（Yang 和 Aplin，1998；Dewhurst 等，1999a）。铝硅酸盐岩拥有纳米级的孔隙结构（因此拥有很大的表面积；Aylmore 和 Quirk，1967；Lloyd 和 Conley，1970；Aylmore，1974；Fripiat 等，1974；Gil 等，1995；Altin 等，1999；Aringhieri，2004；Wang 等，2004），能够为甲烷提供更多的吸附位置（Manger 等，1991；Lu 等，1995；Cheng 和 Huang，2004）。

2）与煤进行类比

页岩气和煤层气都被认为是一种非常规气藏，因为它们都存在部分的气体以吸附的方式储存于低渗透率的地层中（Law 和 Curtis，2002）。很多文献中都提到了煤层气储量的地质控制因素。其中最重要的煤性质包括煤素质（Lamberson 和 Bustin，1993；Crosdale 等，1998）、灰分含量（Laxminarayana 和 Crosdale，1999）、煤阶（Clarkson 和 Bustin，1999；Laxminarayana 和 Crosdale，1999，2002；Hildenbrand 等，2006）、含水率（Joubert 等，1974；Unsworth 等，1989；Levy 等，1997）、温度（Bustin 和 Clarkson，1998；Azmi 等，2006）。Crosdale 等（1998）认为煤素质类型以及煤阶是控制气体吸附量的最重要的因素，因为它们决定了煤层的孔隙结构，从而直接影响了整个吸附的过程。Chamblers 和 Bustins（2007b）认为壳质煤素质富集的煤层（烟煤和黑沥青）中所储存的气体很大一部分为高压溶解甲烷。Mastalerz 等（2004）发现煤层中壳质组的含量与气体吸附量之间没有明显的关系，因为他们发现在煤层中只存在有低浓度的海相有机质。

尽管先前的研究已经洞察到了有机质富集地层中吸附气的存在，但是却很少将煤与页岩地层的吸附性质进行直接对比研究，因为它们在以下方面存在很多不同之处：①有机质类型，煤为典型的惰质组或惰性组煤素质富集，而页岩恰恰相反，其主要为壳质组煤素质富集；②有机质含量；③粘土矿物含量；④孔隙度（总孔隙体积和孔径分布）。

而我们现在研究的目的是为了弄清页岩气储层的孔隙特征（孔隙结构和总孔隙度），因为它对气体的吸附过程和总气储量有直接的影响。我们的调查结果将会有益于储层模型对地层总气体资源量的评价，同时还能够帮助解释页岩中甲烷的释放过程，从而预测气体的运移和流失。本文中，我们研究了页岩的各种属性(有机成分、无机成分、热成熟度)对其孔隙结构、高压甲烷吸附以及总气储量潜力的影响。

1. 方法

1) 样品与准备工作

在加拿大西部的British Columbia省北部采取一系列侏罗系和泥盆系—密西西比系的页岩样品来进行研究，它们的TOC含量、无机组分以及热成熟度都有很大的不同，而这些是控制非常规气储层气储量的根本因素。这两套页岩现在被认为是具有很大勘探潜力的页岩气储层，因此弄清控制其气储量的关键因素对评估地层含气量十分重要(Ross和Bustin，2007，2008)。泥盆系—密西西比系页岩样品采自于有机质富集的Muskwa组和Besa River组地层以及有机质贫乏的Fort Simpson组地层。Besa River组地层可以细分为3段(Ross和Bustin，2008)：①下部黑色泥岩段(LBM)；②中部页岩段(MS)；③上部黑色页岩段(UBS)。在文中讨论分析了LBM和UBS两段地层。

在British Columbia省北部的泥盆系—密西西比系页岩地层经历了一段复杂、多期次的地热史。Besa River页岩位于Bovie断层带西部，地层厚度大于1 200m，水平延伸距离达0. 5km(Wright等，1994)。由于埋藏深度大，同时古地温梯度高(达65℃/km，Majorowicz等，2005)，Besa River页岩的上部地层热成熟度大于2%，(Morrow等，1993；Stasiuk和Folwer，2004)，这样导致了尽管TOC含量高达5. 7%，但是岩石热解数据并没有明显的S_2峰值出现，表明Besa River页岩已处于过成熟阶段(Ross和Bustin，2008)。下部黑色泥岩段地层所取样品没有热成熟度的数据，但是由于其与上部黑色页岩段地层具有相似的埋深和古地温梯度，所以估计成熟度应该相近。Muskwa页岩地层所取样品所测得的R_o在1. 6%～1. 7%范围内，(Potter等，2000，2003；Stasiuk和Fowler，2004)。而Fort Simpson组页岩地层由于TOC含量低，同时缺少镜质体颗粒，所以热成熟度的数据很少。但是由于British Columbia省北部的Fort Simpson组地层与下伏的Muskwa组地层呈整合接触，所以应该具有相似的热成熟度范围。

侏罗系的Gordonale组页岩地层也在本文的研究范围之内，因为该地层TOC含量高，同时相比与泥盆系—密西西比系页岩地层，其热成熟度的变化范围更大(Ross和Bustin，2006，2007)。因此通过该地层的研究我们可以从另外一个角度来观察有机质与页岩微孔隙结构之间的关系。Ross和Bustin(2007)已经讨论过Gordonale组页岩中矿物成分对于孔径分布(Hg孔隙度测定)和总孔隙体积的影响，所以本文不再讨论。

为了研究无机成分对页岩孔隙结构的影响，按纯粘土矿物标准，我们从密苏里粘土矿物资源库选取了具有代表性的伊利石(IMt－2)、高岭石(KGa－1b)、绿泥石(斜绿泥石，CCa－2)以及Na饱和的蒙脱石粘土矿物进行分析。松散的粘土聚集物可以与页岩中的粘土矿物进行有效的对比，因为页岩孔隙结构的分析需要先将样品进行压碎处理(＜250μm)，处理后整个页岩的宏观结构对孔隙结构的分析影响很小。因此在页岩中，地层的沉积组构对气体扩散和吸附的影响很小(但不是完全没有)。由于在Muskwa组地层和下部黑色泥岩段地层的样品中，硅质为生物成因，局部硅质富集区域形成燧石，所以我们还分析了泥盆系中燧石(British Columbia省北部)的孔隙结构，从而弄清生物成因硅质对孔隙结构的影响(Ross和Bustin，检查中)。

将150g的样品压碎成直径小于250μm的细颗粒进行高压甲烷吸附分析，同时从中选取约0.2g的样品进行低压等温吸附线分析(CO_2和N_2表面积测量)，18g样品进行高压Hg孔隙度测定。另外对压碎的样品还要进行定性的岩相分析。由于在孔隙结构分析(CO_2和N_2的低压吸附分析，Hg孔隙度测定)之前需要对样品进行脱气处理，所以对孔隙结构数据的处理需要在干燥的环境下进行。样品在110℃的干燥环境下放置24h进行烘干处理，分别对干燥样品和含水平衡的样品作高压甲烷等温吸附线分析。含水平衡的页岩样品根据美国材料与实验协会的步骤进行处理，含水量为30℃(高压甲烷等温吸附线测量时的温度)条件下，根据烘干过程中样品质量的减少量测得(美国材料与实验协会推荐的储层条件下含水量的计算方法)。实验中将样品在sub-atmospheric干燥器中压碎，然后置于饱和的硫酸钾溶液中超过72h使其达到含水饱和。

将干燥和含水平衡的样品进行对比分析看起来是不合理的，因为水分在气体吸附过程中主要起到溶解稀释的作用，它的作用不能简单地分离出来单独分析。然而，干燥与含水平衡条件下甲烷的吸附量之间良好的相关性(图1)表明这种对比是很有必要的。含水率的控制因素以及其对页岩气储层中吸附气含量的影响将会在以后的文章中进行详细的讨论。

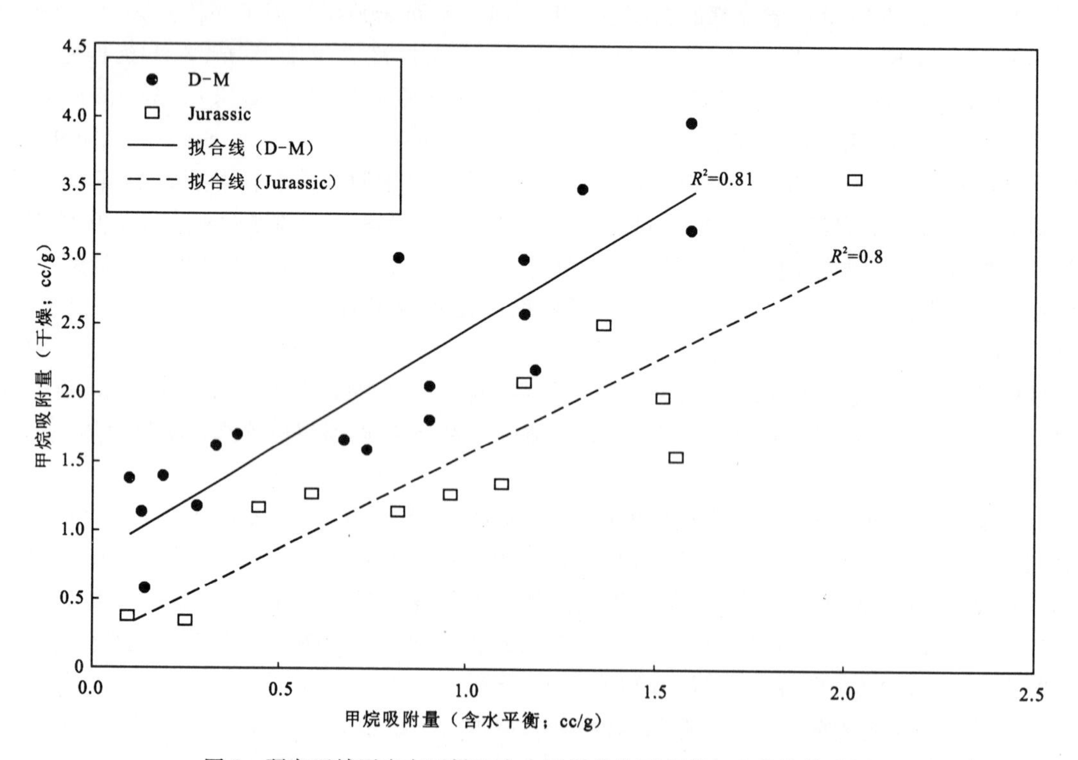

图1　研究区域页岩在干燥和含水平衡条件下吸附气含量的关系图

2)低压CO_2和N_2的等温线分析

利用低压CO_2和N_2等温线(<0.172MPa)来描述有机质富集、多微孔隙物质的孔隙，平均孔径分布为纳米级，气体能够有效地从其中渗透(Gan等，1972；Dubinin，1975，1989；Lamberson和Bustin，1993；Larsen等，1995；Clarkson和Bustin，1996，1999；Levy等，1997；Bustin和Clarkson，1998；Prinz和Littke，2005；Chalmers和Bustin，2007a，b)。利用微粒

ASAP2010表面积分析仪来进行CO_2和N_2吸附分析。CO_2吸附量在0℃,$4\times10^{-4}\sim3.2\times10^{-2}$($cm^3/g$)压力范围条件下测量,单层吸附量利用Dubinin - Radushkevich等式计算获得(Gregg和Sing,1982):

$$\mathrm{Log}V=\log V_0-S\log^2(p/p_0) \tag{1}$$

式中:V为平衡压力下吸附气的体积(cm^3/gs. t. p);V_0为总微孔隙体积(cm^3/gs. t. p);S为常量;p为压力;p_0为饱和蒸汽压。

通过测量吸附的CO_2体积(完全填充微孔隙)来确定微孔隙的总体积,测量在0℃和大气压力的条件下进行。根据Dubinin和Stoeckli(1980)的理论,在含碳物质中利用微孔隙填充体积的理论来描述微孔隙结构是合理的。测量时,CO_2分子横截面积为$17\times10^{-20}m^2$,记录的单位为体积/100g(cc/100g)。CO_2的吸附数据同样也通过表面积的方式描述(m^2/g),这样就可以将N_2和Hg的表面积进行对比。

N_2的等温线在−196.15℃条件下测量,利用BET方法在0.06~0.2的相对压力条件下(p/p_0,p为系统内气体的气压,p_0为对应温度下气体上部的气压)测得,等式为

$$1/W(p_0/p)-1=1/W_mC+C-1/W_mC(p/p_0) \tag{2}$$

式中:W为在相对压力条件下吸附气的质量;W_m为单分子层吸附剂(N_2)的质量;C为BET常数,跟吸附剂和吸附质之间的吸附能有关。

所计算的低压N_2和CO_2吸附表面积用来作吸附分析,因此,在此用到了等价表面积的说法(这里指的是表面积。Sing等,1985)。

3) 高压Hg孔隙度测定

利用Micromeritics - Autopore IV 9500仪器来收集压汞数据。水银的压力由0.013MPa逐渐上升至430MPa,孔径分布由Washburn公式确定(Washburn,1921):

$$D=-4\gamma\cos\theta/p \tag{3}$$

式中:D为孔隙直径;γ为表面张力;θ为交会角;p为作用压力。

此处交会角为130°(Gan等,1972),表面张力为485dyn/cm(Gregg和Sing,1982)。孔隙度根据压汞数据测得。

4)高压甲烷等温线分析

利用Boyles Law装置收集30℃条件下高压甲烷等温吸附数据。吸附气量根据Peng - Robinson状态方程计算获得。利用Langmuir等温方程(Langmuir,1918)来模拟甲烷的吸附量:

$$p/V=1/BV_m+p/V_m \tag{4}$$

式中:p为平衡气体压力;V为吸附气体积;V_m为Langmuir单层体积;B为经验常数。

根据Langmuir吸附理论,p与p/V呈一直线关系,拟合线斜率的倒数与甲烷的单分子层体积有关。泥盆系—密西西比系以及侏罗系页岩的甲烷吸附量在恒温下,压力逐渐升高至一固定值(p=6MPa)的条件下测得。尽管这种条件并不能完全代表储层的内部所处条件,但是将这些参数保持恒定能够有效地将泥盆系—密西西比系以及侏罗系页岩样品的CO_2、N_2和Hg孔隙结构分析结果进行对比(也是在恒温恒压条件下测量)。

5)地球化学分析

利用Carlo Erba - NA - 1500分析器(误差2%左右)测量粉末状泥盆系—密西西比系页岩样品的总碳含量(TC)。利用CM5014 CO_2库仑计(误差2%左右)测量其总无机碳含量(IC)。总有机碳含量为二者的差值(TOC=TC−IC)。利用X射线荧光光谱法测定样品中的

SiO_2、Al_2O_3、CaO 等主要元素含量，相对误差为 3%左右(Ross 和 Bustin，检查中)。这些主要的氧化物代表了样品的主要矿物成分：石英、粘土和碳酸盐岩。同时还测定了样品 Si/Al 比，从而判断样品为硅质富集(高 Si/Al 比)还是粘土矿物富集(低 Si/Al 比)。

2. 结果

以下我们首先说明泥盆系—密西西比系和侏罗系页岩的孔隙结构，然后分析孔隙结构对甲烷吸附作用以及页岩气储量的影响。由于微孔隙物质的孔隙能否测量依赖于流体的分子大小，因此利用不同的流体对不同的孔隙表面积进行测量(第四部分进行讨论，见 Rouquerolet，1994)，而本文中分别用 CO_2、N_2和 Hg 来进行实验分析和测量。

最终，我们必须明确高压条件下甲烷储量的控制因素，因为这决定了：①页岩气和煤层气储层的含气饱和的程度；②至关重要的解吸压力—储层必须降低到的临界压力以便气体能够随压力减小方向流入井筒。

1) 页岩组分

泥盆系—密西西比系页岩(Besa River，Muskwa 和 Fort Simpson 组地层)的总有机碳含量在 0.9%～4.9%范围内(表 1)。侏罗系 Gordonale 组页岩 TOC 含量变化更大，为 3%～38%(表 2)。有机质含量由颗粒状细粒的煤素质聚集物(泥盆系—密西西比系页岩样品)和基质沥青(侏罗系页岩样品，Stach 等，1982；Teichmuller，1986)的含量决定。沥青质的主要来源——碎片体应该来自于石油生成和排出过程中残留下来的有机质(Teichmuller 和 Ottenjann，1977)。

Muskwa 组地层和 Besa River 组下部黑色泥岩段(LBM)地层的样品中，一部分含有很高的 Si/Al 比，还有一部分碳酸盐成分(CaO，表 1)富集。高的 Si/Al 比是由于矿物成分中硅质富集，达 58%～93%(Ross 和 Bustin，2008)。碳酸盐矿物主要为方解石和白云石。Besa River 组上部黑色页岩段(UBS)地层和 Fort Simpson 组地层样品则主要是铝硅酸盐成分富集，UBS 样品中主要成分为伊利石和高岭石，而 Fort Simpson 组页岩样品中主要成分为伊利石、高岭石和绿泥石且成分相当(Ross 和 Bustin，2008)。而侏罗系页岩样品中铝硅酸盐成分稀少，相对的硅质或者碳酸盐成分富集，石英和方解石为主要矿物成分(Ross 和 Bustin，2007)。

2) 低压 CO_2分析——页岩

Muskwa 组和 Besa River 组页岩样品的低压 D－R CO_2等温线反映了地层的微孔隙体积与 TOC 呈正相关关系[图 2(a)]。有机质贫乏的 Fort Simpson 组页岩微孔隙含量为 0.4～0.79cc/100g，但是吸附的 CO_2体积与 TOC 之间没有显示很好的相关性[图 2(a)]，表明除了有机质成分以外的其他因素影响了页岩的微孔隙结构。侏罗系页岩的微孔隙含量为 0.2～1cc/100g，与有机质含量的线性相关性很低[$r^2=0.06$，表 2，图 2(b)]。

3) 低压 N_2分析——页岩

侏罗系和泥盆系—密西西比系页岩样品的低压 N_2 等温线(图 3)为典型的Ⅱ型等温线(Brunauer 等，1994 年)。该类型等温线主要特征为微孔隙在低压条件下被填充，在高压条件下形成多分子层吸附，表明其中部分孔隙为中孔隙(Gil 等，1995)。与 Langmuir I 型等温线不同，BET II 型等温线在等温线的第二个拐点处穿过了单分子层的覆盖范围。BET 等温线条件下，由于吸附剂与吸附质(N_2)之间的吸引力不同，吸附点的位置发生改变，此时单分子层的吸附受岩层表面性质影响，各分子层形成类似的凝缩层。

表1 D—M 页岩样品的组分,表面面积表面积,热成熟度和吸附量的统计表

样品编号	TOC*(wt%)	孔隙结构/表面面积				含水量(wt%)	吸附气容量		成熟度**(Vro%)	非有机物质组分**			
		Hg 孔隙度*(%)	N_2BET 表面面积(m^2/g)	CO_2 微孔隙体积(cc/100g)	CO_2 等价表面面积(m^2/g)		湿气(cc/g at 6MPa)	干气(cc/g at 6MPa)		SiO_2(%)	Al_2O_3(%)	(Si/Al 比)	CaO(%)
MU1416-1	2.1	4.4	19.5	0.8	28.9	3.2	0.9	2.1	1.6	64.1	17.5	3.7	0.8
MU1416-4	1.7	2.2	10.1	0.6	23.7	3.5	0.7	—	1.6	65.8	14.7	4.5	0.7
MU1416-7	2.1	2.2	9.1	0.8	29.2	3.5	1.2	2.2	1.6	68.6	12.7	5.4	0.6
MU1416-9	0.4	1.4	3.4	0.3	11.1	2.5	0.2	0.6	1.6	5.5	1.7	3.3	44.6
MU714-3	1.6	1.0	10.5	0.5	18.8	1.9	0.7	1.7	1.7	36.6	7.2	5.1	16.4
MU414-1	3.7	3.7	10.7	1.0	36.7	3.1	0.8	—	n/a	73.5	9.9	7.4	0.6
UBS-C15-1331-1	1.4	5.4	16.8	0.5	19.1	2.4	0.3	1.6	2.5	78.3	9.9	7.9	1.2
UBS-C15-1331-5	4.0	6.0	44.5	1.3	47.2	4.1	1.6	3.2	2.5	60.7	16.9	3.6	0.6
UBS1331-4	4.0	7.2	29.3	0.9	32.9	4.9	1.2	3.0	2.5	47.3	23.0	2.1	1.2
UBS1331-5	4.9	5.1	20.0	1.0	38.3	4.4	1.3	3.5	2.5	50.9	24.1	2.1	0.6
UBS1331-6	4.7	5.2	31.0	1.2	44.7	4.1	1.6	4.0	2.5	45.1	22.3	2.0	1.2
UBS1331-11	3.8	4.6	22.3	0.8	29.8	5.2	0.8	3.0	2.5	48.0	22.9	2.1	0.8
LBM325-1	2.0	1.2	10.3	0.5	17.6	1.6	0.6	—	n/a	82.4	5.7	14.5	0.8
LBM325-5	2.1	1.3	12.8	0.5	18.2	1.8	0.7	1.6	n/a	78.9	9.6	8.2	0.3
LBM325-7	0.9	0.4	5.5	0.3	9.5	1.5	0.3	—	n/a	30.0	3.0	10.0	19.4
LBM2563-1	4.8	1.6	16.3	1.0	37.6	1.4	1.6	—	n/a	80.7	5.9	13.7	1.2
LBM2563-3	4.4	2.1	12.4	0.8	29.7	1.8	1.2	2.6	n/a	80.2	6.3	12.8	1.2
LBM2563-5	2.8	0.8	13.9	0.6	21.9	2.3	0.8	—	n/a	82.4	6.6	12.5	0.5
LBM2563-7	2.5	1.1	12.3	0.7	25.6	1.9	0.9	1.8	n/a	79.4	7.9	10.1	0.8
FSS1416-1	0.3	2.6	13.6	0.5	18.0	4.8	0.2	1.4	1.6	56.6	19.5	2.9	1.7
FSS1416-5	0.2	3.0	15.0	0.5	18.6	3.3	0.1	1.4	1.6	55.5	19.2	2.9	1.8
FSS5245-1	0.3	4.3	20.5	0.6	22.3	3.1	0.1	0.6	n/a	61.0	19.2	3.2	0.4
FSS12140-6	0.3	3.9	24.7	0.8	29.5	2.8	0.4	1.7	n/a	59.1	19.8	3.0	0.5
FSS1238-1	0.3	2.5	10.4	0.4	15.9	2.5	0.1	1.1	n/a	56.6	20.6	2.7	1.0
FSS947-3	0.2	1.9	11.3	0.4	14.9	2.4	0.3	1.2	n/a	40.4	12.9	3.1	17.0

* 数据来源于 Ross 和 Bustin; * * 的数据来源于 Potter 等(2000,2003)和 Stasiuk,Fowler(2002)

表 2　D—M 岩样品的组分、表面面积表面积、热成熟度和吸附量的统计表

样品编号	TOC* (wt%)	孔隙结构/表面面积				含水量 (wt%)	吸附气量		成熟度		无机成分			
		Hg 孔隙度* (%)	N_2BET 表面面积 (m^2/g)	CO_2 微孔隙体积 (cc/100g)	CO_2 等价表面面积 (m^2/g)		含水平衡 (EQcc/g at 6MPa)	干燥 (cc/g at 6MPa)	Tmax* (℃)	Ro(%, Tmax 等价)	SiO_2 (%)	Al_2O_3 (%)	(Si/Al)	CaO (%)
N5378－11	1.6	—	9.3	0.6	21.9	—	—	—	—	—	—	—	—	—
N8354－11	26.6	—	0.0	0.5	19.4	—	—	—	—	—	—	—	—	—
N8354－4	37.8	—	1.6	0.6	23.7	—	—	—	446	0.9	24.8	5.4	4.6	26.8
N376－1	1.4	0.5	0.6	0.2	6.2	0.7	0.1	0.4	494	1.8	18.8	3.2	5.9	24.5
N2557－2	3.1	2.6	1.8	0.2	8.4	2.3	0.1	—	442	0.7	65.0	0.4	16.2	6.7
N6080－1	4.3	2.8	2.8	0.5	18.5	8.5	0.3	0.4	462	1.3	54.9	15.2	3.6	1.2
N3773－2	5.0	0.5	6.3	0.8	28.8	1.8	1.2	2.1	608	2.5	63.9	5.8	11.1	8.6
N89－1	5.2	0.8	2.8	0.3	12.7	1.6	0.5	1.2	457	1.1	16.8	5.5	3.1	35.0
N230－1	7.1	2.2	1.5	0.3	11.4	2.5	0.6	1.3	447	0.9	42.7	11.3	3.8	14.3
N3793－1	90	—	1.7	1.1	40.3	2.8	2.0	3.6	607	2.5	47.3	8.5	5.5	13.8
N49－2	10.0	1.5	2.8	0.6	23.4	2.3	1.5	2.0	461	1.2	38.0	7.6	5.0	18.2
N91－1	10.2	4.2	2.3	0.4	15.3	0.6	1.0	1.3	467	1.3	62.9	1.0	62.9	11.5
N174－1	11.8	—	1.2	0.4	16.1	1.7	1.6	1.6	459	1.1	61.0	1.3	45.8	11.7

* 资料来源于 Ross 和 Bustin(2007)

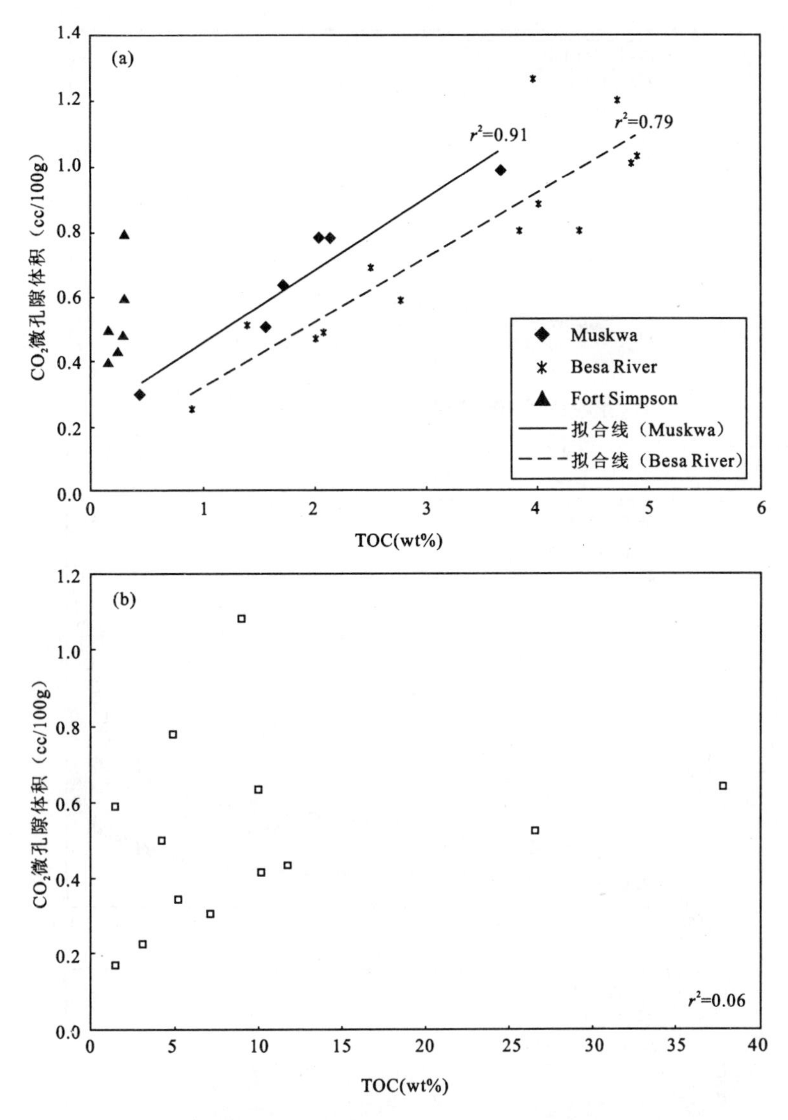

图 2　不同的页岩中微孔隙体积与 TOC 含量之间的关系

(a)D－M 页岩微孔隙体积与 TOC 含量之间的关系图；其中 Muskwa 组和 Besa River 组页岩中二者的相关性很强，而有机质贫乏的 Fort Simpson 组页岩则相关性很弱($r^2=0.4$)；(b)侏罗系页岩中微孔隙体积与 TOC 含量之间的关系图

Besa River 组和 Fort Simpson 组页岩样品 N_2BET 表面积随 CO_2微孔隙体积的增加而增加，达到 5.5～44.5m^2/g(表 1，图 4)。而 Muskwa 组页岩中 BET 表面积与微孔隙体积的关系并不明显($r^2=0.27$)。侏罗系页岩的 N_2BET 表面积与泥盆系—密西西比系页岩相比要小很多，为 0.04～9.3m^2/g(表 2)，与微孔隙体积没有直接的关系($r^2=0.07$)。

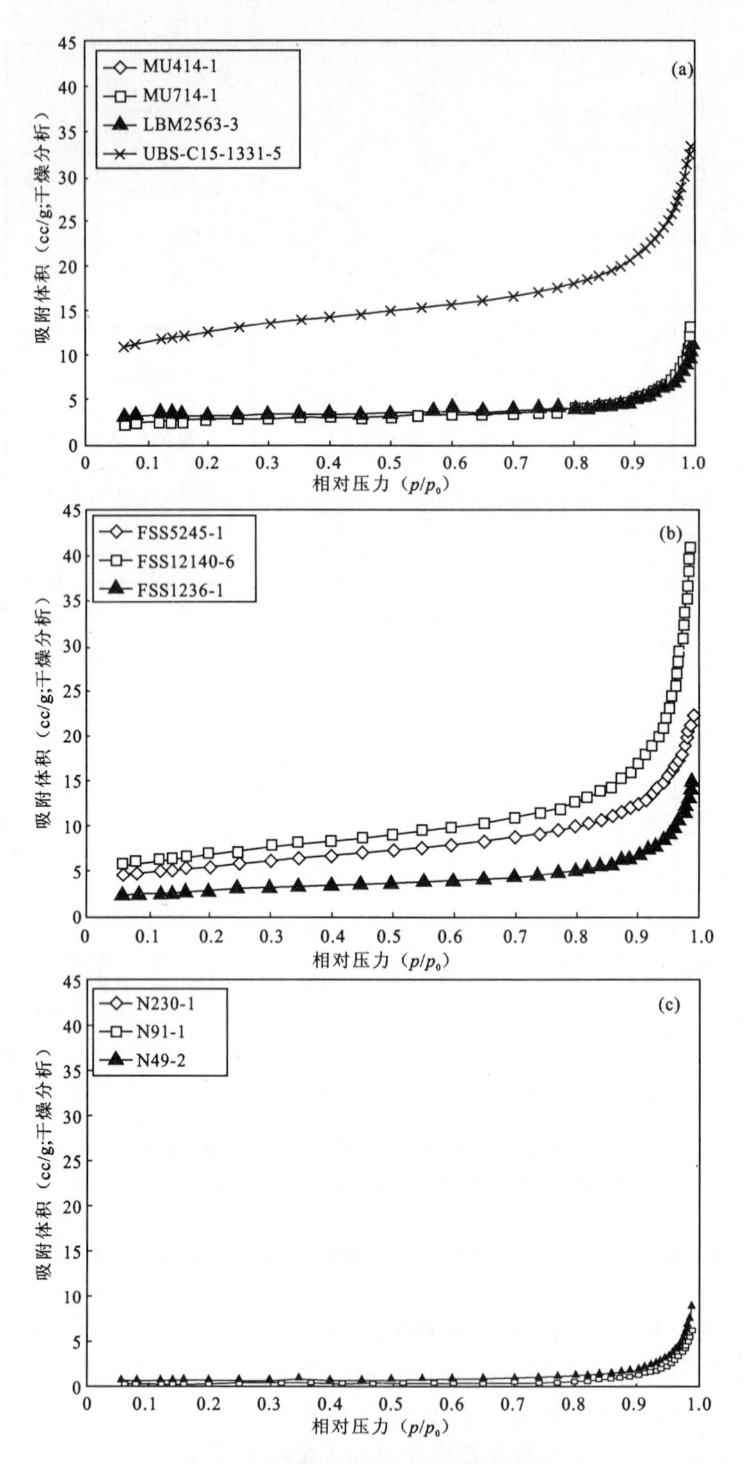

图 3　低温低压条件下 N_2 的等温线图

(a)有机质富集的 Muskwa 组和 Besa River 组页岩；(b)有机质贫乏的 Fort Simpson 组页岩；(c)有机质富集的侏罗系页岩

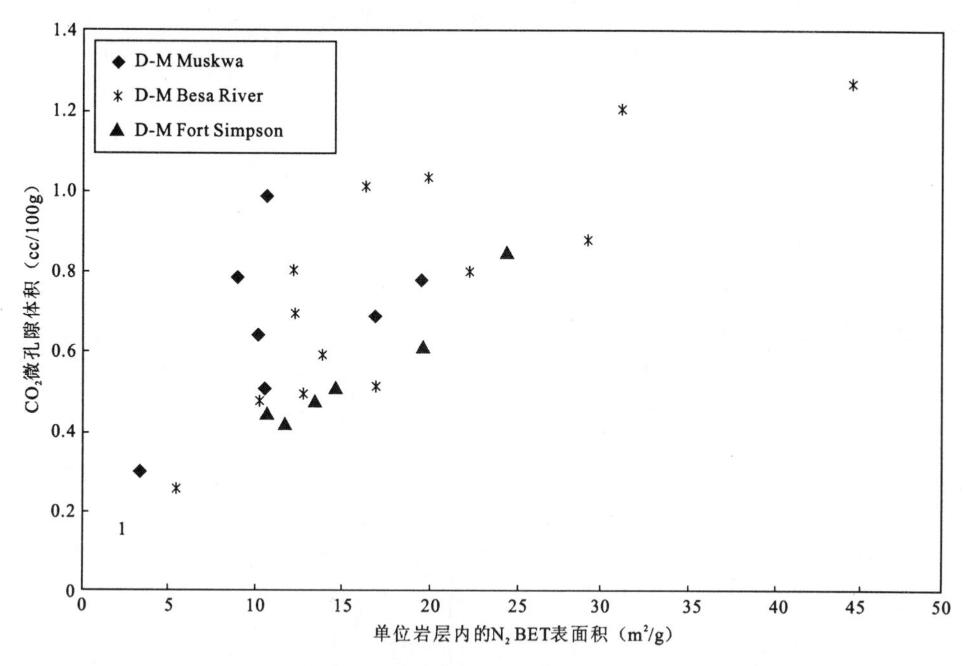

图 4 D－M 页岩当中 CO_2 微孔隙体积与 N_2BET 表面积的关系图

（Fort Simpson 组 $r^2=0.95$；Besa River 组 $r^2=0.69$；Muskwa 组 $r^2=0.27$）

4）低压 CO_2 和 N_2 分析——无机物

表 3 分析了粘土矿物与燧石的微孔隙体积和表面积。伊利石（0.79cc/100g）和蒙脱石（0.78cc/100g）的 CO_2 微孔隙体积要大于高岭石（0.27cc/100g）和绿泥石（0.13cc/100g）的微孔隙体积。粘土矿物的 N_2BET 表面积范围为 4.8m²/g（绿泥石）～29.44.8m²/g（伊利石），与矿物成分的微孔隙体积密切相关。而燧石的 CO_2 微孔隙体积（0.88cc/100g）和 N_2BET 表面积（0.35m²/g）则相对要小得多。

表 3 标准粘土矿物与燧石的孔隙结构（CO_2 微孔隙体积、N_2BET 表面积）、含水量、吸附气量的统计表

	孔隙结构/表面面积			含水量 wt（%）	吸附气量	
	N_2 BET 表面面积（m²/g）	CO_2 微孔隙体积（cc/100g）	CO_2 等价表面面积（m²/g）		含水平衡 EQ（cc/g at 6 MPa）	干燥（cc/g at 6 MPa）
Clay minerals						
Illite	30.0	0.8	29.4	5.9	0.4	2.9
Montmorillonite	24.7	0.8	28.3	19.0	0.3	2.1
Kaolinite	7.1	0.3	9.8	2.9	0.7	0.7
Chlonite	2.1	0.1	4.8	0.8	—	—
Chert	0.4	0.1	3.12	0	—	—

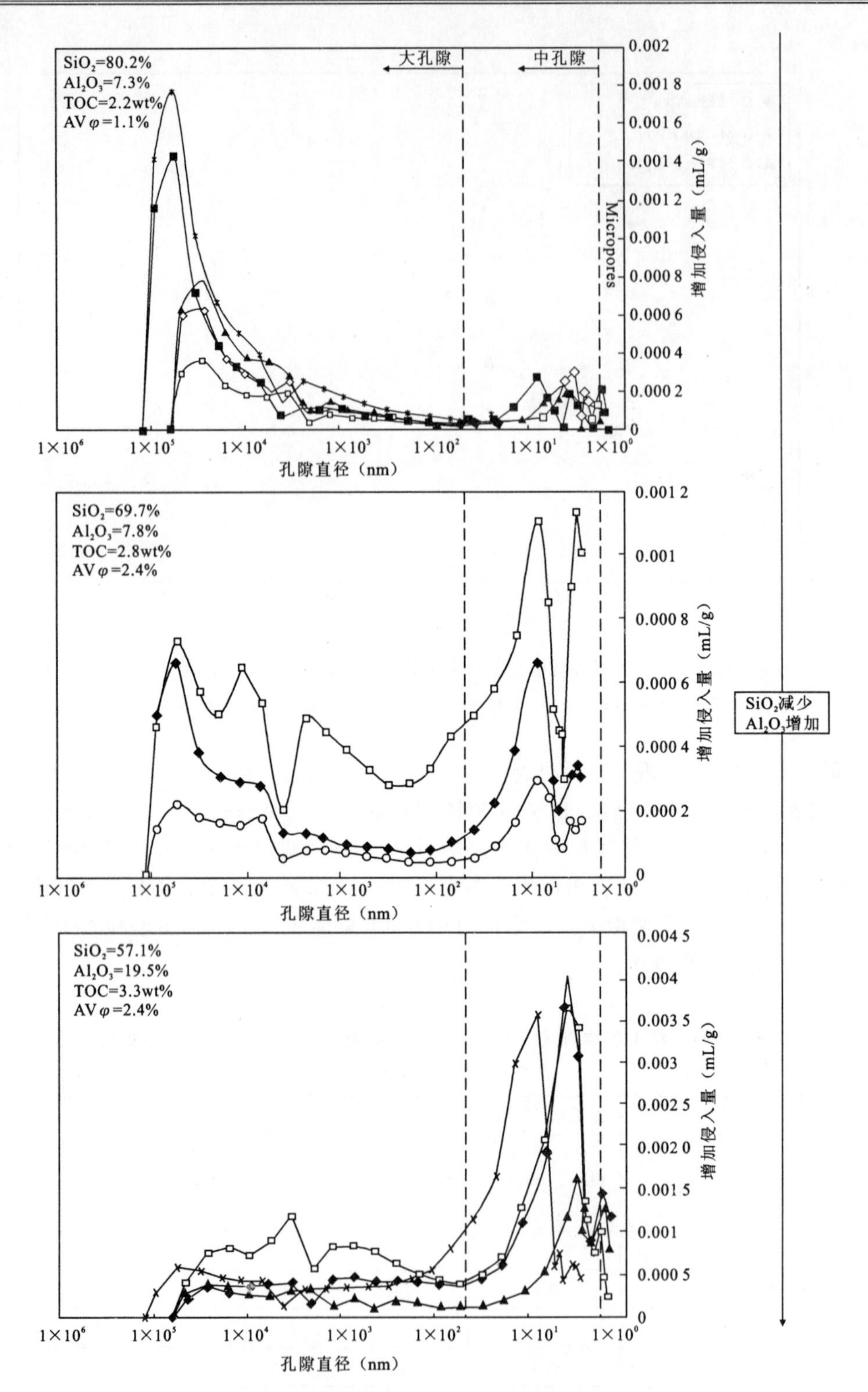

图 5　D-M 页岩中页岩组分（石英、粘土）、总孔隙度、孔径分布之间的关系图

主要的地球化学参数和孔隙度均取平均值。高的硅质含量（高 Si/Al 比）对应的总孔隙体积低。随着铝硅酸盐成分的增加（Si/Al 比升高），孔隙度随之增加，孔径分布的单峰逐渐向中孔隙转移

5）孔隙度和 Hg 孔隙度测定

直径在 3～360 000nm 的微孔隙总体积随着铝硅酸盐含量的增加（Si/Al 比降低）而增加。粘土富集的 UBS 段页岩样品平均孔隙度为 5.6%，区域 Si/Al 比高（石英含量高）。低粘土含量的 LBM 样品平均孔隙度为 1%（表 1）。平均孔径的分布随着 Si/Al 比的减小（粘土含量增加，图 5）而变小，粘土富集的页岩主要为直径 7～8nm 的单峰孔隙，与高 Si/Al 比的页岩形成鲜明的对比（主要的孔径分布大于 10 000nm）。

假设根据 Hg 注射计算的表面积主要为中—大孔隙（>3nm，Webb 和 Orr，1997）（图 6），而中孔隙表面积利用 CO_2 分析（>2nm；Unsworth 等，1989；Rouquerol，1994），微孔隙表面积则利用 N_2 分析（<2nm，Marsh，1989）。各种孔径在样品内总表面积所占的比例相当。泥盆系—密西西比系页岩中小部分表面积与大于 15nm 的孔隙有关。粘土富集、孔隙度大的 UBS 的页岩样品中，总表面积的 24%～26% 来自于大于 3nm 的孔隙；而与硅质富集、孔隙度小的 LBM 页岩样品相比，总表面积则只有 2%～12% 的来自于大于 3nm 的孔隙。泥盆系—密西西比系页岩样品的 CO_2 表面积大于 N_2 表面积。侏罗系页岩样品的 Hg 和 N_2 表面积相当，而总表面积的 58% 来自于大于 3nm 的孔隙[图 7(b)]。而 CO_2 表面积远远大于 N_2 表面积，说明侏罗系页岩的基质沥青中，CO_2 溶解系数很大（Reucroft 和 Patel，1983）。

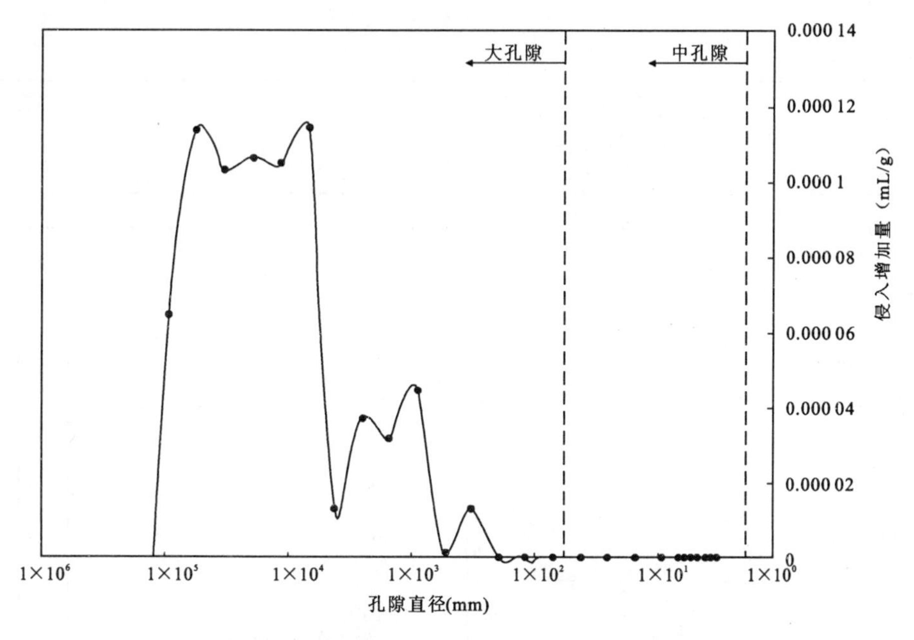

图 6　燧石中水银侵入量增加与孔隙直径之间的关系图

其孔径分布与硅质富集的 LBM 样品相当

泥盆系—密西西比系页岩的 N_2BET 表面积与总孔隙度有关（图 8），而 CO_2 微孔隙体积与总孔隙体积的关系不大（r^2＝0.2）。侏罗系页岩的总孔隙度、BET 表面积以及微孔隙体积之间的关系无法确定。

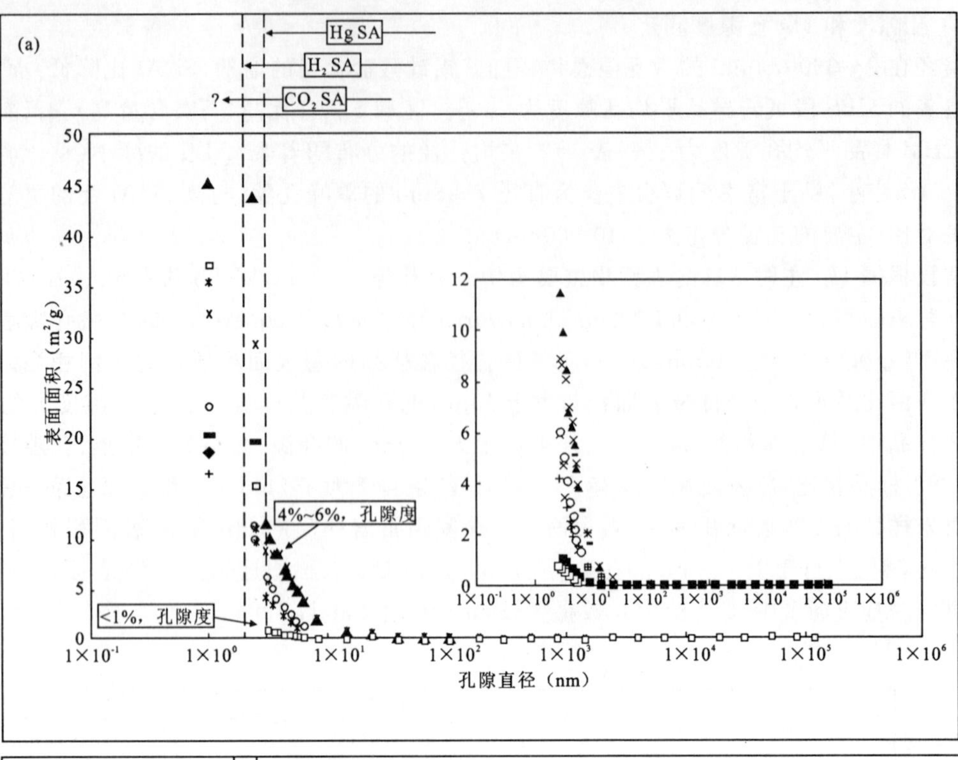

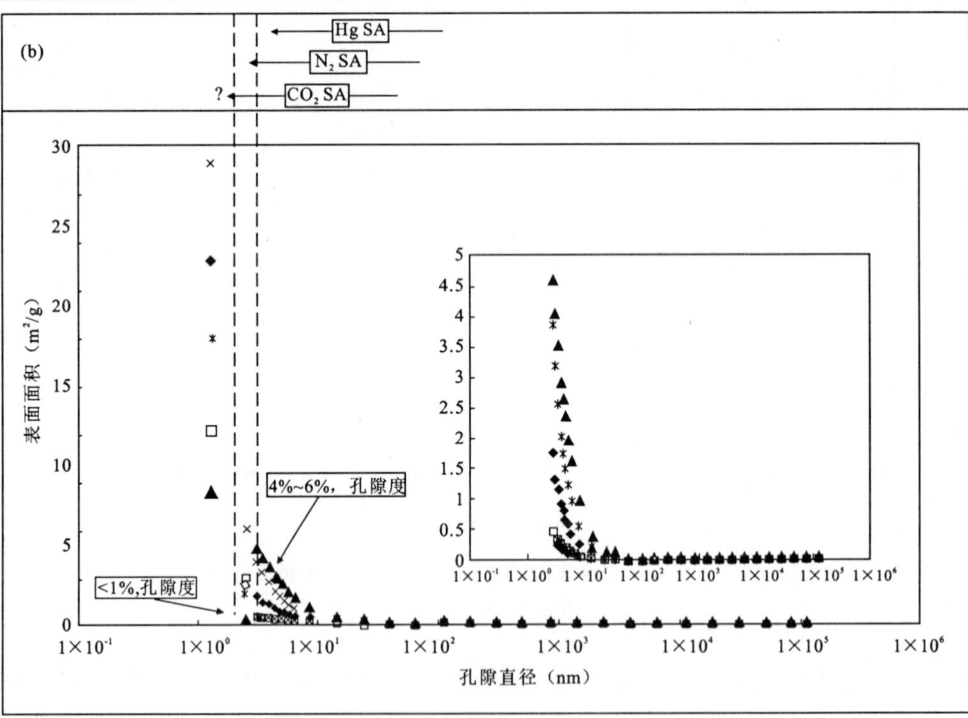

图7　利用不同方法测定的总表面积变化图

(a)D-M页岩，绝大部分表面积来自于直径小于10nm的孔隙(SA为表面积)，其中主要为孔隙喉道半径小于2nm的孔隙；(b)侏罗系页岩，与D-M页岩相似，绝大部分表面积来自于直径小于10nm的孔隙，插图为与孔径＞3nm孔隙相关的表面积分布

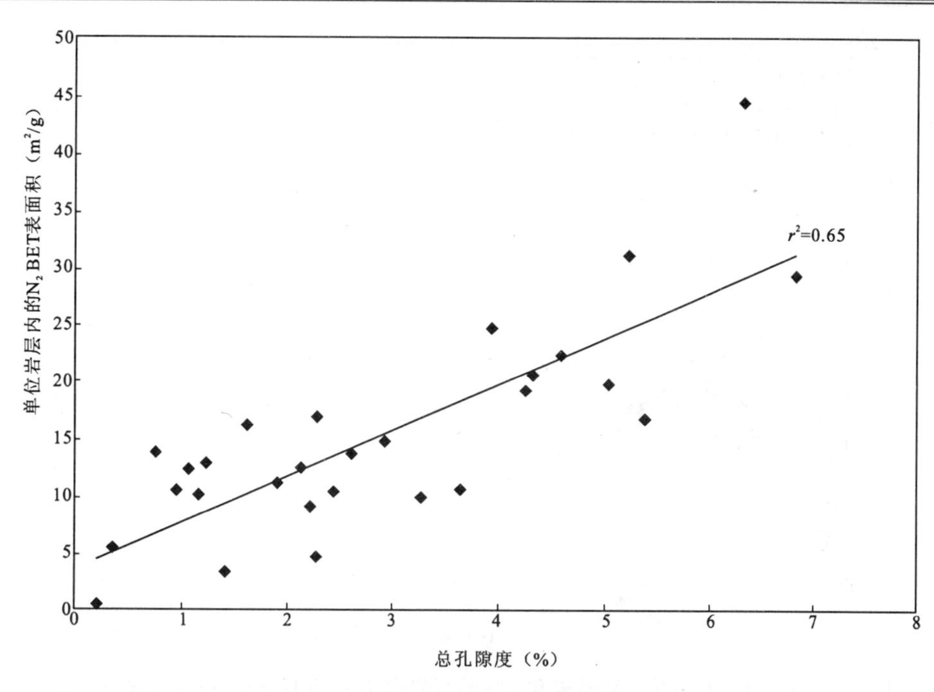

图 8　D－M 页岩中 N_2BET 表面积与孔隙度之间良好的线性相关性表明其总孔隙度受到中孔隙结构的影响

6)高压甲烷分析

侏罗系和泥盆系—密西西比系页岩中的高压甲烷吸附量与 TOC 含量有关(含水平衡和干燥的样品)。而侏罗系页岩中这种关系相对很微弱(图 9)。整个吸附量与 TOC 含量几乎呈线性关系,通过仔细审查 TOC 含量－吸附量关系发现 TOC 是控制甲烷吸附量和储量的一个至关重要的因素。含水平衡条件下,页岩吸附量为 0.1cc/g(有机质贫乏的样品)～2cc/g(有机质富集的样品);同样在干燥条件下,对应的范围为 0.4～4cc/g。

泥盆系—密西西比系页岩中,TOC、微孔隙体积和甲烷吸附量之间有很好的正向相关性[图 10(a)],突出显示了有机质的微孔隙性质。而侏罗系页岩中三者的关系则并不明显[图 10(b)],表明侏罗系页岩中的有机质结构与泥盆系—密西西比系页岩具有很大的不同。

干燥和含水平衡条件下,伊利石、蒙脱石、高岭石等粘土矿物含量的变化对吸附量的影响很大(图 11)。在干燥条件下,伊利石和蒙脱石的吸附量要大于高岭石(图 3),这是由于相比较,二者拥有更大的微孔隙体积和表面积。然而,在含水平衡条件下,高岭石的吸附能力反而更强,这是由于其平衡含水率(2.9%)相对伊利石(5.9%)和蒙脱石(19%)而言更低。

3. 讨论——建立孔隙结构模型

由于泥盆系—密西西比系和侏罗系页岩孔隙结构的差异性和非均质性,我们对这两套地层分开讨论。在以下的章节中我们将论述:①有机质丰度、类型、成熟度;②矿物质成分对页岩孔隙结构和总孔隙体积的影响。

1)侏罗系的吸附特性和有机物

侏罗系页岩相比于泥盆系—密西西比系页岩有机质更加富集,但是其 CO_2 微孔隙体积和

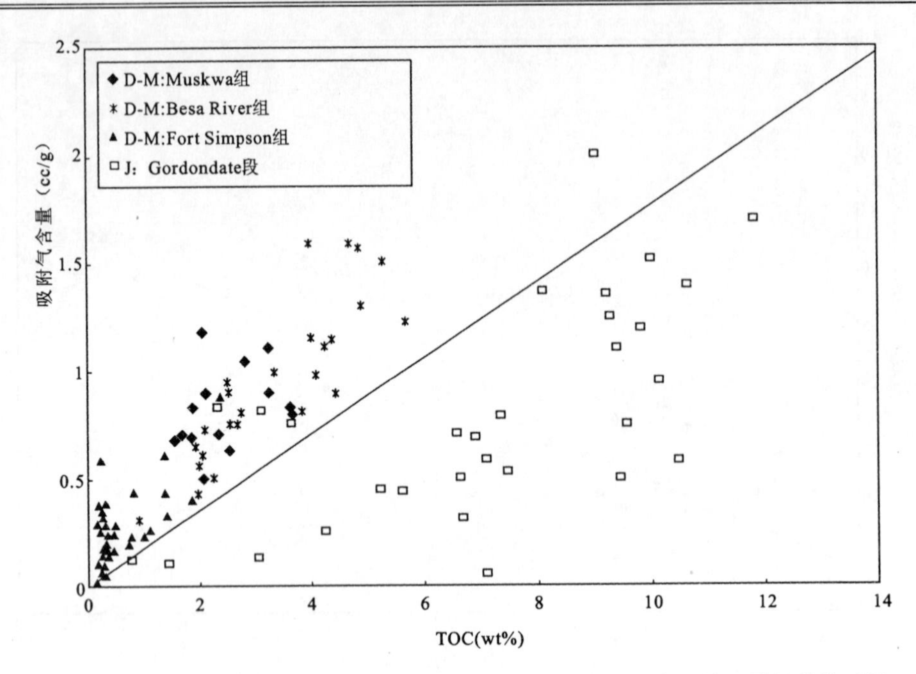

图 9　含水平衡条件下 D－M 页岩和侏罗系页岩中 TOC 含量与甲烷吸附量的关系图

对角线则强调了 TOC 含量与甲烷吸附量之间线性关系比率的不同(侏罗系页岩：$r^2=0.38$；Fort Simpson 组页岩：$r^2=0.46$；Muskwa 和 Besa River 组页岩：$r^2=0.8$)

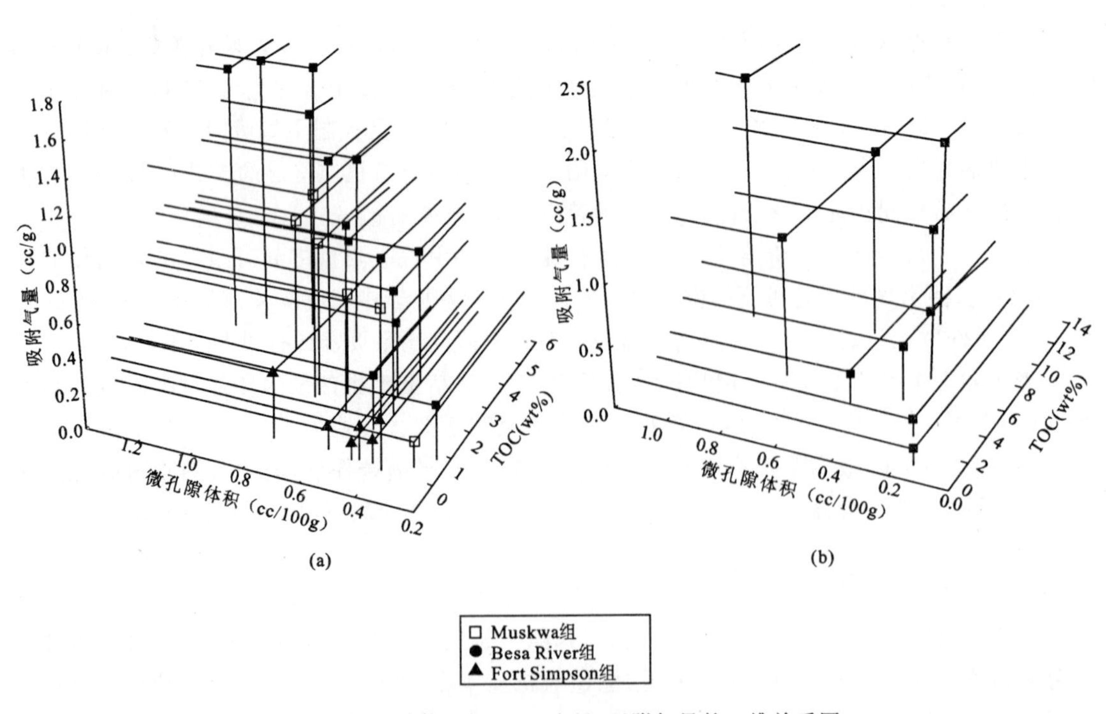

图 10　微孔隙体积与 TOC 含量、吸附气量的三维关系图

(a)D－M 页岩；(b)侏罗系页岩；值得注意的是 D－M 页岩的气体吸附量与其多微孔隙有机质的含量密切相关

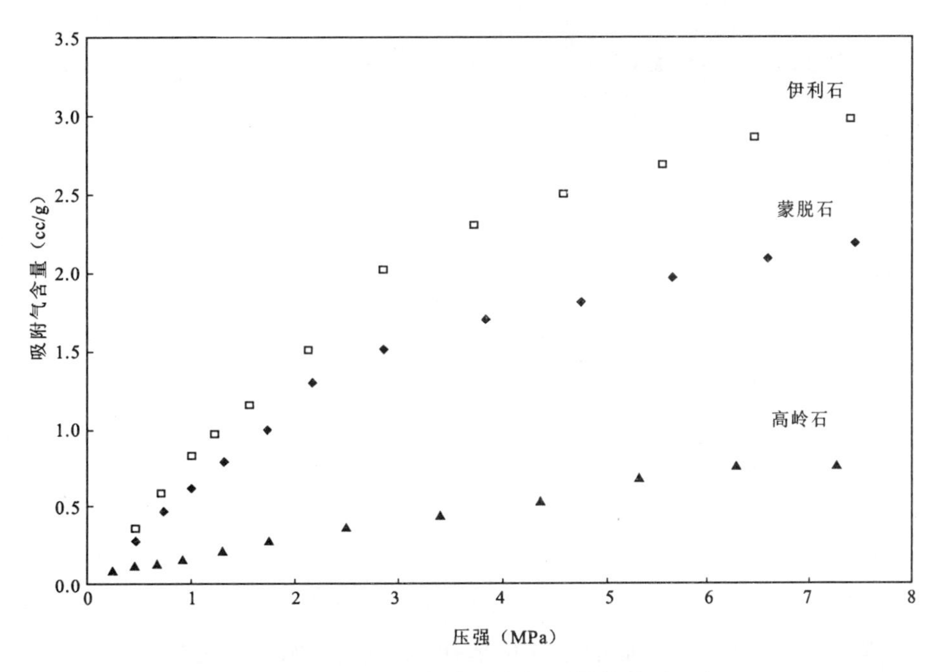

图 11 标准粘土矿物的等温线图(干燥条件下,30℃)

N_2BET 表面积并没有随着 TOC 的增加而增加。与总有机碳含量相关的微孔隙表面积所占比例很低,平均只有 4.2%,而泥盆系—密西西比系页岩达到 8.6%。因此尽管有机碳对吸附量的影响很大(图 9),但是侏罗系页岩中 TOC 对其微孔隙结构的影响并不明显,这可能在一定程度上反映了基质沥青(侏罗系页岩有机质的主要存在形式)的无结构性质。尽管微孔隙体积很小,但是还是有大量的甲烷储存于有机质富集的侏罗系页岩中,这是因为甲烷可以大量地溶解于基质沥青中(类似于半固体沥青中的溶解甲烷;Svrcek 和 Mehrotra, 1982)。例如,样品 N174-1 的微孔隙度只有 20%,但是其甲烷吸附量是样品 N891 的 3 倍之多[表 2,图 10(b)]。TOC 的不同决定了气体含量的不同,样品 N174-1(TOC=11.8%)和样品 N89-1(TOC=5.2%)的对比也说明了这点,同时从侏罗系页岩中我们可以发现,气体除了可以物理吸附在微孔隙表面之外,还存在另外一种储存机制(溶解于基质沥青中)。

吸附量与压力之间的线性相关性(图 12)也表明了侏罗系页岩样品中溶解气成分的存在。通常微孔隙物质的高压吸附实验结果为 I 型等温线(Brunauer 等描述,1940),这是因为气体为单分子层吸附直至饱和。I 型等温线并不能说明侏罗系页岩样品在气体储存过程中遵循了 Henry 定律,即在一定温度下,某种气体在溶液中的浓度与液面上该气体的平衡压力成正比。CO_2 和 N_2 无法形成溶解态(一些高 TOC 样品中,其 CO_2 微孔隙体积中等,而 N_2BET 表面积很小反映了这点)是由于实验中人工在低压条件下分析的结果,而实际甲烷溶解处于高压条件下。

2)泥盆系—密西西比系的吸附特性和有机物

泥盆系—密西西比系的吸附量和微孔隙体积随着有机碳含量的增加而增加,说明在有机成分中微孔隙的含量越大,其吸附能力越大(Burggraaf,1999)。N_2BET 表面积随着 CO_2 微孔隙体积的变化而变化,说明高吸附能力的样品主要为微孔隙和中孔隙结构。Gan 等(1972)认

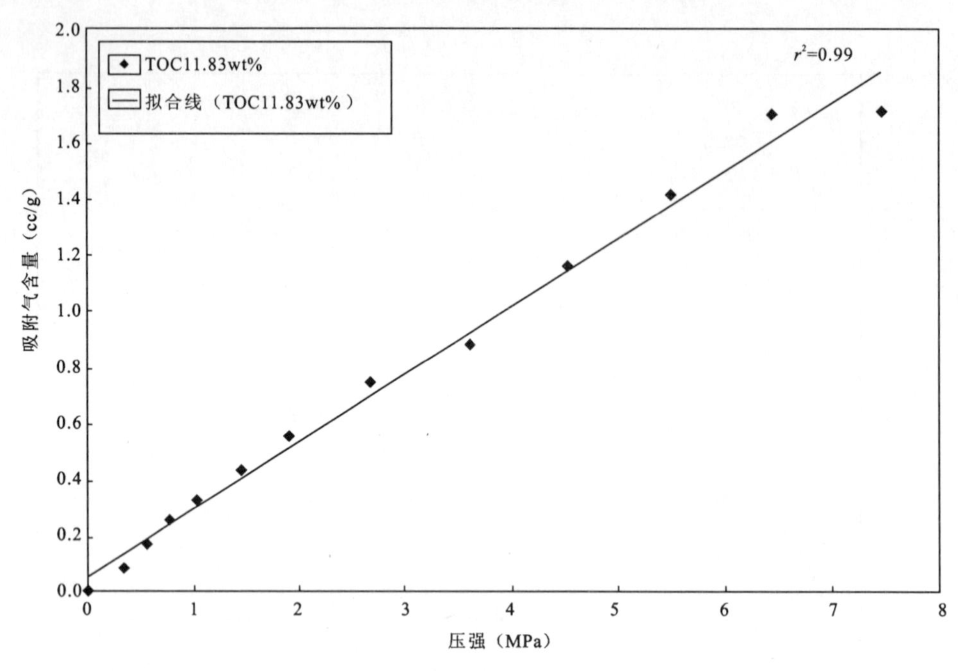

图 12　侏罗系页岩样品中压力与甲烷吸附量之间的线性关系图
图中表明溶解气的存在(根据 Henry 定律)

为 N_2在低压条件下不能进入最小的微孔隙中，因此仅仅只能测量外表面积和中孔隙的内表面积(Rouquerol 等，1994)。在－196℃条件下，N_2没有足够的热能使其扩散进入狭窄收缩的孔隙喉道(Unsworth 等，1989)。而 CO_2往往在高压条件下使用，因此有足够的热能使其进入狭窄的通道中(Larson 等，1995)，所以能够更加有效、准确地测量样品的内表面积以及微孔隙度、超微孔隙度(直径小于 0.5nm，Marsh，1989)。

泥盆系—密西西比系页岩单位 TOC 条件下微孔隙体积和表面积相比于侏罗系页岩要更大，这是由于该段地层的热成熟度更高的缘故。在 Bristish Colunbia 省北部区域的侏罗系的 R_o 值普遍低于 1.2%(表 2)，而泥盆系—密西西比系成熟度更高，达 1.6%～2.5%(表 1，Morrow 等，1993，；Potter 等，2000，2003；Stasiuk 和 Fowler，2002)。此时成熟度越高，就有越多的有机成分(这里主要指碎片体)、结构发生转化生成烃类，微孔隙度增大，孔隙表面的非均质性减小，整个过程可以类似于高煤阶煤具有更大吸附能力的原理(Levy 等，1997；Bustin 和 Clarkson，1998；Laxminarayana 和 Crosdale，1999)。在煤化阶段，烃类组分裂解，此时形成了更多的孔隙供烃类气体吸附，因此煤的孔隙体积分布在很大程度上依赖于煤阶(Gan 等，1972)。所以由于上述原因，泥盆系—密西西比系页岩单位 TOC 条件下气体的吸附能力要大于侏罗系页岩。部分侏罗系页岩所拥有的高微孔隙度与其高的成熟度有关(R_o＝2.5%；样品 N3773－2 和 N3793－1)，这样也导致了该样品的整个吸附量增加。上述的分析表明有机质的热成熟度对其孔隙结构和吸附能力都存在很大的影响，但是在热成熟度与微孔隙度之间没有固定的协变关系，这是由于页岩孔隙结构还受到有机质以外其他组分的影响(例如无机物质)。

3)吸附特征：无机成分对微孔隙结构的影响

矿物成分对页岩孔隙结构和表面积的影响在泥盆系—密西西比系页岩中十分明显。有机质贫乏、铝硅酸盐富集的 Fort Simpson 组页岩的微孔隙度与其有机成分的关系不大[图 2

(a)],其微孔隙结构主要受到粘土矿物成分(伊利石、绿泥石和高岭石)的影响(图 13)(Ross 和 Bustin,文章在审)。而硅质富集、铝硅酸盐贫乏的 LBM 页岩样品中的微孔隙体积仅仅是受到总有机碳含量的控制作用(图 13)。生物成因硅质(Ross 和 Bustin,文章在审)所具有的微孔隙度和吸附空间微乎其微,正如在燧石中,其微孔隙体积和表面积很小,不存在有直径小于 100nm 的孔隙存在。而 UBS 样品中粘土矿物富集,同时有机质含量和成熟度与 LBM 样品相当,其所具有的微孔隙体积和 BET 表面积更大,说明有机质和粘土矿物含量都能对页岩的孔隙结构产生影响(图 13)。粘土矿物的微孔隙度与其类型(粘土板块之间存在不规则的表面)、压实过程中堆积的程度以及粘土晶体颗粒(Aylmore 和 Quirk 1967)的大小相关。另外重要的是粘土矿物含有极少量的可交换阳离子,所以对气体吸附的影响有限(Aylmore 和 Quirk, 1967; Aylmore, 1974),因此粘土矿物标准给我们提供了一个有效的方式来理解页岩中不同粘土矿物对其孔隙结构的影响。

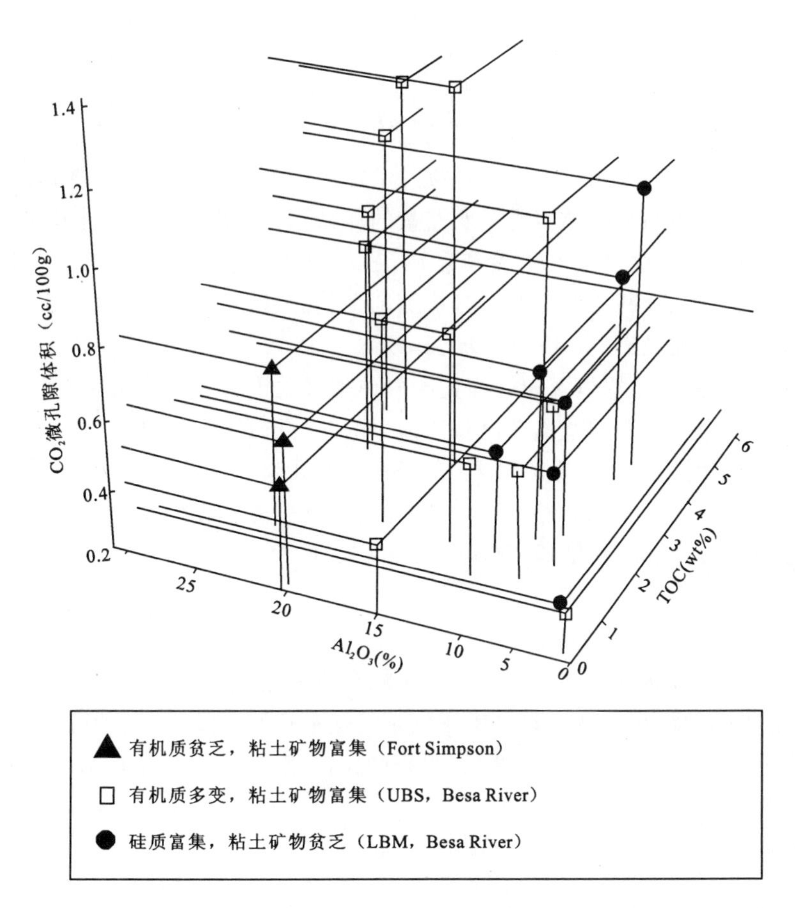

图 13 D-M 页岩中微孔隙体积与 TOC 含量、粘土成分含量(Al_2O_3)的三维关系图

有机质富集的 Fort Simpson 组页岩的微孔隙体积与其有机质含量无关。而生物成因硅质富集的 LBM 页岩样品中 TOC 含量则与其微孔隙体积密切相关。有机质和粘土都相对富集的页岩(UBS 页岩)微孔隙体积最大,表明微孔隙体积与有机质、无机质之间都具有相关性

另外我们还必须考虑到粘土矿物的亲水性对其吸附能力的影响(表 3)。在含水平衡条件下,很多微孔隙表面由于孔隙喉道堵塞或者吸附表面被水优先吸附而致使气体无法吸附其上,

吸附量大大减少(Joubert 等,1973, 1974; Yalcin 和 Durucan, 1991; Bustin 和 Clarkson, 1998; Krooss 等,2002; Hildenbrand 等,2006; Ross 和 Bustin, 2007)。

在研究气体在粘土、煤、页岩上的吸附时,Cheng 和 Huang(2004)发现纯高岭石和蒙脱石与油页岩(TOC=20.2%)的甲烷含量相当。然而用 N_2BET 方法测量的表面积油页岩要比粘土矿物小得多。这可能与不同矿物表面的吸附能力不同有关。Cheng 和 Huang(2004)认为甲烷在有机质表面吸附的区域应该存在有另外的一种滞留机制。泥盆系—密西西比系页岩所具有的微孔隙性、表面积和吸附能力与标准的粘土矿物相当,表明此时吸附的影响最小。

4) 利用 Hg 孔隙度测定法测量孔径分布和总孔隙度

利用 Hg 孔隙度测定的数据表明无机物质影响页岩的总孔隙体积和孔径的分布。高 Si/Al 比(石英富集)的泥盆系—密西西比系页岩孔径相对较小,总孔隙体积也相对低,其中 LBM 样品最为显著。粘土矿物富集的页岩样品中孔隙度最大(UBS 样品)。而这些发现与一些研究中提到的孔隙度随着石英含量增加而减少的观点相矛盾,这是由于粗糙的岩屑颗粒(粉砂级石英颗粒,Schlomer 和 Krooss, 1997; Dewhurst 等,1999b)之间存在有粒间孔隙的缘故。然而 LBM 和 Muskwa 组地层中主要为生物成因硅质而不是岩屑成因(Ross 和 Bustin,文章在审),同时生物成因硅质在成岩作用过程中的二次胶结作用(硅质的溶解和再次沉淀)对其中孔隙的保存和破坏有很大的影响。但是该过程并不能阻碍石英富集页岩中气体的吸附,因为气体可以吸附在其有机质的微孔隙表面。所测量的样品总孔隙度主要为页岩中的大孔隙和中孔隙,而不是微孔隙。孔隙度(Hg 孔隙度测定法测得)与 N_2 BET 表面积之间良好的相关性也证明了这个观点。微孔隙利用低压 CO_2分析测定,其孔隙度不能定量测量,因为 Hg 无法渗透进入其微小限制的孔隙喉道(Webb 和 Orr,1997)。

尽管中孔隙、大孔隙结构以及总孔隙度与气体的吸附没有明显的相互关系(主要是受到微孔隙的控制作用),但是了解这些属性对预测地层的总气储量十分重要。页岩气储层中总含气量有很大的一部分为游离气(非吸附气,储存于开启的孔隙中),特别是在储层温度很高的条件下(如 100℃;Ross 和 Bustin,2008)。在生产期间,游离气混合吸附气产出,这也是为什么页岩气储层会处于气体过饱和状态的原因(Bustin,2005a,b;Montgomery 等,2005)。

4. 结论

本文分析了不同成熟度条件下有机质贫乏或有机质富集页岩,以及无机成分的各种孔隙结构,从而确定了细粒海相的页岩地层中含气量的基本控制因素。以下为分析所得出的结论。

(1)页岩中的 TOC 与吸附气量之间有很好的正向相关性,其有机成分对于地层的甲烷储量影响很大。

(2)热成熟的侏罗系页岩中基质沥青富集,但是其 TOC 与 D-R CO_2微孔隙体积,N_2BET 表面积没有明显的关系,表明表面积并不是唯一控制气体储量的因素。储存于基质沥青内部结构中的溶解气是侏罗系页岩中一种重要的气体储存机制。

(3)热成熟页岩单位 TOC 条件下的 D-R CO_2微孔隙体积和 N_2BET 表面积更大,因此热成熟样品与未成熟样品相比,其吸附气所占比例更大。

(4)有机质与甲烷吸附量之间的关系受矿物成分的影响。粘土矿物(如伊利石)具有很好的微孔隙结构供气体吸附。Hg 孔隙度测定分析表明粘土富集的页岩中含有大量的中孔隙(在中孔孔径范围内,孔径呈单峰分布)。

(5)总孔隙度随着 Si/Al 比的增加而减少,反映了孔隙度与粘土矿物成分相关。因此高 Si/Al 比(石英富集)页岩中总孔隙度相对较小,岩层更加致密。

本文的研究结果表明泥页岩的孔隙结构复杂。由于其纳米级孔径分布的多模式性以及表面积的非均质性,所以根据 TOC 和热成熟度来确定页岩的吸附气量很困难。页岩由各种有机物质和无机物质组成,含有各种孔隙网络,不同地层的孔隙分布类型不同,甚至同一地层内不同区域也会有区别,因此建立页岩气储层的储气模型很难,同样预测地层的储气量也会很麻烦。

未来页岩中吸附气的研究需要利用多重方法,确定其他储层参数对吸附的影响(例如温度、含水率)。众所周知的是含水率对煤层和页岩中气体吸附存在影响,但是页岩中吸附与孔隙结构之间的关系并不十分清楚(易锡华、陈尧译,杨苗、高清材校)。

原载 Marine and Petroleum Geology 26 (2009) 916—927

参考文献

Altin O, Özbelge, Ö. , Dogu T. Effect of pH in an aqueous medium on the surface area, pore size and distribution, density and porosity of montmorillonite [J]. Colloid Interface Sci, 1999, 217:19—27.

Aringhieri R. Nanoporosity characteristics of some natural clay minerals and soils [J]. Clays Clay Miner, 2004, 52: 700—704.

Law B E, Curtis J B. Introduction to petroleum systems[J]. AAPG Bull. 2002, 86: 1 851—1 852.

Aylmore L A G. Gas sorption in clay mineral systems [J]. Clays Clay Miner,1974, 22: 175—183.

Aylmore L A G, Quirk J P. The micropore size and distribution of clay mineral systems[J]. Soil Sci,1967, 18:1—17.

Azmi A S, Yusup S, Muhamad S. The influence of temperature on adsorption capacity of Malaysian coal[J]. Chem. Eng. Process, 2006, 45: 392—396.

Brunauer S, Emmet P H, Teller E. Adsorption of gases in multimolecular layers[J]. Am. Chem. Soc. 1938, 60: 309.

Brunauer S, Deming L S, Deming W S, Teller E. On a theory of van der Waals adsorption of gases[J] . Am. Chem. Soc, 1940, 62: 1 723—1 732.

Burggraaf A J. Single gas permeation of thin zeolite (MFI) membranes: theory and analysis of experimental observations [J]. Membr. Sci,1999, 155: 45—65.

Bustin R M, Clarkson C R. Geological controls on coalbed methane reservoir capacity and gas content[J]. Int.. Coal Geol, 1998, 38: 3—26.

Chalmers G R L, Bustin R M. The organic matter distribution and methane capacity of the Lower Cretaceous strata of northeastern British Columbia. Int[J]. Coal Geol, 2007a, 70: 223—239.

Chalmers G R L, Bustin R M. On the effects of petrographic composition on coalbed methane sorption. Int [J]. Coal Geol, 2007b, 69:288—304.

Cheng A L, Huang W L. Selective adsorption of hydrocarbon gases on clays and organic matter[J]. Org. Geochem,2004, 35: 413—423.

Clarkson C R, Bustin R M. Variation of micropore capacity and size distribution with composition in bituminous coal of the Western Canadian Sedimentary Basin[J]. Fuel, 1996,75: 1 483—1 498.

Clarkson C R, Bustin R M. The effect of pore structure and gas pressure upon the transport properties of coal: a laboratory and modeling study. 1. Isotherms and pore volume distributions[J]. Fuel, 1999,78:

1 333—1 344.

Crosdale P J, Beamish B B, Valix M. Coalbed methane sorption related to coal composition. Int [J]. Coal Geol,1998, 35: 147—158.

储层石油裂解成气过程中压力—体积变化的新见解

——适用于石油裂解形成的原地天然气聚集

Tian Hui, Xiao Xianming, Wilkins R W T, Tang Yongchun
(State Key Laboratory of Organic Geochemistry,Guangzhou Institute of Chemistuy,
Chinese Acadeay of Sciences - Guangzhou)

摘　要:以前计算石油裂解生气过程中的压力—体积是以传统模型为基础,即假设石油裂解在约150℃条件下完成,但是该模型低估了油藏中天然气聚集的潜力。本文中,我们根据密封合金试管的热解实验数据,建立新的石油裂解成气的组合动力学模型,然后根据新的动力学模型,在不同的地质条件下重新计算压力—体积的变量。石油裂解的动力学模型表明,在2℃/(m·y)加热速率下,温度达到160℃左右时石油开始裂解成气,此时石油裂解过程分为两个不同的阶段,且生成天然气的组分区别很大。第一阶段,主要产物为C_{2-5}等湿气,而第二阶段中第一阶段的湿气产物二次裂解生成甲烷和焦沥青,此时气体的干燥度开始急剧增加。石油裂解成气过程中压力—体积—温度的模拟表明在原始的油藏中,石油饱和度、温度、压力梯度以及储层的疏松程度都是控制天然气聚集的关键地质因素。对处于地质连通状态的储层,在含油饱和度为100%条件下,气体在196℃条件下开始溢出圈闭,当温度达到240℃时,总气储量的50%会流失,这比传统原油裂解模型计算的75%要小得多。同时,如果储层的含油饱和度降低,流失气体的量也会减少,因为此时气水界面下降,气体会大量溶解于水中而减少。对于有效的孤立储层,石油裂解时岩层的压力很容易超过岩石静压力,这样就会导致储层断裂,当储层含油饱和度降低时,这种现象更加明显。在含油饱和度为100%和50%的条件下,石油裂解率分别为95%和86.4%时,所计算的岩层压裂温度比以前的计算结果大1%以上。本文中,我们建立了在孤立和连通地质条件下,含有饱和度为50%的储层中气体聚集和逸散的理论性动力学模型。根据模型我们认为,四川盆地东北部三叠系碳酸盐岩储层为典型的石油裂解形成的原地天然气聚集。模型表明,储层中的石油在87.6Ma时完全裂解转化为气体,同时生成的气体75%~85%原地保存于原始储层中,形成了天然气资源富集的原地气藏。我们认为在原始油藏中由石油裂解形成的天然气聚集资源量丰富,远远超出了我们先前的认识,同时在四川盆地的其他区域以及塔里木盆地的东部都具有很大的原地天然气资源。

引　言

近年来,石油裂解生成的烃类气体受到了越来越多的关注(Barker, 1990; Prinzhofer 和 Huc, 1995; Isaksen, 2004; Laughrey 等, 2004; Zhao 等,2005a, b; 2006)。根据石油裂解的机制和动力学模型,完成了确定石油组分随热应力增加如何变化的大量研究(Behar 等, 1991, 1997; Horsfield 等,1992; Schenk 等,1997; Waples, 2000; Hill 等,2003; Tian 等,2007)。但是在 Baker(1990)以前,却很少有人将研究的注意力放在油藏中的石油裂解而形成天然气聚集上。Bake(1990)计算了油藏内石油裂解过程中生成气体体积的变化,同时根据传统的石油裂解动力学模型确定了控制该变化的主要因素,他认为石油只有在150℃以内时是处于稳定状态的(McNab 等,1952)。然而随着实地测量、实验和理论计算的逐步验证发现,石油保持稳定状态的温度要远远高于150℃，甚至达到了200℃(Schenk 等，1997；Domine 等，1998；Vandenbroucke 等，1999；Waples，2000)。在评估油藏中由石油裂解而形成的天然气量时，这些石油热稳定性的数据会对其有很大的影响，因为温度和埋深的不同(压力)将会导致油藏处于不同的石油裂解阶段(Baker，1990)。另外仅利用甲烷(Baker)来代替所有的生成烃类气体成分也会对计算结果产生影响，因为在石油裂解的过程中将会生成大量的C_{2-5}等湿气成分(Schenk 等，1997；Hill 等，2003)。本文中，我们根据热解实验研究了原油裂解生成的天然气产量，同时根据动力学模型确定了其主要的地质组分，计算了在不同温度、压力条件下，生成烃类气体体积的变化，讨论了在不同地质条件下油藏中石油裂解生成气体的聚集和逸散，最后提出了四川盆地东部为典型的由石油裂解生成的原地天然气聚集区。

1. 石油裂解生成天然气的产量和组分

1)样品和热解实验

原油样品采自塔里木盆地北部LN 14井的三叠系砂岩储层，深度4 609～4 625m(15 121～15 173ft)。该样品石油为海相成因，来自石炭系和二叠系烃源岩(Zhang 等，2004)。该石油的比重度数为37.2°(20℃时，密度为0.839 7g/cm^3)，硫和蜡的含量分别为0.3%和4.43%。50℃时测量的黏性为4.18mPa·s，体积组分中石油占64.3%，芳香族化合物占19.7%，松香酯占11.5%，沥青质占4.5%。

热解实验在密封合金试管中完成(Liu 和 Tang，1998；Hill 等，2003，2007)，温度由200℃逐渐增加至620℃，通常微尺度密封容器(MSSV)实验选择的为3种快加热速率(Horsfield 等，1992；Schenk 等，1997)，而本文的研究方法中我们使用的为两种慢加热速率，根据前人的做法(Tang 等，1996；Xiong 等，2004；Hill 等，2007)，实验过程中选择2℃/h和20℃/h的加热速率。这种低加热速率条件下得到的实验动力学参数在推导其对应地质条件时更加合理(Schenk 和 Dieckmann，2004)。实验过程中控制围压恒定为50MPa，误差在2MPa范围内。利用HP 5890 II气相色谱仪(GC)分析生成的气态烃类(C_{1-5})，同时利用外部的标准方法进行定量研究。所利用的GC为Poraplot Q毛细管柱(30m×0.25mm×0.25 mm；98 ft×0.009 8 in×0.0 000 098 in)，氦气为运移载体，气体在50℃条件下注入毛细管柱，恒温保持2min，随后以4℃/min的加热速率加热至180℃，维持15min。

2)热解结果

图1为随着热解温度升高，C_{1-5}总气产量的变化图。随着热应力的升高，在400℃左右时石油开始生成C_{1-5}烃类气体，同时当温度达到611℃时产量达到最大值，为650mL/g。该值与前人根据烃类元素平衡原理评估的值(Barker，1990)十分接近。Hill 等(2003)认为石油裂解生成的烃类气体早期湿度十分高，直至其中C_{2-5}等烃类成分随热应力升高而二次裂解为止。我们的实验分析也显示了同样的结果(图2)。随着热解温度的升高，生成气体的湿度(C_2—C_5)/(C_1—C_5)体积比增加，在不同加热速率条件下，420～440℃时，湿度最大，达到80%。当温度高于420～440℃时，湿度逐渐下降，温度达到600℃时，湿度不足10%。因为此时C_{2-5}烃类成分已经裂解成甲烷和焦沥青(Schenk 等，1997；Hill 等，2003)。整个过程中C_{1-5}总气体的质量会下降，但是体积不会减少，这是因为不同分子的分子量不同。整个实验过程在封闭的反应室内完成，同时根据总气产量与残余油之间的质量平衡原理，我们可以根据总气产量的最大值来确定石油裂解是否完成(Schenk 等，1997)。

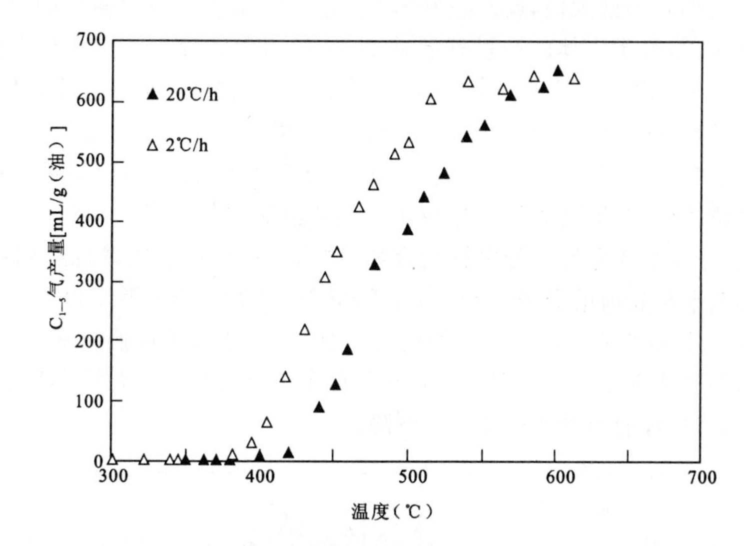

图 1 在密封合金试管中随着热解温度升高 C_1-C_5 总气产量的变化图
(气体体积已被转换为标准条件)

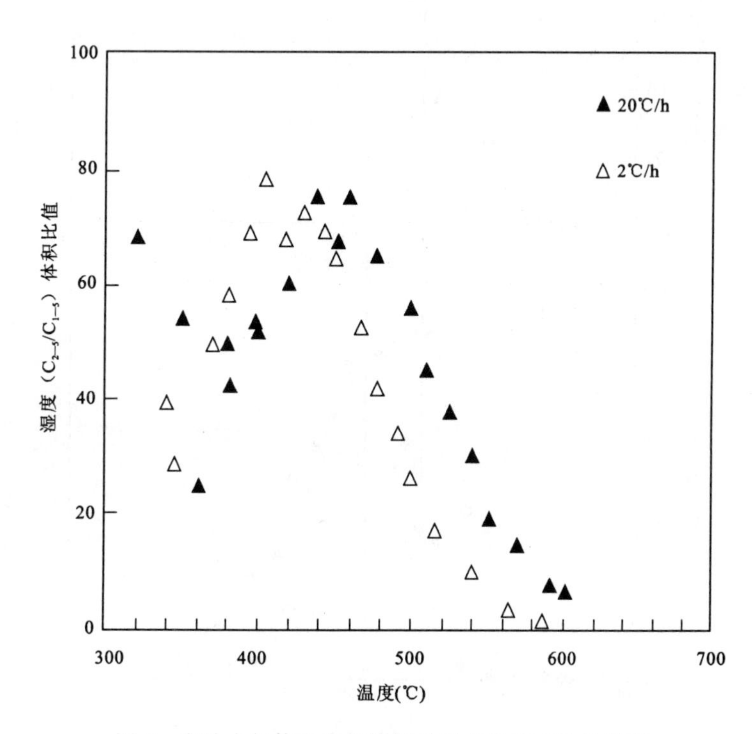

图 2 实验中气体湿度与热解温度之间的函数关系图
(湿度为 C_{2-5}/C_{1-5} 的体积比值)

图 3 为随热应力增加，总气体产量和重烃气体(C_2-C_5)产量的变化曲线。总烃类气体的产量在 450～490℃时达到最大值，此时正好为 C_{2-5} 重烃气体产量开始减少的拐点温度。当温度高于此温度时，C_{1-5} 烃类气体的产量开始减少，这是因为此时气体质量和焦沥青质量必须要保持质量平衡。图 4 是加热速率为 2℃/h、不同热应力的热解实验条件下，从热解石油中提取的残余可溶解烃类的成分变化图。在 370℃时，残余的溶解烃类成分主要为链烷烃，表明此时石油裂解程度很低，当温度达到 418℃时，主要成分仍然为链烷烃，但是峰值区域已经开始向低分子量的区域转移，表明原油开始热演化至轻质油和湿气阶段。当温度达到 467℃或更高时，其主要的组分开始变为各种芳香族化合物，同时生成气体的质量也达到最大值(图 3)。所有上述的观察结果与先前的研究一致(Horsfield 等，1992；Hill 等，2003；Tang 等 2005)。在 467℃的条件下，其中的链烷烃几乎全部消失，此时原油成分可以假设完全遭到破坏，失去了其本身的地质和工业意义。在温度继续升高条件下，其中的 C_{2-5} 烃类气体会逐渐完全裂解成甲烷和焦沥青，总气体的质量和湿度开始下降。

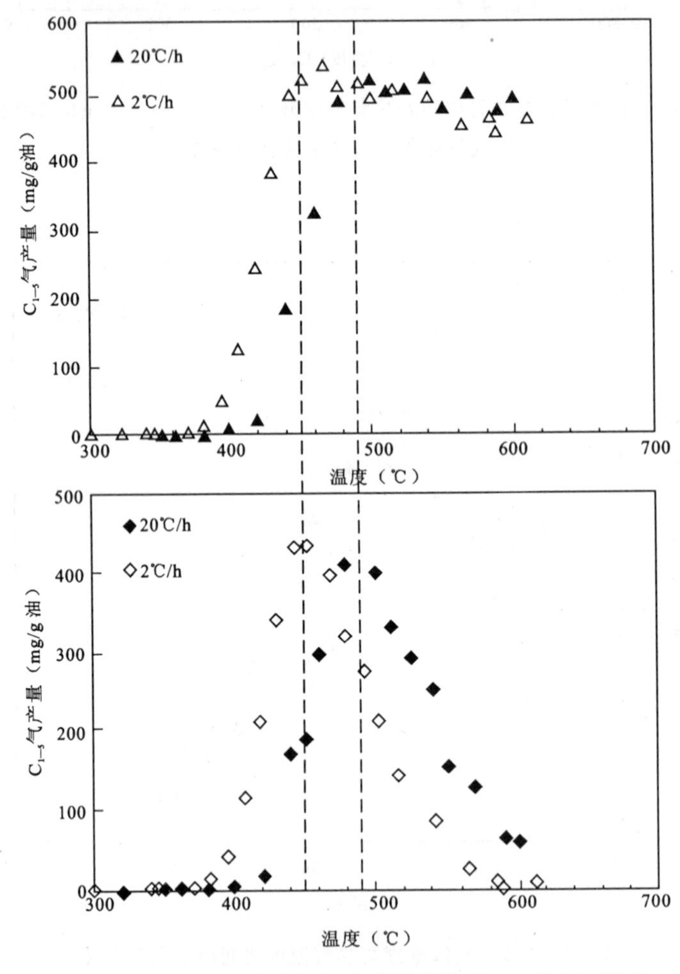

图 3　利用密封合金试管热解实验测得的 C_{1-5} 气体(上部)和 C_{2-5} 气体的总产量变化图

图中表明在石油裂解成气的早期阶段主要产物为 C_{2-5} 等湿气组分(详见正文)

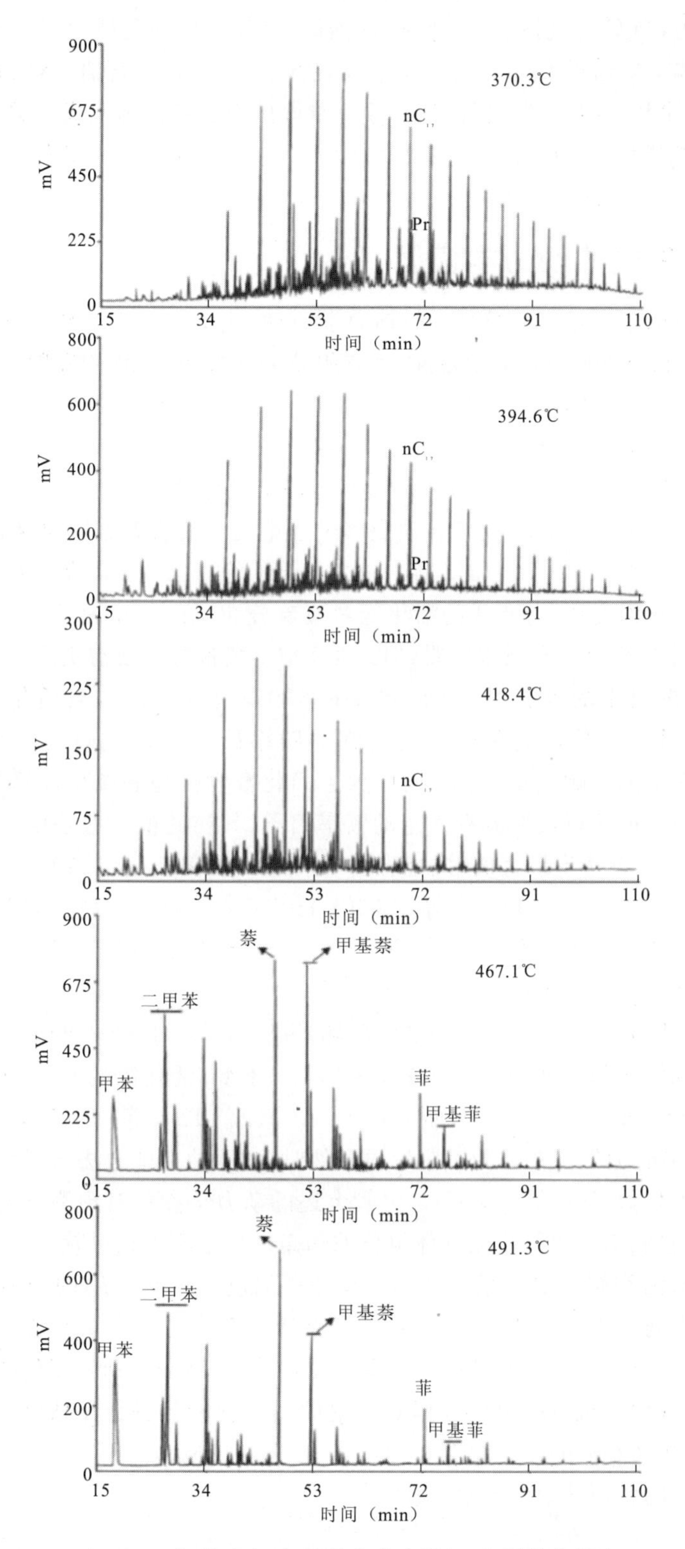

图 4　在 2℃/h 加热速率下，随着热应力增加，由石油热解生成的残余溶解烃类的气相色谱图(主要组分发生变化)

上述的观察表明，当 C_{1-5} 气体产量(质量)达到最大值时，原油裂解生气的潜力几乎耗尽，此时生成的甲烷气体主要通过 C_{2-5} 烃类气体二次裂解生成。因此，石油裂解的过程可以分为两个阶段：主生气阶段和二次裂解生气阶段。第一阶段的主要特征为生成烃类气体的湿度大，主要产物为 C_{2-5} 烃类气体，而第二阶段主要特征为 C_{2-5} 烃类气体二次裂解生成甲烷和焦沥青，导致生成气体的干燥度逐渐增加。

2. 石油裂解生气的动力学模型

人们普遍认为石油裂解生气应遵循一级动力学原理，或者可以充分地描述为有限个平行一级反应的总和(Waples，2000)。也就是说，反应的动力学参数、活化能和频率因子可以根据等温热解数据的 Arrhenius 图确定(McKinney 等，1998；Ruble 等，2001)，另外根据非等温热解数据的拟合曲线也可以获得(Schaefer 等，1990；Horsfield 等，1992；Behar 等，1997；Hill 等，2007)。根据等温热解数据衍生的 Arrhenius 图仅能确定反应的活化能和频率因子，而 Braun 和 Burnham(1998)认为这还不足以模拟石油裂解过程中油气混合存在的复杂情况，而利用活化能的分布可以解决这个问题(Hosfield 等，1992；Behar 等，1997；Hill 等，2007)。因为频率因子随着活化能的变化而变化，分布式的活化能对应着分布式的频率因子。虽然这种模型对煤或者 II 型干酪根等非均质有机质很重要，但是对 I 型干酪根等均质有机质来说，在进行地质条件的推断时只存在很小的差异性((Dieckmann，2005)。事实上，当活化能的改变量为 2kcal/mol(8.3kJ/mol)时，对石油裂解产气过程的频率因子的影响仅为 $10^{0.02}$/s(Waples，2000)，其在地质勘探中的影响基本可以忽略。为了简化数学模型和减少计算量，大多数现有的模型都假设所有独立的平行反应具有固定的频率因子，其初始值一般是由 T_{max} 转换的方法来确定(T_{max} 表示气体产量达到最大值时的温度；Burnham 和 Braun，1999)，在石油勘探领域普遍运用该方法(Waples，2000；Peters 等，2006；Hill 等，2007)。因此，本文中的动力学模型用到了分布式活化能和固定的频率因子，它们在由 Braun 和 Burnham(1998)开发的 Kinetics2000 商业软件中得到了充分的利用。

C_{1-5} 天然气体的形成表明了原油分子遭到破坏(Schenk 等，1997；Waples，2000)。在所有平行一级反应中都假设频率因子保持在 2.0×10^{14}/s 不变，活化能的 Gaussian 分布取平均值 $E_o=59.7$ kcal/mol (249.7 kJ/mol)，而方差 $\sigma=1.5\%E_o$(Tian 等，2007)，这些动力学参数与 Waples(2000)提出的相似。在推测对应地质条件时，此原油裂解方法与运用菱形烃类来确定的方法得到的结果相似(Wei 等，2007)。尽管上述的动力学参数对预测石油裂解过程具有很大的普遍性，但是它们不能提供生成气体组分的信息。由于不同成分热力学性质的差异，所以气体组分信息对石油裂解生成天然气压力—体积—温度(p—V—T)的分析至关重要。因此为了在地质条件下确定生成气体的组分，对各个天然气组分的动力学参数进行分析显得尤为重要。因为甲烷是很稳定的成分，其最大产量不受加热速率影响，所以不管是开启还是封闭系统中，都可以根据各种有机质的热解数据对甲烷的动力学参数进行评估(Berner 等，1995；Tang 等，1996，2000；Cramer 等，2001)。根据两种不同加热速率下甲烷的产量(图 5)，我们列出了甲烷气体生成的各项动力学参数(表 1)。

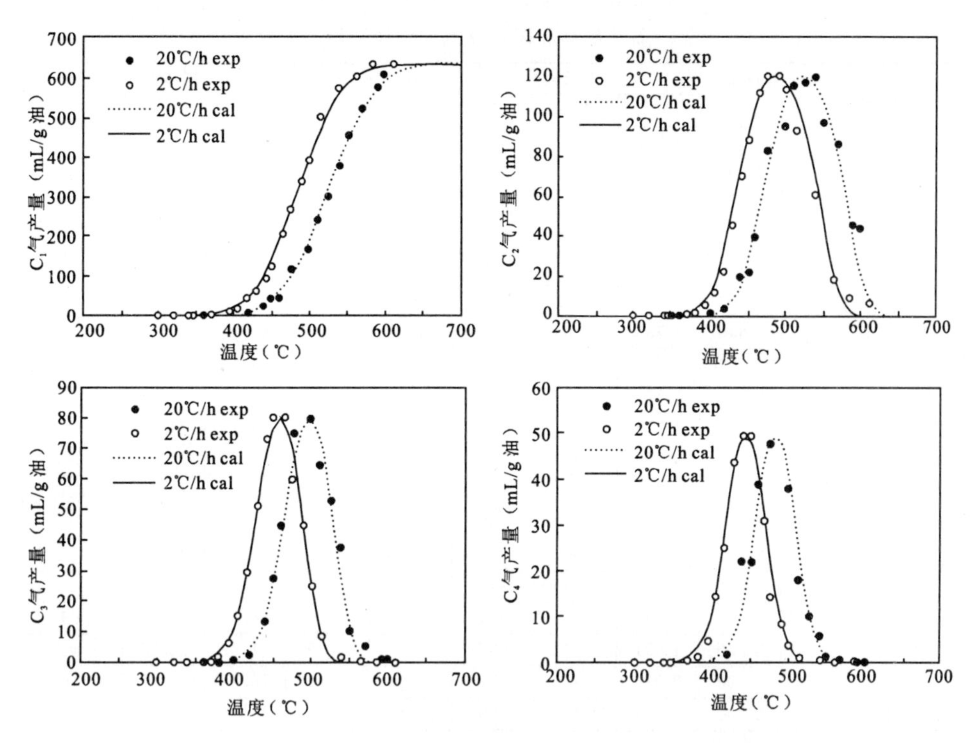

图 5 C_1—C_4组分气体产量的实验和计算结果对比图

表 1 石油裂解生气过程中生成的 C_1—C_4组分的动力学参数

参数	各气体组分						
	C_1	C_2		C_3		C_4	
		生成	裂解	生成	裂解	生成	裂解
频率因子(1/s)	5.0×10^{13}	1.0×10^{14}	1.0×10^{15}	1.0×10^{14}	1.0×10^{15}	1.0×10^{14}	1.0×10^{15}
方差 σ(%E_o)	64.000	60.786	72.775	59.877	68.407	58.977	66.807
E_o 平均值(kal/mol)	5.520 0	2.400 8	1.725 6	1.880 1	1.008 7	1.000 1	1.408 7

在开启系统的条件下，人们多年以前已经对 C_2—C_5气体各组分进行了成功的模拟（Berner 等，1995；Cramer 等，2001）。然而当各气体组分处于封闭、半封闭条件下时却几乎未曾模拟，这是由于各组分的最大产量随加热速率的变化而变化（Dieckmann 等，2004）。最近，Shuai 等(2006)指出假设 C_2—C_5组分不同的最大潜能具有不同的动力学参数，但是他们应用地质条件来预测相似的气体产量或组分时，发现各组分最大潜力不同的假设对其地质预测没有很大的影响。根据 Shuai 等(2006)的方法，在两种不同的加热速率下（图 5），我们评估了 C_2—C_4各组分的动力学参数，同时假设 C_2—C_4各组分对应的最大产量分别为 130mL/g、95mL/g、60mL/g，最终的模拟结果比试验结果高 10%～20%。图 5 和表 1 中列出模拟结果和对应的动力学参数。在地质加热速率为 2℃/Ma、初始温度为 100℃的条件下，我们运用 C_1—C_5和 C_1—C_4的动力学参数来分别计算原油的裂解和生成气体的各项参数，具体见表 2。

表 2　在初始温度为 100℃，加热速率为 2℃/Ma 下
石油破坏和裂解成气的地质模型

气体演化阶段	深度(m)	压力(bar)			温度(℃)	石油裂解率(%)	气体组分(mol%)			
		A^*	B^*	C^+			C_1	C_2	C_3	C_4
主要产气期	5 600	1 267	893	595	160	2.43	64.52	10.30	12.61	12.57
	5 800	1 312	925	617	165	5.22	57.24	12.30	15.15	15.30
	6 000	1 357	957	638	170	10.62	49.88	14.24	17.66	18.22
	6 200	1 402	989	659	175	20.09	43.23	15.94	19.85	20.98
	6 400	1 448	1 020	680	180	34.55	37.96	17.39	21.55	23.11
	6 600	1 493	1 052	702	185	52.94	34.52	18.77	22.74	23.96
	6 800	1 538	1 084	723	190	71.64	33.08	20.29	23.52	23.11
	7 000	1 583	1 116	744	195	86.37	33.49	21.95	23.81	20.75
	7 200	1 629	1 148	765	200	94.90	35.35	23.47	23.43	17.75
	7 400	1 674	1 180	787	205	98.63	38.24	24.49	22.32	14.95
	7 600	1 719	1 212	808	210	99.72	41.87	24.84	20.73	12.56
	7 800	1 764	1 244	829	215	99.96	46.09	24.59	18.96	10.36
	8 000	1 810	1 276	850	220	100.00	50.78	23.95	17.13	8.14
二次裂解	8 200	1 855	1 307	872	225	100.00	55.84	23.15	15.15	5.86
	8 400	1 900	1 339	893	230	100.00	61.14	22.36	12.80	3.70
	8 600	1 945	1 371	914	235	100.00	66.52	21.64	9.89	1.95
	8 800	1 991	1 403	935	240	100.00	71.69	20.93	6.56	0.82
	9 000	2 036	1 435	957	245	100.00	76.23	20.05	3.46	0.27
	9 200	2 081	1 467	978	250	100.00	79.78	18.83	1.33	0.06

A^*. 岩石静压力；B^*. 1.5 倍流体静压力；C^+. 流体静压力

3. 石油裂解成气的产物和 *p*—*V*—*T* 变化

1)步骤和边界条件

开始计算 *p*—*V*—*T* 之前，我们首先需要定义温度和压力等各项固定参数。先简单地假设地表温度为 20℃，油藏的初始温度为 100℃，加热速率为 2℃/Ma，地温梯度为 25℃/km，这样我们可以根据任一给定的温度来计算相应的埋藏深度，以及不同压力梯度下的液态静压力或地层压力。在我们的计算中，采用了 3 种不同类型的压力：即液态静压力、剩余压力和岩石静压力，其对应的值分别取作 10.63kPa/m，15.95kPa/m 和 22.62kPa/m (0.47psi/ft，0.71 psi/ft 和 1psi/ft)。具体数据见表 2。

第二步是建立储层流体成分的地质模型。由于地层水在储集层中普遍存在，且储层的含油饱和度多变，所以在 *p*—*V*—*T* 模拟中应考虑含油饱和的两种概念性模型，也就是含油饱和度分别为 100%和 50%。相应地，它们各自的初始流体成分分别为 1mL 油和 0mL 地层水，及 1mL 油和 1mL 地层水。然后，它们的初始系统体积应分别为 1mL 和 2mL。一般而言，由于存在很多地质过程(如次生孔隙度的形成与破坏，石油裂解过程中焦沥青的产生)，在埋藏过程中系统初始体积的变化相当复杂(Barker，1990)。为简单起见，我们只考虑和假定系统体积的减少是由石油裂解形成焦性沥青引起的，如 Barker(1990)说的，一体积的石油裂解会导致体积减少 17.5%。对于地层水的盐度，Barker(1990)拟合了一个盐度随深度增加变化的方程，可以精确计算气体的溶解度。然而我们计算过程中将盐度值统一取为 NaCl 含量 10%，这样既能简化计算，同时也将系统封闭，没有将物质流入和流出的情况考虑在内。

第三步是结合表2中列出的地层水和不同气体组分的各项参数，根据质量守恒原理来合成流体模型。然后，利用 p—V—T sim 商业软件来完成合成流体的 p—V—T 模拟(Calsep，1997)。用PT Flash模型模拟地层水的缺失(Aplin等，1999)，根据PSRK的状态方程(预测性的Soave-Redlich-Kwong方程，Holderbaum和Gmehling，1991)，运用Multi-Flash模型中的PT-3子模型来模拟地层水的渗入(Liu等，2003；Mi等，2004)。最终得出的结果还包含许多流体热力学的性质，但是在这里，我们只需要气体和地层水的体积(详见附录1和附录2)。

2)100%含油饱和度

图6为储集层的初始含油饱和度为100%时，石油裂解成气过程中体积和压力的变化图。一般地，在220℃之前气体的体积迅速增长，此时99.7%的石油被破坏(表2)。通过在各种不同压力下将圈闭体积和气体体积的变化曲线交叉来看，我们可以确定系统的平衡温度，即气体体积和系统体积相等时的温度。对于一个孤立的系统，在岩石静压力条件下，温度为202℃时，95%石油遭到破坏。这个结果与Barker(1990)的有很大的差异。他认为在孤立的系统中当1%的石油发生裂解时将会导致储层发生断裂现象。对于开启的系统，气体则通过溢出来保持系统的流体静力，而逸散气体的量可以在10.63kPa/m(4.69psi/ft)(液体静压力)时通过区分气体体积曲线与系统体积曲线的差别来进行评估。例如，在液体静压力下系统平衡温度为196℃，当温度高于此温度时气体必须通过溢出来保持储层的流体静压力平衡。在200℃时，逸散的气体为0.134mL，达总气体的14.0%左右。随着温度增加至240℃时，逸散气体将达到47.5%。换句话说，此时在原始的储层中仍然有52.5%的气体保留下来。这个结果也与Barker(1990)的计算结果形成对比，他得出的为保持储层的流体静压力，逸散的气体至少达到75%。

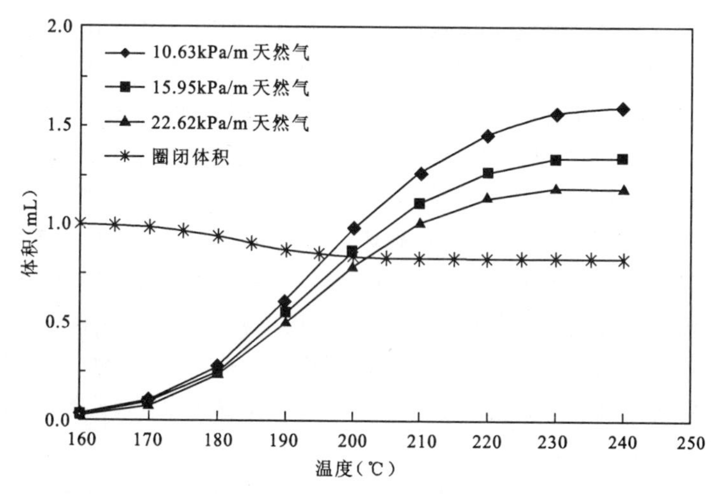

图6 地表温度为20℃，加热速率为2℃/Ma时，含油饱和度为100%的系统在不同压力梯度条件下气体体积和系统体积随着温度变化的关系图

圈闭体积=1－0.175C，C为石油被破坏的百分数(此方法由Baeker提出，1990)

3)50%含油饱和度

图7为储集层的初始含油饱和度为50%时，石油裂解成气过程中体积和压力的变化图。与含油饱和度为100%的情况相比，此时地层水的存在导致气体热力学性质差异性很大。这

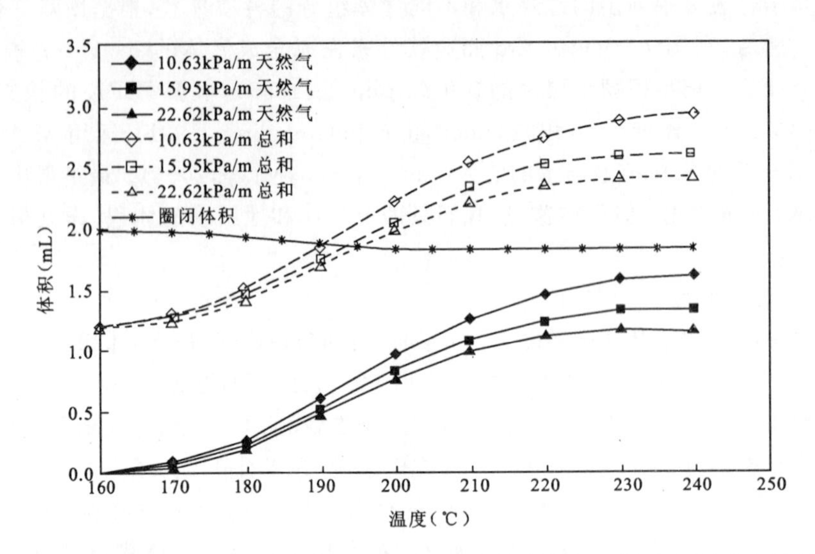

图 7 在地表温度为 20℃,加热速率为 2℃/Ma,含油饱和度为 50%时,不同压力梯度条件下,气体体积和系统体积随温度变化的关系图

石油和地层水的初始体积都假设为 1mL,也就是总共 2mL。圈闭体积=2−0.175C,C 为石油被破坏的百分数(此方法由 Baeker 提出,1990)

是由于地层水比气体的压缩系数更低,储层中地层水含量高,在埋藏和温度升高过程中更容易形成超压;因此,只通过气体体积与系统体积比较,而不考虑地层水体积或者气体和地层水的总体积,得出原油储集层中气体的含量是不准确的。例如,即使在 240℃时系统体积比气体的体积仍然大,此时液态石油已经完全被破坏,而气体的体积只占系统体积的 64%~89%。综合分析这些数据及含油饱和度 100%时的数据,可能表明较低的含油饱和度有利于气体在油藏中的原地聚集,这是由于其有足够的空间容纳石油裂解生成的气体。然而,当考虑到地层水时情况就不一样了。在 190~195℃时,各种压力条件下气体和地层水的总体积都超过了系统体积。在含油饱和度为 50%时,如果系统是完全孤立的,储集层产生断裂之前的最高温度是195℃,这个温度下石油约有 86.4%左右被破坏。当温度超过 195℃,由于超压作用,储集层将会产生裂缝,同时部分或全部流体(包括气体的地层水)将会流出储集层,如图 8a 所示。

然而,如果系统处于完全开启的状态,同时储集层中在石油裂解过程中始终处于流体静压力条件下,情况就完全不同了。此时系统的平衡温度为 190℃左右,约 71.6%的石油被破坏。超过这个温度,储层通过排出一定量的地层水来维持流体静压力,而不会突然断裂为气体聚集提供空间。这个过程将会导致气-水界面的下降,同时逸散的气体主要以溶解态溶入底层水中,直到所有的地层水被排出储层系统为止[图 8(b)]。气-水界面下降的机制对气体聚集和保存很重要,因为气体通过溶解于水中散失比气态直接散失(如含油饱和度 100%时的情况)要慢得多。根据图 7 得知即使在 240℃时,气体仍能形成原地聚集,此时系统体积仍然比气体体积大,可以为气体聚集提供足够空间。

但是,在很多实际情况下储层既不是完全封闭的也不是完全开启的,这种地质条件可能导致系统处于适度的超压状态,如图 7 中的 1.5 倍流体静压力的情况。因为超压能抑制气体体积的增加,从而延长了系统达到平衡温度的时间,减少气体的流失,因此这种超压对石油裂解

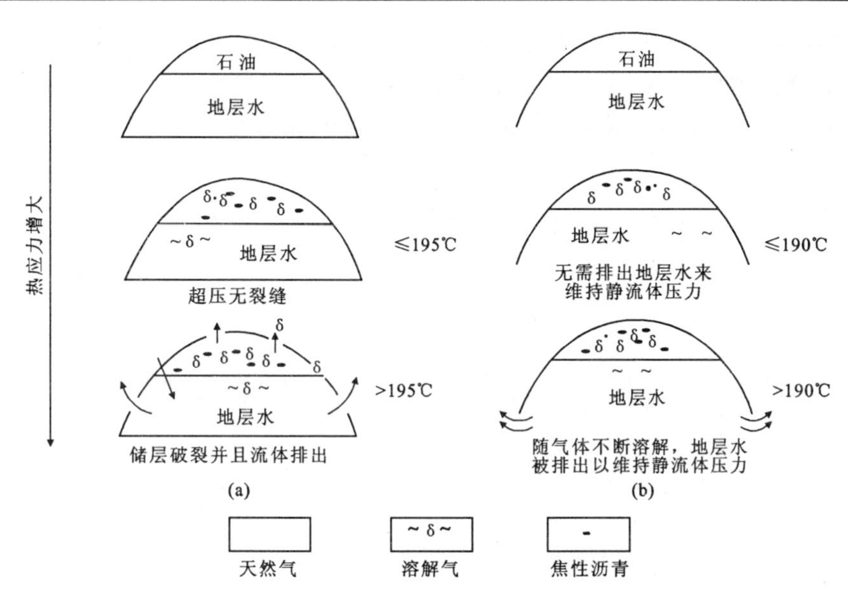

图 8　50％含油饱和度的储层在孤立(a)和开启(b)的条件下石油裂解成气聚集和流失的图解模型

成气最大产量的保存十分重要。前人意识到气-水界面的降低有利于促进模型中气体的聚集。Barker(1990)曾经提出超压气藏上部孔隙空间中存在碳质残渣,说明系统中初始石油所占的体积比气体体积小。另一个例子是中国四川盆地中部震旦系气藏,由于其丰富的共存焦沥青被公认为是典型的石油裂解成气的聚集(Hu 等,2005)。其现今的气-水界面比焦沥青出现的底部还要深,表明古气-水界面要比现今气-水界面要浅,明显地表明地层演化生气过程中气-水界面在不断下降。

4. 讨论

1)气体组分

在实验室中各种实验条件下有机质热解生成了大量湿气,这与沉积盆地中富集的甲烷区别很大。然而有些学者提出在石油裂解过程中通过催化反应生成干气(Mango 等，1994；Mango 和 Hightower，1997),而又有学者认为有机质分解的初期产物主要为湿气,而运移分馏是储层中甲烷富集的主要过程(Price 和 Schoell，1995；Inan，2000；Snowdon，2001)。尽管越来越多的学者开始倾向于认为沉积盆地中有机质裂解生成的原始气体为湿气(Price 和 Schoell，1995；Snowdon，2001；Dieckmann 等，2004),但是在讨论石油储集层中气体的原地聚集时,各组分模型的影响仍然至关重要。

为了详述气体组分对 p—V—T 模拟的影响,如 Barker (1990)所述,我们假设气体完全由甲烷组成,且甲烷的数量可以通过氢平衡计算出来。然后在不同的压力条件下利用 p—V—T 模型计算气体体积的变化,将得出的结果与多种组分相比较(图 9)。总的来说,单一甲烷气体的体积要比多种组分气体的体积大,同时随着温度的升高和含油饱和度的降低,这种差异更加明显。当含油饱和度为 100％时[图 9(a)],单一甲烷气体的体积曲线和多种组分气体的体积曲线平衡温度分别为 190℃和 196℃。而问题是当含油饱和度为 50％时情况则完全不同[图 9

(b)]，此时单一甲烷气体的平衡温度为213℃左右，然而当温度升高到240℃时多种组分气体的体积仍然比圈闭体积要小。它们的平衡温度之间的差异相当于1 000m(3 300ft)的盆地深度(地温梯度为25℃/km)，差别之大使我们在石油勘探中必须引起注意。

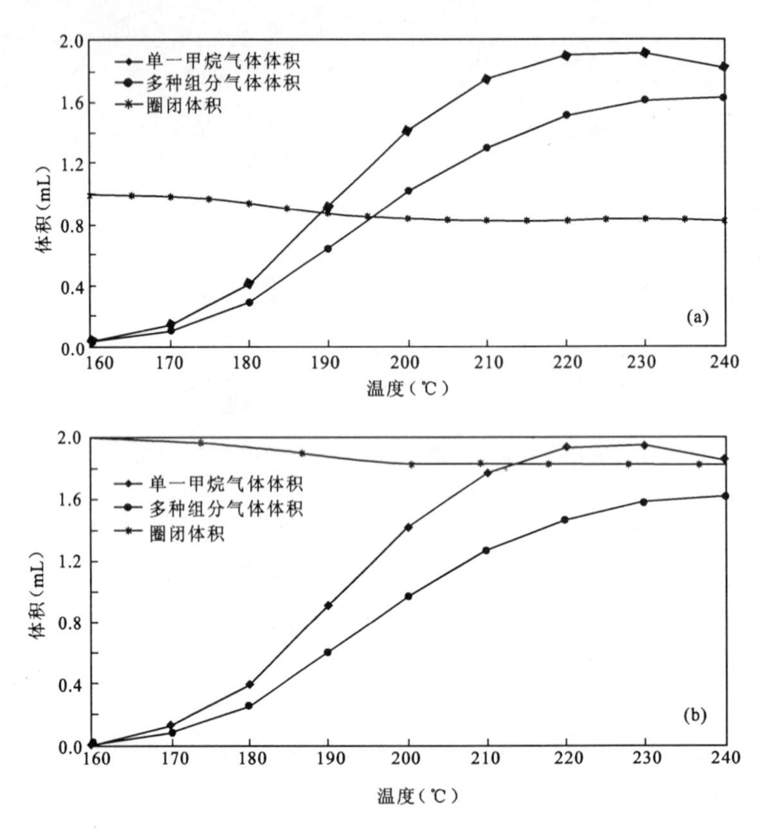

图9　在流体静压力下，加热速率为2℃/Ma，含有饱和度为100%(a)和含油饱和度为50%(b)时，气体组分对气体体积的影响

2)地温梯度

在不同的盆地和不同的地质时期地温梯度的变化很大，在p—V—T模拟气体体积的变化时，它控制温度和压力。图10为地温梯度为35℃/km和25℃/km时气体体积随温度改变的变化图。尽管地温梯度为35℃/km时，气体的体积比地温梯度为25℃/km时要大，但只有在温度高于200℃后它们之间的差别才十分明显。例如，在温度为240℃时，地温梯度为35℃/km时气体体积达到1.9mL，与地温梯度为25℃/km时气体的体积相比要高18.75%。

5. 个例分析：四川盆地东北部的三叠系气藏

1)油气地质背景

四川盆地位于中国的西南部(图11)，天然气资源富集。而具有商业价值的气藏则主要发育于区域南部和中部的震旦系和石炭系—侏罗系中。最近，在盆地东北部区域下三叠统飞仙关组的碳酸盐岩储集层中发现几个气藏，总探明储量达$3\times10^{11}m^3$($1.05\times10^{13}ft^3$)以上，包括罗家寨气田、铁山坡气田、渡口河气田和普光气田(图11)(Li等，2005；Zhao等，2006；Ma等，

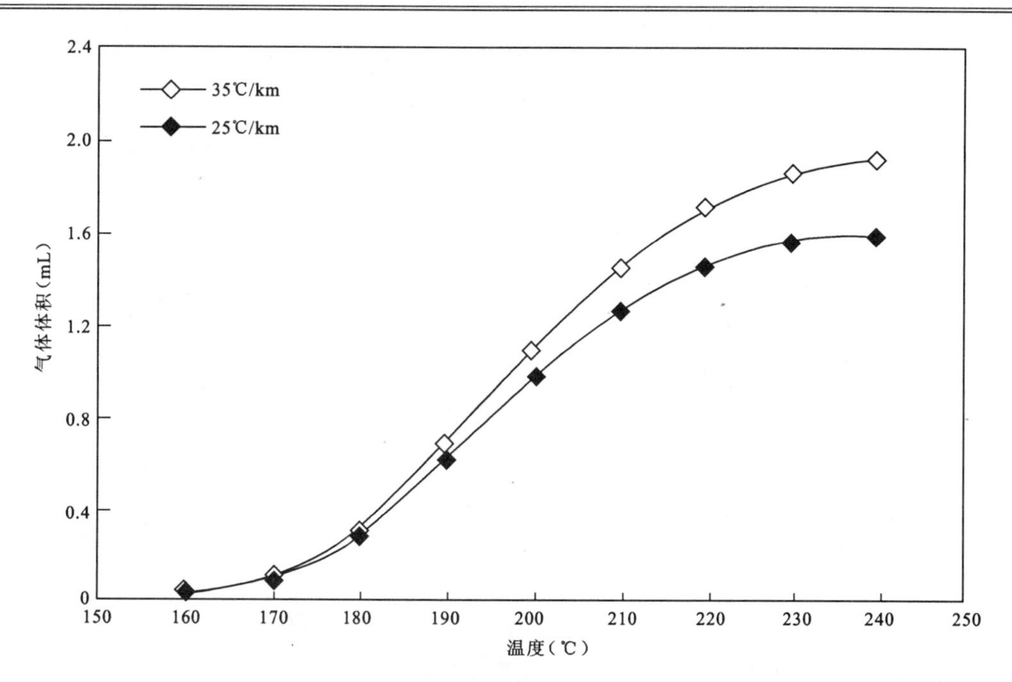

图 10 在流体静压力下,加热速率为 2℃/Ma,含油饱和度为 100%情况下地温梯度对气体体积的影响曲线图(假设石油的初始体积为 1mL)

2007)。这些气藏被埋藏在复杂的岩性和构造圈闭中,深度在 3 084～5 845m(10 000～19 176ft)之间,其压力接近于流体静压力。产气层主要是三叠系飞仙关组的鲕粒白云岩,直接盖层为一套细层状页岩、泥灰岩、泥晶白云岩和硬石膏地层,上覆有嘉陵江组地层作为区域盖层(Li 等,2005;Zhao 等,2005a)。在储集层中焦沥青含量很高,占岩石总有机质含量的 95%～100%。焦沥青的丰度在 0.1%～3%之间,与现今气体的产量密切相关,表明存在发育良好的古油藏((Li 等, 2005; Xie 等, 2005; Zhao 等, 2005a;Ma 等, 2007),另外储集的气体主要来源于油藏中石油的二次裂解(Zhao 等, 2005a;Ma 等, 2007)。焦沥青和气体的主要烃源岩为下二叠统泥灰岩,其主生油阶段为三叠纪—早侏罗世(Li 等,2005)。在早侏罗世飞仙关组中的古油藏形成之后,储层的石油由于埋藏加深开始裂解直到早白垩世结束(图 12)。图 13 为飞仙关气藏含油气系统事件表。

2)石油裂解和气体聚集

根据三叠系飞仙关气藏的热演化史和研究的石油动力学参数,我们建立了区域的石油裂解模型,模拟结果如图 14。根据这个模型我们确定在 87.6Ma,对应地层温度为 203℃的区域,石油完全裂解成气[图 14(a)],因此在飞仙关组地层中没有液态石油存在。而事实上自勘探以来在这个区域也的确没有发现石油,这也有利地证明了我们所建石油裂解模型的正确性。

为简单起见,我们假设初始含油饱和度为 70%～80%,含盐度固定为 10%的 NaCl 含量。图 15 为根据 $p—V—T$ 模拟的结果绘制的地质演化过程中多重气体组分[图 14(b)中所示]的体积变化图。这个结果显示气体的流失可能发生在 97—90Ma,此时储集层差不多达到其最大埋深和最高古地温,并且超过 90%以上的石油已经被破坏[图 14(a)]。与气体体积的最大潜在量相比,为保持储层的流体静压力约 15%～25%的总气量逸散。因此此时仍然存在大部分气体留在储集层内,这就有利于解释区域巨大气藏的形成原因。

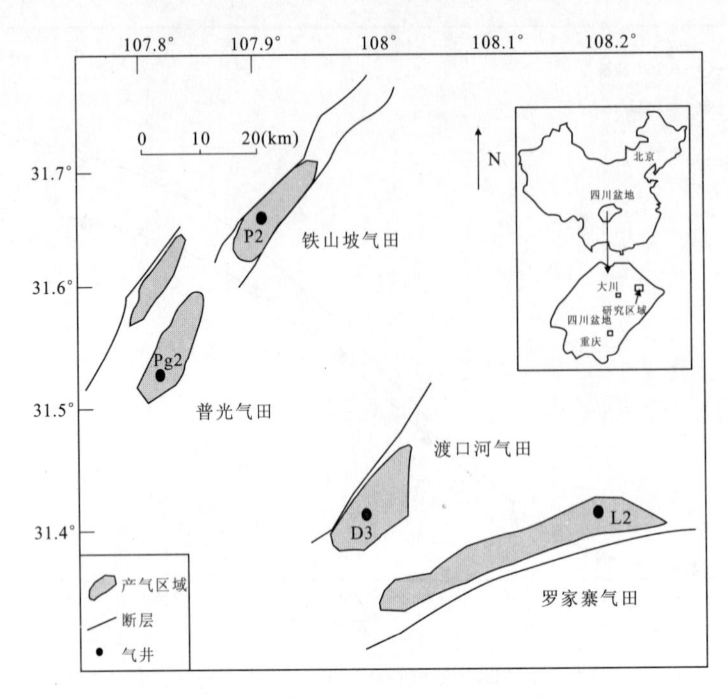

图 11　四川盆地东北部气藏位置示意图

(Ma 等,2007,有修改)

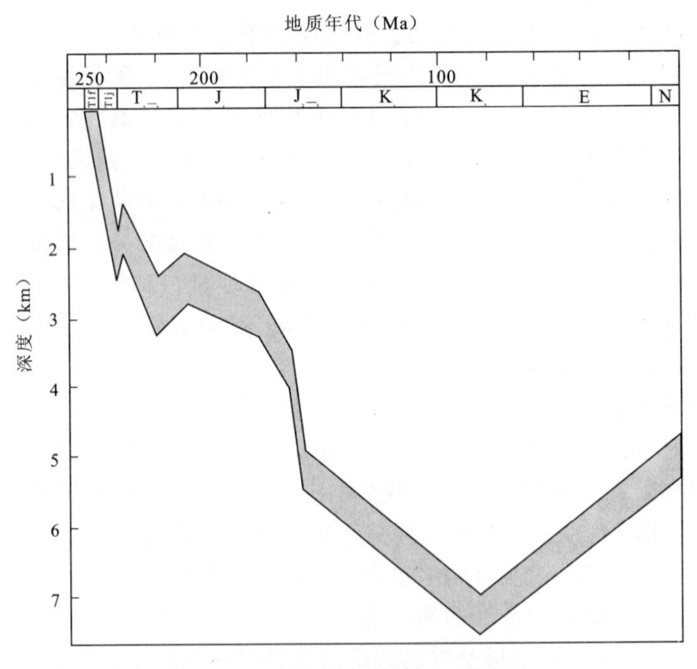

图 12　四川盆地飞仙关组的埋藏史图

(Zhao 等修改,2006)

T_1f. 下三叠统飞仙关组；T_1j. 下三叠统嘉陵江组；T_{2-3}. 中—上三叠统；J_1. 下侏罗系；J_{2-3}. 中—上侏罗统；K_1. 下白垩统；K_2. 上白垩统；E. 古近系；N. 新近系

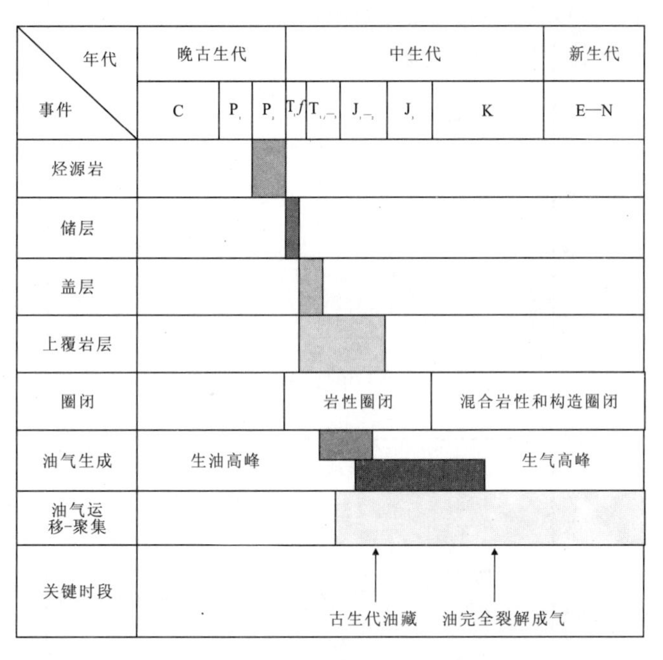

图 13　四川盆地东北部含油气系统的事件表

(Li 等修改,2005)

C. 石炭系;P_1. 下二叠统;P_2. 上二叠统;T_1f. 下三叠统飞仙关组;T_{1j-3}. 飞仙关组上覆的三叠系;J_{1-2}. 中—下侏罗统;J_3. 上侏罗统;K. 白垩系;E—N. 古近系到新近系

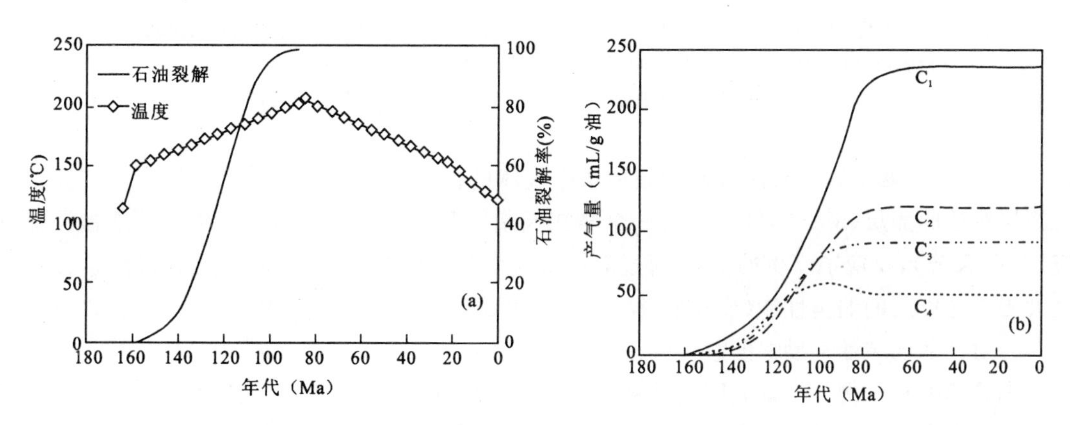

图 14　根据已有的石油裂解动力学模型建立的飞仙关组储层中石油破坏与温度史的关系图(a)以及其对应的石油裂解生成的各气体组分体积的变化图(b)

温度史是根据图 12 中的埋藏史建立起来的,所用到的地温梯度来自于 Zhao 等(2006)。由于区域 TSR 反应十分活跃,同(b)中模拟得出各湿气组分现今已变为干气(Zhu 等,2006)

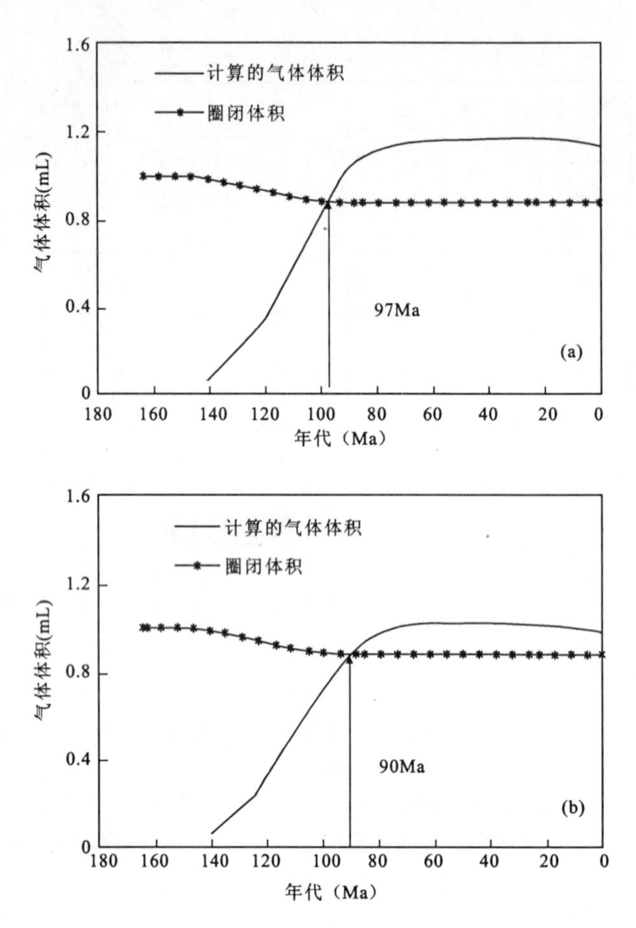

图 15　在流体静压力条件下，飞仙关组储层中的气体体积随时间的变化关系图

(a)含油饱和度为 80%的情况；(b)含油饱和度为 70%的情况。在两种情况下各自的初始流体分别为 0.8mL 的油、0.2mL 的地层水和 0.7mL 的油、0.3mL 地层水。圈闭体积＝1－0.175CS，其中 C 是石油破坏的百分比，S 为初始含有饱和度(Barker，1990)

此外，还有两个因素对区域原始储集层中气体的保存十分重要。一个是发育良好且没有大断层穿透的盖层(Ma 等，2007)，另一个是在气藏抬升时期产生的强烈热化学硫酸盐还原反应(TSR 反应)，反应中产生的 H_2S 通过对白云岩储集层的溶解作用增加了新孔隙，从而可以大大提高储集层的储集性能(Krouse 等，1988；Worden 和 Smalley，1996；Zhu 等，2006)。

3)对其他区域油气勘探的意义

理论模型和个例分析都表明石油裂解生成的天然气是很重要的气藏资源，哪里有古油藏，哪里就可能有气藏的存在。因此，在四川盆地的东北部预计有更大的天然气潜力，而在该区域发现更多的古构造也证明了这点。这种认识对了解塔里木盆地东部的天然气潜力也很有帮助，在塔里木盆地东部发育着大量的古油藏，且其中的原油已经遭到破坏形成裂解。此外，在 YN2 气藏和 MD1 气藏中也已经证实了石油裂解成气的存在，其干燥度($C_1/C_1—C_5$，体积比)只有 80%～90%(Xiao 等，2005；Tian 等，2007)。然而，塔里木盆地东部的情况与四川盆地东北部的不一样，因为前者的构造运动更加强烈，断层已经延伸到了地表。这可能导致在很深的

原始古油藏中聚集的天然气遭到破坏，导致天然气向上运移，在浅层发育的圈闭中聚集，如YN2和MD1气藏。尽管在塔里木盆地东部还没有发现石油裂解成气原地聚集形成的气藏，但是我们不能完全排除这种可能性的存在，因为该区域的勘探研究仍处于早期阶段，古构造没有被断层破坏的希望仍然存在。

6. 结论

(1)我们根据密封合金试管实验获得的原油热解数据建立了石油裂解的动力学模型，证实了原油在160℃内处于稳定状态，而在2℃/Ma的地质加热速率下，温度达210℃时则完全裂解成气。石油裂解分为两个阶段：主要成分为C_{2-5}的初期生气阶段和C_{2-5}等湿气向甲烷和焦性沥青转变的二次裂解阶段。

(2)根据新石油裂解的动力学模型对压力-体积的计算，表明初始含油饱和度、温度-压力梯度和地层的疏松程度都是控制石油裂解成气在原始油藏中聚集的关键地质因素。在正常的地质条件下大部分天然气都保存在原始储层中。人们开始普遍认识到传统的动力学模型大大低估了原始油藏中石油裂解生成天然气的资源潜力。

(3)四川盆地东北部三叠系飞仙关组碳酸盐岩储集层是石油裂解成气原地聚集成藏的典型例子。根据该区域特定的地质条件建立的石油裂解模型表明在87.6Ma时储层中的石油完全裂解成气，此时对应的地温为203℃，而裂解生成的天然气的75%～85%保存于原始的储集层中。该区域原始油藏中液态石油的缺失以及巨大天然气资源量有力地证实了我们建立的新石油裂解动力学模型。我们相信在四川盆地的其他区域和塔里木盆地东部都具有巨大石油裂解成气的资源潜力(杨苗、高清材译，龚铭校)。

原载于 AAPG Bulletin, v. 92, no. 2 (February 2008), pp. 181—200

参考文献

Aplin A C, G Macleod S R, Larter K S, et al. Combined use of confocal laser scanning microscopy and PVT simulation for estimating the composition and physical properties of petroleum in fluid inclusions[J]. Marine and Petroleum Geology, 1999, 16:97—110.

Barker C. Calculated volume and pressure changes during the thermal cracking of oil to gas in reservoirs [J]. AAPG Bulletin, 1990, 74:1 254—1 261.

Behar F, Kressmann S, Rudkiewicz J L, et al. Experimental simulation in a confined system and kinetic modeling of kerogen and oil cracking [J]. Organic Geochemistry, 1991, 19:173—189.

Behar F, Vandenbroucke M, Tang Y, et al. Thermal cracking of kerogen in open and closed systems: Determination of kinetic parameters and stoichiometric coefficients for oil and gas generation[J]. Organic Geochemistry, 1997, 26:321—339.

Berner U, Faber E, Scheeder G, et al. Primary cracking of algal and landplant kerogens: Kinetic models of isotope variations in methane, ethane and propane [J]. Chemical Geology, 1995, 126:233—245.

Cramer B, Faber E, Gerling P, et al. Reaction kinetics of stable carbon isotopes in natural gas—Insights from dry, open system pyrolysis experiments [J]. Energy and Fuels, 2001, 15:517—532.

Dai J X, Chen J F, Zhong N N, et al. The giant gas fields and sources in China (in Chinese)[M]. Beijing: The Science Press, 2003, 199.

Dieckmann V. Modelling petroleum formation from heterogeneous source rocks: The influence of frequency factors on activation energy distribution and geological prediction[J]. Marine and Petroleum Geology, 2005, 22:375—390.

Dieckmann V, Fowler M, Horsfield B. Predicting the composition of natural gas generated by the Duvernay Formation (Western Canada sedimentary basin) using a compositional kinetic approach [J]. Organic Geochemistry, 2004, 35:845—862.

Domine F, Dessort D, Brevart O. Towards a new method of geochemical kinetic modeling: Implications for the stability of crude oils [J]. Organic Geochemistry, 1998, 28:597—612.

Hayes J W. Porosity evolution of sandstones related to vitrinite reflectance [J]. Organic Geochemistry, 1991, 17:117—129.

Hill R J, Zhang E, Katz B J, et al.. Modeling of gas generation from Barnett Shale, Fort Worth Basin, Texas [J]. AAPG Bulletin, 2007, 91:501—521.

Hu S, Wang T, Fu X, et al.. Natural gas exploration potential of the Sinian in the middle Sichuan Basin (in Chinese with English abstract) [J]. Petroleum Geology and Experiment, 2005, 27:222—225.

Inan S. Gaseous hydrocarbons generated during pyrolysis of petroleum source rocks using unconventional grainsize: Implications for natural gas composition [J]. Organic Geochemistry, 2000, 31:1 409— 1 418.

Isaksen G H. Central North Sea hydrocarbon system: Generation, migration, entrapment, and thermal degradation of oil and gas [J]. AAPG Bulletin, 2004, 88:1 545—1 572.

附录1 100%含气饱和度的情况下在180℃时气体体积计算的例子

在180℃时，石油裂解所生成气体的组成为37.96%的甲烷、17.39%的乙烷、21.55%和23.11%的丁烷(mol%)。表3为180℃时，在各种压力条件下流体的 p—V—T 数据。粗体字的数值用于气体体积的计算。

180℃时1cm³(0.061 in³)的石油裂解生成0.003 375 01 mol的天然气，180℃时，在不同压力下气体体积的计算如下：

$$0.00337501\ \text{mol}\times 81.6\ \text{cm}^3/\text{mol}=0.275401(\text{cm}^3) \quad (1)$$

（流体静压力）

$$0.00337501\ \text{mol}\times 72.15\ \text{cm}^3/\text{mol}=0.243507(\text{cm}^3) \quad (2)$$

（1.5倍流体静压力）

$$0.00337501\ \text{mol}\times 66.16\text{cm}^3/\text{mol}=0.223291(\text{cm}^3) \quad (3)$$

（岩石静压力）

表3 180℃、含油饱和度为100%时不同压力下的 p—V—T 模拟数据

参数	680.32bar	1 020.48bar	1 447.68bar
摩尔(%)	100.00	100.00	100.00
质量(%)	100.00	100.00	100.00
体积(cm³/mol)	81.60	72.15	66.16
体积(%)	100.00	100.00	100.00
密度(g/cm³)	0.419 7	0.474 7	0.517 7
Z因子	1.473 4	1.954 0	2.542 2
分子质量	34.25	34.25	34.25

附录 2　50%含气饱和度的情况下在 180℃时气体体积计算的例子

在 180℃时，1 cm^3(0.061 in^3)的石油在混合有 1 cm^3地层水(盐度为 10%的含量)条件下，裂解生气产生的流体成分为 91.32%的地层水、3.13%的 NaCl、2.11%的甲烷、0.97%的乙烷、1.19%的丙烷和 1.28%的丁烷(mol%)。表 4 为 180℃时，在各种压力条件下流体的 p—V—T 数据。粗体字的数值用于气体体积和地层水体积的计算。

180℃时 1cm^3(0.061 in^3)的石油裂解生成 0.003 375 01 mol 的天然气，1cm^3地层水(盐度为 10%的含量)分子相当于 0.003 375 01mol；180℃时，在不同压力下气体体积和地层水体积的计算如下：

地层水体积：

$$(0.00337501 + 0.057458)\ mol \times 24.48cm^3/mol = 1.48919(cm^3) \quad (4)$$

(流体静压力)

$$(0.003375\ 01 + 0.057458)\ mol \times 23.70\ cm^3/mol = 1.44174(cm^3) \quad (5)$$

(1.5 倍流体静压力)

$$(0.00337501 + 0.057458)\ mol \times 23.12\ cm^3/mol = 1.40645\ (cm^3) \quad (6)$$

(岩石静压力)

气体体积：

$$1.48919\ cm^3 \times 17.36\% = 0.258\ 524\ (cm^3) \quad \text{(流体静压力)} \quad (7)$$

$$1.44174\ cm^3 \times 15.73\% = 0.226786\ (cm^3) \quad \text{(1.5 倍流体静压力)} \quad (8)$$

$$1.40645\ cm^3 \times 15.73\% = 0.226786\ (cm^3) \quad \text{(岩石静压力)} \quad (9)$$

表 4　180℃，含油饱和度为 50%时不同压力下的 p—V—T 模拟数据

	压力								
	680.32bar			1 020.48bar			1 447.68bar		
参数	总	蒸汽	水	总	蒸汽	水	总	蒸汽	水
摩尔(%)	100.00	5.21	94.79	100.00	5.15	94.85	100.00	5.12	94.88
质量(%)	100.00	8.94	91.06	100.00	8.88	91.12	100.00	8.86	91.14
体积(cm^3/mol)	24.48	81.50	21.34	23.70	72.36	21.06	23.12	66.6	20.77
体积(%)	100.00	17.36	82.64	100.00	15.73	84.27	100.00	14.74	85.26
密度(g/cm^3)	0.824 4	0.424 4	0.908 4	0.851 5	0.480 8	0.920 7	0.873 0	0.524 4	0.933 3
Z 因子	0.442 0	1.471 5	0.385 4	0.641 9	1.959 8	0.570 3	0.888 1	2.559 1	0.798 0
分子质量	20.18	34.79	19.39	20.18	34.79	19.39	20.18	34.93	19.39

单位注解及换算表

单位注解	单位换算
km＝kilometer＝千米	
m＝米	
cm＝厘米	
μm＝微米	
mi＝mile＝英里	1mi＝1.609km
ft＝feet＝英尺	1ft＝0.305m
in＝inch＝英寸	1in＝2.54cm
tcf＝trillion cubic feet＝万亿立方英尺	1tcf＝283.17 亿 m^3
mcf＝千立方英尺	1mcf＝28.317m^3
Mmcf＝million cubic feet＝百万立方英尺	1Mmcf＝2.8317 万 m^3
bcf＝billion cubic feet＝十亿立方英尺	1bcf＝2831.7 万 m^3
scf＝standard cubic feet＝标准立方英尺	1scf＝0.0283m^3
bcf/section＝十亿立方英尺/段	
psi＝pound per square inch＝磅/平方英寸(压力单位)	1kPa＝0.145psi
lb＝libra＝磅(质量单位)	1bl＝0.454kg
bbl＝barrel＝桶	1 桶＝158.98 升
K(开式度,温度单位)	K＝℃＋273.15
℉(华氏温度)	1℃＝33.8 ℉
mA＝milliampere＝毫安	
nA＝nanoampere＝毫微安	
kV＝千伏	
cc＝mL＝毫升	1 cc＝1mL＝cm^3
ms＝毫秒	
Ma＝megayear＝百万年	
℃/Ma＝摄氏度/百万年(加热速率单位)	
kcal＝千卡	1kcal＝4186.75 J
cal＝calorie＝卡路里	1cal＝4.1868 J(焦耳)
dyn＝dyne＝达因(力的单位)	1dyn＝10－5N(力学单位)
d＝darcy＝达西	1 达西＝1μm^2
md＝ millidarcy＝毫达西(渗透率单位)	1 毫达西＝1×$10^{-3}\mu m^2$
microdarcy＝微达西	1 微达西＝1×10^{-3}毫达西
	1 纳达西＝1×10^{-6}毫达西
	1 皮达西＝1×10^{-9}毫达西
	1 飞达西＝1×10^{-12}毫达西

续表

单位注解	单位换算
wt%＝质量百分比	
vol%＝体积百分比	
mol%＝摩尔百分比	
bar＝巴(压力单位)1bar＝10^5 Pa	
Pa・s＝帕・秒(黏度单位)	
Btu＝British thermal unit＝英热单位	
hr＝hour＝小时	
ton＝吨(英)	
I_H(氢指数) 单位 mg/g(HC/TOC)	
I_O(氢指数) 单位 mg/g(CO_2/TOC)	
HC＝hydrocarbon＝烃	
ohmm＝视电阻率单位,欧姆米	
PPL＝percent per million＝百万分之一	
bwpd＝barrels water per day＝每天的产水量(桶)	